Heinrich Buff

Kurzes Lehrbuch der anorganischen Chemie

entsprechend den neueren Ansichten

Heinrich Buff

Kurzes Lehrbuch der anorganischen Chemie
entsprechend den neueren Ansichten

ISBN/EAN: 9783743616561

Hergestellt in Europa, USA, Kanada, Australien, Japan

Cover: Foto ©berggeist007 / pixelio.de

Weitere Bücher finden Sie auf **www.hansebooks.com**

Kurzes Lehrbuch

der

anorganischen Chemie

entsprechend

den neueren Ansichten

von

H. L. Buff,

Dr. ph., Privatdocenten der Chemie an der Universität zu Göttingen.

Erlangen,

Verlag von Ferdinand Enke.

1868.

Vorwort.

Auf dem Gebiete der Chemie hat sich in den letzten Jahrzehnten ein mächtiger Umschwung vollzogen, aber noch reden die meisten Lehrbücher dieser Wissenschaft eine davon unberührte Sprache; sie lassen Thatsachen und Gesichtspunkte, denen man in der forschenden Wissenschaft eine hervorragende Bedeutung zuerkennt, mehr oder weniger unberücksichtigt. Und so trennt eine weite Kluft die forschende Wissenschaft von der lehrenden. Ohne Zweifel muss dieses als ein grosser Uebelstand bezeichnet werden. Noch vor Kurzem schien die rasche Entwicklung der Wissenschaft und die unzulängliche Ausbildung der „modernen" Chemie dieses unerfreuliche Verhältniss zu einem nothwendigen zu machen; jetzt aber zeigt das gleichzeitige Erscheinen mehrerer Lehrbücher, welche den neueren Gesichtspunkten Rechnung tragen, dass sich die Ueberzeugung Bahn bricht, die Zeit sei gekommen, die lehrende Wissenschaft mit der forschenden in Einklang zu bringen. Auch dieses Buch soll die Studirenden in der Art mit den wichtigsten Thatsachen der Chemie bekannt machen, dass sie befähigt werden, der fortschreitenden Wissenschaft zu folgen und den Geist zu verstehen, welcher in ihr in der Jetztzeit der treibende ist.

Bei Abfassung der Schrift hat mich die Absicht geleitet ein Werk zu liefern, welches den mündlichen Vortrag des Lehrers ergänzen, und dem Studirenden zur Repitition und zum Gebrauch im Laboratorium dienen könne. Ferner leitete mich der Wunsch Denjenigen, welche mit den chemischen Thatsachen bekannt sind und welche sich unterrichten wollen, wie sich dieselben nach den neueren Ansichten darstellen, ein Buch zum Nachschlagen zu liefern. Hierdurch erklärt sich die in der Einleitung gegebene kurze Darlegung allgemeiner Verhältnisse, deren Verständniss zum Theil schon eine nähere Kenntniss der chemischen Thatsachen voraussetzt. Ergänzt findet sich die Erörterung der allgemeinen Verhältnisse im speciellen Theile und namentlich in allgemeinen Bemerkungen über die einzelnen Gruppen der Elemente.

Bei der Klassifikation der Elemente habe ich nicht von einem einzigen Gesichtspunkte ausgehend ein System zu bilden gesucht, sondern mich vielmehr von den physikalischen Eigenschaften, dem qualitativen Verhalten und von den quantitativen Verbindungsverhältnissen der Elemente und den Eigenschaften ihrer Verbindungen, je nachdem die Kenntniss davon mir von hervorragender Wichtigkeit erschien, bald mehr bald weniger leiten lassen. Daher sind in einigen Fällen auch solche Elemente, welche in ihren quantitativen Verbindungsverhältnissen die grösste Analogie mit einander zeigen, dann getrennt abgehandelt, wenn ihr qualitatives Verhalten ein wesentlich verschiedenes ist. Silber ist nicht mit den Metallen der Alkalien, Blei nicht mit den alkalischen Erdmetallen in eine Gruppe gebracht, wie es doch nach den quantitativen Verbindungsverhältnissen dieser Metalle hätte geschehen müssen, weil Silber und Blei sich durch ihre physikalischen Eigenschaften und ihr Verhalten gegen Luft, Wasser und Wärme wesentlich von den Alkalimetallen unterscheiden, und weil die Kenntniss des Verhaltens dieser Metalle im freien Zustande von hervorragender Wichtigkeit ist. Bei anderen, ihrem qualitativen Verhalten nach ebenfalls sehr verschiedenen Elementen lag ein solcher Grund zu ihrer Trennung nicht vor, und sind sie sowohl ihrer quantitativen Verbindungsverhältnisse wegen, als auch um den Vergleich ihrer Verbindungen zu erleichtern, in eine Gruppe gebracht.

Die vergleichende Darstellung verschiedener Elemente und ihrer Verbindungen findet sich in der vorliegenden Schrift in grösserem Umfange, als bis jetzt üblich gewesen ist, durchgeführt. Hierdurch treten einerseits die Analogien, andererseits aber auch die Verschiedenheiten deutlich hervor. Die Erleichterung, welche diese Darstellungsweise dem

Studium gewährt, scheint mir höher anzuschlagen, als der Nachtheil, welcher aus der Unmöglichkeit hervorgeht, hierbei alle Verbindungen eines Elements hintereinander abzuhandeln.

Dieses Buch soll, gleich meinem früheren über die Grundlehren der theoretischen Chemie und die Beziehungen zwischen den chemischen und physikalischen Eigenschaften der Körper, den Uebergang von den älteren Anschauungen zu den neueren vermitteln. Aus diesem Grunde habe ich die verschiedenen gebräuchlichen Namen angewandt; jeder Chemiker muss in der Uebergangszeit, in der wir uns befinden, mit denselben bekannt sein. Dann habe ich, um Irrthum zu vermeiden, durchstrichene Zeichen als Symbole für die Atome derjenigen Elemente, welche doppelt so gross als ihre Aequivalente sind, gebraucht. Hier bemerke ich noch, dass für die sechswerthigen Doppelatome des Aluminiums, Eisens, Mangans, Chroms und anderer Elemente die Zeichen Al_{II}, Fe_{II}, Mn_{II}, Cr_{II} benutzt sind.

Beim ersten Unterricht wird es geboten sein, die Hauptkraft auf die Betrachtung der wichtigsten Elemente zu verwenden, auf diejenigen Elemente welche im Haushalte der Natur eine hervorragende Rolle spielen, wie Wasserstoff, Chlor, Fluor, Sauerstoff, Schwefel, Stickstoff, Phosphor, Kohlenstoff, Kalium, Natrium, Calcium, Magnesium, Eisen, Mangan, Aluminium und Kiesel. Man ist gezwungen, die dann noch bleibende Zeit den Elementen von mittlerer Wichtigkeit zu widmen, denen welche in den Künsten und Gewerben bedeutendere Anwendung finden, wie Brom, Jod, Arsen, Antimon, Wismuth, Bor, Barium, Strontium, Zink, Kobalt, Nickel, Zinn, Chrom, Blei, Kupfer, Quecksilber, Silber, Gold und Platin. Hiernach scheint es mir angemessen, dass in einem Buche, welches den mündlichen Vortrag ergänzen soll, auch die in so vieler Beziehung merkwürdigen, bei den seltneren Elementen vorkommenden Verhältnisse, erörtert werden, und daher habe ich die chemische Geschichte auch dieser Elemente, so weit unsere Kenntniss es gestattet, so darzulegen gesucht, dass von ihrer Natur ein deutliches Bild erscheint.

Von den zahlreichen und wichtigen Verbindungen des Kohlenstoffs sind nur die einfachsten specieller beschrieben, und ist über die anderen nur soviel gesagt worden, als zum Verständniss der eigenthümlichen Natur dieses Elementes unumgänglich nöthig erschien. Gewisse Verbindungen des Kohlenstoffs haben Platz gefunden, um die Charakteristik der in ihnen mit Kohlenstoff verbundenen Elemente zu vervollständigen.

Endlich bemerke ich noch, dass ich die Brauchbarkeit dieses Buches durch Beachtung derjenigen Verbindungen und Vorgänge, welche in der Natur vorkommen oder für das praktische Leben von Wichtigkeit sind, möglichst zu befördern gesucht habe.

Berlin, im December 1867.

R. L. Raff.

Inhaltsverzeichniss.

Die Elemente und ihre wichtigeren Verbindungen.

Erste Gruppe der Elemente:

Zweite Gruppe der Elemente:

Dritte Gruppe der Elemente:

Anhang.

Anhang.

Siebenzehnte Gruppe der Elemente:

Achtzehnte Gruppe der Elemente:

Neunzehnte Gruppe der Elemente:

Einleitung.

---

1) Die Chemie lehrt die Zusammensetzung der Körper kennen und beschäftigt sich mit der Erforschung derjenigen Naturerscheinungen, welche von einer Veränderung in ihr abhängig sind, oder welche eine solche hervorrufen. Dann sucht sie ferner die Bedingungen des Statthabens dieser Veränderungen festzustellen; die Gesetze nach denen sie sich vollziehen und die Ursachen welche sie veranlassen zu erkennen.

2) Die Stoffe sind entweder einfacher oder zusammengesetzter Natur. Letztere trennt die Chemie in ihre Bestandtheile (Analyse), während sie den Zusammentritt von einfachen oder weniger zusammengesetzten Körpern zu zusammengesetzteren vermittelt (Synthese).

3) Bei der Scheidung der Körper in ihre Bestandtheile wird endlich eine Grenze erreicht, über welche hinaus eine weitere Trennung nicht mehr möglich erscheint. Die Körper, welche mit den bekannten Hilfsmitteln nicht weiter zersetzbar sind, werden als Elemente betrachtet. Ihre Zahl ändert sich je nach dem Stande der Wissenschaft.

4) Damit die chemischen Veränderungen der Körper wahrgenommen werden können, müssen ihre physikalischen Eigenschaften und die Veränderungen, welche diese erleiden können, ohne dass die Körper gleichzeitig in ihrer Zusammensetzung verändert werden, bekannt sein. Physikalische Verhältnisse üben Einfluss aus auf chemische Prozesse. Aus diesen Gründen lässt sich die Chemie nicht scharf von der Physik trennen, und das Studium der Chemie muss die Kenntniss einer Anzahl von physikalischen Eigenschaften der Körper und der physikalischen Kräfte voraussetzen.

5) Die Stoffe treten in dreierlei Zuständen auf, sie sind fest, tropfbarflüssig oder gasförmig (Aggregatzustände).

6) Die meisten Körper können durch Zufuhr oder Ableitung von Wärme in ihrem Aggregatzustande verändert werden. Es besteht also eine Abhängigkeit desselben von der Wärme. Beim Erhitzen werden

die meisten festen Körper flüssig und die festen oder flüssigen gasförmig. Durch Erkalten können umgekehrt gasförmige Körper in flüssige oder feste, und flüssige in feste übergeführt werden.

7) Unter gleichem Drucke tritt die Veränderung des Aggregatzustandes für jeden Körper bei einem bestimmten Temperaturgrade ein. Beim Schmelzen oder Verdampfen eines Körpers bleibt der Temperaturgrad unverändert, weil hierbei Wärme gebunden (latent) wird; sie verschwindet für die sinnliche Wahrnehmung, indem sie den Aggregatzustand verändert. Die Temperatur, bei welcher der Uebergang von der festen in die flüssige Form bei einem Körper eintritt, nennt man seinen Schmelzpunkt. Siedepunkt wird der Temperaturgrad genannt, bei welchem ein flüssiger Körper in den gasförmigen Zustand übergeht. Abnahme des Drucks erniedrigt den Siedepunkt ganz allgemein und öfters auch den Schmelzpunkt; unter vergrössertem Drucke tritt das Entgegengesetzte ein.

8) Viele Körper können alle drei Aggregatzustände annehmen, andere nur zwei und noch andere sind uns nur in einem bekannt. Nur wenige zeigen sich bei der höchsten Temperatur welche man hervorbringen kann unschmelzbar und feuerbeständig, andere gehen auch dann nicht in die tropfbarflüssige oder feste Form über, wenn sie der niedrigsten Temperatur welche man kennt ausgesetzt werden.

Viele zusammgesetzte feste Körper sind nicht schmelzbar ohne Zersetzung zu erleiden, und viele zusammengesetzte feste oder flüssige Körper sind unzersetzt nicht flüchtig.

9) Feste oder flüssige in den Gaszustand übergeführte Körper nennt man Dämpfe. Dieselben verdichten sich durch blosse Entziehung von Wärme. Die meisten bei gewöhnlicher Temperatur und unter gewöhnlichem Luftdrucke gasförmigen Körper gehen unter höherem Drucke oder durch starke Abkühlung, oder durch gleichzeitige Anwendung von höherem Drucke und starker Abkühlung in den tropfbarflüssigen Zustand über, und durch sehr starke Kältegrade lassen sich die meisten dieser tropfbarflüssig gewordenen Gase in den festen Zustand versetzen. Man nennt diese Gase condensirbare (coërcible). Diejenigen, welche nicht in den flüssigen oder festen Zustand übergeführt werden können, nennt man permanente Gase.

10) Gase und Dämpfe mischen sich mit Leichtigkeit in allen Verhältnissen.

11) Die Menge Gas, welche von einer Flüssigkeit aufgenommen (absorbirt) werden kann, hängt ab von der Natur des Gases und der Flüssigkeit, sie wird verringert durch Erhöhung der Temperatur und vergrössert durch Verstärkung des Druckes. Bei der Absorption vieler Gase durch Flüssigkeiten zeigt sich innerhalb gewisser Grenzen des Druckes und der Temperatur eine einfache Regelmässigkeit, indem die absorbirte Gasmenge dem Drucke proportio-

nal ist, oder da das Volum der Gase dem darauf wirkenden Drucke umgekehrt proportional ist (Mariottesches Gesetz), so wird bei jedem Drucke ein gleiches Volum des verschieden dichten Gases absorbirt.

Aus einer Mischung von mehreren Gasen absorbiren die Flüssigkeiten von jedem Gase einen Theil, und zwar weniger als wenn sie sich ausschliesslich nur mit diesem Gase in Berührung befänden. Die hierbei absorbirte Menge der Gase wird beeinflusst durch den Druck, welchen dieses Gas auf die Flüssigkeit ausübt; die anderen Gase verhalten sich hierbei wie ein leerer Raum.

12) Feste Körper verdichten Gase an ihrer Oberfläche.

13) Flüssigkeiten mischen sich zum Theil überhaupt nicht, zum Theil in beschränkten, von der Temperatur abhängigen Verhältnissen, zum Theil in allen Verhältnissen.

14) Viele feste Körper sind in gewissen Flüssigkeiten löslich. Die Menge der lösbaren festen oder flüssigen Substanz ist abhängig von ihrer Natur, von der Natur der lösenden Flüssigkeit und dem Temperaturgrade. In der Regel nimmt die Löslichkeit mit steigender Temperatur zu; die Zunahme ist in verschiedenen Fällen sehr ungleich; oft ist sie der Temperatursteigerung proportional, öfters wächst sie rascher als die Temperatur zunimmt. Das Maximum der Löslichkeit flüssiger und fester Körper in Flüssigkeiten fällt nicht immer mit dem Siedepunkte der Lösung zusammen, oft tritt es bei einer beträchtlich niedereren Temperatur ein. In einzelnen Fällen scheint dieses Verhältniss durch eingetretene Veränderungen in der Natur der gelösten Substanz begründet zu sein.

15) Gemischte Flüssigkeiten haben im Allgemeinen einen Siedepunkt, welcher höher liegt als der Siedepunkt des flüchtigsten und niedriger als derjenige des am wenigsten flüchtigen Bestandtheils. Ihre Siedetemperaturen sind in der Regel keine constanten; beim Erhitzen verflüchtigt sich zuerst vorzugsweise der flüchtigere Bestandtheil und indem die Temperatur steigt, immer mehr von dem weniger flüchtigen (fractionirte Destillation). Bisweilen besitzen jedoch Mischungen in gewissen Verhältnissen und unter einem bestimmten Drucke constante Siedepunkte. Durch Veränderung des Drucks verlieren solche Mischungen den constanten Siedepunkt.

Lösungen von schwer flüchtigen oder nicht flüchtigen Substanzen in flüchtigen Flüssigkeiten haben einen höheren Siedepunkt als die letzteren für sich besitzen. Die Temperatur des Dampfes ist aber in beiden Fällen eine gleiche.

16) Gleiche Volume der verschiedenen Körper haben sehr verschiedene Gewichte. Das Verhältniss des Gewichtes der Körper zu ihrem Volumen nennt man ihr specifisches Gewicht. Bei den festen und flüssigen Körpern wird das specifische Gewicht des Wassers, bei den gasförmigen Körpern dasjenige der atmosphärischen Luft = 1 gesetzt.

Für gewisse Zwecke wird das specifische Gewicht des leichtesten aller bekannten Stoffe, des Wasserstoffs, als Einheit angenommen.

Das specifische Gewicht eines Gemenges mehrerer Gase ist durch seinen Gehalt an den verschiedenen Bestandtheilen und durch das specifische Gewicht derselben bedingt.

Beim Mischen verschiedener Flüssigkeiten tritt meistens eine Verdichtung ein, bisweilen jedoch tritt eine solche nicht ein, und in seltenen Fällen zeigt sich hierbei eine Zunahme des Volums.

Die Kenntniss des specifischen Gewichts der gemischten festen Körper, der Mischungen von Flüssigkeiten, oder der Lösungen gasförmiger oder fester Körper in Flüssigkeiten dient dazu, den Gehalt an bekannten Bestandtheilen in diesen Mischungen zu ermitteln. In der Regel muss die Beziehung des specifischen Gewichts zur Zusammensetzung der Mischung für jeden Fall und für jeden Temperaturgrad empirisch festgestellt werden, und nur dann, wenn beim Mischen verschiedener Substanzen keine Volumveränderung eintritt, ist das specifische Gewicht des Gemisches proportional den specifischen Gewichten und den Mengen der gemischten Substanzen.

17) Die meisten gleichartigen Körper bilden, wenn sie aus dem gasförmigen oder flüssigen Zustande in den festen übergehen, regelmässige, bestimmten Symmetrie-Gesetzen entsprechende Gestalten in Folge einer geradlinigen Anordnung ihrer kleinsten Theilchen. Ein regelmässig gestalteter Körper, begrenzt von ebenen, unter bestimmten Winkeln sich schneidenden Flächen heisst ein **Krystall**.

18) Besitzt ein fester Körper keine regelmässige Gestalt und keine Anordnung der kleinsten Theile nach bestimmten geradlinigen Richtungen, so ist er **amorph**.

19) Alle Krystallformen ordnen sich nach Systemen in der Art, dass die Formen jedes Systems durch einfache Gesetze verbunden sind. Man unterscheidet nach der Länge und Lage der Ausbildungsrichtungen oder Axen sechs Krystallsysteme. Unter den Axen versteht man Linien oder Richtungen, welche man sich so gelegt denkt, dass die vorhandenen Flächen in Beziehung darauf symmetrisch liegen.

Die verschiedenen Krystallsysteme sind:

1) **Das reguläre System.**

Jede Form dieses Systems hat drei gleiche rechtwinklige Axen.

2) **Das quadratische oder tetragonale System.**

Die drei Axen der Krystalle dieses Systems stehen rechtwinklig zu einander; zwei derselben sind gleich lang, die dritte ist länger oder kürzer.

3) **Das rhombische oder prismatische System.**

Dasselbe besitzt drei ungleiche rechtwinklige Axen.

4) **Das hexagonale System.**

Die Krystalle dieses Systems besitzen vier characteristische Ausbildungsrichtungen. Drei derselben, die Nebenaxen, sind gleich lang und liegen unter gleichen Winkeln (60°) in einer Ebene. Die vierte Axe ist länger oder kürzer und steht als Hauptaxe rechtwinklig zu den drei Nebenaxen.

5) **Das monoklinoëdrische System.**

Die Krystalle dieses Systems besitzen drei ungleiche Axen, von welchen zwei schiefwinklig sind, während die dritte rechtwinklig zu diesen steht.

6) **Das triklinoëdrische System.**

Die Krystalle haben drei ungleiche Axen, die sämmtlich unter einander schief geneigt sind.

Die verschiedenen Formen ein und desselben Systems unterscheiden sich durch die Zahl der Flächen und ihre Anordnung um die Axen. Die Formen der verschiedenen Krystallsysteme gehen in fast unmerklichen Abstufungen in einander über.

20) Wenn bei einem Krystalle eine Abtheilung von Flächen der Grundform vorwaltend entwickelt ist, so dass hierdurch eine andere ähnliche, sie ergänzende Abtheilung von Flächen weniger entwickelt oder endlich ganz verdrängt erscheint, so ist derselbe hemiëdrisch.

21) Sind an den Krystallen eines Systems die Ecken oder Kanten durch Flächen eines anderen Systems ersetzt, so nennt man dieselben zusammengesetzte, secundäre Formen.

22) Die regelmässige Anordnung der kleinsten Theilchen in den krystallinischen Körpern gibt sich durch ihre Spaltbarkeit nach bestimmten parallelen Ebenen, die mit den Krystallflächen in einem gewissen Zusammenhange stehen, zu erkennen. — Amorphe Körper zeigen eine solche Spaltbarkeit nicht.

23) Alle Krystall- (Spalt-) Flächen sind spiegelnd. Die amorphen Körper und die Krystalle des regulären Systems brechen das Licht einfach; sie besitzen für Wärme und Electricität nach allen Richtungen gleiche Leitungsfähigkeit. Alle anderen Krystalle besitzen doppelte Lichtbrechung und Polarisation; sie haben nach der Richtung ihrer Axen verschiedene Ausdehnbarkeit durch Wärme und verschiedene Leitungsfähigkeit für die Electricität. — Einige hemiëdrische Formen zeigen Circularpolarisation.

24) In der Regel nimmt jeder krystallisationsfähige Körper unter allen Umständen nur Formen eines Systems an. Manche Körper aber krystallisiren in zwei ganz verschiedenen Systemen. Diese Körper nennt man dimorph. Einige Substanzen sind trimorph, d. h. sie krystallisiren in Formen dreier verschiedenen Systeme. Als polymorph

bezeichnet man auch diejenigen Körper welche krystallinisch und amorph vorkommen.

25) Gewisse Körper können sich in Verbindungen vertreten ohne eine Formveränderung zu veranlassen; man nennt sie isomorphe Körper. Als solche bezeichnet man jedoch auch öfters die Körper von gleicher Krystallform.

26) Einige Substanzen können ohne Aenderung der Zusammensetzung verschiedene Zustände mit wesentlich veränderten physikalischen und chemischen Eigenschaften annehmen; sie sind in allotropischen Formen bekannt.

27) Die chemischen Verbindungen besitzen, so lange sie bestehen, eine unveränderliche Zusammensetzung, welche gänzlich unabhängig von der Art ihres Entstehens ist.

28) Wenn sich Elemente oder zusammengesetzte Körper zu neuen Verbindungen vereinigen, so treten hierbei zur Bildung eines bestimmten Körpers immer und unter allen Umständen unveränderliche Mengen zusammen (Gesetz der bestimmten Proportionen).

29) In vielen chemischen Verbindungen kann man einzelne Theile durch andere Körper ersetzen (Substitution).

30) Wenn bei der Substitution Theile zweier chemischer Verbindungen wechselseitig ausgetauscht werden, so nennt man den Vorgang eine doppelte Zersetzung.

31) Aequivalent sind die Mengen verschiedener Körper welche sich zu neuen Körpern vereinigen, die Mengen welche sich in Verbindungen vertreten können, oder genauer die Mengen der verschiedenen Körper welche eine gleiche chemische Wirkung ausüben. Mittel zur Bestimmung der Aequivalenz der Körper sind die Feststellung ihres Substitutionswerthes (Sättigungscapacität), die Analyse und Synthese von Verbindungen.

32) Viele Elemente oder Verbindungen können sich mit anderen Elementen oder Verbindungen in mehreren Proportionen verbinden, sie können in abweichenden Mengen genau dieselben Quantitäten anderer Körper substituiren und daher sind ihnen mehrere Aequivalente zuzuschreiben. So verbinden sich 100 Gew. Th. Quecksilber oder 200 Gew. Th. dieses Metalls mit gleich viel Chlor zu Quecksilberchlorid oder Quecksilberchlorür; 28 Gewichtstheile Eisen zersetzen zwei Aequivalente Säure zur Bildung von Ferrosalzen und drei Aequivalente zur Bildung von Ferridsalzen.

Die Thatsache, dass gewisse Körper in verschiedenen Mengen, welche in einfachen Verhältnissen zu einander stehen, chemische Wirksamkeit ausüben können, bezeichnet man als das Gesetz der multiplen Proportionen.

33) Atomistische Lehre. Nach derselben wird angenommen, dass die Elemente nur bis zu einer bestimmten Grenze theilbar seien;

die kleinsten Theile in welche man sich die Körper zerlegbar denkt bezeichnet man als Atome. Die zusammengesetzten Körper entstehen nach dieser Lehre aus dem Zusammentritt mehrerer Atome zu einem Systeme, in welchem die einzelnen Atome, nebeneinander befindlich, noch in ihrer Eigenthümlichkeit vorhanden sind. Nach den Gesetzen der constanten und multiplen Proportionen kann sich ein Atom gewisser Elemente mit 1, 2, 3 und mehreren Atomen anderer Elemente verbinden. Diese Lehre wird vorzüglich durch die Erkenntniss gestützt, dass viele Substanzen von gleicher Zusammensetzung verschiedene Eigenschaften besitzen und unter dem Einfluss einwirkender Agentien in wesentlich von einander abweichende Producte zerfallen. Dieses ist verständlich, wenn in den betreffenden Verbindungen von gleicher Zusammensetzung die Anordnung der Atome eine verschiedene ist.

34) Atomgewichte der Elemente. Dieselben sind öfters identisch mit ihren Aequivalentgewichten, oder sie stehen zu denselben in einem einfachen Verhältniss. Sie werden ermittelt durch das specifische Gewicht der Gase und Dämpfe von Verbindungen, durch die specifische Wärme der festen Körper, durch den Isomorphismus solcher Substanzen welche sich in Verbindungen vertreten, und durch das ganze chemische Verhalten der Elemente und ihrer Verbindungen.

35) Molecule. Alle Gase verhalten sich ohne Ausnahme gegen Druck wodurch sie zusammengepresst werden, und gegen Wärme wodurch sie ausgedehnt werden gleich, und daher nimmt man an, dass sie in gleichen Volumen unter demselben Drucke und bei derselben Temperatur eine gleiche Anzahl von getrennten Massentheilchen, welche man als Molecule bezeichnet, enthalten. Und da bei der Vereinigung verschiedener Gase, in dem Verhältniss von einem oder mehreren Volumen eines Gases zu einem oder mehreren Volumen anderer Gase, das Product im gas- oder dampfförmigen Zustande zwei Volume erfüllt, so wird ganz allgemein die Menge eines einfachen Gases welche ebendenselben Raum einnimmt für ein Molecul angesehen.

36) Specifisches Gewicht der Gase und Dämpfe. Aus der regelmässigen Condensation bei der Vereinigung gas- oder dampfförmiger Körper zu Verbindungen von gleichem Aggregatzustande folgt, dass die specifischen Gewichte der Gase und Dämpfe und ihre Moleculargewichte gleich gross sind, wenn sie auf ein und dieselbe Einheit bezogen werden und daher dient die Bestimmung der specifischen Gewichte gas- oder dampfförmiger Körper zur Bestimmung ihrer Moleculargrössen.

Einige Beispiele machen diese Verhältnisse deutlich: Bei der electrolytischen Zersetzung von Salzsäuregas erhält man ohne Volumveränderung ein Gemisch aus gleichen Volumen Chlorgas und Wasserstoffgas, und gleiche Volume dieser elementaren Gase vereinigen sich ohne Volumveränderung zu Chlorwasserstoffgas.

Es geben:

1 Vol.	oder 1	Gwth.	Wasserstoffgas und
1 Vol.	oder 35,5	Gwth.	Chlorgas
2 Vol.	oder 36,5	Gwth.	Chlorwasserstoffgas.

Wenn das Atomgewicht des Wasserstoffs = 1 gesetzt wird, so ist sein Moleculargewicht = 2, und legt man dieses bei der Bestimmung der specifischen Gewichte als Einheit zu Grunde, so ist das specifische Gewicht des Chlorwasserstoffgases = 36,5; es stimmt alsdann mit seinem Moleculargewichte überein. Dieselben Verhältnisse finden sich beim Wasserdampfe, beim Ammoniakgase und bei den anderen Gasen und Dämpfen.

Bei der Electrolyse des Wassers werden auf 1 Vol. Sauerstoffgas 2 Vol. Wasserstoffgas abgeschieden und ein Gemisch dieser Gase in dem angegebenen Verhältniss vereinigt sich zu 2 Vol. Wasserdampf.

Es geben:

1 Vol.	oder 16	Gwth.	Sauerstoffgas und
2 Vol.	oder 2	Gwth.	Wasserstoffgas
2 Vol.	oder 18	Gwth.	Wasserdampf.

2 Vol. Ammoniakgas werden durch den electrischen Strom in 1 Vol. Stickstoffgas und 3 Vol. Wasserstoffgas zersetzt:

1 Vol.	oder 14	Gwth.	Stickstoffgas und
3 Vol.	oder 3	Gwth.	Wasserstoffgas sind enthalten in:
2 Vol.	oder 17	Gwth.	Ammoniakgas.

Vergleicht man die specifischen Gewichte der Gase und Dämpfe mit Wasserstoff = 1, so sind sie nur halb so gross als ihre Moleculargewichte.

37) Als **Atom** bezeichnet man in der Regel die kleinste Quantität eines einfachen Körpers, welche in zusammengesetzten Moleculen vorkommt. In einzelnen Fällen jedoch stellt die geringste Menge eines Elements, welche sich in zusammengesetzten Gasmoleculen findet, nach seinem chemischen Verhalten, nach der specifischen Wärme und nach dem Isomorphismus mehr als ein Atom vor.

38) Von vielen Elementen sind flüchtige oder solche Verbindungen, deren Dampfdichte bestimmt werden konnte, nicht bekannt, und daher muss ihr Atomgewicht durch andere Verhältnisse ermittelt werden. Hierzu dient bei vielen Elementen ihre **specifische Wärme**. Hierunter versteht man die Wärmemenge, welche gleiche Gewichtstheile der verschiedenen Körper zur gleichen Erwärmung bedürfen, oder welche sie beim Erkalten um dieselben Temperaturgrade abgeben. Diese Wärmemenge ist bei den verschiedenartigen Körpern ungleich

gross; aber es hat sich ergeben, dass Mengen der Elemente, welche übereinstimmen mit ihren Aequivalenten, oder welche in einem einfachen Verhältniss zu denselben stehen, in der Regel dieselbe Capacität für Wärme besitzen. Mit wenigen Ausnahmen stimmt die Quantität der verschiedenen Elemente welche zur gleichen Erwärmung gleiche Wärmemengen bedürfen mit den aus den specifischen Gewichten der zusammengesetzten Gase und Dämpfe gefolgerten Atomgrössen überein, und daher hat man für die Elemente, deren Atomgrössen nicht durch die Dampfdichte von Verbindungen zu bestimmen war, diejenigen Mengen als Atome bezeichnet, welche entsprechend der Regel, dass die Atome gleiche Capacität für die Wärme besitzen, sich als solche ergaben. Für viele zusammengesetzte feste Substanzen hat sich ergeben, dass ihre Wärmecapacität gleich derjenigen ist, welche sich aus der Wärmecapacität ihrer Bestandtheile berechnet; hiernach ist es möglich die specifische Wärme solcher Elemente welche im freien Zustande nicht in fester Form bekannt sind aus der specifischen Wärme ihrer festen Verbindungen zu berechnen, und es ergibt sich, dass mehrere gasförmige Elemente in ihren festen Verbindungen ebenfalls die normale Wärmecapacität besitzen.

Einige Elemente besitzen sowohl im freien Zustande als auch in Verbindungen eine geringere specifische Wärme als die anderen Elemente. In einzelnen Fällen hat die Kenntniss der Wärmecapacität dazu gedient die aus der Dichte gasförmiger Verbindungen gefolgerten Atomgewichte zu corrigiren.

39) Gesetz der paaren Aequivalente. Man hat gefunden, dass viele Elemente nur in paarer Aequivalentzahl in chemischen Verbindungen vorkommen, oder bei chemischen Metamorphosen assimilirt oder ausgeschieden werden, wonach sie also nur in paarer Anzahl von Aequivalenten chemische Function erfüllen, und dieses führt für diese Elemente zu der Annahme von Atomen, welche eine mehrfache Grösse ihrer Aequivalente besitzen.

40) Wie das chemische Verhalten der Elemente und ihrer Verbindungen weiter dazu dienen kann die Atomgrösse zu bestimmen ergibt sich aus den folgenden Beispielen: Lässt man Natrium auf Chlorwasserstoff einwirken, so wird letzteres zersetzt; es entsteht Chlornatrium, bestehend aus einem Aequivalente Chlor und einem Aequivalente Natrium, während Wasserstoff ausgeschieden wird. Bei der Einwirkung von Natrium auf Wasser tritt ebenfalls eine Zersetzung ein, je ein Aequivalent Natrium entwickelt ein Aequivalent Wasserstoff daraus, aber es bildet sich nicht eine Verbindung, welche dem Chlornatrium entspricht, sondern ein Körper der aus einem Aequivalente Natrium, einem Aequivalente Wasserstoff und zwei Aequivalenten Sauerstoff besteht. Dieses abweichende Verhalten des Wassers erklärt sich, wenn Salzsäure aus einem Aequivalente oder Atome Was-

serstoff und einem Aequivalente oder Atome Chlor; Wasser aber aus zwei Aequivalenten oder Atomen Wasserstoff und einem Atome Sauerstoff, welches die Grösse von zwei Aequivalenten besitzt, besteht.

Wie Wasser verhalten sich Schwefel-, Selen- und Tellurwasserstoff, und daher ist anzunehmen, dass die Atome dieser Elemente ebenfalls gleich zwei Aequivalenten derselben seien. Wenn dieses der Fall ist, so folgt daraus, dass schweflige Säure, Schwefelsäure und die entsprechenden Säuren des Selens und Tellurs zweibasische Säuren sein müssen, dass ein Molecul dieser Säuren und zwei Molecule Salzsäure oder einer anderen einbasischen Säure gleiche Sättigungscapacität besitzen müssen. Dieses ist in der That auch der Fall.

41) Aus dem Isomorphismus kann die Atomgrösse von Elementen gefolgert werden, wenn man denselben in dem Sinne nimmt, dass nur die Körper als isomorph bezeichnet werden, welche sich in Verbindungen vertreten können, ohne die Form derselben zu verändern. Ist die Atomgrösse des einen isomorphen Elements bekannt, so folgert man, dass die Menge eines anderen Elements, welches ohne Veränderung der Form jenes substituiren kann, eine gleiche Anzahl von Atomen vorstelle.

42) Jedem Elemente hat man ein Zeichen beigelegt, dasselbe ist aus dem ersten Buchstaben der lateinischen Benennung, welchem in einigen Fällen ein zweiter Buchstabe hinzugefügt ist, gebildet. Diese Zeichen besitzen zugleich eine quantitative Bedeutung, sie drücken die den Elementen beigelegten Aequivalentgewichte oder die ihnen zuerkannten Atomgewichte aus. Den Atomen derjenigen Elemente, welche sich von den denselben beigelegten Aequivalenten unterscheiden, welche doppelt so gross als die Aequivalente sind, gibt man durchstrichene Buchstaben als Zeichen..

Die Zeichen für die zusammengesetzten Körper bildet man, indem man diejenigen ihrer Bestandtheile zusammenstellt. H bedeutet ein Atom Wasserstoff, 2H stellt zwei Atome dieses Elements vor, H_2 bezeichnet ein Molecul Wasserstoff, $H_2Θ$ ein Molecul Wasser, $2H_2Θ$ zwei Molecule dieser Verbindung.

43) In der folgenden Tabelle sind die bis jetzt bekannten Elemente nebst den Zeichen und Gewichten für ihre Aequivalente und Atome zusammengestellt.

Namen der Elemente	Aequivalent		Atom	
	Zeichen.	Gewicht.	Zeichen.	Gewicht.
Wasserstoff (Hydrogenium)	H	1	H	1
Fluor	Fl	19	Fl	19
Chlor	Cl	35,5	Cl	35,5
Brom	Br	80	Br	80
Jod	J	127	J	127
Sauerstoff (Oxygenium)	O	8	O̶	16
Schwefel (Sulphur)	S	16	S̶	32
Selen	Se	39,7	S̶e	79,4
Tellur	Te	64	T̶e	128
Stickstoff (Nitrogenium)	N	14	N	14
Phosphor	P	31	P	31
Arsen	As	75	As	75
Antimon (Stibium)	Sb	122	Sb	122
Wismuth (Bismuthum)	Bi	210	Bi	210
Bor	B	10,9	B	10,9
Kohle (Carbonium)	C	6	C̶	12
Kalium	K	39,1	K	39,1
Natrium	Na	23	Na	23
Lithium	Li	7	Li	7
Caesium	Cs	133	Cs	133
Rubidium	Rb	85,4	Rb	85,4
Barium	Ba	68,5	B̶a	137
Strontium	Sr	43,8	S̶r	87,6
Calcium	Ca	20	C̶a	40
Magnesium	Mg	12	M̶g	24
Zink	Zn	32,6	Z̶n	65,2
Cadmium	Cd	56	C̶d	112
Indium	In	37	I̶n	74
Aluminium	Al	13,7	A̶l	27,4

Namen der Elemente	Aequivalent		Atom	
	Zeichen.	Gewicht.	Zeichen.	Gewicht.
Eisen (Ferrum)	Fe	28	Fe	56
Mangan	Mn	27,5	Mn	55
Kobalt (Cobaltum)	Co	30	Co	60
Nickel	Ni	29	Ni	58
Uran	Ur	60	Ur	120
Zinn (Stannum)	Sn	59	Sn	118
Silicium	Si	14	Si	28
Titan	Ti	25	Ti	50
Zirkon	Zr	45	Zr	90
Thorium	Th	115,7	Th	231,4
Beryllium	Be	4,65	Be	9,3
Cer	Ce	46	Ce	92
Lanthan	La	46,5	La	93
Didym	Di	48	Di	96
Erbium	Er	56,3	Er	112,6
Yttrium	Y	30,85	Y	61,7
Tantal	Ta	91	Ta	182
Niob	Nb	47	Nb	94
Chrom	Cr	26,1	Cr	52,2
Vanadin	Va	68,6	Va	137,2
Molybdän	Mo	48	Mo	96
Wolfram	W	92	W	184
Thallium	Tl	204	Tl	204
Blei (Plumbum)	Pb	103,5	Pb	207
Kupfer (Cuprum)	Cu	31,7	Cu	63,4
Silber (Argentum)	Ag	108	Ag	108
Quecksilber (Hydrargyrum)	Hg	100	Hg	200

Namen der Elemente	Aequivalent		Atom	
	Zeichen.	Gewicht.	Zeichen.	Gewicht.
Gold (Aurum)	Au	197	Au	197
Platin	Pt	98,7	Pt	197,4
Palladium	Pd	53,3	Pd	106,6
Iridium	Ir	99	Ir	198
Rhodium	Rh	52,2	Rh	104,4
Osmium	Os	99,6	Os	199,2
Ruthenium	Ru	52,2	Ru	104,4

44) *Qualitative Verschiedenheiten der Elemente.* Als Repräsentanten derjenigen Elemente, welche in ihren chemischen Eigenschaften am weitesten von einander entfernt sind, lassen sich die Bestandtheile des Kochsalzes, Natrium und Chlor ansehen. Natrium und die demselben entsprechenden Elemente bilden mit Sauerstoff basische Verbindungen, mit Sauerstoff und Wasserstoff *Basen*. Chlor und die diesem Elemente entsprechenden Elemente geben umgekehrt mit Sauerstoff saure Verbindungen und mit Sauerstoff und Wasserstoff *Säuren*[1]).

45) Gewisse Verbindungen fungiren unter Umständen als Basen und unter anderen Verhältnissen als Säuren, wodurch der Gegensatz von basisch und sauer vermittelt und für bestimmte Fälle als aufgehoben erscheint.

46) Die Elemente, welche dem Natrium entsprechen, welche vorzüglich geneigt sind Basen zu bilden, nennt man *Metalle*; die säurebildenden, dem Chlor ähnlichen Elemente fasst man unter dem Namen *Metalloide* zusammen.

47) Viele Metalle und Metalloide bilden, jenachdem sie mit diesen oder jenen Elementen oder jenachdem sie mit einer grösseren oder geringeren Anzahl Atome derselben Elemente verbunden sind, Basen oder Säu-

---

[1]) Die Basen und Säuren unterscheidet man öfters durch ihr Verhalten gegen organische Farbstoffe; sie verändern dieselben nämlich auf verschiedene und zwar entgegengesetzte Weise. Bringt man beispielsweise zu einer violetten Lösung von Lakmus in Wasser eine Base, so wird die Lösung blau, eine Säure macht sie roth; die blaue alkalische Lösung wird durch einen Ueberschuss von Säure ebenfalls roth, während die rothe saure Lösung durch einen Ueberschuss von Base blau wird.

Diese Wirkungen zeigen jedoch nur die Basen und Säuren, welche in Wasser löslich sind; sie zeigen sie aber nicht ausschliesslich, indem auch Salze eine saure oder eine alkalische Reaction haben können.

ren. Hiernach ist die Unterscheidung der Elemente in Metalle und Metalloide eine sehr unbestimmte.

48) Viele chemische Verbindungen können durch den electrischen Strom zersetzt werden. (Electrolyse). Hierbei wird der metallische oder basische Bestandtheil am negativen Pole abgeschieden und daher wird derselbe electropositiv genannt, indem electrisch entgegengesetzte Körper sich anziehen. Der chlorartige oder saure Bestandtheil wird am positiven Pole abgeschieden und daher electronegativ genannt.

49) Derselbe Körper kann in einer Verbindung der positive und in einer anderen der negative Bestandtheil sein, wonach also die Ausdrücke electropositiv und electronegativ, ganz wie die Ausdrücke basisch und sauer nur ein relatives Verhältniss bezeichnen.

50) Zu den Metalloiden rechnet man die folgenden Elemente:

1) Wasserstoff
2) Fluor
3) Chlor
4) Brom
5) Jod
6) Sauerstoff
7) Schwefel
8) Selen
9) Tellur
10) Stickstoff
11) Phosphor
12) Arsen
13) Antimon
14) Bor
15) Kohlenstoff
16) Silicium (Kiesel).

Hiervon ist ein Element, das Fluor, im freien Zustande unbekannt. Wasserstoff, Sauerstoff und Stickstoff sind nur im gasförmigen Zustande bekannt; sie sind permanente Gase, während Chlor ein coërcibles Gas ist. Brom ist bei gewöhnlicher Temperatur eine Flüssigkeit. Die übrigen Metalloide sind feste Körper, welche mit Ausnahme des Kohlenstoffs schmelzbar und mit Ausnahme des Kohlenstoffs, Siliciums und Bors verdampfbar sind. Sie sind theils durchsichtig, theils undurchsichtig; sie besitzen theils eigenthümliche Farbe und eigenthümlichen Glanz, theils Farbe und Glanz der Metalle. Durch ihre physikalischen Eigenschaften und ihr chemisches Verhalten nähern sich namentlich Jod, Selen, Tellur, Arsen und Antimon den Metallen. Mehrere der Metalloide kommen in allotropischen Formen vor.

Als Metalle betrachtet man beispielsweise:

1) Lithium
2) Natrium
3) Kalium
4) Cäsium
5) Rubidium
6) Barium
7) Strontium
8) Calcium
9) Magnesium
10) Aluminium
11) Zink
12) Cadmium
13) Zinn
14) Eisen
15) Mangan
16) Kobalt
17) Nickel
18) Chrom

19) Wismuth	22) Kupfer	25) Silber
20) Thallium	23) Quecksilber	26) Gold
21) Blei	24) Palladium	27) Platin

Alle Metalle haben im compacten Zustande einen eigenthümlichen Glanz, den Metallglanz. Sie sind undurchsichtig. Die meisten sind weiss bis grau; nur Gold, Barium, Strontium und Calcium sind gelb, und Kupfer ist roth.

Mit Ausnahme des flüssigen Quecksilbers sind sie bei gewöhnlicher Temperatur fest. Sie sind sämmtlich schmelzbar, jedoch bei sehr verschiedenen Temperaturen. Einige sind flüchtig. Die meisten krystallisiren in Formen des regulären Systems. Sie sind alle Leiter für Wärme und Electricität, jedoch in sehr verschiedenen Graden.

Man hat die Metalle in leichte und schwere eingetheilt. Zu den ersteren rechnet man diejenigen, deren specifisches Gewicht geringer als 5,0 ist; hierzu gehören die 10 ersten Metalle der vorstehenden Tabelle, während die übrigen zu den schweren Metallen, deren spezifisches Gewicht grösser als 5,0 ist, gerechnet werden.

Auch hat man sie nach ihrem Verhalten gegen Wasser oder den Sauerstoff der Luft; ferner nach dem Verhalten ihrer Sauerstoffverbindungen beim Erhitzen und nach anderen chemischen Eigenschaften eingetheilt.

Die ersten 18 Metalle der vorstehenden Tabelle zersetzen das Wasser entweder bei gewöhnlicher oder in höherer Temperatur. Einige Metalle, namentlich Lithium, Kalium, Natrium, Cäsium, Rubidium, Barium, Strontium und Calcium erleiden an der trocknen Luft bei gewöhnlicher Temperatur auch im compacten Zustande rasch Oxydation. Durch blosses Erhitzen werden die Oxyde des Quecksilbers, Palladiums, Silbers, Golds und Platins zersetzt und ausser diesem Metallen werden noch Zink, Cadmium, Zinn, Eisen, Kobalt, Nickel, Wismuth, Thallium, Blei, und Kupfer von den in der Tabelle angeführten Metallen beim Erhitzen in Wasserstoffgas aus ihren Oxyden abgeschieden.

Die 9 ersten Metalle und auch Zink, Quecksilber, Silber, Palladium und andere bilden mit Sauerstoff stark basische Verbindungen und keine Säuren.

Aluminium, Eisen, Mangan, Chrom und andere bilden Sauerstoffverbindungen, die je nach den Verhältnissen als Basen oder als Säuren auftreten.

Wismuth, Zinn, Chrom, Mangan etc. etc. bilden sowohl basische als auch, mit mehr Sauerstoff, saure Verbindungen, so dass sie sich den Metalloiden anschliessen.

52) Verbindungsverhältnisse der Atome. Mit Ausnahme

des Bors verbinden sich sämmtliche Metalloide mit Wasserstoff zu theils sauren, theils neutralen oder basischen Körpern.

Die Wasserstoffverbindungen des Fluors, Chlors, Broms und Jods, welche Elemente man als Haloide bezeichnet, enthalten von jedem Element ein Atom.

HFl	HCl	HBr	HJ.
Fluorwasserstoff	Chlorwasserstoff	Bromwasserstoff	Jodwasserstoff

Diese Verbindungen sind starke Säuren.

Sauerstoff, Schwefel, Selen und Tellur bilden in dem Verhältniss von einem Atome mit zwei Atomen Wasserstoff Verbindungen:

$H_2\Theta$	H_2S	H_2Se	H_2Te.
Wasser	Schwefelwasserstoff	Selenwasserstoff	Tellurwasserstoff

Mit Ausnahme des Wassers, welches neutral ist, sind diese Verbindungen schwache Säuren.

Je ein Atom der Elemente Stickstoff, Phosphor, Arsen und Antimon verbindet sich mit drei Atomen Wasserstoff zu:

H_3N	H_3P	H_3As	H_3Sb.
Ammoniak	Phosphorwasserstoff	Arsenwasserstoff	Antimonwasserstoff

Diese Verbindungen sind neutraler Natur; das Ammoniak gibt aber mit Wasser eine kräftige Base und auch die anderen Verbindungen zeigen Neigung solche zu bilden.

Mit Sauerstoff gehen die Metalloide mit Ausnahme des Fluors sämmtlich Verbindung ein; die meisten in mehreren Verhältnissen. Alle bilden damit saure, einige auch neutrale, ja selbst basische Körper. Bor und Silicium verbinden sich nur in einem Verhältniss mit Sauerstoff zu Borsäureanhydrid, $B_2\Theta_3$, und Kieselsäureanhydrid, $Si\Theta_2$. Kohlenstoff bildet damit zwei Verbindungen, eine indifferente, Kohlenoxyd, $C\Theta$, und eine saure, Kohlensäureanhydrid, $C\Theta_2$. Schwefel, Selen und Tellur bilden gleichfalls je zwei Oxyde:

$S\Theta_2$	$Se\Theta_2$	$Te\Theta_2$
Schwefligsäure-anhydrid	Selenigsäure-anhydrid	Tellurigsäure-anhydrid
$S\Theta_3$	$Se\Theta_3$	$Te\Theta_3$.
Schwefelsäure-anhydrid	Selensäure-anhydrid	Tellursäure-anhydrid

Antimon bildet ein basisches Oxyd, Antimonoxyd, $Sb_2\ \Theta_3$, und ein saures, Antimonsäureanhydrid, $Sb_2\ \Theta_5$. Stickstoff bildet fünf Oxyde:

$N_2\Theta$ Stickstoffoxydul
$N\ \Theta$ Stickstoffoxyd
$N_2\Theta_3$ Salpetrigsäureanhydrid
$N\ \Theta_2$ Stickstoffhyperoxyd
$N_2\Theta_5$ Salpetersäureanhydrid.

Hiervon sind die niederen Oxyde Körper von nicht sehr ausgeprägtem chemischem Character, während die höheren Oxyde saurer Natur sind.

Verbindungen der Metalle mit Wasserstoff kennt man nur wenige und diese zeichnen sich nicht durch hervorragende Eigenschaften aus.

Mit den Haloiden verbinden sich alle Metalle, die meisten in mehreren Verhältnissen, zu theils in Wasser unlöslichen, theils darin löslichen Verbindungen. Die haloidreichsten Verbindungen der Metalle besitzen, wenn sie in Wasser löslich sind, in der Regel eine saure Reaction.

Mit Sauerstoff verbinden sich alle Metalle, einige nur in einem Verhältniss, die meisten in mehreren Proportionen. Gewisse niedere Oxyde der Metalle sind indifferenter Natur; in der Regel sind aber die niederen Metalloxyde basisch. Mehrere der höheren sind je nach Umständen basischer oder saurer Natur, andere sind wieder indifferent und die sauerstoffreichsten besitzen im Allgemeinen ganz ausgeprägte saure Eigenschaften. Dass die höchsten Oxyde zweier Metalle, des Osmiums und Rutheniums wieder indifferenter Natur sind macht das Mass der Mannigfaltigkeit voll.

Indifferente niedere Oxyde bilden beispielsweise Silber, Blei und Kupfer.

$Ag_4\Theta$	$Pb_2\Theta$	$Cu_4\Theta$
Silberquadrantoxyd	Bleisuboxyd	Kupferquadrantoxyd.

Diese Oxyde zerfallen leicht in Metall und in basische Oxyde.

Die Metalle der Alkalien: Kalium, Natrium, Lithium, Cäsium und Rubidium bilden die kräftigsten basischen Oxyde. Sie bestehen, so wie auch basische Oxyde des Thalliums, Kupfers und Silbers aus zwei Atomen Metall und einem Atom Sauerstoff:

$K_2\Theta$	$Na_2\Theta$	$Cu_2\Theta$	$Ag_2\Theta$
Kaliumoxyd	Natriumoxyd	Kupferoxydul	Silberoxyd.

Vom Calcium, Magnesium, Blei, Eisen, Mangan, Zinn, Kupfer, Platin, Ruthenium und vielen anderen Metallen kennt man Oxyde, welche aus einem Atom Metall und einem Atom Sauerstoff bestehen:

$Ca\Theta$	$Pb\Theta$	$Fe\Theta$	$Mn\Theta$	$Cu\Theta$
Calciumoxyd	Bleioxyd	Eisenoxydul	Manganoxydul	Kupferoxyd.

Diese Oxyde sind ebenfalls basischer Natur.

Eisen, Aluminium, Chrom, Mangan und andere Metalle bilden Oxyde, in welchen auf zwei Atome Metall drei Atome Sauerstoff enthalten sind:

$Fe_{II}\Theta_3$	$Al_{II}\Theta_3$	$Mn_{II}\Theta_3$	$Cr_{II}\Theta_3$
Eisenoxyd	Aluminiumoxyd	Manganoxyd	Chromoxyd.

Diese Oxyde können je nach den Umständen als basische oder als saure Körper fungiren. Aehnlich constituirte Oxyde anderer Elemente, z. B. des Wismuths, $Bi_2\Theta_3$, und Antimons, $Sb_2\Theta_3$, sind rein basischer Natur, während die entsprechenden Oxyde noch anderer Elemente, $As_2\Theta_3$, $B_2\Theta_3$, $P_2\Theta_3$, $Cl_2\Theta_3$, $N_2\Theta_3$ etc., rein saurer Natur sind.

Mangan, Blei, Barium und andere Metalle bilden Oxyde, welche aus einem Atom Metall und aus zwei Atomen Sauerstoff bestehen und die weder saurer noch basischer Natur sind:

$Pb\Theta_2$	$Mn\Theta_2$	$Ba\Theta_2$
Bleihyperoxyd	Manganhyperoxyd	Bariumhyperoxyd.

Zinn, Titan und andere Metalle bilden Oxyde, die ebenfalls auf ein Atom Metall zwei Atome Sauerstoff enthalten und die saurer Natur sind; sie entsprechen dem Kieselsäureanhydrid. Man hat:

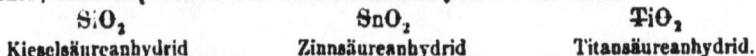

SiO_2	SnO_2	$Ti\Theta_2$
Kieselsäureanhydrid	Zinnsäureanhydrid	Titansäureanhydrid.

Auch Platin und einige andere Metalle bilden ähnlich constituirte Verbindungen, die aber als schwache Basen fungiren können.

Wismuth, Tantal und Niob bilden saure Oxyde, welche den Anhydriden der Salpeter-, Jod-, Phosphor-, Arsen-, Antimon- und anderer Säuren entsprechen:

N_2O_5	J_2O_5	$Bi_2\Theta_5$	$Nb_2\Theta_5$
Salpetersäure-anhydrid	Jodsäure-anhydrid	Wismuthsäure-anhydrid	Niobsäure-anhydrid.

Chrom, Mangan, Osmium, Ruthenium und andere Metalle bilden saure Oxyde, welche dem Anhydrid der Schwefelsäure entsprechen:

$S\Theta_3$	$Cr\Theta_3$	$Mn\Theta_3$	$Os\Theta_3$
Schwefelsäure-anhydrid	Chromsäure-anhydrid	Mangansäure-anhydrid	Osmiumsäure-anhydrid.

Thallium bildet ein Oxyd analoger Constitution, welches schwach basische Eigenschaften besitzt.

Mangan bildet ferner ein Oxyd, welches dem Ueberjodsäureanhydrid, $J_2\Theta_7$, entspricht und gleich diesem saurer Natur ist.

Noch höhere Oxyde bilden endlich Osmium und Ruthenium:

$Os\Theta_4$	RuO_4
Osmiumtetraoxyd	Rutheniumtetraoxyd.

Diese Oxyde sind weder basischer noch saurer Natur; sie zerfallen leicht in Sauerstoff und Säure.

53) Säuren. Die Wasserstoffverbindungen der Haloide bezeichnet man als Haloidsäuren. Andere Säuren sind die Wasserstoffverbindungen electronegativer zusammengesetzter Körper; sie entstehen aus sauren Oxyden, wenn diese mit Wasser zusammentreffen.

Belege:

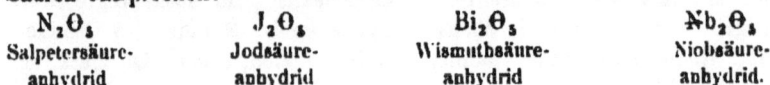

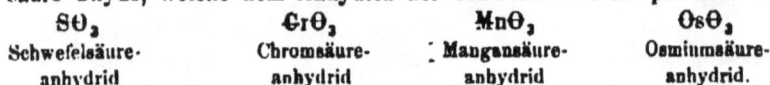

Saure Verbindungen				Säuren
$Cl_2\Theta$	+	H_2O	=	2 ClOH
Unterchlorigsäureanhydrid				Unterchlorige Säure
Cl_2O_3	+	$H_2\Theta$	=	2 $Cl\Theta_2H$
Chlorigsäureanhydrid				Chlorige Säure
$N_2\Theta_5$	+	$H_2\Theta$	=	2 $N\Theta_2H$
Salpetersäureanhydrid				Salpetersäure

$S\Theta_2$	+	$H_2\Theta$	=	$S\Theta_3H_2$
Schwefligsäureanhydrid				Schweflige Säure
$S\Theta_3$	+	$H_2\Theta$	=	$S\Theta_4H_2$
Schwefelsäureanhydrid				Schwefelsäure.

54) **Basen.** Die basischen Wasserstoff- oder Sauerstoffverbindungen geben beim Zusammentreffen mit Wasser Basen.

Man hat:

Basische Verbindungen				Basen
NH_3	+	$H_2\Theta$	=	$NH_4\Theta H$
Ammoniak				Ammoniumoxyhydrür
Na_2O	+	$H_2\Theta$	=	$2Na\Theta H$
Natriumoxyd				Natriumoxyhydrür
$Ca\Theta$	+	$H_2\Theta$	=	$Ca(OH)_2$
Calciumoxyd				Calciumoxyhydrür.

Hiernach sind die Basen wie die Säuren zusammengesetzte Körper, welche Wasserstoff enthalten.

55) **Salze** nennt man die Verbindungen von Metall und Metalloid oder von basischen und sauren Verbindungen, in welchen die entgegengesetzten Eigenschaften der Componenten mehr oder weniger aufgehoben, **neutralisirt** sind.

Man hat:

				Salze		
2 Na	+	Cl_2	=	$2NaCl$		
Natrium		Chlor		Chlornatrium		
Cd	+	H_2S	=	CdS	+	H_2
Cadmium		Schwefelwasserstoff		Schwefelcadmium		Wasserstoff
$Cu\Theta$	+	SO_3	=	CuO_4S		
Kupferoxyd		Schwefelsäureanhydrid		Schwefelsaures Kupferoxyd		
$Ag_2\Theta$	+	$2HCl$	=	$2AgCl$	+	$H_2\Theta$
Silberoxyd		Chlorwasserstoff		Chlorsilber		Wasser
$Ca(\Theta H)_2$	+	$S\Theta_4H_2$	=	CaO_4S	+	$2H_2\Theta$
Calciumoxyhydrür		Schwefelsäure		Schwefelsaures Calciumoxyd		
$NH_4(\Theta H)$	+	HJ	=	NH_4J	+	$H_2\Theta$.
Ammoniumoxyhydrür		Jodwasserstoff		Jodammonium		

Die den Haloidsäuren entsprechenden Salze nennt man **Haloidsalze** und die, welche den Sauerstoffsäuren entsprechen, **Sauerstoffsalze**.

56) **Valenz der Elemente.** Da in zusammengesetzten Moleculen, welche aus nur zwei Elementen bestehen, auf ein Atom Wasserstoff niemals mehr als ein Atom des anderen Elements vorkommt, so

schliesst man, dass Wasserstoff nur eine Affinität äussern könne, dass es ein monovalentes Element sei. In der Regel sind Chlor, Brom, Jod, Fluor, Kalium, Natrium, Silber und andere Elemente ebenfalls monovalent; ihre Atome sind, wie das Atom des Wasserstoffs, identisch mit ihren Aequivalenten.

Die Atome des Sauerstoffs, Schwefels, Selens, Tellurs, Calciums, Magnesiums, Zinks und vieler anderer Elemente sind doppelt so gross als ihre Aequivalente sind; ein Atom dieser Elemente verbindet sich mit zwei Atomen Wasserstoff, Chlor oder eines anderen monovalenten Elements zu einem Molecul; sie äussern also zwei Affinitäten und sie lassen sich als bivalente Elemente bezeichnen.

Stickstoff, Phosphor, Arsen und Antimon gehören zu denjenigen Elementen, welche sich mit drei Atomen eines monovalenten Elements verbinden können, sie kommen namentlich in Verbindung mit drei Atomen Wasserstoff vor, sie äussern drei Affinitäten und werden daher als trivalente Elemente bezeichnet.

Die Atome anderer Elemente äussern eine noch grössere Anzahl von Affinitäten; sie sind vier-, fünf-, sechs- und mehr werthig.

57) Wechsel der Valenz. Die meisten Elemente können in mehreren Verhältnissen chemische Affinität äussern; ihre Valenz wechselt daher. Dieses ist beispielsweise der Fall bei Kupfer, von dem sich ein Atom mit einem oder mit zwei Atomen Chlor verbinden kann, dann auch bei Thallium, von dem sich ein Atom mit einem oder mit drei Atomen Chlor verbinden lässt; ferner bei Platin, dessen Atom sich mit zwei oder mit vier Atomen Chlor verbindet.

58) Electrolytisches Gesetz. Ein electrischer Strom von derselben Stärke zerlegt innerhalb gleicher Zeitdauer äquivalente Mengen der verschiedenen Verbindungen. Ein Strom, welcher z. B. einen Gewichtstheil Wasserstoff und 8 Gewichtstheile Sauerstoff während einer gegebenen Zeit aus verdünnter Säure abscheidet, fällt in derselben Zeit 108 Gewichtstheile Silber aus Silberlösungen; 200 Gewichtstheile Quecksilber aus einer gelösten Verbindung dieses Metalls, in der es monovalent enthalten ist, und 100 Gewichtstheile Quecksilber aus einer Lösung, welche es bivalent enthält; 63,4 Gewichtstheile Kupfer aus einer gelösten Verbindung dieses Metalls in monovalenter Form, und nur die Hälfte davon aus Lösungen, welche das Metall bivalent enthalten.

59) Typen. Hierunter versteht man gewisse zussammengesetzte Molecule, welche als Muster für die Verbindungsarten der Atome gelten.

Die Verbindungen ein- und einwerthiger Atome lassen sich auf

$$\overline{HH}$$

Wasserstoff

als Type beziehen und die Verbindungen ein- und mehrwerthiger Atome auf:

$\overbrace{HH}^{\overset{2}{\Theta}}$	$\overbrace{HHH}^{\overset{3}{N}}$	$\overbrace{HHHH}^{\overset{4}{\Theta}}$
Wasser	Ammoniak	Grubengas

$\overbrace{ClClClClCl}^{\overset{5}{P}}$	$\overbrace{ClClClClClCl}^{\overset{6}{W}}$
Phosphorchlorid	Wolframchlorid.

Es ist selbstverständlich, dass auch andere Körper als Typen benützt werden können.

60) Substitutionsformen. Wenn in Verbindungen Atome durch eine gleiche Anzahl anderer Atome von gleicher Valenz substituirt werden, so wird ihre Type nicht verändert. Dieses tritt auch dann nicht ein, wenn mehrere monovalente Atome durch die entsprechende Anzahl polyvalenter Atome ersetzt werden, oder wenn das Umgekehrte erfolgt.

Man hat daher:

Type HH

Substitutionsformen:

HCl	NaCl	KJ	AgBr
Chlorwasserstoff	Chlornatrium	Jodkalium	Bromsilber.

Type $H\Theta H = H_2\Theta$

Substitutionsformen:

$H\Theta Cl$	$Na\Theta Cl$	$Na\Theta H$	KSH
Unterchlorige Säure	Unterchlorigsaures Natrium	Natrium-oxyhydrür	Kalium sulfhydrür
$\Theta\Theta$	$\Theta a\Theta$	FeS	ZnS
Kohlenoxyd	Calciumoxyd	Ferrosum sulphür	Schwefelzink.

Type NH_3

Substitutionsformen:

NH_2Na	NJ_3	PH_3	$BoCl_3$
Natriumamid	Jodstickstoff	Phosphorwasserstoff	Borchlorür.

Type ΘH_4

Substitutionsformen:

ΘH_3J	$\Theta\Theta Cl_2$	$\Theta\Theta_2$	$Si\Theta_2$
Jodmethyl	Chlorkohlenoxyd	Kohlensäure-anhydrid	Kieselsäure-anhydrid.

Type PCl_5

Substitutionsformen:

NH_4Cl	PH_4J	$P\Theta Cl_3$
Chorammonium	Jodphosphonium	Phosphoroxychlorid.

Type WCl_6

Substitutionsformen:

$S\Theta_3$	$S\Theta_2Cl_2$	ΘrO_3	$\Theta r\Theta_2Cl_2$
Schwefelsäure-anhydrid	Sulphuryl-chlorid	Chromsäure-anhydrid	Chromoxychlorid.

61) Gemischte und verdoppelte Typen.

Solche Verbindungen, in welchen die sämmtlichen Bestandtheile nicht durch ein Atom zusammengehalten — gebunden — werden, sondern in welchen zwei oder mehrere Atome als Binder fungiren, kann man auf gemischte und verdoppelte Typen beziehen.

Tritt beispielsweise im Sumpfgase an die Stelle von einem Atom Wasserstoff die Gruppe OH, d. i. Wasser, weniger ein Atom Wasserstoff, so entsteht eine Verbindung, Methylalkohol, welche sich auf eine Combination der zweiten und vierten Type beziehen lässt:

$$\begin{matrix} HOH \\ HCH_3 \end{matrix} \qquad \left\{\begin{matrix} \Theta H \\ CH_3 \end{matrix}\right.$$

Typen — Methylalkohol.

Wenn Reste des Ammoniaks und Sumpfgases zusammentreten, so entstehen Verbindungen, welche sich auf Combinationen der vierten und dritten Type beziehen lassen:

$$\begin{matrix} H\Theta H_3 \\ HNH_2 \end{matrix} \qquad \left\{\begin{matrix} \Theta H_3 \\ NH_2 \end{matrix}\right. = H_3\Theta\text{-}NH_2$$

Typen — Methylamin

$$\begin{matrix} (H\Theta H_3)_2 \\ H_2NH \end{matrix} \qquad \left\{\begin{matrix} (\Theta H_3)_2 \\ NH \end{matrix}\right. = (H_3\Theta)_2\text{-}NH$$

Typen — Bimethylamin

$$\begin{matrix} (H\Theta H_3)_3 \\ H_3N \end{matrix} \qquad \left\{\begin{matrix} (\Theta H_3)_3 \\ N \end{matrix}\right. = (H_3\Theta)_3\text{-}N$$

Typen — Trimethylamin.

Wenn sich zwei oder mehrere Reste des Grubengases verbinden, so entstehen Verbindungen, welche auf zwei, drei und mehrere Molecule Grubengas als Type bezogen werden können:

$$\begin{matrix} H\text{-}\Theta H_3 \\ H\text{-}\Theta H_3 \end{matrix} \qquad \left\{\begin{matrix} \Theta H_3 \\ \Theta H_3 \end{matrix}\right. \qquad \begin{matrix} H\text{-}\Theta H_3 \\ H_2\text{-}\Theta H_2 \\ H\text{-}\Theta H_3 \end{matrix} \qquad \left\{\begin{matrix} \Theta H_3 \\ \Theta H_2 \\ \Theta H_3 \end{matrix}\right.$$

Type — Aethylwasserstoff — Type — Propylwasserstoff.

Ammoniak und Chlorwasserstoff verbinden sich zu Chlorammonium, wobei der dreiwerthige Stickstoff sich in fünfwerthigen verwandelt und eine Verbindung entsteht, welche auf die fünfte Type bezogen werden kann.

$$\underbrace{Cl\,Cl\,Cl\,Cl\,Cl}_{P} \qquad \underbrace{H\,H\,H\,H\,Cl}_{N}$$

Type — Chlorammonium.

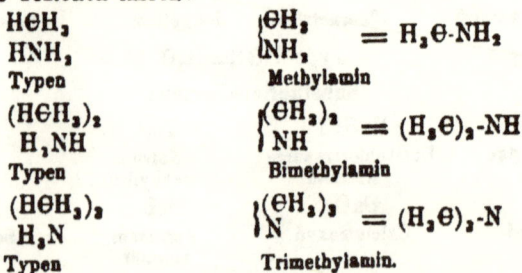

Wie Ammoniak, so vereinigen sich auch Methyl-, Bimethyl- und Trimethylamin mit Chlorwasserstoff, wodurch Verbindungen entstehen die sich auf Combinationen der vierten und fünften Type beziehen lassen:

$$\begin{matrix} H\Theta H_3 \\ HNH_3Cl \\ \text{Typen} \end{matrix} \qquad \begin{matrix} \left\{\begin{matrix} \Theta H_3 \\ NH_3Cl \end{matrix}\right. = N(\Theta H_3)H_3Cl \\ \text{Methylammoniumchlorür.} \end{matrix}$$

Zu Trimethylamin können die Bestandtheile des Methylalkohols treten, wodurch eine Verbindung entsteht in der ein Atom Sauerstoff, vier Atome Kohlenstoff und ein Atom Stickstoff als Binder fungiren; Stickstoff ist darin fünfwerthig enthalten, der Kohlenstoff vierwerthig und der Sauerstoff zweiwerthig, und daher stellt die Verbindung eine Combination der fünften, viermal der vierten und der zweiten Type vor.

$$\begin{matrix} H\overset{2}{\Theta}\text{-}\overset{4}{\Theta}H_3 \\ \text{Methylalkohol} \end{matrix} + \begin{matrix} \overset{3}{N}(\overset{4}{\Theta}H_3)_3 \\ \text{Trimethylamin} \end{matrix} = \begin{matrix} H\overset{2}{\Theta}\text{-}\overset{5}{N}(\overset{4}{\Theta}H_3)_4 \\ \text{Tetrametyl-} \\ \text{ammoniumoxyhydrür.} \end{matrix}$$

62) Zusammengesetzte Radicale. Die Reste des Wassers (ΘH), des Ammoniaks (NH_2 und NH), des Grubengases (ΘH_3) und andere Reste von Moleculen lassen sich aus einer Verbindung in andere Verbindungen übertragen; sie vertreten darin einfache Radicale, d. i. Atome und daher nennt man sie zusammengesetzte Radicale.

Gewisse Atomcomplexe können nur in Verbindungen als Radicale angenommen werden, andere zusammengesetzte Radicale kommen jedoch auch im freien Zustande vor.

Die freien Radicale entsprechen einer Sättigungsstufe der Affinität der darin vorkommenden Elemente, während die nur in Verbindungen anzunehmenden Radicale nicht einer Sättigungsstufe ihrer sämmtlichen Bestandtheile entsprechen.

Ammoniak ist im freien Zustande bekannt; es kann so bestehen, weil Stickstoff drei Affinitäten äussern kann; es ist ein bivalentes Radical, weil Stickstoff auch fünf Affinitäten wirken lassen kann. Kohlenoxyd, ΘO, ist ebenfalls ein zweiwerthiges Radical; es kann im freien Zustande bestehen, weil Kohlenstoff bivalent sein kann, und es ist ein bivalentes Radical, weil Kohlenstoff auch quadrivalent auftritt. Die Radicale Oxyhydrür, ΘH, Amid, NH_2, Imid, NH, Ammonium, NH_4, Methyl, ΘH_3, können nicht im freien Zustande bestehen, weil sich einer ihrer Bestandtheile auf einer ihm unangemessenen Sättigungsstufe befinden würde.

63) Vereinfachte Typen. Unter der Annahme, dass zusammengesetzte Radicale einfache Radicale — Atome — substituiren können, lassen sich alle Verbindungen, in denen zusammengesetzte Radicale angenommen werden, auf vereinfachte Typen beziehen. So lassen sich Wasser, Ammoniak, Grubengas, Chlorammonium und Wolframchlorid auf Wasserstoff als Type beziehen:

$$\mathrm{H\text{-}H} \quad \mathrm{H\text{-}}(\overbrace{\Theta\mathrm{H}}^{1}) \quad \mathrm{H\text{-}}(\overbrace{\mathrm{NH_2}}^{1}) \quad \mathrm{H\text{-}}(\overbrace{\Theta\mathrm{H_3}}^{1}) \quad \mathrm{Cl\text{-}}(\overbrace{\mathrm{NH_4}}^{1}) \quad \mathrm{Cl\text{-}}(\overbrace{\mathrm{WCl_5}}^{1})$$

Type Wasser Ammoniak Grubengas Chlorammonium Wolframchlorid.

Ammoniak, Grubengas und andere Verbindungen lassen sich unter der Annahme von zweiwerthigen Radicalen auf Wasser; Grubengas, Phosphoroxychlorid etc. etc. unter der Annahme von dreiwerthigen Radicalen auf Ammoniak als Type beziehen:

$$\left.\begin{matrix}\mathrm{H}\\\mathrm{H}\end{matrix}\right\}\overset{2}{\Theta} \quad \left.\begin{matrix}\mathrm{H}\\\mathrm{H}\end{matrix}\right\}\overbrace{\mathrm{NH}}^{2} \quad \left.\begin{matrix}\mathrm{H}\\\mathrm{H}\end{matrix}\right\}\overbrace{\Theta\mathrm{H_2}}^{2} \quad \left.\begin{matrix}\mathrm{H}\\\mathrm{H}\\\mathrm{H}\end{matrix}\right\}\overset{3}{\mathrm{N}} \quad \left.\begin{matrix}\mathrm{H}\\\mathrm{H}\\\mathrm{H}\end{matrix}\right\}\overbrace{\Theta\mathrm{H}}^{3} \quad \left.\begin{matrix}\mathrm{Cl}\\\mathrm{Cl}\\\mathrm{Cl}\end{matrix}\right\}\overbrace{\mathrm{P}\Theta}^{3}$$

Type Ammoniak Grubengas Type Grubengas Phosphoroxychlorid.

Die zwei- und mehrwerthigen Atome und zusammengesetzten Radicale lassen sich auf zwei oder mehrere Atome Wasserstoff, auf die ihnen aequivalenten Mengen, als Type beziehen.

$$\left.\begin{matrix}\mathrm{H}\\\mathrm{H}\end{matrix}\right\} \quad \overset{2}{\Theta\mathrm{d}} \quad \overset{2}{\mathrm{Hg}} \quad \overbrace{\Theta\Theta}^{2} \quad \overbrace{\mathrm{S}\Theta_2}^{2} \quad \overbrace{\Theta_2\mathrm{H_4}}^{2}$$

Type Cadmium Quecksilber Kohlenoxyd Schwefligsäureanhydrid Aethylen.

Hieraus folgt, dass ganz allgemein die Verbindungen zweiwerthiger Atome und Radicale auf die verdoppelte Type Wasserstoff, die Verbindungen dreiwerthiger Atome und Radicale auf die verdreifachte Type Wasserstoff und so fort bezogen werden können:

$$\underbrace{\left.\begin{matrix}\mathrm{H}\\\mathrm{H}\end{matrix}\right\}\left.\begin{matrix}\mathrm{H}\\\mathrm{H}\end{matrix}\right\}} \quad \left.\begin{matrix}\mathrm{H}\\\mathrm{H}\end{matrix}\right\}\overset{2}{\Theta} \quad \overset{2}{\Theta\mathrm{a}}\left\{\begin{matrix}\Theta\mathrm{H}\\\Theta\mathrm{H}\end{matrix}\right. \quad \overbrace{\Theta_2\mathrm{H_4}}^{2}\left\{\begin{matrix}\mathrm{Cl}\\\mathrm{Cl}\end{matrix}\right. \quad \overbrace{\mathrm{S}\Theta_2}^{2}\left\{\begin{matrix}\Theta\mathrm{H}\\\Theta\mathrm{H}\end{matrix}\right.$$

Type Wasser Calciumoxyhydrür Chloräthylen Schwefelsäure.

64) Verbindungen des Kohlenstoffs. Kohlenstoff zeichnet sich dadurch aus, dass er in einer viel grösseren Anzahl von Verhältnissen als irgend ein anderes Element Verbindungen bildet. Mit Wasserstoff bildet er ganze Reihen von Verbindungen, von denen die folgende Tabelle einige angibt.

Θ_nH_{2n+2}	Θ_nH_{2n}	Θ_nH_{2n-2}
ΘH_4 Grubengas		
Θ_2H_6 Aethylwasserstoff	Θ_2H_4 Aethylen	Θ_2H_2 Acetylen
Θ_3H_8 Propylwasserstoff	Θ_3H_6 Propylen	Θ_3H_4 Allylen
Θ_4H_{10} Butylwasserstoff	Θ_4H_8 Butylen	Θ_4H_6 Crotonylen
Θ_5H_{12} Amylwasserstoff	Θ_5H_{10} Amylen	Θ_5H_8 Valerylen

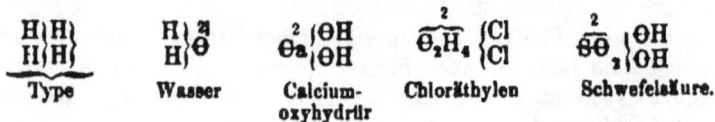

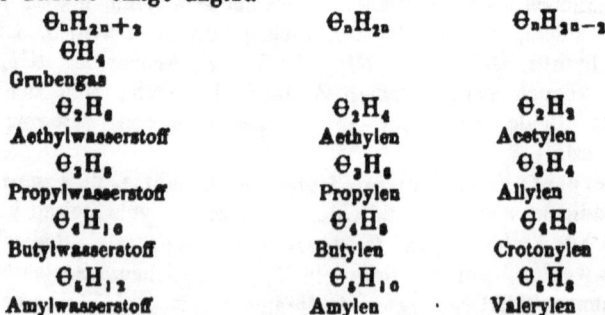

Die mannigfaltigen Verbindungen des Kohlenstoffs beruhen nur zum geringen Theil auf Wechsel in der Valenz bei diesem Elemente; sie beruhen vorzüglich auf dem Gesetz der Substitution von Resten für Atome, welches bei demselben in der vollkommensten Weise zur Geltung kommt.

Indem zwei einwerthige Reste des Grubengases zusammentreten entsteht Aethylwasserstoff, welches also Grubengas ist, in dem ein Atom Wasserstoff durch Methyl substituirt ist. Ersetzt man dann in einem anderen Molecule Grubengas ein Atom Wasserstoff durch einen monovalenten Rest des Aethylwasserstoffs, durch Aethyl, so erhält man Propylwasserstoff, und so entstehen durch fortgesetzte Substitution die anderen noch complicirteren Verbindungen.

Man hat:

$$\Theta\begin{cases}H\\H\\H\\H\end{cases}\qquad \Theta\begin{cases}\Theta H_3\\H\\H\\H\end{cases}\qquad \Theta\begin{cases}\Theta_2H_5\\H\\H\\H\end{cases}\qquad \Theta\begin{cases}\Theta_3H_7\\H\\H\\H\end{cases}$$

Grubengas   Aethylwasserstoff   Propylwasserstoff   Butylwasserstoff.

Die Kohlenwasserstoffe der allgemeinen Formel Θ_nH_{2n+2} nennt man gesättigte, weil in ihnen alle Kohlenstoffatome das Maximum ihrer Valenz, Quadrivalenz, bethätigen. Ihnen können 2, 4 oder eine sonstige paare Anzahl von Wasserstoffatomen entzogen werden, wodurch Kohlenwasserstoffe der Formeln Θ_nH_{2n}, Θ_nH_{2n-2}, Θ_nH_{2n-4} u. s. w. entstehen. Diese Kohlenwasserstoffe sind ungesättigte; sie enthalten 1, 2 oder mehrere Atome bivalenten Kohlenstoff und sind daher freie ein-, zwei- oder mehrwerthige Radicale.

65) Die im Vorstehenden genannten Kohlenwasserstoffe einer allgemeinen Formel unterscheiden sich, bei grosser Aehnlichkeit in ihrem chemischen Verhalten, von Stufe zu Stufe durch die Differenz von ΘH_2. Verbindungen, bei welchen sich diese Verhältnisse vorfinden, bezeichnet man als **homolog**; sie bilden **homologe Reihen**.

66) **Bildung der Salze.** Dieselbe erfolgt auf sehr verschiedene Weise.

1) Durch directe Vereinigung von Atomen entgegengesetzter chemischer Natur:

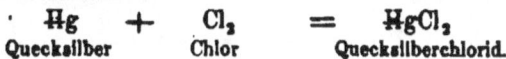

$$\mathrm{Hg} \quad + \quad Cl_2 \quad = \quad \mathrm{Hg}Cl_2$$

Quecksilber   Chlor   Quecksilberchlorid.

2) Durch directe Vereinigung zusammengesetzter Körper mit Atomen oder mit anderen zusammengesetzten Körpern:

$$\overset{3}{N}H_3 \quad + \quad HCl \quad = \quad Cl\overset{5}{N}H_4$$

Ammoniak   Chlorwasserstoff   Chlorammonium.

$$\overset{3}{P}(\Theta_2H_5)_3 \quad + \quad Br_2 \quad = \quad Br_2\overset{5}{P}(\Theta_2H_5)_3$$

Triäthylphosphin   Brom   Triäthylphosphinbromid

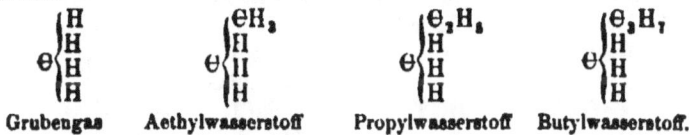

$S\Theta_2$	+	$Pb\Theta_2$	=	$S\Theta_4Pb$
Schwefligsäure-anhydrid		Bleihyperoxyd		Bleisulphat
$S\Theta_3$	+	$Ba\Theta$	=	$S\Theta_4Ba$
Schwefelsäure-anhydrid		Bariumoxyd		Bariumsulphat.

3) Durch Substitution:

$2Na$	+	$2HCl$	=	$2NaCl$	+	H_2
Natrium		Chlorwasserstoff		Chlornatrium		Wasserstoff
Cu	+	$S\Theta_4Ag_2$	=	$S\Theta_4Cu$	+	$2Ag$
Kupfer		Silbersulphat		Kupfersulphat		Silber
Fe	+	$S\Theta_4Cu$	=	$S\Theta_4Fe$	+	Cu
Eisen		Kupfersulphat		Eisensulpat		Kupfer.

4) Durch doppelte Zersetzung:

$Na\Theta H$	+	HCl	=	$NaCl$	+	$H_2\Theta$
Natriumoxyhydrür				Chlornatrium		
$Ca\Theta$	+	$2HCl$	=	$CaCl_2$	+	$H_2\Theta$
Calciumoxyd				Chlorcalcium		
$S\Theta_4Cu$	+	$2Na\Theta H$	=	$S\Theta_4Na_2$	+	$Cu(\Theta H)_2$
Kupfersulphat				Natriumsulphat		Kupferhydryloxyd
$2NaCl$	+	$S\Theta_4H_2$	=	$S\Theta_4Na_2$	+	$2HCl$
Chlornatrium		Schwefelsäure				
$S\Theta_4Na_2$	+	$BaCl_2$	=	$S\Theta_4Ba$	+	$2NaCl$.
Natriumsulphat		Chlorbarium		Bariumsulphat		

67) **Valenz der Säuren und der Basen.** Man unterscheidet einwerthige und mehrwerthige Säuren und Basen.

Die monovalenten Elemente können nur einbasische Säuren und einsäurige Basen bilden, während die polyvalenten Elemente sowohl monovalente als auch polyvalente Säuren und Basen bilden.

Monovalente Elemente.

Säuren	Basen
HCl	$Na\Theta H$
Chlorwasserstoff	Natriumoxyhydrür
HJ	$K\Theta H$
Jodwasserstoff	Kaliumoxyhydrür.

Polyvalente Elemente.

Monovalente

Säuren	Basen
$N\Theta_2\text{-}\Theta H$	$N(CH_3)_4\text{-}\Theta H$
Salpetersäure	Tetramethylammonium-oxyhydrür
$P\Theta_2\text{-}\Theta H$	$P(C_2H_5)_4\text{-}\Theta H$
Metaphosphorsäure	Tetraäthylphosphonium-oxyhydrür.

Bivalente

Säuren	Basen
$S\Theta_2(\Theta H)_2$ Schwefelsäure	$\Theta a(\Theta H)_2$ Calciumoxyhydrür
$Se\Theta_2(\Theta H)_2$ Selensäure	$Pb(\Theta H)_2$ Bleioxyhydrür

Trivalente

Säuren	Basische Oxyde [1])
$P\Theta(\Theta H)_3$ Phosphorsäure	$Sb_2\Theta_3$ Antimonoxyd
$As\Theta(\Theta H)_3$ Arsensäure	$Bi_2\Theta_3$ Wismuthoxyd.

68) **Neutrale, saure und basische Salze.** In den gesättigten oder neutralen Salzen sind die sauren oder basischen Eigenschaften der Componenten vollständig ausgeglichen, während sie in den sauren oder basischen Salzen nur zum Theil aufgehoben sind.

Neutrale Salze entstehen, wenn alle diejenigen Wasserstoffatome der Säuren, welche ihre Valenz bedingen, durch Metall oder zusammengesetzte basische Radicale substituirt werden. Werden diese Wasserstoffatome nur zum Theil ersetzt, so entstehen saure Salze.

Man hat:

Säuren	Saure Salze		Neutrale Salze
$S\Theta_4\left\{\begin{matrix}H\\H\end{matrix}\right.$ Schwefelsäure	$S\Theta_4\left\{\begin{matrix}H\\Na\end{matrix}\right.$ Saures Natriumsulphat		$S\Theta_4\left\{\begin{matrix}Na\\Na\end{matrix}\right.$ Natriumsulphat
$P\Theta_4\left\{\begin{matrix}H\\H\\H\end{matrix}\right.$ Phosphorsäure	$P\Theta_4\left\{\begin{matrix}H\\H\\K\end{matrix}\right.$ Saure Kaliumphosphate	$P\Theta_4\left\{\begin{matrix}H\\K\\K\end{matrix}\right.$	$P\Theta_4\left\{\begin{matrix}K\\K\\K\end{matrix}\right.$ Kaliumphosphat. [2])

Basische Salze entstehen, wenn in den Basen nur ein Theil der Wasserreste oder in den basischen Oxyden nur ein Theil des Sauerstoffs durch negative Atome oder Radicale substituirt wird.

Man hat:

Basen	Basische Salze	Neutrale Salze
$Pb\left\{\begin{matrix}\Theta H\\\Theta H\end{matrix}\right.$ Bleioxyhydrür	$Pb\left\{\begin{matrix}\Theta H\\J\end{matrix}\right.$ Basisches Jodblei	$Pb\left\{\begin{matrix}J\\J\end{matrix}\right.$ Jodblei
	$Bi\left\{\begin{matrix}\Theta H\\\Theta H\\\Theta_3N\end{matrix}\right.$ Basisches Wismuthnitrat	$Bi\left\{\begin{matrix}\Theta_3N\\\Theta_3N\\\Theta_3N\end{matrix}\right.$ Wismuthnitrat.

---

[1]) Die diesen Oxyden entsprechenden Basen kennt man nicht.

[2]) Obgleich Kaliumphosphat nur ein gesättigtes Salz ist, so besitzt es doch alkalische Reaction auf Pflanzenfarben.

69) Schwefelverbindungen. Schwefel zeigt in seinem Verhalten zu den meisten Elementen eine grosse Aehnlichkeit mit Sauerstoff; mit sehr vielen Elementen verbindet er sich in mehreren Verhältnissen; mit den positiveren Metallen bildet er Verbindungen basischer Natur, während er mit den negativeren Elementen Verbindungen von saurem Character bildet. Die basischen und sauren Verbindungen des Schwefels bilden Sulphosalze, welche den Sauerstoffsalzen entsprechen.

Verbindungen dieser Art sind beispielsweise:

AsS_3Ag_3 Silber-Arsensulphür	SbS_3Ag_3 Silber-Antimonsulphür
AsS_4K_3 Kalium-Arsensulphid	SbS_4K_3 Kalium-Antimonsulphid.

70) Doppelsalze. Man unterscheidet zwei Klassen von Doppelsalzen; die eine enthält atomistische Verbindungen, während die andere moleculare enthält.

Salze der ersten Gattung entstehen, wenn die Wasserstoffatome der mehrbasischen Säuren durch verschiedenartige Atome oder Radicale substituirt werden.

Säuren	Saure Salze	Doppelsalze
$SO_2\begin{cases}O\text{-}H\\O\text{-}H\end{cases}$ Schwefelsäure	$SO_2\begin{cases}O\text{-}C_2H_5\\O\text{-}H\end{cases}$ Aethylschwefelsäure	$SO_2\begin{cases}O\text{-}C_2H_5\\O\text{-}K\end{cases}$ Aethylschwefelsaures Kalium
$C_4H_4O_6\begin{cases}H\\H\end{cases}$ Weinsäure	$C_4H_4O_6\begin{cases}K\\H\end{cases}$ Saures weinsaures Kalium	$C_4H_4O_6\begin{cases}K\\Na\end{cases}$ Weinsaures Kalium-Natrium.

Die Doppelsalze der anderen Klasse entstehen, wenn Molecule von verschiedenen atomistischen Salzen sich vereinigen, ohne dass bestimmte Atome die Vereinigung als Binder vermitteln. Salze dieser Art bilden namentlich die Haloidverbindungen und zwar in der Art, dass sich die haloidreicheren und die haloidärmeren Verbindungen vereinigen.

Belege:

$$\underset{\text{Kupferchlorid}}{CuCl_2} + \underset{\text{Chlorkalium}}{2KCl} = \underset{\text{Kalium-Kupferchlorid}}{CuCl_2, 2KCl}$$ [1]

$$\underset{\text{Goldjodid}}{AuJ_3} + \underset{\text{Jodkalium}}{KJ} = \underset{\text{Kalium-Goldjodid}}{AuJ_3, KJ}$$

[1]) Bemerkenswerth ist, dass diese Doppelsalze keine Einwirkung auf Pflanzenfarben besitzen, dass also die saure Reaction der haloidreicheren Verbindungen durch ihre Vereinigung mit den neutralen haloidärmeren vernichtet wird.

$PtCl_4$ Platinchlorid	+	$2KCl$	=	$PtCl_4, 2KCl$ Kalium-Platinchlorid
$SiFl_4$ Kieselfluorid	+	$PbFl_2$ Bleifluorid	=	$SiFl_4, PbFl_2$ Blei-Kieselfluorid
$Fe_{II}Cl_6$ Eisenchlorid	+	$4KCl$	=	$Fe_{II}Cl_6, 4KCl$ Kalium-Eisenchlorid
$Rh_{II}Cl_6$ Rhodium-chlorid	+	$4NH_4Cl$ Ammonium-chlorid	=	$Rh_{II}Cl_6, 4NH_4Cl$ Ammonium-Rhodium-chlorid.

71) Als **isomere** Verbindungen bezeichnet man diejenigen, welche bei gleicher Zusammensetzung verschiedene physikalische oder verschiedene chemische, oder gleichzeitig verschiedene physikalische und chemische Eigenschaften besitzen. In vielen Fällen bedingt ihre abweichende Constitution diese Ungleichheit der Eigenschaften.

72) Körper von gleicher procentischer Zusammensetzung aber ungleicher Moleculargrösse nennt man **polymere Verbindungen**.

73) Die Fähigkeit der Atome sich mit anderen Atomen zu chemischen Verbindungen vereinigen zu können schreibt man einer besonderen Kraft zu, welche man **Affinität** nennt. Diejenigen Elemente, welche in ihrer chemischen Natur am weitesten von einander entfernt sind, zeigen im Allgemeinen das grösste Bestreben sich zu verbinden. Die Stärke und die Grösse der Affinität der einzelnen Elemente wechselt aber je nach den Verhältnissen, welchen sie unterworfen sind, und daher bilden sie in Beziehung auf die Stärke der Affinität keine regelmässige Reihe.

74) Einfluss auf die chemische Affinität besitzen:

a) **Wechsel in der Temperatur.** Die meisten Körper vereinigen sich nur bei bestimmten Temperaturgraden; sehr viele bei gewöhnlicher Temperatur, gewisse nur bei niederer und andere nur bei höherer Temperatur. Im Allgemeinen ist die Valenz der Atome bei niederer Temperatur grösser als bei hoher; eine sehr hohe Temperatur hebt die Wirkungen der Affinität mehr und mehr auf. So zerfällt Quecksilberoxyd beim Erhitzen in Quecksilber und Sauerstoff; bei höherer Temperatur zerfällt Wasser ebenfalls in seine Bestandtheile. Kohlensäureanhydrid zerfällt bei sehr hoher Temperatur in Sauerstoff und Kohlenoxyd, welches bei noch höherer Temperatur in Kohle und Sauerstoff zerfällt.

b) **Wechsel im Druck.** Viele Verbindungen können nur unter höherem Druck bestehen; sie zerfallen, wenn sie demselben entzogen werden. Je höher der Druck ist, um so grösser ist die Valenz, welche die Atome äussern können.

c) **Das Licht.** Manche chemische Processe, welche im Dunklen nicht eintreten, finden im Licht statt.

d) Der elektrische Zustand bewirkt chemische Verbindungen und Zersetzungen.

e) Die relative Menge der auf einander einwirkenden Substanzen. Wasserstoff reducirt z. B. Eisen aus seinen Oxyden in der Glühhitze, wobei Wasserdampf entsteht; glüht man aber Eisen in einer Atmosphäre von Wasserdampf, so bildet sich Eisenoxyd, während Wasserstoff frei wird.

f) Der Grad der Flüchtigkeit. Nicht flüchtige oder weniger flüchtige Körper von schwacher Affinität scheiden bei höheren Temperaturgraden flüchtige Körper von stärkerer Affinität aus.

g) Der Grad der Löslichkeit. In Lösungen verbinden sich auch gegen die Stärke der Affinität diejenigen Körper, welche unlösliche Verbindungen bilden.

h) Der Grad der Vertheilung. Viele Körper, welche im compacten Zustande sich mehr oder weniger indifferent verhalten, äussern im fein vertheilten Zustande sehr starke Affinität. So verbindet sich trocknes Eisen in derben Massen bei gewöhnlicher Temperatur nicht mit trocknem Sauerstoff, im feinvertheilten Zustande verbrennt es darin zu Eisenoxyd.

i) Der Entstehungszustand. Viele Körper äussern im Augenblick ihrer Abscheidung aus anderen Verbindungen stärkere Affinität als sie im freien Zustande zu bethätigen vermögen.

k) Bewegung in benachbarten Moleculen. Chemische Thätigkeit, welche in gewissen Moleculen stattfindet, überträgt sich öfters auf benachbarte Molecule anderer Substanzen. So hält sich eine wässrige Lösung von Harnstoff längere Zeit ohne Zersetzung zu erleiden; solche tritt jedoch sehr rasch ein, wenn faulender Schleim damit in Berührung gebracht wird. (Induction chemischer Thätigkeit.)

l) Die Gegenwart gewisser Substanzen übt, ohne dass diese Körper selbst Veränderung erleiden, Einfluss auf die Affinität anderer Körper aus. (Contaktwirkungen.)

m) Die chemische Natur der in Verbindung tretenden Elemente. Wenn bei einem Atom die Affinitäten theilweise oder vollständig durch electropositive Elemente oder Radicale gesättigt sind, so werden seine positiven Eigenschaften gesteigert; es entstehen hierbei unter Umständen metallähnliche oder basische Körper, während wenn umgekehrt Affinitäten eines Atoms durch electronegative Elemente oder Radicale besetzt sind, die entstehende Verbindung electronegativer ist, als das ursprüngliche Atom war; unter Umständen stellt sie einen chlorähnlichen oder sauren Körper vor. Wenn beispielsweise drei oder fünf Affinitäten des Phosphors durch Sauerstoff gesättigt sind, so hat man Säureanhydride, welche mit Wasser Säuren bilden; sind aber drei Affinitäten des Phosphors durch Wasserstoff gesättigt, so ist die Verbindung basischer Natur; sie verbindet sich mit Säuren zu Salzen.

Ersetzt man in der basischen Verbindung, im Phosphorwasserstoff, PH_3, die drei Wasserstoffatome durch die positiveren Alkoholradicale, so entstehen Körper mit sehr stark ausgeprägten positiven Eigenschaften. Phosphorwasserstoff verbindet sich nicht mit zwei Atomen Brom, während Triäthylphosphin $P(\Theta_2H_5)_3$ sich damit zu einem Salze vereinigt. Hiernach tritt also Veränderung der chemischen Eigenschaften einer bestehenden Verbindung dann ein, wenn indifferente Theile derselben durch positivere Reste ersetzt werden; durch Substitution im entgegengesetzten Sinne erfolgt ebenfalls eine solche Veränderung. So verwandeln sich die schwach basischen Alkohole in Säuren, wenn in ihnen für je zwei Atome Wasserstoff ein Atom Sauerstoff in eintritt.

75) Beziehungen zwischen der Zusammensetzung der Körper und ihren Siedepunkten. Bei chemisch ähnlichen Substanzen findet sich häufig, dass einer gleichen Differenz in der Zusammensetzung auch eine gleiche Differenz in den Siedepunkten entspricht. Diese Regelmässigkeit findet sich namentlich bei den homologen Verbindungen des Kohlenstoffs. Isomere Körper von ähnlicher chemischer Constitution und gleichem chemischen Character sieden wie es scheint ganz allgemein bei gleichen Temperaturgraden. Isomere Körper von ungleicher chemischer Natur oder Constitution besitzen verschiedene Siedepunkte.

76) Beziehungen zwischen den specifischen Gewichten der Körper und ihrer Zusammensetzung. Bei den Gasen und Dämpfen findet sich, wie früher erwähnt, eine sehr einfache Beziehung des Volums zu der Zusammensetzung; sie enthalten in gleichen Räumen eine gleiche Anzahl von Moleculen.

Weniger einfache aber doch gewisse Regelmässigkeiten erkennbar lassende Beziehungen des Volums zu der Zusammensetzung finden sich bei den Flüssigkeiten. Solche Regelmässigkeiten zeigen sich, wenn ihre Volume bei Temperaturen von gleicher Spannkraft der Dämpfe, z. B. bei ihren Siedepunkten verglichen werden. Man erhält den Ausdruck für die vergleichbaren Volume der Molecule, welche man specifische Volume nennt, wenn man ihre Moleculargewichte durch die Gewichte gleicher Volume, d. h. durch ihre specifischen Gewichte, die sie bei vergleichbaren Temperaturen, z. B. bei ihren Siedepunkten besitzen, dividirt.

Für gewisse Klassen von Verbindungen hat man gefunden, dass sich ihre specifischen Volume berechnen lassen, wenn für jedes Atom der Bestandtheile gewisse Werthe zu Grunde gelegt werden. Diese Werthe sind abhängig von der Temperatur und von der Function, welche die betreffenden Atome in den Verbindungen erfüllen.

Das specifische Volum einer Anzahl fester Körper setzt sich gleichfalls zusammen aus demjenigen ihrer Bestandtheile; bei anderen ist dieses jedoch nicht der Fall. Mehrere isomorphe Körper besitzen gleiche Atom- oder Molecularvolume; aber auch diese Regelmässigkeit findet sich nicht allgemein.

77) Klassification der Elemente. In der folgenden Zusammenstellung ist eine grössere Anzahl von Elementen nach der Valenz in Gruppen getheilt, wobei diejenigen Elemente, welche in mehreren Verhältnissen chemische Verbindungen bilden können, als Glieder mehrerer Gruppen erscheinen [1]).

Durch den Isomorphismus der Verbindungen und durch ihre chemische Aehnlichkeit gliedern sich die Gruppen in mehrere Abtheilungen. Solche Elemente, welche mit ein und derselben Valenz mehreren Abtheilungen isomorpher Elemente angehören, finden sich in derselben Gruppe mehrmals genannt.

I. Monovalente Elemente.

1) Wasserstoff.

2) Fluor, Chlor, Brom und Jod; sie sind sich in ihrem chemischen Verhalten sehr ähnlich und bilden vielfach isomorphe Verbindungen. Man nennt sie Haloide.

3) Stickstoff.

4) Lithium, Natrium, Kalium, Cäsium und Rubidium, die Metalle der Alkalien; sie sind sich in ihrem chemischen Verhalten sehr ähnlich und sie bilden viele isomorphe Verbindungen.

5) Thallium (Thallosum) bildet viele Verbindungen, welche mit den entsprechenden der Alkalien, namentlich mit denen des Kaliums, isomorph sind.

6) Silber und Natrium bilden isomorphe Verbindungen.

7) Kupfer (Cuprosum) und Silber sind in einigen Verbindungen isomorph.

8) Gold und Silber sind im freien Zustande isomorph.

9) Quecksilber (Hydrargyrosum). Das Hydrargyrosum besteht vielleicht aus zwei direct verbundenen bivalenten Atomen, welche dann zusammen bivalent sind. Also z. B. $Cl\overset{2}{Hg}-\overset{2}{Hg}Cl$ anstatt $2\overset{1}{Hg}Cl$.

II. Bivalente Elemente.

1) Sauerstoff, Schwefel, Selen und Tellur bilden viele analoge Verbindungen.

2) Chlor und Brom.

3) Stickstoff.

4) Kohlenstoff.

5) Barium, Strontium und Calcium verhalten sich chemisch sehr ähnlich; ihnen schliesst sich Magnesium an. Man bezeich-

---

[1]) Eine vollständige Darlegung ist hierbei nicht erstrebt worden.

net diese vier Metalle als diejenigen der alkalischen Erden. Viele Verbindungen des Bariums, Strontiums, Calciums und Blei's sind isomorph.

6) Magnesium, Calcium, Zink, Cadmium, Eisen (Ferrosum), Mangan (Manganosum), Nickel, Kobalt (Cobaltosum), und Kupfer (Cupricum) werden als die isomorphen Metalle der Magnesium-Gruppe bezeichnet; sie bilden sehr viele isomorphe Verbindungen, welche sich auch in einigen Beziehungen chemisch ähnlich verhalten.

7) Chrom (Chromosum).

8) Zinn (Stannosum).

9) Quecksilber (Hydrargyricum).

10) Platin (Platinosum), Palladium (Palladosum), Iridium (Iridosum), Rhodium (Rhodosum), Osmium (Osmosum), Ruthenium (Ruthosum) bilden analoge und isomorphe Verbindungen.

11) Ferrosum, Osmosum und Ruthosum bilden einige analoge und isomorphe Verbindungen.

III. Trivalente Elemente.

1) Stickstoff, Phosphor, Arsen und Antimon bilden sehr viele analoge und chemisch ähnliche Verbindungen. Von denjenigen des Arsens und Antimons sind einige isomorph.

2) Wismuth.

3) Chlor, Brom und Jod.

4) Bor.

5) Thallium (Thallicum).

6) Gold.

IV. Quadrivalente Elemente.

1) Kohlenstoff.

2) Silicium, Zinn (Stannicum), Titan, Zirkon und Thorium bilden isomorphe Verbindungen..

3) Schwefel, Selen und Tellur bilden auch in quadrivalenter Form viele ähnliche Verbindungen.

4) Aluminium, Eisen (Ferricum), Mangan (Manganicum) und Chrom (Chromicum) bilden chemisch ähnliche und isomorphe Verbindungen.

5) Platin (Platinicum), Palladium (Palladinicum), Iridium (Iridinicum), Rhodium (Rhodinicum), Osmium (Osmicum) und Ruthenium (Ruthenicum) bilden als quadrivalente Metalle viele analoge und isomorphe Verbindungen.

V. Quintavalente Elemente.

1) **Stickstoff**, **Phosphor**, **Arsen**, **Antimon** und **Wismuth** bilden viele analoge Verbindungen, von denen einige des Phosphors, Arsens und Antimons isomorph sind.

2) **Tantal** und **Niob** bilden analoge und isomorphe Verbindungen.

3) **Chlor**, **Brom** und **Jod** geben analoge und isomorphe Verbindungen.

VI. Hexavalente Elemente.

1) **Schwefel**, **Selen**, **Tellur**, **Eisen**, **Mangan** und **Chrom** bilden analoge und isomorphe Verbindungen.

2) **Wolfram**, **Molybdän** und **Vanadin** geben analoge Verbindungen, von denen einige des Wolframs und Molybdäns auch isomorph sind.

3) **Osmium** und **Ruthenium**.

Mangan, Chlor, Brom und Jod kommen in analogen Verbindungen vor, in denen sie vielleicht siebenwerthig sind.

Osmium und Ruthenium bilden analoge Verbindungen mit vier Atomen Sauerstoff, in denen sie vielleicht achtwerthig enthalten sind.

Die Elemente und ihre wichtigeren Verbindungen.

Erste Gruppe.

1. Wasserstoff. H.

Atomgewicht 1. Gasdichte 1. Molecular gewicht 2.

Vorkommen. Im freien Zustande nur in den Gasen der isländischen Solfataren beobachtet. Sehr verbreitet in Verbindungen. Bildet einen Bestandtheil des Wassers, des Schwefelwasserstoffs, der Salzsäure, des Ammoniaks, der Ammoniumsalze, der Kohlenwasserstoffe, aller Organismen, vieler Mineralien und Felsarten, und vieler Kunstproducte.

Wasserstoff ist 1766 von Cavendish entdeckt.

Darstellung. Der electrische Strom zersetzt Wasser, Salzsäure und Ammoniak, wobei sich am negativen Pole Wasserstoff und am positiven Pole Sauerstoff, Chlor oder Stickstoff abscheiden:

$2H_2\Theta$	=	$2H_2$	+	Θ_2
Wasser		Wasserstoff		Sauerstoff
$2HCl$	=	H_2	+	Cl_2
Salzsäure		Wasserstoff		Chlor
$2NH_3$	=	$3H_2$	+	N_2
Ammoniak		Wasserstoff		Stickstoff

Auch Kalium und Natrium zersetzen Wasser bei gewöhnlicher Temperatur unter Abscheidung von Wasserstoff:

$2K$	+	$2H_2\Theta$	=	$2K\Theta H$	+	H_2
Kalium		Wasser		Kaliumoxyhydrür		Wasserstoff
$2Na$	+	$2H_2\Theta$	=	$2Na\Theta H$	+	H_2
Natrium		Wasser		Natriumoxyhydrür		Wasserstoff.

Salzsäuregas wird durch Natrium(amalgam) gleichfalls bei gewöhnlicher Temperatur unter Abscheidung von Wasserstoff zersetzt:

$2Na$	+	$2HCl$	=	$2NaCl$	+	H_2
Natrium		Salzsäure		Chlornatrium		Wasserstoff

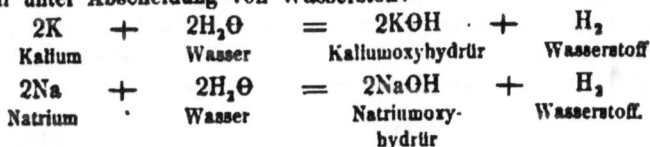

Natrium entwickelt ferner Wasserstoff aus Ammoniakgas bei höherer Temperatur.

Glühendes Platin zersetzt Wasser in seine beiden Bestandtheile. Glühendes Eisen und glühende Kohle erleiden im Wasser Oxydation unter Abscheidung von Wasserstoff:

$$\underset{\text{Eisen}}{3Fe} + 4H_2\Theta = \underset{\text{Eisenoxydoxydul}}{Fe_3\Theta_4} + 4H_2$$

$$\underset{\text{Kohle}}{C} + H_2\Theta = \underset{\text{Kohlenoxyd}}{C\Theta} + H_2$$

Eisen, Zinn und Zink entwickeln Wasserstoff aus verdünnter Salz- oder Schwefelsäure:

$$\underset{\text{Zink}}{Zn} + \underset{\text{Schwefelsäure}}{S\Theta_4H_2} = \underset{\text{Zinksulphat}}{S\Theta_4Zn} + H_2$$

$$\underset{\text{Zinn}}{Sn} + \underset{\text{Salzsäure}}{2HCl} = \underset{\text{Zinnchlorür}}{SnCl_2} + H_2$$

Zink, Eisen und Zinn entwickeln aus erwärmter Kali- oder Natronlauge Wasserstoff; Zink auch aus den kalten Laugen und aus Ammoniakflüssigkeit, namentlich, wenn es sich im Contact mit Eisen befindet.

Eigenschaften. Wasserstoff ist ein farbloses Gas, ohne Geruch und Geschmack. Der leichteste aller Körper. 14,4mal leichter als die atmosphärische Luft. Wenn das specifische Gewicht der Luft = 1 gesetzt wird, so ist dasjenige des Wasserstoffs = 0,0692. Leicht entzündlich, mit kaum leuchtender Flamme brennend. Hat bei gewöhnlicher Temperatur wenig Neigung Verbindungen zu bilden, mehr bei höherer Temperatur, im Sonnenlicht oder im Entstehungsmomente (statu nascendi).

Zweite Gruppe.

Chlor, Brom, Jod und Fluor.

2. Chlor. Cl.

Atomgewicht 35,5. Gasdichte 35,5. Moleculargewicht 71.

Vorkommen. Niemals im freien Zustande; sehr verbreitet in Verbindungen, besonders mit Natrium verbunden als Seesalz oder Steinsalz. Mit Wasserstoff verbunden als Salzsäure in vulcanischen Gasen.

Chlor ist 1774 von Scheele entdeckt worden.

Darstellung. Die Verbindung von Wasserstoff und Chlor, Salzsäure, dient in der Regel zur Gewinnung des Chlors, indem dieselbe mit gewissen sauerstoffhaltigen Substanzen sich zersetzt, wobei Chlor frei wird. Salzsäure entwickelt mit Braunstein (Manganhyperoxyd)

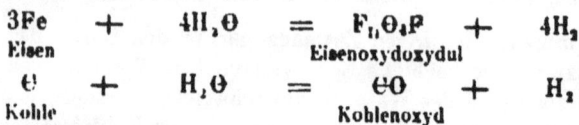

Bleihyperoxyd, chlorsauren und unterchlorigsauren Salzen, Salpetersäure, Chromsäure etc. Chlor. Der electrische Strom zersetzt Salzsäure in Wasserstoff und Chlor. Man gewinnt es zweckmässig aus Kochsalz, indem man ein Gemenge aus drei Theilen desselben mit zwei bis drei Theilen feingepulvertem Braunstein mit fünf Theilen Schwefelsäure und vier Theilen Wasser, welche vorher gemischt und erkaltet sind, übergiesst. Das Gas wird oberhalb warmen Wassers, oder in einer trockenen Flasche, bis auf deren Boden das Leitungsrohr führt, aufgefangen. Das Kochsalz wird hierbei durch die Schwefelsäure zersetzt, es bilden sich schwefelsaures Natrium und Salzsäure, welche letztere mit Schwefelsäure und Braunstein schwefelsaures Manganoxydul, Wasser und Chlor gibt:

$NaCl$	+	SO_4H_2	=	HCl	+	SO_4NaH
Kochsalz		Schwefelsäure		Salzsäure		Saures schwefelsaures Natrium

$2HCl$	+	MnO_2	+	SO_4H_2	=	Cl_2	+	SO_4Mn	+	$2H_2O$
Salzsäure		Braunstein		Schwefelsäure		Chlor		Schwefelsaures Manganoxydul		Wasser

Eigenschaften. Chlor ist unter gewöhnlichem Drucke ein grüngelbes Gas von eigenthümlichem Geruche. Eingeathmet wirkt es sehr schädlich. Es ist 2,5mal schwerer als die atmosphärische Luft. Bei 15°5 wird es durch einen Druck von vier Atmosphären zu einer gelben sehr beweglichen Flüssigkeit von 1,38 spec. Gewicht verdichtet. Es ist nicht im festen Zustande bekannt. Brennt nicht an der Luft. Besitzt starke Neigung sich mit anderen Körpern zu verbinden; es brennt im Wasserstoffgase und umgekehrt brennt Wasserstoff im Chlor. Chlor und Wasserstoff gemischt verbinden sich unter Explosion bei Berührung mit einer Flamme, oder wenn das Gemenge dem directen Sonnenlicht oder dem blauen Licht des brennenden Schwefelkohlenstoffs ausgesetzt wird. Hierbei entsteht Salzsäure. Wasserstoffhaltige brennbare Körper brennen angezündet im Chlorgase, einige entzünden sich selbst darin. Hierbei wird Salzsäure gebildet und Kohle scheidet sich als Russ ab. Im Chlorgase brennen Phosphor, Schwefel und die meisten anderen Elemente. Leitet man Chlorgas mit Wasserdampf durch ein glühendes Rohr, so substituirt das Chlor den Sauerstoff des Wassers, es entsteht Salzsäure und Sauerstoff wird frei:

$2Cl_2$	+	$2H_2O$	=	$4HCl$	+	O_2
Chlor		Wasser		Salzsäure		Sauerstoff

Chlorwasser. Wasser löst bei 8° über 3 Volume Chlorgas zu einer blassgelben, stark nach Chlor riechenden, herbe schmeckenden Flüssigkeit, welche im Sonnenlicht unter Bildung von Salzsäure Sauerstoff entwickelt. Bei 0° setzt das Chlorwasser kleine gelbe Schuppen einer bestimmten krystallinischen Verbindung von Chlor und Wasser, Chlorhydrat, $Cl + 5H_2O$, ab. Diese Verbindung zersetzt sich bei gewöhnlicher Temperatur wieder in Chlor und in Wasser. In einem zugeschmolzenen starken Glasrohre zersetzt sich nur ein Theil des Hydrats, indem das übrige unter dem Drucke des entwickelten Chlorgases bei gewöhnlicher Temperatur unzersetzt bleibt; aber bis zu etwa 30° erwärmt, zersetzt es sich vollständig und zwar in Wasser und flüssiges Chlor, welche sich nicht mit einander vermischen.

Chlor besitzt die Fähigkeit die meisten organischen Stoffe zu verändern, es entzieht denselben Wasserstoff und substituirt diesen öfters. Feuchtes Chlor bewirkt in Folge der Einwirkung von Chlor auf Wasser, wodurch Sauerstoff frei wird, Oxydation. Hierauf beruht die Anwendung des Chlors, des Chlorwassers und des Chlorkalks zum Bleichen der Zeuge und des Papiers, zum Zerstören fauler Gerüche und Krankheitsstoffe. Im Entstehungsmomente besitzt es noch stärkere Wirkungen als im freien Zustande.

3. Brom. Br.

Atomgewicht 80. Specifisches Gewicht des Dampfes 80. Moleculargewicht 160.

Vorkommen. Nur in geringer Menge und an Metalle gebunden als Begleiter von Chlorverbindungen, in Salzquellen und im Meerwasser.

1826 von Balard entdeckt.

Darstellung. Brom wird unter denselben Verhältnissen wie Chlor aus seinen Verbindungen abgeschieden. Chlor macht Brom frei, indem es dasselbe in seinen Verbindungen substituirt.

Eigenschaften. Brom ist eine bewegliche, dunkel braunrothe Flüssigkeit, welche das specifische Gewicht von 2,96 besitzt. Es verflüchtigt sich bei gewöhnlicher Temperatur als rothgelbes Gas, welches einen erstickenden durchdringenden Geruch besitzt. Färbt die Haut gelb und zerstört sie. Siedet bei 58°6 und erstarrt bei 7°3 zu einer spröden krystallinischen Masse.

Brom ist in seinem chemischen Verhalten dem Chlor sehr ähnlich, seine Affinität ist jedoch schwächer. Es zersetzt Wasser im Sonnenlichte unter Bildung von Bromwasserstoff und Abscheidung des Sauerstoffs. Auch substituirt Brom mit Leichtigkeit Wasserstoff in organischen Verbindungen. Mit Phosphor, Antimon, Zinn und anderen Elementen verbindet es sich unter Feuererscheinung. Es färbt Stärke gelbbraun.

Bromwasser. 33 Th. Wasser lösen bei gewöhnlicher Temperatur ungefähr einen Theil Brom. Bei 0° bilden Brom und Wasser eine krystallinische Verbindung der Formel Br, $5H_2\Theta$.

4. Jod. J.

Atomgewicht 127. Dampfdichte 127. Moleculargewicht 254.

Vorkommen. Nur in geringer Menge und nur in Verbindungen; in der Regel als Begleiter des Chlors, im Steinsalz, im Wasser vieler Mineralquellen, im Seewasser, Chilisalpeter, in Seethieren, Seepflanzen und einigen Landpflanzen.

1811 von Courtois entdeckt.

Darstellung. Wird aus den Mutterlaugen der Asche von Seepflanzen, Kelp und Varec, und aus der Mutterlauge der Salpeterraffinerien gewonnen. Aus dem darin enthaltenen Jodkalium oder Jodnatrium wird das Jod auf dieselbe Weise abgeschieden wie Chlor aus seinen entsprechenden Verbindungen.

Eigenschaften. Ein in rhombischen Formen krystallisirender, braunschwarzer undurchsichtiger fast metallisch glänzender Körper. Verflüchtigt sich an der Luft, riecht chlorähnlich, schmeckt bitter und greift die Haut, welche es gelb färbt, an. Schmilzt bei 107° zu einer dunkelbraunen Flüssigkeit, welche bei 175° kocht, wobei sich veilchenblaue Dämpfe bilden. Spec. Gew. 4,9. Ist in Wasser wenig löslich.

Jod ist dem Chlor und Brom in seinem chemischen Verhalten sehr ähnlich, nur ist es mit schwächerer Affinität begabt; Chlor und auch Brom scheiden es aus seinen Verbindungen ab. Die Jodmetalle werden beim Kochen mit Eisenchlorid zersetzt, wobei Eisenchlorür entsteht und Jod abgeschieden wird. Mit Phosphor und Antimon vereinigt es sich unter Feuererscheinung.

Stärke wird durch Jod blaugefärbt.

5. Fluor. Fl.

Atomgewicht 19.

Vorkommen. Im Flussspath (Fluorcalcium), Kryolith (Fluoraluminium-natrium), in mehreren seltnen Mineralien, in kleiner Menge in den Feldspathen, plutonischen Gebirgsarten, in Knochen, Zähnen und in anderen Bestandtheilen des thierischen Körpers, und in Pflanzen.

Darstellung. Durch Electrolyse von Fluorkalium und auch durch die Einwirkung von Sauerstoff auf Fluormetalle bei höherer Temperatur soll Fluor in Gasform abgeschieden worden sein.

Eigenschaften. Ist im freien Zustande nicht bekannt, indem es in Folge seiner kräftigen Affinität die Gefässe aus Glas, Platin u. s. w. angreift und zerstört.

In seinem chemischen Verhalten ist es dem Chlor, welches es aus seinen Verbindungen austreibt, sehr ähnlich.

Verbindungen des Chlors, Broms, Jods und Fluors mit Wasserstoff.

Chlor, Brom, Jod und Fluor werden als Haloide oder Halogene von den übrigen Elementen unterschieden. Gleiche Volume Wasserstoffgas und Chlorgas oder Bromdampf, Joddampf und wahrscheinlich auch Fluorgas verbinden sich ohne Condensation zu starken Säuren, zu den Haloidsäuren. Diese Säuren sind gasförmig, condensirbar und von Wasser absorbirbar.

Chlorwasserstoff. HCl.

Moleculargewicht 36,5. Gasdichte 18,25.

Darstellung. Gewöhnlich wird Chlorwasserstoff oder Salzsäure aus Kochsalz und Schwefelsäure bereitet:

$$2NaCl + SO_4H_2 = SO_4Na_2 + 2HCl$$

Chlornatrium, Schwefelsäure, Natriumsulphat, Salzsäure.

Man übergiesst das Salz mit der concentrirten Säure, wobei anfangs eine heftige Einwirkung stattfindet, welche später durch Erwärmen unterstützt werden muss. Zur Darstellung im Kleinen wendet man auf 5 Th. Kochsalz eine erkaltete Mischung von 9 Th. Schwefelsäure und $1^1/_2$ Th. Wasser an. Hierbei entsteht saures Natriumsulphat:

$$NaCl + SO_4H_2 = SO_4NaH + HCl$$

Das sich entwickelnde Chlorwasserstoffgas kann vermittelst concentrirter Schwefelsäure gewaschen und getrocknet, und über Quecksilber aufgefangen, oder zur Darstellung von wässriger Säure in Wasser geleitet werden.

Eigenschaften. Chlorwasserstoff ist ein farbloses, sauer schmeckendes und stechend riechendes Gas. Er raucht an der Luft, indem er sich mit dem Wasser derselben condensirt. Wird bei —4° unter einem Drucke von 25 Atmosphären zu einer farblosen Flüssigkeit des specifischen Gewichtes 1,27 condensirt. Ist im festen Zustande unbekannt. Wird durch den electrischen Strom in Chlor und Wasserstoff zersetzt. Metalle, Kalium bei gewöhnlicher Temperatur, Zink beim Erhitzen, Quecksilber besonders beim Electrisiren, zersetzen 2 Volume Chlorwasserstoffgas in Chlormetall und in 1 Volum Wasserstoffgas:

$$HCl + Na = NaCl + H$$

Chlorwasserstoff, Natrium, Chlornatrium, Wasserstoff

Viele basische Metalloxyde zerfallen mit Salzsäure in Wasser und Chlormetalle:

$$BaO + 2HCl = H_2O + BaCl_2$$

Baryt, Salzsäure, Wasser, Chlorbarium.

Hierbei zeigen Baryt und Strontian Erglühen. Salzsäure ist nicht brennbar.

Wässrige Salzsäure. Wasser absorbirt unter Wärmeentwicklung bei mittlerer Temperatur 458 Vol. Chlorwasserstoffgas zu einer Flüssigkeit von 1,21 spec. Gew. Rein und mit Gas vollständig gesättigt ist die Lösung farblos, an der Luft rauchend, riecht und schmeckt wie das Gas und wirkt ätzend.

Die Salzsäure des Handels ist weniger stark, sie besitzt in der Regel das specifische Gewicht 1,162. Sie ist oft verunreinigt mit schwefliger und arseniger Säure, Schwefelsäure, Chlor, salpetriger Säure und Eisenoxyd. Chlor, Eisenoxyd und organische Materie ertheilen ihr eine gelbe Färbung.

Wässrige Chlorwasserstoffsäure kocht um so leichter je concentrirter sie ist, sie verliert Chlorwasserstoff bis der Siedepunkt etwas über 100° liegt. Dann destillirt eine schwächere Säure von 1,1 spec. Gew. Eine weniger starke Säure wird durch Kochen stärker bis der Rückstand ebenfalls das spec. Gewicht 1,1 besitzt.

Die wässrige Salzsäure verhält sich zu den Metallen und den basischen Oxyden wie das Gas.

Mit Braunstein und anderen Hyperoxyden, mit Chlorsäure, Chromsäure und mehreren anderen Säuren bildet sie Wasser, Chlormetall und Chlor. Mit Salpetersäure gibt sie Wasser, Chlor, Untersalpetersäure und zwei Verbindungen von Chlor, Stickstoff und Sauerstoff ($N\Theta Cl$ und $N\Theta Cl_2$).

Bromwasserstoff. HBr.

Moleculargewicht 81. Gasdichte 40,5.

Darstellung. Brom verbindet sich nur schwierig mit freiem Wasserstoff. Man erhält Bromwasserstoff, wenn Bromnatrium mit einer starken Lösung von Phosphorsäure destillirt wird:

$$\underset{\text{Bromnatrium}}{NaBr} + \underset{\text{Phosphorsäure}}{P\Theta_4H_3} = \underset{\text{Bromwasserstoff}}{HBr} + \underset{\text{Drittel Natriumphosphat.}}{P\Theta_4NaH_2}$$

Eigenschaften. Bromwasserstoff ist dem Chlorwasserstoff sehr ähnlich. Er wird bei —69° flüssig und bei —73° fest. Wird durch Chlor unter Bildung von Salzsäure und Ausscheidung von Brom zersetzt:

$$2HBr + Cl_2 = 2HCl + Br_2$$

Bromwasserstoff wirkt als Reductionsmittel, so zersetzt er sich mit Schwefelsäure in Brom, Schwefligsäureanhydrid und Wasser:

$$\underset{\text{Bromwasserstoff}}{2HBr} + \underset{\text{Schwefelsäure}}{S\Theta_4H_2} = \underset{\text{Brom}}{Br_2} + \underset{\text{Schwefligsäureanhydrid}}{S\Theta_2} + \underset{\text{Wasser}}{2H_2\Theta}$$

Wässrige Bromwasserstoffsäure. Wasser absorbirt schnell und reichlich Bromwasserstoff unter Wärmeentwicklung. Man stellt diese Säure zweckmässig dar durch Einleiten von Schwefelwasserstoff in Bromwasser, wobei Schwefel abgeschieden wird.

$$\underset{\text{Schwefelwasserstoff}}{2H_2S} + \underset{\text{Brom}}{2Br_2} = \underset{\text{Bromwasserstoff}}{4HBr} + \underset{\text{Schwefel.}}{S_2}$$

Sie ist eine farblose, im concentrirten Zustande rauchende Flüssigkeit von 1,29 spec. Gew. Starke Säure wird beim Kochen schwächer, schwache wird stärker bis in beiden Fällen Säure von constantem Siedepunkte entstanden ist.

Jodwasserstoff. HJ.

Moleculargewicht 128. Specifisches Gewicht 64.

Darstellung. Jod verbindet sich noch schwieriger mit freiem Wasserstoff als Brom. Jodwasserstoff wird erhalten wie Bromwasserstoff oder durch Destillation von Wasser, Jodkalium, Jod und Phosphor:

$$4H_2O + \underset{\text{Jodkalium}}{2KJ} + 5J + P = 7HJ + \underset{\text{Zweidrittel Kaliumphosphat.}}{PO_4K_2H}$$

Oder durch Zersetzung von Phosphortrijodid durch Wasser und Destillation:

$$\underset{\text{Phosphortrijodid}}{PJ_3} + 3H_2O = 3HJ + \underset{\text{Phosphorige Säure.}}{PO_3H_3}$$

Man erhält eine Lösung von Jodwasserstoff, wenn zu frisch bereitetem schwefligsaurem Barium, welches in Wasser suspendirt ist, fein geriebenes Jod eingetragen wird, bis die Flüssigkeit eine gelbe Färbung annimmt. Durch Decantation kann die Jodwasserstofflösung von dem gleichzeitig entstandenen schwefelsauren Barium getrennt werden.

$$\underset{\text{Schwefligsaures Barium}}{SO_3Ba} + H_2O + J_2 = 2HJ + \underset{\text{Schwefelsaures Barium.}}{SO_4Ba}$$

Eigenschaften. Jodwasserstoff ist ein farbloses der Salzsäure ähnliches Gas, ist leicht zu einer gelblichen Flüssigkeit zu condensiren. Wird durch Quecksilber und die meisten anderen Metalle zerlegt, wobei die Hälfte seines Volums als Wasserstoffgas zurückbleibt. Wird durch Brom und Chlor unter Abscheidung von Jod zersetzt. Gibt mit Schwefelsäure Jod, schweflige Säure und Wasser. Reducirt leicht organische Substanzen.

Wässrige Jodwasserstoffsäure wird auf analoge Weise wie wässrige Bromwasserstoffsäure erhalten. Farblose, im concentrirten Zustande rauchende, der Salzsäure ähnliche Flüssigkeit. Spec. Gew. 1,70. Destillirt bei 125 bis 128°. Erleidet an der Luft Oxydation unter Abscheidung von Jod, wobei sie sich bräunt.

Fluorwasserstoff. HFl.

Moleculargewicht 20.

Darstellung. Analog derjenigen der Salzsäure aus Fluormetall und Schwefelsäure:

$CaFl_2$	+	SO_4H_2	=	2HFl	=	SO_4Ca
Fluorcalcium		Schwefelsäure		Fluorwasserstoff		Schwefelsaures Calcium.

Der feingepulverte Flussspath (Fluorcalcium) wird mit concentrirter Schwefelsäure in einer Platinretorte oder mit verdünnter Schwefelsäure auch in einer Bleiretorte der Destillation unterworfen.

Beim Glühen von Kaliumfluorwasserstoff erhält man die trockne Säure:

$$KFl,HFl = KFl + HFl.$$

Eigenschaften. Fluorwasserstoff ist ein farbloses stark saures, an feuchter Luft rauchendes Gas, welches wenig bekannt ist.

Wässrige Fluorwasserstoffsäure. (Flusssäure). Fluorwasserstoff vereinigt sich mit Wasser unter Wärmeentwicklung. Die concentrirte Lösung ist eine farblose bewegliche Flüssigkeit von 1,06 spec. Gew., die bei 15° siedet und sehr ätzende, die Respirationsorgane und alle anderen Körpertheile heftig angreifende Dämpfe entwickelt. Sie verbindet sich mit mehr Wasser zu einer schweren Flüssigkeit von 1,25 spec. Gew., welche bei 120° ohne Veränderung zu erleiden überdestillirt. Die Formel dieser Lösung ist $HFl + 2H_2O$. Flusssäure löst viele Metalle unter Entwicklung von Wasserstoffgas auf. Sie ätzt Glas, bildet mit Kieselerde Kieselfluorwasserstoff, $SiFl_6H_2$, und dient zum Aufschliessen von Silicaten.

Zum Glasätzen kann man die gasförmige oder eine verdünnte wässrige Säure benutzen. Die zu ätzenden Gegenstände übergiesst man sehr dünn mit einer Lösung von Wachs und etwas Asphalt in Terpentinöl, erwärmt dann gelinde zur Verflüchtigung des Terpentinöls, entfernt das Wachs von den zu ätzenden Stellen mittelst eines spitzen Instruments und legt nun das Glas in die Säure oder setzt es den Dämpfen von Fluorwasserstoffsäure aus. Bei mittlerer Temperatur erfolgt die Aetzung in einer halben bis in drei Stunden.

Verbindungen der Haloide untereinander.

Chlor verbindet sich mit Brom zu einer sehr dünnen und flüchtigen Flüssigkeit von rothgelber Farbe und starkem Geruche. Die Dämpfe des Chlorbroms greifen die Augen stark an. Mit Wasser bildet es eine krystallinische Verbindung. Seine wässrige Lösung zersetzt sich mit den Alkalien in Chlormetall und bromsaures Salz. Seine Zusammensetzung ist unbekannt.

Chlor und Jod bilden zwei Verbindungen: Einfach-Chlorjod ClJ und Dreifach-Chlorjod Cl_3J. Ersteres ist eine rothbraune ölige Flüssigkeit, welche Stärke nicht bläut. Beim Erhitzen zerfällt sie in flüchtiges Jodtrichlorid und Jod. Jodtrichlorid ist eine gelbe krystallinische Verbindung. Beide Chloride entstehen beim Ueberleiten von Chlor über trocknes Jod.

Wird Chlor in eine Substanz eingeleitet, welche etwas Jod in Lösung enthält, so findet leichter eine Einwirkung des Chlors auf diese Substanz statt als wenn kein Jod zugegen ist, welche Erscheinung wahrscheinlich auf fortgesetzter Bildung und Zersetzung von Chlorjod und auf der stärkeren Affinität des Chlors im Entstehungszustande beruht.

Brom und Jod geben ebenfalls zwei Verbindungen. Die an Brom ärmere ist fest und krystallinisch, während die bromreichere eine dunkelbraune Flüssigkeit bildet. Letztere liefert in wässriger Lösung mit den Alkalien Brommetall und jodsaures Salz.

Dritte Gruppe.

Sauerstoff, Schwefel, Selen und Tellur.

6. Sauerstoff. Θ.

Atomgewicht 16. Specifisches Gewicht 16. Moleculargewicht 32.

Vorkommen. Von allen Elementen in der grössten Menge. Wasser besteht zu $^8/_9$; die Luft zu fast $^1/_4$ und die meisten der bekannten Gebirgsarten ungefähr zur Hälfte aus Sauerstoff. Ein Bestandtheil aller Pflanzen und Thiere.

Wurde 1774 durch Priestley und 1775 durch Scheele entdeckt.

Darstellung. Der electrische Strom zersetzt Wasser in Wasserstoff und Sauerstoff, welcher hierbei am positiven Pole erscheint. Weissglühendes Metall zersetzt Wasser ebenfalls in Wasserstoff und Sauerstoff. Leitet man Chlorgas und Wasserdampf durch ein glühendes Rohr, so entsteht Salzsäure, während Sauerstoff ausgeschieden wird.

$$\underset{\text{Chlor}}{Cl_2} + \underset{\text{Wasser}}{H_2\Theta} = \underset{\text{Salzsäure}}{2HCl} + \underset{\text{Sauerstoff}}{\Theta}$$

Viele sauerstoffhaltige Verbindungen geben den Sauerstoff zum Theil oder auch vollständig beim Erhitzen ab, so liefert Quecksilberoxyd beim Erhitzen neben Sauerstoff metallisches Quecksilber, Manganhyperoxyd ein niederes Oxyd, chlorsaures Kalium Chlorkalium. Chlorsaures Kalium gemischt mit etwa 10 % Braunstein dient zweckmässig zur Darstellung von Sauerstoff. Erhitzt man dieses Gemenge, so wird bei einem gewissen Punkte die Entwicklung leicht stürmisch und daher muss die Hitze gemässigt werden, so bald sich die Annäherung dieses Zeitpunktes zu erkennen gibt. Vortheilhaft ist auch die Darstellung von Sauerstoff durch die Einwirkung einer Spur von frisch bereitetem feuchtem Bicobalticumoxyhydrür auf eine erwärmte Lösung von sogenanntem Chlorkalk. Man gibt zu diesem Zweck zu einer gesättigten klaren 70 bis 80° warmen Lösung von Chlorkalk einige Tropfen einer Chlorkobaltlösung, wodurch eine gewisse Chlor und Sauerstoff enthaltende Verbindung im Chlorkalk unter Sauerstoffentwicklung vollständig zersetzt wird, indem sich vorübergehend eine höhere Oxydationsstufe des Kobalts, deren Zerfallen die Sauerstoffentwicklung bedingt, bildet. Dieselbe Methode der Sauerstoffdarstellung lässt sich auch in der Art ausführen, dass man Chlor in erwärmte Kalkmilch, zu der etwas Kobaltlösung gegeben ist, leitet, wobei sich eine dem eingeleiteten Chlor entsprechende Sauerstoffmenge entwickelt, und zwar bis aller Kalk in Chlorcalcium übergeführt ist. Bildung und Zersetzung der Sauerstoff und Chlor enthaltenden Verbindung des Calciums und der höheren Sauerstoffverbindung des Kobalts finden in diesem Falle gleichzeitig statt.

Gemische von gewissen sauerstoffreichen Verbindungen, wie z. B. von Kaliumbichromat und Schwefelsäure, geben beim Erwärmen mit oxydirbaren Körpern leicht Sauerstoff ab, wobei sie Oxydation bewirken. Die Pflanzen absorbiren im Lichte Kohlensäure aus der Luft und geben Sauerstoff ab.

Eigenschaften. Sauerstoff ist ein Gas ohne Farbe, Geruch und Geschmack. Sein specifisches Gewicht (1,057) ist grösser als das der Luft (1,000). Er verbindet sich ausser mit Fluor mit allen Elementen; mit den meisten direct. Die grosse Mehrzahl aller Verbrennungsprocesse beruht auf Verbindung von Sauerstoff mit den brennbaren Stoffen. Dieselben verbrennen im reinen Sauerstoffgase mit grösserer Lebhaftigkeit und unter stärkerer Lichtentwicklung als in der Luft. Glimmendes Holz entflammt sich darin. Phosphor, Schwefel, Kohle, Eisen und viele andere Elemente verbrennen im Sauerstoff mit grossem Glanze. Die hierbei entstehenden Verbindungen sind Oxydationsproducte der verbrannten Körper. Bei der Verbrennung entwickelt jede Substanz eine gewisse Wärmemenge, welche jedoch abhängig erscheint von der Form in der die brennbare Substanz verbrennt, und von den Verhältnissen unter denen sie verbrennt. Erfolgt die Verbrennung langsam, so wird die Wärme nur nach und nach entwickelt, sie verbreitet sich, ohne eine intensive Hitze zu erzeugen. Erfolgt die Verbrennung rascher, so bewirkt die entwickelte Wärmemenge ein grösseres Steigen der Temperatur, wodurch Glühen der verbrennenden oder der verbrannten Substanz herbeigeführt werden kann; es entsteht Feuer. Glühende feste oder doch dichtere Körper bewirken Leuchten; sie strahlen Licht aus. Glühende Gase oder Dämpfe nennt man Flammen. Wenn beim Erhitzen von festen oder flüssigen Brennstoffen brennbare Gase oder Dämpfe auftreten, so können sie mit Flamme verbrennen.

Alle Körper entzünden sich an der Luft nur bei einem gewissen Temperaturgrade; im Sauerstoffgase erfolgt die Entzündung bei einer niederen Temperatur. Beim Verbrennen an der Luft entwickeln viele Substanzen mehr Wärme als nöthig ist, um die Verbrennung zu unterhalten; hierauf beruht die Möglichkeit die Brennstoffe als Heizmaterial verwenden zu können. Andere Stoffe entwickeln beim Verbrennen in der Luft nicht so viel Wärme als zur Unterhaltung der Verbrennung nöthig ist, sie erlöschen. Im Sauerstoffgase brennen meist auch diese Substanzen fort. Werden solche Körper, welche im compacten Zustande an der Luft nur langsam Oxydation erleiden, derselben im fein vertheilten Zustande ausgesetzt, so kann die Oxydation so gesteigert werden, dass bei der eintretenden Wärmeanhäufung Entzündung erfolgt. In Folge hiervon entzünden sich Holzspähne, Baumwolle und andere Substanzen, welche mit Leinöl getränkt sind, an der Luft.

Gewisse feste Körper condensiren Sauerstoff an ihrer Oberfläche; mehrere derselben, welche in compacter Form nur schwierig zu verbrennen sind, entzünden sich im feinvertheilten oder porösen Zustande von selbst an der Luft (Pyrophore).

Wasser löst nur etwa 3 Vol. Proc. Sauerstoff. Das Leben der Thiere in der Luft und im Wasser ist abhängig von dem Vorhandensein des Sauerstoffs im freien Zustande.

Sauerstoffgas kann nicht zu einer Flüssigkeit verdichtet werden.

Ozon. Sauerstoffgas, welches durch Electrolyse des Wassers entstanden ist, oder durch welches stille electrische Entladung stattgefunden hat, oder in welchem Phosphor, Aether, Terpentinöl oder andere Körper langsam Oxydation erlitten haben, zeigt einen eigenthümlichen Geruch und vollständig veränderte Eigenschaften. Es zersetzt nun Jodkalium, unter Abscheidung von Jod, oxydirt Quecksilber bei gewöhnlicher Temperatur, bläut Guajakharztinktur, bleicht Pflanzenfarben und wirkt überhaupt kräftiger oxydirend als gewöhnlicher Sauerstoff. Dieselbe active Modification des Sauerstoffs entsteht bei der Einwirkung von Schwefelsäure auf Bariumsuperoxyd, so wie wenn Sauerstoff im Lichte aus den Pflanzen entwickelt wird. In dieser Form nennt man ihn Ozon. Bei seiner Bildung durch geräuschlose electrische Entladung tritt eine Volumverminderung ein; beim Erhitzen des ozonisirten Sauerstoffs auf 250 bis 300° entsteht unter Vernichtung des Ozons wieder das ursprüngliche Volum. Wird das ozonhaltige Gas mit Quecksilber oder Jodkaliumlösung geschüttelt, so verschwindet das Ozon, ohne dass sich eine Volumverminderung zeigt. Hierbei wird das Quecksilber oxydirt und aus dem Jodkalium wird Jod ausgeschieden, und zwar so viel als der Abnahme des Sauerstoffvolums bei der Ozonisirung äquivalent ist. Hiernach besteht das Molecul des Ozons aus mehr als zwei Atomen Sauerstoff, und es enthält nur ein Drittel des Sauerstoffs in dem erregten Zustande, in dem es Jodkalium zersetzt. Die anderen zwei Drittel werden, wenn der erregte Sauerstoff absorbirt wird, aus der Verbindung abgeschieden und erfüllen nun denselben Raum, welcher vor der Zersetzung durch Ozon eingenommen wurde.

Die einfachste Erklärung für diese Thatsachen ist die, dass Ozon aus drei Atomen Sauerstoff im Molecule (= 2 Volume) bestehe, und dass davon ein Atom erregt sei.

Einige Chemiker unterscheiden neben dem Ozon noch eine andere active Modification des Sauerstoffs als Antozon.

7. Schwefel. S.

Atomgewicht 32. Dampfdichte 32. Moleculargewicht 64.

Vorkommen. Gediegen, besonders in Sicilien; als Bestandtheil der Schwefelmetalle, der schwefelsauren Salze und anderer Verbindungen. Er kommt in verschiedenen Formen in Gebilden des pflanzlichen und thierischen Lebens, bei deren Zersetzung oft Schwefelwasserstoff auftritt, vor.

Ist seit der frühesten Zeit bekannt.

Darstellung. Der meiste Schwefel wird aus dem gediegen vorkommenden durch Ausschmelzen und Destillation gewonnen. Beim Verdichten seiner Dämpfe in einem kalten Raume entstehen Schwefelblumen; beim Verdichten in heissen Räumen fliesst der Schwefel zusammen und er kann dann in Stangen oder Blöcke geformt werden.

Einiger Schwefel wird durch Erhitzen von Schwefelkupfer oder Doppelt-Schwefeleisen unter Abschluss der Luft, wobei Schwefel frei wird, gewonnen. Ferner gewinnt man Schwefel durch Destillation eines Gemenges dieser Substanz mit Eisenoxydhydrat, welches man als Nebenproduct bei der Gasfabrikation erhält. Hierbei dient nämlich Eisenoxydhydrat dazu, das Gas von einem Gehalt an Schwefelwasserstoff zu reinigen; es bildet sich einfach Schwefeleisen und dieses zersetzt sich, wenn es im feuchten Zustande der Luft ausgesetzt wird, in Schwefel und Eisenoxydhydrat.

$$2FeS + H_2O + 3O = S_2 + Fe_{II}O_2(OH)_2$$

Man gebraucht das Gemenge wiederholt zum Reinigen des Gases bis es reich genug an Schwefel ist, und destillirt letzteren alsdann ab. In neuester Zeit gewinnt man auch Schwefel aus den Rückständen von der Sodafabrikation. Man setzt diese Rückstände welche Schwefelcalcium und Calciumoxyd enthalten im feuchten Zustande der Luft aus, extrahirt mit Wasser und vermischt die Lösung mit Salzsäure. Hierbei scheidet sich Schwefel ab.

Eigenschaften. Der Schwefel ist ein spröder fester gelber durchscheinender Körper, ohne Geruch und Geschmack. Ein schlechter Wärmeleiter und Nichtleiter für Electricität. Er wird durch Reiben mit Wolle oder Haar negativ electrisch. Krystallisirt in Rhombenoctaëdern. Zerspringt beim Erwärmen in der Hand, wobei er knistert. Ist an der Luft etwas flüchtig. Unlöslich in Wasser; löslich in Schwefelkohlenstoff, Benzin und anderen Flüssigkeiten.

Das specifische Gewicht des krystallinisch vorkommenden ist 2,0454. Er schmilzt bei 114,°5 zu einer dünnen hellgelben Flüssigkeit, welche leichter als fester Schwefel ist. Beim Erkalten erstarrt der geschmolzene Schwefel plötzlich zu einer durchscheinenden Masse, welche nach und nach krystallinisch wird. Beim langsamen Abkühlen krystallisirt der geschmolzene Schwefel in schiefen rhombischen Säulen, deren specifisches Gewicht 1,982 ist, welche blass-bräunlichgelb und völlig durchsichtig sind. Der Schmelzpunkt dieser allotropischen Varietät des Schwefels liegt bei 120°. Sie ist ebenfalls löslich in Schwefelkohlenstoff und den anderen Lösungsmitteln für octaëdrischen Schwefel. Aus den Lösungen scheidet sich der prismatische Schwefel in octaëdrischer Form aus und die Krystalle jener Form werden nach einigen Tagen undurchsichtig, blassgelb und von höherem specifischen Gewicht, indem sie sich in gewöhnlichen octaëdrischen Schwefel verwandeln.

Wird der geschmolzene Schwefel auf 160° erhitzt, so erleidet er eine weitere Veränderung, er wird nach und nach dunkler und zähe; bei 260° wird er dick und steif und er liefert nun beim plötzlichen Abkühlen durch Eingiesen in kaltes Wasser eine in Schwefelkohlenstoff und den anderen Lösungsmitteln für Schwefel unlösliche Modification. Diese bildet eine weiche plastische zähe gelblichbraune halbdurchsichtige Masse von 1,95 spec. Gewicht. Nach kurzer Zeit geht sie in die gewöhnliche octaëdrische Form über; diese Umwandlung erfolgt beim Erhitzen auf 100° plötzlich und unter Wärmeentwicklung.

Bei 440° siedet der Schwefel, indem er sich in einen orangegelben Dampf verwandelt. Seine Dampfdichte entspricht bei 500° einem Molecule von 6, bei 1000° aber einem von 2 Atomen.

Die Schwefelblumen sind ein Gemenge von krystallinischem, in Schwefelkohlenstoff löslichem und von amorphem darin unlöslichem Schwefel.

Eine lösliche amorphe Modification des Schwefels wird bei der Zersetzung von Verbindungen des Schwefels mit electropositiven Körpern erhalten, so bei der Einwirkung von Salzsäure auf Fünffach-Schwefelkalium:

$$2HCl + K_2S_5 = 2KCl + H_2S + 4S.$$

Diese Modification, Schwefelmilch genannt, besitzt eine grünlichweisse Farbe; sie verwandelt sich gleichfalls nach und nach in die octaëdrische Modification.

Unlöslicher amorpher weicher Schwefel wird gebildet,

wenn Verbindungen des Schwefels mit electronegativen Körpern zerlegt werden, so wenn sich Chlorschwefel mit Wasser umsetzt:

$$2S_2Cl_2 + 3H_2O = 4HCl + SO_3H_2 + 3S.$$

Dieselbe Modification entsteht, wenn Schwefel mit wenig Chlor, Brom oder Jod auf 180—200° erhitzt wird. Sie bildet einen gelben weichen Teig, und geht beim Schmelzen oder längerem Erhitzen auf 100° in octaëdrischen Schwefel über.

Schwefel verbindet sich mit fast allen Elementen direct. Dampfförmig verbrennt er im Wasserstoffgase zu Schwefelwasserstoff. Mit glühenden Kohlen bildet er Schwefelkohlenstoff. Angezündet brennt er leicht an der Luft, wobei Schwefligsäureanhydrid entsteht. Viele Metalle entzünden sich im fein vertheilten Zustande von selbst im Schwefeldampfe.

8. Selen. Se.

Atomgewicht 79,4. Dampfdichte 79,4. Moleculargewicht 158,8.

Vorkommen. Nur in geringer Menge; fast nur als Begleiter des Schwefels und fast immer in Verbindung mit Metallen.

Wurde 1817 von Berzelius entdeckt.

Darstellung. Wird aus dem Flugstaub oder Schlamm der Schwefelsäurefabriken welche selenhaltige Schwefelkiese verarbeiten gewonnen. Man rührt die trockne Masse mit einem Gemische von ungefähr gleichen Theilen Schwefelsäure und Wasser zu einem dünnen Brei an, erhitzt längere Zeit zum Kochen und fügt zur Oxydation des freien Selens concentrirte Salpetersäure oder chlorsaures Kalium in kleinen Mengen hinzu bis die röthliche Farbe verschwunden ist, verdünnt dann mit Wasser, filtrirt und kocht das Filtrat unter Zusatz von Salzsäure oder Kochsalz bis alle Selensäure zu seleniger Säure reducirt ist. Nach dem Erkalten sättigt man die Lösung mit Schwefligsäureanhydrid, kocht und trennt das ausgeschiedene Selen von der Flüssigkeit.

Eigenschaften. Selen kommt wie Schwefel in löslicher und unlöslicher Form vor. Geschmolzenes rasch erkaltetes Selen ist in Schwefelkohlenstoff unlöslich, es bildet eine dunkelbraune glasartige spröde Masse von fast metallischem Glanze und 4,3 spec. Gew. Nichtleiter der Electricität; wird durch Reiben electrisch; erweicht in siedendem Wasser. Unlösliches Selen entsteht ferner bei der Electrolyse der selenigen Säure, wobei es als positiver Bestandtheil am negativen Pole erscheint. Verwandelt sich bei gewöhnlicher Temperatur langsam in eine dunkelgraue krystallinische Masse von feinkörnigem Bruche. In dieser Form ist es löslich in Schwefelkohlenstoff, woraus es sich in prismatischen Krystallen von 4,5 bis 4,8 spec. Gew. abscheidet; leitet die Electricität und schmilzt bei 211,5, ohne vorher weich zu werden. Das dunkelrothe Pulver der glasartigen Modification geht sehr rasch in die krystallinische Form über; dasselbe tritt beim Erwärmen der amorphen Modification auf 125 bis 130° ein.

Selen verbrennt beim Erhitzen an der Luft mit röthlich blauer Flamme und unter Verbreitung eines starken und eigenthümlichen Geruchs zu Selenigsäureanhydrid.

9. Tellur. Te.

Atomgewicht 128. Dampfdichte 128. Moleculargewicht 256.

Vorkommen. Sehr selten; gediegen oder in Verbindung mit Metallen.

Es wurde 1782 durch Müller von Reichenstein entdeckt.

Eigenschaften. Vollkommen metallglänzend, fast zinnweiss, spröde, von 6,258 spec. Gew. Krystallisirt rhomboëdrisch. Leitet Wärme und Electricität schlecht; ist diamagnetisch. Schmilzt oberhalb 500°; verbrennt an der Luft zu Tellurigsäureanhydrid.

Verbindungen der Elemente der dritten Gruppe.

1) Mit Wasserstoff.

Die vier Elemente dieser Gruppe verbinden sich in dem Verhältniss von einem Atom oder Volum mit zwei Atomen oder Volumen Wasserstoff zu analogen Verbindungen, welche in Gas- oder Dampfform zwei Volume erfüllen. Ausser diesen Verbindungen sind von einem Theil der Elemente dieser Gruppe noch andere Wasserstoffverbindungen bekannt.

Wasser. $H_2\Theta$.

Moleculargewicht 18. Dampfdichte 9.

Vorkommen. Sehr verbreitet und in grossen Mengen. Im freien Zustande fest, flüssig und gasförmig; als Krystallwasser in Verbindung mit vielen Mineralien. Ein wesentlicher Bestandtheil aller organischen Gebilde; macht $^3/_4$ des menschlichen Körpers aus.

Darstellung. Ein Volum oder 16 Gewichtstheile Sauerstoff vereinigen sich mit zwei Volumen oder 2 Gewichtstheilen Wasserstoff zu Wasser. Diese Vereinigung erfolgt bei gewöhnlicher Temperatur im Contact mit Platin, und wenn dasselbe eine grosse Oberfläche als Schwamm oder Mohr besitzt, so tritt hierbei starke Erhitzung, und indem die Gase sich entzünden, Explosion ein. Auch glühende Körper und der electrische Funken bewirken die plötzliche Vereinigung unter Explosion (Knallgas). Ein Strom Wasserstoff brennt angezündet im Sauerstoffgase oder an der Luft; Sauerstoffgas umgekehrt in Wasserstoffgas geleitet, lässt sich ebenfalls anzünden und brennt fort. Das Verbrennen erfolgt unter Bildung von Wasser an den Berührungspunkten der beiden Gase, wobei der höchste Grad von Hitze, welchen man hervorbringen kann, eintritt. In Folge dieser Wärmeentwicklung findet bei der plötzlichen Vereinigung grösserer Mengen der Gase Explosion statt, indem das gebildete Wasser sehr ausgedehnt wird.

Beim Verbrennen von 1 Gewichtstheil Wasserstoff zu Wasser werden 34462 Wärmeeinheiten (W. E.) frei, d. h. die frei werdende Wärme kann 34462 Gewichtstheile Wasser um einen Temperaturgrad erwärmen.

Wird Wasserstoff über gewisse Metalloxyde bei gewöhnlicher oder bei erhöhter Temperatur geleitet, so bildet sich Wasser unter Reduction des Metalloxyds.

Reines Wasser wird durch Destillation aus dem in der Natur vorkommenden, fremde Stoffe enthaltendem Wasser gewonnen. Hierbei destillirt zuerst unreines Wasser über und ein anderer Theil der fremden Substanzen bleibt im Rückstande.

Eigenschaften. Es ist in allen Agregatzuständen bekannt. Man nennt den Punkt, bei welchem Wasser erstarrt, Eis bildet, den Gefrier- oder Nullpunkt. Seinem Siedepunkte unter 760 mm Luftdruck gibt man bei der Thermometerscala nach Celsius die Bezeichnung 100°, bei der nach Reaumur die von 80°. Wasser besitzt bei + 4° C die grösste Dichte; 0,999877 Vol. Wasser von + 4° erfüllen bei 0° 1,000000 Vol. und bei 100° 1,042300 Vol. Das specifische Gewicht des Eises ist = 0,94, wenn dasjenige des Wassers von + 4° = 1,00 gesetzt wird. Eis ist krystallinisch, durchsichtig, farblos, ein schlechter Wärmeleiter und Nichtleiter der Electricität. Flüssiges Wasser ist durchsichtig, farb-, geschmack- und geruchlos. Es ist sehr wenig zusammendrückbar, ein besserer Wärmeleiter als Eis, leitet die Electricität und wird durch dieselbe zersetzt in Sauerstoff, welcher am positiven Pole und in Wasserstoff, welcher am negativen Pole erscheint. Die latente Wärme des Wassers ist = 80°, d. h. 1 Gewichtstheil Eis von 0° bildet mit 1 Gewichtstheil Wasser von 80° 2 Gewichtstheile Wasser von 0°, oder es vermag 80 Gewichtstheile Wasser um einen Grad abzukühlen. Sowohl Wasser als auch Eis verdunsten bei gewöhnlicher Temperatur an der Luft, und zwar um so rascher, je höher die Temperatur, je trockner die Luft und je geringer der Luftdruck ist. 1 Vol. Wasser von 100° gibt 1696 Vol. Wasserdampf von derselben Temperatur. Die latente Wärme des Wasserdampfes von 100° ist = 536,°5; d. h. 1 Gewichtstheil desselben kann 536,5 Gewichtstheile Wasser um einen Temperaturgrad erwärmen, oder 5,365 Gewichtstheile von 0° auf 100° erhitzen.

Wasser absorbirt die Gasarten in verschiedenen Verhältnissen, es löst viele feste und flüssige Körper in mehr oder weniger grossen Mengen auf. Beim Lösen von Salzen in Wasser tritt oft eine Temperaturerniedrigung ein, öfters jedoch auch eine Steigerung der Temperatur. Wässerige Lösungen der Salze und anderer Stoffe haben in der Regel einen tieferen Gefrierpunkt als reines Wasser besitzt; letzteres scheidet sich daraus als reines Eis ab, wenn sie einem genügend hohen Kältegrade ausgesetzt werden. Der Siedepunkt des Wassers wird ebenfalls durch die damit gemischten oder die darin gelösten Substanzen verändert: wässrige Lösungen nicht flüchtiger oder schwerer flüchtiger Substanzen besitzen einen höheren Siedepunkt und die Lösungen flüchtigerer Körper in der Regel einen niederen Siedepunkt als reines Wasser.

Als Krystallwasser geht Wasser unter Wärmeentwicklung mit vielen Elementen oder zusammengesetzten Körpern innigere Verbindung ein. Diese Verbindungen erstarren bei festen Punkten; oft sieden sie auch ohne Zersetzung zu erleiden bei constanten Temperaturen. Wasser wird im Sonnenlichte oder bei Glühhitze durch Chlor und auch durch Brom zersetzt, wobei sich Haloidwasserstoff bildet und Sauerstoff frei wird.

Die meisten Metalle zersetzen das Wasser unter Abscheidung von Wasserstoff.

Wasserstoffhyperoxyd, $H_2\Theta_2$, entsteht bei der Einwirkung von Salzsäure, oder besser von Kieselfluorwasserstoffsäure auf Bariumhyperoxydhydrat, und in geringen Mengen auch bei der Electrolyse verdünnter Säuren. Es bildet eine farblose durchsichtige dickliche Flüssigkeit von 1,452 specifischem Gewicht. Verdunstet im Vacuum ohne Zersetzung zu erleiden. Besitzt einen zusammenziehenden metallischen Geschmack, zerstört die Pflanzenfarben, greift die Haut und namentlich die Schleimhäute stark an. Zerfällt sehr leicht in Wasser und Sauerstoff, bisweilen unter Explosion. Sein Zerfallen wird sehr befördert durch die Gegenwart von Holzkohle, von Metallen und anderen Körpern (Katalyse). Es ist ein sehr kräftiges Oxydationsmittel und merkwürdiger Weise ebenfalls ein Reductionsmittel. Oxydirt werden dadurch Selen, Arsen, Chrom, Zink, Arsenigsäureanhydrid, viele Schwefelmetalle, die Oxyhydrüre des Bariums, Strontiums, Calciums, Manganosums, Ferrosums, Cobaltosums und andere Substanzen. Es reducirt unter Entwicklung von Sauerstoff Platinoxyhydrür, die Oxyde des Goldes, Silbers und Quecksilbers, Blei- und Manganhyperoxyd, Chromsäure, Uebermangansäure und Ferridcyansäure. Bei Gegenwart von Jod trennt sich Wasserstoffhyperoxyd nicht in Wasser und Sauerstoff, sondern der Sauerstoff tritt vollständig aus und der Wasserstoff verbindet sich mit dem Jod zu Jodwasserstoff.

Schwefelwasserstoff. H_2S.

Moleculargewicht 34. Gasdichte 17.

Vorkommen. Findet sich in gewissen Mineralwassern und vulkanischen Gasen.

Darstellung. Entsteht schwierig durch directe Vereinigung der Bestandtheile; leicht durch doppelte Zersetzung von Schwefelmetallen und Säuren. Man gewinnt ihn oft durch Zersetzung von Schwefeleisen mit verdünnter kalter Schwefelsäure:

$$\underset{\text{Schwefeleisen}}{FeS} + \underset{\text{Schwefelsäure}}{SO_4H_2} = H_2S + \underset{\text{Ferrosumsulphat.}}{SO_4Fe}$$

Schwefelwasserstoff entsteht bei der Verwesung organischer Materien, welche Schwefel enthalten oder sich mit Körpern welche solchen enthalten in Berührung befinden, und bei der trocknen Destillation schwefelhaltiger organischer Substanzen, z. B. der Steinkohlen.

Eigenschaften. Ein farbloses stark und eigenthümlich riechendes Gas, von 1,178 spec. Gew. wenn Luft = 1 gesetzt wird. Wird durch Druck und Kälte zu einer farblosen klaren sehr beweglichen Flüssigkeit verdichtet, welche bei einem sehr hohen Kältegrade zu einer weissen krystallinischen durchscheinenden Masse erstarrt. Gibt mit wenig Wasser ein krystallinisches Hydrat. Bei 11° absorbirt Wasser drei Volume Schwefelwasserstoffgas.

Schwefelwasserstoff zersetzt das Blut und wirkt eingeathmet tödtlich. Es ist sehr leicht entzündlich und brennt an der Luft mit bläulicher Flamme, wobei beide Bestandtheile Oxydation erleiden. Die meisten Metalle zersetzen das Gas im erhitzten Zustande, indem sie sich mit dem Schwefel verbinden und ein unverändertes Volum Wasserstoff zurücklassen. Sehr viele Metalloxyde zersetzen sich mit Schwefelwasserstoff unter Bildung von Wasser und eigenthümlich gefärbten Schwefelmetallen. Die meisten dieser Schwefelmetalle sind unlöslich in Wasser, ein Theil derselben wird durch Säuren zersetzt; einige unlösliche Schwefelmetalle bilden mit löslichen Schwefelmetallen lösliche Verbindungen, Sulphosalze. Schwefelwasserstoff wird durch Chlor, Brom, Jod und Sauerstoff zersetzt, wobei diese Elemente sich mit seinem Wasserstoff verbinden und den Schwefel ausscheiden. Oxydirende Substanzen, z. B. Schwefelsäure und sogar schweflige Säure wirken ebenso. Auch durch Eisenchlorid wird Schwefelwasserstoff zersetzt.

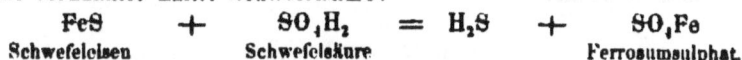

Wasserstoffhypersulphid. Bei der Zersetzung von Fünffach-Schwefelkalium durch verdünnte Salzsäure entsteht ein gelbes durchsichtiges Oel von nicht festgestellter Zusammensetzung. Dasselbe löst Schwefel in grosser Quantität auf: es zersetzt sich leicht in Schwefel und Schwefelwasserstoff. Wenn diese Zersetzung im zugeschmolzenen Glasrohre vor sich geht, so wird der Schwefelwasserstoff in flüssiger Form erhalten.

Selenwasserstoff. H_2Se.

Moleculargewicht 81,4. Gasdichte 40,7.

Darstellung. Aus Selenmetallen durch Einwirkung verdünnter Säuren.

Eigenschaften. Farbloses brennbares Gas von einem scharfen, den Geruchssinn abstumpfenden Geruche. Verhält sich dem Schwefelwasserstoff sehr ähnlich.

Tellurwasserstoff. H_2Te.

Moleculargewicht 130. Gasdichte 65.

Darstellung. Aus Tellurzink durch Einwirkung verdünnter Säuren.

Eigenschaften. Sehr ähnlich dem Schwefelwasserstoff.

2) Mit den Haloiden und mit Wasserstoff.

Oxyde und Hydryloxyde des Chlors.

Unterchlorigsäureanhydrid. $Cl_2\Theta$.

Moleculargewicht 87. Gasdichte 43,5.

Darstellung. Es entsteht, wenn Chlor bei 0° auf Quecksilberoxyd einwirkt:

$$\underset{}{2Cl_2} + \underset{\text{Quecksilberoxyd}}{Hg\Theta} = Cl_2\Theta + \underset{\text{Quecksilberchlorid}}{HgCl_2}$$

Man gewinnt es auch, indem man eine concentrirte wässrige Lösung von unterchloriger Säure mit glasiger Phosphorsäure behandelt.

Eigenschaften. Hellröthlichgelbes Gas von starkem chlorähnlichen Geruche. Zersetzt sich rasch und oft unter Explosion in 2 Vol. Chlor und 1 Vol. Sauerstoff. Verdichtet sich bei grosser Kälte zu einer dunkelorangegelben sehr explosiven Flüssigkeit. Bildet mit Wasser unterchlorige Säure:

$$Cl_2\Theta + H_2\Theta = 2Cl\Theta H.$$

Ist ein starkes Oxydationsmittel.

Unterchlorige Säure, $Cl\Theta H$, entsteht bei der Oxydation der Salzsäure durch Uebermangansäure, bei der Zersetzung des Anhydrids mit Wasser und beim Einleiten von Chlor in Wasser, welches Metalloxyde, metallische Hydryloxyde, Carbonate etc. gelöst oder suspendirt enthält. Zur Darstellung leitet man Chlor in Wasser, in welchem Quecksilberoxyd oder Calciumcarbonat suspendirt ist:

$$2Cl_2 + H_2\Theta + Hg\Theta = 2Cl\Theta H + HgCl_2$$

$$2Cl_2 + H_2O + \Theta\Theta_3\Theta a = 2Cl\Theta H + \Theta aCl_2 + \Theta\Theta_2$$

Calciumcarbonat — Chlorcalcium

Die wässrige Säure wird durch Destillation von den Salzen getrennt und lässt sich durch wiederholte Destillation der flüchtigeren Antheile concentriren. Unterchlorige Säure wird durch die meisten Sauerstoffsäuren aus ihren Salzen abgeschieden. Ihre wässrige Auflösung ist gelb, sie riecht wie Unterchlorigsäureanhydrid. Zersetzt sich leicht in Chlor und Chlorsäure. Gibt mit Salzsäure Wasser und Chlor:

$$H\Theta Cl + HCl = H_2\Theta + Cl_2$$

Sie oxydirt Chlorkalium zu chlorsaurem Kalium, Chlorblei zu Bleihyperoxyd, oxydirt und bleicht Pflanzenfarben, und zerstört faule Gerüche. Ihre Salze finden als Bleich- und Desinfectionsmittel Anwendung.

Chlorigsäureanhydrid. Cl_2O_3.

Moleculargewicht 119. Gasdichte 59,5.

Darstellung. Wird erhalten, wenn man ein Gemisch von chlorsaurem Kalium, verdünnter Salpetersäure und Arsenigsäureanhydrid sehr gelinde erwärmt:

$$2Cl\Theta_3K + 2N\Theta_3H + As_2\Theta_3 + 2H_2\Theta = Cl_2\Theta_3 + 2N\Theta_3H + 2As\Theta_4KH_2$$

Chlorsaures Kalium — Salpetersäure — Arsenigs.-anhydrid — Chlorigs.-anhydrid — Salpetersäure — Saures arsens. Kalium.

Hierbei erleidet die Salpetersäure zuerst Reduction zu salpetriger Säure, diese reducirt die Chlorsäure zu chloriger Säure, indem sie wieder in Salpetersäure übergeht.

Eigenschaften. Chlorigsäureanhydrid ist ein gelblichgrünes Gas von sehr heftigem chlorartigen Geruche. Zersetzt sich schon bei 57° unter Explosion in Chlorgas und Sauerstoff.

Chlorige Säure, $Cl\Theta\text{-}\Theta H$, entsteht beim Einleiten des Anhydrids in Wasser:

$$Cl_2\Theta_3 + H_2\Theta = 2Cl\Theta_2H.$$

Ihre concentrirte Lösung bildet eine grüngelbe Flüssigkeit von intensiver Färbung und stark bleichenden und oxydirenden Eigenschaften. Sie gibt mit den kaustischen Alkalien und Erden Salze. Zersetzt nicht die kohlensauren Salze.

Chlorhyperoxyd, $Cl\Theta_2$, wird erhalten, wenn man ein in der Kälte mit grosser Vorsicht bereitetes Gemenge von chlorsaurem Kalium und starker Schwefelsäure gelinde erwärmt:

$$3ClO_3K + 2SO_4H_2 = 2ClO_2 + ClO_4K + 2SO_4KH + H_2O$$

Chlorsaures Kalium	Schwefelsäure	Ueberchlorsaures Kalium	Saures schwefels. Kalium

Wird mit Kohlensäure gemengt beim Erhitzen von fein gepulvertem chlorsauren Kalium mit krystallisirter Oxalsäure auf 70° erhalten.

Es ist ein schweres dunkelgelbes Gas von eigenthümlichem chlorartigen Geruche. Lässt sich durch grosse Kälte zu einer Flüssigkeit condensiren, welche bei noch grösserer Kälte erstarrt. Zersetzt sich sehr leicht und in der Regel mit grosser Heftigkeit in Sauerstoff und Chlor. Bildet mit den Lösungen der Alkalien Wasser, chlorigsaures und chlorsaures Salz:

$$2ClO_2 + 2KOH = H_2O + ClO\text{-}OK + ClO_2\text{-}OK$$

Euchlorine. Ein Gemenge von chlorsaurem Kalium und Chlorwasserstoff entwickelt ein hellgelbes Gas, welches Euchlorine genannt wird, und welches Chlor und Sauerstoff in demselben Verhältniss wie Unterchlorigsäureanhydrid enthält. Es ist wahrscheinlich ein Gemenge von Chlor und Chlorhyperoxyd, indem es nämlich beim Durchleiten durch ein Uförmig gebogenes Rohr, welches sich in einer Kältemischung befindet, in flüssiges Chlorhyperoxyd und Chlor zerfällt.

Chlorsäure. $ClO_2\text{-}OH$.

Darstellung. Leitet man in die Lösung eines kohlensauren oder kaustischen Alkalis Chlor, so entsteht unterchlorigsaures Salz, welches beim Kochen der Lösung in chlorsaures Salz und Chlormetall zerfällt:

$$3ClOK = ClO_2K + 2KCl$$

Unterchlorigsaures Kalium	Chlorsaures Kalium	Chlorkalium

Chlorsaures Kalium bildet sich auch, wenn Chlor in kochendes Wasser geleitet wird, welches auf 1 Mol. Chlorkalium 3 Mol. Aetzkalk enthält:

$$3Cl_2 + KCl + 3CaO = 3CaCl_2 + ClO_3K$$

	Chlorkalium	Calciumoxyd	Chlorcalcium	

Da chlorsaures Kalium schwer und Chlorcalcium leicht löslich in Wasser ist, so können die beiden Salze durch Krystallisation leicht getrennt werden. Aus dem chlorsaurem Kalium scheidet man die Chlorsäure dadurch ab, dass man zu seiner Lösung in heissem Wasser so lange Kieselfluorwasserstoffsäure mischt, als noch Kieselfluorkalium niederfällt. Die entstandene Lösung von Chlorsäure lässt sich bei sehr gelinder Wärme concentriren.

Eigenschaften. Im wasserfreien Zustande nicht bekannt. Ihre concentrirte Lösung ist eine farblose dickliche Flüssigkeit von stark saurer Reaction. Zerfällt beim Erhitzen in Chlor, Sauerstoff und Ueberchlorsäure. Ein sehr kräftiges Bleich- und Oxydationsmittel. Zersetzt sich mit Chlorwasserstoff, Schwefelwasserstoff und schwefliger Säure unter Entwicklung von Chlor. Gemenge von Kohle, Schwefel, Phosphor, Metallen und anderen leicht oxydirbaren Substanzen mit chlorsauren Salzen explodiren heftig, wenn man sie erhitzt, reibt oder schlägt; zum Theil auch schon ohne alle äussere Veranlassung beim blossen Liegen, namentlich wenn sie dem Sonnenlichte ausgesetzt sind.

Salpetersäure und chlorsaures Kalium bilden freies Chlor, Sauerstoff und überchlorsaures Kalium. Chlorsaures Kalium zerfällt beim Erhitzen für sich zunächst in Sauerstoff und überchlorsaures Kalium und dieses zerfällt bei höherer Temperatur in Chlorkalium und Sauerstoff. Die chlorsauren Salze wirken erst dann bleichend, wenn eine Säure hinzugefügt worden ist.

Ueberchlorsäure. ClO_3-OH.

Darstellung. Durch Destillation der Chlorsäure oder eines Gemisches von chlorsaurem Kalium mit 4 Vol. concentrirter Schwefelsäure.

Eigenschaften. Bei 200° unter theilweiser Zersetzung flüchtig, weiss, krystallinisch. Specifisches Gewicht = 1,78 bei 15°. Sehr hygroscopisch, zersetzt sich leicht mit Explosion. Verbindet sich mit Wasser zu einem krystallinischen Monohydrat; mit mehr Wasser zu einer Verbindung von einem Molecul der Säure mit ungefähr zwei Moleculen Wasser zu einer dicken schweren farb- und geruchlosen Flüssigkeit. Die Lösungen der Ueberchlorsäure sind stark sauer und sehr beständig. Sie lösen Zink und Eisen unter Entwicklung von Wasserstoff und Bildung von überchlorsauren Salzen. Ohne bleichende und oxydirende Wirkungen, selbst Schwefelwasserstoff und schweflige Säure, welche alle anderen Sauerstoffsäuren des Chlors reduciren, sind ohne Einwirkung darauf.

Oxyde und Hydroxyde des Broms.

Sie sind weniger bekannt als die des Chlors.

Unterbromige Säure entsteht neben Bromquecksilber, wenn Bromwasser mit Quecksilberoxyd geschüttelt wird.

Bromsäure. BrO_2-OH.

Darstellung. Sie entsteht neben freiem Chlor, wenn unterchlorige Säure auf wässriges Brom einwirkt. Ihr Kalisalz entsteht bei der Einwirkung von Brom oder Fünffach-Chlorbrom auf concentrirte Kalilauge:

$$BrCl_5 + 6KOH = 3H_2O + 5KCl + BrO_3K.$$

Eigenschaften. Nicht im wasserfreien Zustande bekannt. Ihre concentrirte Lösung ist eine farblose dickliche stark saure bleichende und oxydirende Flüssigkeit. Zerfällt beim Kochen in Wasser, Sauerstoff und Brom.

Oxyde und Hydryloxyde des Jods.

Jodsäureanhydrid. $(J\Theta_2)_2\Theta$.

Darstellung. Entsteht beim Erhitzen von Jodsäure auf 170°, wobei Wasser entweicht und das Anhydrid zurückbleibt.

Eigenschaften. Weisse krystallinische Masse; schmilzt bei etwa 300° unter Zersetzung; gibt mit Wasser Jodsäure.

Jodsäure. $J\Theta_2\text{-}\Theta H$.

Darstellung. Sie bildet sich, wenn Jod mit starker Salpetersäure gekocht wird, oder wenn Jod und gleichzeitig Chlor oder Brom auf Wasser einwirken:

$$J + Cl_5 + 3H_2\Theta = 5HCl + J\Theta_3H.$$

Man erhält sie leicht rein durch Abdampfen zur Trockne und Umkrystallisiren aus Wasser.

Eigenschaften. Krystallisirt in weissen, durch freies Jod oft gelb gefärbten, durchscheinenden sechsseitigen Tafeln. Leicht löslich in Wasser und etwas löslich in Alkohol. Ihre wässrige Lösung ist haltbar. Ein kräftiges Oxydationsmittel; zerlegt sich mit Jodwasserstoff in Wasser und Jod.

Ueberjodsäureanhydrid. $(J\Theta_3)_2\Theta$.

Entsteht beim Erhitzen von Ueberjodsäure auf 160°, wobei Wasser austritt und das Anhydrid als weisse krystallinische Masse zurückbleibt. Zersetzt sich beim weiteren Erhitzen in Jodsäureanhydrid und Sauerstoff. Gibt mit Wasser Ueberjodsäure.

Ueberjodsäure. $J\Theta_3\text{-}\Theta H,\ 2H_2\Theta$.

Darstellung. Wird gebildet, wenn Chlor in die gemischten Lösungen von jodsaurem Natrium und Natriumoxyhydrür geleitet wird:

$$Cl_2 + JO_3Na + 2Na\Theta H = JO_4Na + 2NaCl + H_2O$$

Beim Abdampfen der Flüssigkeit krystallisirt das schwerlösliche überjodsaure Salz, woraus man durch doppelte Zersetzung mit salpetersaurem Blei unlösliches überjodsaures Blei gewinnt. Dieses gibt bei der Zersetzung mit Schwefelsäure Ueberjodsäure.

Eigenschaften. Sie krystallisirt in farblosen Prismen, ist sehr leicht löslich in Wasser, schmilzt bei 130° und zerfällt bei höherer Temperatur. Wirkt stark oxydirend.

Schwefelverbindungen des Chlors.

Schwefelchlorür, S_2Cl_2, entsteht wenn trocknes Chlorgas in geschmolzenen Schwefel geleitet wird, und ist durch Destillation von dem überschüssigen Schwefel zu trennen. Eine bewegliche gelbrothe an der Luft rauchende Flüssigkeit, von 1,687 spec. Gew. Siedet bei 139°. Besitzt einen unangenehmen scharfen Geruch. Wird durch Wasser langsam in Salzsäure, Schwefel und unterschweflige Säure zersetzt. Löst Schwefel und bildet damit eine 66,7 % Schwefel enthaltende hellgelbe schwere Flüssigkeit, welche mit Benzol gemischt zum Vulkanisiren des Kautschuks dient.

Schwefelchlorid, SCl_2, bildet sich beim Einleiten von trocknem Chlor in Schwefelchlorür, wobei eine dunkelrothe Flüssigkeit entsteht, die durch Erhitzen vom überschüssigen Chlor zu befreien ist. Es ist unter theilweiser Zersetzung bei 64° flüchtig. Spec. Gew. 1,62. Entwickelt im Sonnenlichte Chlor; zersetzt sich mit Wasser in Salzsäure und unterschweflige Säure. Geht an der trocknen Luft unter Sauerstoffaufnahme in Thionylchlorür und Sulphurylchlorid über.

Selenverbindungen des Chlors.

Selenchlorür, Se_2Cl_2, entsteht bei der Einwirkung von trocknem Chlor auf Selen. Eine durchsichtige bräunlichgelbe dickliche schwere verdampfbare Flüssigkeit. Wird durch Wasser langsam in Salzsäure, selenige Säure und Selen zersetzt.

Selentetrachlorid, $SeCl_4$, bildet sich bei der Einwirkung von Chlor auf Selenchlorür. Weisse feste Masse, verflüchtigt sich ohne vorher zu schmelzen. Gibt mit Selen Selenchlorür, mit Wasser Salzsäure und selenige Säure.

Tellurverbindungen der Haloide.

Tellurbichlorid, $TeCl_2$, wird erhalten beim Ueberleiten von Chlor über erhitztes Tellur im Ueberschuss und Destillation. Schwarze nicht krystallinische Substanz, von grünlichem Pulver. Schmilzt zu einer schwarzen Flüssigkeit und verflüchtigt sich in helljodfarbigen Dämpfen. Zersetzt sich mit Wasser in Salzsäure und tellurige Säure.

Tellurtetrachlorid, $TeCl_4$, entsteht beim Einwirken von Chlor auf Bichlorid. Eine weisse krystallinische Masse; bildet beim Schmelzen eine gelbe verdampfbare Flüssigkeit, die nahe beim Siedepunkte dunkelroth erscheint. Gibt mit Tellur Tellurbichlorid; zerfliesst an der Luft und wird durch grössere Mengen Wasser in Salzsäure und tellurige Säure zersetzt.

Brom bildet mit Tellur zwei Verbindungen, welche denjenigen des Chlors entsprechen, sich schon bei gewöhnlicher Temperatur bilden, krystallinisch sind und sich ähnlich wie die Chlorverbindungen verhalten.

Jod bildet mit Tellur ebenfalls zwei analoge Verbindungen. Tellurbijodid wird nicht durch kochendes Wasser zersetzt und Tellurtetrajodid entsteht auch bei der Einwirkung von Jodwasserstoff auf Tellursäure.

Allgemeine Bemerkungen über die Haloide und ihre Verbindungen.

Die Grösse der Atome des Chlors, Broms und Jods ist durch die Gas- und Dampfdichte vieler ihrer Verbindungen, durch die specifische Wärme dieser Elemente oder ihrer Verbindungen in fester Form (sie besitzen die normale Atomwärme von 6,4), und durch ihr ganzes chemisches Verhalten bestimmt. Die Atomgrösse des Fluors folgert man aus dem chemischen Verhalten dieses Elements und aus dem Isomorphismus einiger seiner Verbindungen mit entsprechenden der anderen Halogene. Fluor besitzt eine ungewöhnliche Atomwärme (5,0).

Die Molecule des Chlors, Broms und Jods bestehen aus zwei Atomen dieser Elemente. Die Moleculargrösse des Fluors ist nicht bekannt. Chlor, Brom und Jod zeigen in ihrem chemischen Verhalten eine sehr grosse Aehnlichkeit; Fluor lässt oft ein abweichendes Verhalten erkennen, es ist jedoch noch weniger bekannt. Aequivalent und Atom werden bei diesen Elementen als gleich gross angenommen. Fluor besitzt von den Haloiden das kleinste Atomgewicht, dann kommt Chlor, hierauf Brom und endlich Jod. Auch in Beziehung auf die Stärke der Affinität bilden sie eine Reihe vom Fluor, welches die stärkste Affinität besitzt, bis zum Jod, welches die schwächste Affinität bethätigt. Chlor ist bei gewöhnlicher Temperatur gasförmig, Brom flüssig und Jod fest. Letzteres nähert sich durch seine physikalischen Eigenschaften den Metallen, deren Undurchsichtigkeit, Glanz und Farbe es besitzt.

Die Haloide stellen sich durch ihre Wasserstoffverbindungen als monovalente Elemente dar. Die Verbindungen des Jods mit den negativeren Elementen Brom und Chlor und diejenigen des Broms mit Chlor lassen Jod und Brom auch als drei- und fünfwerthig erscheinen.

Sowohl die Wasserstoff- als auch die Sauerstoffsäuren der Haloide sind einbasisch; sie enthalten im Molecul nur ein Atom Wasserstoff, welches durch Metall ersetzt werden kann, wodurch neutrale Salze entstehen.

Man hat:

Chlorwasserstoff	ClH	Chlorkalium	ClK
Unterchlorige Säure	$Cl\Theta H$	Unterchlorigsaures Kalium	$Cl\Theta K$
Chlorige Säure	$Cl\Theta_2H$	Chlorigsaures Kalium	$Cl\Theta_2K$
Chlorsäure	ClO_3H	Chlorsaures Kalium	$Cl\Theta_3K$
Ueberchlorsäure	$Cl\Theta_4H$	Ueberchlorsaures Kalium	$Cl\Theta_4K$.

Die Sauerstoffsäuren der Haloide lassen sich auf Salzsäure als Type beziehen, wenn angenommen wird, dass das Chlor derselben durch zusammengesetzte Radicale substituirt sei:

Type	$H\text{-}Cl$.
Unterchlorige Säure	$H\text{-}Cl\Theta$
Chlorige Säure	$H\text{-}Cl\Theta_2$

Chlorsäure	H-ClΘ$_3$
Ueberchlorsäure	H-ClΘ$_4$

Diese Auffassung drückt in einer einfachen Weise die Beziehungen der Säuren zu ihren Salzen aus. Sie nimmt aber keine Rücksicht auf das bemerkenswerthe Verhältniss der Sauerstoffsäuren zu ihren Anhydriden. Diesem Verhältniss geben die folgenden Gleichungen Ausdruck:

Cl$_2$Θ	+	H$_2$Θ	=	2ClΘH
Unterchlorigsäure-anhydrid				Unterchlorige Säure
Cl$_2$Θ$_3$	+	H$_2$O	=	2ClΘ$_2$H
Chlorigsäureanhydrid				Chorige Säure
J$_2$Θ$_5$	+	H$_2$Θ	=	2JO$_3$H
Jodsäureanhydrid				Jodsäure.

Diese Beziehungen ergeben, dass die Sauerstoffsäuren als Verbindungen von Wasserresten mit Haloid oder oxydirtem Haloid aufzufassen sind, dass ihre Wasserstoffatome also durch die Vermittlung von Sauerstoff und nicht direct mit dem Haloid verbunden sind. Man gibt dieser Vorstellung einen bildlichen Ausdruck, wenn man die Sauerstoffsäuren auf Wasser als Type bezieht, und annimmt, dass ein Atom Wasserstoff der Type durch Haloid oder zusammengesetztes Radical substituirt sei:

Type	H-Θ-H
Unterchlorige Säure	H-Θ-Cl
Chlorige Säure	H-O-ClΘ
Chlorsäure	H-O-ClΘ$_2$
Ueberchlorsäure	H-Θ-ClO$_3$

Die Anhydride lassen sich in entsprechender Weise ebenfalls auf ein Molecul Wasser beziehen; in ihnen sind jedoch die beiden Atome Wasserstoff der Type durch Haloid oder oxydirtes Haloid ersetzt:

Type	H-O-H
Unterchlorigsäureanhydrid	Cl-O-Cl
Chlorigsäureanhydrid	OCl-Θ-ClO
Jodsäureanhydrid	O$_2$J-O - JO$_2$
Ueberjodsäureanhydrid	O$_3$J O - JΘ$_3$.

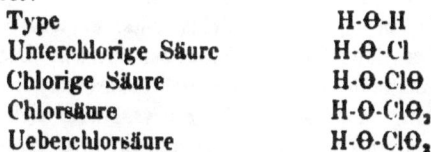

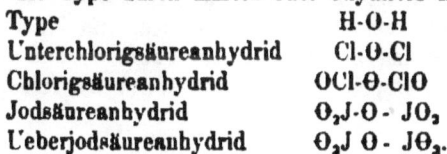

Verbindungen der Elemente der dritten Gruppe untereinander.

Oxyde des Schwefels und ihre Verbindungen.

Schwefligsäureanhydrid. $S\Theta_2$.

Moleculargewicht 64. Gasdichte 32.

Vorkommen. In vulcanischen Gasen.

Darstellung. Durch Verbrennen von Schwefel an der Luft oder im Sauerstoffgase, durch Rösten der Schwefelmetalle oder durch Erhitzen von Schwefel oder Schwefelmetalle mit Metalloxyden; durch Reduction von Schwefelsäure mittelst Kohle, Kupfer, Quecksilber oder Schwefel. Im Kleinen stellt man es gemischt mit Kohlensäureanhydrid dar durch Erhitzen von grobem Kohlenpulver, welches mit concentrirter Schwefelsäure angefeuchtet ist:

$$\underset{\text{Schwefelsäure}}{2S\Theta_4H_2} + C = \underset{\text{Schwefligsäure-anhydrid}}{2S\Theta_2} + \underset{\text{Kohlensäure-anhydrid.}}{C\Theta_2} + H_2\Theta$$

Eigenschaften. Es ist ein durch den Druck von drei Atmosphären oder durch eine Kältemischung von Eis und Salz zu einer Flüssigkeit verdichtbares Gas. Farblos, von dem erstickenden Geruche des verbrennenden Schwefels. Verdichtet bildet es eine dünne farblose bei -10^0 siedende Flüssigkeit, deren specifisches Gewicht 1,45 beträgt. Beim Verdunsten des flüssigen Anhydrids entsteht eine sehr starke Kälte, welche bisweilen den Rest zum Erstarren bringt. Das feste Anhydrid schmilzt bei ungefähr -79^0. Schwefligsäureanhydrid löst sich unter Wärmeentwicklung in Wasser auf. Es verbindet sich leicht und unter starker Wärmeentwicklung mit Bleihyperoxyd zu Bleisulphat:

$$S\Theta_2 + Pb\Theta_2 = S\Theta_4Pb.$$

Es bleicht viele organische Farbstoffe, wie es scheint durch Bildung farbloser Verbindungen, indem die Farben nach Zusatz von Alkali oder stärkerer Säure wieder zum Vorschein kommen. Es hindert das Entstehen von Schimmel und den Eintritt der Fäulniss, und dient daher zum Conserviren von Hopfen und anderen leicht Zersetzung erleidenden Substanzen.

Schweflige Säure. $S\Theta_3H_2$.

Ihre wässrige Lösung entsteht beim Einleiten des Anhydrids in Wasser, welches bei ungefähr 4^0 C. sein 75faches Volum davon aufnimmt. Seine wässrige Lösung riecht wie das Anhydrid; sie entwickelt solches schon bei gewöhnlicher Temperatur und lässt es beim Erhitzen vollständig entweichen. Sie ist eine schwache Säure. Oxydirt sich an der Luft langsam zu Schwefelsäure. Wasserstoff im Entstehungszustande reducirt sie zu Schwefelwasserstoff:

$$S\Theta_3H_2 + 6H = H_2S + 3H_2\Theta.$$

Zersetzt sich mit Schwefelwasserstoff unter Abscheidung von Schwefel:

$$SO_3H_2 + 2H_2S = 3H_2O + 3S.$$

Wirkt stark reducirend. Schweflige Säure und Jod zersetzen Wasser unter Bildung von Jodwasserstoff und Schwefelsäure:

$$SO_3H_2 + 2J + H_2O = 2HJ + SO_4H_2.$$

Hierauf beruht eine Methode der volumetrischen Analyse von ausgedehnter Anwendbarkeit. Schweflige Säure zerfällt beim Erhitzen auf 200° in Schwefel, Schwefelsäure und Wasser:

$$3SO_3H_2 = S + 2SO_4H_2 + H_2O.$$

Thionylchlorür, $SOCl_2$, bildet sich bei der Oxydation des Schwefelbichlorids:

$$Cl_2S + O = Cl_2SO;$$

bei der Einwirkung von Unterchlorigsäureanhydrid auf Schwefel:

$$Cl_2O + S = Cl_2OS,$$

und bei der Behandlung von Phosphorsuperchlorid mit Schwefligsäureanhydrid:

$$\underset{\text{Phosphorsuperchlorid}}{PCl_5} + SO_2 = SOCl_2 + \underset{\text{Phosphoroxychlorid.}}{POCl_3}$$

Thionylchlorür ist eine farblose stark lichtbrechende Flüssigkeit von 1,675 spec. Gew. bei 0°. Siedet bei 746 mm Barometerstand bei 78°. Bildet mit Wasser Chlorwasserstoff und schweflige Säure:

$$SOCl_2 + 2H_2O = 2HCl + SO_3H_2.$$

Schwefelsäureanhydrid. SO_3.

Moleculargewicht 80. Dampfdichte 40.

Darstellung. Leitet man Sauerstoffgas gemischt mit Schwefligsäureanhydrid über erhitztes Platin, so bildet sich Schwefelsäureanhydrid:

$$O + SO_2 = SO_3.$$

Man gewinnt es am leichtesten durch Erhitzen des Nordhäuser Vitriolöls, eines Gemisches von Schwefelsäure und Pyroschwefelsäure, wobei letztere in Schwefelsäureanhydrid und Schwefelsäure zerfällt.

$$\underset{\text{Pyroschwefelsäure}}{O\begin{cases}SO_2{\cdot}OH\\ SO_2{\cdot}OH\end{cases}} = \underset{\text{Schwefelsäureanhydrid}}{SO_3} + \underset{\text{Schwefelsäure.}}{SO_4H_2}$$

Man gewinnt es auch durch Erhitzen von pyroschwefelsaurem Natrium, welches bei schwacher Rothglühhitze aus saurem schwefelsauren Natrium entsteht und bei höherer Temperatur in schwefelsaures Natrium und Schwefelsäureanhydrid zerfällt:

$$2S\Theta_2\begin{cases}\Theta H\\ \Theta Na\end{cases} = \Theta\begin{cases}S\Theta_2\text{-}\Theta Na\\ S\Theta_2\text{-}\Theta Na\end{cases} + H_2\Theta$$

Saures schwefels. Natrium — Pyroschwefelsaures Natrium.

$$\Theta\begin{cases}S\Theta_2\text{-}\Theta Na\\ S\Theta_2\text{-}\Theta Na\end{cases} = S\Theta_2\begin{cases}\Theta Na\\ \Theta Na\end{cases} + S\Theta_3$$

Schwefelsaures Natrium.

Eigenschaften. Es bildet eine weisse fasrig-krystallinische asbestartige Masse, welche an der Luft raucht und sich unter gewöhnlichem Luftdrucke beim Erhitzen verflüchtigt ohne vorher vollständig zu schmelzen. Schmilzt im zugeschmolzenen Rohre bei 29°,5 zu einer wasserhellen Flüssigkeit, welche bei 46—47° siedet und bei 25° erstarrt. Das specifische Gewicht des geschmolzenen Anhydrids ist bei 25° = 1,90. Es zerfliesst rasch an der Luft und verbindet sich unter Zischen mit Wasser, indem Schwefelsäure entsteht:

$$S\Theta_3 + H_2O = S\Theta_4H_2.$$

Es zersetzt organische Stoffe, indem es ihnen die Bestandtheile des Wassers entzieht und sie verkohlt.

Schwefelsäure. $S\Theta_4H_2$.

Vorkommen. Freie Schwefelsäure findet sich bisweilen in der Nachbarschaft von Vulkanen im Wasser. Ihre Salze kommen sehr verbreitet in der Natur vor.

Darstellung. Sie entsteht bei der Oxydation des Schwefels durch kochende Salpetersäure oder der schwefligen Säure an der Luft; die schweflige Säure wird rascher oxydirt, wenn sie mit Luft über erhitzte poröse Körper, namentlich über Eisenoxyd oder Platinschwamm, oder wenn ihr Anhydrid in kochende Salpetersäure geleitet wird. Schwefelsaure Salze bilden sich, wenn schweflige Säure und Luft auf feuchte Metalloxyde einwirken:

$$SO_3H_2 + \Theta + \Theta uO = SO_4\Theta u + H_2\Theta$$

Kupferoxyd — Schwefelsaures Kupfer.

Im Grossen gewinnt man die Schwefelsäure durch Oxydation der schwefligen Säure vermittelst Salpetersäure. Man verbrennt Schwefel oder röstet Schwefelmetalle an der Luft und bringt das hierdurch erzeugte Schwefligsäureanhydrid mit Salpetersäure, Luft und Wasserdampf zusammen. Hierbei oxydirt sich die schweflige Säure zu Schwefelsäure unter Reduction der Salpetersäure zu Stickoxyd; dieses wird durch den Sauerstoff der Luft zu Stickstoffbioxyd oxydirt und dieses bildet mit dem Wasserdampfe Stickoxyd und Salpetersäure, welche wiederum schweflige Säure in Schwefelsäure überführt. Diese Processe lässt man in grossen, mit Bleiplatten ausgekleideten Räumen, in den sogenannten Bleikammern, vorsichgehen; ihre Grösse gestattet, dass eine geringe Quantität Salpetersäure, durch öfters wiederholte Reduction und Oxydation, grosse Mengen schwefliger Säure in Schwefelsäure über führt. Den Zutritt des Dampfes regulirt man in der Art, dass eine verdünnte Säure von ungefähr 1,55 spec. Gew. entsteht, diese verdampft man in bleiernen Pfannen bis zum spec. Gew. von ungefähr 1,7 und concentrirt alsdann in Retorten von Glas oder Platin bis das spec. Gew. ungefähr 1,84 beträgt. Die verdünnte Säure ist durch organische Materie, welche bei der Concentration in den Retorten zerstört wird, braun gefärbt. In Folge der Zerstörung der organischen Materie findet Entwicklung von Schwefligsäureanhydrid statt, gleichzeitig destillirt verdünnte Schwefelsäure über und der Rückstand, welcher auch englisches Vitriolöl genannt wird, besteht aus farbloser Schwefelsäure, verunreinigt durch schwefelsaures Blei, arsenige Säure, salpetrige- und Salpetersäure. Das Arsen wird daraus als Chlorarsen entfernt, wenn man in die fast bis zum Sieden erhitzte Säure einen Strom Chlorwasserstoff einleitet. Hierbei werden die salpetrige- und Salpetersäure auch fast vollständig ausgetrieben; den Rest derselben zersetzt man vollständig in Wasser und Stickstoff, wenn zu der erhitzten Säure etwas schwefelsaures Ammonium gegeben wird. Rein erhält man die Säure durch Destillation des englischen Vitriolöls.

Eigenschaften. Farblos, dickflüssig, ohne Geruch, stark sauer, spec. Gew. 1,842. Siedet bei 326°, erstarrt bei —34°. Sehr hygroscopisch, zerstört die meisten Pflanzen- und Thierstoffe, indem sie ihnen die Bestandtheile des Wassers entzieht und das Entstehen neuer Verbindungen veranlasst, oder indem sie die organischen Verbindungen vollständig zerstört, wobei in der Regel Kohle abgeschieden wird. Sie zieht mit grosser Begierde Wasser an und dient daher zum Austrocknen von Luft und anderen Gasen. Beim Mischen von Schwefelsäure mit Wasser erfolgt eine sehr starke Wärmeentwicklung. Giesst man Wasser zu concentrirter Schwefelsäure, so tritt leicht Explosion ein, weil bei der Vereinigung eines Theiles des Wassers mit der Schwefelsäure eine so starke Temperaturerhöhung erfolgt, dass ein anderer Theil des Wassers gleich in Dampf verwandelt wird und als solcher die Säure aus dem Gefässe schleudern kann. Aus diesem Grunde mischt man die concentrirte Schwefelsäure zum Wasser und nicht umgekehrt das Wasser zur Säure. Concentrirte Schwefelsäure bringt Schnee oder Eis sogleich zum Schmelzen. Hierbei bewirkt das Schmelzen Abkühlung, die Verbindung der Säure mit dem Wasser aber Erwärmung; je nach den Verhältnissen überwiegt das eine oder das andere und es tritt Sinken oder Steigen der Temperatur ein. Vermischt man 1 Th. Säure mit 4 Th. gestossenem Eis, so sinkt die Temperatur häufig bis auf —20°, während sie bis fast auf 100° steigt, wenn man 4 Th. Säure mit 1 Th. Eis mengt.

Schwefelsäure bildet mit Wasser zwei bestimmte Hydrate. Das Monohydrat, $S\Theta_4H_2, H_2\Theta$, hat ein spec. Gew. von 1,78; es bildet bei 8 bis 9° farblose sechsseitige Prismen und siedet bei 205° unter Verflüchtigung von schwacher Säure. Das zweite Hydrat, $S\Theta_4H_2, 2H_2\Theta$, entspricht dem Maximum der Contraction, welche bei der Vereinigung von Schwefelsäure und Wasser eintritt. Es besitzt das spec. Gew. von 1,62, siedet bei 193° und gibt dabei nur Wasser ab, bis der Siedepunkt auf 205° gestiegen und das Monohydrat entstanden ist. Das Dihydrat bleibt zurück, wenn man verdünnte Säure bei 100° verdunstet, bis sie aufhört Wasser zu verlieren.

Schwefelsäure wird unter Abscheidung von Schwefel zersetzt, wenn man Phosphor in ihren Dampf bringt. Die meisten Metalle, Schwefel, Holzkohle und die organischen Verbindungen zersetzen die Schwefelsäure beim Erhitzen, indem sie Oxydation erleiden und Schwefligsäureanhydrid entwickeln. Verdünnte Schwefelsäure gibt mit den meisten Metallen schwefelsaure Salze unter Entwicklung von Wasserstoff. Wasserstoff im Entstehungsmoment reducirt erhitzte Schwefelsäure zu Schwefelwasserstoff:

$$S\Theta_4H_2 + 8H = 4H_2\Theta + SH_2.$$

Bei der Destillation der Schwefelsäure zersetzt sich immer ein kleiner Theil in Wasser und in Schwefelsäureanhydrid. Ihr Dampf zerfällt bei Rothglühhitze in Wasser, Schwefligsäureanhydrid und Sauerstoff.

Die Schwefelsäure gehört wegen der Anwendung welche sie findet zu den wichtigsten Producten der chemischen Industrie. Sie dient bei der Fabrikation der Soda, der Salzsäure, der Salpetersäure, der bleichenden Substanzen, des Phosphors, Aethers und vieler anderer Fabrikate. Sie wird benutzt zum Aufschliessen der Knochenerde, zur Scheidung des Silbers vom Golde, zur Zersetzung der Fette bei der Fabrikation der fetten Säuren und zur Darstellung vieler schwefelsaurer Salze, des Alauns, Glaubersalzes und anderer.

Pyroschwefelsäure. $S_2\Theta_7H_2$.

Darstellung. Diese Säure wird durch Destillation von nicht ganz entwässertem Eisenvitriol erhalten:

$$4S\Theta_4Fe + H_2\Theta = 2S\Theta_2 + S_2\Theta_7H_2 + 2Fe_{II}O_3$$

Schwefelsaures Eisenoxydul		Schwefligsäure-anhydrid		Eisenoxyd.

Man gewinnt sie auch durch Einleiten von Schwefelsäureanhydrid, welches beim Erhitzen von saurem schwefelsaurem Natrium entsteht, in concentrirte Schwefelsäure.

Eigenschaften. Sie bildet Krystalle, welche bei 35° schmelzen und in Schwefelsäure und ihr Anhydrid zerfallen.

Rauchende Schwefelsäure oder *Nordhäuser Vitriolöl* nennt man Gemenge von Schwefelsäure und Pyroschwefelsäure. Sie sind mehr oder weniger braun gefärbte Flüssigkeiten von ungefähr 1,854 spec. Gew., welche an der Luft stark rauchen, sich mit Wasser heftig erhitzen und beim Erkalten unter 0° Krystalle von Pyroschwefelsäure ausscheiden.

Dient als Lösungsmittel für Indigo zur Darstellung des sächsischen Blau's.

Sulphurylchlorid. SO_2Cl_2.

Moleculargewicht 135. Dampfdichte 62,5.

Darstellung. Es entsteht durch directe Vereinigung des Schwefligsäureanhydrids mit trocknem Chlor im Sonnenlichte:

$$SO_2 + Cl_2 = SO_2Cl_2.$$

Man erhält es auch beim Erhitzen von schwefelsaurem Blei mit Phosphoroxychlorid:

$$\underset{\text{Schwefelsaures Blei}}{3SO_4Pb} + \underset{\text{Phosphoroxychlorid}}{2POCl_3} = 3SO_2Cl_2 + \underset{\text{Phosphorsaures Blei.}}{(PO_4)_2Pb_3}$$

Eigenschaften. Eine farblose rauchende Flüssigkeit von 1,66 spec. Gew. Siedet bei 77°. Bildet mit Wasser Schwefelsäure und Salzsäure:

$$SO_2Cl_2 + 2H_2O = SO_2(OH)_2 + 2HCl.$$

Sulphurylchloroxyhydrür, $Cl\text{-}SO_2\text{-}OH$, bildet sich, wenn Sulphurylchlorid mit weniger Wasser zusammenkommt als zur vollständigen Zersetzung erforderlich ist:

$$ClSO_2Cl + H_2O = Cl\text{-}SO_2\text{-}OH + HCl.$$

Auch bildet es sich bei der Einwirkung von Phosphorchlorid auf Schwefelsäure:

$$PCl_5 + SO_2\begin{cases}OH\\OH\end{cases} = SO_2\begin{cases}Cl\\OH\end{cases} + HCl + POCl_3.$$

Eine farblose bei 145° unter theilweiser Zersetzung in Schwefelsäure und Sulphurylchlorid siedende Flüssigkeit. Bildet mit Phosphorchlorid Sulphurylchlorid:

$$PCl_5 + Cl\text{-}SO_2\text{-}OH = Cl\text{-}SO_2Cl + POCl_3 + HCl.$$

Zersetzt sich mit Wasser in Schwefelsäure und Salzsäure.

Unterschweflige Säure, Dithionige Säure, $S_2O_3H_2$, ist nur in Verbindung mit Basen bekannt, indem sie bei der Abscheidung aus ihren Salzen durch stärkere Säuren sofort in schweflige Säure und Schwefel zerfällt. Dieses Verhalten characterisirt ihre Salze, welche durch Eintragen von Schwefel in kochende Lösungen der schwefligsauren Salze (der Sulphite) erhalten werden:

$$S + \underset{\text{Natriumsulphit}}{SO(ONa)_2} = \underset{\text{Natriumdithionit}}{S_2O(ONa)_2}$$

Sie entstehen ferner beim Kochen von Schwefel mit der Lösung eines Alkalis oder einer alkalischen Erde, wo neben dem unterschwefligsauren Salz ein Pentasulphid entsteht:

$$12S + 3Ca(\Theta H)_2 = S_2\Theta_3Ca + 2CaS_5 + 3H_2\Theta$$

Kalkhydrat Calciumpentasulphid.

Die Pentasulphide werden an der Luft farblos, indem sie Dithionit und Schwefel liefern:

$$CaS_5 + 3\Theta = S_2O_3Ca + 3S.$$

Unterschwefligsaure Salze entstehen endlich auch, unter gleichzeitiger Bildung von schwefligsaurem Salz, wenn man gewisse Metalle, namentlich Zink oder Eisen, mit wässriger schwefliger Säure zusammenbringt:

$$2Zn + 3S\Theta_3H_2 = S\Theta_3Zn + S_2\Theta_3Zn + 3H_2\Theta.$$

Die unterschwefligsauren Salze zersetzen sich mit den Metalloxyden in Schwefelmetalle und schwefelsaure Salze:

$$S_2\Theta_3Na_2 + Hg\Theta = HgS + S\Theta_4Na_2.$$

Polythionsäuren.

Dithionsäure,	$S_2\Theta_6H_2$,	Tetrathionsäure,	$S_4\Theta_6H_2$,
Trithionsäure,	$S_3\Theta_6H_2$,	Pentathionsäure,	$S_5O_6H_2$.

Diese Polythionsäuren und ihre Salze haben viele Eigenschaften mit einander gemein und sie sind sämmtlich nicht sehr beständig.

Die Dithionsäure zerfällt beim Kochen in Schwefelsäure und Schwefligsäureanhydrid:

$$S_2O_6H_2 = SO_4H_2 + S\Theta_2.$$

Die drei anderen zerfallen in Schwefelsäure, Schwefligsäureanhydrid und Schwefel:

$$S_3\Theta_6H_2 = S\Theta_4H_2 + S\Theta_2 + S$$
$$S_4\Theta_6H_2 = S\Theta_4H_2 + S\Theta_2 + S_2$$
$$S_5\Theta_6H_2 = S\Theta_4H_2 + S\Theta_2 + S_3.$$

Dithionsaures Manganoxydul entsteht, wenn man schweflige Säure zu mit kaltem Wasser angerührtem Manganhyperoxyd leitet:

$$2SO_2 + MnO_2 = S_2O_6Mn.$$

Trithionsaures Kalium bildet sich, wenn eine gesättigte Auflösung von saurem schwefligsaurem Kalium mit Schwefelblumen digerirt wird.

Tetrathionsaures Barium erhält man, wenn Jod zu schwerlöslichem unterschwefligsaurem Barium, welches in einer kleinen Quantität Wasser suspendirt ist, gefügt wird. Gleichzeitig entsteht hierbei Jodbarium.

$$2S_2\Theta_3Ba + 2J = S_4\Theta_6Ba + BaJ_2.$$

Durch Behandlung mit Alkohol, in welchem Jod und Jodbarium löslich und tetrathionsaures Barium unlöslich ist, kann letzteres vollkommen rein erhalten werden.

Pentathionsäure entsteht bisweilen, wenn Schwefelwasserstoff und schweflige Säure auf einander einwirken:

$$5H_2S + 5SO_3H_2 = S_5O_6H_2 + 9H_2O + 5S.$$

Oxyde und Hydryloxyde des Selens.

Selenigsäureanhydrid, SeO_2, entsteht beim Verbrennen des Selens in trockner Luft, und wenn selenige Säure zur Trockne verdampft wird. Es bildet eine weisse hygroscopische unschmelzbare Masse, welche sich bei ungefähr 200° unter Bildung eines gelben Dampfes verflüchtigt und bei der Condensation weisse vierseitige Nadeln liefert.

Selenige Säure, SeO_3H_2, bildet sich aus dem Anhydrid durch Aufnahme von Wasser, oder bei der Oxydation von Selen durch Salpetersäure. Krystallisirt in farblosen Prismen; reagirt stark sauer. Ihre Lösung wird, besonders bei Siedhitze, durch schweflige Säure unter Abscheidung von amorphem zinnoberrothem Selen zersetzt:

$$SeO_3H_2 + 2SO_3H_2 = Se + 2SO_4H_2 + H_2O.$$

Gibt mit Schwefelwasserstoff Wasser und Selensulphid:

$$SeO_3H_2 + 2H_2S + 3H_2O + SeS_2.$$

Selensäure, SeO_4H_2, entsteht, wenn eine Lösung von seleniger Säure oder in Wasser suspendirtes Selen mit Chlor behandelt wird. Ihre concentrirte noch wasserhaltige Lösung ist eine schwere scharf saure, der concentrirten Schwefelsäure sehr ähnliche Flüssigkeit, welche sich beim Erhitzen in Wasser, Selenigsäureanhydrid und Sauerstoff zersetzt. Sie ist sehr hygroscopisch. Wird beim Kochen mit Salzsäure zu seleniger Säure reducirt, indem sich Chlor entwickelt:

$$SeO_4H_2 + 2HCl = SeO_3H_2 + H_2O + Cl_2.$$

Sie wird nicht durch Wasserstoff im Entstehungszustande, nicht durch Schwefelwasserstoff oder schweflige Säure zersetzt. Ihre Salze sind isomorph mit denjenigen der Schwefelsäure.

Oxyde und Hydryloxyde des Tellurs.

Tellurigsäureanhydrid, TeO_2, entsteht beim Verbrennen des Tellurs an der Luft. Krystallinisch, schmelzbar, flüchtig, unlöslich in Wasser, löslich in verdünnten Säuren und Alkalien. Schweflige Säure fällt aus seiner Lösung in Salzsäure das Tellur als ein dunkelgraues Pulver; Schwefelwasserstoff fällt daraus Tellursulphid, TeS_2.

Tellursäureanhydrid, TeO_3, bleibt beim starken Erhitzen der Tellursäure als gelbe, in Wasser, Salzsäure, Salpetersäure und den Lösungen der Alkalien unlösliche Masse. Zerfällt beim stärkeren Erhitzen in Sauerstoff und Tellurigsäureanhydrid.

Tellursäure, TeO_4H_2. Zur Darstellung dieser Säure schmilzt man Tellurigsäureanhydrid mit Kalihydrat und chlorsaurem Kalium zusammen, löst das Salz in Wasser, zersetzt es durch ein Bariumsalz und scheidet die Tellursäure aus dem gefällten tellursauren Barium durch Schwefelsäure ab. Aus der Lösung krystallisirt Tellursäurehydrat, $\text{TeΘ}_4\text{H}_2, 4\text{H}_2\text{Θ}$, in sechsseitigen Prismen.

Tellursäure wird durch Jodwasserstoff unter Bildung von Tellurtetrajodid zersetzt:

$$\text{TeΘ}_4\text{H}_2 + 6\text{HJ} = \text{TeJ}_4 + 4\text{H}_2\text{Θ} + \text{J}_2.$$

Allgemeine Bemerkungen über die Elemente der dritten Gruppe und über ihre Verbindungen.

Sauerstoff, Schwefel, Selen und Tellur zeigen in ihrem chemischen Verhalten eine grosse Uebereinstimmung; sie bilden eine natürliche Gruppe unter den Elementen.

Die Mengen dieser Elemente welche als Atome bezeichnet werden sind die geringsten in Gasmolecülen vorkommenden Quantitäten. Für ihre Annahme als Atome spricht ferner das Verhalten ihrer Wasserstoffverbindungen gegen Natrium bei gewöhnlicher Temperatur verglichen mit demjenigen der Haloidwasserstoffverbindungen: die letzteren geben mit Natrium Wasserstoff und Haloidnatrium, während die Wasserstoffverbindungen der Elemente der dritten Gruppe ausser Wasserstoff noch wasserstoffhaltige Natriumverbindungen liefern.

Man hat:

HCl	+	Na	=	H	+	NaCl
Chlorwasserstoff		Natrium		Wasserstoff		Chlornatrium
HΘH	+	Na	=	H	+	NaΘH
Wasser						Natriumoxyhydrür.
HSH	+	Na	=	H	+	NaSH
Schwefelwasserstoff						Natriumsulfhydrür.

Man kann die Verbindungen dieser Elemente auf zwei Molecule Wasserstoff als Type beziehen, wie man diejenigen der Haloide auf ein Molecul Wasserstoff als Type bezieht:

$\left.\begin{matrix}\text{H}\\\text{H}\end{matrix}\right\}$	$\left.\begin{matrix}\text{H}\\\text{Cl}\end{matrix}\right\}$	$\left.\begin{matrix}\text{Na}\\\text{Cl}\end{matrix}\right\}$	$\begin{matrix}\text{H}\}\text{H}\\\text{H}\}\text{H}\end{matrix}$	$\left.\begin{matrix}\text{H}\\\text{H}\end{matrix}\right\}\text{Θ}$	$\left.\begin{matrix}\text{Na}\\\text{H}\end{matrix}\right\}\text{S}$
Wasserstoff	Chlorwasserstoff	Chlornatrium	Wasserstoff	Wasser	Natriumsulfhydrür.

Hiernach sind die Atome der Elemente der dritten Gruppe gleich zwei Aequivalenten. Die Annahme von Atomen dieser Grösse verlangt ferner der Umstand, dass Schwefel, Selen und Tellur zweibasische Säuren bilden.

Von den Elementen dieser Gruppe hat Sauerstoff das kleinste Atomgewicht (16), er besitzt die negativsten Eigenschaften; dann kommt Schwefel mit dem Atomgewichte 32, hierauf Selen, dessen Atomgewicht = 79,4 ist und endlich Tellur mit dem Atomgewichte 128. Von dem gasförmigen stark negativen Sauerstoff bis zu dem schwerschmelzbaren und schwerflüchtigen Tellur, welches metallähnlich, electropositiv ist, bilden Schwefel, dessen Schmelzpunkt bei 114,5 und dessen Siedepunkt bei 440° liegt, und Selen, welches bei 211,5 schmilzt und bei ungefähr 700° siedet, den Uebergang.

Selen und Tellur besitzen im festen Zustande die normale Atomwärme von 6,4. Sauerstoff besitzt in starren Verbindungen eine geringere Atomwärme, diejenige von 4,0 und ebenso besitzt Schwefel im freien Zustande und in starren Verbindungen eine ungewöhnliche Atomwärme, sie beträgt 5,2.

Schwefel und Selen besitzen im festen Zustande fast gleich grosse specifische Volume. Sie bilden vielfach isomorphe Verbindungen.

Diese Elemente stellen sich durch ihre Wasserstoffverbindungen als bivalent dar; ein Gas- oder Dampfvolum derselben verbindet sich mit zwei Volumen Wasserstoff unter Condensation auf zwei Volume. Sie substituiren in Verbindungen immer eine paare Anzahl von Wasserstoffatomen und nicht wie die Haloide auch eine unpaare Anzahl.

Selentetrachlorid und die entsprechenden Tellurverbindungen führen zu der Annahme, dass Selen und Tellur ausser zwei auch vier Affinitäten äussern können. Für diese Annahme spricht für diese Elemente und für Schwefel ferner das Vorkommen von Bioxyden. Ihre Trioxyde endlich scheinen darauf hinzudeuten, dass sie auch sechs Affinitäten wirken lassen können.

Wie *sich die* Sauerstoffsäuren der Haloide auf 1 Mol. Salzsäure, *so lassen sich diejenigen* des Schwefels, Selens und Tellurs, unter der Annahme von zusammengesetzten Radicalen, auf 2 Mol. Salzsäure als Type beziehen:

ClH	$(Cl\Theta)\text{-}H$	$(Cl\Theta_2)\text{-}H$
Type	Unterchlorige Säure	Chlorige Säure
$\begin{matrix} ClH \\ ClH \end{matrix}$	$(Se\Theta_2)\left\{\begin{matrix} H \\ H \end{matrix}\right.$	$(SeO_4)\left\{\begin{matrix} H \\ H \end{matrix}\right.$
Type	Selenige Säure	Selensäure.

Diese Formulirung gibt dem Verhalten der Säuren gegen Metall, wodurch ihr Wasserstoff substituirt wird, den einfachsten Ausdruck. Anderen Beziehungen entspricht es mehr, wenn man die Sauerstoffsäuren des Schwefels, Selens und Tellurs auf 2 Mol. Wasser als Type bezieht:

$\begin{matrix} H\text{-}\Theta\text{-}H \\ H\text{-}\Theta\text{-}H \end{matrix}$	$Se\Theta\left\{\begin{matrix} \Theta\text{-}H \\ \Theta\text{-}H \end{matrix}\right.$	$Se\Theta_2\left\{\begin{matrix} \Theta H \\ \Theta H \end{matrix}\right.$
Wasser	Selenige Säure	Selensäure.

Hierdurch tritt namentlich das Verhältniss der Schwefelsäure zu Schwefelsäureanhydrid, Sulphurylchloroxyhydrür, Sulphurylchlorid und Schwefligsäureanhydrid in der einfachsten Weise hervor:

$S\Theta_2\left\{\begin{matrix} \Theta H \\ \Theta H \end{matrix}\right.$	$SO_2\text{-}\Theta$	$SO_2\left\{\begin{matrix} Cl \\ OH \end{matrix}\right.$	$S\Theta_2\left\{\begin{matrix} Cl \\ Cl \end{matrix}\right.$	SO_2
Schwefelsäure	Schwefelsäureanhydrid	Sulphurylchloroxyhydrür	Sulphurylchlorid	Schwefligsäureanhydrid.

Die Anhydride der schwefligen, selenigen und tellurigen Säure ergeben sich hiernach als freie bivalente Radicale der Schwefel-, Selen- und Tellursäure; ihr Verhalten stimmt hiermit vollständig überein.

Die unterschweflige Säure lässt sich als Schwefelsäure, in der ein Atom Sauerstoff durch Schwefel substituirt ist, ansehen:

$$(H\Theta)_2\overset{6}{S}\begin{cases}\Theta\\ \Theta\end{cases} \qquad\qquad (H\Theta)_2\overset{6}{S}\begin{cases}\overset{2}{S}\\ O\end{cases}$$

Schwefelsäure — Unterschweflige Säure.

Vielleicht kommen den anderen Schwefelsäuren die ihnen im Folgenden beigelegten Formeln zu:

Dithionsäure	$H\Theta\text{-}\Theta_2\overset{6}{S}\text{-}\overset{6}{S}\Theta_2\text{-}\Theta H$
Trithionsäure	$H\Theta\text{-}O_2\overset{6}{S}\text{-}\overset{2}{S}\text{-}\overset{6}{S}\Theta_2\text{-}\Theta H$
Pyroschwefelsäure	$H\Theta\text{-}\Theta_2\overset{6}{S}\text{-}O\text{-}\overset{6}{S}\Theta_2\text{-}\Theta H$
Tetrathionsäure	$HO\text{-}\Theta_2\overset{6}{S}\text{-}\overset{2}{S}\text{-}\overset{2}{S}\text{-}\overset{6}{S}O_2\text{-}\Theta H$
Pentathionsäure	$H\Theta\text{-}\Theta_2\overset{6}{S}\text{-}\overset{2}{S}\text{-}\overset{2}{S}\text{-}\overset{2}{S}\text{-}\overset{6}{S}\Theta_2\text{-}\Theta H.$

Wasserstoffhyperoxyd lässt sich auffassen als eine Verbindung von zwei Wasserresten zu einem Molecule, wonach ihm die Formel $H\Theta\text{-}\Theta H$ zukommen würde. Der Sauerstoff würde nach dieser Auffassung darin bivalent sein, die beiden Atome desselben würden sich direct verbunden und hierzu je eine Affinität verwandt haben. Die Quadrivalenz des Schwefels, Selens und Tellurs lässt es als möglich erscheinen, dass auch Sauerstoff vier Affinitäten wirksam zeigen könne und es ist daher möglich, dass im Wasserstoffhyperoxyd ein Atom quadrivalenter Sauerstoff als Binder des Moleculs fungirt. Dieser Vorstellung gibt die Formel $\overset{2}{\Theta}\overset{4}{O}H_2$ Ausdruck. Derselben entsprechend könnte Ozon (S. 46) für eine Verbindung von einem Atom quadrivalenten Sauerstoffs und zwei Atomen dieses Elements in bivalenter Form angesehen werden. Die Formel $\overset{2}{\Theta}\overset{4}{\Theta}\overset{2}{\Theta}$ scheint sich mit dem Verhalten dieser activen und condensirten Modification des Sauerstoffs in Uebereinstimmung zu befinden.

Die Molecule des Sauerstoffgases bestehen aus zwei Atomen und auch die Dampfmolecule des Schwefels, Selens und Tellurs enthalten bei Temperaturen welche beträchtlich höher als ihre Siedepunkte liegen zwei Atome. Wie viele Atome die Molecule dieser Elemente in fester Form enthalten ist unbekannt. Vielleicht enthalten sie unter gewissen Verhältnissen drei Atome, wie die Producte der Einwirkung von Schwefelwasserstoff auf schweflige, selenige und tellurige Säure:

$$2H_2S + SO_2 = S_3 + 2H_2O$$
$$2H_2S + SeO_2 = SeS_2 + 2H_2\Theta$$
$$2H_2S + TeO_2 = TeS_2 + 2H_2\Theta.$$

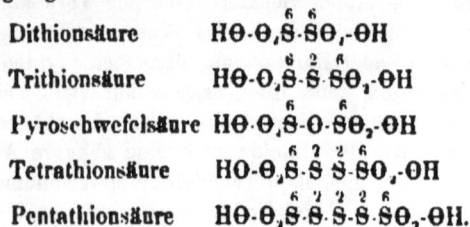

Vierte Gruppe.

Stickstoff, Phosphor, Arsenik, Antimon und Wismuth.

10. Stickstoff. N.

Atomgewicht 14. Gasdichte 14. Moleculargewicht 28.

Vorkommen. Im freien Zustande in der atmosphärischen Luft, welche eine Mischung von ungefähr 78 Vol. Stickstoff, 20,5 Vol. Sauerstoff, 1,5 Vol. Wasserdampf und 0,5 Vol. Kohlensäureanhydrid in 100 Vol. ist. Stickstoff bildet einen Bestandtheil des Ammoniaks, Salmiaks, der Salpeterarten und aller Pflanzen und Thiere; Blausäure, die Alkaloide, viele Farbstoffe, Albumin, Casein, Kleber, Fibrin und andere Producte des organischen Lebens enthalten Stickstoff.

Darstellung. Aus der Luft durch Entfernung des Sauerstoffs und der anderen Bestandtheile. Ersterer wird durch leicht oxydirbare Körper, z. B. Phosphor, feinvertheiltes glühendes Eisen oder Kupfer, eine alkalische Lösung von Pyrogallussäure, entfernt. Kohlensäure wird dem Gase durch gelöschten Kalk oder durch Kalihydrat entzogen und zum Trocknen können Chlorcalcium, gebrannter Kalk, Schwefelsäure oder Phosphorsäureanhydrid benutzt werden.

Man gewinnt Stickstoff auch, wenn man ein Gemenge von Chlorammonium und salpetrigsaurem Kalium, in dem sich durch doppelte Zersetzung salpetrigsaures Ammonium bildet, erhitzt; hierbei zerfällt letzteres in Stickstoff und Wasser:

$$\underset{\text{Salpetrigsaures Ammonium}}{N\Theta_2\text{-}NH_4} = \underset{\text{Stickstoff}}{N_2} + \underset{\text{Wasser.}}{2H_2\Theta}$$

Stickstoff scheidet sich aus Ammoniak ab, wenn man Chlor darauf einwirken lässt:

$$\underset{\text{Ammoniak}}{4NH_3} + 3Cl = N + \underset{\text{Salmiak.}}{3NH_4Cl.}$$

Bei Darstellung von Stickstoff nach dieser Reaction leitet man zu überschussigem wässrigem Ammoniak langsam Chor und entfernt zuletzt den Ueberschuss des Ammoniaks durch Schwefelsäure. Bei überschüssigem Chlor würde sich explosiver Chlorstickstoff bilden.

Stickstoff ist 1772 von Rutherford entdeckt.

Eigenschaften. Farbloses nicht condensirbares, in Wasser lösliches Gas, ohne Geruch und Geschmack. Leichter als die Luft (Spec. Gew. 0,972 wenn Luft = 1 gesetzt wird). Unverbrennlich, unterhält nicht das Athmen und nicht das Verbrennen der gewöhnlichen Brennmaterialien. Einige Metalle verbrennen jedoch im Stickstoff. Er zeigt im Allgemeinen nur geringe Neigung sich mit anderen Elementen direct zu verbinden; unter dem Einfluss des Entstehungszustandes verbindet er sich jedoch mit mehreren anderen Elementen.

11. Phosphor. P.

Atomgewicht 31. Dampfdichte 62.
Moleculargewicht 124.

Vorkommen. Sehr verbreitet, aber nur in Verbindungen; vorzüglich im phosphorsauren Calcium, welches sich in allen drei Reichen der Natur findet und die Hauptmasse der anorganischen Knochenbestandtheile ausmacht.

Phosphor wurde 1669 von Brandt im Menschenharn entdeckt. Hundert Jahre später lehrten Gahn und Scheele die Beziehung der Phosphorsäure zu den Knochen kennen.

Darstellung. Man digerirt weiss gebrannte und feingepulverte Knochen mehrere Tage mit so viel verdünnter Schwefelsäure, dass sich Gyps und zweidrittel-phosphorsaures Calcium bilden können. Hierzu werden in der Regel 3 Th. Knochenasche, 2 Th. Schwefelsäure und 10 Th. Wasser angewandt.

$$(PO_4)_2Ca_3 + 2SO_4H_2 + 4H_2O = 2SO_4Ca, 2H_2O + (PO_4)_2CaH_4$$

Phosphorsaures Calcium — Gyps — Zweidrittel-phosphors. Calcium.

Den nicht gelösten Gyps lässt man sich absetzen, decantirt, wäscht den Rückstand mit Wasser, decantirt wiederum und filtrirt die Lösung des sauren phosphorsauren Calciums. Kocht sie hierauf ein, setzt, wenn sie dickflüssig geworden ist, ein Viertel ihres Gewichtes Holzkohle hinzu und erhitzt in einem eisernen Topfe unter Umrühren bis zur Rothgluth. Hierbei zerfällt das zweidrittel-phosphorsaure Calcium in entweichendes Wasser und metaphosphorsaures Calcium:

$$(PO_4)_2CaH_4 = 2H_2O + (PO_3)_2Ca$$

Zweidrittel-phosphors. Calcium — Metaphosphorsaures Calcium.

Letzteres bildet mit der Kohle ein poröses und inniges Gemenge, welches man in eine irdene Retorte gibt, mit einem Brei aus Borax und Thon bedeckt und nun einer starken Rothglühhitze aussetzt, wobei Phosphor überdestillirt:

$$3(PO_3)_2Ca + 10C = (PO_4)_2Ca_3 + 10CO + P_4$$

Phosphorsaures Calcium — Kohlenoxyd

Eigenschaften. Farblos, durchscheinend, wachsglänzend. Leicht löslich in Schwefelkohlenstoff, Benzol, Schwefelchlorür, Phosphorchlorür, weniger löslich in Aether und in den fetten und flüchtigen Oelen. Krystallisirt aus einigen Lösungen in Rhombendodecaëdern. Sein specifisches Gewicht ist 1,82 bis 1,84. Er ist bei gewöhnlicher Temperatur von Wachsconsistenz, in der Kälte spröde. Nichtleiter der Electricität. Schmilzt bei 44°, kocht bei 290°, indem sich ein farbloses Gas bildet, welches in zwei Volumen (im Molecule) vier Atome Phosphor enthält. Phosphor ist mit Wasserdampf, Schwefelkohlenstoffdampf und anderen Dämpfen leicht zu verflüchtigen.

Er riecht knoblauchartig, ist sehr giftig, raucht an der Luft, leuchtet dabei im Dunklen, ist leicht entzündlich und fängt an zu brennen, wenn man ihn an der Luft wenig über seinen Schmelzpunkt erhitzt. Seine Flamme ist stark leuchtend und verbreitet einen weissen Rauch von Phosphorsäureanhydrid. Die kleinste Spur Phosphor, mit Wasser zum Sieden erhitzt, verräth sich dadurch, dass sie den Wasserdampf im Dunkeln leuchtend macht. Das Rauchen und Leuchten des Phosphors an der kalten Luft beruht auf seiner Oxydation zu phosphoriger Säure. Wegen dieser leichten Oxydirbarkeit bewahrt man ihn unter Wasser auf. Phosphor entzündet sich auch bei niederer Temperatur leicht durch Reiben, durch Berührung mit warmen Händen und besonders leicht im fein vertheilten Zustande in Folge der Wärmeentwicklung, welche bei seiner Oxydation zu phosphoriger Säure eintritt. Phosphor vereinigt sich leicht mit vielen anderen Elementen.

Durch Einfluss des Lichtes geht der unter Wasser befindliche Phosphor in eine undurchsichtige weisse spröde Modification über, deren specifisches Gewicht 1,5 ist und welche bei 50° in die ursprüngliche Form zurückkehrt. Durch längeren Einfluss des directen Sonnenlichts oder einer Temperatur von 250° wird der Phosphor allmählich roth, undurchsichtig und in einen wesentlich veränderten Zustand übergeführt. Er ist nun an der Luft unveränderlich, besitzt das spec. Gw. 2,1, ist unlöslich in Schwefelkohlenstoff und den anderen Lösungsmitteln des gewöhnlichen Phosphors. Er ist nun ohne Geruch und Geschmack, und nicht giftig; leuchtet an der Luft erst bei 200°; schmilzt bei 250 bis 260°, indem er wieder in gewöhnlichen Phosphor übergeht und sich nun auch erst an der Luft entzündet. In krystallinischer Form wird diese Modification erhalten, wenn gewöhnlicher Phosphor mit Blei in einem starken zugeschmolzenen Glasrohre, welches mit Kohlensäuregas gefüllt ist, einer hohen Temperatur ausgesetzt wird. In dieser Form ist sein spec. Gew. = 2,34 und sein spec. Vol. = 13,24.

Rother Phosphor entsteht auch, wenn man zu Phosphor, welcher unter Salzsäure geschmolzen ist, etwas Jod fügt. Hierbei tritt er in einer Form auf, in der er sich ohne zu schmelzen verflüchtigen lässt und sich beim Erkalten zu einer schwarzen harten Masse, die nur Spuren von Jod enthält, condensirt.

Rother Phosphor vereinigt sich weniger leicht mit anderen Elementen als gewöhnlicher. Er dient vorzüglich zur Verfertigung der Reibfeuerzeuge.

12. Arsenik. As.

Atomgewicht 75. Dampfdichte 150.

Moleculargewicht 300.

Vorkommen. Gediegen; in Verbindung mit Schwefel als Realgar und Operment; mit Metallen verbunden als Arsenmetall und Schwefelarsenmetall; in arsensauren Salzen. Kommt in kleinen Mengen sehr verbreitet als Begleiter des Schwefels, Eisens, Kupfers, Zinns und Antimons vor. Findet sich in vielen Mineralquellen und ist in deren eisenhaltigen Ablagerungen leicht nachzuweisen.

Schon lange bekannt; führt im Handel den Namen Cobaltum.

Darstellung. Durch Erhitzen von Arsenikkies, einer häufig vorkommenden Verbindung von Arsen, Schwefel und Eisen, wobei das Arsen ausgetrieben wird und Schwefeleisen zurückbleibt:

$$FeAsS = FeS + As.$$

Auch entsteht Arsenik, wenn man Arsenigsäureanhydrid mit Holzkohle erhitzt:

$$As_2O_3 + 3C = 2As + 3CO.$$

Eigenschaften. Arsen ist ein metallglänzender stahlgrauer sehr spröder Körper. Besitzt ein blättrig krystallinisches Gefüge, krystallisirt in Rhomboëdern. Spec. Gw. 5,6 bis 5,9; spec. Volum 13,3. Leitet die Electricität. Verflüchtigt sich ohne zu schmelzen bei 180°, bildet einen farblosen Dampf, welcher in zwei Volumen (einem Molecul) vier Atome Arsen enthält. Condensirt sich aus dem gasförmigen Zustande in glänzenden Krystallen des hexagonalen Systems. Verändert sich bei gewöhnlicher Temperatur nicht in trockner Luft, verliert in feuchter Luft seinen Glanz, wird schwarz und erleidet Oxydation. Solche erfolgt rascher bei 70° und darüber, beim Rothglühen verbrennt er unter Verbreitung des Geruches nach Knoblauch mit bläulichweisser Flamme und unter Entwicklung eines starken Rauchs von Arsenigsäureanhydrid. Arsen verbindet sich leicht mit anderen Elementen. Es wird nicht durch Salzsäure angegriffen, durch concentrirte Salpetersäure in Arsensäure und durch verdünnte Salpetersäure in arsenige Säure übergeführt. Arsensäure bildet sich ferner, wenn Arsen oder eine seiner Verbindungen mit Salpeter geschmolzen oder mit Chlor und Wasser behandelt wird.

Die Verbindungen des Arsens sind dadurch ausgezeichnet, dass sie leicht Reduction erleiden, wobei an der Luft der eigenthümliche knoblauchartige Geruch entsteht. Derselbe tritt auch auf, wenn man irgend eine Arsenverbindung für sich, oder mit Soda und Cyankalium gemengt in der inneren Löthrohrflamme erhitzt. Hierdurch können selbst die geringsten Mengen Arsen erkannt werden.

13. Antimon. Sb.

Atomgewicht 122. Atomwärme 6,4.

Vorkommen. Selten gediegen oder als Antimonoxyd; am häufigsten in Verbindung mit Schwefel als Grauspiessglanzerz.

Antimonverbindungen sind schon länger, das reine Antimon ist erst seit dem Ende des 15. Jahrhunderts bekannt.

Darstellung. Man trennt das Spiessglanzerz durch Ausschmelzen von seiner Gangart und trägt in die geschmolzene Masse Eisenabfälle, wodurch das Antimon freigemacht wird und sich eine Schlacke von Schwefeleisen bildet, die auf dem geschmolzenen Antimon schwimmt:

$$Sb_2S_3 + 3Fe = 2Sb + 3FeS.$$

Reiner wird es erhalten, wenn man 100 Th. Schwefelantimon mit 42 Th. Eisenfeile, 10 Th. wasserfreiem schwefelsaurem Natrium und 2 Th. Kohlenpulver zusammenschmilzt. Hierbei entsteht ausser Schwefeleisen auch Schwefelnatrium, in welchem die mit Schwefelantimon vorkommenden Metalle, mit Ausnahme des Blei's, als Schwefelverbindungen löslich sind; sie werden mit der Schlacke entfernt.

Man kann das Grauspiessglanzerz zur Darstellung des Metalls auch zuerst an der Luft rösten, wobei es zersetzt und oxydirt wird; Schwefel, Arsen und ein Theil des Antimons verflüchtigen sich, während die grössere Menge des letzteren als Antimonoxyd zurückbleibt. Dieses mischt man mit Kohle, Natriumcarbonat und Wasser zum Teig und setzt diesen im Schmelztiegel einer mässigen Glühhitze zur Reduction des Antimons aus.

Fast alles im Handel vorkommende Antimon enthält Arsen.

Eigenschaften. Antimon ist ein sehr sprödes Metall, es besitzt eine bläulich weisse Farbe, starken Glanz, und ein sehr krystallinisches blättriges Gefüge. Krystallisirt in Rhomboëdern, ist isomorph mit Arsen. Sein spec. Gew. ist = 6,6 bis 6,85. Schlechter Leiter für Wärme und Electricität. Schmilzt bei 450°, erstarrt beim Erkalten in hexagonalen Krystallen; ist bei sehr hoher Temperatur flüchtig. Erleidet bei gewöhnlicher Temperatur keine Oxydation an der Luft; wird im geschmolzenen Zustande leicht oxydirt; verbrennt bei Rothglühhitze an der Luft mit starkem Glanze und unter Entwicklung eines dichten weissen geruchlosen Dampfes von Antimonoxyd. Gepulvertes Antimon entzündet sich im Chlorgase. Es wird leicht durch Salpetersäure oxydirt, wobei Antimonsäure und antimonsaures Antimonoxyd entstehen. Zersetzt beim Erhitzen Schwefelsäure unter Entwicklung von Schwefligsäureanhydrid. Entwickelt aus Salzsäure Wasserstoffgas.

Alle Verbindungen des Antimons, mit Ausnahme der Schwefelverbindungen, geben beim Schmelzen mit Cyankalium oder Soda auf

Kohle spröde, beim Glühen für sich völlig flüchtige Metallkörner, unter gleichzeitiger Bildung eines weissen Beschlages von Antimonoxyd, welches sich beim Erhitzen leicht verflüchtigt.

14. Wismuth. Bi.

Atomgewicht 210. Atomwärme 6,4.

Vorkommen. Selten; meist gediegen oder in Verbindung mit Schwefel oder Tellur.

Darstellung. Das gediegene Metall trennt man von der Gangart durch Ausschmelzen (Aussaigern) bei gelinder Hitze in geneigt liegenden eisernen Röhren.

Eigenschaften. Wismuth ist ein glänzendes weisses Metall mit einem characteristischen Stiche ins Röthliche, besitzt ein blättrig-krystallinisches Gefüge, ist mässig hart und spröde. Spec. Gew. 9,799; schmilzt bei 264°; erstarrt beim Erkalten in schönen rhomboëdrischen Krystallen. Siedet bei Weissglühhitze. Hält sich bei gewöhnlicher Temperatur an der Luft unverändert; oxydirt sich bei Rothglühhitze rasch zu Wismuthoxyd. Verbindet sich leicht mit Chlor, Brom, Jod und Schwefel. Wird durch Salzsäure kaum angegriffen. Entwickelt beim Erhitzen mit Schwefelsäure Schwefligsäureanhydrid.

Wismuth verbindet sich leicht mit einigen Metallen, wobei Legirungen entstehen, die dadurch ausgezeichnet sind, dass sie sehr leicht schmelzen.

Verbindungen der Elemente der vierten Gruppe.

Ammoniak. NH_3.

Moleculargewicht 17. Gasdichte 8,5.

Vorkommen. Spuren von Ammoniak finden sich verbreitet in Eisenerzen und Thonarten. Verbindungen desselben mit Kohlensäure und den Säuren des Stickstoffs sind in kleinen Mengen in der atmosphärischen Luft und im Regenwasser enthalten. Auch das Wasser vieler Quellen und Brunnen und ferner das Wasser der Meere enthält Ammoniakverbindungen; solche finden sich in den Pflanzensäften und in fast allen thierischen Flüssigkeiten.

Bildung. Spuren von salpetersaurem Ammoniak bilden sich beim Verbrennen eines Gemisches von freiem Stickstoff und überschüssigem Wasserstoff an der Luft. Leichter erfolgt jedoch die Vereinigung des Stickstoffs und Wasserstoffs zu Ammoniak oder Verbindungen desselben unter dem Einfluss des Entstehungszustandes. Ammoniak entsteht bei der Elektrolyse von lufthaltigem Wasser; bei der Reduction von Oxyden des Stickstoffs, so wenn Stickoxyd und Schwefelwasserstoff auf einander einwirken:

$$2NO + 5H_2S = 2NH_3 + 2H_2O + 5S;$$

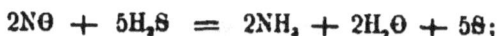

wenn Stickoxyd und Wasserstoff über rothglühende poröse Substanzen geleitet werden, oder wenn Wasserstoff im Entstehungszustande auf ein Oxyd des Stickstoffs einwirkt, so wenn Eisen oder Zink in salpetrige- oder Salpetersäure gebracht wird.

Ammoniak entsteht ferner bei verschiedenen Processen, welche im grossen Umfange und fortwährend in der Natur thätig sind. Es bildet sich bei fast allen Oxydationen, die in Gegenwart von Luft und Feuchtigkeit stattfinden, so beim Rosten des Eisens an der Luft; ferner entsteht es in kleinen Mengen, gleichzeitig mit salpetriger Säure, wenn Wasser an der Luft verdunstet. Als eine wichtige Bildungsart von Ammoniak ist auch sein Entstehen bei der Zersetzung stickstoffhaltiger organischer Materien durch Fäulniss oder trockne Destillation zu nennen.

Der Stickstoff fast aller stickstoffhaltiger organischer Körper wird vollständig in Ammoniak übergeführt, wenn sie mit einem Gemenge von Natronhydrat und Kalkhydrat (Natronkalk) gemischt der Glühhitze ausgesetzt werden.

Darstellung. Die grössten Mengen von Ammoniak und von Ammoniumverbindungen gewinnt man jetzt als Nebenproducte bei der trocknen Destillation der Steinkohlen bei der Gasfabrikation. Früher wurden sie vorzüglich durch trockne Destillation thierischer Körper gewonnen.

Ammoniakgas stellt man dar durch Erhitzen eines innigen Gemenges von 1 Th. Salmiak und 2 Th. gebranntem Kalk in eisernen Flaschen, oder durch Erwärmen eines Gemenges von Salmiak oder kohlensaurem Ammonium mit breiförmigem Kalkhydrat:

$$\underset{\text{Salmiak}}{2NH_4Cl} + \underset{\text{Calciumoxyd}}{CaO} = 2NH_3 + \underset{\text{Chlorcalcium.}}{CaCl_2} + H_2O$$

Man leitet das Gas, um es zu waschen, durch eine gesättigte Lösung von Ammoniak in Wasser, trocknet es durch Ueberleiten über gebrannten Kalk, und fängt es über Quecksilber auf.

Eigenschaften. Farbloses Gas von stechendem angreifendem Geruche. Spec. Gew. 0,589, wenn Luft = 1 gesetzt wird. Ist durch starke Abkühlung oder einen Druck von $6^1/_2$ Atmosphären bei 10° zu einer farblosen dünnen Flüssigkeit von 0,6234 spec. Gew. bei 0° condensirbar. Erstarrt bei —80° zu einer krystallinischen Masse.

Ammoniakgas wird vom Wasser unter starker Erwärmung absorbirt, wodurch eine leichte, stark-alkalisch reagirende und schmeckende, und stark nach Ammoniak riechende Flüssigkeit erhalten wird. Es verbindet sich mit vielen Salzen, so mit Chlorsilber oder Chlorcalcium zu Verbindungen, welche das Ammoniakgas bei mässiger Wärme abgeben und daher zur Darstellung von flüssigem Ammoniak in zugeschmolzenen gebogenen Glasröhren (Faraday'schen Röhren) dienen. Die

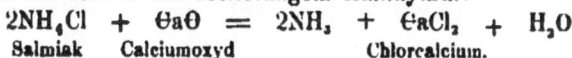

Chlorüre absorbiren beim Erkalten das Ammoniak wieder, welches zuerst unter starker Kälteerzeugung den flüssigen Zustand mit dem gasförmigen vertauscht.

Ammoniak verbindet sich mit den Anhydriden der Säuren zu eigenthümlichen Verbindungen, so mit dem der Schwefelsäure zu einer weissen amorphen Masse, deren Lösung in Wasser nicht sogleich auf Schwefelsäure und Ammoniak reagirt, die sich aber allmälig, namentlich beim Erhitzen, in Ammoniumsulphat verwandelt. Ihre Zusammensetzung entspricht der Formel $(NH_3)_2\, S\Theta_3$.

Ammoniakgas wird, wenn man electrische Funken hindurchschlagen lässt, oder wenn man einen Metalldraht darin durch einen electrischen Strom zum Glühen erhitzt, nach und nach in seine Bestandtheile zersetzt; hierbei zerfallen 2 Vol. Ammoniakgas in 3 Vol. Wasserstoffgas und 1 Vol. Stickstoffgas.

Es ist an der Luft nur in geringem Grade verbrennlich; im Sauerstoffgase brennt es nach dem Anzünden fort. Ein Gemisch von Ammoniakgas und Sauerstoffgas explodirt bei Berührung mit einer Flamme; glühender Platindraht fährt fort darin zu glühen und bewirkt die Oxydation des Ammoniaks zu Wasser und salpetriger Säure. Es entzündet sich mit Chlorgas bei gewöhnlicher Temperatur, wobei Stickstoff abgeschieden wird und Salmiak entsteht:

$$3Cl + 4NH_3 = N + NH_4Cl$$

Ammoniak Salmiak.

Leitet man Chlorgas durch concentrirtes wässriges Ammoniak, so wird unter Feuererscheinung Salmiak gebildet und Stickstoffgas entwickelt. Durch die Einwirkung von Chlor auf gelöste Ammoniumsalze entsteht ein sehr explosiver Körper, Chlorstickstoff, NCl_3.

Brom verhält sich zum Ammoniak ähnlich wie Chlor. Jod bildet damit verschiedene sehr explosive Körper, NJ_3, NHJ_2 und $N_2H_3J_3$. Leitet man trocknes Ammoniakgas über glühende Kohlen, so bildet sich unter Abscheidung von Wasserstoff Cyanammonium:

$$2NH_3 + \Theta = H_2 + N\Theta\text{-}NH_4$$

Ammoniak Cyanammonium.

Kalium und Natrium bilden beim Erhitzen im Ammoniakgase Kalium- oder Natriumamid, indem sie Wasserstoffgas entwickeln:

$$Na + NH_3 = NH_2Na + H$$

Ammoniak Natriumamid.

Ammoniak verbindet sich mit den Säuren zu Ammoniumsalzen:

$$HCl + NH_3 = NH_4Cl$$
$$S\Theta_4H_2 + 2NH_3 = S\Theta_4(NH_4)_2.$$

Ammonium.

Das Ammonium ist ein in sehr vielen Verbindungen anzunehmendes zusammengesetztes Radical, welches sich in chemischer Beziehung dem Kalium und Natrium ähnlich verhält, und dessen Verbindungen mit den entsprechenden Verbindungen des Kaliums isomorph sind. Mit Quecksilber bildet es ein festes Amalgam, welches durch doppelte Zersetzung bei Einwirkung von Natriumamalgam auf eine concentrirte Lösung von Chlorammonium enthalten wird:

$$\underset{\text{Natriumamalgam}}{Hg_nNa} + NH_4Cl = NaCl + \underset{\text{Ammonium-amalgam.}}{Hg_nNH_4}$$

Man erhält Ammoniumamalgam auch, wenn man den negativen Pol einer electrischen Batterie mit Quecksilber verbindet, welches unter wässrigem Ammoniak liegt, in welchem der positive Pol der Batterie mündet. Ammoniumamalgam zersetzt sich sehr rasch, indem es in Quecksilber, Ammoniak und Wasserstoff zerfällt. Hierbei scheidet sich auf 2 Vol. Ammoniak 1 Vol. Wasserstoffgas ab:

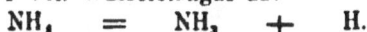

$$NH_4 = NH_3 + H.$$

Ammoniak bildet mit den einbasischen Säuren neutrale, mit den mehrbasischen Säuren saure und neutrale Ammoniumsalze:

$$\underset{\text{Salzsäure}}{HCl} + NH_3 = \underset{\text{Chlorammonium}}{Cl\text{-}NH_4}$$

$$\underset{\text{Schwefelsäure}}{SO_4H_2} + NH_3 = \underset{\text{Saures Ammonium-sulphat}}{SO_4\begin{cases}NH_4\\H\end{cases}}$$

$$\underset{\text{Schwefelsäure}}{SO_4H_2} + 2NH_3 = \underset{\text{Ammoniumsulphat}}{SO_4\begin{cases}NH_4\\NH_4\end{cases}}$$

Die meisten Ammoniumsalze sind leicht krystallisirbar; diejenigen der farblosen Säuren sind farblos; sie besitzen einen kühlenden salzartigen Geschmack und mit Ausnahme der Carbonate keinen Geruch. Ihre wässrigen Lösungen zersetzen sich beim Einkochen theilweise unter Ammoniakentwicklung. Die trockenen Salze zerfallen theils beim Erhitzen, theils sind sie sublimirbar, wobei jedoch immer eine gewisse Quantität des Salzes ebenfalls zerfällt. Sie geben beim Erhitzen mit den Alkalien, alkalischen Erden und vielen metallischen Oxyden Ammoniak:

$$\underset{\text{Chlorammonium}}{2NH_4Cl} + \underset{\text{Calciumoxyhydrür}}{Ca(OH)_2} = \underset{\text{Chlorcalcium}}{CaCl_2} + 2NH_3 + 2H_2O.$$

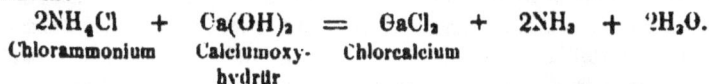

Ihre Lösungen geben mit Platinchlorid einen in Wasser schwer, und in einem Gemisch von Alkohol und Aether unlöslichen gelben krystallinischen Niederschlag von Chlorplatin-Chlorammonium, $PtCl_4$, $2NH_4Cl$, welcher der entsprechenden Kaliumverbindung sehr ähnlich und mit derselben isomorph ist.

Lässt man unter höherem Drucke flüssiges Ammoniak zu Kalium oder Natrium treten, so entstehen flüssige Massen, deren Farbe bei senkrecht auffallendem Lichte kupferroth, bei schief auffallendem messinggelb ins Grünliche spielend und im durchfallenden Lichte blau ist. Wahrscheinlich besitzen diese Verbindungen, welche nur unter hohem Drucke bestehen, und welche, wenn sie demselben entzogen werden, mit explosionsartiger Heftigkeit zerfallen, die Formeln $(NH_3K)_2$ und $(NH_3Na)_2$. Entsprechende Verbindungen bilden Barium, Kupfer, Quecksilber, Silber und Zink, wenn diese Metalle und flüssiges Ammoniak im Entstehungszustande zusammentreffen. Diammonium, $(NH_4)_2$, bildet sich auf analoge Weise nach der folgenden Gleichung:

$$(NH_3Na)_2 \quad + \quad 2NH_4Cl \quad = \quad (NH_4)_2 \quad + \quad 2NH_3NaCl.$$

Gemengt mit überschüssigem Ammoniak ist es eine blaue, sich äusserst rasch zersetzende Flüssigkeit.

Chlorammonium, *Salmiak*, NH_4Cl, findet sich in vulkanischen Gegenden und spurenweise im Meerwasser. Es bildet sich bei der Vereinigung von gleichen Volumen Salzsäuregas und Ammoniakgas unter starker Wärmeentwicklung. Wird aus den ammoniakalischen Flüssigkeiten, welche bei der trockenen Destillation stickstoffhaltiger organischer Körper entstehen, gewonnen. Hierzu dient vorzugsweise das Condensations- und Waschwasser der Gasfabriken, welches Ammoniumcarbonat enthält. Man neutralisirt dasselbe mit roher Salzsäure, oder vermischt es mit Manganchlorür, verdampft die filtrirte Lauge und gewinnt durch Umkrystallisiren oder Sublimation des Rückstandes rohen Salmiak. Zur Darstellung von reinerem Salmiak versetzt man die ammoniakalischen Flüssigkeiten mit gebranntem Kalk und destillirt das Ammoniak daraus ab, condensirt mit wenig Wasser, neutralisirt mit Salzsäure und verfährt wie oben. Auch kann man das Ammoniumcarbonat durch Neutralisation mit Schwefelsäure, oder dadurch, dass man die Lauge durch Gyps filtrirt, in Sulphat überführen. Dieses wird in Lösung mit Kochsalz vermischt und dann siedend eingedampft. Hierbei scheidet sich zuerst Natriumsulphat und dann Salmiak aus; letzterer wird durch Umkrystallisiren oder Sublimation, wobei man ihn mit Kochsalz mischt, rein gewonnen.

Chlorammonium krystallisirt aus seinen Lösungen in Formen des regulären Systems. Als Sublimat bildet es durchscheinende zähe Massen von fasrig krystallinischem Gefüge. Es ist geruchlos, schmeckt scharf salzig, löst sich in Wasser unter starker Abkühlung, ist fast unlöslich in absolutem Alkohol. Seine neutrale wässrige Lösung verliert beim Kochen Ammoniak und nimmt saure Reaction an. Beim Erhitzen verdampft der trockne Salmiak ohne vorher zu schmelzen; ein Theil zerlegt sich hierbei in Salzsäure und Ammoniak, welche sich bei niederer Temperatur wieder zu Salmiak verdichten. Salmiak verbindet sich mit vielen Chlormetallen zu in Wasser löslichen Verbindungen; er wird beim Erhitzen mit Eisen und einigen anderen Metallen unter Bildung von Metallchlorid, freiem Ammoniak und unter Abscheidung von Wasserstoff zersetzt.

Salmiak findet Anwendung als Heilmittel, ferner beim Löthen, beim Verzinnen und Verzinken des Eisens, Kupfers und Messings. Er dient beim Katundruck, bei der Platingewinnung, zur Bereitung von Kältemischungen, von Ammoniakflüssigkeit (Salmiakgeist) und von Eisenkitt.

Bromammonium, NH_4Br, bildet sich bei der Einwirkung von Brom auf Ammoniak:

$$3Br + 4NH_3 = N + 3NH_4Br.$$

Es ist in Wasser und Alkohol leicht löslich. Krystallisirt in langen farblosen Säulen. Wird an der Luft gelblich und sauer.

Findet als Arzneimittel und in der Photographie Anwendung.

Fluorammonium, NH_4Fl, entsteht durch directe Vereinigung von Fluorwasserstoff und Ammoniak. Wird auch durch Sublimation eines trocknen Gemisches von Salmiak und Fluornatrium gewonnen. Bildet kleine weisse luftbeständige Prismen, ist leicht schmelzbar und leicht flüchtig. Seine wässrige Lösung verliert beim Stehen oder Erhitzen Ammoniak, indem sich Fluorammonium-Fluorwasserstoff, NH_4Fl, HFl, bildet. Diese Verbindung krystallisirt in farblosen zerfliesslichen Prismen. Ihre Lösung ätzt Glas.

Dient zum Aufschliessen von Silicaten.

Ammoniumoxyhydrür, $NH_4 \cdot OH$, lässt sich in der wässrigen Lösung des Ammoniaks, welche als Ammoniakflüssigkeit oder Salmiakgeist bezeichnet wird, annehmen. Wasser von 0° absorbirt 1147 Vol., solches von 15° 783 Vol. Ammoniakgas unter starker Wärmeentwicklung. Die Absorption des Ammoniaks durch Wasser folgt dem Gesetze Henry-Dalton's nur bei Temperaturen über 100°. Ammoniaklösung ist eine leichte farblose Flüssigkeit, welche den Geruch, den Geschmack und die Reaction des Gases besitzt. Sie macht auf der Haut Blasen. Gibt beim Erhitzen Ammoniakgas aus. Im luftverdünnten Raume erfolgt die Entwicklung von Ammoniak aus der Lösung unter sehr bedeutender Kälteerzeugung (Eismaschine von Carré). Ammoniakflüssigkeit fällt viele Metalloxyde aus ihren Lösungen; ein Ueberschuss des Fällungsmittels löst eine Anzahl derselben, so die des Kupfers, Zinks, Cadmiums, Kobalts, Platins und Palladiums wieder auf. Ammoniakflüssigkeit löst ferner viele in Wasser unlösliche Salze, so Chlorsilber und Silberphosphat. Gibt mit Quecksilberchloridlösung einen Niederschlag von weissem Präcipitat. Zerfällt bei der Electrolyse in 1 Vol. Stickstoffgas und 3 Vol. Wasserstoffgas, also in die Bestandtheile des Ammoniaks.

Schwefelammonium, $(NH_4)_2S$, entsteht bei niederer Temperatur durch Vereinigung von 4 Vol. Ammoniakgas und 2 Vol. Schwefelwasserstoffgas:

$$2NH_3 \quad + \quad H_2S \quad = \quad (NH_4)_2S.$$

Bildet farblose sehr flüchtige stark riechende prismatische Krystalle. Wird in Lösung erhalten, wenn man Ammoniakflüssigkeit in zwei gleiche Hälften theilt, die eine vollkommen mit Schwefelwasserstoff sättigt und dann die andere zumischt. Es ist eine basische Verbindung. Zerfällt bei gewöhnlicher Temperatur in Ammoniumsulfhydrür und Ammoniak:

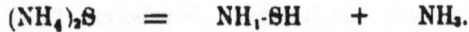

$$(NH_4)_2S \quad = \quad NH_4\text{-}SH \quad + \quad NH_3.$$

Seine wässrige Lösung zersetzt sich mit der Zeit.

Ammoniumbisulphid, $(NH_4)_2S_2$, entsteht wenn Ammoniakgas und Schwefeldampf gemischt durch ein rothglühendes Rohr geleitet werden. Es bildet durchsichtige gelbe Krystalle. Gemischt mit anderen Substanzen entsteht es bei der Destillation eines Gemenges von Schwefel, Salmiak und gebranntem Kalk. Ferner bildet es sich bei der Einwirkung der Luft auf Ammoniumsulfhydrürlösung. Seine wässrige Lösung löst Schwefel auf, indem Pentasulphid, $(NH_4)_2S_5$, welches orangefarbene Prismen bildet, entsteht. Das Ammoniumpentasulphid zerfällt mit der Zeit in Ammoniak, Ammoniumsulfhydrür und Ammoniumheptasulphid:

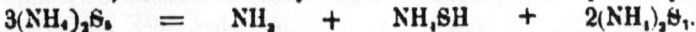

$$3(NH_4)_2S_5 \quad = \quad NH_3 \quad + \quad NH_4SH \quad + \quad 2(NH_4)_2S_7.$$

Dieses Sulphid bildet rubinrothe Krystalle.

Ammoniumsulfhydrür, $NH_4\text{-}SH$, entsteht bei der Vereinigung gleicher Volume Ammoniakgas und Schwefelwasserstoffgas. Es bildet farblose sehr flüchtige und an der Luft sich rasch gelbfärbende Tafeln. Eine Lösung der Verbindung gewinnt man durch Sättigung von Ammoniakflüssigkeit mit Schwefelwasserstoff. Sie ist zuerst farblos, wird aber an der Luft bald gelb, indem Ammoniumbisulphid und unterschwefligsaures Ammonium entstehen:

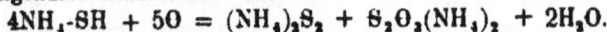

$$4NH_4\text{-}SH + 5O = (NH_4)_2S_2 + S_2O_3(NH_4)_2 + 2H_2O.$$

Zuletzt entfärbt sie sich vollständig unter Bildung von Ammoniumsulphat und Abscheidung von Schwefel:

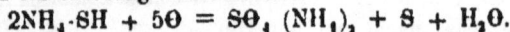

$$2NH_4\text{-}SH + 5O = SO_4(NH_4)_2 + S + H_2O.$$

Ammoniumsulfhydrür fällt viele Metalle als Sulphide aus ihren Lösungen; ein Ueberschuss des Fällungsmittels löst einige gefällte Sulphide unter Bildung von Sulphosalzen.

Schwefelsaures Ammonium, *Ammoniumsulphat*, $SO_4(NH_4)_2$, wird durch Sättigung von destillirtem Ammoniakwasser der Gasfabriken mit Schwefelsäure oder durch Filtration von Ammoniumcarbonatlösung durch Gyps und Eindampfen gewonnen. Es bildet farblose durchsichtige luftbeständige in Wasser leicht lösliche rhombische Krystalle, welche isomorph mit Kaliumsulphat sind. Ist nicht flüchtig ohne Zersetzung zu erleiden. Dient zur Düngung und zur Darstellung von Salmiak und Ammoniumalaun.

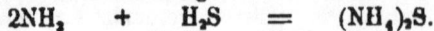

Phosphorwasserstoff. PH_3.

Moleculargewicht 34. Gasdichte 17.

Bildung. Die Vereinigung der beiden Elemente des Phosphorwasserstoffs ist nicht direkt zu bewirken. Die Verbindung entsteht bei der Verwesung organischer phosphorhaltiger Körper und wird dargestellt durch Erhitzen einer sehr concentrirten Lösung von phosphoriger Säure in Wasser, wobei Phosphorsäure und Phosphorwasserstoff entstehen:

$$\underset{\text{Phosphorige Säure}}{4PO_3H_3} = \underset{\text{Phosphorsäure.}}{3PO_4H_3} + PH_3.$$

Eigenschaften. Farbloses condensirbares Gas von knoblauchähnlichem Geruch, ohne Reaction auf Lackmuspapier, wenig löslich in Wasser, schwerer als die Luft. Wird durch den electrischen Funken in Phosphor und Wasserstoff zersetzt. Die meisten Metalle zersetzen es beim Erhitzen, indem sie sich mit dem Phosphor verbinden und aus zwei Volumen Gas drei Volume Wasserstoff entwickeln. Es ist leicht entzündlich und verbrennt mit hell leuchtender Flamme zu Phosphorsäure:

$$PH_3 + 4O = PO_4H_3.$$

Es wirkt kräftig reducirend. Chlor, Brom und Jod zersetzen es leicht, indem sie sich zuerst mit dem Wasserstoff und dann auch mit dem Phosphor verbinden. Es entzündet sich von selbst im Chlorgase, indem es zu Salzsäure und Phosphorpentachlorid verbrennt. Mit Jod bildet es bei gelindem Erwärmen Jodphosphor und Jodphosphonium:

$$5J + 4PH_3 = \underset{\text{Jodphosphor}}{PJ_2} + \underset{\text{Jodphosphonium.}}{3PH_4J}$$

Jodphosphonium entsteht auch durch directe Vereinigung von Phosphorwasserstoff und Jodwasserstoff. Es bildet grosse farblose glänzende sublimirbare Krystalle, welche in der Luft zerfliessen und Phosphorwasserstoff entwickeln.

Ein an der Luft selbstentzündliches Phosphorwasserstoffgas bildet sich beim Erwärmen eines Gemenges von Phosphor mit Kalkmilch, wobei gleichzeitig unterphosphorigsaures Calcium entsteht:

$$8P + \underset{\text{Calciumoxyhydrür}}{3Ca(OH)_2} + 6H_2O = 2PH_3 + \underset{\text{Unterphosphorigsaures Calcium.}}{3(PH_2O_2)_2Ca}$$

Wendet man hierbei Kali- oder Natronlauge, anstatt der Kalkmilch an, so erhält man Phosphorwasserstoff, Wasserstoff und phosphorsaures Salz, weil die unterphosphorige Säure in stark alkalischen Lösungen sich zersetzt. Phosphorwasserstoff derselben Art bildet sich beim Zersetzen von Phosphorcalcium durch Wasser oder verdünnte Säuren. Seine Selbstentzündlichkeit beruht auf einen geringen Gehalt eines flüssigen selbstentzündlichen Phosphorwasserstoffs. Bei seiner Bereitung muss man Entwicklungsgefässe anwenden, welche nur wenig Luft enthalten, weil sonst Explosion entsteht. Das Gas verliert nach einiger Zeit die Selbstentzündlichkeit unter Abscheidung von Phosphor.

Flüssiger Phosphorwasserstoff wird erhalten, wenn man selbstentzündlichen Phosphorwasserstoff durch eine mit Eis und Salz umgebene U-förmige Röhre streichen lässt. Hierbei condensirt sich eine farblose stark lichtbrechende, an der Luft selbstentzündliche Flüssigkeit, deren Zusammensetzung wahrscheinlich durch die Formel PH_2 auszudrücken ist. Wird durch Sonnenlicht und durch concentrirte Salzsäure in eine feste Modification verwandelt.

Fester Phosphorwasserstoff entsteht aus dem flüssigen. Man gewinnt ihn, wenn man selbstentzündlichen Phosphorwasserstoff dem Sonnenlichte aussetzt oder durch concentrirte Salzsäure leitet, oder auch, wenn man Phosphorcalcium in starker Salzsäure löst. Ist unlöslich in Wasser und Alkohol; entzündet sich bei 15° an der Luft; löst sich in Kalilauge unter Entwicklung von nicht selbstentzündlichem Phosphorwasserstoff. Seine Zusammensetzung wird wahrscheinlich durch die Formel P_2H_1 ausgedrückt.

Arsenwasserstoff. AsH_3.

Moleculargewicht 78. Gasdichte 39.

Bildung. Entsteht wenn Legirungen des Arsens mit anderen Metallen durch Wasser oder verdünnte Säure zersetzt werden:

$$\underset{\text{Arsen-Natrium}}{AsNa_3} + 3H_2O = \underset{\text{Natriumoxyhydrür}}{3NaOH} + AsH_3$$

$$\underset{\text{Arsen-Zink}}{As_2Zn_3} + 3SO_4H_2 = \underset{\text{Zinksulphat}}{3SO_4Zn} + 2AsH_3;$$

und ferner, wenn Wasserstoff im Entstehungszustande auf eine gelöste Arsenverbindung einwirkt, so wenn man Zink zu einer Lösung von Arsenigsäureanhydrid in verdünnter Schwefelsäure bringt:

$$\underset{\text{Arsenigsäure-anhydrid}}{As_2O_3} + 6SO_4H_2 + 6Zn = 6SO_4Zn + 3H_2O + \underset{\text{Arsenwasserstoff.}}{2AsH_3}$$

Das auf diese Weise erhaltene Arsenwasserstoffgas enthält immer eine grosse Menge Wasserstoffgas beigemengt.

Eigenschaften. Arsenwasserstoff ist ein farbloses knoblauchartig riechendes sehr giftiges Gas. Wird durch starken Druck oder eine Kälte von —40° zu einer farblosen Flüssigkeit condensirt. Ist ohne Reaction auf Lackmuspapier. Wird vollständig zersetzt, wenn es durch ein schwachglühendes Glasrohr geleitet wird, wobei sich das Arsen als glänzender Metallspiegel abscheidet. Dieser verflüchtigt sich ohne vorher zu schmelzen, wenn man ihn im Wasserstoffstrome erhitzt. Das ausströmende Gas besitzt Knoblauchgeruch. Arsenwasserstoff verbrennt an der Luft mit bläulich weisser Flamme zu Wasser und Arsenigsäureanhydrid, welches einen dichten Rauch bildet. Lässt man es bei ungenügendem Luftzutritt verbrennen, indem man die Flamme z. B. mit einem kalten Porzellanschälchen niederdrückt, so wird metallisches Arsen in braunen stahlgrauen oder fast schwarzen glänzenden Flecken abgelagert. Dieselben sind durch Erhitzen leicht zu verflüchtigen, sie verschwinden sogleich beim Auftropfen einer concentrirten alkalischen Lösung von unterchlorigsaurem Natron und lösen sich auch in einem Tropfen heisser Salpetersäure als arsenige Säure oder als Arsensäure klar auf.

Arsenwasserstoff ist leicht oxydirbar; er liefert beim Durchleiten durch heisse Salpetersäure lösliche Arsensäure. Chlor zersetzt ihn unter Bildung von Salzsäure und Abscheidung von Arsen, welches durch überschüssiges Chlor in Arsenterchlorid übergeführt wird. Leitet man Arsenwasserstoff durch eine Lösung von salpetersaurem Silber, so scheidet sich Silber ab und es bildet sich eine Lösung von arseniger Säure, aus der durch Neutralisation mit Ammoniak gelbes arsenigsaures Silber gefällt werden kann:

$$AsH_3 + \underset{\text{Salpetersaures Silber}}{6NO_3Ag} + 3H_2O = 6NO_3H + 6Ag + \underset{\text{Arsenige Säure.}}{As(OH)_3}$$

Arsenwasserstoff wird durch festes Kalihydrat nicht zersetzt.

Die geringsten Spuren von Arsen lassen sich durch die Bildung von Arsenwasserstoff im Marsh'schen Apparat nachweisen. Man entwickelt darin aus arsenfreien Materialien Wasserstoff, leitet diesen, um sich zu vergewissern, dass die Materialien kein Arsen enthalten, etwa eine halbe Stunde lang durch ein Rohr von schwerschmelzbarem bleifreiem Glase, welches an einer Stelle glüht und gibt dann, wenn sich kein Arsen abgeschieden hat, die auf Arsen zu untersuchende Substanz, welche das Arsen als arsenige Säure, Arsensäure, oder als Chorarsen enthalten muss, mit in den Apparat. Bei Anwesenheit der geringsten Spur von Arsen bildet sich nach kürzerer oder längerer Zeit, jedenfalls nach einer halben Stunde hinter der glühenden Stelle des Glasrohres ein Spiegel.

Antimonwasserstoff. SbH_3.

Moleculargewicht 125. Gasdichte 62,5.

Bildung. Ganz ähnlich wie Arsenwasserstoff aus Antimonlegirungen, oder durch Einwirkung von nascirendem Wasserstoff auf Antimonlösungen.

Eigenschaften. Nur mit Wasserstoff gemischt bekannt. Farb- und geruchloses Gas; verbrennt an der Luft mit bläulich weisser Flamme zu Wasser und Antimonoxyd. Hindert man die Verbrennung theilweise, indem man eine kalte Porzellanfläche in die Flamme hält, so bilden sich Flecken von metallischem Antimon, welche schwärzer und weniger glänzend als die des Arsens sind. Sie verändern sich nicht beim Auftröpfeln einer concentrirten und alkalischen

Lösung von unterchlorigsaurem Natrium. Leitet man Antimonwasserstoff durch ein glühendes Rohr, so zerfällt es in Wasserstoff und Antimon, welches sich an den kälteren Stellen des Rohres als metallischglänzender Ring absetzt, beim Erhitzen im Wasserstoffgasstrome zu kleinen glänzenden Kügelchen schmilzt, und sich dann verflüchtigt, ohne Geruch nach Knoblauch zu verbreiten. Antimonwasserstoffs bildet beim Einleiten in heisse concentrirte Salpetersäure unlösliche Antimonsäure, beim Einleiten in eine Lösung von Silbernitrat einen Niederschlag von Antimonsilber, $Sb\,Ag_3$. Wird durch festes Kalihydrat unter Abscheidung seines ganzen Antimongehaltes zersetzt.

Chlorstickstoff, NCl_3, entsteht beim Einleiten von Chlor in die Lösung irgend eines Ammoniumsalzes, insbesondere bei einer Temperatur von 25 bis 30°. Die Lösung färbt sich anfangs gelb und scheidet bald gelbe Oeltropfen ab, welche zu Boden sinken. Chlorstickstoff ist eine orangegelbe höchst explosive und daher nur mit grosser Gefahr herzustellende Flüssigkeit von 1,653 spec. Gew.

Jodstickstoff, NJ_3, entsteht, wenn man eine bei gewöhnlicher Temperatur gesättigte Lösung von Jod in absolutem Alkohol mit 3 bis 4 Vol. concentrirter Ammoniakflüssigkeit vermischt. Fällt man durch eine gesättigte Lösung von Ammoniak in absolutem Alkohol, so schlägt sich eine Verbindung der Formel NHJ_2 nieder. NH_2J entsteht bei der Einwirkung von concentrirter wässriger Ammoniakflüssigkeit auf Jod. Zu seiner Darstellung gibt man eine sehr kleine Menge feingeriebenes Jod auf ein Uhrglas, übergiesst mit gesättigter Ammoniakflüssigkeit, filtrirt nach Verlauf einer Viertelstunde ab und wäscht den zurückbleibenden grauschwarzen Jodstickstoff rasch mit etwas Wasser. Oft explodirt er schon im feuchten Zustande; trocken explodirt er mit grosser Gewalt von selbst oder bei der leisesten Berührung z. B. schon bei Berührung mit der Fahne einer Feder.

Phosphorchlorür. PCl_3.

Moleculargewicht 137,5. Dampfdichte 68,75.

Darstellung. Man leitet einen langsamen Strom von völlig trocknem Chlor in eine tubulirte und mit Vorlage versehene Retorte, welche trocknen geschmolzenen Phosphor enthält. Der Phosphor verbrennt im Chlorgase und das Chlorür destillirt über.

Eigenschaften. Eine farblose rauchende Flüssigkeit, von 1,612 spec. Gew. bei 0°. Siedet bei 76°. Löst Phosphor auf. Verbindet sich mit Chlor zu Phosphorchlorid, mit Sauerstoff zu Oxychlorid. Wird durch Wasser in Chlorwasserstoff und phosphorige Säure zersetzt:

$$PCl_3 + 3H_2\Theta = 3HCl + P\Theta_3H_3.$$

Phosphorchlorid. PCl_5.

Darstellung. Bildet sich bei der Einwirkung von Chlor auf Phosphorchlorür, oder auf eine Lösung von Phosphor in Schwefelkohlenstoff.

Eigenschaften. Eine gelbe krystallinische Masse von angreifendem Geruch. Zersetzt sich beim Erhitzen unter gewöhnlichem Luftdrucke in Chlor und Phosphorchlorür; ist unter höherem Drucke schmelzbar. Absorbirt an der feuchten Luft Wasser und zersetzt sich damit in Salzsäure und Phosphoroxychlorid:

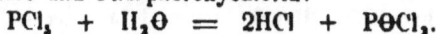

$$PCl_5 + H_2\Theta = 2HCl + P\Theta Cl_3.$$

Bildet mit mehr Wasser Salzsäure und Phosphorsäure:

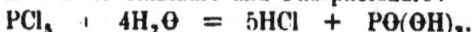

$$PCl_5 + 4H_2\Theta = 5HCl + P\Theta(\Theta H)_3.$$

Zersetzt sich mit einer grossen Anzahl von Sauerstoffsäuren, wobei, neben Salzsäure und Phosphoroxychlorid, Chlorverbindungen der Säureradicale entstehen, indem die Wasserreste der Säuren durch Chlor substituirt werden:

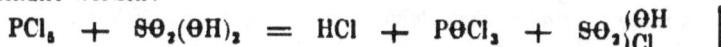

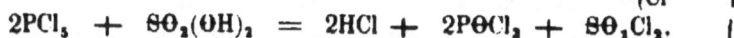

$$PCl_5 + S\Theta_2(\Theta H)_2 = HCl + P\Theta Cl_3 + S\Theta_2\begin{cases}\Theta H\\ Cl\end{cases}$$

$$2PCl_5 + S\Theta_2(\Theta H)_2 = 2HCl + 2P\Theta Cl_3 + S\Theta_2Cl_2.$$

Bromphosphor. Phosphor gibt mit Brom Verbindungen, welche den Chlorverbindungen vollständig entsprechen.

Jodphosphor. Mit Jod bildet Phosphor PJ_3 und P_2J_4, wenn man die Bestandtheile im Verhältniss der Zusammensetzung dieser Verbindungen in Schwefelkohlenstoff unter Abkühlung auflöst. PJ_3 schmilzt bei 55° und P_2J_4 bei 110°. Beide sind roth, krystallinisch und löslich in Schwefelkohlenstoff. Sie zersetzen sich mit Wasser.

Arsenfluorür, $As\,Fl_3$, entsteht, wenn ein Gemenge von feingepulvertem Arsenigsäureanhydrid und Flussspath mit überschüssiger Schwefelsäure in einer bleiernen Retorte erhitzt wird:

$$As_2\Theta_3 + 3CaFl_2 + 3S\Theta_4H_2 = 3H_2\Theta + 3S\Theta_4Ca + 2AsFl_3.$$

Farblose Flüssigkeit, von 2,73 spec. Gew.; siedet bei 63°; zersetzt sich mit Wasser in Fluorwasserstoff und arsenige Säure.

Arsenchlorür, $As\,Cl_3$. Moleculargewicht 181,5. Dampfdichte 90,75. Entsteht, wenn trocknes Chlorgas auf fein vertheiltes Arsenik einwirkt, oder wenn ein Gemenge von Arsenigsäureanhydrid, Kochsalz und Schwefelsäure der Destillation unterworfen wird:

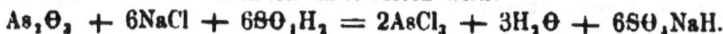

$$As_2\Theta_3 + 6NaCl + 6S\Theta_4H_2 = 2AsCl_3 + 3H_2\Theta + 6S\Theta_4NaH.$$

In Lösung bildet es sich beim Auflösen von Arsenigsäureanhydrid in concentrirter Salzsäure.

Es ist eine schwere farblose ölige Flüssigkeit, deren spec. Gew. bei 3° 2,205 beträgt und welche bei 132° siedet. Raucht an der Luft. Zersetzt sich mit Wasser in Salzsäure und Arsenigsäureanhydrid:

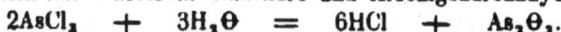

$$2AsCl_3 + 3H_2\Theta = 6HCl + As_2\Theta_3.$$

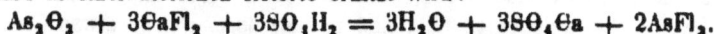

Löst sich in concentrirter wässriger Salzsäure ohne Zersetzung zu erleiden; verflüchtigt sich leicht mit den Dämpfen von Salzsäure.

Brom- und Jodarsen. Brom und Jod verbinden sich mit Arsen zu Verbindungen, welche dem Arsenchlorür entsprechen.

Antimonchlorür, $Sb\,Cl_3$. Moleculargewicht 228,5. Dampfdichte 114,25. Wird erhalten, wenn man einen langsamen Strom von trocknem Chlorgase zu überschüssigem Antimon leitet, oder wenn man Spiessglanzerz in Salzsäure auflöst und die eingedickte Lösung der Destillation unterwirft. Es ist eine gelbliche halbfeste Masse (Antimonbutter). Schmilzt bei 72°; siedet bei 223°. Raucht schwach an der Luft. Löst sich in wässriger Salzsäure und in wenig Wasser ohne Veränderung zu erleiden; zersetzt es sich mit mehr Wasser in Salzsäure und Antimonoxychlorür, welches einen weissen Niederschlag bildet:

$$SbCl_3 + H_2O = 2HCl + SbOCl.$$

Mit heissem Wasser zersetzt es sich in Salzsäure und in eine basischere Verbindung, Algarothpulver, $Sb_4O_5Cl_2$, welches im trocknen Zustande ein weisses krystallinisches Pulver vorstellt und beim Erhitzen in abdestillirendes Chlorür und schmelzendes Oxyd zerfällt.

Antimonchlorid, $Sb\,Cl_5$, entsteht, wenn Antimon in einem Ueberschuss von Chlor verbrennt, oder wenn Chlor über geschmolzenes Antimonchlorür geleitet wird. Gelbliche rauchende Flüssigkeit; erstarrt bei 0° krystallinisch. Zerfällt beim Erhitzen in Chlor und Antimonchlorür. Zersetzt sich mit einem Ueberschuss von Wasser in Salzsäure und Antimonsäure.

Wismuthchlorür, ? $Bi\,Cl_3$. Moleculargewicht 316,5. Dampfdichte 158,25. Entsteht, wenn Chlor über metallisches Wismuth geleitet, oder wenn Wismuthoxyd in Salzsäure gelöst wird. Undurchsichtige weisse körnige Masse, leicht schmelzbar, flüchtig, in feuchter Luft zerfliessend, löslich in Salzsäure und wenig Wasser. Wird durch mehr Wasser in ein Oxychlorür, welches ausfällt, und in Salzsäure, welche etwas Chlorür gelöst enthält, zersetzt.

Oxyde und Säuren des Stickstoffs.

Stickstoff verbindet sich mit Sauerstoff in fünf Verhältnissen zu Stickoxydul, $N_2\Theta$, Stickoxyd, $N\Theta$, Salpetrigsäureanhydrid, N_2O_3, Stickstoffbioxyd, $N\Theta_2$, und Salpetersäureanhydrid, $N_2\Theta_5$. Ein Theil dieser Oxyde bildet mit Wasser Säuren.

Stickoxydul. $N_2\Theta$.

Moleculargewicht 44. Gasdichte 22.

Darstellung. Man erhitzt salpetersaures Ammonium bis auf 250°, wobei es in Wasser und Stickoxydul zerfällt:

$$N\Theta_3\text{-}NH_4 = 2H_2O + N_2\Theta;$$

oder man lässt gekörntes Zink auf sehr verdünnte Salpetersäure einwirken:

$$4Zn + 10N\Theta_3H = 4(N\Theta_3)_2Zn + 5H_2\Theta + N_2\Theta.$$

Salpetersäure Salpetersaures Zink

Eigenschaften. Farbloses schwachriechendes Gas, von 1,524 spec. Gew., in Wasser ziemlich löslich. Wirkt bei vier oder fünf Minuten langem Einathmen stark berauschend. Thiere sterben darin. Wird durch einen Druck von 50 Atmosphären zu einer farblosen sehr beweglichen Flüssigkeit verdichtet. Das flüssige Stickoxydul siedet bei — 88°. Festes Stickoxydul entsteht beim freiwilligen Verdunsten des flüssigen, als weisse schneeartige Masse, die bei ungefähr — 100° schmilzt. Flüssiges Stickoxydul erzeugt, wenn es mit Schwefelkohlenstoff gemischt im leeren Raume verdunstet, eine Kälte von — 140°, den niedrigsten Temperaturgrad, welchen man erreicht hat. Zwei Volume Stickoxydulgas werden durch Rothglühhitze, so wie durch den electrischen Funken in ein Volum Sauerstoff und zwei Volume Stickstoff zersetzt. Es oxydirt sich nicht an der Luft und bildet daher mit Sauerstoff gemischt keine rothen Dämpfe. Brennbare Körper, wie Kohle, Phosphor, Schwefel und die Metalle brennen darin fort wie im Sauerstoffgase. Mit Wasserstoff bildet es explosive Gemische. Wenn man Natrium oder andere leicht brennbare Körper im Stickoxydulgase erhitzt, so verbrennen sie und lassen ein der ursprünglichen Gasmenge gleiches Volum Stickstoff zurück.

Stickoxyd. $N\Theta$.

Moleculargewicht 30. Gasdichte 15.

Darstellung. Durch Einwirkung von Kupferspähnen auf ein Gemisch von einem Volum starker Salpetersäure und zwei Volume Wasser:

$$3Cu + 8N\Theta_3H = 3(N\Theta_3)_2Cu + 4H_2\Theta + 2N\Theta.$$

Kupfer Salpetersäure Salpetersaures Kupferoxyd

Silber, Quecksilber, Blei und andere Metalle entwickeln aus verdünnter Salpetersäure ebenfalls Stickoxyd (Azotyl). Zweckmässig stellt man es dar durch Einwirkung einer Lösung von schwefelsaurem Eisenoxydul in verdünnter Schwefelsäure auf salpetersaures Natrium:

$$6S\Theta_4Fe + 5S\Theta_4H_2 + 2N\Theta_3Na = 3(S\Theta_4)_3Fe_{II} + 2S\Theta_4NaH + 4H_2\Theta + 2N\Theta.$$

Schwefelsaures Eisenoxydul Salpetersaures Natrium Schwefelsaures Eisenoxyd.

Eigenschaften. Farbloses in Wasser wenig lösliches nicht condensirbares Gas; wird im reinen Zustande weder durch Rothglühhitze noch durch den electrischen Funken zersetzt. Verbindet sich bei gewöhnlicher Temperatur mit freiem Sauerstoff zu tief orangefarbenen Dämpfen. Löst sich mit tief schwarzbrauner Farbe in Auflösungen von Eisenoxydulsalzen; die Lösungen entwickeln beim Erhitzen das absorbirte Gas wieder vollständig. Im Stickoxydgase brennen Phosphor, Kohle, Holz und andere Körper fast so lebhaft wie im Sauerstoffgase. Es wird durch rothglühendes Eisen oder erhitztes Natrium unter Abscheidung seines halben Volums Stickstoff zersetzt. Zwei Volume Stickoxyd vereinigen sich mit einem Volum Chlor zu Chlorazotyl, $N\Theta Cl$. Leitet man gleichzeitig Stickoxydgas und Sauerstoffgas in concentrirte Schwefelsäure, oder lässt man Stickoxydgas und Schwefelsäureanhydrid mit feuchter Luft zusammentreten, so bildet sich ein krystallinischer schmelzbarer Körper, saures Azotylsulphat, $S\Theta_4H(N\Theta)$, welches sich unzersetzt in Schwefelsäure von 1,55 spec. Gew. und in concentrirterer löst, durch Wasser oder verdünntere Schwefelsäure aber zersetzt wird. Diese Krystalle bilden sich bei der Schwefelsäurefabrikation, wenn nicht genug Wasserdampf in die Bleikammern geleitet wird, und führen daher den Namen B l e i k a m m e r k r y s t a l l e.

Chlorazotyl, $N\Theta Cl$. Moleculargewicht 65,5. Gasdichte 32,75. Entsteht bei directer Vereinigung von Stickoxyd und Chlor, und beim Vermischen von Salzsäure und Salpetersäure. Es ist ein tief orangefarbenes leicht condensirbares Gas; zersetzt sich mit Wasser in Salzsäure und salpetrige Säure:

$$\underset{\text{Chlorazotyl}}{ClN\Theta} + H_2\Theta = HCl + \underset{\text{Salpetrige Säure}}{H\Theta\text{-}N\Theta}$$

Bichlorazotyl, $N\Theta Cl_2$, entsteht neben Chlorazotyl und freiem Chlor beim Vermischen von Salzsäure und Salpetersäure:

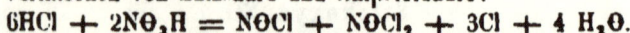

$$6HCl + 2N\Theta_3H = N\Theta Cl + N\Theta Cl_2 + 3Cl + 4\,H_2\Theta.$$

Ein tief citronengelbes Gas, welches leicht zu einer durchsichtigen rothen rauchenden, bei —7° siedenden Flüssigkeit condensirt werden kann. Bildet mit Wasser Salzsäure, Salpetersäure und salpetrige Säure:

$$\underset{\text{Bichlorazotyl}}{2N\Theta Cl_2} + 3H_2\Theta = 4HCl + \underset{\text{Salpetersäure}}{N\Theta_3H} + \underset{\text{Salpetrige Säure.}}{N\Theta_2H}$$

Salpetrigsäureanhydrid, $N_2\Theta_3$. Ein Vol. trocknes Sauerstoffgas verbindet sich mit vier Vol. trocknem Stickoxydgase zu zwei Vol. Salpetrigsäureanhydrid:

$$\Theta + 2N\Theta = N_2\Theta_3.$$

Ein braunrothes Gas, lässt sich durch ein Gemisch von Eis und Salz zu einer sehr flüchtigen Flüssigkeit condensiren. Bildet mit wenig Wasser salpetrige Säure, mit viel Wasser Salpetersäure und Stickoxyd.

Salpetrige Säure, $N\Theta\text{-}\Theta H$, entsteht bei der Einwirkung von Wasser auf Chlorazotyl oder auf Salpetrigsäureanhydrid:

$$N\Theta Cl + H_2\Theta = N\Theta\text{-}\Theta H + HCl$$

$$(N\Theta)_2\Theta + H_2\Theta = 2N\Theta\text{-}\Theta H.$$

Ein gelbrothes Gas, welches sich durch eine Kältemischung aus Eis und Salz zu einer sehr flüchtigen blauen Flüssigkeit condensiren lässt. Zersetzt sich leicht in Wasser, Salpetersäure und Stickoxyd:

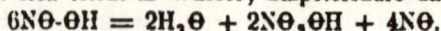

$$6N\Theta\text{-}\Theta H = 2H_2\Theta + 2N\Theta_2\Theta H + 4N\Theta.$$

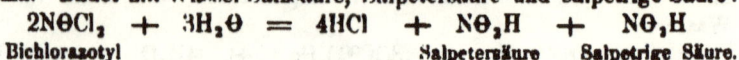

Ihre Salze können leicht erhalten werden; in geringer Menge entstehen sie schon bei gewöhnlicher Temperatur, wenn salpetersaure Salze in Lösung mit leicht oxydirbaren Metallen, namentlich mit Zinkstaub, zusammengebracht werden. Salpetrigsaures Kalium, Kaliumnitrit, entsteht unter Entwicklung von Sauerstoff, wenn man Kalisalpeter gelinde glüht. Zweckmässig stellt man es dar durch Schmelzen von Salpeter mit metallischem Blei, welches dabei zu Oxyd wird, oder mit Stärke, welche dabei vollständige Oxydation erleidet. Die Salze der salpetrigen Säure werden durch fast alle übrigen Säuren zersetzt. Hierbei zerfällt die salpetrige Säure in Wasser, Salpetersäure und Stickoxyd, welches an der Luft rothe Dämpfe von Stickstoffbioxyd bildet. Die mit Säuren versetzten Lösungen der Nitrite bewirken öfters Reduction, so die der Mangansäure zu salpetersaurem Manganoxydul, und der Goldsalze zu metallischem Gold. Bei Gegenwart anderer Substanzen bewirken diese Lösungen Oxydation, so die des Indigos und der Eisenoxydulsalze. Hierbei wird Stickstoff frei. Sie zersetzen Jodkalium unter Abscheidung von Jod, wodurch die geringsten Spuren salpetrigsaurer Salze erkannt werden können. Versetzt man nämlich die Lösung eines Nitrits mit verdünntem Stärkekleister und etwas Jodkalium, und hierauf mit einigen Tropfen Schwefelsäure, so färbt sich die Stärke durch das ausgeschiedene Jod blau.

Salpetrigsaures Ammonium, $N\Theta\text{-}\Theta\text{-}NH_4$, bildet sich in kleiner Menge beim Verdunsten von Wasser an der Luft, bei langsamer Oxydation oxydirbarer Körper bei Gegenwart von Wasser, und beim Verbrennen organischer Stoffe an der Luft. Es zerfällt beim Erwärmen seiner Lösung in Wasser und Stickstoff:

$$N\Theta_2\text{-}NH_4 = 2H_2\Theta + N_2.$$

Stickstoffbioxyd, Untersalpetersäure. $N\Theta_2$.

Moleculargewicht 46. Gasdichte 23.

Entsteht bei der Vereinigung von Stickoxydgas oder von Salpetrigsäureanhydrid mit Sauerstoffgas, und ferner durch Reduction von erwärmter Salpetersäure durch Arsenigsäureanhydrid:

$$4N\Theta_3H + H_2\Theta + As_2\Theta_3 = 4N\Theta_2 + 2As\Theta_4H_3.$$

Es ist in der rothen rauchenden Salpetersäure enthalten. Wird durch Erhitzen von trocknem salpetersaurem Bleioxyd, wobei Bleioxyd und ein Gemisch von Stickstoffbioxyd und Sauerstoff entstehen, gewonnen. Lässt sich durch eine Kältemischung zu einer unter —9° völlig farblosen, bei 0° gelbgrünen, bei 10° intensiv gelben und bei gewöhnlicher Temperatur rothgelben Flüssigkeit condensiren. Dieselbe krystallisirt bei —20° in farblosen Prismen, siedet bei 22°, indem ein braunrother Dampf entsteht, dessen Farbenintensität mit steigender Temperatur zunimmt und der bei 40° fast undurchsichtig ist.

Wasser zersetzt das Stickstoffbioxyd bei niederer Temperatur in salpetrige Säure und Salpetersäure:

$$2N\Theta_2 + H_2\Theta = N\Theta_2H + N\Theta_3H.$$

Bei gewöhnlicher Temperatur erleidet die entstandene salpetrige Säure sofort Zersetzung in Wasser, Salpetersäure und Stickoxyd.

Nitrylchlorid, NO_2Cl, bildet sich bei der Einwirkung von Phosphoroxychlorid auf salpetersaures Blei:

$$2POCl_3 + 3(NO_3)_2Pb = (PO_4)_2Pb_3 + 6NO_2Cl.$$

Salpetersaures Blei — Phosphorsaures Blei

Gibt mit Wasser Salzsäure und Salpetersäure:

$$NO_2Cl + HOH = HCl + NO_2\text{-}OH.$$

Salpetersäureanhydrid, N_2O_5, wird erhalten, wenn man trocknes Chlor auf trocknes erwärmtes salpetersaures Silber einwirken lässt:

$$Cl_2 + 2NO_3Ag = 2AgCl + N_2O_5 + O.$$

Bildet farblose Prismen, schmilzt bei 30° und siedet unter Zersetzung bei 45 bis 50°. Gibt mit Wasser Salpetersäure:

$$O(NO_2)_2 + H_2O = 2NO_2\text{-}OH.$$

Salpetersäure. NO_3H.

Vorkommen. Mehrere Salze der Salpetersäure, so Kali-, Natron- und Kalksalpeter finden sich in der Natur.

Bildung. Salpetersäure entsteht, wenn ein Gemisch von Stickstoff mit vielem Wasserstoff an der Luft verbrennt, ferner wenn electrische Funken durch ein feuchtes Gemisch von 2 Vol. Stickstoff und 5 Vol. Sauerstoff schlagen. Spuren derselben bilden sich bei der Electrolyse von lufthaltigem Wasser. Sie entsteht bei der Oxydation der niederen Oxyde des Stickstoffs.

Darstellung. Durch Destillation von einem Molecule Natronsalpeter mit einem Molecule Schwefelsäure, wobei Salpetersäure überdestillirt und saures schwefelsaures Natrium im Rückstande bleibt:

$$NO_3Na + SO_4H_2 = NO_3H + SO_4NaH.$$

Eigenschaften. Sie ist eine wasserhelle eigenthümlich riechende, sehr ätzende saure rauchende Flüssigkeit. Färbt die Haut gelb, zerstört alle organischen Stoffe. Spec. Gew. 1,52. Erstarrt bei etwa —55° zu einer butterartigen Masse; siedet bei 86° unter theilweiser Zersetzung in Wasser, Sauerstoff und Stickstoffbioxyd. Zieht aus der Luft Wasser an und mischt sich mit Wasser in allen Verhältnissen unter Wärmeentwicklung und unter Erhöhung des Siedepunktes bis oberhalb 100°. Schwächere und stärkere Säuren gehen durch Kochen in ein bestimmtes Hydrat von 123° Siedepunkt über, indem die schwächeren Wasser und die stärkeren Sauerstoff und Stickstoffbioxyd verlieren. Dieses Hydrat (ungefähr $2NO_3H, 3H_2O$) besitzt das spec. Gew. 1,42 und siedet bei gewöhnlichem Luftdrucke ohne Zersetzung zu erleiden.

Die Salpetersäure ist eine der stärksten Säuren, aber sie ist sehr leicht zersetzbar. Ihr wird durch concentrirte Schwefelsäure Wasser entzogen und nun zerfällt der Rest in Sauerstoff und Stickstoffbioxyd. Im Sonnenlichte zerfällt sie gleichfalls in Wasser, Sauerstoff und Stickstoffbioxyd und sie färbt sich daher am Lichte. Wegen dieser leichten Zersetzbarkeit besitzt sie ein sehr grosses Oxydationsvermögen. Sie oxydirt fast alle Elemente und die meisten oxydirbaren Verbindungen. Hierbei erleidet sie selbst Reduction und zwar je nach der Art des Körpers, welcher Oxydation erleidet, und je nach den Verhältnissen unter welchen diese erfolgt, in verschiedener Weise. Kohle und viele organische Verbindungen entwickeln beim Erhitzen mit starker Salpetersäure vorzüglich Stickstoffbioxyd, welches in den organischen Verbindungen jedoch auch öfters Wasserstoff substituirt. Stickoxyd bildet sich, wenn Kupfer, Quecksilber, Silber, Blei oder mehrere andere Metalle in verdünnter Salpetersäure gelöst werden und Stickoxydul entsteht beim Auflösen von Zink oder Zinn in verdünnter und kalter Salpetersäure. Freier Stickstoff findet sich unter den Producten der Einwirkung von Kupfer auf erhitzte Salpetersäure. Durch Wasserstoff im Entstehungszustande wird Salpetersäure in Wasser und Ammoniak übergeführt und daher entsteht salpetersaures Ammonium (Ammoniumnitrat) bei der Einwirkung solcher Metalle auf Salpetersäure, welche aus verdünnten Säuren Wasserstoff entwickeln.

Salpetersäure zersetzt sich mit Schwefligsäureanhydrid und Wasser in Schwefelsäure und Stickoxyd:

$$2NO_3H + 3SO_2 + 2H_2O = 3SO_4H_2 + 2NO.$$

Auf diesem Verhalten und auf dem Vermögen des Stickoxyds sich an der Luft in Stickstoffbioxyd, welches dann mit Wasser in Salpetersäure und Stickoxyd zerfällt, verwandeln zu können, beruht die Fabrikation der Schwefelsäure aus Schwefligsäureanhydrid, dem Sauerstoff der atmosphärischen Luft und aus Wasserdampf unter Mitwirkung von Salpetersäure.

Ammoniumnitrat, *salpetersaures Ammonium*, $NO_3\text{-}NH_4$, bildet zerfliessliche rhombische Prismen. Schmilzt bei gelindem Erhitzen und zerfällt beim Kochen in Wasser und Stickoxydul:

$$NO_3\text{-}NH_4 = 2H_2O + N_2O.$$

Königswasser ist ein Gemisch von 1 Th. Salpetersäure und 4 Th. Salzsäure. Es enthält freies Chlor, Chlor- und Bichlorazotyl. Dient zum Auflösen von Gold und Platin, sowie überhaupt als kräftiges Oxydationsmittel.

Rothe rauchende Salpetersäure ist eine Lösung von Stickstoffbioxyd in Salpetersäure, welche erhalten wird, wenn man ein Gemisch von 2 Mol. Natronsalpeter und 1 Mol. concentrirter Schwefelsäure der Destillation unterwirft. Ein Theil der hierbei frei werdenden Salpetersäure zerfällt in Sauerstoff, Wasser und Stickstoffbioxyd, welches letzteres sich in der unzersetzten Salpetersäure löst.

Oxyde und Säuren des Phosphors.

Unterphosphorige Säure, $PH_2\Theta_2$. Man erhält das Baryt- oder Kalksalz dieser Säure beim Kochen von Phosphor mit Baryt- oder Kalkwasser:

$$8P + 3Ba(\Theta H)_2 + 6H_2\Theta = 3(PH_2\Theta_2)_2Ba + 2PH_3.$$

Bariumoxyhydrür — Unterphosphorigsaures Barium

Die Säure lässt sich aus dem krystallisirbaren Bariumsalz durch Schwefelsäure abscheiden. Ihre wässrige Lösung bildet eine klare saure dickliche Flüssigkeit, die sich beim weiteren Erhitzen in Phosphorsäure und Phosphorwasserstoff zersetzt. Sie ist eine einbasische Säure. Ihre Salze bilden beim Erhitzen phosphorsaures Salz und Phosphorwasserstoff:

$$(PH_2\Theta_2)_2Ba = P\Theta_4HBa + PH_3.$$

Sie reducirt viele Metalle aus ihren Lösungen. Ein Ueberschuss von unterphosphoriger Säure fällt aus einer Lösung von schwefelsaurem Kupferoxyd bei 55 bis 60° Kupferhydrür, CuH. Mit Zink und Schwefelsäure bildet sie Phosphorwasserstoff.

Phosphorsäureanhydrid, P_2O_3, entsteht beim langsamen Verbrennen von Phosphor in einem Strome von mässig warmer trockner atmosphärischer Luft. Es bildet weisse Flocken, ist leicht flüchtig und riecht knoblauchartig. Zieht an der Luft unter Erhitzung Feuchtigkeit an; hierbei kann es sich entzünden und zu Phosphorsäure verbrennen. Gibt mit Wasser phosphorige Säure:

$$P_2O_3 + 3H_2\Theta = 2P\Theta_3H_3.$$

Phosphorige Säure, $P\Theta_3H_3$, bildet sich gleichzeitig mit Phosphorsäure bei langsamer Oxydation von Phosphor an feuchter Luft; und ferner bei langsamer Oxydation von Phosphorwasserstoff. Wird dargestellt durch Zuleiten eines langsamen Stromes von Chlor zu Phosphor, der sich unter Wasser befindet. Hierbei bildet sich Phosphorchlorür, welches sich sofort mit dem Wasser in phosphorige Säure und Salzsäure umsetzt:

$$PCl_3 + 3H_2O = PO_3H_3 + 3HCl.$$

Die phosphorige Säure bleibt beim Verdampfen der Flüssigkeit. Ein Ueberschuss von Chlor ist bei der Einwirkung auf den Phosphor sorgfältig zu vermeiden, damit keine Phosphorsäure entstehe. Die ganz concentrirte Lösung der phosphorigen Säure erstarrt zu einer krystallinischen sehr zerfliesslichen Masse, welche sich beim Erhitzen in Phosphorsäure und Phosphorwasserstoff zersetzt:

$$4P\Theta_3H_3 = 3PO_4H_3 + PH_3.$$

Sie ist eine dreibasische Säure, tauscht jedoch in der Regel nur ein oder zwei Atome Wasserstoff gegen Metall aus. Ihre Salze verhalten sich beim Erhitzen wie die Säure. An der Luft erleidet sie Oxydation; sie reducirt viele Metalle aus ihren Lösungen. Mit Zink und Schwefelsäure bildet sie Phosphorwasserstoff.

Phosphoroxychlorid, $POCl_3$. Moleculargewicht 153,5. Dampfdichte 76,75. Entsteht bei der Einwirkung von Sauerstoff auf Phosphorchlorür:

$$PCl_3 + O = POCl_3;$$

oder von Phosphorchlorid auf Phosphorsäureanhydrid:

$$3PCl_5 + P_2O_5 = 5POCl_3,$$

und auf viele andere Säureanhydride oder auf gewisse Säuren.

Man stellt es zweckmässig dar durch Destillation eines Gemenges von Phosphorchlorid mit krystallisirter Borsäure, wobei das Krystallwasser der letzteren sich mit dem Chlorid in Oxychlorid und Salzsäure umsetzt. Es ist eine farblose rauchende Flüssigkeit von 1,69 spec. Gew. bei 10°. Siedet bei 110°. Zersetzt sich mit Wasser in Salzsäure und Phosphorsäure:

$$OPCl_3 + 3H_2O = 3HCl + OP(OH)_3.$$

Es zersetzt sich mit den Salzen vieler Säuren, indem Chloride der Säureradicale und phosphorsaure Salze entstehen:

$$\underset{\text{Essigsaures Natrium}}{3C_2H_3O\text{-}ONa} + POCl_3 = \underset{\text{Chloracetyl}}{3C_2H_3O\text{-}Cl} + PO(ONa)_3.$$

Phosphorsäureanhydrid, P_2O_5, entsteht beim Verbrennen von Phosphor in einem Ueberschuss von trockner Luft oder von trocknem Sauerstoff. Weisse lockere schneeähnliche Substanz, schmilzt bei Rothglühhitze und verdampft unterhalb der Weissglühhitze. Ist sehr zerfliesslich; löst sich in Wasser unter starker Wärmeentwicklung, indem sich Metaphosphorsäure bildet:

$$O(PO_2)_2 + H_2O = 2PO_2\text{-}OH.$$

Phosphorsäure. $PO(OH)_3$.

Vorkommen. Einige Salze der Phosphorsäure kommen sehr verbreitet vor, besonders das Kalksalz, welches einen Hauptbestandtheil der Knochen bildet.

Bildung. Sie entsteht bei der Oxydation von Phosphor mittelst Salpetersäure; beim Verbrennen von Phosphorwasserstoff an der Luft; durch Oxydation der unterphosphorigen und der phosphorigen Säure; und ferner durch Einwirkung von Phosphorchlorid und Phosphoroxychlorid auf Wasser.

Darstellung. Durch Einwirkung von überschüssiger Schwefelsäure auf weissgebrannte Knochen. Hierzu werden 3 Th. Knochenpulver mit eben soviel Schwefelsäure, verdünnt durch 10 Thl. Wasser, gemischt, das Gemisch mehrere Tage erwärmt, die saure Flüssigkeit abfiltrirt, eingedampft und die Masse zur Abscheidung der überschüssigen Schwefelsäure gelinde geglüht. Dann in heissem Wasser gelöst, wieder abgedampft und längere Zeit auf 315° erhitzt, und alsdann wieder in heissem Wasser gelöst. Hierbei bleibt eine Doppelverbindung von metaphosphorsaurem Magnesium-Natrium, welche sich abgeschieden hatte, ungelöst zurück. — Aus Phosphor gewinnt man sie, wenn man denselben mit mässig starker Salpetersäure bis zur vollständigen Oxydation kocht und dann abdampft, oder auch, wenn man überschüssiges Chlor zu Phosphor leitet, welcher sich geschmolzen unter Wasser befindet. Hierbei entsteht Phosphorchlorid, welches aber sofort durch das vorhandene Wasser in Salzsäure und Phosphorsäure zersetzt wird. Durch Abdampfen werden der Ueberschuss des Chlors und die gebildete Salzsäure entfernt.

Eigenschaften. Krystallisirt in durchsichtigen Prismen, wenn man ihre dickflüssige wässrige Lösung längere Zeit über Schwefelsäure im Vacuum stehen lässt. Sie ist eine rein sauer schmeckende dreibasische Säure und bildet drei Reihen Salze. Sie zersetzt beim Kochen oder Schmelzen die Salze der meisten anderen Säuren. Fällt nicht Chlorbarium, Eisenchlorid, salpetersaures Silber und Eiweiss. Ihre löslichen Salze geben mit Chlorbarium einen weissen, mit Eisenchlorid einen gelbbraunen und mit salpetersaurem Silber einen gelben Niederschlag. Phosphorsäure und ihre löslichen Salze geben, wenn man ihre mit Ammoniak und Chlorammonium versetzten Lösungen mit schwefelsaurem Magnesium vermischt, einen characteristischen Niederschlag von Ammonium-Magnesiumphosphat, $P\Theta_4(NH_4)Mg, 6H_2\Theta$, welches sich beim Glühen in pyrophosphorsaures Magnesium verwandelt:

$$2[P\Theta_4(NH_4)Mg, 6H_2\Theta] = P_2\Theta_7Mg_2 + 2NH_3 + 13H_2\Theta.$$

Phosphorsäure geht beim Erhitzen auf 417° in Pyrophosphorsäure und beim Rothglühen in Metaphosphorsäure über. Sie bildet in der Glühhitze ein farbloses sprödes Glas, welches sich nur theilweise in Wasser löst, wenn ihre Auflösung, wie die rohe, aus Knochen bereitete Säure, welche zur Phosphorgewinnung dient, Kalk und Magnesium enthält.

Ammoniumphosphat, $P\Theta_4(NH_4)_3 + 3H_2\Theta$, entsteht wenn Phosphorsäure oder eines der folgenden Salze mit Ammoniakflüssigkeit im Ueberschuss versetzt wird. Es ist ein schwerlösliches stark alkalisch reagirendes Salz. Verliert beim Kochen seiner wässrigen Lösung $^2/_3$ seines Ammoniaks.

Halbsaures Ammoniumphosphat, $P\Theta_4(NH_4)_2H$, findet sich bisweilen im Harn der fleischfressenden Thiere und im Guano. Entsteht aus dem vorigen Salze an der Luft, und wenn man zu wässriger kalkhaltiger Phosphorsäure so lange Ammoniumcarbonat fügt, bis ein neuer Zusatz kein Aufbrausen und keine Fällung von Calciumphosphat mehr hervorbringt. Bildet grosse wasserhelle monokline Krystalle. Reagirt alkalisch und verliert beim Kochen seiner Lösung die Hälfte seines Ammoniaks.

Saures Ammoniumphosphat, $PO_4(NH_4)H_2$, entsteht aus dem vorigen Salze an der Luft, und wenn man zu Ammoniakflüssigkeit so lange Phosphorsäure setzt, bis die Flüssigkeit mit Chlorbarium keinen Niederschlag mehr gibt. Bildet quadratische Krystalle. Reagirt sauer. Verliert in der Glühhitze fast alles Ammoniak und lässt Phosphorsäure.

Pyrophosphorsäure. $P_2\Theta_7H_4$.

Darstellung. Sie entsteht wenn man gewöhnliche Phosphorsäure auf 417° erhitzt, oder wenn man das drittelsaure-phosphorsaure Salz eines feuerbeständigen Metalls glüht:

$$2P\Theta\begin{Bmatrix}(\Theta Na)_2\\ \Theta H\end{Bmatrix} = (Na\Theta)_2P\Theta\text{-}\Theta\text{-}P\Theta(\Theta Na)_2 + H_2\Theta.$$

Drittelsaures Natriumphosphat — Pyrophosphorsaures Natrium

Die Säure fällt man aus der Lösung des pyrophosphorsauren Natriums durch ein Bleisalz und scheidet sie aus dem pyrophosphorsauren Blei durch Schwefelwasserstoff ab.

Eigenschaften. Sie bildet im concentrirten Zustande eine dickflüssige Lösung, welche beim Stehen über Schwefelsäure farblose Prismen gibt. Reagirt und schmeckt stark sauer. Fällt nicht Lösungen von Eiweiss, Chlorbarium oder Silbernitrat. Ihre löslichen Salze geben jedoch mit den beiden genannten Salzen weisse Niederschläge. Sie bildet saure und neutrale Salze, indem in ihr zwei oder vier Wasserstoffatome durch Metall substituirt werden können. Geht bei Rothglühhitze in Metaphosphorsäure über. Verwandelt sich beim längeren Stehen ihrer wässrigen Lösung bei gewöhnlicher Temperatur, oder rascher beim Kochen in gewöhnliche Phosphorsäure.

Metaphosphorsäure. $P\Theta_3H$.

Darstellung. Sie entsteht aus dem Phosphorsäureanhydrid bei der Einwirkung von Wasser:

$$P_2\Theta_5 + H_2\Theta = 2P\Theta_3H;$$

und beim Rothglühen von Phosphor- oder Pyrophosphorsäure.

Eigenschaften. Ein durchsichtiger farbloser glasartiger zerfliesslicher Körper. Ist in starker Glühhitze flüchtig. Bildet mit Wasser, worin sie langsam aber reichlich löslich ist, eine sehr saure Flüssigkeit. Ihre Lösung gibt mit Lösungen von Eiweiss, Silbernitrat und Chlorbarium weisse Niederschläge. Verwandelt sich in wässriger Lösung bei gewöhnlicher Temperatur sehr langsam, beim Kochen rasch in gewöhnliche Phosphorsäure:

$$P\Theta_2(\Theta H) + H_2\Theta = P\Theta(\Theta H)_3.$$

Sauerstoffverbindungen des Arseniks.

Arsenigsäureanhydrid. $As_2\Theta_3$.

Bildung. Es entsteht beim Verbrennen des Arsens an der Luft und beim Auflösen von Arsen oder von Arsenmetallen in verdünnter Salpetersäure. Im Grossen wird es durch Rösten arsenikhaltiger Erze, besonders des Arsenkieses, AsFeS, dagestellt. Man röstet die gepulverten Erze in einer Muffel und leitet die sich bildenden Dämpfe in grosse mehrfach getheilte Kammern, wo sich das Anhydrid als feines Pulver (Giftmehl) absetzt. Durch Sublimation aus eisernen Gefässen wird es gereinigt.

Eigenschaften. Man kennt Arsenigsäureanhydrid in Krystallen zweier Systeme und amorph. Bei der Condensation seines Dampfes als Mehl oder bei der Abscheidung aus seiner Lösung in Wasser krystallisirt es in durchsichtigen starkglänzenden regulären Octaëdern. Die amorphe Modification entsteht bei der Sublimation des Anhydrids, wenn die Verdichtung des Dampfes bei einer dem Schmelzpunkte nahen Temperatur erfolgt. Sie bildet ein wasserhelles schmelzbares Glas von muschligem Bruche. Nach und nach wird dasselbe trübe, weiss, undurchsichtig und geht damit in die octaëdrische Modification über. Dieselbe Modification krystallisirt aus der Lösung des amorphen Anhydrids in rauchender Salzsäure beim langsamen Erkalten, wobei starke Lichtentwicklung stattfindet. Eine selten vorkommende Modification, welche in Formen des rhombischen Systems krystallisirt, findet sich unter dem sublimirten Mehle. Sie entsteht auch, wenn Arsenigsäureanhydrid aus seiner Lösung in wässrigem arsenigsaurem Kalium krystallisirt.

Die krystallinischen Varietäten der arsenigen Säure sind nur unter höherem Drucke schmelzbar, unter gewöhnlichem Drucke verflüchtigen sie sich ohne vorher zu schmelzen. Sie werden durch längeres Erhitzen bis nahe zum Verflüchtigungspunkte amorph und schmelzbar. Arsenigsäureanhydrid wird durch Kohle, Wasserstoff und durch viele Metalle bei schwacher Rothglühhitze reducirt. Es ist als ein sehr gefährliches Gift unter den Namen Arsenik, weisser Arsenik und Rattengift bekannt. Seine wirksamsten Gegengifte sind Eisenoxydhydrat und Magnesiahydrat.

Dient in der Glasfabrikation zur Oxydation von Eisenoxydul in Oxyd. Findet in der Kattundruckerei und zum Conserviren von Thierkörpern Anwendung.

Arsenige Säure, $As(\Theta H)_3$, ist nicht im freien Zustande bekannt. Ihre wässrige Lösung entsteht beim Auflösen des Anhydrids in Wasser. Die Lösung erfolgt langsam und enthält nur wenig arsenige Säure, reagirt schwach sauer, schmeckt widerlich metallisch, neutralisirt ätzende Laugen und zersetzt bei Siedhitze kohlensaure Salze. Sie fungirt in

Verbindungen als schwache dreibasische Säure oder als Base. Ihre Salze entwickeln beim Erhitzen Arsenigsäureanhydrid oder auch metallisches Arsen. In ihren Lösungen bringt Schwefelwasserstoff eine gelbe Färbung hervor; nach Zusatz einer stärkeren Säure entsteht ein gelber Niederschlag von Schwefelarsen, welches in Schwefelammoniumflüssigkeit löslich ist. Lösungen der arsenigen Säure, welche mit Schwefelsäure vermischt sind, entwickeln mit Zink Arsenwasserstoff. In einer Lösung von arseniger Säure in Salzsäure belegt sich Kupfer mit einer Schicht von stahlgrauem Arsenkupfer. Wässrige arsenige Säure wirkt schwach reducirend. Sie absorbirt an der Luft langsam Sauerstoff; Chlor, unterchlorige Säure und Salpetersäure oxydiren sie rasch zu Arsensäure. Lösungen von arseniger Säure und überschüssigem Alkali geben mit Jod oder Brom arseniksaure Salze und Jod- oder Brommetalle:

$$As(\Theta Na)_3 + 2NaOH + J_2 = As\Theta(\Theta Na)_3 + 2NaJ + H_2\Theta$$

Arsenigs. Natrium	Natrium-oxyhydrür		Arsensaures Natrium	Jodnatrium

Hierauf beruht die Zerstörung der blauen Farbe der Jodstärke durch arsenigsaures Alkali in alkalischer Lösung. Setzt man zu einer solchen Lösung Stärkekleister, so tritt beim Eintröpfeln von Jodlösung die blaue Farbe der Jodstärke nicht sogleich, sondern erst dann auf, wenn alle arsenige Säure oxydirt ist. Mittelst einer Jodlösung von bekanntem Gehalte lässt sich demnach arsenige Säure und mittelst einer normalen Lösung von letzterer Jod volumetrisch bestimmen. Erschöpft man die Wirkung eines oxydirenden oder fällenden Körpers auf eine bekannte Menge überschüssiger arseniger Säure und bestimmt den Rest der letzteren mittelst Jod, so lässt sich aus der verschwundenen arsenigen Säure die Menge des oxydirenden oder fällenden Körpers berechnen.

Arseniksäureanhydrid. $As_2\Theta_5$.

Entsteht durch schwaches Rothglühen von Arseniksäure:

$$2As\Theta_4H_3 = As_2\Theta_5 + 3H_2\Theta.$$

Eine weisse amorphe in Wasser unlösliche Masse. Absorbirt an feuchter Luft langsam Wasser und geht damit in Arseniksäure über. Zerfällt bei starker Rothglühhitze in Sauerstoff und Arsenigsäureanhydrid.

Arsensäure. $As\Theta_4H_3$.

Wird durch Erhitzen von Arsen oder Arsenigsäureanhydrid mit concentrirter Salpetersäure und Verdampfen bis zur Syrupsconsistenz erhalten. Nach längerem Stehen scheiden sich aus dieser Lösung wasserhaltige Krystalle, $2As\Theta_4H_3, H_2\Theta$, ab, welche beim Erhitzen auf

100° schmelzen und das Krystallwasser verlieren. Die wässrige Arsensäure hat einen sauren metallischen Geschmack und stark-saure Reaction, ist ätzend und giftig. Arsensäure wird leicht zu arseniger Säure reducirt und wirkt daher als Oxydationsmittel. Sie oxydirt schweflige Säure zu Schwefelsäure; zersetzt Schwefelwasserstoff unter Abscheidung von Schwefel und Bildung von Wasser und arseniger Säure, welche sich mit einem Ueberschuss von Schwefelwasserstoff weiter umsetzt. Sie ist eine dreibasische Säure und bildet Salze, welche isomorph mit den entsprechenden Salzen der Phosphorsäure sind. Mehrere Salze der Arsensäure kommen in der Natur vor. Arsensäure und ihre löslichen Salze geben mit einer Lösung von Magnesiumsulphat, Ammoniak und Chlorammonium einen Niederschlag von arsensaurem Ammonium-Magnesium, $AsO_4(NH_4)Mg$, $6H_2O$, welcher demjenigen entspricht den Phosphorsäure und ihre Salze unter denselben Verhältnissen hervorbringen.

Arsensäure dient als Oxydationsmittel zur Darstellung des Rosanilins, und als saures Natriumsalz zum Befestigen von Beizen in der Färberei und Zeugdruckerei.

Sauerstoffverbindungen des Antimons.

Antimonoxyd, Antimonigsäureanhydrid, Sb_2O_3, findet sich in der Natur als Weissspiessglanzerz. Es entsteht beim Verbrennen des Antimons an der Luft, wobei sich der entstehende Rauch zu glänzenden prismatischen Krystallen verdichtet. Bisweilen bilden sich hierbei auch reguläre Octaëder. Auf nassem Wege entsteht es, wenn eine Lösung von Grauspiessglanzerz (Schwefelantimon) in Salzsäure, also Chlorantimon, durch heisses Wasser oder eine kochende Lösung von Soda zersetzt wird, wobei im ersten Falle Octaëder, im anderen aber Prismen entstehen.

Eigenschaften. Farblose sehr glänzende Krystalle, oder weisses Pulver. Isodimorph mit Arsenigsäureanhydrid. Wird beim Erhitzen vorübergehend gelb. Erleidet beim Rothglühen an der Luft leicht Oxydation, wobei antimonsaures Antimonoxyd entsteht. Ist bei abgehaltener. Luft leicht schmelzbar und verflüchtigt sich bei stärkerer Hitze. Wird beim Erhitzen im Wasserstoffstrome oder mit Holzkohle leicht reducirt. Ist unlöslich in Wasser, leicht löslich in starker Salzsäure und in heissen Lösungen von Weinsäure und von Weinstein.

Antimonige Säure, SbO_2H, entsteht bei Einwirkung von kalter Sodalösung auf Antimonchlorür. Verliert schon bei Siedhitze Wasser und geht in das Anhydrid über. Ist eine sehr schwache Säure, löst sich in alkalischen Laugen zu Salzen, welche schon durch Kochen oder Abdampfen der Lösungen zersetzt werden, indem Antimonigsäureanhydrid abgeschieden wird. Antimonige Säure und ihr Anhydrid sind mehr basischer als saurer Natur. Es gibt zwei Arten von Antimonoxydsalzen: normale, in denen drei Atome Wasserstoff der Säure durch ein Atom Antimon substituirt sind und basische, in welchen ein Atom Wasserstoff der Säure durch ein Atom Antimon, verbunden mit einem Atom Sauerstoff, ersetzt ist. Die Verbindung von einem Atom Antimon und einem Atom Sauerstoff, SbΘ, nennt man Antimonyl; man kann sie als Radical in Verbindungen annehmen. Antimon bildet z. B. mit Weinsäure und Kalium Salze, welche diese Verhältnisse zeigen:

$$\underset{\text{Weinstein}}{2\Theta_4H_4\Theta_4\begin{cases}\Theta H\\ \Theta K\end{cases}} + Sb_2\Theta_3 = \underset{\text{Basischer Brechweinstein.}}{2\Theta_4H_4\Theta_4\begin{cases}\Theta\text{-}Sb\Theta\\ \Theta K\end{cases}} + H_2\Theta$$

$$\underset{\text{Weinstein}}{2\Theta_4H_4\Theta_4\begin{cases}\Theta H\\ \Theta K\end{cases}} + \underset{\text{Weinsäure}}{2\Theta_4H_4\Theta_4\begin{cases}\Theta H\\ \Theta H\end{cases}} + Sb_2\Theta_3 = \underset{\text{Neutraler Brechweinstein.}}{2\begin{matrix}\Theta_4H_4\Theta_4\\ \Theta_4H_4\Theta_4\end{matrix}\begin{cases}K\\ Sb\end{cases}} + 3H_2\Theta.$$

Aus sauren Lösungen des Antimonoxyds fällt Schwefelwasserstoff orangerothes Antimonsulphür, welches in Schwefelammoniumflüssigkeit löslich ist.

Antimonsäureanhydrid, $Sb_2\Theta_5$, wird erhalten durch gelindes Erhitzen von Antimonsäure. Ein gelblich weisses Pulver, unlöslich in Wasser und Säuren. Zerfällt bei Rothglühhitze in Sauerstoff und weisses unschmelzbares antimonsaures Antimonoxyd. Treibt beim Schmelzen mit kohlensaurem Kalium Kohlensäureanhydrid aus und bildet antimonsaures Kalium.

Antimonsäure. Man kennt mehrere Antimonsäuren, welche wahrscheinlich den drei Phosphorsäuren entsprechen, die aber, weil sie leicht in einander übergehen, nicht genau bekannt sind. Die beständigste Antimonsäure entspricht der Metaphosphorsäure; sie besitzt die Formel $Sb\Theta_3H$, und entsteht bei der Oxydation von metallischem Antimon durch starke Salpetersäure. Bildet ein gelblichweisses zartes Pulver, ist wenig löslich in Wasser, fast unlöslich in kalter Ammoniakflüssigkeit, aber löslich in caustischer Kalilauge und in concentrirter Salzsäure. Ihre Lösung in Salzsäure bleibt auch auf Zusatz von vielem Wasser klar.

Eine andere Antimonsäure, wahrscheinlich $Sb\Theta_4H_3$, entsteht als weisser Niederschlag, wenn Wasser auf Antimonchlorid einwirkt:

$$SbCl_5 + 4H_2\Theta = Sb\Theta_4H_3 + 5HCl.$$

Der Niederschlag ist bei gewöhnlicher Temperatur in Ammoniak und in vielem kaltem Wasser löslich; aus den Lösungen wird die Antimonsäure durch stärkere Säuren wieder gefällt. Das Kaliumsalz dieser Säure gibt mit Natriumsalzlösungen eine Fällung und dient daher als Reagens auf Natrium. Das in Wasser gelöste Kalisalz geht nach und nach in gewöhnliches antimonsaures Kalium über und fällt dann die Natriumsalze nicht mehr. Erhitzt man irgend eine Antimonverbindung innig gemengt mit 4 Th. Natronsalpeter und 2 Th. wasserfreiem Natriumcarbonat in einem Porzellantiegel und behandelt die Masse nach dem Erkalten mit stark-verdünntem Weingeist, so bleibt alles Antimon als antimonsaures Natrium, $Sb\Theta_2$-ΘNa, zurück.

Antimonsäure gibt beim Erwärmen mit reinem Jodkalium und Salzsäure eine dunkelbraune, freies Jod enthaltende Lösung:

$$Sb_2\Theta_5 + 10KJ + 10HCl = 2SbJ_3 + 4J + 10KCl + 5H_2\Theta.$$

Sauerstoffverbindungen des Wismuths.

Wismuthoxyd, $Bi_2\Theta_3$, entsteht beim Schmelzen des Metalls an der Luft. Man erhält es am leichtesten durch Erhitzen des Wismuthnitrats. Gelbes Pulver, welche am Lichte dunkler wird, und beim Erhitzen zu einer gelben schweren Masse schmilzt.

Wismuthylhydryloxyd, BiO-OH, entsteht wenn eine Lösung von Wismuth in Salpetersäure mit einer verdünnten Lösung von Ammoniak oder caustischem Kali versetzt wird. Verliert beim Erhitzen Wasser und geht in Wismuthoxyd über. Wismuthoxyd und sein Hydrat verhalten sich wie schwache Säuren und ebenfalls wie schwache Basen. Wismuthoxyd treibt beim Schmelzen Kohlensäure aus. Es bildet mit wässrigen Säuren normale Wismuthsalze, in welchen ein Atom Wismuth drei Atome Wasserstoff der Säure ersetzt. Diese Salze werden durch grössere Mengen von Wasser unter Bildung basischer Salze zersetzt. In letzteren ist ein Atom Wasserstoff der Säure durch das Radical Wismuthyl, $Bi\Theta$, substituirt:

$$Cl_3Bi + H_2\Theta = ClBi\Theta + 2HCl.$$

Aus den Wismuthoxydsalzen fällt Zink metallisches Wismuth; Schwefelwasserstoff schwarzbraunes Schwefelwismuth; kaustische Alkalien fällen weisses Hydrat.

Salpetersaures Wismuth, $2(N\Theta_3)_3Bi + 9H_2O$, krystallisirt in durchsichtigen farblosen Prismen. Es erleidet schon unterhalb 100° Zersetzung und lässt bei 260° reines Wismuthoxyd. Wird durch Wasser in freie Salpetersäure und basisch-salpetersaures Wismuth (Magisterium Bismuthi), $N\Theta_3Bi(\Theta H)_2$, zersetzt. Letzteres ist ein schweres weisses krystallinisches Pulver.

Wismuthsäureanhydrid, $Bi_2\Theta_5$, entsteht beim Erhitzen der Wismuthsäure auf 130° als ein braunes Pulver. Zerfällt bei etwas höherer Temperatur in Sauerstoff und Wismuthoxyd. Entwickelt beim Erwärmen mit Schwefelsäure Sauerstoff; mit Salzsäure Chlor.

Wismuthsäure, $Bi\Theta_2$-ΘH, wird erhalten, wenn man gefälltes Wismuthylhydryloxyd, $Bi\Theta(\Theta H)$, mit einer concentrirten Lösung von caustischem Kalium zum Sieden erhitzt, während ein Strom Chlor eingeleitet wird. Die hierbei entstehende dunkelrothe Wismuthsäure wird durch Behandlung mit Salpetersäure vom Kalium, von der chlorigen Säure und vom Wismuthoxyd befreiet. Sie bildet ein in Wasser unlösliches rothes Pulver, welches sich in Kalilauge mit rother Farbe löst. Verbindet sich mit Wismuthoxyd in mehreren Verhältnissen zu braunen und rothen Verbindungen.

Schwefelverbindungen der Elemente der vierten Gruppe.

Stickstoff bildet keine Suphide von grösserem Interesse.

Phosphorsulphide.

Phosphorsulphuret, P_4S, entsteht unter heftiger Wärmeentwicklung beim Zusammenreiben der Bestandtheile unter Wasser. Bildet bei 0° eine farblose durchsichtige dickliche Flüssigkeit. Erstarrt bei niederer Temperatur krystallinisch. Raucht an der Luft und ist selbstentzündlich. Lässt sich in einer rothen Modification erhalten.

Phosphorsulphid, P_2S, bildet sich, wenn die Bestandtheile in gelinder Wärme unter Wasser zusammengeschmolzen werden. Ist dem Sulphuret sehr ähnlich, selbstentzündlich und ebenfalls in rother Modification bekannt.

Zwei andere Sulphide, P_2S_3 und P_2S_5, entstehen, wenn die niederen Sulphide mit der hinreichenden Menge Schwefel erhitzt werden. Man stellt sie zweckmässig dar durch Erhitzen der nöthigen Mengen von Schwefel und rothem Phosphor in einer Atmosphäre von Kohlensäuregas. Das Tersulphid entsteht auch bei der Zersetzung von Phosphorchlorür durch Schwefelwasserstoff:

$$2PCl_3 + 3H_2S = P_2S_3 + 6HCl.$$

Beide Sulphide sind gelb, schmelzbar und sublimirbar. Sie erleiden an der Luft Oxydation und sie werden durch Wasser zersetzt.

Arsensulphide.

Realgar, AsS_2 oder As_2S_4, findet sich als Mineral in gelbrothen durchsichtigen Krystallen des monoklinen Systems. Wird beim Erhitzen von Schwefel mit Arsenigsäureanhydrid erhalten:

$$7S + 2As_2O_3 = As_2S_4 + 3SO_2;$$

wobei eine dunkelrothe leicht schmelzbare beim Erstarren krystallisirende Masse erhalten wird. Man stellt es im Grossen dar durch Destillation von Schwefelkies mit Arsenkies. So gewonnen bildet es eine dunkelrothe amorphe Masse von glasigem muschligem Bruche. Es verdampft weit unterhalb der Glühhitze. Ist in den wässrigen Alkalien und Schwefelalkalien löslich. Verbrennt an der Luft zu Schwefligsäureanhydrid und Arsenigsäureanhydrid. Verpufft mit Salpeter unter lebhafter Lichtentwicklung und findet daher in der Feuerwerkerei Anwendung. Das indische Weissfeuer besteht aus 24 Th. Salpeter, 7 Th. Schwefel und 2 Th. Realgar. Realgar wird ferner als Farbe benutzt.

Arsensulphür, *Auripigment*, *Operment*, *Rauschgelb*, As_2S_3, findet sich in der Natur in blättrigen spaltbaren glänzenden durchscheinenden Massen von schön-gelber Farbe. Man erhält es rein durch Einleiten eines Stromes von Schwefelwasserstoff in eine Lösung von Arsenigsäureanhydrid in verdünnter Salzsäure:

$$As_2\Theta_3 + 3H_2S = As_2S_3 + 3H_2\Theta.$$

Auf diese Art dargestellt bildet es ein glänzend-gelbes amorphes Pulver, welches beim Erhitzen dunkler wird. Im Grossen wird es gewonnen durch Destillation eines Gemenges von Schwefel und Arsenigsäureanhydrid. Es bildet so die als Königsgelb bekannte Farbe, welche immer unzersetztes Arsenigsäureanhydrid enthält. Schmilzt leicht zu einer gelbrothen Flüssigkeit, welche zu einem gelbrothen amorphen klaren Glase erstarrt und sich überdestilliren lässt. Verbrennt an der Luft mit blassblauer Farbe. Gibt beim Erhitzen mit Soda und Cyankalium oder Kohle ein Sublimat von metallglänzendem Arsenik. Ein solches entsteht ebenfalls, wenn es nur mit Soda erhitzt wird, aber hierbei bleibt ein Theil des Arsens als arsensaures und schwefelarsensaures Salz im Rückstande:

$$5As_2S_3 + \underset{\text{Kohlensaures Natrium}}{12\Theta\Theta_2Na_2} = 4As + \underset{\text{Natriumsulfarseniat}}{3AsS_4Na_3} + \underset{\text{Natriumarseniat}}{3As\Theta_4Na_3} + 12\Theta\Theta_2.$$

Schwefelwasserstoff bringt in neutralen oder sehr verdünnten schwach-sauren Lösungen von Arsen keine Fällung, sondern nur eine gelbe Färbung hervor; nach Zusatz von Salzsäure oder beim Erwärmen scheidet sich aber ein Niederschlag von Schwefelarsen ab, und gleichzeitig entwickelt sich Schwefelwasserstoff. Dieses Verhalten beruht wahrscheinlich darauf, dass sich in der gelben Lösung Arsensulphhydrür, $As(SH)_3$, befindet, welches beim Kochen oder bei Zusatz von Salzsäure zersetzt wird, wodurch Schwefelarsen gefällt und Schwefelwasserstoff entwickelt wird.

Arsentrisulphür ist löslich in wässrigem Ammoniak, in kohlensaurem Ammonium und in den wässrigen Alkalien, wobei Arsenite und Sulfarsenite entstehen:

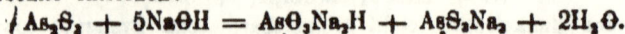

$$As_2S_3 + 5Na\Theta H = As\Theta_3Na_2H + AsS_3Na_3 + 2H_2\Theta.$$

Auch ist es löslich in den wässrigen Schwefelalkalien:

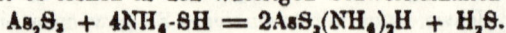

$$As_2S_3 + 4NH_4\text{-}SH = 2AsS_3(NH_4)_2H + H_2S.$$

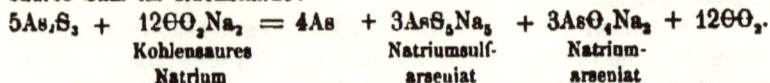

Aus diesen Lösungen wird es auf Zusatz von Salzsäure wieder vollständig als Schwefelarsen gefällt. Es wird beim Kochen mit Königswasser oder Salzsäure unter Zusatz von chlorsaurem Kalium zu Schwefel- und Arsensäure oxydirt. Ist löslich in wässrigem saurem-schwefligsaurem Kalium; beim Erhitzen einer solchen Lösung entweicht schweflige Säure unter Fällung von Schwefel und die Lösung enthält unterschwefligsaures und arsenigsaures Kalium:

$$2As_2S_3 + 16SO_2KH = 4H_2O + 7SO_2 + 3S + 6S_2O_3K_2 + 4AsO_3KH_2.$$

Arsensulphid, As_2S_5, entsteht beim Zusammenschmelzen von Arsentrisulphür mit Schwefel oder des Niederschlags von Schwefel und Arsentrisulphür, welcher beim Einleiten von Schwefelwasserstoff in eine Lösung von Arsensäure entsteht. Es gleicht dem Trisulphür, nur ist es heller gefärbt und liefert beim Schmelzen mit Soda kein Sublimat von Arsen, indem alles Arsen als Sulfarseniat und Arseniat in der Schmelze bleibt:

$$As_2S_5 + 4CO_3Na_2 = AsS_3Na_3 + AsO_4Na_3 + 4CO_2.$$

Arsenpentasulphid löst sich in den wässrigen Alkalien und Schwefelalkalien.

Antimonsulphide.

Antimonsulphür, Sb_2S_3, findet sich in der Natur als Grauspiessglanzerz. Durch Schmelzen von der Gangart getrennt kommt es im Handel unter dem Namen Antimonium crudum vor. Es entsteht beim Zusammenschmelzen der Bestandtheile und auf verschiedene andere Weise.

Das natürliche bildet bleigraue stark-glänzende rhombische Krystalle, oder grossstrahlige krystallinische Massen von 4,6 spec. Gew. Leitet die Electricität; ist spröde, leicht schmelzbar, bei Weissglühhitze flüchtig. Dem geschmolzenen Grauspiessglanzerz wird der Schwefel leicht durch Wasserstoff, Kohle, metallisches Eisen etc. entzogen. Es löst sich in kochender Salzsäure unter Bildung von Antimontrichlorür und Schwefelwasserstoff. Beim langsamen Erkalten krystallisirt das geschmolzene; wird es aber durch Eingiessen in kaltes Wasser rasch abgekühlt, so entsteht eine amorphe dunkelbraune Masse von muschligem Bruche. Das so erhaltene amorphe Sulphür besitzt ein spec. Gew. von 4,15, es ist in dünnen Stücken hyacinthroth, gepulvert orangebraun. Leitet nicht die Electricität.

Wasserhaltiges Antimontrisulphür entsteht als orangerothes Pulver beim Einleiten von Schwefelwasserstoff in die angesäuerte Lösung eines Antimonsalzes; in den neutralen Lösungen bewirkt Schwefelwasserstoff nur eine orangerothe Färbung. Antimontrisulphür ist in den wässrigen Alkalien und Schwefelalkalien löslich; in Ammoniakflüssigkeit jedoch nur wenig. Es ist unlöslich in Lösungen von doppelt-kohlensaurem Ammonium, und von saurem-schwefelsaurem Natrium.

Antimonsulphür lässt sich mit Antimonoxyd zu einem Glase zusammenschmelzen, welches auch entsteht, wenn das Trisulphür an der Luft unvollständig geröstet und die entstandene Masse dann geschmolzen wird. Dieses Glas führt den Namen Spiessglanzglas und bildet eine dunkelrothe durchscheinende Substanz. In der Natur kommt ein Antimonoxysulphür, Sb_2OS_2, als **Rothspiessglanzerz** in büschelförmig gruppirten haarförmigen Krystallen vor.

Antimonzinnober. Kocht man die gemischten Lösungen von unterschwefligsaurem Natrium oder Calcium und von Antimonchlorür in Salzsäure, so entsteht ein rother Niederschlag, der unter dem Namen Antimonzinnober als Oelfarbe Anwendung findet.

Als *Kermes minerale* bezeichnet man in der Pharmacie Präparate, welche nach von einander abweichenden Vorschriften bereitet, Gemenge von Antimonsulphür mit wenig Antimonoxyd, Antimonoxyd-Alkali, Fünffach Schwefelantimon-Kalium oder Fünffach-Schwefelantimon-Natrium und Wasser in verschiedenen Verhältnissen sind. Sie entstehen, wenn man einen Ueberschuss von krystallinischem oder amorphem Antimonsulphür mit Lauge von kaustischen oder kohlensauren Alkalien längere Zeit kocht, dann filtrirt und zur Abscheidung des Kermes erkalten lässt. Auch schmilzt man zur Gewinnung von Kermes graues Schwefelantimon mit kohlensaurem Kalium oder Natrium zusammen, kocht die Masse mit Wasser aus, filtrirt kochend und lässt erkalten. Die vom niedergefallenen Kermes abfiltrirte alkalische Flüssigkeit wird mit dem ungelösten Rückstande, so lange sie beim Erkalten noch Kermes liefert, gekocht. Beim Schmelzen oder Kochen von Schwefelantimon mit Alkalicarbonat wird Kohlensäure entwickelt und es bilden sich, wie aus Schwefelantimon und den caustischen Alkalien, Gemenge von Schwefelantimon - Kalium oder Schwefelantimon - Natrium und Antimonoxydalkalien, welche in heissem Wasser gelöst, noch Schwefelantimon aufzunehmen vermögen. Beim Erkalten lassen sie dasselbe fallen und gleichzeitig schlagen sich die anderen Substanzen nieder, welche die Beimengungen des Antimonsulphürs im Kermes bilden.

Wismuthsulphide.

Wismuthtrisulphür, Bi_2S_3, findet sich in der Natur als **Wismuthglanz**, sowohl in dichten Massen, als auch im krystallinischen Zustande. Isomorph mit Grauspiessglanz. Es entsteht beim Zusammenschmelzen der Bestandtheile und bei der Einwirkung von Schwefelwasserstoff auf Lösungen der Wismuthsalze. Wird durch Salzsäure zersetzt. Es ist strengflüssiger als Wismuth; gibt beim Erhitzen Schwefel ab. Schmilzt man dasselbe mit einem Atom Wismuth zusammen, so entsteht eine Verbindung, welche beim Erhitzen keinen Schwefel verliert.

Selen und Tellur bilden Selenide und Telluride, die den Sulphiden entsprechen, aber weniger bekannt sind. Von Interesse ist das in der Natur als **Wismuthtellur** vorkommende Wismuthsulftellurid, $BiSTe_2$, welches zur Gewinnung des Tellurs dient.

Allgemeine Bemerkungen.

Stickstoff, Phosphor, Arsen, Antimon und Wismuth bilden eine wohl characterisirte Gruppe unter den Elementen. In ihren physikalischen Eigenschaften unterscheiden sie sich in ähnlicher Art von einander wie die einzelnen Glieder der zweiten und dritten Gruppe. Stickstoff ist ein Gas, Phosphor in der gewöhnlichen Form ein fester leicht schmelz- und verdampfbarer Körper, während er in der rothen Modification metallähnlich ist. Arsen, Antimon und Wismuth besitzen ebenfalls metallähnliche bis ausgeprägte metallische Eigenschaften. Arsen und Antimon sind im freien Zustande isomorph und bilden vielfach isomorphe Verbindungen, welche auch mit entsprechenden des Phosphors isomorph sind. Antimon und Wismuth sind in ihren Trisulphiden isomorph.

Die Mengen dieser Elemente, welche als Atome bezeichnet werden, sind die geringsten Quantitäten, welche sich in zusammengesetzten Gasmoleculen finden. Arsen, Antimon und Wismuth besitzen im festen Zustande die normale Atomwärme von 6,4, während Phosphor eine geringere, nämlich die von 5,4 besitzt. Stickstoff scheint in festen Verbindungen abweichender Constitution ungleiche Atomwärme zu besitzen.

Die Gasmolecule des Stickstoffs enthalten zwei Atome, während die Dampfmolecule des Phosphors und Arsens aus vier Atomen bestehen. Die Moleculargrösse des Antimons und Wismuths ist unbekannt.

Arsen und Phosphor, letzterer in der metallähnlichen Modification, besitzen gleiche specifische Volume.

Die Elemente dieser Gruppe stellen sich durch ihre Wasserstoff- und ihre Haloidverbindungen als trivalent dar. Phosphor und Antimon verbinden sich ausser mit drei auch mit fünf Atomen Chlor, wonach ihnen auch Pentavalenz zuzuerkennen ist.

Wismuth bildet mit Jod und Wasserstoff eine Verbindung, BiJ_4H, in welcher es pentavalent enthalten zu sein scheint.

Sauerstoff verbindet sich mit Stickstoff in 5 Verhältnissen zu:

$N_2\Theta$	$N\Theta$	$N_2\Theta_3$	$N\Theta_2$	$N\,\Theta_3$
Stickoxydul	Stickoxyd	Salpetrigsäure-anhydrid	Stickstoff-bioxyd	Salpetersäure-anhydrid.

Im Stickoxyd scheint der Stickstoff monovalent und im Stickstoffoxyd bivalent enthalten zu sein. Im Anhydrid der Salpetersäure, im Chlorazotyl, $N\Theta Cl$, im sauren Azotylsulphat, $S\Theta_4(N\Theta)H$, und in der salpetrigen Säure ist Stickstoff trivalent anzunehmen, während er im Anhydrid der Salpetersäure, im Nitrilchlorid, $N\Theta_2Cl$, und in der Salpetersäure, $N\Theta_2$-ΘH, als pentavalent erscheint. Quadrivalent scheint er im Stickbioxyd und im Azotylbichlorid, $N\Theta Cl_2$, enthalten zu sein.

Die Sauerstoffverbindungen des Phosphors lassen dieses Element als tri- und pentavalent erscheinen. Phosphorigsäureanhydrid und Phosphorsäureanhydrid entsprechen den Anhydriden der salpetrigen Säure und der Salpetersäure. Die Säuren aber welche diesen Anhydriden entsprechen zeigen bemerkenswerthe Abweichungen.

Man hat:

$N_2\Theta_3$	+	$H_2\Theta$	=	$2NO\text{-}\Theta H$
Salpetrigsäureanhydrid				Salpetrige Säure.
$P_2\Theta_3$	+	$3H_2\Theta$	=	$2P(\Theta H)_3$
Phosphorigsäureanhydrid				Phosphorige Säure.

Salpetrige Säure ist eine einbasische Säure, während phosphorige Säure dreibasisch ist. Phosphorsäureanhydrid gibt gleich dem Anhydrid der Salpetersäure mit kaltem Wasser eine einbasische Säure, die Metaphosphorsäure; aber diese verwandelt sich beim Erhitzen mit Wasser in die dreibasische gewöhnliche Phosphorsäure, $P\Theta(\Theta H)_3$, der keine Salpetersäure entspricht.

Die Pyrophosphorsäure entspricht der Pyroschwefelsäure als Combination von Säureanhydrid und Säure:

$$\Theta\begin{cases}S\Theta_2\text{-}\Theta H\\ S\Theta_2\text{-}\Theta H\end{cases} \qquad \Theta\begin{cases}P\Theta(\Theta H)_2\\ P\Theta(\Theta H)_2\end{cases}$$

Pyroschwefelsäure — Pyrophosphorsäure.

Durch Arsenigsäureanhydrid und durch die Salze der arsenigen Säure characterisirt sich Arsen ebenfalls als trivalent, während es sich durch Arsensäureanhydrid und Arsensäure als pentavalent darstellt.

Antimon und Wismuth stellen sich durch ihre Oxyde $Sb_2\Theta_3$ und Bi_2O_3 als trivalent, durch ihre Säureanhydride $Sb_2\Theta_5$ und Bi_2O_5 als pentavalent dar.

Die niederen Oxyde der Elemente dieser Gruppe fungiren theils als basische, theils als saure Körper, theils je nach den Verhältnissen als saure oder basische Bestandtheile von Verbindungen. Als basisches Radical erscheint beispielsweise Stickoxyd im sauren Azotylsulphat, $S\Theta_4(N\Theta)H$, während es in der salpetrigen Säure NO-ΘH als saures Radical auftritt. Dem Stickoxyde entsprechen die im freien Zustande unbekannten und nur in ihren Verbindungen anzunehmenden Radicale PΘ, AsΘ, SbO und BiO, von denen PO fast nur als saures Radical fungirt, AsΘ vorzugsweise als saures, SbΘ vorzugsweise als basisches und BiO fast nur als basisches.

Die Pentaoxyde der Elemente dieser Gruppe $N_2\Theta_5$, $P_2\Theta_5$, As_2O_5, Sb_2O_5 und $Bi_2\Theta_5$ sind saurer Natur, sie geben mit Wasser Säuren.

Beim Erhitzen zerfallen die meisten Pentaverbindungen der Elemente dieser Gruppe, wobei sie in Terverbindungen übergehen.

Wismuthpentaoxyd zerfällt weit unterhalb der Glühhitze in Sauerstoff und Teroxyd. Wismuth scheint wenig Neigung zu besitzen fünf Affinitäten zu äussern; es bildet weder mit Chlor noch mit Schwefel Pentaverbindungen.

Antimonpentaoxyd zerfällt bei dunkler Rothglühhitze theilweis in Sauerstoff und Teroxyd, auch Antimonpentasulphid und Antimonpentachlorid zerfallen beim Erhitzen in Schwefel oder Chlor und in Terverbindungen. Arsenpentaoxyd zerfällt bei Rothglühhitze in Sauerstoff und in Arsenigsäureanhydrid. Arsenpentasulphid ist aber flüchtig ohne Zersetzung zu erleiden. Phosphorpentaoxyd verflüchtigt sich unzersetzt in der Weissglühhitze. Phosphorpentachlorid zerfällt beim Erhitzen in Chlor und Phosphorchlorür. Stickstoffpentaoxyd zerfällt schon bei 60°.

Arsen und Antimon kommen in der Natur in der Regel zusammen vor; sie sind isomorph und ihr chemisches Verhalten ist ein sehr ähnliches. Die beiden Elemente sind jedoch sehr leicht neben einander zu erkennen. Die leichte Reducirbarkeit von Arsenverbindungen und die Flüchtigkeit des Arsens bilden die Basis auf der die Nachweisung dieses Elements beruht. Im metallischen Antimon erkennt man einen Arsengehalt vor dem Löthrohr am Knoblauchgeruch. Schwefelantimon oder irgend eine andere mineralische Verbindung des Antimons, welche auf Arsengehalt geprüft werden soll, mischt man mit Soda und Cyankalium und erhitzt die Mischung in einer engen Reductionsröhre von strengflüssigem Glase, wobei sich Arsen durch ein Sublimat von metallischem Arsen zu erkennen gibt. Zur Prüfung des käuflichen Schwefelantimons nimmt man hierzu zweckmässig den Rückstand, der bei der Behandlung einer grösseren Menge des feinen Pulvers mit concentrirter Salzsäure bleibt. Durch Digestion mit einer Lösung von kohlensaurem Ammonium lässt sich einem Gemenge von frischgefälltem Schwefelantimon und Schwefelarsen letzteres vollständig entziehen und Salzsäure fällt es aus der Lösung gelb. Gefälltes Schwefelantimon besitzt eine orangerothe Farbe. Arsen und Antimon lassen sich auch mittelst des Apparates von Marsh neben einander erkennen, indem die Sauerstoffverbindungen dieser Elemente beim Zusammenbringen mit Zink und Schwefelsäure Arsen- und Antimonwasserstoff entwickeln. Arsenwasserstoff ist durch seinen Geruch und dadurch characterisirt, dass es beim Erhitzen im Glasrohre einen stahlgrauen Ring von metallischem Arsen liefert, welcher leicht flüchtig und krystallinisch ist, sich an der Luft leicht zu Arsenigsäureanhydrid und durch heisse Salpetersäure oder eine concentrirte alkalische Auflösung von unterchlorigsaurem Natrium zu arseniger Säure oder Arsensäure oxydiren lässt. Ein Tropfen der klaren Auflösung dieser Säuren in Salpetersäure nimmt, wenn er mit etwas Silbernitratlösung versetzt ist, eine gelbe Färbung von arsenigsaurem Silber, oder eine röthlichbraune von arsensaurem Silber an, sobald ein mit Aetzammoniakflüssigkeit benetzter Glasstab in seine Nähe gebracht wird. Antimonflecke sind schwärzer und weniger glänzend als die des Arsens, sie schmelzen vor der Verflüchtigung zu Kügelchen, verändern sich nicht mit alkalischer Lösung von unterchlorigsaurem Natron und geben mit einem Tropfen Salpetersäure befeuchtet, dann vorsichtig bei gelinder Wärme eingetrocknet einen weissen Fleck, der mit wenig salpetersaurem Silberoxyd-Ammoniak schwarz wird. Leitet man durch die einen Antimonspiegel enthaltende Glasröhre unter Erhitzen Schwefelwasserstoffgas, so entsteht schwarzes oder theilweise orangerothes Schwefelantimon, welches durch darüber geleitetes Chlorwasserstoffgas in Antimonchlorür und Schwefelwasserstoff umgewandelt wird. Arsen gibt unter denselben Verhältnissen gelbes Schwefelarsen, welches durch Salzsäure nicht zersetzt wird.

Arsenwasserstoff liefert, durch heisse concentrirte Salpetersäure geleitet, lösliche Arsensäure; Antimonwasserstoff liefert einen weissen Niederschlag von Antimonsäure, die nach dem völligen Verjagen der freien Salpetersäure bei der Behandlung mit heissem Wasser ganz ungelöst bleibt, während etwa vorhandene Arsensäure gelöst wird und als arsensaures Ammonium-Magnesium gefällt werden kann. Beim Durchleiten von Arsen- und Antimonwasserstoff durch Silbernitratlösung wird alles Antimon als Antimonsilber, $SbAg_3$, gefällt, während alles Arsen als arsenige Säure in Lösung bleibt und durch Neutralisiren mit Ammoniak als gelbes arsenigsaures Silber ausgefällt werden kann.

Antimonwasserstoff wird durch festes Kalihydrat unter Abscheidung des Antimons vollständig zersetzt, während Arsenwasserstoff davon nicht angegriffen wird.

15. Bor. B.

Atomgewicht 10,9.

Vorkommen. Selten und nur oxydirt. Als Bestandtheil der Borsäure im Wasser der Laguni im Toscanischen, als Bestandtheil der borsauren Salze im Tinkal, Boracit, Borocalcit, Boronatrocalcit, Datolith und in anderen Mineralien. Borsaure Salze finden sich in sehr geringen Mengen im Meerwasser.

Darstellung und Eigenschaften. Es ist in zweierlei Zuständen bekannt; in dem einen bildet es durchsichtige Krystalle des quadratischen Systems von brauner oder gelber Farbe, grossem Glanze, grosser Härte und 2,63 spec. Gew. In dieser Form entsteht es, wenn Aluminium in Berührung mit Borsäure geschmolzen und das Metall dann in Salzsäure aufgelöst wird. Als grünlich-braunes amorphes Pulver wird es durch Erhitzen von Borsäure mit Natrium erhalten. In beiden Formen ist es in den Säuren und Alkalien unlöslich.

Borsaure Salze sind längere Zeit bekannt, aber erst 1702 entdeckte **Homberg** die Borsäure. Das amorphe Bor gewannen **Gay-Lussac** und **Thenard** 1808 und das krystallisirte **Wöhler** und **H. Sainte-Claire-Deville** 1856.

Verbindungen.

Borchlorür. BCl_3. Moleculargewicht 117,4. Dampfdichte 58,7. Entsteht durch directe Vereinigung der Bestandtheile, welche unter Feuererscheinung erfolgt. Eine farblose, an der Luft stark rauchende Flüssigkeit; zersetzt sich mit Wasser in Salzsäure und Borsäure.

Borfluorür. BFl_3. Moleculargewicht 67,9. Dampfdichte 33,95. Bildet sich beim heftigen Glühen von Fluorcalcium mit Borsäure, und beim Erhitzen eines Gemisches von Fluorcalcium, Borsäure und Schwefelsäure. Farbloses Gas, gibt an der Luft dicke weisse Nebel und zersetzt sich mit Wasser in Fluorwasserstoff und Borsäure.

Borsäureanhydrid, $B_2\Theta_3$, bleibt, wenn man Borsäure der Glühhitze aussetzt. Ein klares festes sprödes Glas; schmilzt in der Rothglühhitze; ist sehr feuerbeständig. Bildet mit Wasser Borsäure.

Borsäure. BO_3H_3.

Vorkommen. Nur in geringen Mengen; frei in den Dämpfen einiger Vulkane und in heissen Quellen. Borsaure Salze finden sich im Mineralreiche.

Darstellung. Man legt über den Zerklüftungen, aus welchen sich die borsäurehaltigen Dämpfe entwickeln, Wasserbassins an, leitet die Dämpfe zur Condensation in das Wasser und dampft die erhaltene Lösung bei gelinder Wärme ab. Beim Erkalten der concentrirten Lösung krystallisirt die Borsäure aus. Durch Umkrystallisiren aus heisser sehr verdünnter Schwefelsäure wird sie gereinigt.

Eigenschaften. Bildet weisse glänzende biegsame fettig anzufühlende schuppige Krystalle. Geruchlos, schmeckt schwach bitter und nicht sauer. Röthet Lackmus sehr schwach; färbt Curcumapapier braun und selbst Spuren von borsauren Salzen verrathen sich durch die Bräunung, welche sie, nachdem sie mit Salzsäure versetzt sind, dem Curcumapapier beim Trocknen ertheilen. Borsäure ist in Wasser wenig löslich, sie verflüchtigt sich mit Wasserdampf. Bei Rothglühhitze verflüchtet sich ein Theil derselben mit dem entweichenden Wasser, während die Hauptmasse zum Anhydrid schmilzt. Ihre Auflösung in Weingeist und ihr Gemenge mit Schwefel brennen mit grüner Flamme.

Sie ist eine der schwächsten Säuren, selbst Kohlensäure zersetzt ihre Salze. In der Glühhitze aber vermag sie selbst starke Säuren auszutreiben und fast alle basischen Oxyde aufzulösen. Die borsauren Salze, mit Ausnahme derjenigen der Alkalien, sind in Wasser wenig löslich. Sie sind fast sämmtlich zu durchsichtigen, durch Metalloxyde oft eigenthümlich gefärbten Gläsern schmelzbar. Die drei Atome Wasserstoff der Borsäure sind durch Metall vertretbar. Ihre löslichen Salze besitzen alkalische Reaction.

Borsulphid, B_2S_3, entsteht beim Zusammenschmelzen der Bestandtheile, oder beim Erhitzen von amorphem Bor in einem Strome von Schwefelwasserstoffgas. Bildet eine weisse Masse, die sich mit Wasser zu Borsäure und Schwefelwasserstoff umsetzt.

Allgemeine Bemerkungen.

Das Atomgewicht des Bors ist durch die Dampfdichte einiger seiner Verbindungen bestimmt. Seine Atomwärme beträgt nur 2,51. Seine Moleculargrösse ist unbekannt. Es scheint ausschliesslich trivalent zu sein. Sein Oxyd fungirt in Verbindungen als Säure und auch als Base.

Sechste Gruppe.

16. Kohlenstoff. Θ.

Atomgewicht 12.

Vorkommen. Sehr verbreitet und in grosser Menge. Im freien Zustande in drei Formen als Diamant, als Graphit und als amorphe Kohle. Mit Sauerstoff verbunden als Kohlensäureanhydrid. Mit Sauerstoff und Metallen verbunden in vielen Mineralien und Gebirgsarten. Ein Bestandtheil aller organischen Körper.

Eigenschaften. 1) Diamant. In dieser Form ist der Kohlenstoff farblos, durchsichtig, er krystallisirt in regulären Octaëdern und deren Abänderungen. Spec. Gew. 3,5. Der härteste aller Körper. Besitzt einen eigenthümlichen Glanz und bricht sehr stark das Licht. Nichtleiter der Electricität. Der Diamant ist durch fremdartige Körper öfters verschiedenartig gefärbt und besitzt gewöhnlich gekrümmte Flächen und Kanten. Lässt sich im Sauerstoffgase anzünden und verbrennt ohne Rückstand zu Kohlensäureanhydrid. Verwandelt sich in schwarze Kohle, wenn er einer hohen Temperatur ausgesetzt wird. Findet sich in Hindostan, Borneo, Brasilien und am Ural im Sande der Flüsse, im Schuttlande und Conglomerat.

2) Graphit. Fast reiner Kohlenstoff, in Formen des hexagonalen Systems krystallisirend. Grauschwarz, metallisch glänzend, völlig undurchsichtig, dicht, feinschuppig oder glimmerartig blättrig, sehr weich, abfärbend und schreibend. Spec. Gew. 1,84. Leitet die Electricität.

Verbrennt im Sauerstoffgase zu Kohlensäureanhydrid, wobei mehr oder weniger Asche, bestehend aus Eisenoxyd, Quarzkörnern, Kali und Erden, zurückbleibt. Merkwürdigerweise verhält sich diese allotropische Modification des Kohlenstoffs in chemischer Beziehung sehr verschieden von amorpher Kohle. Diese Verschiedenheit zeigt sich bei der Behandlung von Kohlenstoff dieser beiden Formen mit oxydirenden Flüssigkeiten. Amorphe Kohle löst sich hierbei auf, während Graphit ungelöst bleibt, aber in Stücke zerfällt und sich mit gewissen Bestandtheilen der oxydirenden Flüssigkeiten verbindet. Behandelt man Graphit mit Kaliumchlorat und Schwefelsäure, so entsteht eine dem Graphit ähnliche, doch dunkler gefärbte Substanz, welche ausser einem vorwaltenden Gehalte an Kohlenstoff auch Schwefel, Sauerstoff und Wasserstoff enthält. Beim Erhitzen schwillt dieser Körper unter Gasentwicklung sehr stark auf und hinterlässt Graphit, gemengt mit seinen Aschenbestandtheilen, in einem höchst fein vertheilten Zustande. Durch Schlämmen mit Wasser lässt sich der auf diese Weise vertheilte Graphit von den Unreinigkeiten trennen, und durch starken Druck kann man den Graphitstaub in compacte Massen überführen. Dieses Verhalten wird zur Reinigung des Graphits benutzt. Er findet Anwendung zur Fabrikation von Bleistiften (Reissblei) und Tiegeln. Dient zum Eisenschwärzen und dazu dem Schiesspulver eine Umhüllung zu geben. Graphit kommt als Mineral in der Natur vor und bildet sich beim Schmelzen des Eisens in Berührung mit amorpher Kohle. Diese löst sich im geschmolzenen Eisen auf und beim Erstarren desselben scheidet sich ein Theil des Kohlenstoffs als Graphit krystallinisch ab.

3) Amorphe Kohle. Entsteht bei der Einwirkung von Glühhitze auf viele Verbindungen des Kohlenstoffs, wenn man reinen Zucker glüht oder Weingeistdampf durch ein glühendes Rohr leitet, oder Terpentinöl unvollständig verbrennt (Rus); ferner bei der Zersetzung von Kohlensäureanhydrid durch erhitztes Kalium oder Natrium. Mit Aschenbestandtheilen und mehr oder weniger Wasserstoff und Sauerstoff verbunden erhält man amorphe Kohle beim Glühen organischer Stoffe unter Luftabschluss. So die Holzkohle beim Verkohlen des Holzes in Meilern, eigenen Oefen oder eisernen Behältern. Stickstoffhaltige organische Körper liefern beim Verkohlen stickstoffhaltige Kohle (thierische Kohle). Amorphe Kohle findet sich in der Natur mit mineralischen Stoffen, Wasserstoff und Sauerstoff verbunden, fast rein als Anthracit, unreiner als Steinkohle und andere fossile Brennstoffe. Dieselben liefern beim Verkohlen kohlenstoffreichere Rückstände, welche Coaks genannt werden.

Die äussere Beschaffenheit der amorphen Kohle ist sehr verschieden; sie hängt ab von der Beschaffenheit der Stoffe woraus sie entstanden und den Umständen unter denen sie abgeschieden ist. Steinkohle, Torf, hartes und weiches Holz, Zucker, Oel liefern alle verschieden aussehende Kohle, deren Dichte und andere Eigenschaften durch den Druck der die Körper bei der Verkohlung belastete, durch die mehr oder weniger rasche Verkohlung und durch die Temperatur, welche bei derselben stattfand, modificirt sein können, deren innere Natur aber im wesentlichen eine gleichartige ist. Die amorphe Kohle ist immer schwarz und undurchsichtig, zuweilen ist sie dicht und halbmetallglänzend (Gaskohle), in der Regel bildet sie feste poröse Massen, bisweilen ein zartes Pulver (Rus). Sie ist ein um so schlechterer Wärmeleiter je weniger dicht sie ist. Leitet die Electricität. Sie ist löslich in geschmolzenem Eisen und scheidet sich beim Erstarren desselben zum Theile als Graphit ab.

Die poröse Kohle hat die Eigenschaft unter Wärmeentwicklung gasförmige Körper zu absorbiren und in ihren Poren zu verdichten; hierauf beruht ihre Selbstentzündlichkeit im Sauerstoffgase und ihr Vermögen chemische Processe zu befördern. Fleisch in Holzkohle verpackt verwest vollständig, ohne dass von den riechenden Producten der Fäulniss etwas durch die Kohle dringt.

Sie hat die Fähigkeit auch viele andere Stoffe aus ihren Auflösungen an sich zu ziehen und auf sich zu befestigen, namentlich gefärbte und riechende Stoffe organischen Ursprungs. Hierauf beruht ihre Anwendung zum Entfärben von Flüssigkeiten, wozu besonders die stickstoffhaltige thierische Kohle sich eignet, und welche als **Knochenkohle** eine bedeutende Anwendung bei der Zuckerfabrikation findet. Zur Entfernung von schmeckenden und riechenden Substanzen aus Wasser, Alkohol und anderen Flüssigkeiten benutzt man vorzugsweise frisch geglühte Holzkohle.

Sie besitzt je nach dem Grade ihrer Dichtigkeit und ihrer Reinheit verschiedene Brennbarkeit; bei der Verbrennung bildet sie Kohlenoxyd und Kohlensäureanhydrid, wobei 1 Gew. Th. Kohlenstoff beim Verbrennen zu Kohlenoxyd 2473 W. E. und zu Kohlensäure 8080 W. E. entwickelt. Ihr Wasserstoffgehalt gibt Veranlassung zur Bildung von Wasser und sie hinterlässt die meisten mineralischen Bestandtheile als Asche. Wenn die Kohle Schwefelkies als Beimengung enthält entwickelt sie beim Verbrennen auch Schwefligsäureanhydrid.

Verbindungen.

Kohlenstoff besitzt wie kein anderes Element die Fähigkeit in unzähligen Verhältnissen Verbindungen mit anderen Elementen zu bilden. Direct vereinigt er sich jedoch nur mit wenigen Elementen und zu nur wenigen Verbindungen. Mit Wasserstoff lässt sich Kohlenstoff direct zu Acetylen, $\text{Є}_2\text{H}_2$, vereinigen; mit Sauerstoff zu Kohlenoxyd, ЄΘ, und zu Kohlensäureanhydrid, ЄΘ_2; mit Schwefel zu Schwefelkohlenstoff, ЄS_2; mit Eisen zu Gusseisen und Stahl; mit gewissen Metallen, namentlich mit Kalium und Barium, und gleichzeitig mit Stickstoff zu Cyanmetallen, und mit einigen anderen Elementen. Aus diesen Verbindungen des Kohlenstoffs lassen sich durch mannigfaltige Umwandlungen viele andere hervorbringen. In der Natur entstehen die unzähligen kohlenstoffhaltigen Producte des Lebensprocesses der Pflanzen aus dem Anhydrid der Kohlensäure. Dasselbe wird von den Pflanzen aufgenommen; sie zerlegen es, geben Sauerstoff ab und verwenden den Rest zum Aufbau ihres Organismus. Durch den thierischen Lebensprocess werden die Producte des pflanzlichen Lebens vielfach umgewandelt und zum grossen Theile wieder in sehr einfache Verbindungen zurückgeführt; die Thiere athmen Sauerstoff ein und sie hauchen Kohlensäure dafür aus. Durch Gährung, Fäulniss, Verwesung, trockne Destillation und Oxydation werden ebenfalls complicirte kohlenstoffhaltige Verbindungen in einfachere umgewandelt.

Man bezeichnet die Verbindungen des Kohlenstoffs auch als organische Verbindungen und zwar weil viele derselben durch das organische Leben gebildet werden. Die ausführlichere Besprechung der Verbindungen des Kohlenstoffs trennt man aus practischen Gründen von der Darlegung des Verhaltens der Elemente und ihrer anderen Verbindungen, weil nämlich eine eingehende Besprechung auch nur derjenigen Verbindungen des Kohlenstoffs, welche für unser Leben von nachweisbarer Bedeutung sind so viel Raum und Zeit erfordert, dass hierdurch das Gewinnen einer Uebersicht über das allgemeine Verhalten der Elemente wesentlich erschwert werden würde.

Da zur Darlegung der wichtigsten bis jetzt bekannten Gesetze, nach denen sich Verbindungen des Kohlenstoffs aufbauen und umwandeln, die Besprechung nur weniger Verbindungen dieses Elements, und die Erörterung nur weniger Metamorphosen genügt, so sollen auch nur diese im Folgenden abgehandelt werden. — Gewisse Verbindungen des Kohlenstoffs mit Elementen, deren Verhalten im Vorhergehenden schon besprochen worden ist, sind wesentlich dazu geeignet ihre chemische Natur zu characterisiren, und daher finden sich auch diese Verbindungen hier erwähnt. — Ausführlichere Besprechung finden nur einige der einfachsten Verbindungen des Kohlenstoffs.

Verbindungen des Kohlenstoffs mit Wasserstoff.

In der Natur kommen gasförmige, flüssige und feste Kohlenwasserstoffe in grosser Anzahl vor; solche bilden sich bei vielen chemischen Processen, insbesondere bei der Verwesung und bei der trocknen Destillation. Ein Kohlenwasserstoff, Acetylen, Θ_2H_2, kann durch directe Vereinigung der Bestandtheile hervorgebracht werden; viele lassen sich aus anderen durch künstliche Zersetzung (Analyse) oder auch durch künstlichen Aufbau (Synthese) gewinnen.

Sie sind sämmtlich brennbar und um so leichter entzündlich, je flüchtiger sie sind: sie brennen mit einer um so mehr leuchtenden Flamme, je grösser ihr relativer Gehalt an Kohlenstoff ist.

Ihrer Zusammensetzung kann man durch eine Anzahl allgemeiner Formeln Ausdruck geben und hierdurch ordnen sie sich in Reihen.

Man hat beispielsweise:

1) Kohlenwasserstoffe der allgemeinen Formel Θ_nH_{2n+2}

Methylwasserstoff	ΘH_4
Aethylwasserstoff	Θ_2H_6
Propylwasserstoff	Θ_3H_8
Butylwasserstoff	Θ_4H_{10}
Amylwasserstoff	Θ_5H_{12}
Hexylwasserstoff	Θ_6H_{14}
Heptylwasserstoff	Θ_7H_{16}
Octylwasserstoff	Θ_8H_{18}

und andere.

2) Kohlenwasserstoffe der allgemeinen Formel Θ_nH_{2n}

Aethylen	Θ_2H_4
Propylen	Θ_3H_6
Butylen	Θ_4H_8
Amylen	Θ_5H_{10}
Hexylen	Θ_6H_{12}

u. s. w.

3) Kohlenwasserstoffe der allgemeinen Formel Θ_nH_{2n-2}

Acetylen	Θ_2H_2
Allylen	Θ_3H_4
Crotonylen	Θ_4H_6
Valerylen	Θ_5H_8
Hexoylen	Θ_6H_{10}.

Die einzelnen Glieder dieser Reihen unterscheiden sich von Stufe zu Stufe durch die Differenz von ΘH_2; man bezeichnet sie als homologe Verbindungen; sie bilden homologe Reihen.

Die Glieder ein und derselben homologen Reihe stehen in genetischer Beziehung zu einander. So entsteht Aethylwasserstoff aus Methylwasserstoff, wenn zwei Moleculen desselben je ein Atom Wasserstoff entzogen wird und die bleibenden Reste sich vereinigen:

$$\underset{\text{Methylwasserstoff}}{2(\Theta H_4 \quad - \quad H)} \quad = \quad \underset{\text{Aethylwasserstoff.}}{(\Theta H_3)_2}$$

Propylwasserstoff entsteht aus einem Molecul Methylwasserstoff und einem Molecul Aethylwasserstoff, wenn jedem ein Atom Wasserstoff entzogen wird:

$$\underset{\text{Methylwasserstoff}}{(\Theta H_4 \; - \; H)} \; + \; \underset{\text{Aethylwasserstoff}}{(\Theta H_3\text{-}\Theta H_3 \; - \; H)} \; = \; \underset{\text{Propylwasserstoff.}}{\Theta H_3\text{-}\Theta H_2\text{-}\Theta H_3}$$

Methylwasserstoff, Aethylwasserstoff und Propylwasserstoff weniger ein Atom Wasserstoff bilden die Reste Methyl, ΘH_3, Aethyl, $\Theta_2 H_5$ und Propyl, $C_3 H_7$, welche in Verbindungen als Radicale angenommen werden, die aber im freien Zustande nicht vorkommen; sie entsprechen keiner Sättigungsstufe des Kohlenstoffs.

In den genannten Kohlenwasserstoffen lassen sich jedoch ausser Methyl, Aethyl und Propyl auch noch andere Radicale annehmen. Man kann in jeder Verbindung jede Atomgruppe, welche aus zwei oder mehreren di re c t verbundenen Atomen besteht, als Radical annehmen. So lässt sich Aethylwasserstoff als bestehend aus zwei Resten Methyl ansehen, und dem entsprechend Propylwasserstoff als eine Verbindung von Aethyl und Methyl. Die Kohlenwasserstoffe der allgemeinen Formel $\Theta_n H_{2n} + 2$ lassen sich auf Methylwasserstoff als Type beziehen, wenn man in ihnen ein Atom Wasserstoff durch ein zusammengesetztes Radical ersetzt denkt.

Man hat:

$$\Theta \begin{cases} H \\ H \\ H \\ H \end{cases} \qquad \Theta \begin{cases} \Theta H_3 \\ H \\ H \\ H \end{cases} \qquad \Theta \begin{cases} \Theta_2 H_5 \\ H \\ H \\ H \end{cases} \qquad \Theta \begin{cases} \Theta_3 H_7 \\ H \\ H \\ H \end{cases}$$

Type Aethylwasserstoff Propylwasserstoff Butylwasserstoff.

Das Radical Aethyl lässt sich weiter zerlegen in die Radicale Methyl, ΘH_3, und Methylen, ΘH_2; Propyl setzt sich zusammen aus Methyl und aus zwei Methylen und so enthalten die entsprechenden höheren Radicale von Stufe zu Stufe ein Mal den Rest Methylen mehr. Die hierher gehörenden Kohlenwasserstoffe bestehen also vom Propylwasserstoff an aus zwei Resten Methyl und aus 1, 2, 3 und mehreren Resten Methylen.

Man hat:

Methylwasserstoff	$H_3 \Theta\text{-}H$
Aethylwasserstoff	$H_3 \Theta\text{-}\Theta H_3$
Propylwasserstoff	$H_3 \Theta\text{-}CH_2\text{-}\Theta H_3$
Butylwasserstoff	$H_3 \Theta\text{-}\Theta H_2\text{-}\Theta H_2\text{-}\Theta H_3$
Amylwasserstoff	$H_3 \Theta\text{-}\Theta H_2\text{-}CH_2\text{-}\Theta H_2\text{-}\Theta H_3$
Caproylwasserstoff	$H_3 \Theta\text{-}\Theta H_2\text{-}\Theta H_2\text{-}CH_2\text{-}CH_2\text{-}\Theta H_3$ *).

Die Kohlenwasserstoffe der allgemeinen Formel $\Theta_n H_{2n} + 2$ enthalten die Wasserstoffatome monovalent und die Kohlenstoffatome quadrivalent; in ihnen äussern alle Atome das Maximum ihrer Affinität und daher bezeichnet man sie als gesättigte Verbindungen.

*) Man erkennt leicht, dass die Bindung der Kohlenstoffatome in den Verbindungen dieses Elements in verschiedener Weise möglich sein muss und es sind, wie später gezeigt werden soll, in der That Körper bekannt in denen die Kohlenstoffatome in einer anderen Weise als oben dargelegt worden ist verbunden sind.

Diese Kohlenwasserstoffe stehen nicht nur unter sich, sondern sie stehen auch mit den Kohlenwasserstoffen anderer homologer Reihen in naher Beziehung. In sehr einfachem genetischem Zusammenhange befinden sich viele Kohlenwasserstoffe, welche im Molecule eine gleiche Anzahl Kohlenstoffatome, aber eine ungleiche Anzahl Wasserstoffatome enthalten. Kohlenwasserstoffe dieser Art sind:

Aethylwasserstoff	C_2H_6
Aethylen	C_2H_4
Acetylen	C_2H_2.

Amylwasserstoff	C_5H_{12}
Amylen	C_5H_{10}
Valerylen	C_5H_8
Valylen	C_5H_6.

Die Verbindungen, welche eine gleiche Anzahl direct verbundener Kohlenstoffatome enthalten, bilden isologe Reihen.

Kohlenwasserstoffe der allgemeinen Formeln C_nH_{2n}, C_nH_{2n-2}, C_nH_{2n-4} u. s. w. entstehen aus den gesättigten Kohlenwasserstoffen, wenn diesen 2, 4, 6 oder eine andere paare Anzahl Wasserstoffatome entzogen werden. Hierbei treten nämlich die Reste zweier Molecule nicht zu einem neuen Molecule zusammen, sondern sie bleiben als freie Radicale für sich bestehen. Diese Kohlenwasserstoffe sind ungesättigte Verbindungen; sie enthalten 1, 2, 3 oder mehrere Atome Kohlenstoff in bivalenter Form, und können sich direct mit 2, 4 oder einer anderen paaren Anzahl Chlor oder Brom Atome vereinigen, wodurch sie wieder in gesättigte Verbindungen übergeführt werden können.

Die ungesättigten Kohlenwasserstoffe lassen sich in den gesättigten als Radicale annehmen; man kann sie daraus abscheiden und wieder darin überführen. Hiernach lassen sich beispielsweise im Aethylwasserstoff ausser den schon früher genannten Radicalen Aethyl und Methyl auch noch Aethylen und Acetylen als Radicale annehmen. Und da Reste dieser Kohlenwasserstoffe, so wie des Methyls wieder in gewissen Verbindungen als Radicale anzunehmen sind, so ergiebt sich, dass auch diese Reste als Radicale im Aethylwasserstoff angenommen werden können. Hiernach sind darin die folgenden Radicale anzunehmen:

C_2H_5, C_2H_4, C_2H_3, C_2H_2, C_2H, C_2; CH_3, CH_2 und CH.

Von diesen Radicalen können aber nur diejenigen mit paarer Anzahl Wasserstoffatome im freien Zustande bestehen.

Unter gewissen Verhältnissen vereinigen sich mehrere Molecule der ungesättigten Kohlenwasserstoffe zu condensirteren Producten. Aus Amylen entstehen z. B. beim Vermischen mit concentrirter Schwefelsäure oder beim Erhitzen mit Chlorzink:

$$\text{Diamylen} \qquad C_{10}H_{20}$$
$$\text{Triamylen} \qquad C_{15}H_{30}$$
$$\text{Tetraamylen} \qquad C_{20}H_{40}.$$

Acetylen gibt beim Erhitzen Benzol:

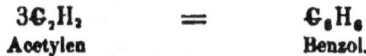

$$\underset{\text{Acetylen}}{3C_2H_2} \quad = \quad \underset{\text{Benzol.}}{C_6H_6}$$

Die Ursache solcher Umwandlungen ist wahrscheinlich das Thätig-
werden von ruhenden Affinitäten. Wenn wir annehmen, dass die beiden Kohlenstoffatome des Acetylens nur einfach gebunden und bivalent
seien, dass die Kohlenstoffatome des Benzols aber quadrivalent und
mehrfach gebunden seien, so erhalten wir für die Umwandlung des
Acetylens in Benzol die folgende einfache Gleichung:

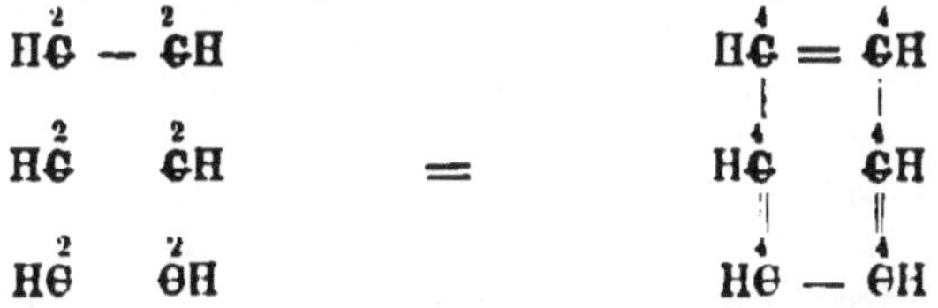

$$\overset{2}{H C} - \overset{2}{C H} \qquad\qquad \overset{4}{H C} = \overset{4}{C H}$$

$$\overset{2}{H C} \quad \overset{2}{C H} \qquad = \qquad \overset{4}{H C} \quad \overset{4}{C H}$$

$$\underset{\text{3 Mol. Acetylen}}{\overset{2}{H C} \quad \overset{2}{C H}} \qquad\qquad \underset{\text{1 Mol. Benzol.}}{\overset{4}{H C} - \overset{4}{C H}}$$

Wie aus Methylwasserstoff durch Substitution von zusammengesetzten
Radicalen für Wasserstoff andere Kohlenwasserstoffe entstehen, so gehen
aus Benzol ebenfalls zahlreiche Kohlenwasserstoffe hervor:

$$\text{Toluol, Phenyl-Methyl} \qquad C_7H_8 \ = \ C_6H_5 \text{-} CH_3$$
$$\text{Phenyl-Aethyl} \qquad C_8H_{10} \ = \ C_6H_5 \text{-} CH_2 \text{-} CH_3$$
$$\text{Xylol, Phenylen-Bimethyl} \ C_8H_{10} \ \equiv \ C_6H_4 \text{-} (CH_3)_2$$
$$\text{Cumol, Phenyl-Propyl} \qquad C_9H_{12} \ = \ C_6H_5 \text{-} C_3H_7$$
$$\text{Mesitylen} \qquad C_9H_{12} \ = \ C_6H_3 \text{-} (CH_3)_3.$$

Dreifach methylirtes Benzol, Mesitylen, entsteht wahrscheinlich aus
Allylen, dem methylirten Acetylen, wie Benzol aus Acetylen entsteht.
Die Isomerie von Phenyl-Aethyl und Xylol, von Cumol und Mesitylen
erklärt sich dadurch, dass im Phenyl-Aethyl und Cumol nur 1 At.
Wasserstoff des Benzols durch zusammengesetztes Radical substituirt
ist, während im Xylol und Mesitylen 2 und 3 At. Wasserstoff des Benzols durch Methyl ersetzt sind.

Beschreibung einiger Kohlenwasserstoffe:

Methylwasserstoff, Grubengas, Sumpfgas. CH_4.

Moleculargewicht 16. Gasdichte 8.

Vorkommen. Dieses Gas findet sich öfters fertig gebildet in
Steinkohlenlagern, aus denen es sich in die Grubenluft verbreitet und

diese explosiv macht (schlagende Wetter). Es bildet sich bei der Fäulniss organischer Materien unter Wasser (in Sümpfen); entströmt, gemengt mit anderen Gasen und Dämpfen, an vielen Orten dem Erdinnern.

Darstellung. Es entsteht bei der trocknen Destillation vieler organischer Stoffe, der Steinkohlen, des Holzes, der Harze, Fette und anderer: ferner beim Erhitzen von essigsauren Salzen mit Natronkalk (Gemenge von Natron- und Kalkhydrat); bei der Einwirkung von Natriumamalgam auf eine Lösung von Kohlenstofftetrachlorid, wobei der sich entwickelnde Wasserstoff das Chlor substituirt:

$$CCl_4 + 4H_2 = CH_4 + 4HCl.$$

Auch entsteht es wenn Gemenge von Kohlenoxyd, CO, oder Schwefelkohlenstoff CS_2 mit Schwefelwasserstoff durch ein rothglühendes, mit Eisenspähnen gefülltes Rohr geleitet werden.

Eigenschaften. Es ist ein permantes farb- und geruchloses leichtes Gas (Spec. Gew. 0,55, wenn Luft = 1 gesetzt wird.) Wirkt nicht giftig beim Einathmen. Brennt mit wenig leuchtender Flamme. Das der Erde entströmende mit anderen Gasen und Dämpfen gemengte Gas brennt an einigen Orten schon seit den ältesten Zeiten (heilige Feuer von Baku). Mit Luft bildet es explosive Gemenge. Ein Gemenge von 2 Vol. Grubengas und 4 Vol. Chlor bleibt im Schatten unverändert, explodirt aber durch den electrischen Funken oder directe Einwirkung des Sonnenlichts, wobei der Kohlenstoff abgeschieden wird und 8 Vol. Chlorwasserstoff entstehen:

$$CH_4 + 2Cl_2 = C + 4ClH.$$

Im zerstreuten Lichte bilden Grubengas und Chlor, neben Salzsäure, die Substitutionsproducte CH_3Cl, CH_2Cl_2, $CHCl_3$ und CCl_4.

Aethylen. C_2H_4.

Moleculargewicht 28. Gasdichte 14.

Entsteht bei der trocknen Destillation organischer Substanzen und findet sich daher im Leuchtgase. Ferner bildet es sich beim Durchleiten von Aethylchlorür, C_2H_5Cl, durch ein rothglühendes Rohr, wobei dieses in Salzsäure und Aethylen zerfällt. Am leichtesten erhält man es durch Erhitzen einer Mischung von 1 Th. Weingeist und 4 Th. concentr. Schwefelsäure, wobei Weingeist, C_2H_5-OH, in Aethylen und Wasser zerfällt.

Farbloses Gas von eigenthümlichem Geruch. Spec. Gew. 0,969 wenn Luft = 1 gesetzt wird. Es kann durch starken Druck bei niederer Temperatur zu einer Flüssigkeit verdichtet werden. Brennt mit hellleuchtender Flamme. Bildet mit Luft oder Sauerstoffgas explosive Gemenge. Wird durch starke Glühhitze in Kohle und in Wasserstoff zerlegt:

$$C_2H_4 = C_2 + 2H_2.$$

Es wird durch concentrirte Schwefelsäure langsam absorbirt, indem Aethylschwefelsäure, welche bei der Destillation nach dem Verdünnen mit Wasser Aethylalkohol, C_2H_5-OH, gibt, entsteht. Vereinigt sich mit Brom- und Jodwasserstoff zu Brom- und Jodäthylen, C_2H_5Br und C_2H_5J, aus welchen bei Austausch der Haloidatome gegen Wasserreste Alkohol zu erhalten ist:

$$\underset{\text{Jodäthyl}}{C_2H_5J} - J + OH = \underset{\text{Alkohol.}}{C_2H_5\text{-}OH}$$

Es vereinigt sich mit zwei Atomen Chlor oder Brom zu Aethylenchlorür, $C_2H_4Cl_2$, und Aethylenbromür, $C_2H_4Br_2$, welche Flüssigkeiten bilden, und daher führt Aethylen den Namen ölbildendes Gas, Elayl. Mit Jod bildet es einen krystallinischen Körper, $C_2H_4J_2$. Ein Gemenge von 2 Vol. Aethylengas und 4 Vol. Chlorgas verbrennt angezündet mit rother Flamme unter Abscheidung von Kohle und unter Bildung von 8 Vol. Chlorwasserstoff:

$$C_2H_4 + 2Cl_2 = C_2 + 4ClH.$$

Acetylen. C_2H_2.

Moleculargewicht 26. Gasdichte 13.

Entsteht bei der trocknen Destillation organischer Körper und findet sich daher im Leuchtgase. Es bildet sich bei der unvollkommnen Verbrennung und beim Glühen vieler flüchtiger Verbindungen, welche Kohlenstoff und Wasserstoff enthalten, und ferner bei der Einwirkung von alkoholischer Kalilösung auf Bromäthylen:

$$2KOH + C_2H_4Br_2 = 2KBr + C_2H_2 + 2H_2O.$$

Aus den Elementen lässt es sich mit Hülfe des electrischen Flammenbogens hervorbringen.

Es ist ein farbloses, in Wasser ziemlich leicht lösliches, unangenehm und eigenthümlich riechendes, mit hellleuchtender und russender Flamme brennendes Gas, von 0,92 sp. Gw. (Luft = 1). Mit Chlorgas gemischt detonirt es selbst im zerstreuten Lichte fast augenblicklich unter Abscheidung von Kohle. Mit Schwefelsäure verbindet es sich langsam zu Vinylschwefelsäure, welche nach dem Verdünnen mit Wasser bei der Destillation in Schwefelsäure und Vinylalkohol, C_2H_3-OH, zerfällt. Es verbindet sich mit 2 und mit 4 Atomen Brom oder Jod zu den Verbindungen:

$$C_2H_2Br_2,\ C_2H_2Br_4,\ C_2H_2J_2 \text{ und } C_2H_2J_4.$$

Wenn man Acetylen in eine ammoniakalische Kupferchlorürlösung leitet, so bildet sich ein flockiger bräunlichrother Niederschlag, $(C_2HCu_2)_2O$, der durch siedende Salzsäure unter Bildung von Acetylen und Kupferchlorür zersetzt wird. Eine entsprechende Silberverbindung, $(C_2HAg)_2O$, entsteht, wenn man Acetylen in eine Lösung von Silbernitrat in Ammoniakflüssigkeit leitet. Die Anwesenheit von Acetylen in Gasgemischen lässt sich durch die Bildung dieser Metallverbindungen leicht nachweisen, so z. B. in den Producten der unvollständigen Verbrennung, welche man erhält, wenn man etwas Aether in einen weithalsigen Kolben gibt und das darin entstandene Gemisch von Luft und Aetherdampf verbrennen lässt. Diese Metallverbindungen sind sehr explosiver Natur. Die Kupferverbindung oder ein ähnlicher explosiver Körper bildet sich bisweilen in mit Hartloth gelötheten Gasleitungsröhren.

Lässt man Zink auf Ammoniak bei Gegenwart der Acetylenkupferverbindung einwirken, so entwickelt sich ein an Aethylen reiches Gasgemisch:

$$(\Theta_2H\Theta u_2)_2\Theta + 4H_2 = 2\Theta_2H_4 + 4\Theta u + H_2\Theta.$$

Haloidverbindungen des Kohlenstoffs.

Verbindungen dieser Art finden sich nicht in der Natur und solche bilden sich auch nicht direct, sondern sie entstehen immer nur durch Substitution oder Addition bei der Einwirkung von Haloid oder Haloidverbindungen auf Kohlenstoffverbindungen. So bildet sich vierfach Chlorkohlenstoff, wenn man trocknes Chlor mit Schwefelkohlenstoffdampf gemischt durch ein mit Porzellanstückchen gefülltes starkglühendes Porzellanrohr leitet; ferner auch, wenn zu 2 Vol. Grubengas im Sonnenlichte langsam 8 Vol. Chlor treten:

$$\Theta H_4 + 4Cl_2 = \Theta Cl_4 + 4HCl.$$

Hierbei erfolgt die Substitution von Wasserstoff durch Chlor stufenweise, so dass die Verbindungen ΘH_3Cl (Methylchlorür), ΘH_2Cl_2, ΘHCl_3 (Chloroform) und ΘCl_4 nach und nach entstehen. Aethylwasserstoff und Chlor bilden in analoger Weise die Verbindungen: Θ_2H_5Cl (Aethylchlorür), $\Theta_2H_4Cl_2$ (Aethylidenchlorür), $\Theta_2H_3Cl_3$, $\Theta_2H_2Cl_4$, Θ_2HCl_5 und Θ_2Cl_6.

Die Verbindungen von Haloid und Kohlenwasserstoffresten werden als Haloidäther bezeichnet. Solche entstehen auch wenn sich gewisse Kohlenwasserstoffe mit Haloid direct vereinigen. Aethylen verbindet sich z. B. direct mit 2 Atomen Chlor zu Aethylenchlorür, $\Theta_2H_4Cl_2$. Die auf verschiedene Weise gebildeten Haloidäther von gleicher Zusammensetzung sind öfters nicht identisch sondern sie sind isomer. So sind Aethylidenchlorür und Aethylenchlorür nicht identisch obgleich sie die gleiche Zusammensetzung $\Theta_2H_4Cl_2$ besitzen. Dieses beruht darauf, dass die Chloratome darin in verschiedener Weise gebunden sind; Aethylidenchlorür besitzt nämlich die aufgelöste Formel $H_3\Theta\text{-}\Theta HCl_2$, während dem Aethylenchlorür die Formel $ClH_2\Theta\text{-}\Theta H_2Cl$ zukommt.

Bei der Behandlung der Haloidäther in weingeistiger Lösung mit Natriumamalgan findet durch den sich entwickelnden Wasserstoff Substitution des Haloids statt und so lässt sich ΘCl_4 stufenweise in die Verbindungen ΘHCl_3, ΘH_2Cl_2, ΘH_3Cl und ΘH_4; und Θ_2Cl_6 in die Verbindungen Θ_2HCl_5, $\Theta_2H_2Cl_4$, $\Theta_2H_3Cl_3$, $\Theta_2H_4Cl_2$, Θ_2H_5Cl und Θ_2H_6 zurückführen.

Aus den Haloidäthern entstehen, wenn ihnen Haloidatome oder Molecule von Haloidwasserstoff entzogen werden, unter Umständen gesättigte Molecule einer höheren Ordnung, oder aber ungesättigte Reste, also freie Radicale. So entsteht aus Jodmethyl bei der Einwirkung auf Zink Aethylwasserstoff, welches ein gesättigtes Molecul der zweiten Ordnung ist:

$$2\Theta H_3J + Zn = ZnJ_2 + \Theta_2H_6.$$

Bei der Einwirkung von Natrium auf ein Gemisch von Bromphenyl und Jodmethyl entsteht Toluol:

$$3Na + \Theta_6H_5Br + \Theta H_3J = NaBr + NaJ + \Theta_6H_4\text{-}\Theta H_3.$$

Leitet man Chloräthyl durch ein glühendes Rohr so entstehen Salzsäure und Aethylen:

$$\Theta_2H_5Cl = HCl + \Theta_2H_4.$$

Behandelt man Bromäthylen mit weingeistiger Kalilauge, so geht es unter Verlust von 1 Mol. Bromwasserstoff in Bromvinyl, und unter Verlust von 2 Mol. Bromwasserstoff in Acetylen über:

$$\Theta_2H_4Br_2 + K\Theta H = KBr + H_2O + \Theta_2H_3Br$$
$$\Theta_2H_4Br_2 + 2K\Theta H = 2KBr + 2H_2\Theta + \Theta_2H_2.$$

Bromvinyl, Θ_2H_3Br, entspricht dem Aethylen, es ist wie dieses ein freies bivalentes Radical und man kann es mit 2 Atomen Brom verbinden. Der hierbei entstehenden Verbindung lässt sich wiederum Haloidwasserstoff entziehen, und dem Producte lässt sich dann wiederum eine paare Anzahl Haloidatome addiren. Auf diese Weise kann man durch abwechselnde Entziehung von Haloidwasserstoff und Addition von Haloidatomen Haloidäther und Haloidkohlenstoffe gewinnen, welche den verschiedensten Kohlenwasserstoffen entsprechen, und welche damit isologe Reihen bilden.

Man hat:

Kohlenwasserstoffe:		Haloidverbindungen:
Aethylwasserstoff	Θ_2H_6.	Θ_2H_5Br, $\Theta_2H_4Br_2$, $\Theta_2H_3Br_3$, $\Theta_2H_2Br_4$, Θ_2HBr_5 und Θ_2Br_6.
Aethylen	Θ_2H_4.	Θ_2H_3Br, $\Theta_2H_2Br_2$, Θ_2HBr_3 und Θ_2Br_4.
Acetylen	Θ_2H_2.	Θ_2HBr.

Von den Haloidäthern sind mehrere bei gewöhnlicher Temperatur gasförmig, so die Verbindung Θ_2HBr, welche an der Luft selbst entzündlich ist. Ferner sind Chlormethyl, ΘH_3Cl, und Chlorvinyl, Θ_2H_3Cl, gasförmig. Die meisten Haloidäther sind flüssig, einige sind feste krystallinische Körper, so Jodoform, ΘHJ_3, Jodäthylen, $\Theta_2H_4J_2$, und andere. Die bekannten Chlor- und Bromkohlenstoffe sind theils flüssig (ΘCl_4 und Θ_2Cl_4), theils fest (Θ_2Cl_6, Θ_2Br_4, Θ_2Br_6 und Θ_6Cl_6).

Sauerstoffverbindungen des Kohlenstoffs.

Kohlenstoff verbindet sich mit Sauerstoff in zwei Verhältnissen zu Kohlenoxyd, $\Theta\Theta$, und zu Kohlensäureanhydrid, $\Theta\Theta_2$. Verbindungen welche ausser Kohlenstoff und Sauerstoff auch noch Wasserstoff enthalten kennt man in grosser Anzahl. Verbindungen von Haloid, Kohlenstoff und Sauerstoff sind nur wenige bekannt, aber solche Verbindungen welche ausserdem noch Wasserstoff enthalten kennt man in grosser Anzahl.

Kohlenoxyd. CO.

Moleculargewicht 28. Gasdichte 14.

Darstellung. Es bildet sich wenn Kohle bei schwachem Luftzutritt verbrennt, und wenn man Kohle in Kohlensäuregas glüht. Es findet sich sehr oft unter den Zersetzungsproducten organischer Körper. Man gewinnt es, wenn man Oxalsäure oder entwässertes Blutlaugensalz mit concentrirter Schwefelsäure behandelt. Hierbei bilden sich gleichzeitig Kohlensäure und schweflige Säure, welche durch Kalkhydrat oder Natronlauge entfernt werden können.

Eigenschaften. Farb- und geruchloses, in Wasser fast unlösliches, nicht zu einer Flüssigkeit verdichtbares Gas. Spec. Gew. 0,969 (Luft = 1). Wirkt beim Einathmen giftig, unterhält nicht die Verbrennung, ist entzündlich und verbrennt mit hellblauer Flamme zu Kohlensäureanhydrid, wobei sich 2 Vol. Kohlenoxydgas mit 1 Vol. Sauerstoffgas zu 2 Vol. Kohlensäureanhydridgas verbinden:

$$CO \quad + \quad O \quad = \quad CO_2.$$

Beim Verbrennen von 1 Gew. Th. Kohlenoxyd werden 2403 W. E. entbunden, wonach 1 Gew. Th. Kohlenstoff in der Form von Kohlenoxyd beim Verbrennen zu Kohlensätre 5607 W. E. entwickelt.

Kohlenoxyd reducirt bei höherer Temperatur Metalloxyde und findet daher in der Metallurgie ausgedehnte Anwendung.

Mit Chlor verbindet es sich zu Chlorkohlenoxyd (Phosgengas):

$$CO \quad + \quad Cl_2 \quad = \quad COCl_2.$$

Beim Erhitzen eines Gemenges von Kohlenoxyd und Grubengas entstehen Wasser und Propylen:

$$\underset{}{CO} \quad + \quad \underset{\text{Grubengas}}{2CH_4} \quad = \quad H_2O \quad + \quad \underset{\text{Propylen.}}{C\begin{cases}CH_3\\CH_3\end{cases}}$$

Kalium und Natrium zersetzen beim Erhitzen Kohlenoxyd unter Abscheidung von Kohle. Kalium bildet hierbei gleichzeitig eine sehr explosive Verbindung, welche auch bei der Kaliumbereitung entsteht. Bei sehr hoher Temperatur zersetzt sich Kohlenoxyd unter Abscheidung von Kohlenstoff.

Kohlensäureanhydrid. CO_2.

Moleculargewicht 44. Gasdichte 22.

Vorkommen. Bildet einen beständigen, jedoch geringen Bestandtheil der Atmosphäre. Entströmt an vielen Orten dem Innern der Erde, oft gleichzeitig mit Wasser, (Kohlensäuerlinge). Mehr oder weniger Kohlensäure ist im Regenwasser, im Wasser der Quellen, der Flüsse und Seen enthalten. An basische Oxyde gebunden findet es sich sehr verbreitet in der Natur, so namentlich mit Kalk verbunden als Kalkstein und mit Magnesia verbunden als Magnesit.

Bildung und Darstellung. Es entsteht beim Verbrennen von Kohle und kohlenstoffhaltigen Körpern an der Luft oder im Sauerstoffgase, beim Glühen von Kohle mit Metalloxyden, bei der Gährung, Fäulniss und Verwesung organischer Körper, beim Athmungsprocess der Thiere. Man stellt es dar durch Verbrennen von Kohle in der Luft, oder in Sauerstoffgas, oder durch Glühen eines Gemenges von Kohle mit Kupferoxyd, dann auch durch Zersetzung von Kreide, Marmor oder Magnesit durch verdünnte Schwefelsäure oder Salzsäure:

$$\underset{\text{Calcium-carbonat}}{CO_3Ca} + SO_4H_2 = CO_2 + \underset{\text{Calcium-sulphat}}{SO_4Ca} + H_2O.$$

Eigenschaften. Farbloses Gas von schwach säuerlichem Geruch und Geschmack. Spec. Gw. 1,524, wenn Luft = 1 gesetzt wird. Nichtbrennbar. Weder die Verbrennung noch die Respiration unterhaltend. Wird unter einem Drucke von 36 Atmosphären und bei 0° zu einer dünnen farblosen, mit Wasser nicht mischbaren Flüssigkeit verdichtet. Bei der Verdunstung des flüssigen Kohlensäureanhydrid erzeugt sich eine Kälte von — 79°, wobei das übrige Anhydrid selbst zu einer festen schneeähnlichen Masse erstarrt. Diese verdunstet wegen ihrer Kälte und geringen Wärmeleitung nur langsam an der Luft. Sie schmilzt bei — 59°, übt dann schon einen Druck von 5 Atmosphären aus und der Druck ihres Gases steigt für jeden Temperaturgrad um fast eine Atmosphäre. Ein Gemisch von festem Kohlensäureanhydrid und Alkohol oder Aether verdunstet unter sehr starker Kälteerzeugung. Das flüssige Anhydrid erstarrt bei — 70° zu einer klaren Masse.

Kohlensäureanhydrid wird bei gewöhnlicher Temperatur durch Phosphor zersetzt, wobei ein gleiches Volum Kohlenoxydgas entsteht:

$$CO_2 = O + CO.$$

Glüht man Kohle in einer Atmosphäre von Kohlensäureanhydridgas, so entstehen aus 2 Vol. desselben 4 Vol. Kohlenoxyd:

$$CO_2 + C = 2CO.$$

Ueberschüssiges Eisen zersetzt bei Rothglühhitze Kohlensäureanhydrid, indem es sich oxydirt und das Anhydrid zu Kohlenoxyd reducirt, während überschüssiges Kohlenoxyd Eisenoxyd reducirt, indem gleichzeitig Kohlensäureanhydrid entsteht.

Bei einer Temperatur von ungefähr 1200° zerfällt Kohlensäureanhydrid in Sauerstoff und Kohlenoxyd. Kalium und Natrium zersetzen es beim Erhitzen vollständig unter Abscheidung von Kohle.

Wasser löst Kohlensäureanhydrid reichlich; bei gewöhnlicher Temperatur und unter gewöhnlichem Drucke absorbirt es ungefähr ein gleiches Volum des Gases. Unter doppeltem und mehrfachem Drucke ist die im Wasser gelöste Menge gleichfalls ein Volum, welche aber das doppelte und mehrfache Gewicht von jenem besitzt. Bei niederer Temperatur löst Wasser noch mehr Kohlensäuregas. Das mit Kohlensäureanhydrid gesättigte Wasser besitzt einen angenehmen schwachsauren Geschmack und reagirt schwach sauer. Beim Kochen und Stehen an der Luft verliert es seinen Gehalt an Kohlensäure. Durch Mischen einer Kohlensäure enthaltenden Flüssigkeit mit anderen Flüssigkeiten, oder durch Auflösen von festen Körpern darin wird das Gas aus der Lösung entwickelt, und schon die Berührung mit unlöslichen festen Körpern, besonders solchen mit grosser Oberfläche bewirkt dieses. In Weingeist ist Kohlensäureanhydrid sehr leicht löslich; 1 Vol. desselben absorbirt bei gewöhnlicher Temperatur und bei gewöhnlichem Drucke 3 Vol. des Gases.

Das Wasser der Kohlensäuerlinge und die mousirenden Getränke sind reich an Kohlensäure, sie schäumen an der Luft, indem sie Kohlensäure verlieren.

Wegen seiner Schwere hält sich Kohlensäureanhydrid in verschlossenen Räumen lange am Boden und kann sich daher in Höhlen, Brunnen und in Gährungskellern in solcher Menge ansammeln, dass es Erstickungen bewirken kann. Man entfernt es durch Lüftung, oder vermittelst Strohbündel, welche mit Kalkmilch getränkt sind.

Die Pflanzen absorbiren und zersetzen Kohlensäure; sie entwickeln Sauerstoff und verwenden den Kohlenstoff zur Bildung kohlenstoffreicherer Producte.

Kohlensäure, $\mathrm{C\Theta(\Theta H)_2}$, ist nicht im freien Zustande bekannt. Man kann sie im kohlensäurehaltigen Wasser annehmen. Sie ist eine zweibasische schwache Säure. Ihre löslichen Metallsalze reagiren alkalisch.

Drittelsaures Ammoniumcarbonat, $\mathrm{2C\Theta_3(NH_4)_2 + C\Theta_2}$, entsteht bei der trocknen Destillation thierischer Stoffe. Man stellt es dar durch Sublimation eines Gemenges von 1 Th. Salmiak und 3 Th. Kreide und Condensation des Sublimats in grossen Bleikammern. Gereinigt wird es durch Resublimation bei niederer Temperatur. Es bildet sehr flüchtige weisse fasrige durchscheinende Massen; riecht und schmeckt stark nach Ammoniak. An der Luft entwickelt es Ammoniak und zerfällt in eine weisse pulverige Masse des sauren Salzes. Löst sich leicht in Wasser, woraus es in Krystallen mit zwei Moleculen Krystallwasser erhalten werden kann. Bei der Behandlung mit kaltem Wasser oder Alkohol spaltet es sich in carbaminsaures Ammonium, welches gelöst wird, und in saures Ammoniumcarbonat, welches ungelöst zurückbleibt:

$$\mathrm{C_3\Theta_8(NH_4)_4 = H_2N\text{-}C\Theta\text{-}\Theta NH_4 + 2H\Theta\text{-}C\Theta\text{-}\Theta NH_4}$$

Drittels. Ammoniumcarbonat.	Carbaminsaures Ammonium	Saures Ammoniumcarbonat.

Es ist das kohlensaure Ammoniak des Handels. Dient zur Darstellung anderer Ammoniumsalze, zum Ausziehen der Flechtenfarbstoffe, und findet Anwendung in der Kuchenbäckerei.

Ammoniumcarbonat, $\text{ЄΘ}_3(\text{NH}_4)_2$, ist nur in Lösung bekannt. Entsteht unter Ammoniakentwicklung beim Kochen der wässrigen Lösung des vorigen Salzes, oder unter Entweichen von Kohlensäure aus dem sauren Ammoniumcarbonat. Ist in der Gasflüssigkeit und im wässrigen Destillate von der trocknen Destillation thierischer Substanzen enthalten. Es entsteht bei der Zersetzung des Urins aus dem Harnstoff desselben unter Aufnahme von Wasser.

Der gefaulte Urin findet Anwendung zum Entschweissen der Wolle, zum Entfetten der Tuche, und zur Fabrikation von Alaun.

Saures Ammoniumcarbonat, HΘ-ЄΘ-Θ-NH_4, entsteht aus dem käuflichen Ammoniumcarbonat durch Verlust von Ammoniak. Findet sich in Krystallen in den Guanolagern Patagoniens. Ist in Wasser löslich; seine Lösung verliert schon bei gewöhnlicher Temperatur, rascher beim Erhitzen Kohlensäure, indem Ammoniumcarbonat entsteht.

Alkohole.

Hierunter versteht man Verbindungen von Wasserresten mit Resten der Kohlenwasserstoffe. Sie lassen sich auf Wasser oder auf Kohlenwasserstoff als Type beziehen; auf Wasser, wenn man annimmt, dass die Hälfte des Wasserstoffs von einem oder mehreren Moleculen Wasser durch einen einwerthigen oder mehrwerthigen Rest eines Kohlenwasserstoffs substituirt sei, oder auf Kohlenwasserstoff, wenn man darin 1, 2, 3 oder mehrere Atome Wasserstoff durch die entsprechende Anzahl Wasserreste ersetzt denkt.

Man hat:

H-ΘH	$\text{ЄH}_3\text{-ΘH}$	$\text{Є}_2\text{H}_5\text{-ΘH}$	$\text{Є}_3\text{H}_7\text{-ΘH}$
Type	Methylalkohol	Aethylalkohol	Propylalkohol.
$\left\{\begin{matrix}\text{H-ΘH}\\ \text{H-ΘH}\end{matrix}\right.$		$\text{Є}_2\text{H}_4\left\{\begin{matrix}\text{ΘH}\\ \text{ΘH}\end{matrix}\right.$	$\text{Є}_3\text{H}_6\left\{\begin{matrix}\text{ΘH}\\ \text{ΘH}\end{matrix}\right.$
Type		Aethylenalkohol	Propylenalkohol.
$\left\{\begin{matrix}\text{H-ΘH}\\ \text{H-ΘH}\\ \text{H-ΘH}\end{matrix}\right.$			$\text{Є}_3\text{H}_5\left\{\begin{matrix}\text{ΘH}\\ \text{ΘH}\\ \text{ΘH}\end{matrix}\right.$
Type			Glycerin.
ЄH_4	$\text{ЄH}_3\text{-ΘH}$		
Type	Methylalkohol		
$\text{Є}_2\text{H}_6$	$\text{Є}_2\text{H}_5\text{-ΘH}$	$\text{Є}_2\text{H}_4(\text{ΘH})_2$	
Type	Aethylalkohol	Aethylenalkohol	
$\text{Є}_3\text{H}_8$	$\text{Є}_3\text{H}_7\text{-ΘH}$	$\text{Є}_3\text{H}_6(\text{ΘH})_2$	$\text{Є}_3\text{H}_5(\text{ΘH})_3$
Type	Propylalkohol	Propylenalkohol	Glycerin.

Einwerthige Alkohole, d. i. solche, welche nur einen Wasserrest enthalten, kennt man eine ganze Anzahl. Die meisten entsprechen den Kohlenwasserstoffen der Formel C_nH_{2n+2}; sie ordnen sich daher der allgemeinen Formel $C^nH_{2n+1}(OH)$ unter. Ihr Siedepunkt steigt um ungefähr 19° für die Zunahme von CH_2 in ihrer Zusammensetzung. Andere entsprechen den ungesättigten Kohlenwasserstoffen; sie sind ungesättigte Alkohole der allgemeinen Formeln $C^nH_{2n-1}(OH)$, $C_nH_{2n-3}(OH)$ u. s. w.

Die mehrwerthigen Alkohole entsprechen ebenfalls zum Theil den gesättigten, zum Theil aber auch den ungesättigten Kohlenwasserstoffen. Alkohole dieser Art sind noch nicht sehr viele bekannt.

Salzartige Verbindungen einiger Alkohole finden sich sehr verbreitet in der Natur, so sind die Oele und Fette Salze des Glycerins; aus diesen Verbindungen gewinnt man die Alkohole, wenn man sie mit einer stärkeren Base behandelt. Andere Alkohole entstehen aus complicirteren Verbindundungen bei der Gährung (Aethylalkohol, Amylalkohol u. a.) oder bei der trocknen Destillation (Methylalkohol).

Aus den Kohlwasserstoffen erhält man Alkohole, wenn man in ihnen Wasserstoffatome durch Haloidatome ersetzt und diese alsdann gegen Wasserreste vertauscht. Letzteres geschicht bisweilen bei der Behandlung der Haloidäther mit Kali- oder Natronhydrat:

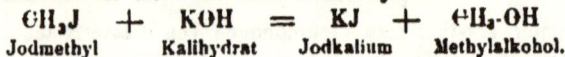

$$\underset{\text{Jodmethyl}}{CH_3J} + \underset{\text{Kalihydrat}}{KOH} = \underset{\text{Jodkalium}}{KJ} + \underset{\text{Methylalkohol.}}{CH_3\text{-}OH}$$

In anderen Fällen muss man aus den Haloidäthern jedoch erst Aether einer Sauerstoffsäure, z. B. der Essigsäure darstellen und hieraus gewinnt man die Alkohole durch Behandlung mit einer stärkeren Base:

$$\underset{\text{Jodäthylen}}{C_2H_4J_2} + \underset{\text{Essigsaures Silber}}{2C_2H_3O_2Ag} = \underset{\text{Jodsilber}}{2AgJ} + \underset{\text{Essigs. Aethylen}}{(C_2H_3O_2)_2C_2H_4}$$

$$\underset{\text{Essigsaures Aethylen}}{(C_2H_3O_2)_2C_2H_4} + \underset{\text{Kalihydrat}}{2KOH} = \underset{\text{Essigs. Kalium}}{2C_2H_3O_2K} + \underset{\text{Aethylenalkohol.}}{C_2H_4(OH)_2}$$

Die ungesättigten Kohlenwasserstoffe lassen sich auch in Alkohole dadurch überführen, dass man sie zunächst an Schwefelsäure bindet und die Producte dann mit Wasser destillirt:

$$\underset{\text{Aethylen}}{C_2H_4} + \underset{\text{Schwefelsäure}}{SO_4H_2} = \underset{\text{Aethylschwefelsäure.}}{SO_4\begin{cases}C_2H_5\\H\end{cases}}$$

$$SO_4\begin{cases}C_2H_5\\H\end{cases} + H_2O = SO_4H_2 + C_2H_5\text{-}OH.$$

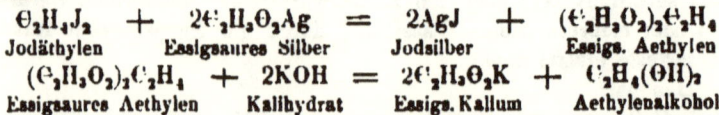

Man kennt flüssige und feste Alkohole; sie sind theils leicht flüchtig, theils nur schwierig verdampfbar; ihr Siedepunkt liegt im Allgemeinen um to tiefer, je einfacher sie zusammengesetzt sind; er steigt sowohl mit dem Kohlenstoffgehalte als auch namentlich mit dem Gehalte an Wasserresten. Sie sind entzündlich, aber in sehr verschiedenen Graden, und sie brennen theils mit wenig leuchtender, theils mit hell leuchtender Flamme. Einige Alkohole mischen sich mit Wasser in allen Verhältnissen, andere nur in beschränkten Verhältnissen und noch andere sind vollständig unlöslich darin. Sie sind leicht löslich in den Kohlenwasserstoffen.

Die Alkohole können leicht in andere Verbindungen übergeführt werden. — Sie entwickeln bei der Behandlung mit einigen Metallen Wasserstoff unter Bildung eigenthümlicher Verbindungen, welche man **Alkoholate** nennt:

$$C_2H_5\text{-}OH + Na = H + C_2H_5\text{-}ONa.$$

Viele geben, wenn sie mit wasserentziehenden Mitteln, mit concentrirter Schwefelsäure, Chlorzink u. s. w. behandelt werden, ungesättigte Kohlenwasserstoffe:

$$C_2H_5\text{-}OH = H_2O + C_2H_4.$$

Bei der Behandlung mit Haloidwasserstoff oder Phosphorhaloid geben sie **Haloidäther**:

$$C_2H_5\text{-}OH + HJ = C_2H_5J + H_2O$$
$$3C_5H_{11}\text{-}OH + PCl_3 = 3C_5H_{11}Cl + PO_3H_3.$$

Viele Alkohole geben bei der Oxydation Aldehyd und Säuren:

$$\underset{\text{Benzylalkohol}}{C_6H_5\text{-}CH_2OH} + O = \underset{\text{Benzaldehyd}}{C_6H_5\text{-}COH} + H_2O$$

$$\underset{\text{Benzylalkohol}}{C_6H_5\text{-}CH_2OH} + O_2 = \underset{\text{Benzoesäure.}}{C_6H_5CO\text{-}OH} + H_2O.$$

Man kennt mehrere isomere Alkohole; die Formel C_3H_8O kommt z. B. zwei verschiedenen Alkoholen zu, dem normalen Propylalkohol der aufgelösten Formel $CH_3\text{-}(CH_2)_2\text{-}OH$ und dem Isopropylalkohol, dessen Constitution durch die Formel $(CH_3)_2\text{-}CH\text{-}OH$ ausgedrückt wird.

Sauerstoffäther.

Hierunter versteht man Verbindungen von Sauerstoff mit Resten der Kohlenwasserstoffe. Sie entstehen, wenn man in den Alkoholen den Wasserstoff der Wasserreste durch Alkoholradicale ersetzt. Zu diesem Zweck kann man Haloidäther und Metallalkoholate auf einander einwirken lassen:

$$\underset{\text{Jodäthyl}}{C_2H_5J} + \underset{\text{Natriumamylat}}{C_5H_{11}\text{-}ONa} = \underset{\text{Jodnatrium}}{NaJ} + \underset{\text{Aethyl-Amyläther.}}{C_2H_5\text{-}O\text{-}C_5H_{11}}$$

Oder man kann Alkohole und Aetherschwefelsäuren erhitzen:

$$C_2H_5\text{-}OH + SO_4\begin{cases}C_2H_5\\H\end{cases} = SO_4H_2 + (C_2H_5)_2O.$$

Man kennt gasförmige, flüssige und feste Aether. Sie sind verdampfbar, leicht entzündlich. Mit Wasser mischen sie sich nur in beschränkten Verhältnissen oder sie sind unlöslich darin.

Beim Erhitzen mit Haloidwasserstoff geben sie Haloidäther und Wasser:

$$\underset{\text{Aethyläther}}{(C_2H_5)_2\Theta} + \underset{\text{Bromwasserstoff}}{2HBr} = \underset{\text{Bromäthyl}}{2C_2H_5Br} + \underset{\text{Wasser.}}{H_2\Theta}$$

Kohlenstoffsäuren.

Diese zahlreiche und wichtige Klasse von Verbindungen steht in sehr naher Beziehung zu den normalen Alkoholen, aus denen sie bei der Einwirkung von Sauerstoff entstehen. Die Alkohole vertauschen hierbei Wasserstoff gegen Sauerstoff:

$$\underset{\text{Methylalkohol}}{CH_3\text{-}\Theta H} + \Theta_2 = H_2\Theta + \underset{\text{Ameisensäure.}}{CH\Theta\text{-}\Theta H}$$

$$\underset{\text{Aethylalkohol}}{C_2H_5\text{-}\Theta H} + \Theta_2 = H_2\Theta + \underset{\text{Essigsäure.}}{C_2H_3\Theta\text{-}\Theta H}$$

Ameisensäure und Essigsäure sind die Anfangsglieder einer grossen Reihe homologer Säuren von denen eine grosse Anzahl fertig gebildet in der Natur vorkommt. Die meisten Oele und Fette sind Glycerinverbindungen von Säuren dieser Reihe. Sie sind einbasische Säuren. Im freien Zustande sind sie flüssig oder fest. Ihr Siedepunkt steigt mit der Zunahme der Moleculargrösse um CH_2 um ungefähr 19°. Sie enthalten zwei Atome Sauerstoff, das eine hiervon als Bestandtheil eines Wasserrestes. Darüber wie das andere Atom Sauerstoff in diesen Säuren enthalten ist gewähren andere Bildungsarten derselben Aufschluss. Säuren dieser Reihe entstehen beispielsweise, wenn man gewisse Haloidäther mit Natrium und Kohlensäureanhydrid behandelt. Essigsäure oder vielmehr ihr Natriumsalz entsteht, wenn hierbei Jodmethyl angewendet wird:

$$\underset{\text{Jodmethyl}}{CH_3J} + 2Na + C\Theta_2 = NaJ + \underset{\text{Essigsaures Natrium.}}{CH_3\text{-}C\Theta_2Na}$$

Hiernach lässt sich die Essigsäure als Kohlensäure, in der ein Wasserrest durch Methyl substituirt ist, betrachten:

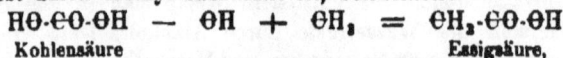

$$\underset{\text{Kohlensäure}}{H\Theta\text{-}C\Theta\text{-}\Theta H} - \Theta H + CH_3 = \underset{\text{Essigsäure,}}{CH_3\text{-}C\Theta\text{-}\Theta H}$$

oder man kann sie als Methylwasserstoff, in dem ein Atom Wasserstoff durch den Rest der Kohlensäure ersetzt ist, ansehen:

$$\underset{\text{Methylwasserstoff}}{C\left\{\begin{matrix}H\\H\\H\\H\end{matrix}\right.} \qquad \underset{\text{Essigsäure.}}{C\left\{\begin{matrix}C\Theta\Theta H\\H\\H\\H\end{matrix}\right.}$$

In ähnlicher Weise lässt sich in allen anderen Kohlenstoffsäuren Kohlensäurerest als Radical annehmen.

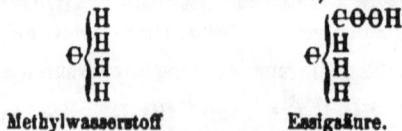

In der folgenden Tabelle sind die Beziehungen einiger Säuren zu den entsprechenden Alkoholen und Kohlenwasserstoffen, welche sich nach den dargelegten Verhältnissen ergeben, dargestellt.

Kohlenwasserstoffe.	Alkohole.	Säuren.
HCH_3 Methylwasserstoff	$H\text{-}CH_2\text{-}OH$ Methylalkohol	$H\text{-}CO\text{-}OH$ Ameisensäure
$CH_3\text{-}CH_3$ Aethylwasserstoff	$CH_3\text{-}CH_2\text{-}OH$ Aethylalkohol	$CH_3\text{-}CO\text{-}OH$ Essigsäure
$CH_3\text{-}CH_2\text{-}CH_3$ Propylwasserstoff	$CH_3\text{-}CH_2\text{-}CH_2\text{-}OH$ Propylalkohol	$CH_3\text{-}CH_2\text{-}CO\text{-}OH$ Propionsäure
$CH_3\text{-}(CH_2)_2\text{-}CH_3$ Butylwasserstoff	$CH_3\text{-}(CH_2)_2\text{-}CH_2\text{-}OH$ Butylalkohol	$CH_3\text{-}(CH_2)_2\text{-}CO\text{-}OH$ Buttersäure
$CH_3\text{-}(CH_2)_3\text{-}CH_3$ Amylwasserstoff	$CH_3\text{-}(CH_2)_3\text{-}CH_2\text{-}OH$ Amylalkohol	$CH_3\text{-}(CH_2)_3\text{-}CO\text{-}OH$ Valeriansäure
$CH_3\text{-}(CH_2)_4\text{-}CH_3$ Hexylwasserstoff	$CH_3\text{-}(CH_2)_4\text{-}CH_2\text{-}OH$ Capronalkohol	$CH_3\text{-}(CH_2)_4\text{-}CO\text{-}OH$ Capronsäure
$CH_3(CH_2)_5\text{-}CH_3$ Heptylwasserstoff		$CH_3\text{-}(CH_2)_5\text{-}CO\text{-}OH$ Oenanthsäure
$CH_3\text{-}(CH_2)_6\text{-}CH_3$ Octylwasserstoff	$CH_3\text{-}(CH_2)_6\text{-}CH_2\text{-}OH$ Caprylalkohol	$CH_3\text{-}(CH_2)_6\text{-}CO\text{-}OH$ Caprylsäure
$CH_3\text{-}(CH_2)_7\text{-}CH_3$ Nonnylwasserstoff		$CH_3\text{-}(CH_2)_7\text{-}CO\text{-}OH$ Pelargonsäure.

Den ungesättigten Kohlenwasserstoffen und Alkoholen entsprechen ungesättigte Säuren:

C_3H_6 Propylen	$C_3H_5\text{-}OH$ Allylalkohol	$C_2H_3\text{-}CO\text{-}OH$ Acrylsäure.

Die mehrwerthigen Alkohole geben bei der Oxydation öfters mehrere Säuren, so gibt Aethylenalkohol oder Glycol zwei Säuren:

$$\underset{\text{Glycol}}{C_2H_4(OH)_2} + O_2 = H_2O + \underset{\text{Glycolsäure}}{C_2H_2O(OH)_2}$$

$$\underset{\text{Glycol}}{C_2H_4(OH)_2} + 2O_2 = 2H_2O + \underset{\text{Oxalsäure.}}{C_2O_2(OH)_2}$$

In vielen Säuren kann man ein, zwei oder mehrere Atome Wasserstoff durch eine gleiche Anzahl Haloidatome substituiren, so erhält man beispielsweise bei der Einwirkung von Chlor auf Essigsäure drei Chloressigsäuren:

$$CH_2Cl\text{-}CO\text{-}OH,\ CHCl_2\text{-}CO\text{-}OH \text{ und } CCl_3\text{-}CO\text{-}OH.$$

Oetters lassen sich die Haloidatome solcher substituirter Säuren gegen Wasserreste vertauschen:

$$\mathrm{Cl\text{-}H_2C\text{-}C\Theta_2H} \quad + \quad \mathrm{K\Theta H} \quad = \quad \mathrm{KCl} \quad + \quad \mathrm{H\Theta\text{-}H_2C\text{-}C\Theta_2H}$$

Monochloressigsäure — Glycolsäure

$$\mathrm{Br_2\text{-}C_2H_2\text{-}(C\Theta_2H)_2} \quad + \quad \mathrm{2Ag\Theta H} \quad = \quad \mathrm{2AgBr} \quad + \mathrm{(H\Theta)_2\text{-}C_2H_2\text{-}(C\Theta_2H)_2}$$

Bibrombernsteinsäure — Weinsäure.

Hierdurch characterisiren sich Glycolsäure und Weinsäure als Verbindungen von Kohlensäureresten und Alkoholresten, also als Alkoholsäure.

Oxalsäure, Bibrombernsteinsäure und Weinsäure enthalten je zwei Kohlensäurereste; sie sind daher zweibasische Säure:

Man kennt eine grössere Anzahl Alkoholsäuren und mehrbasischer Säuren; sie zeigen mannigfaltige Verhältnisse.

Aether der Sauerstoffsäuren.

Verbindungen dieser wichtigen Klasse finden sich sehr verbreitet im Pflanzen- und Thierreiche. Hierzu gehören namentlich die Oele und Fette, welche Glycerinäther einer grösseren Anzahl von Säuren sind, dann die Wachsarten, der Wallrath und ferner viele flüchtige und riechende Producte des organischen Lebens. Verbindungen dieser Art erhält man auf sehr verschiedene Weise, öfters schon beim blossen Vermischen der Säuren und Alkohole:

$$\mathrm{S\Theta_4H_2} \quad + \quad \mathrm{C_2H_5\text{-}\Theta H} \quad = \quad \mathrm{S\Theta_4}\left\{\begin{matrix}\mathrm{C_2H_5}\\ \mathrm{H}\end{matrix}\right. \quad + \quad \mathrm{H_2\Theta},$$

Schwefelsäure — Aethylalkohol — Aethylschwefelsäure

oder wenn man das Gemisch von Säure und Alkohol einer höheren Temperatur aussetzt:

$$\mathrm{C_{18}H_{35}\Theta\text{-}\Theta H} \quad + \quad \mathrm{C_3H_5(\Theta H)_3} \quad = \quad \mathrm{C_3H_5}\left\{\begin{matrix}\mathrm{\Theta\text{-}\Theta H_{35}C_{18}}\\ \mathrm{(\Theta H)_2}\end{matrix}\right. \quad + \quad \mathrm{H_2\Theta}$$

Stearinsäure — Glycerin — Monostearin

$$\mathrm{2C_{18}H_{35}\Theta\text{-}\Theta H} \quad + \quad \mathrm{C_3H_5(\Theta H)_3} \quad = \quad \mathrm{C_3H_5}\left\{\begin{matrix}\mathrm{(\Theta\text{-}\Theta H_{35}C_{18})_2}\\ \mathrm{\Theta H}\end{matrix}\right. \quad + \quad \mathrm{2H_2\Theta}$$

Distearin

$$\mathrm{3C_{18}H_{35}\Theta\text{-}\Theta H} \quad + \quad \mathrm{C_3H_5(\Theta H)_3} \quad = \quad \mathrm{C_3H_5(\Theta\text{-}\Theta H_{35}C_{18})_3} \quad + \quad \mathrm{3H_2\Theta}.$$

Tristearin

Diese wenigen Beispiele zeigen, dass man saure, basische und neutrale Aether kennt. Sie sind in ihren physikalischen Eigenschaften sehr verschieden; theils sind sie flüssig, theils fest; theils mehr oder weniger flüchtig, theils nicht flüchtig ohne Zersetzung zu erleiden. Viele besitzen Geruch und Geschmack, andere sind geruch- und geschmacklos. Characteristisch für diese Verbindungen ist ihr Verhalten gegen stärkere Basen und gegen stärkere Säuren. Hierdurch werden sie nämlich ganz so wie andere Salze zersetzt.

Bei den Aethern der Sauerstoffsäuren finden sich zahlreiche Isomerien; in vielen Fällen sind sie auch isomer mit Säuren. So sind ameisensaures Aethyl, essigsaures Methyl und Propionsäure isomer; sie sind nach der Formel $C_3H_6O_2$ zusammengesetzt; ihre Bestandtheile sind aber in verschiedener Weise gruppirt und sie besitzen verschiedene physikalische und verschiedene chemische Eigenschaften.

Die aufgelösten Formeln dieser isomeren Verbindungen sind:

$$\left.\begin{matrix} H\text{-}CO \\ H_3C\text{-}CH_2 \end{matrix}\right\} O \qquad \left.\begin{matrix} H_3C\text{-}CO \\ CH_3 \end{matrix}\right\} O \qquad \left.\begin{matrix} H_3C\text{-}CH_2\text{-}CO \\ H \end{matrix}\right\} O$$

Ameisensaures Aethyl — Essigsaures Methyl — Propionsäure.

Ameisensaures Aethyl siedet bei 55°; sein spec. Gw. beträgt bei 0° 0,9394; beim Kochen mit Natronlauge gibt es Aethylalkohol und ameisensaures Natrium:

$$HCO\text{-}O\text{-}C_2H_5 + NaOH = C_2H_5\text{-}OH + HCO\text{-}ONa$$

Ameisensaures Aethyl — Aethylalkohol — Ameisensaures Natrium.

Essigsaures Methyl siedet bei 58°, besitzt bei 0° das spec. Gw. 0,9328 und gibt beim Kochen mit Natronlauge Methylalkohol und essigsaures Natrium:

$$C_2H_3O\text{-}O\text{-}CH_3 + NaOH = CH_3\text{-}OH + C_2H_3O\text{-}ONa$$

Essigsaures Methyl — Methylalkohol — Essigsaures Natrium.

Propionsäure siedet bei 139°, besitzt bei 0° das spec. Gw. 1,0161 und gibt beim Kochen mit Natronlauge Wasser und propionsaures Natrium:

$$C_3H_5O\text{-}OH + NaOH = H\text{-}OH + C_3H_5O\text{-}ONa$$

Propionsäure — Propionsaures Natrium.

Schwefelverbindungen des Kohlenstoffs.

Kohlenstoff und Schwefel verbinden sich direct zu Schwefelkohlenstoff CS_2, welcher dem Anhydrid der Kohlensäure entspricht. In seinen Verbindungen mit Kohlenstoff zeigt der Schwefel insbesondere die grosse Analogie seiner chemischen Natur mit derjenigen des Sauerstoffs. — Seine Quadrivalenz offenbart sich in der entschiedensten Weise durch einige Verbindungen mit Alkoholradicalen.

Schwefelkohlenstoff. CS_2.

Moleculargewicht 76. Dampfdichte 38.

Darstellung. Man leitet Schwefeldampf über stark glühende Kohle welche sich in irdenen Cylindern befindet, oder destillirt gewisse Schwefelmetalle (Grauspiessglanzerz, Schwefelkies) mit Kohle und kühlt das Product gut ab. Durch Waschen mit Lösungen von Metallsalzen wird er von gleichzeitig entstandenem Schwefelwasserstoff und durch Rectification aus dem Wasserbade von gelöstem Schwefel getrennt.

Eigenschaften. Farblose sehr dünne stark lichtbrechende Flüssigkeit, welche durchdringend und eigenthümlich riecht und schädlich wirkt. Siedet bei 48°, besitzt bei 15° das spec. Gw. 1,272. Ist unlöslich in Wasser. Sehr leicht entzündlich, verbrennt mit blauer Flamme und unter starker Wärmeentwicklung. Bildet mit Sauerstoff ein sehr heftig detonirendes Gemisch, bei dessen Verbrennung 2 Vol. Kohlensäureanhydrid und 4 Vol. Schwefligsäureanhydrid entstehen:

$$CS_2 + 3O_2 = CO_2 + 2\,SO_2.$$

Schwefelkohlenstoff löst Brom, Jod, Schwefel, Phosphor und viele organische Verbindungen, z. B. die Fette, auf; er erweicht Kautschuck. Er verbindet sich mit den Schwefelverbindungen der Metalle zu Salzen, welche Sulphocarbonate genannt werden:

CS_2	+	K_2S	=	$CS(SK)_2$
		Schwefelkalium		Kaliumsulphocarbonat.

Aus den löslichen Sulphocarbonaten entstehen durch Fällung mit geeigneten Salzen unlösliche Sulphocarbonate, durch deren Zersetzung man die freie Säure erhält:

$CS(S_2Pb)$	+	H_2S	=	PbS	+	$CS(SH)_2$
Sulphocarbonsaures Blei						Sulphocarbonsäure.

Die Sulphocarbonsäure entspricht der im freien Zustande nicht bekannten Kohlensäure, $CO(OH)_2$.

Lässt man auf Schwefelkohlenstoff eine Lösung von Ammoniumsulphhydrür und Ammoniak einwirken, so entsteht Ammoniumsulphcarbonat:

$$CS_2 + NH_4SH + NH_3 = CS_3(NH_4)_2.$$

Hierbei wendet man, um die Mischung zu befördern, etwas Oel, welches mit wässriger ammoniakalischer Lösung eine Emulsion bildet, oder weingeistige Lösungen an.

Schwefelkohlenstoff findet zum Extrahiren von Oel und anderen Stoffen Anwendung.

Schwefelakohole.

Verbindungen dieser Klasse entstehen bei der Einwirkung von Haloidäther auf die Sulphhydrüre der Metalle:

C_2H_5J	+	KSH	=	KJ	+	$C_2H_5\text{-}SH$
Jodäthyl		Kaliumsulphhydrür				Aethylsulphhydrür
$C_2H_4Br_2$	+	$2KSH$	=	$2KBr$	+	$C_2H_4(SH)_2$
Bromäthylen						Aethylensulphhydrür.

Die Schwefelalkohole vertauschen leichter als die entsprechenden Sauerstoffverbindungen Wasserstoff gegen Metall; sie setzen sich namentlich leicht mit Quecksilberoxyd um und daher werden sie auch als **Mercaptane** bezeichnet.

Man hat:

$$2C_2H_5\text{-}SH + HgO = (C_2H_5S)_2Hg + H_2O.$$

Bei der Oxydation gehen sie in Sulphäthersäuren über:

$$\underset{\text{}}{C_2H_5\text{-}SH} + 3O = \underset{\text{Sulphäthylsäure.}}{C_2H_5\text{-}SO_2\text{-}OH}$$

$$C_2H_4(SH)_2 + 6O = \underset{\text{Sulphäthylensäure.}}{C_2H_4(SO_2\text{-}OH)_2}$$

Diese Säuren lassen sich als Schwefelsäuren ansehen, deren Wasserreste zur Hälfte durch Kohlenwasserstoffe substituirt sind:

$$\underset{\text{Schwefelsäure}}{HO\text{-}SO_2\text{-}OH} - OH + \underset{\text{Aethyl}}{C_2H_5} = \underset{\text{Sulphäthyläure.}}{C_2H_5SO_2\text{-}OH}$$

Schwefeläther.

Entstehen bei der Einwirkung von Haloidäther auf Schwefelmetalle:

$$\underset{\text{Jodäthyl}}{2C_2H_5J} + \underset{\text{Schwefelkalium}}{K_2S} = 2KJ + \underset{\text{Schwefeläthyl.}}{(C_2H_5)_2S}$$

Sie vereinigen sich direct mit Haloidäther:

$$\underset{\text{Schwefeläthyl}}{(C_2H_5)_2\overset{2}{S}} + C_2H_5J = \underset{\text{Triäthylsulphinjodür.}}{(C_2H_5)_3\overset{4}{S}J}$$

Das Jod des Triäthylsulphinjodürs lässt sich durch einen Wasserrest ersetzen, wodurch eine alkalisch reagirende Substanz, eine Base, erhalten wird.

Stickstoffverbindungen des Kohlenstoffs.

Stickstoff und Kohlenstoff lassen sich ohne Mitwirkung anderer Körper nicht direct vereinigen. Sie verbinden sich aber unter sehr verschiedenen Verhältnissen, wenn sie sich gleichzeitig mit anderen Stoffen verbinden können, zu einem sehr merkwürdigen Körper welchen man **Cyan** nennt und dessen Verbindungen mit den entsprechenden Verbindungen des Chlors grosse Aehnlichkeit zeigen.

Cyanverbindungen finden sich fertig gebildet unter den Producten des Lebensprocesses der Pflanzen und Thiere. Man gewinnt solche aus den complicirteren Stickstoff und Kohlenstoff enthaltenden Verbindungen des thierischen Körpers durch Schmelzen derselben mit Kaliumcarbonat, wobei sich Cyankalium bildet. Cyankalium entsteht auch, wenn ein inniges Gemenge von Kaliumcarbonat und Kohle in einem Strome von Stickstoffgas einer starken Weissglühhitze ausgesetzt wird. Hierbei verbindet sich aller Sauerstoff des Carbonats mit Kohlenstoff zu Kohlenoxyd, während das Metall mit Kohlenstoff und Stickstoff Cyanmetall bildet:

$$\underset{\text{Kaliumcarbonat}}{\mathrm{CO_3K_2}} + 3\mathrm{C} + \mathrm{N} = 3\mathrm{CO} + \underset{\text{Cyankalium.}}{\mathrm{KCN}}$$

Cyankalium bildet sich auf diese Weise in den Eisenhochhöfen. Natriumverbindungen verhalten sich gegen Kohlenstoff und Stickstoff wie die Kaliumverbindungen und daher finden sich Cyanverbindungen in der rohen Schmelze bei der Fabrikation von Soda aus Natriumsulphat, Kalk und Kohle. — Cyanbarium, $\mathrm{(NC)_2Ba}$, entsteht, wenn ein inniges Gemenge von Bariumcarbonat und Kohle in einem Strome von Stickstoff geglüht wird. — Cyanammonium bildet sich neben Grubengas, wenn Ammoniak mit glühender Kohle zusammentrifft:

$$4\mathrm{NH_3} + 3\mathrm{C} = 2\mathrm{NC\text{-}NH_4} + \mathrm{CH_4}.$$

Es entsteht bei der Gasfabrikation und kann aus den Substanzen, welche zur Reinigung des Gases dienen, gewonnen werden.

Cyanverbindungen entstehen ferner, wenn Oxyde oder Säuren des Stickstoffs durch Kohle bei Gegenwart gewisser Metalle reducirt werden, so beim Glühen eines Gemenges von Salpeter und Weinstein. Cyanwasserstoff bildet sich bei der Oxydation organischer Körper durch Salpetersäure.

Schwefelcyanammonium wird erhalten, wenn man Ammoniumsulphcarbonat auf 90 bis 100° erhitzt:

$$\mathrm{CS(SNH_4)_2} = 2\mathrm{H_2S} + \mathrm{NC\text{-}S\text{-}NH_4}.$$

Cyan, Dicyan. $\mathrm{(CN)_2} = \mathrm{Cy_2}$.

Moleculargewicht 52. Gasdichte 26.

Darstellung. Man erhält es, wenn man Cyanquecksilber erhitzt:[1])

$$\mathrm{Hg(CN)_2} = \mathrm{Hg} + \mathrm{(CN)_2},$$

oder wenn man Ammoniumoxalat mit Phosphorsäureanhydrid erhitzt, wobei Phosphorsäure und Dicyan entstehen:

$$3\mathrm{C_2O_2(ONH_4)_2} + 4\mathrm{P_2O_5} = 8\mathrm{PO_4H_3} + 3\mathrm{(CN)_2}.$$

Eigenschaften. Es ist ein farbloses Gas von eigenthümlichem durchdringendem Geruch. Entzündlich und verbrennt mit purpurrother Flamme zu Kohlensäureanhydrid unter Abscheidung des Stickstoffs:

$$\mathrm{(CN)_2} + 2\mathrm{O_2} = 2\mathrm{CO_2} + \mathrm{N_2}.$$

---

[1]) Hierbei erleidet ein Theil des Cyans eine eigenthümliche Umwandlung in einen dunkelbraunen lockeren Körper (Paracyan), welcher die Bestandtheile des Cyans in demselben relativen Verhältnisse enthält und sich bei Glühhitze in Cyangas zersetzt.

Durch Compression auf etwa $^1/_5$ seines Volums oder durch Abkühlung auf — 18° wird Dicyan in eine farblose bei — 40° erstarrende Flüssigkeit übergeführt. Wasser löst $4^1/_2$ Vol. Cyangas und daher fängt man es nicht über Wasser, sondern über Quecksilber auf. Die wässrige Lösung zersetzt sich rasch unter Bildung dunkelgefärbter Producte. Glühendes Eisen zersetzt das Cyan in Kohlenstoff und Stickstoff. Beim Einleiten in kalte Kalilauge bildet es cyansaures Kalium und Cyankalium; es verhält sich hierbei in analoger Weise wie Chlor, welches unterchlorigsaures Kalium und Chlorkalium gibt:

$$Cl_2 + 2K\Theta H = \underset{\text{Unterchlorigsaures Kalium}}{Cl\Theta K} + KCl + H_2\Theta$$

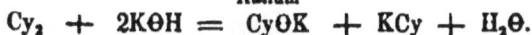

$$Cy_2 + 2K\Theta H = \underset{\text{Cyansaures Kalium}}{Cy\Theta K} + KCy + H_2\Theta.$$

Bringt man Cyan mit kochender Kalilauge zusammen, so entstehen Kaliumoxalat und Ammoniak:

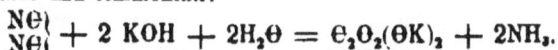

$$\left.\begin{matrix} N\Theta \\ N\Theta \end{matrix}\right\} + 2\ KOH + 2H_2\Theta = \Theta_2O_2(\Theta K)_2 + 2NH_3.$$

Die Bildung des Dicyans bei der Zersetzung des Ammoniumoxalats und seine Umwandlung in Oxalsäure und Ammoniak zeigen, dass die beiden Kohlenstoffatome direct darin verbunden sind.

Cyanwasserstoffsäure, Blausäure. NΘ-H.

Moleculargewicht 27. Dampfdichte 13,5.

Bildet sich bei der Zersetzung der Cyanmetalle durch verdünnte Säuren, bei der Oxydation gewisser organischer Körper durch Kochen mit Salpetersäure, wobei diese den Stickstoff der Blausäure liefert, dann auch beim Erhitzen von ameisensaurem Ammonium:

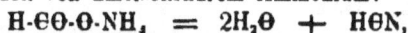

$$H\text{-}\Theta\Theta\text{-}\Theta\text{-}NH_4 = 2H_2\Theta + H\Theta N,$$

und bei anderen Zersetzungen.

Zu ihrer Darstellung übergiesst man in einer Retorte 10 Th. Blutlaugensalz in kleinen Stücken mit einem erkalteten Gemisch aus 7 Th. Schwefelsäure und 14 Th. Wasser und destillirt. Das wohlabgekühlte Destillat fängt man in einer Flasche, welche geschmolzenes und gepulvertes Chlorcalcium enthält, auf, und rectificirt bei niederer Temperatur aus dem Wasserbade. Zur Darstellung von verdünnter Säure leitet man das erste Destillat direct in kaltes Wasser.

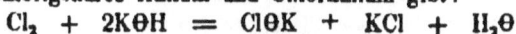

Eigenschaften. Eine farblose Flüssigkeit von starkem eigenthümlichem Geruch. Genossen, durch eine Wunde in Berührung mit dem Blute gebracht oder als Dampf eingeathmet, wirkt sie höchst giftig und daher ist bei ihrer Darstellung die höchste Vorsicht anzuwenden. Sie siedet bei 27°, erstarrt bei — 15°, und besitzt bei 2,8° das spec. Gw. 0,706. Mischt sich mit Wasser und Alkohol in allen Verhältnissen. Verbrennt mit purpurrother Flamme zu Wasser und einem Gasgemenge von Kohlensäureanhydrid und Stickstoff:

$$2\,H\text{-}\Theta N + 5\Theta = H_2O + 2\Theta\Theta_2 + N_2.$$

Sie zersetzt sich unter Wärmeentwicklung rasch von selbst, indem dunkelgefärbte Producte enstehen. Zusatz der geringsten Menge einer stärkeren Säure macht sie haltbarer. In der verdünnten Säure bildet sich ameisensaures Ammonium, welches auch entsteht, wenn die Säure mit einer stärkeren Säure oder mit alkalischer Lauge erhitzt wird:

$$H\text{-}\Theta N + 2H_2\Theta = \underset{\text{Ameisensaures Ammonium.}}{H\text{-}\Theta\Theta_2\text{-}NH_4}$$

Mit den Basen und Metalloxyden bildet sie Wasser und Cyanmetalle:

$$N\Theta H + K\Theta H = H_2\Theta + \underset{\text{Cyankalium.}}{N\Theta K}$$

$$2N\Theta H + \underset{\text{Quecksilberoxyd}}{Hg\Theta} = H_2\Theta + \underset{\text{Cyanquecksilber.}}{(N\Theta)_2Hg}$$

Mischt man zu einer blausäurehaltigen Lösung etwas Eisenoxydul- und Eisenoxydlösung, setzt dann etwas Natronlauge hinzu und säuert endlich mit Salzsäure an, so bleibt ein blauer Niederschlag von Berlinerblau ungelöst. Dieses Verhalten dient zum Erkennen der Blausäure. Ihre Anwesenheit kann man auch durch die Bildung einer blutrothen Lösung von Schwefelcyaneisen feststellen; dieses entsteht, wenn man ihre wässrige oder alkoholische Lösung mit etwas gelber Schwefelammoniumflüssigkeit versetzt, zum Verdampfen des überschüssigen Schwefelammoniums mässig erhitzt, und dann etwas Eisenchlorid hinzufügt.

Eine empfindliche Methode der Prüfung auf Stickstoff beruht darauf, dass wasserfreie stickstoff- und kohlenstoffhaltige Körper beim Erhitzen mit Natrium Cyannatrium bilden, welches wie oben angegeben ist, erkannt werden kann.

Quantitativ bestimmt man die Blausäure, welche zur Bildung von Cyankalium mit Kalilösung versetzt ist, durch Zusatz einer Silbernitratlösung von bekanntem Gehalte bis ein bleibender Niederschlag entsteht. Hierbei bildet sich zunächst lösliches Cyansilberkalium, AgCy,CyK, welches durch weiteren Zusatz von Silberlösung zersetzt wird, wobei unlösliches Cyansilber entsteht. Das Entstehen eines bleibenden Niederschlags zeigt an, dass alles Cyan in das lösliche Doppelsalz übergeführt worden ist und jedem Atom Silber, welches bis zur bleibenden Trübung zugesetzt ist, entsprechen zwei Molecule Blausäure.

Cyanäther.

Verbindungen dieser Klasse entstehen, wenn Haloidäther auf Cyanmetalle einwirken:

$$\Theta H_3J + K\Theta N = KJ + N\Theta\text{-}\Theta H_3$$
Methyljodür — Cyanmethyl

$$\Theta_2H_5J + K\Theta N = KJ + N\Theta\text{-}\Theta_2H_5$$
Aethyljodür — Cyanäthyl

$$\Theta_2H_4Br_2 + 2K\Theta N = 2KBr + (N\Theta)_2\Theta_2H_4$$
Aethylenbromür — Cyanäthylen.

Cyanmethyl entsteht auch beim Erhitzen von essigsaurem Ammonium mit Phosphorsäureanhydrid; Cyanäthyl, wenn propionsaures Ammonium ebenso behandelt wird:

$$\Theta H_3\text{-}\Theta\Theta_2\text{-}NH_4 = 2H_2O + \Theta H_3\text{-}\Theta N$$
Essigsaures Ammonium — Methylcyanür

$$\Theta_2H_5\text{-}\Theta\Theta\text{-}NH_4 = 2H_2\Theta + \Theta_2H_5\text{-}\Theta N$$
Propionsaures Ammonium — Aethylcyanür.

Die Cyanäther entsprechen der Cyanwasserstoffsäure. Ihr Verhalten beim Kochen mit Natriumlauge ist analog demjenigen dieser Verbindung und demjenigen des Dicyans:

$$H\text{-}\Theta N + NaOH + H_2\Theta = NH_3 + H\text{-}\Theta\Theta_2Na$$
Cyanwasserstoff — Ameisensaures Natrium

$$H_3C\text{-}\Theta N + Na\Theta H + H_2\Theta = NH_3 + H_3\Theta\text{-}\Theta\Theta_2Na$$
Cyanmethyl — Essigsaures Natrium

$$(\Theta N)_2 + 2Na\Theta H + 2H_2O = 2NH_3 + \Theta_2\Theta_2(\Theta Na)_2$$
Dicyan — Oxals. Natrium.

$$\Theta_2H_4(\Theta N)_2 + 2Na\Theta H + 2H_2O = 2NH_3 + \Theta_2H_4(\Theta\Theta_2Na)_2$$
Cyanäthylen — Bernsteins Natrium.

Hierbei erleiden die Reste ΘN in allen Fällen in gleicher Weise Zersetzung; ihr Stickstoff verbindet sich mit Wasserstoff zu Ammoniak, während sich ihr Kohlenstoff mit Sauerstoff und Natrium in Reste von Natriumcarbonat ($\Theta\Theta$-ΘNa) verwandelt.

Chlorcyan.

Man kennt drei Verbindungen von Cyan und Chlor; die eine ist bei gewöhnlicher Temperatur gasförmig, eine andere flüssig und die dritte fest.

Das gasförmige Chlorcyan, CyCl, entsteht, wenn in Wasser, in welchem Cyanquecksilber gelöst und suspendirt ist, Chlor geleitet wird. Ueberschüssiges Chlor entfernt man durch Quecksilber und das Chlorcyan treibt man durch Erwärmen aus. Es ist ein farbloses die Augen stark angreifendes sehr giftiges Gas, welches sich bei — 18° zu farblosen Krystallen verdichtet. Die Krystalle schmelzen bei — 15° und bilden eine bei — 12° siedende Flüssigkeit. Es bildet mit Kalilauge cyansaures Kalium, Chlorkalium und Wasser:

$$NΘ\text{-}Cl + 2KΘH = NΘ\text{-}ΘK + KCl + H_2Θ;$$

mit Ammoniak Cyanamid und Salmiak:

$$NΘ\text{-}Cl + 2NH_3 = NC\text{-}NH_2 + NH_4Cl.$$

Flüssiges Chlorcyan, CyCl, entsteht, wenn Chlorgas in kaltgehaltene wässrige Blausäure geleitet wird. Es ist eine farblose, wie das gasförmige Chlorcyan riechende Flüssigkeit, welche bei 16° siedet und bei — 7° krystallinisch erstarrt.

Festes Chlorcyan, Cy_3Cl_3 entsteht unter Wärmeentwicklung, wenn man Chlorgas zu wasserfreier Blausäure oder zu einer ätherischen Lösung derselben leitet. Es bildet glänzende Blättchen oder Nadeln von scharfem Geruch nach Mäusen. Schmilzt bei 140° zu einer bei 190° siedenden Flüssigkeit. Setzt sich mit Wasser in Cyanursäure und Salzsäure:

$$Cy_3Cl_3 + 3HΘH = 3HCl + \underset{\text{Cyanursäure.}}{Cy_3(ΘH)_3}$$

Brom- und *Jodcyan*. Cyan bildet mit Brom und Jod Verbindungen, welche dem gasförmigen Chlorcyan entsprechen; man erhält sie durch Erhitzen der Haloide mit Cyankalium oder Cyanquecksilber. Sie sind krystallinische flüchtige Verbindungen.

Cyansäure.

Ihre Salze entstehen bei der Einwirkung von Dicyan oder Chlorcyan auf kalte kaustische Laugen:

$$Cy_2 + 2NaΘH = CyΘNa + CyNa + H_2Θ$$
$$CyCl + 2NaΘH = CyΘNa + ClNa + H_2Θ.$$

Cyansaures Kalium bildet sich auch, wenn man Cyankalium an der Luft schmilzt, oder wenn man es durch Bleioxyd oxydirt:

$$\underset{\text{Cyankalium}}{CyK} + Θ = \underset{\text{Cyansaures Kalium.}}{CyΘK}$$

Die freie Säure lässt sich unzersetzt nicht aus ihren Salzen abscheiden. Man gewinnt sie durch Destillation von Cyanursäure. Eine farblose stark riechende die Augen angreifende Flüssigkeit, welche auf der Haut augenblicklich schmerzhafte Entzündung bewirkt. Sie ist nur unterhalb 0° oder in wasserfreiem Aether gelöst beständig. Im reinen Zustande verwandelt sie sich bei gewöhnlicher Temperatur unter Erwärmung in eine feste weisse geschmack- und geruchlose isomere oder polymere Verbindung, welche in Wasser unlöslich ist, und bei der trocknen Destillation wieder in Cyansäure übergeht. Sie zersetzt sich mit Wasser in Ammoniumcarbonat und Kohlensäureanhydrid. Von ihren Salzen ist dasjenige des Ammoniums besonders merkwürdig weil es sich äusserst leicht in den isomeren Harnstoff verwandelt. Man gewinnt cyansaures Ammonium durch Mischen der Lösungen von cyansaurem Kalium und schwefelsaurem Kalium in aequivalenten Mengen:

$$2Cy\Theta K + S\Theta_4(NH_4)_2 = S\Theta_4K_2 + 2Cy\Theta\text{-}NH_4.$$

Seine Lösung enthält nach kurzem Stehen oder nach dem Erwärmen Harnstoff; sie entwickelt nun bei Zusatz von Säure nicht mehr Kohlensäureanhydrid, oder bei Zusatz von Natronlauge nicht mehr Ammoniak.

Dicyansäure, $Cy_2(\Theta H)_2$, entsteht aus Cyanharnstoff, welcher sich bei der Einwirkung von Jodcyan auf Harnstoff bildet, wenn er mit salpetriger Säure behandelt wird:

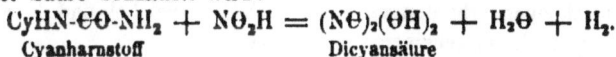

$$\underset{\text{Cyanharnstoff}}{CyHN\text{-}C\Theta\text{-}NH_2} + N\Theta_2H = \underset{\text{Dicyansäure}}{(N\Theta)_2(\Theta H)_2} + H_2\Theta + H_2.$$

Krystallisirt in monoklinometrischen Prismen, zerfällt beim Kochen mit alkalischen Laugen in Kohlensäure und Ammoniak, und verwandelt sich beim Erhitzen in Cyansäure. Bildet saure und neutrale Salze.

Cyanursäure, $Cy_3(OH)_3$ dieses dritte polymere Oxyhydrür des Cyans entsteht beim Kochen von Wasser mit festem Chlorcyan:

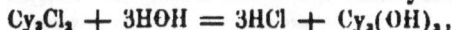

$$Cy_3Cl_3 + 3H\Theta H = 3HCl + Cy_3(OH)_3,$$

und ferner beim Erhitzen von Harnstoff. Krystallirt in farblosen rhombischen wasserhaltigen Prismen, $Cy_3(OH)_3$, 2 $H_2\Theta$, welche in kaltem Wasser zu einer schwach sauren Flüssigkeit schwer löslich sind, und welche an der Luft unter Verlust des Wassers verwittern. Verwandelt sich bei der trocknen Destillation in Cyansäure. Bildet drei Reihen Salze. Gibt mit Phosphorchlorid festes Chlorcyan.

Schwefelcyanwasserstoffsäure, $CySH$. Schwefelcyanmetalle bilden sich bei der Einwirkung von Schwefel auf Cyanmetalle. Man erhält Schwefelcyankalium, wenn man Cyankalium mit Schwefel zusammen schmilzt oder seine Lösung mit Schwefel kocht:

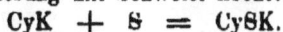

$$CyK + S = CySK.$$

Schwefelcyanammonium bildet sich beim Erhitzen der gemischten alkoholischen Lösungen von Schwefelkohlenstoff und Ammoniak:

$$CS_2 + 3NH_3 = Cy\text{-}SNH_4 + NH_4SH.$$

Verdünnte Schwefelcyanwasserstoffsäure erhält man durch Destillation eines Schwefelcyanmetalles mit verdünnter Schwefelsäure:

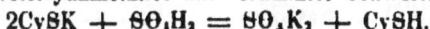

$$2CySK + S\Theta_4H_2 = S\Theta_4K_2 + CySH.$$

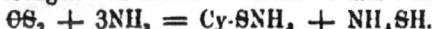

Wasserfreie Schwefelcyanwasserstoffsäure wird bei der Einwirkung von Schwefelwasserstoff oder Chlorwasserstoff auf trocknes Schwefelcyanquecksilber, welches beim Vermischen der Lösungen von Schwefelcyankalium und eines Quecksilberoxydsalzes gefällt wird, erhalten.

Schwefelcyanwasserstoff ist eine farblose dickliche Flüssigkeit; erstarrt in der Kälte und erleidet leicht Zersetzung; ist löslich in Wasser, riecht der Essigsäure ähnlich, schmeckt sauer und wirkt giftig. Sättigt man seine wässrige Lösung mit Schwefelwasserstoff, so zersetzt es sich damit in Schwefelkohlenstoff und Ammoniak:

$$NC\text{-}SH + H_2S = CS_2 + NH_3.$$

Schmilzt man Schwefelcyankalium mit Eisenfeile zusammen, so entsteht Schwefeleisen, und Wasser entzieht der Schmelze Blutlaugensalz, welches mit Eisenoxydlösung einen blauen Niederschlag von Berlinerblau gibt.

Sulphocyansäure und ihre Salze erkennt man leicht daran, dass sie mit Eisenchlorid intensiv roth gefärbtes Schwefelcyaneisen erzeugen.

Schwefelcyanverbindungen finden sich im Speichel und in einigen Cruciferen, z. B. im schwarzen Senfsamen.

Substituirte Ammoniumverbindungen und substituirte Ammoniake.

Wenn man salpetersaure Aether oder Haloidäther mit Ammoniak behandelt, so entstehen Salze von Ammoniumarten in denen 1, 2 oder 3 Atome Wasserstoff durch Alkoholradicale substituirt sind:

$$NH_3 + NO_2\text{-}O\text{-}C_2H_5 = NO_2\text{-}O\text{-}N\begin{cases}C_2H_5\\H_3\end{cases}$$

Salpetersaures Aethyl — Salpetersaures Aethylammonium

$$NH_3 + J\text{-}CH_3 = J\text{-}N\begin{cases}CH_3\\H_3\end{cases}$$

Jodmethyl — Jodmethylammonium

$$2NH_3 + 2J\text{-}CH_3 = J\text{-}N\begin{cases}(CH_3)_2\\H_2\end{cases} + JNH_4$$

Joddimethylammonium — Jodammonium

$$3NH_3 + 3J\text{-}C_2H_5 = J\text{-}N\begin{cases}(C_2H_5)_3\\H\end{cases} + 2JNH_4$$

Jodäthyl — Jodtriäthylammonium

$$2NH_3 + Br_2C_2H_4 = (Br\text{-}NH_3)_2C_2H_4$$

Bromäthylen — Bromäthylenammonium.

Beim Kochen mit Natronlauge geben diese Salze Natriumsalze, Wasser und substituirte Ammoniake (Amine):

$$NO_2\text{-}O\text{-}N\begin{cases}C_2H_5\\H_3\end{cases} + NaOH = NO_2\text{-}O\text{-}Na + H_2O + N\begin{cases}C_2H_5\\H_2\end{cases}$$

Salpetersaures Aethylammonium — Salpetersaures Natrium — Aethylamin.

$$J\text{-}N\begin{cases}(\Theta H_3)_2\\ H_2\end{cases} + Na\Theta H = JNa + H_2\Theta + N\begin{cases}(\Theta H_3)_2\\ H\end{cases}$$

Bimethylamin

$$J\text{-}N\begin{cases}(\Theta_2H_5)_3\\ H\end{cases} + Na\Theta H = JNa + H_2\Theta + N(\Theta_2H_5)_3$$

Triäthylamin

$$\begin{matrix}BrN\{H_3\\ \quad \Theta_2H_4\\ BrN\{H_3\end{matrix} + 2Na\Theta H = 2BrNa + 2H_2\Theta + \begin{matrix}N\{H_2\\ \quad \Theta_2H_4\\ N\{H_2\end{matrix}$$

Aethylendiamin.

Diese Verbindungen sind dem Ammoniak in ihrem Verhalten sehr ähnlich; sie sind anzusehen als Ammoniake, in denen 1, 2 oder 3 Atome Wasserstoff durch Alkoholradicale ersetzt sind. Sie verbinden sich mit Säuren, Haloidäthern oder salpetersauren Aethern, wodurch wiederum substituirte Ammoniumsalze entstehen. Wenn man ein primäres Amin, d. h. ein solches Ammoniak, in dem ein Atom Wasserstoff durch Alkoholradical substituirt ist, mit Haloidäther zusammenbringt, so entsteht das Salz eines secundären Ammoniums; ein secundäres Amin gibt unter denselben Verhältnissen das Salz eines tertiären Ammoniums und ein tertiäres Amin gibt das Salz eines quaternären Ammoniums. Man hat:

$$N\begin{cases}\Theta_2H_5\\ \Theta_2H_5\\ \Theta_2H_5\end{cases} + J\Theta_2H_5 = JN\begin{cases}\Theta_2H_5\\ \Theta_2H_5\\ \Theta_2H_5\\ \Theta_2H_5\end{cases}$$

Triäthylamin — Jodtetraäthylammonium.

Die Haloidsalze eines quaternären Ammoniums zersetzen sich nicht beim Kochen mit Kali- oder Natronlauge; durch Silberverbindungen lässt sich ihnen jedoch das Haloid entziehen. Sie geben bei der Behandlung mit frisch gefälltem, noch feuchtem Silberoxyd Haloidsilber und das Hydryloxyd des quaternären Ammoniums:

$$2J\text{-}N(\Theta_2H_5)_4 + Ag_2\Theta + H_2\Theta = 2AgJ + 2H\Theta\text{-}N(\Theta_2H_5)_4$$

Jodtetraäthylammonium — Tetraäthylammoniumhydryloxyd.

Tetraäthylammoniumoxyhydrür entspricht dem Ammoniumoxyhydrür, welches im freien Zustande nicht bekannt ist, aber in der Ammoniakflüssigkeit angenommen werden kann. Es ist eine starke Base, welche in ihrem Verhalten die grösste Aehnlichkeit mit Kalium- und Natriumoxyhydrür zeigt.

Man erhält die Amine auch, wenn man Dicyan, Cyanwasserstoff und die Cyanäther (die Nitrile) mit Wasserstoff im Entstehungszustande behandelt:

$$\left.\begin{matrix}N\text{-}\Theta\\N\text{-}\Theta\end{matrix}\right\} + 8H = \left.\begin{matrix}H_2N\text{-}\Theta H_2\\H_2N\text{-}\Theta H_2\end{matrix}\right\}$$

Dicyan — Aethylendiamin

$$N\text{-}\Theta\text{-}H + 4H = H_2N\text{-}\Theta H_3$$

Cyanwasserstoff — Methylamin

$$N\text{-}\Theta\text{-}CH_3 + 4H = H_2N\text{-}C\begin{cases}CH_3\\H_2\end{cases}$$

Cyanmethyl — Aethylamin

$$N\text{-}\Theta\text{-}\Theta_2H_5 + 4H = H_2N\text{-}C\begin{cases}\Theta_2H_5\\H_2\end{cases}$$

Cyanäthyl — Propylamin.

Diese merkwürdigen Metamorphosen erklären sich am einfachsten durch die Annahme, dass der Stickstoff des Cyans monovalent und sein Kohlenstoff bivalent sei, dass bei der Einwirkung von Wasserstoff im Entstehungszustande auf das Cyan Wechsel in der Valenz eintrete, dass sein Stickstoff trivalent und sein Kohlenstoff quadrivalent werde, und daher Wasserstoff aufnehmen könne:

$$\overset{1}{N}\text{-}\overset{2}{\Theta}\text{-}H + 4H = H_2\overset{3}{N}\text{-}\overset{4}{\Theta}H_3$$

Cyanwasserstoff — Methylamin

Unter den substituirten Ammoniumverbindungen und Aminen finden sich zahlreiche Isomerien. So sind Butylamin und Biäthylamin isomer; ihre Zusammensetzung wird durch die Formel $N\Theta_4H_{11}$ ausgedrückt. In ihnen ist die Gruppirung der Atome eine verschiedene und sie besitzen verschiedene Eigenschaften.

Die aufgelösten Formeln dieser Verbindungen sind:

$$N\begin{cases}CH_2\text{-}\Theta H_2\text{-}\Theta H_2\text{-}\Theta H_3\\H\\H\end{cases} \qquad N\begin{cases}\Theta H_2\text{-}\Theta H_3\\CH_2\text{-}\Theta H_3\\H\end{cases}$$

Butylamin — Biäthylamin.

Butylamin siedet bei ungefähr 70°, während Biäthylamin bei 57° siedet. Ersteres ist ein primäres Amin, in welchem noch zwei Wasserstoffatome durch Alkoholradicale substituirt werden können; Biäthylamin ist ein secundäres Amin und kann darin nur noch ein Wasserstoffatom durch Alkoholradical ersetzt werden.

Characteristisch für die primären Amine ist ihr Verhalten gegen salpetrige Säure; sie zersetzen sich nämlich damit unter Bildung des Alkohols oder des salpetrigsauren Aethers dessen Radical sie enthalten. Aethylamin und salpetrige Säure zersetzen sich nach der folgenden Gleichung:

$$N(\Theta_2H_5)H_2 + 2N\Theta_2H = C_2H_5\text{-}\Theta_2N + 2H_2\Theta + N_2.$$

Aethylamin — Salpetrigsaures Aethyl

Aminsäuren.

Einige Verbindungen dieser merkwürdigen Körperklasse entstehen bei der Einwirkung von Ammoniak auf Haloidäthersäuren, indem hierbei Reste des Ammoniaks und der Säuren zusammentreten. Auf diese Weise entsteht beispielsweise Glycocoll bei der Einwirkung von Ammoniak auf Chloressigsäure:

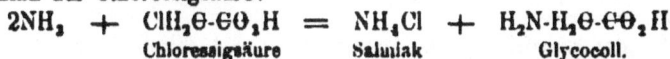

$$2NH_3 + ClH_2\Theta\text{-}\Theta\Theta_2H = NH_4Cl + H_2N\text{-}H_2\Theta\text{-}\Theta\Theta_2H$$

Chloressigsäure Salmiak Glycocoll.

Glycocoll entspricht der Glycolsäure, welche aus Chloressigsäure entsteht, wenn ihr Chloratom gegen einen Wasserrest vertauscht wird:

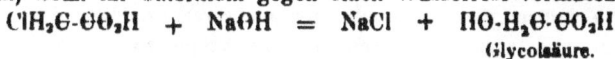

$$ClH_2\Theta\text{-}\Theta\Theta_2H + Na\Theta H = NaCl + H\Theta\text{-}H_2\Theta\text{-}\Theta\Theta_2H$$

Glycolsäure.

Man erhält Glycolsäure aus Glycocoll, wenn man salpetrige Säure darauf einwirken lässt:

$$H_2N\text{-}H_2\Theta\text{-}\Theta\Theta_2H + N\Theta_2H = H\Theta\text{-}H_2\Theta\text{-}\Theta\Theta_2H + H_2\Theta + N_2.$$

Glycocoll Salpetrige Säure Glycolsäure

Die Aminsäuren sind Verbindungen von Aminresten und Säureresten, sie vereinigen in sich die Eigenschaften jener basischen Verbindungen mit denjenigen der Säuren. Sie vertauschen den Wasserstoff ihres Kohlensäurerestes leicht gegen Metall und verbinden sich mit Säuren, indem ihr Stickstoff die trivalente Form mit der pentavalenten vertauscht.

Amide.

Diese Verbindungen verhalten sich zu den Säuren, wie sich die Amine zu den Alkoholen verhalten; sie sind Ammoniake in welchen Wasserstoffatome durch Säureradicale ersetzt sind, so wie die Amine Ammoniake sind in denen Wasserstoffatome durch Alkoholradicale substituirt sind. Sie entstehen auf verschiedene Weise, z. B. wenn Ammoniak auf den Aether einer Sauerstoffsäure einwirkt:

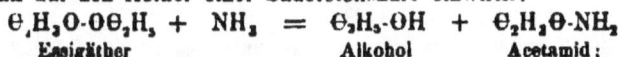

$$\Theta_4H_3\Theta\text{-}\Theta\Theta_2H_5 + NH_3 = \Theta_2H_5\text{-}\Theta H + \Theta_2H_3\Theta\text{-}NH_2$$

Essigäther Alkohol Acetamid;

oder bei der trockenen Destillation von Ammoniumsalzen:

$$\Theta_2\Theta_2(\Theta NH_4)_2 = 2H_2\Theta + \Theta_2\Theta_2(NH_2)_2$$

Ammoniumoxalat Oxamid.

Sie gehen beim Erwärmen mit wässrigen Säuren oder Basen unter Wasseraufnahme in Säuren und Ammoniak über:

$$\Theta_2H_3\Theta\text{-}NH_2 + H\Theta H = \Theta_2H_3\Theta\text{-}\Theta H + NH_3$$

Acetamid Essigsäure

$$\Theta_2\Theta_2(NH_2)_2 + 2H\Theta H = \Theta_2\Theta_2(\Theta H)_2 + 2NH_3.$$

Oxamid Oxalsäure

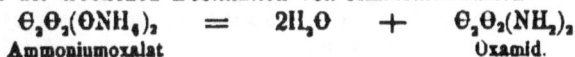

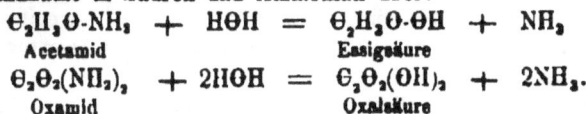

Carbamid, Harnstoff, $H_2N\text{-}C\Theta\text{-}NH_2$.

Vorkommen. Dieses wichtige Amid findet sich in vielen thierischen Flüssigkeiten, so im Harne, im Blute und in der Glasfeuchtigkeit des Auges.

Bildung. Es entsteht bei der Einwirkung von Chlorkohlenoxyd auf Ammoniak:

$$\underset{\text{Chlorkohlenoxyd}}{C\Theta Cl_2} + 4NH_3 = \underset{\text{Carbamid}}{C\Theta(NH_2)_2} + 2NH_4Cl;$$

bei der Einwirkung von Ammoniak auf kohlensaures Aethyl:

$$\underset{\text{Kohlensaures Aethyl}}{C\Theta(\Theta\text{-}C_2H_5)_2} + 2NH_3 = \underset{\text{Harnstoff}}{C\Theta(NH_2)_2} + \underset{\text{Alkohol}}{2C_2H_5\text{-}\Theta H};$$

bei der Zersetzung des Oxamids und mehrerer Produkte des Lebensprocesses, und ferner durch isomere Umwandlung aus cyansaurem Ammonium.

Darstellung. Man dampft Harn bei gelindem Feuer so weit ein, dass er mit farbloser concentrirter Salpetersäure zu einer steifen Masse erstarrt, trocknet diese zwischen Backsteinen und löst den salpetersauren Harnstoff, $N\Theta_3H\text{-}(H_2N)_2\text{-}C\Theta$, in wenig Wasser, fügt so viel Kreide hinzu, dass die Salpetersäure vollständig durch Kalk gebunden wird, verdunstet im Wasserbade zur Trockne und extrahirt den freigewordenen Harnstoff durch Alkohol, bei dessen Verdunstung er zurück bleibt.

Man gewinnt Harnstoff auch durch Abdampfen der gemischten Lösungen von cyansaurem Kalium und schwefelsaurem Ammonium, wobei zuerst ein Theil des gebildeten schwefelsauren Kaliums auskrystallisirt; den Rest fällt man durch Alkohol, filtrirt die Lösung und destillirt den Alkohol ab, wobei der Harnstoff sich in Krystallen abscheidet.

Eigenschaften. Krystallisirt in langen farblosen Prismen, ist geruchlos, leicht löslich in Wasser und Alkohol. Bildet mit den Säuren Salze. Ausser dem Nitrat des Harnstoffs ist auch sein Oxalat in Wasser schwer löslich. Er wird bei gewöhnlicher Temperatur weder durch verdünnte Säuren noch durch Alkalien zersetzt. Beim Erhitzen damit zerfällt er unter Aufnahme der Elemente des Wassers in Kohlensäure und Ammoniak:

$$C\Theta(NH_2)_2 + H_2O = C\Theta_2 + 2NH_3.$$

Harnstoff hält sich in wässriger Lösung längere Zeit; bringt man aber faulenden thierischen Schleim hinzu, so zerfällt er unter Wasseraufnahme bald in Kohlensäure und Ammoniak und daher entwickelt Harn beim Stehen kohlensaures Ammoniak. Beim Erhitzen des Harnstoffs entweicht Ammoniak bis der Rückstand nur noch aus Cyanursäure besteht. Verdampft man die gemischten Lösungen von Harnstoff und Silbernitrat, so entstehen cyansaures Silber und salpetersaures Ammonium. Harnstoff und salpetrige Säure zersetzen sich in Kohlensäureanhydrid, Wasser und Stickstoff:

$$C\Theta(NH_2)_2 + 2NO_2H = C\Theta_2 + 3H_2\Theta + 2N_2.$$

In thierischen Flüssigkeiten erkennt man den Harnstoff durch die Beschaffenheit seiner Verbindung mit Salpetersäure. Man dampft die zu prüfende Flüssigkeit im Wasserbade ab, zieht den Rückstand mit absolutem Weingeist aus, verdunstet den Alkohol im Wasserbade, löst den Rückstand in möglichst wenig Wasser und setzt reine concentrirte Salpetersäure hinzu; bei Gegenwart von Harnstoff scheiden sich leicht erkennbare Krystalle der Verbindung mit Salpetersäure ab. Zur quantitativen Bestimmung des Harnstoffs dienen mehrere Methoden, die sich auf seine Zersetzbarkeit durch Säuren oder alkalische Flüssigkeiten gründen. Man titrirt ihn vermittelst einer Lösung von bekanntem Gehalt an salpetersaurem Quecksilberoxyd. Wenn hiervon zu einer Harnstofflösung gemischt wird, so entsteht ein weisser Niederschlag von $2\mathrm{C}\Theta(\mathrm{NH_2})_2$, $\mathrm{Hg}(\Theta_3\mathrm{N})_2$, $3\mathrm{Hg}\Theta$, und der Harnstoff lässt sich vollständig fällen, wenn die hierbei frei werdende Salpetersäure durch Soda neutralisirt wird. Die Lösung enthält kein Quecksilber, so lange sie noch Harnstoff enthält; ist dieser vollständig gefällt, so bleibt das überschüssig zugesetzte Quecksilber gelöst und eine abfiltrirte Probe der Flüssigkeit gibt nun mit Soda eine gelbe Fällung. Hierdurch erkennt man, dass aller Harnstoff niedergeschlagen worden ist.

Kohlenstoff bildet mit Phosphor, Arsen, Antimon und Wismuth zahlreiche Verbindungen, von denen viele den substituirten Ammoniaken entsprechen.

Verbindungen dieser Art sind:

Triäthylphosphin, $\overset{3}{\mathrm{P}}(\mathrm{C_2H_5})_3$,

Triäthylarsin, $\overset{3}{\mathrm{As}}(\mathrm{C_2H_5})_3$,

Triäthylstilbin, $\overset{3}{\mathrm{Sb}}(\mathrm{C_2H_5})_3$ und

Triäthylwismuthin, $\overset{3}{\mathrm{Bi}}(\mathrm{C_2H_5})_3$.

Diese Körper besitzen ausgeprägte basische Eigenschaften. Sie erleiden an der Luft Oxydation, wobei sie sich mehr oder weniger leicht entzünden. Die drei erst genannten verbinden sich direct mit Sauerstoff, Schwefel und den Haloiden zu:

$\overset{5}{\mathrm{P}}(\mathrm{C_2H_5})_3\Theta$	$\overset{5}{\mathrm{P}}(\mathrm{C_2H_5})_3\mathrm{S}$	$\overset{5}{\mathrm{P}}(\mathrm{C_2H_5})_3\mathrm{Cl_2}$
$\overset{5}{\mathrm{As}}(\mathrm{C_2H_5})_3\Theta$	$\overset{5}{\mathrm{As}}(\mathrm{C_2H_5})_3\mathrm{S}$	$\overset{5}{\mathrm{As}}(\mathrm{C_2H_5})_3\mathrm{Br_2}$
$\overset{5}{\mathrm{Sb}}(\mathrm{C_2H_5})_3\Theta$	$\overset{5}{\mathrm{Sb}}(\mathrm{C_2H_5})_3\mathrm{S}$	$\overset{5}{\mathrm{As}}(\mathrm{C_2H_5})_3\mathrm{J_2}$.

Mit Jodäthyl bilden sie:

$\mathrm{J}\overset{5}{\mathrm{P}}(\mathrm{C_2H_5})_4$	$\mathrm{J}\text{-}\overset{5}{\mathrm{As}}(\mathrm{C_2H_5})_4$	$\mathrm{J}\,\overset{5}{\mathrm{Sb}}(\mathrm{C_2H_5})_4$
Tetraäthylphosphoniumjodür	Tetraäthylarsoniumjodür	Tetraäthylstiboniumjodür.

Wenn man diese Jodüre mit feuchtem Silberoxyd behandelt, so vertauschen sie das Jod gegen Wasserreste und bilden Oxyhydrüre, welche vollständig dem Tetraäthylammoniumoxyhydrür, $HƟ\text{-}N(Ꞓ_2H_5)_4$, entsprechen und gleich diesem starke Basen sind.

Vom Arsen kennt man noch andere Verbindungen mit Alkoholradicalen, deren Verhalten ein eigenthümliches ist; es sind dieses die Verbindungen des Kakodyls und seiner Abkömmlinge.

Kakodyl, $(ꞒH_3)_2\overset{3}{As}\text{-}\overset{3}{As}(ꞒH_3)_2$, entsteht neben anderen Producten bei der trocknen Destillation von essigsaurem Kalium ($ꞒH_3\text{-}ꞒƟ_2K$) mit Arsenigsäureanhydrid. Das Destillat, Cadet's rauchende Flüssigkeit genannt, wird mit Wasser gewaschen und über Natronhydrat in einer Atmosphäre von Wasserstoff rectificirt. Rein erhält man es bei der Einwirkung von Zink auf Chlorkakodyl bei 90 bis 100°. Es ist eine wasserhelle Flüssigkeit, schwerer als Wasser, raucht an der Luft und entzündet sich sehr leicht. Riecht sehr unangenehm und wirkt giftig. Siedet bei ungefähr 170°; erstarrt bei — 6°.

Kakodylchlorür, $\overset{3}{As}(ꞒH_3)_2Cl$, bildet sich bei der Einwirkung von Chlorwasser auf Kakodyl oder von Salzsäure auf Kakodyloxyd. Eine schwere farblose Flüssigkeit von scharfem Geruche. Bildet bei 100° Dämpfe, die sich an der Luft von selbst entzünden. Mit Zink bildet es bei 90 bis 100° Chlorzink und Kakodyl.

Kakodylchlorid, $\overset{5}{As}(ꞒH_3)_2Cl_3$, bildet sich wenn Chlor auf die Oberfläche einer kalt gehaltenen Lösung von Kakodylchlorür in Schwefelkohlenstoff geleitet wird. Krystallisirt in langen farblosen Säulen. Zersetzt sich mit Wasser in Salzsäure und Kakodylsäure.

Arsenmonomethylchlorür, $\overset{3}{As}(ꞒH_3)Cl_2$, entsteht neben Chlormethyl, wenn die vorige Verbindung auf 40 — 50° erwärmt wird:

$$\overset{5}{As}(ꞒH_3)_2Cl_3 \quad = \quad \overset{3}{As}(ꞒH_3)Cl_2 \quad + \quad ꞒH_3Cl.$$

Eine sehr giftige, bei 133° siedende Flüssigkeit.

Arsenmonomethylchlorid, $\overset{5}{As}(ꞒH_3)Cl_4$, bildet sich beim Einleiten von Chlor in eine auf — 10° abgekühlte Mischung der vorigen Verbindung mit Schwefelkohlenstoff. Ein krystallinischer Körper, welcher schon unter 0° in Arsenchlorür und Chlormethyl zerfällt:

$$\overset{5}{As}(ꞒH_3)Cl_4 \quad = \quad \overset{3}{As}Cl_3 \quad + \quad ꞒH_3Cl.$$

Kakodyloxyd, $(ꞒH_3)_2\overset{3}{As}\text{-}Ɵ\text{-}\overset{3}{As}(ꞒH_3)_2$, bildet sich bei der Einwirkung der Luft auf Kakodyl. Eine farblose durchdringend riechende Flüssigkeit, raucht nicht an der Luft und siedet bei ungefähr 120°.

Kakodylsäure, $\overset{5}{As}(ꞒH_3)_2Ɵ\text{-}ƟH$, ist das letzte Product der Einwirkung von atmosphärischer Luft auf Kakodyl. Wird dargestellt durch Oxydation der rohen Cadet'schen Flüssigkeit mittelst Quecksilberoxyd. Sie krystallisirt aus Alkohol in grossen wasserhellen Prismen. Geruchlos, nicht giftig, sehr beständig. Sie treibt die Kohlensäure aus ihren Salzen aus. Mit Salzsäure bildet sie eine Verbindung der Formel:

$$Cl\text{-}\overset{5}{As}(\mathrm{CH_3})_2(\mathrm{OH})_2.$$

Durch Jod- und Bromwasserstoff wird sich nach der folgenden Gleichung reducirt:

$$\overset{5}{As}(\mathrm{CH_3})_2\mathrm{O\text{-}OH} + 3\mathrm{HJ} = \mathrm{As}(\mathrm{CH_3})_2\mathrm{J} + \mathrm{J_2} + 2\mathrm{H_2O}.$$

Mit Phosphorchlorid bildet sie Kakodylchlorid, Phosphoroxychlorid und Salzsäure:

$$\overset{5}{As}(\mathrm{CH_3})_2\mathrm{O\text{-}OH} + 2\mathrm{PCl_5} = \overset{5}{As}(\mathrm{CH_3})_2\mathrm{Cl_3} + 2\mathrm{POCl_3} + \mathrm{HCl}.$$

Arsenmonomethyloxyd, $\overset{3}{As}(\mathrm{CH_3})\mathrm{O}$, entsteht bei der Einwirkung von kohlensaurem Kalium auf Arsenmonomethylchlorür. Bildet leicht lösliche, nach Asa foetida riechende, bei 95° schmelzende Krystalle.

Arsenmonomethylsäure, $\overset{5}{As}(\mathrm{CH_3})\mathrm{O}(\mathrm{OH})_2$, wird erhalten, wenn man zu Arsenmonomethylchlorür unter Wasser, nachdem alles Chlor gefällt ist, noch so lange Silberoxyd fügt als noch Silber reducirt wird. Krystallisirt aus heissem absolutem Alkohol in grossen Blättern. Eine zweibasische Säure.

Allgemeine Bemerkungen.

Die Atomgrösse des Kohlenstoffs ist durch die Gasdichte einer sehr grossen Anzahl von Verbindungen und durch das ganze chemische Verhalten dieses Elements bestimmt. Nur unter der Annahme von Kohlenstoffatomen dieser Grösse tritt die wundervolle Einfachheit der Architectur der so zahlreichen und verschiedenartigen Verbindungen dieses merkwürdigen Elements, dieses Grundsteins der organischen Natur hervor.

Kohlenstoff äussert seine Affinität nur in zwei Proportionen: er ist bivalent und quadrivalent; seine complicirten Verbindungen bauen sich aus den einfacheren auf durch das Gesetz der Substitution von Resten für Atome.

Seine Quadrivalenz ergibt sich aus dem Vorkommen des Grubengases, $\mathrm{CH_4}$, und des Kohlensäureanhydrids, $\mathrm{CO_2}$, und ferner durch die zahlreichen Abkömmlinge dieser beiden Verbindungen. Seine Bivalenz wird durch die Existenz des Kohlenoxyds, CO, bewiesen.

Mono- und Trivalenz lässt sich beim Kohlenstoff nicht erkennen; man kennt keine einzige Verbindung, in welcher dieses Element eine unpaare Anzahl von Affinitäten äussert.

Bei mittlerer, auch noch bei beträchtlich höherer Temperatur scheint Kohlenstoff vorzugsweise das Bestreben zu haben vier Affinitäten zur

Geltung zu bringen, und daher verhalten sich Verbindungen mit bivalenten Kohlenstoffatomen bei diesen Temperaturen wie freie Radicale; sie verbinden sich leicht mit anderen Atomen oder verwandeln sich in isomere und polymere Verbindungen, indem auch hierdurch freie Affinitäten gesättigt werden können.

Mit steigender Temperatur scheint die Fähigkeit des Kohlenstoffs Bivalenz bethätigen zu können zuzunehmen; unter gewissen noch nicht festgestellten Verhältnissen werden jedoch auch bei höherer Temperatur ruhende Affinitäten wirksam, wodurch Verbindungen entstehen, in denen höchst wahrscheinlich mehrfach gebundene Kohlenstoffatome enthalten sind. Zu den Verbindungen dieser Art gehören namentlich Benzol und Naphtalin, welche sehr oft als Producte der trocknen Destillation und der Einwirkung einer höheren Temperatur auf andere Kohlenstoffverbindungen auftreten. Auch entstehen solche Verbindungen unter dem Einflusse des Lebensprocesses. Weit verbreitet in der organischen Natur findet sich beispielsweise Benzoesäure, welche zum Benzol in derselben Beziehung steht, in der sich Essigsäure zum Methylwasserstoff befindet.

Man hat:

CH_4	+	CO_2	=	$CH_3\text{-}CO_2H$
Methylwasserstoff		Kohlensäureanhydrid		Essigsäure
C_6H_6	+	CO_2	=	$C_6H_5\text{-}CO_2H$
Benzol				Benzoesäure.

Die Raumerfüllung der flüssigen und flüchtigen Verbindungen des Kohlenstoffs setzt sich aus derjenigen ihrer Bestandtheile zusammen; hierbei kommen die Atome der verschiedenen Elemente mit Werthen zur Geltung, die ihnen eigenthümlich sind. Diese Werthe der Atome für die Raumerfüllung ihrer Verbindungen sind abhängig von der Temperatur und erscheinen bei gewissen Elementen auch noch durch andere Verhältnisse beeinflusst. Legt man für den Siedepunkt der Verbindungen dem quadrivalenten Kohlenstoff den Werth 11, dem Wasserstoff denjenigen von 5,5, für Chlor den von 22,8, für Brom 27,9, für Jod 37,5 und für den trivalenten Stickstoff 2,5 bei der Berechnung des specifischen Volums, d. i. der relativen Raumerfüllung der Molecule zu Grunde, so ergibt sich für grosse Klassen von Verbindungen eine nahe Uebereinstimmung der berechneten Grössen mit den durch den Versuch bestimmten. — Für Sauerstoff sind zwei Zahlen für die Berechnung der Raumerfüllung der Flüssigkeiten bei ihren Siedepunkten anzuwenden, indem die Raumerfüllung dieses Elementes von der Stellung der einzelnen Atome in der Verbindung abhängig erscheint. Sauerstoff, welcher an die Stelle von zwei

Atomen Wasserstoff tritt, wenn sich ein Alkohol durch Oxydation in eine Säure umwandelt, besitzt für das specifische Volum der Verbindung den Werth von 12,2, während der Einfluss des Sauerstoffs des Wassers oder der Wasserreste auf das specifische Volum von Verbindungen durch die Zahl 7,8 auszudrücken ist. Aehnliche Verhältnisse wie beim Sauerstoff finden sich beim Schwefel; sein Einfluss auf die Raumerfüllung der Verbindungen erscheint ebenfalls abhängig von seiner Stellung in denselben. — Der Werth der Atome für die Raumerfüllung scheint ferner durch ihre Valenz beeinflusst zu sein. Er scheint um so grösser zu sein, je geringer die Valenz ist, und um so kleiner, je grösser die Valenz ist, welche die Atome in den Verbindungen bethätigen. Beispielsweise ist hier anzuführen, dass die flüssigen Verbindungen des Cyans, in welchen bivalenter Kohlenstoff und monovalenter Stickstoff anzunehmen ist, bei ihren Siedepunkten eine beträchtlich grössere Raumerfüllung besitzen, als sich dafür nach den Werthen 11 für Kohlenstoff und 2,3 für Stickstoff berechnet. Nach diesen Werthen berechnet sich für Cyan (ƟN) das spec. Vol. 13,3, während es nach zahlreichen Versuchen ungefähr 28 ist. Verwandelt man eine Cyanverbindung durch Behandlung mit Wasserstoff im Entstehungszustande in ein Amin, so tritt gleichzeitig eine Verdichtung der flüssigen Molecule ein, indem die stattfindende Volumvergrösserung der erfolgten Aufnahme von Wasserstoffatomen nicht entsprechend ist. So ist das spec. Vol. des Cyanmethyls bei seinem Siedepunkte = 55,5, es verbindet sich mit 4 Atomen Wasserstoff zu Aethylamin, welches bei seinem Siedepunkte den Raum von 62,8 erfüllt, während sich dafür, nach dem specifischen Volume des Cyanmethyls und demjenigen der addirten Wasserstoffatome ($55,5 + 4 \times 5,5$) 77,5 berechnet.

Die specifische Wärme des Kohlenstoffs ist beträchtlich geringer als die normale; seine Atomwärme beträgt nur 1,76.

Die Moleculargrösse des Kohlenstoffs ist unbekannt.

Anhang.

Die atmosphärische Luft.

Die gasförmige Hülle unseres Planeten, die Atmosphäre, besteht in fast unveränderlichem Verhältniss aus freiem Stickstoff- und Sauerstoffgas, gemischt mit geringen aber veränderlichen Mengen von Wasserdampf, Kohlensäureanhydrid, Ammoniak, Kohlenwasserstoffen und einigen anderen gasförmigen Substanzen. Lavoisier und Scheele bestimmten fast gleichzeitig das Verhältniss von Sauerstoff zu Stickstoff in der atmosphärischen Luft wie 1 zu 4. Sie erscheint in geringen

Mengen farblos, bewirkt aber durch ihre Färbung die Bläue des Himmels. Sie ist geschmack- und geruchlos. Nicht condensirbar. 14,44-mal schwerer als Wasserstoffgas. Ihr Ausdehnungscoëfficient ist 0,003665, d. h. sie dehnt sich durch Wärme für jeden Temperaturgrad um 0,003665 ihres Volums bei 0° aus. 100 Volum Luft dehnen sich also beim Erwärmen von 0° auf 100° zu 136,65 Volum aus.

Das Volum der Luft, wie aller permanenten Gase, verhält sich umgekehrt wie der Druck, dem sie ausgesetzt ist. In Folge des Gewichtes der Atmosphäre und ihrer Elasticität ist sie an den tiefsten Punkten der Erdoberfläche am dichtesten und nimmt ihre Dichte mit der Höhe ab.

Der mittlere Druck, den sie am Spiegel des Meeres ausübt, ist gleich demjenigen einer Wassersäule von 32 Pariser Fuss oder einer Quecksilbersäule von 760 Millimeter Höhe. In einer Höhe von 13407 Pariser Fuss hat sie eine nur halb so grosse Dichtigkeit als an der Meeresfläche, und ihre Dichtigkeit wird für jede weitere Erhebung um dieselbe Höhe beständig halbirt.

Der Druck der Atmosphäre ist an verschiedenen Orten, je nach ihrer Lage verschieden und wechselt an demselben Ort durch Einwirkung der Winde, des Feuchtigkeitszustandes der Luft und anderer Ursachen.

Das gegenseitige Verhältniss von Stickstoff und Sauerstoff hat man in freier Luft in allen Höhen, zu allen Jahres- und Tageszeiten, in allen Welttheilen so gut wie ganz unverändert gefunden.

Die Zusammensetzung der atmosphärischen Luft kann mit grosser Sicherheit in verschiedener Art ausgemittelt werden. In allen Fällen entzieht man einer bekannten Quantität Luft den Sauerstoff mittelst einer leicht oxydirbaren Substanz und bestimmt das Volum oder Gewicht des verschwundenen Sauerstoffs oder des zurückbleibenden Stickstoffs durch Messung oder Wägung. Geeignete Mittel zur Entfernung des Sauerstoffs sind feinvertheiltes Eisen oder Kupfer, oder auch Phosphor, oder eine alkalische Lösung von Pyrogallussäure und vorzüglich Wasserstoff. Bei Anwendung der Metalle wiegt man diese in einem Rohre, erhitzt sie zum Glühen und leitet ein genau gemessenes Volum trockner und kohlensäurefreier Luft langsam darüber. Die Gewichtszunahme der Metalle drückt die in dem Gasvolume enthalten gewesene Sauerstoffmenge aus. Das zurückbleibende Stickstoffgas kann aufgesammelt und gemessen oder gewogen werden. Der Luft wird schon bei gewöhnlicher Temperatur der Sauerstoff durch feuchte Phosphorkügelchen oder durch eine alkalische Lösung von Pyrogallussäure entzogen; man hat daher bei der Anwendung dieser Substanzen zur Analyse der Luft nur ein gemessenes und abgeschlossenes Volum derselben damit in Berührung zu bringen, um durch Abnahme des Volums ihren Sauerstoffgehalt zu finden.

Die Anwendung von Wasserstoff gibt die genauesten Resultate. Man bringt von demselben eine genau gemessene Menge zu einem ebenfalls gemessenen etwas grösseren Volum Luft, welches sich in einem eudiometrischen Apparate befindet und entzündet das Gemenge durch einen electrischen Funken. Hierbei verbindet sich aller Sauerstoff mit einem Theile des Wasserstoffs zu Wasser, welches sich condensirt, und wodurch die gemischten Gase Volumverminderung erleiden. Da sich 2 Vol. Wasserstoff mit 1 Vol. Sauerstoff verbinden, so entspricht also $^1/_3$ der Volumabnahme dem Gehalte an Sauerstoff. Neuere Bestimmungen ergaben in 100 Th. trockner Luft dem Volume nach 20,8 bis 20,93 Proc., oder dem Gewichte nach 23,0 bis 23,13 Proc. an Sauerstoff, wonach sich der Gehalt an Stickstoff zu 79,07 bis 79,2 Vol. Proc. oder 76,87 bis 77 Gew. Proc. berechnet.

Die Gegenwart von Feuchtigkeit in der Luft verräth sich dadurch, dass sich kalte Gefässe darin mit Wasser oder Eis überziehen und ferner dadurch, dass hygroscopische Substanzen Gewichtszunahme erleiden; zerfliessliche Salze darin zerfliessen und Schwefelsäure darin nach und nach durch das Wasser welches sie anzieht verdünnt wird. Die Capacität der Luft für Wasser ist wesentlich bedingt durch ihre Temperatur, je niedriger diese ist um so weniger Wassergas kann die Luft enthalten. Eine mit Wassergas gesättigte warme Luft scheidet daher beim Erkalten flüssiges oder festes Wasser aus. Hierauf beruht die Bildung der Nebel und Wolken.

Die Anwesenheit von Kohlensäure in der Luft gibt sich dadurch zu erkennen, dass sie Kalkwasser, Barytwasser und Bleiessig durch Bildung unlöslicher Verbindungen trübt. Ihren Gehalt an Kohlensäure bestimmt man dadurch, dass man ein bestimmtes Volum (etwa 5 Liter) Luft mit einer bestimmten Quantität Barytwasser von bekanntem Barytgehalte schüttelt, wobei sich ein Theil des Baryts mit der Kohlensäure der Luft zu unlöslichem Bariumcarbonat verbindet; man filtrirt den Niederschlag ab und bestimmt die noch in der Lösung befindliche Barytmenge mittelst einer Normallösung von Oxalsäure. Die Differenz des angewandten und des gefundenen Baryts ist die Menge, welche durch die Kohlensäure der Luft gefällt war; hieraus berechnet sich die gesuchte Kohlensäuremenge nach der Gleichung:

$$BaO : CO_2 = 153 : 44.$$

Im Mittel enthalten 100 Vol. atmosphärische Luft 0,041 Vol. Kohlensäureanhydrid.

Obgleich in der Atmosphäre fortwährend chemische Processe thätig sind, durch welche Sauerstoff consumirt und Kohlensäure gebildet wird, so durch das Athmen der Thiere, durch Verbrennung und Verwesung organischer Körper und der Kohle; und obgleich fortwährend erhebliche Mengen Kohlensäure aus dem Erdinnern in die Atmosphäre strömen, so erleidet ihr Gehalt an diesem Gase doch keine merkliche Zunahme und das Verhältniss von Sauerstoff und Stickstoff in ihr keine wahrnehmbare Veränderung. Dieses beruht darauf, dass die grünen Pflanzentheile die Fähigkeit besitzen unter dem Einflusse des Lichtes Kohlensäure zu absorbiren und dafür Sauerstoff auszugeben. Der Gehalt der Luft an Kohlensäure ist bei Nacht und im Winter etwas grösser als am Tage und im Sommer, weil Absorption und Zersetzung der Kohlensäure durch die Pflanzen im Dunklen und im Winter mehr oder weniger ruhen.

Dass aber diese Verhältnisse doch nur sehr geringen Einfluss ausüben, ist eine Folge der Diffusionsfähigkeit der gasförmigen Körper, und eine Folge der Luftströmungen.

Die Thiere nehmen während der Ruhe der Nacht einen Ueberschuss von Sauerstoff auf und geben am Tage dem entsprechend einen Ueberschuss von Kohlensäure aus.

Die Zusammensetzung der Luft in den Gebäuden kann von derjenigen der äusseren Atmosphäre beträchtlich abweichen, aber auch in eng bewohnten Räumen steigt der Kohlensäuregehalt der Luft wegen der Diffusion durch die Wände und Oeffnungen meist nicht so hoch, dass er schädlich wirken könnte. Eine abgeschlossene Atmosphäre wird nicht leicht durch Zunahme ihres Kohlensäuregehaltes in Folge von Athmungs- und Verbrennungsprocessen, sondern eher durch gleichzeitige Bildung und Abscheidung anderer Körper zur Unterhaltung des Athmungsprocesses untauglich. Da die Gegenwart dieser Substanzen jedoch an diejenige der Kohlensäure geknüpft ist, so zeigt ein hoher Gehalt der Luft an Kohlensäure ihre Unbrauchbarkeit für die Unterhaltung des Athmungsprocesses an.

Ammoniak kommt in der atmosphärischen Luft in sehr geringer Menge vor. Seine Quellen sind Zersetzung stickstoffhaltiger organischer Materien durch Verfaulen und durch trockne Destillation, Bildung beim Verdunsten von Wasser in der Atmosphäre, bei Oxydationsprozessen welche in feuchter Luft stattfinden, und bei der Zersetzung von Wasser durch den electrischen Strom. Entzogen wird das Ammoniak der Luft durch Oxydation, durch Regen, welcher namentlich nach langer Dürre Ammoniak enthält, durch den Erdboden, welcher das Vermögen besitzt Ammoniak zu absorbiren, und insbesondere durch die Pflanzen, welche es während der Vegetation aufnehmen.

Kohlenwasserstoffe sind nur in sehr geringer Menge in der atmosphärischen Luft enthalten. Grubengas entströmt dem Erdinnern und bildet sich bei der Fäulniss organischer Stoffe und bei der trocknen Destillation. Durch letztere gelangen auch noch Aethylen und Acetylen, welches sich besonders bei unvollständigen Verbrennungen bildet, in die atmosphärische Luft.

Andere Kohlenwasserstoffe und andere flüchtige Körper, welche sich in der Natur, so durch den Lebensprocess der Pflanzen bilden, verdunsten und dringen in die Atmosphäre. Alle diese Verbindungen werden durch Oxydation rasch entfernt.

Obgleich Ozon bei einer Anzahl von Vorgängen welche fortwährend in der Natur verlaufen auftritt, so bei electrischen Entladungen, bei der langsamen Oxydation organischer Körper, namentlich des Terpentinöls, welches sich in Nadelholzwäldern als ein Bestandtheil der Atmosphäre durch den Geruch zu erkennen gibt, und insbesondere bei der Abscheidung von Sauerstoff aus den Pflanzen im Sonnenlichte, so ist es darin doch noch nicht direct nachgewiesen worden, wahrscheinlich, weil es gleich nach seiner Bildung durch einen in der Luft vorhandenen Ueberschuss oxydirbarer Körper reducirt wird.

Ausser den genannten Stoffen finden sich noch einige andere in geringer Menge oder nur unter bestimmmten Verhältnissen in der Luft. Vermittelst des Spectralapparates ist Kochsalz darin nachgewiesen worden. An Orten, wo viele Steinkohlen verbrannt werden oder wo Schwefelkies geröstet wird, enthält die Luft schweflige Säure, welche durch Oxydation in Schwefelsäure übergeht und als solche im Regenwasser nachzuweisen ist. Ferner sind Schwefelwasserstoff und Salpetersäure in der Luft gefunden worden. Sie enthält feste anorganische und organische Substanzen als Staub suspendirt. Letztere können als Gährungserreger und Miasmen wirken. Oefters sind sie organisirte Wesen, welche sich durch die Luft willkürlich oder in Folge von Luftströmungen fortbewegen.

Der Verbrennungsprozess.

Jede in der Luft stattfindende Verbrennung beruht auf Vereinigung irgend eines Körpers mit ihrem Sauerstoff. Ist der brennbare Körper gasförmig, oder bei der Wärme, welche durch die Verbrennung eines Theiles erzeugt wird, flüchtig, oder bildet er bei der Verbrennung flüchtige noch weiter verbrennbare Producte, so brennt er mit Flamme, sonst ohne eine solche. Ohne Flamme verbrennt z. B. stark erhitztes Eisen.

Die Flamme. Jede Flamme ist hiernach ein brennendes Gas oder ein brennender Dampf. Brennbare Gase sind beispielsweise Wasserstoff, Methylwasserstoff, Aethylen, Acetylen, Kohlenoxyd, Schwefelwasserstoff, Phosphorwasserstoff; brennbare Dämpfe bilden Schwefel, Phosphor, Schwefelkohlenstoff, Alkohol, Stearinsäure und viele andere feste und flüssige Körper. Flüchtige brennbare Destillationsprodukte bilden die Oele und Fette, die Steinkohlen, Holz und andere Leucht- und Brennstoffe. Kohle bildet brennbares Kohlenoxydgas.

Das Leuchten der Flamme. Die Flammen sind leuchtend oder nicht leuchtend (schwach leuchtend); letzteres wenn die Produkte der Verbrennung gasförmig sind, und wenn bei der Verbrennung auch nicht vorübergehend feste Körper ausgeschieden werden, wie bei der Wasserstoff-, Kohlenoxyd- und Weingeistflamme. Leuchtend kann man die nicht leuchtenden Flammen dadurch machen, dass man feste Körper, z. B. Platin- oder Eisendraht darin zum Glühen erhitzt. Die glühenden Körper leuchten um so mehr, je dichter sie sind, und je stärker sie erhitzt werden. Wasserdampf und andere Dämpfe leuchten schwach, glühende feste Körper leuchten stark, und um so stärker, je höher ihre Temperatur ist.

Gewisse brennbare Substanzen, so Phosphor und Zink, bilden bei der Verbrennung feste Produkte, die bei ihrem Entstehen glühend sind und das Leuchten ihrer Flammen bewirken. Andere Substanzen erleiden während der Verbrennung durch die erzeugte Hitze oder in Folge von partieller Verbrennung Zersetzungen, wobei feste Körper ausgeschieden werden können, deren Glühen in diesen Fällen das Leuchten der Flammen bewirkt. So beruht das Leuchten der Flammen des Leuchtgases, der flüssigen Kohlenwasserstoffe, der Oele und Fette, des Wachses etc. etc. darauf, dass sich während der Verbrennung dieser Substanzen feste glühende Kohle abscheidet. Bei genügendem Luftzutritt verbrennt die abgeschiedene Kohle schliesslich ebenfalls und zwar zu Kohlensäureanhydrid. Bei ungenügendem Luftzutritt oder bei rascher Abkühlung scheidet sie sich als Russ ab; die Flamme raucht in solchen Fällen. Gleichzeitig scheiden sich hierbei nicht vollständig verbrannte zusammengesetzte Producte des Verbrennungsprocesses, wie Kohlenoxyd, Acetylen etc. etc. ab. Diese Körper wirken schädlich auf den thierischen Organismus ein.

Flammen, die in Folge von ausgeschiedenem Kohlenstoff leuchten, lassen sich durch grössere Zufuhr von Luft nicht leuchtend machen, daher brennen Gemische von Leuchtgas und Luft mit nur sehr schwach leuchtender Flamme.

Färbung der Flamme. Beim Glühen oder Verbrennen strahlen die Körper verschiedenartig gefärbtes Licht aus. Die Färbung ist theils bedingt durch die Temperatur, welcher der leuchtende Körper ausgesetzt ist, theils aber auch durch seine chemische Natur. Beim schwachen Glühen strahlen die meisten Substanzen rothes Licht aus (Rothglühhitze), während sie bei höherer Temperatur weisses Licht geben (Weissglühhitze). Wasserstoff verbrennt in der atmosphärischen Luft mit sehr wenig leuchtender fast farbloser Flamme, Kohlenoxyd mit wenig leuchtender blauer, Schwefelkohlenstoff mit blauvioletter, Magnesium mit intensiv leuchtender weisser Flamme. Gebrannter Kalk strahlt beim Glühen in der Weissglühhitze ein intensives weisses Licht aus; die glühende Erbinerde leuchtet mit grünem Lichte.

Gewisse Substanzen ertheilen den farblosen schwachleuchtenden Flammen bestimmte Färbungen, wodurch sie erkannt werden können (Flammenreactionen).

Es färben die nicht leuchtende Flamme:

Roth, Lithium und Strontium;

Gelbroth, Calcium;

Gelb, Natrium;

Grüngelb, Barium;

Grün, Thallium, Kupfer, Borsäure und Phosphorsäure;

Blau, Selen, Arsen, Antimon und Blei;

Indigo, Indium;

Violett, Kalium.

Betrachtet man eine gefärbte Flamme durch gefärbte Gläser, so bemerkt man öfters das Verschwinden ihrer Färbung oder aber das Auftreten einer neuen Färbung. Dieses beruht darauf, dass das gefärbte Glas gewisse Lichtstrahlen verschluckt, während es anderen den Durchgang gestattet. So beobachtet man eine violette oder rothe Flamme, wenn man eine durch Natrium gelb gefärbte, aber auch Kalium oder Lithium enthaltende Flamme, durch ein mit Indigolösung gefülltes Glas betrachtet. In diesem Falle macht die intensive Färbung, welche Natrium der Flamme ertheilt, dass dem unbewaffneten Auge die violetten oder rothen Strahlen, welche die beiden anderen Metalle hervorbringen, nicht sichtbar werden. Diese Strahlen zeigen sich aber, nachdem diejenigen des Natriumlichtes absorbirt worden sind.

Spectralanalyse. Mit Ausnahme der Erbinerde und des Didymoxydes geben alle nicht flüchtigen glühenden Körper continuirliche Spectra; sie zeigen helle Linien in dunklerer Umgebung, wenn Erbin- oder Didymoxyd glühen, oder wenn in der künstlichen Lichtquelle flüchtige Substanzen enthalten sind. Diese Linien sind öfters so characteristisch für bestimmte Körper, dass diese daran erkannt werden können. Bringt man z. B. Natrium oder eine seiner Verbindungen in eine nicht leuchtende Flamme, so gibt diese nun ein sehr schwaches continuirliches Spectrum, welches eine intensiv helle gelbe Linie enthält und die nur bei Gegenwart von Natrium in der Flamme hervortritt. Kalium ruft eine helle rothe und eine violette Linie im Spectrum hervor. Wenn eine Flamme Natrium und Kalium enthält, so gibt sie die drei Linien welche diesen beiden Metallen zukommen, und woran sie neben einander erkannt werden können. Die Empfindlichkeit der Spectralanalyse ist in vielen Fällen sehr gross; mittelst derselben lässt sich z. B. noch $\frac{1}{3000000}$ Milligramm Natrium erkennen.

Die Ursache der hellen Linien ist, dass das Licht der glühenden Körper, welche solche im Spectralapparate zeigen, nicht alle Farbentöne des weissen Lichtes: Roth, Orange, Gelb, Grün, Blau, Indigo und Violett in gleicher Stärke oder in continuirlicher Reihe der Brechbarkeit enthält. Das Natriumlicht besteht wesentlich nur aus gelben Strahlen von ungefähr einer Brechbarkeit, dasjenige des Thalliums nur aus grünen, das des Lithiums fast nur aus rothen und einigen orangefarbigen Strahlen.

Chemische Wirkungen des Lichts. Viele chemische Processe, welche im Dunklen nicht stattfinden, treten im Lichte ein. Chlorgas vereinigt sich im Dunklen nicht mit Wasserstoffgas, wohl aber im Lichte. Die Vereinigung erfolgt langsam im zerstreuten Tageslichte, augenblicklich im Sonnenlichte, und im blauen Lichte der Schwefelkohlenstoffflamme.

Das Sonnenlicht übt die stärkste chemische Wirkung aus. Das

weisse und sehr intensive Licht eines in der Flamme des Knallgases glühenden Cylinders von gebranntem Kalk (Drummonds Kalklicht), oder von in Sauerstoffgas brennendem Phosphor oder Magnesium übt ebenfalls starke chemische Wirkungen aus. Dieselben sind vorzugsweise abhängig von den blauen, violetten und ultravioletten Strahlen des Lichtes; hierauf beruht es, dass das schwache aber blaue Licht des brennenden Schwefels starke chemische Wirkung ausübt. Im Lichte nehmen die grünen Pflanzentheile Kohlensäure auf, während sie Sauerstoff ausgeben. Dieses erfolgt am kräftigsten im Sonnenlichte und bei blauem Himmel, weniger stark im zerstreuten Licht, sehr schwach im rothen oder gelben Lichte und wieder rascher im blauen Lichte.

Die chemische Wirkung einer beschränkten Lichtmenge ist eine begrenzte.

Structur und Temperatur der Flamme. Die Flammenkegel bestehen aus mehreren Theilen, die sich durch ihr Ansehen unterscheiden, und in denen verschiedenartige Processe thätig sind.

Man unterscheidet bei der leuchtenden Flamme:

1) den inneren dunklen Kegel,

2) den leuchtenden Theil,

3) die Flammenbasis und

4) den äusseren Mantel.

Der innere dunkle Kegel enthält den Brennstoff — Gas oder Dampf flüssiger oder fester Körper —, zum Theil schon mehr oder weniger durch die auf ihn einwirkende Hitze verändert. Ihn umschliesst der leuchtende Theil: seine dem dunklen Kern am nächsten liegenden Zonen enthalten den durch Einwirkung der Hitze und einer unvollständigen Verbrennung schon wesentlich veränderten Brennstoff. Hier findet sich beispielsweise Acetylen, welches man vermittelst eines gebogenen Glasrohres aus der Flamme ableiten und in einem Kolben aufsammeln kann, und welches sich durch eine ammoniakalische Lösung von Kupferchlorür leicht nachweisen lässt. Im Innern der Flamme entstehen durch Condensation aus Aethylen und Acetylen Dämpfe von flüssigen und festen Kohlenwasserstoffen und anderen Producten. Der leuchtende Theil der Flamme enthält ausgeschiedene glühende Kohle, die sein Leuchten bedingt, und ferner Wasserstoff, Kohlenoxyd, Stickstoff, Kohlensäure, Grubengas, Wasserdampf und andere Gase, welche in der mannigfaltigsten Weise auf einander einwirken, durch den Sauerstoff der Luft Oxydation und durch die glühende Kohle Reduction erleiden. An der Flammenbasis strömt der Flamme vorzugsweise Luft zu; daher herrscht hier eine verhältnissmässig niedrige Temperatur und der Ueberschuss von Sauerstoff bewirkt die vollständige Verbrennung der vorhandenen brennbaren Gase, wodurch die blaue Farbe dieses Theils der Flamme bedingt wird. Den ganzen leuchtenden Theil der

Flamme umgibt ein schwach leuchtender Mantel, an dessen innerem Rande der Brennstoff vollständig verbrennt und die höchsten Temperaturgrade erzeugt. Die äussere Seite des Mantels besteht aus glühender Luft, glühendem Stickstoff der verbrannten Luft und den glühenden letzten Verbrennungsproducten der Flamme.

Im äusseren Mantel der Flamme findet sich ein Ueberschuss von heissem Sauerstoff, hier erleiden oxydirbare Körper Oxydation, und daher nennt man diesen Theil der Flamme **Oxydationsflamme**.

Die im leuchtenden Theile der Flamme vorhandenen heissen Substanzen wirken reducirend und daher wird dieser Theil als **Reductionsflamme** bezeichnet.

Bringt man in den leuchtenden Theil einer Flamme einen kalten festen Körper, so entzieht er ihr so viel Wärme, dass die vollständige Verbrennung gehindert wird und daher beschlägt er mit Russ. Brennendes Arsen- und Antimonwasserstoff geben hierbei Beschläge von Arsen und Antimon. Kaltes feines Metalldrahtgewebe hindert ebenfalls die vollständige Verbrennung durch Abkühlung; eine Flamme pflanzt sich durch seine Maschen nicht eher fort, als bis das Metall sehr heiss geworden ist. Hierauf beruht **Davy's Sicherheitslampe**.

Die höchste Temperatur, welche eine Flamme hervorbringen kann, erhält man, wenn man ein brennbares Gas mit so viel Sauerstoffgas gleichförmig mischt, als zur vollständigen Verbrennung durch die ganze Menge erforderlich ist, und anzündet. Ein Gemenge von 2 Vol. Wasserstoffgas und 1 Vol. Sauerstoff (Knallgas) gibt die höchste Temperatur, welche durch Verbrennung hervorgebracht werden kann. Gemenge von gewöhnlicher Luft und Wasserstoff oder auch Leuchtgas (Bunsens Lampe) erzeugen beim Verbrennen ebenfalls hohe Temperaturgrade. Gemenge von Leuchtgas und Luft verbrennen mit schwach leuchtendem Lichte, dessen Farbe ähnlich derjenigen der Flammenbasis einer leuchtenden Flamme ist.

Siebente Gruppe.

Die Alkalimetalle.

Kalium, Natrium, Lithium, Rubidium und Cäsium.

Die Oxyhydrüre des Kaliums und Natriums bezeichnet man seit langer Zeit als Alkalien und daher nennt man diese Metalle und die ihnen ähnlichen die Alkalimetalle. Ihre Oxyhydrüre unterscheidet man als **fixe Alkalien** von dem Ammoniumoxyhydrür, welches mit ihnen in chemischer Beziehung eine sehr grosse Aehnlichkeit besitzt und welches als **flüchtiges Alkali** bekannt ist.

17. Kalium. K.

Atomgewicht 39,1. Atomwärme 6,4.

Vorkommen. Kalium kommt sehr verbreitet, aber nur im gebundenen Zustande auf der Erde vor. Bildet einen Bestandtheil vieler Silicate (Feldspäthe, Glimmer), welche wesentliche Gemengtheile der krystallinischen Felsarten sind, und durch deren Zertrümmerung und Verwitterung geschichtete Gesteine und Erdarten gebildet werden. Kalisalze sind im Wasser der Flüsse und namentlich der Meere enthalten. Chlorkalium bildet einen Bestandtheil der mächtigen Salzablagerung, welche als Abraumsalz von Stassfurth [1]) bekannt ist.

Die Kalisalze sind für die Entwicklung der Pflanzen unentbehrlich; sie werden von diesen dem Boden oder dem Wasser entnommen und bleiben beim Verbrennen der Pflanzen in der Asche zurück. Kaliumphosphat findet sich im Thierkörper. Der Schweiss der Schafe enthält viel Kalisalz, auch sind im Guano Kalisalze enthalten. In südlichen Ländern, namentlich in Ostindien, finden sich Lager von Kaliumnitrat.

Man gewinnt Kalisalze aus den Pflanzenaschen [2]) (Pottasche, Kelp und Varec), aus dem Abraumsalze von Stassfurth, aus den Lagern von Kaliumnitrat, aus den Mutterlaugen von der Gewinnung des Seesalzes und wahrscheinlich auch aus Feldspath.

Darstellung. Davy stellte 1807 Kalium zuerst dar durch Zersetzung von Kaliumoxyhydrür vermittelst einer starken galvanischen Batterie. Es lässt sich auch durch metallisches Eisen bei Weissgluhhitze aus dem Oxyhydrür abscheiden. Man gewinnt es durch Zersetzung von Kaliumcarbonat vermittelst Kohle bei hoher Temperatur. Hierzu bereitet man ein höchst inniges Gemenge der beiden genannten Stoffe

[1]) Das Abraumsalz von Stassfurth besteht aus:

Chlorkalium	19,16
Chlornatrium	32,84
Chlormagnesium	17,08
Magnesiumsulphat	15,09
Gyps, Wasser, Sand u. anderen Substanzen	15,83
	100,00

[2]) Runkelrübenasche besteht aus:

Kaliumcarbonat	33,7
Chlorkalium	17,0
Kaliumsulphat	12,0
Natriumcarbonat	20,5
Unlöslichen Substanzen	16,8
	100,0

durch Verkohlung von rohem Weinstein (saurem Kaliumtartrat), mischt dasselbe mit gröblich gepulverter Kohle und unterwirft das Gemenge in einer schmiedeeisernen Flasche mit eingeschliffenem eisernem Rohre einer möglichst starken Weissglühhitze, wobei Kohlenoxyd und Kalium entweichen. Letzteres wird unter Steinöl, welches sich in besonders construirten Vorlagen befindet, aufgefangen. Die Darstellung des Kaliums ist wegen der leichten Entzündbarkeit desselben, und weil sich dabei eine explosive Verbindung bildet, sehr gefährlich.

Eigenschaften. Silberweisses starkglänzendes, bei mittlerer Temperatur weiches knetbares, bei 0° ziemlich sprödes Metall, welches bei 62,5° schmilzt und sich in der Rothglühhitze in ein grüngefärbtes Gas verwandelt. Besitzt bei 15° das sp. Gw. von 0,865. Läuft an der Luft grau an, indem es sich oxydirt. Geschmolzen entzündet es sich an der Luft und verbrennt mit violetter Flamme. Kalium zersetzt Wasser bei gewöhnlicher Temperatur unter starker Wärmeentwicklung, indem Wasserstoff abgeschieden und Kaliumoxyhydrür gebildet wird. Wirft man ein Stückchen Kalium auf Wasser, so schmilzt es bald, dann entzündet sich das sich entbindende Wasserstoffgas, und die glänzende Metallkugel rollt auf der Oberfläche des Wassers umher, bis die Flamme erlöscht und die Kugel mit grosser Gewalt zerspringt. Hierdurch können Unglücksfälle herbeigeführt werden.

Bringt man Kalium in kleinen Stücken unter eine mit Wasser gefüllte Glocke, so wird eine entsprechende Menge Wasser durch das sich entwickelnde Wasserstoffgas verdrängt. Unter diesen Umständen kann es sich nicht entzünden, weil es von dem Sauerstoff der Luft getrennt ist.

Kalium entzieht den meisten Oxyden bei höherer Temperatur Sauerstoff; es verbrennt unter Feuererscheinung im Stickoxydul, Stickoxyd, und in anderen Sauerstoff enthaltenden Gasen. Während Kohle bei Weissglühhitze Kalium aus seinen Verbindungen reducirt, scheidet dieses bei Rothglühhitze Kohle aus Kohlenoxyd und Kohlensäuregas ab. Es reducirt Bor aus Borsäureanhydrid. Es verbrennt ferner im Chlorgase und entzieht den meisten Chlorverbindungen unter Feuererscheinung das Chlor. Es zersetzt Schwefelwasserstoff, Ammoniak, Phosphorwasserstoff und andere Gase unter Wasserstoffentwicklung und Bildung von Kaliumverbindungen. Kalium wird unter Steinöl aufbewahrt. Seine Verbindungen färben farblose Flammen violett; das Spectrum der durch Kalium gefärbten Flamme zeigt zwei helle Linien, eine rothe und eine violette.

18. Natrium. Na.

Atomgewicht 23. Atomwärme 6,4.

Vorkommen. Niemals im freien Zustande; in Verbindungen in

grosser Menge und sehr verbreitet in den drei Naturreichen. Bildet einen Bestandtheil vieler Silicate und Gebirgsarten. Mit Chlor verbunden, als Chlornatrium, kommt es in fast jedem Wasser, namentlich im Meerwasser und im Wasser der Salzquellen vor. Chlornatrium (Kochsalz, Steinsalz) bildet an vielen Orten der Erde ausgedehnte Lager. Abgelagert oder ausgewittert finden sich ferner Natriumcarbonat (Trona, Urao und Szek), Natriumsulphat, Natriumnitrat (Chilisalpeter) und Natriumborat (Tinkal). Natriumsalze sind ganz allgemein im Pflanzen- und Thierorganismus enthalten. Grössere Mengen derselben finden sich in den Meerpflanzen, aus deren Aschen (Soda, Barilla und Kelp) Natriumcarbonat gewonnen wird. Chlornatrium dient als hauptsächliche Quelle für Natrium und seine Verbindungen.

Darstellung. Es wird nach demselben Verfahren wie Kalium, jedoch viel leichter als dieses gewonnen. Man stellt es dar durch Destillation eines Gemenges von 100 Th. trocknem Natriumcarbonat mit 24 Th. Kohlenpulver aus einer Retorte von Schmiedeeisen bei Weissglühhitze. Durch einen Zusatz von Kalk, welcher das Schmelzen der Masse verhindert, wird die Operation befördert. Man condensirt das Metall bei Abschluss der Luft und fängt es unter Steinöl auf.

Eigenschaften. Dem Kalium sehr ähnlich, silberweiss, in niederer Temperatur brüchig und krystallinisch, bei 15° so weich dass man es leicht schneiden kann. Spec. Gew. = 0,97. Ist bei höherer Temperatur knetbar, schmilzt bei 95°6 und verwandelt sich bei Rothglühhitze in Dampf. Lässt man das geschmolzene Metall langsam erkalten, bricht die äussere erstarrte Rinde durch und giesst den inneren noch flüssigen Theil aus, so erhält man es in treppenförmig angehäuften Würfeln krystallisirt. Es oxydirt sich etwas weniger leicht als Kalium; entzündet sich nicht auf grösseren Mengen kalten Wassers, zersetzt dasselbe jedoch, darauf im geschmolzenen Zustande herumschwimmend, mit grosser Heftigkeit unter Entwicklung von Wasserstoff und Bildung von Natriumoxyhydrür. Wenn man die rasche Bewegung und damit die Abkühlung der geschmolzenen Natriumkugel auf dem Wasser dadurch hindert, dass man das Metall auf ein Stück feuchtes Fliesspapier, welches auf dem Wasser schwimmt, legt, so entzündet sich der freiwerdende Wasserstoff und verbrennt mit gelber Flamme. Gegen Chlor, Salzsäure, Schwefelwasserstoff, Ammoniak etc. verhält es sich wie Kalium, doch wirkt es weniger energisch. Es ist in luftdicht verschlossenen Gefässen, oder versehen mit einem Ueberzuge von Paraffin, oder unter Steinöl aufzubewahren. Beim längeren Zusammenstehen mit Steinöl nimmt es bisweilen die Eigenschaft an auf Wasser heftig zu explodiren.

Natrium färbt farblose Flammen intensiv gelb. Diese Färbung verdeckt die des Kaliums, welche jedoch sichtbar wird, wenn man die Flamme durch ein blaues (Kobalt-)Glas, oder durch ein mit Indigolösung gefülltes Glasprisma betrachtet, indem hierdurch das gelbe Licht absorbirt wird. Das Spectrum der Flamme, welche durch Natrium gefärbt ist, zeigt eine characteristische hellgelbe Linie. Natrium und Kalium bilden Legirungen, welche noch bei 0° flüssig sind.

19. Lithium. Li.

Atomgewicht 7. Atomwärme 6,4.

Findet sich nur in kleinen Mengen, jedoch sehr verbreitet in der Natur. In einigen Mineralien, so in den Silicaten: Petalit, Lepidolith (Lithionglimmer) und Spodumen. Im Triphyllin, einem Phosphate, findet es sich in grösseren Mengen. Geringe Quantitäten Lithium sind im Wasser einiger Mineralquellen und in einigen Pflanzenaschen (Tabaksasche) enthalten.

Lithiumverbindungen gewinnt man aus Triphyllin, aus Lithionglimmer und aus den Mutterlaugen gewisser Salzsoolen.

Aus Triphyllin erhält man sie leicht, wenn man denselben grob gepulvert in Salzsäure auflöst, das Eisenoxydul durch Kochen mit Salpetersäure in Eisenoxyd überführt, vollständig zur Trockne verdunstet bis alle freie Säure verdampft ist, die Masse dann fein zerreibt, mit Wasser auskocht und die Lösung filtrirt. Sie enthält nun keine Spur von Eisen mehr, welches als weisses phosphorsaures Salz ungelöst bleibt. Zu dem Filtrate setzt man bis zur schwach alkalischen Reaction Kalkmilch, wodurch Magnesia und noch etwa vorhandene Phosphorsäure gefällt werden; alsdann setzt man zur Fällung des Mangans Schwefelammonium hinzu und filtrirt ab. Die gelöste Kalkerde wird durch ein Gemisch von kohlensaurem und caustischem Ammonium gefällt, die filtrirte Lösung abgedampft, und der Rückstand im Porcellantigel zum Schmelzen erhitzt.

Das so erhaltene Gemenge von Chlornatrium und Chlorlithium, welches etwas alkalisch geworden ist, versetzt man mit etwas Salzsäure, verdampft zur Trockne und macerirt mit einem Gemisch von Alkohol und Aether, welches das Chlorlithium löst, das Chlornatrium aber ungelöst lässt. Oder man löst das Salzgemenge in der kleinsten erforderlichen Menge concentrirter Ammoniakflüssigkeit auf und legt in die möglichst kalt gehaltene Lösung Stückchen von Ammoniumcarbonat, wodurch Lithiumcarbonat gefällt wird. Es wird abfiltrirt und mit Alkohol gewaschen.

Das Metall erhält man durch Electrolyse von glühend geschmolzenem Chlorlithium. Es zeigt grosse Aehnlichkeit mit Kalium und Natrium. Ist das leichteste aller Metalle (spec. Gw. 0,59) und schwimmt auf Steinöl. Silberweiss, sehr zähe, schmilzt bei 150° und ist in der Rothglühhitze nicht flüchtig. Es entzündet sich an der Luft erst weit oberhalb seines Schmelzpunktes. Zersetzt Wasser ohne zu schmelzen unter Entwicklung von Wasserstoff und Bildung von Lithiumoxyhydrür. Die Lithiumverbindungen ertheilen der farblosen Flamme eine carminrothe Färbung. Als Element 1817 von Arfvedson unterschieden.

20. Rubidium. Rb. — 21. Cäsium. Cs.

Atomgewicht 85,4. Atomgewicht 133.

Diese beiden Alkalimetalle finden sich sehr verbreitet, jedoch nur in sehr geringer Menge und immer im gebundenen Zustande, als Begleiter der anderen Alkalimetalle. So in einigen Mineralien, namentlich dem Lepidolith, in plutonischen Silicatgesteinen, in einigen Salzsoolen (reichlich in der Nauheimer und Dürkheimer), in den Rückständen der Salpeterraffinerien und in einigen Pflanzenaschen (Runkelrübenpottasche). Ein sehr seltenes Mineral, Pollux genannt, enthält 32 Proc. Cäsium.

Man gewinnt Rubidium- und Cäsium-Verbindungen zweckmässig aus der Nauheimer Mutterlauge.

Das metallische Rubidium wird, wie Kalium und Natrium, durch Destillation des Carbonats mit Kohle erhalten. Es ist silberweiss, sehr weich, schmilzt bei 38,°5 und hat ein spec. Gew. von 1,5. Entzündet sich von selbst an der Luft und auf Wasser, wobei es mit violetter Farbe verbrennt. Verwandelt sich noch unter der Glühhitze in einen grünlich blauen Dampf.

Cäsium ist noch nicht isolirt dargestellt worden. Sein Amalgam entsteht bei der Electrolyse von Chlorcäsiumlösung, welche sich mit Quecksilber in Berührung befindet. Es verhält sich gegen Rubidiumamalgam electropositiv und ist vielleicht der electropositivste aller bekannten Körper.

Beide Metalle sind 1860 durch Bunsen und Kirchhoff entdeckt und zwar in Folge ihrer sehr characteristischen Spectrallinien. Die Rubidiumverbindungen geben zwei dunkelrothe, zwei violette und mehrere andere Linien. Das Spectrum des Cäsiums ist durch zwei intensiv himmelblaue Linien charakterisirt.

Haloidsalze.

Als stabile Verbindungen der Alkalimetalle und der Haloide kennt man nur solche, welche auf ein Atom Metall ein Atom Haloid enthalten. Vom Kalium und Natrium sind ausserdem sehr unbeständige Verbindungen dargestellt worden, welche zwei Atome Metall auf ein Atom Chlor enthalten.

Chlorkalium, KCl, findet sich im Steinsalz, im Meerwasser und in Salzsoolen, und ferner in Pflanzenaschen (die Varec-Soda enthält 30 Proc. Chlorkalium).

Es wird aus der Mutterlauge des Seesalzes, aus Varec-Soda und namentlich aus dem Abraumsalz von Stassfurth gewonnen. Es krystallisirt in farblosen Würfeln, schmeckt wie Kochsalz und ist in Wasser leicht löslich. Beim Auflösen von Chlorkalium in Wasser tritt eine stärkere Abkühlung ein als beim Auflösen von Kochsalz, so dass dieses Verhalten dazu benutzt werden kann, um in einer Mischung von Chlorkalium und Chlornatrium das Verhältniss der beiden Salze zu einander zu ermitteln. Mit Platinchlorid gibt es ein sehr schwer lösliches Doppelsalz, $PtCl_4$, 2KCl, welches in kleinen gelben Octaëdern krystallisirt und isomorph mit Platinsalmiak, $PtCl_4$,$2NH_4Cl$, ist. Chlorkalium ist schmelzbar und bei sehr hoher Temperatur flüchtig. Durch Glühen in einer Atmosphäre von Wasserdampf wird es nicht zersetzt. Ist in wasserfreiem Alkohol wenig löslich. — Findet Anwendung als Dünger, zur Fabrikation von Kaliumnitrat, Kaliumsulphat und Kaliumcarbonat und zur Darstellung von Kalialaun.

Chlornatrium, *Kochsalz*, *Steinsalz*, *Seesalz*, NaCl. Findet sich sehr verbreitet in der Natur; in grösseren Mengen im Meerwasser (das Wasser der Ostsee enthält 0,4 Proc.; das der Nordsee 2,74 Proc. und dasjenige des Mittelländischen Meeres 3,25 Proc.), so wie im Wasser mancher Quellen (Salzsoolen). Es findet sich als Steinsalz in mehr oder weniger reinem Zustande an vielen Orten der Erde abgelagert oder in Thon-, und Anhydrid- (Calciumsulphat) Lagern eingesprengt.

Man gewinnt es:

1) Bergmännisch als Steinsalz, welches in der Regel durch Umkrystallisiren gereinigt wird.
2) Durch Verdunsten der Salzsoolen. Diese werden durch Quellen geliefert oder durch Einleiten von süssem Wasser in salzhaltigen Thon hergestellt. Wenn sie wenig Salz enthalten, concentrirt man sie dadurch, dass man sie im fein vertheilten Zustande der Luft auf den Gradirwerken aussetzt.
3) Durch Verdunsten des Seewassers in Salzgärten.
4) Durch Gefrierenlassen von Seewasser, wodurch eine concentrirte Salzsoole, die dann weiter verarbeitet werden kann, erhalten wird.

Chlornatrium krystallisirt in Würfeln, die sich, wenn sie sich rasch bilden, in Form vierseitiger, innen hohler und treppenförmiger Pyramiden aneinander lagern. Es ist nach den Würfelflächen spaltbar; durchsichtig bis durchscheinend; besitzt einen eigenthümlichen (salzigen) Geschmack; knistert beim Erhitzen in Folge von eingeschlossener Mutterlauge, schmilzt in der Glühhitze und verdampft unzersetzt. Auch beim Glühen in einer Atmosphäre von Wasserdampf wird es nicht zersetzt. Beim Erkalten erstarrt das geschmolzene Salz krystallinisch. Im reinen Zustande wird es an der Luft nicht feucht. Ist in heissem Wasser nur sehr wenig löslicher als in kaltem, von dem 100 Th. ungefähr 36 Th. aufzulösen vermögen. Eine gesättigte Kochsalzlösung enthält 26,5 Proc. Salz, man nennt sie eine 26,5-löthige Soole. Einige Salzsoolen sind gesättigt, andere besitzen geringere Löthigkeit.

In gesättigter Kochsalzlösung bilden sich unterhalb 0° tafelförmige Krystalle einer Verbindung, $NaCl,2H_2O$, welche oberhalb 0° in Würfel von wasserfreiem Kochsalz und in Salzsoole zerfallen. Ist in wasserfreiem Alkohol wenig löslich; bildet mit Platinchlorid eine in Wasser und Alkohol sehr leicht lösliche Verbindung.

Chlornatrium findet ausgedehnte Anwendung als Nahrungsmittel und zum Conserviren von Nahrungsmitteln. Es dient zur Fabrikation von Salzsäure, Chlor, Chlorkalk und anderen bleichenden Stoffen; zur Darstellung des Natriumsulphats, der Soda, der Seifen, des Glases und vieler anderer Substanzen. In der Glühhitze erleidet es bei Gegenwart von Wasserdampf und Sand, Eisenoxyd oder mehreren anderen Oxyden Zersetzung. Hierauf beruht seine Benutzung zum Glasiren von Steingutwaaren.

Chlorlithium, LiCl, ist isomorph mit Chlorkalium und Chlornatrium. Ein zerfliessliches und auch in Alkohol leicht lösliches Salz. Leicht schmelzbar. Erleidet beim Glühen im Wasserdampfe Zersetzung.

Chlorrubidium, RbCl, und *Chlorcäsium*, CsCl, sind isomorph mit den Chlorüren der anderen Alkalimetalle. Sie bilden mit Platinchlorid Doppelsalze, welche in gelben Octaëdern krystallisiren und isomorph mit den entsprechenden Kalium- und Ammoniumverbindungen sind. Diese Dopelsalze unterscheiden sich wesentlich von einander und von dem Kaliumplatinchlorid durch verschiedene Löslichkeit in Wasser. Während 100 Thl. kochendes Wasser 5,18 Thl. Kaliumplatinchlorid lösen, werden unter gleichen Verhältnissen nur 0,634 Thl. Rubidiumplatinchlorid und nur 0,377 Thl. Cäsiumplatinchlorid gelöst. Dieses Verhalten benutzt man zur Gewinnung und Trennung von Rubidium- und Cäsiumverbindungen.

Bromkalium, KBr, ist dem Chlorkalium sehr ähnlich. Zu seiner Darstellung vermischt man die Lösungen äquivalenter Mengen von Bromammonium und Kaliumcarbonat, verdampft zur Trockne, extrahirt den Rückstand mit Alkohol, destillirt diesen vom Filtrat und krystallisirt den Rückstand aus Wasser. Von Chlorkalium unterscheidet es sich durch seine Löslichkeit in Weingeist. Durch Chlor wird Brom daraus frei gemacht und schüttelt man nun die Lösung mit Schwefelkohlenstoff, so nimmt dieser das Brom auf, indem er sich gelb bis braungelb färbt.

Findet als Arzneimittel und in der Photographie Anwendung.

Jodkalium, KJ, findet sich im Meerwasser und ist in der Varec-

Soda und anderen Pflanzenaschen enthalten. Zu seiner Darstellung löst man Jod in einer concentrirten Auflösung von Kalihydrat auf, bis die Flüssigkeit dauernd einen hell braunen Ton angenommen hat. Hierbei bilden sich Jodkalium und jodsaures Kalium. Man setzt der Flüssigkeit ungefähr $^1/_{16}$ vom Gewichte des angewandten Jods an sehr feinem Kohlenpulver zu, verdampft zur Trockne und erhitzt die trockne Masse in einem Tiegel von Platin oder Eisen bei sehr langsam steigender Temperatur bis zum schwachen Rothglühen. Hierbei zersetzt sich das jodsaure Salz unter lebhaftem Verglühen und Jodkalium bleibt im Rückstande. Diesen extrahirt man mit Wasser, filtrirt die Lösung, neutralisirt sie, wenn sie alkalische Reaction besitzt, mit Schwefelsäure, verdunstet zur Trockne und zieht das Jodkalium mittelst Weingeist aus. Von dem Filtrat destillirt man den Weingeist ab und krystallisirt den Rückstand aus Wasser. — Jodkalium lässt sich auch auf die folgende Weise darstellen. Man übergiesst 1 Th. reine Eisenfeile mit Wasser und setzt bis zur fast vollständigen Auflösung desselben Jod (ungefähr $4^1/_2$ Th.) hinzu, wobei sich leicht lösliches Jodferrosum bildet. Die Flüssigkeit wird filtrirt und alsdann noch $^1/_3$ so viel Jod, als schon verbraucht worden ist, hinzugefügt, wodurch eine braune Auflösung von Jodferrosumferrid entsteht, welche man zum Sieden erhitzt und durch Kaliumcarbonat zersetzt. Die abfiltrirte, mit Schwefelsäure neutralisirte Lösung verdampft man zur Trockne, extrahirt mit Alkohol und verfährt wie oben. Jodkalium krystallirt in der Regel in undurchsichtigen Würfeln, welche sich beim langsamen Verdampfen seiner wässrigen Lösung ziemlich gross bilden. Ist isomorph mit Chlorkalium. Aus einer etwas freies Jod enthaltenden Lösung krystallisirt es in Octaëdern. Es besitzt einen scharf salzigen Geschmack, schmilzt in der Rothglühhitze und verdampft bei höherer Temperatur. Löst sich in Wasser und Weingeist; seine wässrige Lösung löst Jod auf.

Setzt man zu einer Auflösung von Jodkalium Chlor (oder Brom), so wird Jod freigemacht. Dasselbe färbt Stärkekleister blau und lässt sich der wässrigen Lösung durch Schütteln mit Schwefelkohlenstoff, dem es eine carmoisinrothe Farbe ertheilt, entziehen.

Jodkalium findet als Arzneimittel und in der Photographie Anwendung.

Bromnatrium, NaBr, und *Jodnatrium*, NaJ, finden sich in geringer Menge, als Begleiter des Chlornatriums, sehr verbreitet in der Natur. Sie sind isomorph mit den entsprechenden Kaliumverbindungen, welchen sie auch sonst sehr ähnlich sind. Sie werden auf analogen Wegen wie diese dargestellt.

Fluorkalium, KFl, ein sehr zerfliessliches, mit Chlorkalium isomorphes Salz.

Fluornatrium, NaFl. Findet sich als ein Bestandtheil des Kryoliths

($Al_2Na_6Fl_{12}$) in der Natur. Wird durch Neutralisation von Fluorwasserstoff mit Natriumcarbonat und Abdampfen der Lösung in Gefässen von Silber oder Platin erhalten. Krystallisirt in Würfeln; ist schwer löslich.

Fluorkalium und Fluornatrium geben mit Fluorwasserstoff krystallisirbare Verbindungen der Formeln $KHFl_2$ und $NaHFl_2$, welche beim Erhitzen Fluorwasserstoff abgeben und zum Aufschliessen von Mineralien Anwendung finden.

Oxyde und Basen der Alkalimetalle.

Kaliumoxyd, *Kali*, $K_2\Theta$, und *Natriumoxyd*, *Natron*, $Na_2\Theta$, entstehen beim Verbrennen von Kalium und Natrium in trocknem Sauerstoffgase oder beim Erhitzen der Metalle mit ihren Oxyhydrüren:

$$K + K\Theta H = K_2\Theta + H.$$

Sie bilden weisse spröde Massen, welche sich mit Wasser unter Feuererscheinung zu Oxyhydrür verbinden:

$$Na_2\Theta + H_2\Theta = 2Na\Theta H.$$

Kaliumoxyhydrür, *Kalihydrat*, *kaustisches Kali*, *Aetzkali*, $K\Theta H$, entsteht bei der Zersetzung des Wassers durch Kalium:

$$H_2\Theta + K = K\Theta H + H.$$

Man gewinnt es in der Regel durch doppelte Zersetzung, so von Kaliumcarbonat und Calciumoxyhydrür:

$$\underset{\text{Kaliumcarbonat}}{\text{Ꞓ}\Theta_3K_2} + \underset{\text{Calciumoxyhydrür}}{\text{Ꞓ}a(\Theta H)_2} = \underset{\text{Kaliumoxyhydrür}}{2K\Theta H} + \underset{\text{Calciumcarbonat}}{\text{Ꞓ}\Theta_3\text{Ꞓ}a};$$

oder von Kaliumsulphat und Bariumoxyhydrür:

$$\underset{\text{Kaliumsulphat}}{S\Theta_4K_2} + \underset{\text{Bariumoxyhydrür}}{Ba(\Theta H)_2} = 2K\Theta H + \underset{\text{Bariumsulphat.}}{S\Theta_4Ba}$$

Zur Darstellung aus kohlensaurem Kalium behandelt man 3 Th. Pottasche mit 30 Th. Wasser, lässt die Flüssigkeit, nachdem sich alles Lösliche gelöst hat, ruhig stehen und giesst den klaren Theil derselben in einen ganz reinen eisernen Kessel, erhitzt zum Kochen und setzt nach und nach 2 Th. gebrannten Kalk, der vorher gelöscht und mit Wasser zu einer Milch angerührt war, hinzu, wobei man das Kochen fortwährend unterhält. Um zu sehen, ob die Zersetzung vollendet ist, nimmt man eine Probe von der Flüssigkeit, lässt sie sich in einem Proberohr klären, giesst von der klaren Lösung etwas in ein anderes Probierrohr und übersättigt sie darin mit Salzsäure. Tritt hierbei Aufbrausen ein, so enthält die Lauge noch kohlensaures Kali, man muss dann noch kochen und nöthigenfalls noch etwas Kalk zusetzen, bis bei einer neuen Probe kein Aufbrausen mehr erfolgt. Nun entfernt man den Kessel vom Feuer, bedeckt ihn zur Vermeidung von Kohlensäureaufnahme aus der Luft, lässt in Ruhe absitzen, und füllt mittelst eines

Hebers die klare Lösung, die **Kalilauge**, in Gläser mit eingeschliffenen Stopfen ab; oder man bringt die Lauge in einen blanken eisernen, oder besser, silbernen Kessel und dampft ein. Hierbei unterhält man möglichst lebhaftes Kochen, damit der Wasserdampf die Luft von der Lösung abhält und Kohlensäureaufnahme hindert. Das zurückbleibende Kalihydrat schmilzt man in einem silbernen Tiegel bei Glühhitze. Hierbei bildet es eine Flüssigkeit von ölartiger Consistenz, auf deren Oberfläche sich ein Schaum befindet, wenn während des Abdampfens etwas kohlensaures Kali entstanden war. Nachdem dieses mittelst eines Schaumlöffels entfernt ist, giesst man das Kalihydrat auf eine Kupferplatte aus, zerbricht es nach dem Erstarren in Stücke und hebt diese in gut verschlossenen Gläsern auf.

Das käufliche Kalihydrat enthält in der Regel etwas Chlorkalium, Kaliumsulphat, Kaliumsilicat und Kaliumcarbonat.

Zur Bereitung von vollkommen reiner Kalilauge im Kleinen erhitzt man 1 Th. reines zerriebenes Kaliumnitrat (Salpeter) mit 2 bis 3 Th. fein geschnittenem dünnem Kupferblech in einem eisernen Tiegel bis zum Glühen, wodurch die Salpetersäure zerstört und ein Gemenge von Kupferoxyd und Kali erhalten wird. Letzteres wird durch Wasser als Hydrat ausgezogen.

Das Kaliumoxyhydrür ist ein undurchsichtiger weisser harter spröder Körper von krystallinischer Textur. Zerfliesst sehr schnell an der Luft; löst sich in Wasser unter starker Wärmeentwicklung; ist auch in Alkohol löslich, wodurch es sich vom Kaliumcarbonat unterscheidet. Schmeckt sehr kaustisch und verändert oder zerstört die meisten Pflanzen- und Thierstoffe. Zieht aus der Luft ausser Wasser auch Kohlensäure an und bildet zerfliessliches Kaliumcarbonat. Seine Auflösung greift Glas an. Es schmilzt in dunkler Rothglühhitze, verflüchtigt sich unzersetzt in der Weissglühhitze. Schmelzendes Kalihydrat zerstört Gefässe von Thon und Platin.

Findet Anwendung zur Fabrikation von weicher Seife, in der Chirurgie zum Aetzen des Fleisches als **Lapis causticus** in Gestalt von Stäbchen.

Natriumoxyhydrür, *Natronhydrat*, *Aetznatron*, *caustisches Natron*, NaΘH. Lässt sich auf ähnliche Weise wie Kalihydrat darstellen.

Im Grossen gewinnt man es als Nebenproduct bei der Sodafabrikation. Zu diesem Zwecke laugt man die mit einem grösseren Verhältniss von Kohle dargestellte Schmelze, ohne sie vorher der Luft auszusetzen, mit Wasser von 50° aus, dampft die Lösung unter beständiger Entfernung des ausgeschiedenen kohlensauren Natrons ein, bis sie den Siedepunkt von 130° hat, setzt dann 3 bis 4 Th. Chilisalpeter auf je 100 Th. zu erhaltendes Aetznatron hinzu und erhitzt bis zum dunklen Rothglühen. Hierbei werden durch den Salpeter einige Cyanverbindungen und eine Verbindung von Schwefel mit Eisen und Natrium, welche der Lauge eine rothe Farbe ertheilt, zerstört. Das Aetznatron bildet in der Glühhitze eine Flüssigkeit von öliger Consistenz, aus der sich die noch vorhandenen Salze und das Eisen als Oxyd an der Oberfläche abscheiden. Nachdem die ausgeschiedenen Substanzen mittelst eines Schaumlöffels entfernt sind, lässt man die geschmolzene Masse zur Klärung längere Zeit stehen und schöpft das Product schliesslich in Metallformen. — Eine ziemlich caustische Natronlauge erhält man leicht aus dem Aetznatron des Handels, wenn man dasselbe in Wasser löst und die Lösung in einem verschlossenen Gefässe, unter öfterem Umrühren, mit einer kleinen Menge gelöschtem Kalk in Berührung lässt.

Natriumoxyhydrür ist dem Kalihydrat sehr ähnlich. Es destillirt in sehr hoher Hitze unzersetzt über. Zerfliesst an feuchter Luft, zieht Kohlensäure an und bildet nicht zerfliessliches Natriumcarbonat.

Den Gehalt an freiem oder kohlensaurem Alkali in flüssigen oder festen Stoffen bestimmt man volumetrisch mittelst einer verdünnten Lösung von bekanntem Gehalte an Schwefelsäure oder Oxalsäure, und umgekehrt ermittelt man vermittelst einer Natronlösung von bekanntem Gehalte die Quantität freier Säure in irgend einer Substanz. Zu solchen acidimetrischen Bestimmungen wendet man zweckmässig eine kohlensäurefreie Lösung an, indem sich alsdann der Sättigungspunkt durch den plötzlichen Uebergang der rothen Farbe einer mit Lakmus versetzten Säure in die blaue Färbung der alkalischen Lösung leicht erkennen lässt. Aus demselben Grunde pflegt man bei alkalimetrischen Bestimmungen kohlensäurehaltiger Substanzen zuerst zu übersättigen, dann durch Erhitzen die Kohlensäure auszutreiben und nun den Ueberschuss der zugesetzten Säure zurückzutitriren.

Natriumoxyhydrür findet in vielen Gewerben ausgedehnte Anwendung, namentlich dient es zur Fabrikation der harten Seifen.

Lithiumoxyhydrür, LiΘH. Wird wie Kaliumoxyhydrür, dem es auch sehr ähnlich ist, erhalten. An der Luft wird es nicht feucht und es löst sich nur in geringer Menge in Wasser.

Kaliumhyperoxyd, $K_2Θ_4$, entsteht beim gelinden Erhitzen von Kalium in Sauerstoffgas. Gelblich, leicht schmelzbar, gibt mit Wasser Kaliumoxyhydrür und Sauerstoff.

Natriumhyperoxyd, $Na_2Θ_2$, wird wie das Kaliumhyperoxyd bereitet. Grüngelb. Gibt mit Wasser Natriumoxyhydrür, Wasserstoffhyperoxyd und Sauerstoff.

Schwefel-, Selen- und Tellurverbindungen der Alkalimetalle.

Schwefelkalium. Kalium und Schwefel bilden eine ganze Reihe von Verbindungen, in welchen auf zwei Atome des Metalls ein bis fünf

Atome Schwefel enthalten sind. Sie sind sämmtlich in Wasser leicht löslich, die schwefelreicheren auch in Weingeist. Durch Säuren werden sie unter Entwicklung von Schwefelwasserstoff zersetzt, wobei die schwefelreicheren gleichzeitig Schwefel (Schwefelmilch) abscheiden.

Kaliumsulphuret, K_2S, entsteht beim heftigen Glühen eines Gemenges von Kaliumsulphat und Kohle *):

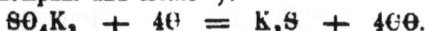

$$S\Theta_4K_2 + 4C = K_2S + 4C\Theta.$$

Es schmilzt hierbei und erstarrt beim Erkalten zu einer rothen zerfliesslichen Masse. Mit Wasser bildet es unter Wärmeentwicklung Kaliumsulfhydrür und Kaliumoxyhydrür:

$$K_2S + H_2\Theta = KSH + K\Theta H.$$

Beim Verdampfen der Lösung äquivalenter Mengen von Kaliumsulfhydrür und Kaliumoxyhydrür bilden sich wiederum Wasser und Schwefelkalium.

Mit sauren Sulphiden bildet es Sulphosalze, so mit Schwefelkohlenstoff Kaliumsulfcarbonat, CS_3K_2.

Kaliumsulfhydrür, KSH, entsteht unter Feuererscheinung beim Erhitzen von Kalium in Schwefelwasserstoff. Wird dargestellt durch Einleiten von Schwefelwasserstoff in Kalilauge:

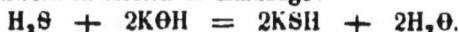

$$H_2S + 2K\Theta H = 2KSH + 2H_2\Theta.$$

Seine Lösung reagirt stark alkalisch; sie fällt viele Metalle aus ihren Lösungen als Schwefelmetalle, welche zum Theil in einem Ueberschuss unter Bildung von Sulphosalzen löslich sind. Wird durch die meisten Säuren unter Entwicklung von Schwefelwasserstoff zersetzt:

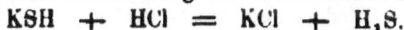

$$KSH + HCl = KCl + H_2S.$$

Erleidet an der Luft Oxydation, wobei in der Kälte unterschwefligsaures Kalium und bei höherer Temperatur saures schwefelsaures Kalium entstehen:

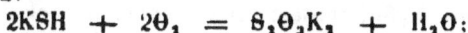

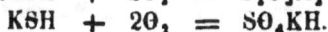

$$2KSH + 2\Theta_2 = S_2\Theta_3K_2 + H_2\Theta;$$
$$KSH + 2\Theta_2 = S\Theta_4KH.$$

Die übrigen Schwefelverbindungen des Kaliums erhält man durch Zusammenschmelzen von Kaliumsulphuret mit der nöthigen Menge Schwefel.

Kaliumbisulphuret, K_2S_2, geht an der Luft in unterschwefligsaures Kalium über:

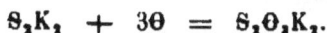

$$S_2K_2 + 3\Theta = S_2\Theta_3K_2.$$

*) Beim Erhitzen eines innigen Gemenges von 2 Th. Kaliumsulphat und 1 Th. Kienruss erhält man ein durch Kohle feinvertheiltes Schwefelkalium, welches so leicht oxydirbar ist, dass es sich an der Luft von selbst entzündet. (Pyrophor).

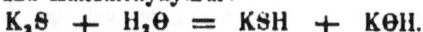

Die höheren Schwefelverbindungen des Kaliums geben an der Luft dasselbe Salz unter Abscheidung von Schwefel.

Schwefelleber, *Hepar sulphuris.* Hierunter versteht man Gemenge abweichender Zusammensetzung, welche aus höheren Schwefelverbindungen des Kaliums und aus Kaliumsalzen verschiedener Schwefelsäuren bestehen. Sie finden in der Medicin Anwendung, besonders zur Herstellung von Schwefelbädern. Ferner dienen sie zur Gewinnung von Schwefelmilch. Zu ihrer Darstellung erhitzt man Gemenge von Pottasche und Schwefel unter öfterem Umrühren so lange bis keine Kohlensäure mehr entweicht, die Masse daher nicht mehr aufschäumt, sondern ruhig schmilzt. Hierbei entstehen, je nach den Verhältnissen der angewandten Substanzen, und je nach den Temperaturgraden, welchen die Gemenge ausgesetzt werden, verschiedene Producte:

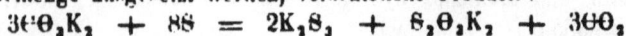

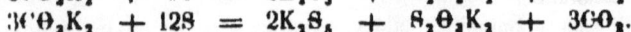

$$3CO_3K_2 + 8S = 2K_2S_3 + S_2O_3K_2 + 3CO_2$$
$$3CO_3K_2 + 12S = 2K_2S_5 + S_2O_3K_2 + 3CO_2.$$

Wird bei der Darstellung der Schwefelleber eine hohe Temperatur angewandt, so wird das unterschwefligsaure Kalium in schwefelsaures Kalium und Schwefelkalium zersetzt:

$$4S_2O_3K_2 = 3SO_4K_2 + K_2S_5.$$

Eine Auflösung von Schwefelleber erhält man beim Kochen von Kalilauge mit Schwefel:

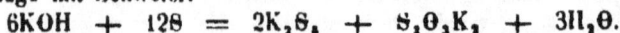

$$6KOH + 12S = 2K_2S_5 + S_2O_3K_2 + 3H_2O.$$

Die geschmolzene Schwefelleber besitzt eine leberbraune Farbe, ist stark hygroscopisch, riecht nach Schwefelwasserstoff. Ihre Lösung ist alkalisch, entwickelt mit verdünnten Säuren Schwefelwasserstoff und gibt einen weissen Niederschlag von Schwefel.

Schwefelnatrium. Natrium und seine Verbindungen verhalten sich zu Schwefel wie Kalium und die Verbindungen dieses Metalls.

Selenkalium, K_2Se, entsteht beim Erhitzen von selenigsaurem oder selensaurem Kalium in einer Atmosphäre von Wasserstoff oder beim Glühen mit Kohle. Graue in Wasser mit rother Farbe lösliche Masse. Seine Lösung setzt an der Luft alles Selen als röthlich schwarzes Pulver ab, ohne dass gleichzeitig Selen oxydirt wird, wie es mit dem Schwefel in Auflösungen von Schwefelkalium der Fall ist.

Kaliumselenhydrür, $KSeH$, bildet sich beim Einleiten von Selenwasserstoff in Kalilauge.

Tellur verhält sich gegen Kalium wie Selen, namentlich scheidet sich aus Lösungen des Tellurkaliums an der Luft alles Tellur im nicht oxydirten Zustande ab.

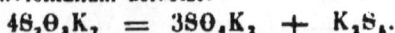

Haloidsauerstoffsalze der Alkalimetalle.

Unterchlorigsaures Kalium, $ClOK$, ist nur in Auflösung bekannt (Javelle'sche Lauge). Entsteht neben Chlorkalium und saurem Kaliumcarbonat, wenn Chlor in eine sehr verdünnte und kalte Lösung von Kaliumcarbonat geleitet wird:

$$4CO_3K_2 + 2H_2O + 2Cl_2 = 2KCl + 4CO_3HK + 2ClOK.$$

Unterchlorigsaures Natrium, $ClONa$, ist ebenfalls nur in Auflösung bekannt; es entsteht auf analoge Weise wie das Kaliumsalz. Beide Salze dienen zum Bleichen und zur Zerstörung fauler Gerüche und Ansteckungsstoffe. Sie wirken für sich angewandt nur langsam und schwach, sehr stark aber nach Zusatz einer stärkeren Sauerstoffsäure, welche unterchlorige Säure daraus abscheidet. Beim Erhitzen der Salzlösungen bilden sich Chlormetalle und chlorsaure Salze:

$$3ClONa = 2NaCl + ClO_3Na.$$

Chlorsaures Kalium, ClO_3K, wird durch Einleiten von Chlor in ein erwärmtes Gemenge von Chlorkalium und Kalkmilch gewonnen:

$$KCl + 3Ca(OH)_2 + 3Cl_2 = ClO_3K + 3CaCl_2 + 3H_2O.$$

Hierbei entstehen zunächst Chlorcalcium und chlorsaures Calcium, und dieses setzt sich alsdann mit dem Chlorkalium um, wodurch das in kaltem Wasser schwer lösliche chlorsaure Kalium neben leicht löslichem Chlorcalcium entsteht.

Chlorsaures Kalium krystallisirt in dünnen monoklinen Blättchen. Schmilzt beim Erhitzen, zersetzt sich bei höherer Temperatur in Sauerstoff, überchlorsaures Kalium und Chlorkalium; zuletzt geht es vollständig in dieses Salz unter Entbindung von Sauerstoff über. Es gehört zu den kräftigsten Oxydationsmitteln und bildet mit den meisten verbrennlichen Stoffen explodirbare Gemenge, welche häufig (z. B. mit Schwefel) schon beim blossen Stoss verpuffen.

Ueberchlorsaures Kalium, ClO_4K, wird dargestellt durch mässiges Erhitzen von chlorsaurem Kalium in einer Glasretorte, bis die immer dickflüssiger und zuletzt teigartig gewordene Masse ohne Steigerung der Temperatur keinen Sauerstoff mehr entwickelt. Das Salzgemenge besteht nun aus Chlorkalium und überchlorsaurem Kalium; man behandelt es, nachdem es gepulvert worden ist, mit kaltem Wasser, welches das Chlorkalium auflöst, während das schwerlösliche überchlorsaure Kalium fast gänzlich zurückbleibt. Rein erhält man es durch Auflösen in kochendem Wasser und Erkaltenlassen der Lösung. Es krystallisirt in rhombischen Prismen, verpufft mit brennbaren Körpern, jedoch weit weniger heftig als chlorsaures Kalium. Zerfällt bei Glühhitze in Sauerstoff und Chlorkalium.

Chlorsaures- und *überchlorsaures Natrium* sind leicht lösliche Salze.

Jodsaures Kalium, JO_3K, entsteht neben Jodkalium beim Auflösen von Jod in Kalilauge. Es ist in Wasser schwerlöslich, in Weingeist unlöslich und daher leicht vom Jodkalium zu trennen. Krystallisirt in kleinen glänzenden harten Krystallen. Zerfällt beim Erhitzen in Sauerstoff und zurückbleibendes Jodkalium, welches alkalisch reagirt, weil mit dem Sauerstoff etwas Jod entweicht.

Salze der Alkalimetalle mit den Sauerstoffsäuren des Schwefels.

Kaliumsulphit, schwefligsaures Kalium (Kali), $SO(OK)_2 + 2H_2O$, entsteht beim Einleiten von Schwefligsäureanhydrid in eine verdünnte Lösung von Kaliumcarbonat, bis alles Kohlensäureanhydrid ausgetrieben ist, und Verdunsten der Lösung im Vacuum neben Schwefelsäure. Bildet zerfliessliche in Wasser leicht lösliche Krystalle. Reagirt alkalisch.

Saures Kaliumsulphit, SO_3KH, wird erhalten, wenn man eine ziemlich concentrirte Lösung von Kaliumcarbonat mit Schwefligsäureanhydrid übersättigt. Es schlägt sich aus der Lösung durch Zusatz von Alkohol in nadelförmigen Krystallen nieder.

Kaliumpyrosulphit, $O(SO\text{-}OK)_2$, entsteht beim Einleiten von Schwefligsäureanhydrid in eine warme concentrirte Auflösung von Kaliumcarbonat bis das Aufbrausen aufhört. Bildet harte körnige luftbeständige Krystalle.

Natriumsulphit, $SO(ONa)_2 + 10H_2O$, und *saures Natriumsulphit*, SO_3NaH, bilden sich wie die entsprechenden Kaliumverbindungen.

Kaliumsulphat, schwefelsaures Kalium (Kali), SO_4K_2, findet sich in der Asche vieler Pflanzen. Man gewinnt es aus roher Pottasche und als Nebenproduct bei vielen chemischen Processen. Lässt sich durch doppelte Zersetzung aus Magnesiumsulphat oder Schwefelsäure und Chlorkalium gewinnen. Bildet harte schwerlösliche wasserfreie bitter schmeckende Krystalle des rhombischen Systems, welche isomorph mit denjenigen des Ammoniumsulphats sind. Bildet mit Aluminiumsulphat und Wasser Kalialaun. 100 Th. Wasser lösen bei 0° 8,36 Th. des Salzes, bei mittlerer Temperatur ungefähr 10 Th., und bei 100° 25,77 Th. In Alkohol ist es unlöslich. Schmilzt in starker Rothglühhitze. Gibt beim Glühen mit Kohle Schwefelkalium; beim Glühen mit Kohle und gebranntem Kalk Schwefelcalcium und Kali. Zersetzt sich mit Barytwasser in Kalihydrat und Bariumsulphat; mit Kalkmilch beim

Erhitzen unter höherem Druck in Kalihydrat und Calciumsulphat. Dient zur Darstellung von Aetzkali, Kaliumcarbonat und Kalialaun.

Saures Kaliumsulphat, $S\Theta_4KH$, entsteht beim Auflösen des neutralen Salzes in Schwefelsäure:

$$S\Theta_4K_2 + S\Theta_4H_2 = 2S\Theta_4KH.$$

Krystallisirt in monoklinen und in rhombischen Formen, schmeckt sauer, ist leicht löslich in Wasser. Wird durch Alkohol in unlösliches neutrales Salz und in lösliche freie Säure zersetzt. Schmilzt schon bei 197°, zersetzt sich bei stärkerer Hitze in entweichende Schwefelsäure und in zurückbleibendes neutrales Salz.

Natriumsulphat, $S\Theta_4Na_2$, findet sich in der Natur als Thenardit und in Verbindung mit Gyps als Glauberit. Kommt in den meisten Salzsoolen, im Wasser vieler Mineralquellen und einiger Seen vor. Wird durch Auslaugen von Pfannenstein und aus den Mutterlaugen der Salinen gewonnen. Man erhält es auch aus Magnesiumsulphat und Chlornatrium durch doppelte Zersetzung ihrer Lösungen bei niederer Temperatur (s. Verarbeitung der Mutterlauge des Seesalzes), oder auch, wenn man ein Gemenge der beiden Salze direct, oder nachdem es zuvor aufgelöst und wieder eingedampft worden ist, in einem Strome von Wasserdampf erhitzt. Hierbei entweicht alles Chlor als Salzsäure, während ein Gemenge von Magnesiumoxyd und von Magnesium-Natriumsulphat im Rückstande bleibt:

$$2NaCl + 2S\Theta_4Mg + H_2\Theta = 2HCl + Mg\Theta + Mg(\Theta S\Theta_2Na)_2.$$

Aus dem Rückstande löst Wasser das Sulphat, welches beim Abdampfen der Lösung Magnesiumsulphat und Natriumsulphat getrennt krystallisiren lässt.

In grossen Mengen wird Natriumsulphat durch Zersetzung von Kochsalz mittelst Schwefelsäure bei höherer Temperatur dargestellt. Hierbei wird gleichzeitig Salzsäure gewonnen. Zweckmässig führt man diese Zersetzung in Oefen aus, die zwei durch eine verstellbare Oeffnung verbundene Muffeln, eine gusseiserne und eine aus Backsteinen gebaute, und für jede Muffel einen Feuerherd enthalten. Man gibt das Salz in die eiserne Muffel, erhitzt von aussen und lässt Schwefelsäure aus einem oberhalb des Ofens befindlichen Behälter durch ein Rohr langsam hinzufliessen. Es entwickelt sich Salzsäure, welche durch ein Rohr entweicht und sich in vorgelegtem Wasser condensirt. Nachdem die genügende Menge Schwefelsäure zugelassen und die Salzsäureentwicklung schwächer geworden ist, bringt man die Salzmasse aus der eisernen Muffel in die benachbarte steinerne, welche stärker erhitzt ist und wo die Zersetzung vollendet wird. Bisweilen ist die steinerne Muffel durch einen Flammofen ersetzt; es mischen sich alsdann die Verbrennungsproducte mit der entwickelten Salzsäure und diese kann dann nicht leicht vollständig condensirt werden, wodurch Verluste und

Unannehmlichkeiten für die Nachbarschaft der Fabrik herbeigeführt werden. Vollständige Condensation erreicht man jedoch, wenn die sauren Gase über Kalkhydrat, Kalkstein etc. etc. geleitet werden.

Natriumsulphat ist leicht löslich in Wasser; das Maximum seiner Löslichkeit liegt bei 33° und eine bei dieser Temperatur gesättigte Lösung scheidet beim Erhitzen zum Sieden wasserfreies Salz als Pulver ab; beim langsamen Verdunsten der Lösung bei 40° bilden sich wasserfreie rhombische Krystalle, welche mit Silbersulphat isomorph sind. Bei gewöhnlicher Temperatur erhält man aus einer Lösung von Natriumsulphat grosse farblose oft gestreifte Säulen des monoklinen Systems, welche 10 Mol. Krystallwasser enthalten und die unter dem Namen Glaubersalz, $S\Theta_4Na_2 + 10H_2\Theta$, bekannt sind. Sie besitzen einen bittern salzigen kühlenden Geschmack; verwittern an der Luft und schmelzen bei 33°. Das wasserfreie Salz schmilzt bei starker Rothglühhitze ohne Zersetzung zu erleiden. Durch Glühen mit Kohle wird es zu Schwefelnatrium. Seine Lösung wird durch Kalkhydrat beim Erhitzen unter gewöhnlichem Luftdruck nur unvollständig, beim Kochen unter höherem Druck jedoch vollständig in Gyps und Natronhydrat zersetzt. — Uebergiesst man gepulvertes Glaubersalz mit Salzsäure, so entsteht eine bedeutende Temperaturerniedrigung.

Natriumsulphat findet Anwendung als Arzneimittel und zur Fabrikation der Soda, des Natronhydrats und des Glases.

Saures Natriumsulphat, SO_4NaH, bildet sich, wenn wasserfreies Natriumsulphat mit Schwefelsäure erhitzt wird, oder wenn je ein Molecul Natriumnitrat und Schwefelsäure auf einander einwirken:

$$N\Theta_3Na + S\Theta_4H_2 = NO_3H + SO_4NaH.$$

Wird als Nebenproduct bei der Fabrikation der Salpetersäure aus Chilisalpeter und bei der Schwefelsäurefabrikation gewonnen. Zerfällt bei der Behandlung mit Wasser in neutrales Salz und Schwefelsäure.

Natriumpyrosulphat, $\Theta(S\Theta_3Na)_2$, entsteht beim Braunglühen des vorigen Salzes:

$$(2SO_4NaH) = H_2O + \Theta(S\Theta_3Na)_2.$$

Bei lebhafter Rothglühhitze zerfällt es in Natriumsulphat und Schwefelsäureanhydrid. Dient zur Darstellung der rauchenden Schwefelsäure.

Natriumdithionit, dithionigsaures (unterschwefligsaures) Natrium (Natron), $S_2O_3Na_2 + 5H_2\Theta$. Wird erhalten durch Kochen einer Auflösung von Natriumsulphit mit Schwefelpulver:

$$SO_3Na_2 + S = S_2\Theta_3Na_2.$$

Man stellt es im Grossen dar:

1) Durch Zersetzung von unterschwefligsaurem Kalk mit kohlensaurem Natron:

$$S_2O_3Ca + CO_3Na_2 = S_2O_3Na_2 + CO_3Ca.$$

2) Durch Einleiten von Schwefligsäureanhydrid und Luft in eine Lösung von Natriumsulphid:

$$SO_2 + O + Na_2S = S_2O_3Na_2.$$

Es bildet grosse leicht lösliche Prismen des monoklinen Systems. Seine wässrige Lösung setzt in verschlossenen Gefässen Schwefel ab, indem Natriumsulphit entsteht:

$$S_2O_3Na_2 = S + SO_3Na_2.$$

An der Luft oxydirt es sich allmälig zu Natriumsulphat. Es schmilzt bei 56° in seinem Krsytallwasser. Erhitzt man das geschmolzene Salz in einem Kölbchen zum Sieden, verstopft dann das Gefäss und lässt langsam erkalten, so bleibt die übersättigte Lösung flüssig bis man sie erschüttert, wobei sie dann plötzlich unter Temperaturerhöhung erstarrt. Das trockne Salz zerfällt beim Erhitzen in Natriumsulphat und Schwefelnatrium.

Es findet als Antichlor bedeutende Benutzung zur Entfernung der letzten Reste von Chlor und unterchloriger Säure aus Papierzeugen, aus Garnen und Geweben:

$$S_2O_3Na_2 + 4Cl_2 + 5H_2O = 2SO_4NaH + 8HCl;$$

$$S_2O_3Na_2 + 4ClOH + H_2O = 2SO_4NaH + 4HCl.$$

In der Photographie dient es zum Auflösen des durch Licht nicht veränderten Haloidsilbers; in der Metallurgie zur Auflösung von Chlorsilber, welches durch chlorirende Röstung von Silbererzen dargestellt ist. Die Auflösung von Chlorsilber in einer Lösung von unterschwefligsaurem Natrium findet zum Versilbern von Argentan, Messing und anderen Metallen Anwendung. In der Färberei und Druckerei wird es zur Darstellung der Dithionite von Aluminium, Ferricum und Chromicum, welche als Mordants gebraucht werden, benutzt. Es findet ferner Anwendung zur Fabrikation des Antimonzinnobers.

Verbindungen der Alkalimetalle mit den Elementen der vierten Gruppe.

Amidkalium, NH_2K, und *Amidnatrium*, NH_2Na, bilden sich beim Erhitzen von Kalium oder Natrium in trocknem Ammoniakgase:

$$Na + NH_3 = H + NH_2Na.$$

Dunkelolivengrüne krystallinische Massen, zersetzen sich mit Wasser in Metalloxyhydrür und Ammoniak:

$$NH_2Na + H_2O = NaOH + NH_3.$$

Sie schmelzen beim Erhitzen oberhalb 100°, entwickeln bei höherer Temperatur Wasserstoff und Stickstoff unter Zurücklassung von Stickstoffmetall.

Stickstoffkalium, NK_3, und *Stickstoffnatrium*, NNa_3, bilden sich beim

Erhitzen der Amidmetalle. Grünschwarze bis grauschwarze Massen, welche sich an der Luft unter Bildung von Metalloxyd und Abscheidung von Stickstoff selbst entzünden. Mit Wasser zersetzen sie sich in Metalloxyhydrür und Ammoniak:

$$NNa_3 + 3H_2\Theta = 3Na\Theta H + NH_3.$$

Kalium und *Natrium* verbinden sich direct mit Phosphor zu Verbindungen, welche auch beim Erhitzen der Metalle in Phosphorwasserstoff entstehen. Diese Verbindungen entzünden sich beim Erwärmen an der Luft und verbrennen zu Phosphaten. Mit Wasser geben sie Metalloxyhydrür und Phosphorwasserstoff, PH_3, gemischt mit selbstentzündlichem Phosphorwasserstoff.

Gegen Arsen und Arsenwasserstoff verhalten sich Kalium und Natrium wie gegen Phosphor und Phosphorwasserstoff. Die Arsenmetalle erleiden an der Luft rasch Oxydation; mit Wasser entwickeln sie Arsenwasserstoff unter Abscheidung von Arsen.

Antimon verbindet sich mit Kalium und Natrium zu Legirungen, welche sich auch durch Erhitzen von Gemengen von Antimonoxyd, Kohle und Kalium- oder Natriumcarbonat darstellen lassen. Sie zersetzen sich mit Wasser unter Entwicklung von reinem Wasserstoff.

Wismuth verhält sich gegen Kalium und Natrium ganz wie Antimon; diese Legirungen entwickeln mit Wasser ebenfalls reines Wasserstoffgas.

Wenn man auf die Legirungen von Natrium mit Arsen, Antimon oder Wismuth Haloidäther einwirken lässt, so entstehen neben Haloidnatrium Verbindungen dieser Elemente mit den Alkoholradicalen:

$$AsNa_3 + 3\Theta_2H_5J = 3NaJ + As(\Theta_2H_5)_3.$$

Kaliumnitrit, salpetrigsaures Kalium, $N\Theta_2K$, wird erhalten durch Schmelzen von Salpeter mit Stärke oder Blei:

$$N\Theta_3K + Pb = Pb\Theta + N\Theta_2K.$$

Ein zerfliessliches leicht lösliches Salz. Reagirt alkalisch. Oxydirt sich an der Luft zu Kaliumnitrat; zerfällt beim Kochen mit Wasser in Nitrat, Stickoxyd und Kalihydrat:

$$3N\Theta_2K + H_2O = N\Theta_3K + 2N\Theta + 2K\Theta H.$$

Zersetzt sich beim Erhitzen in Stickstoff und Kaliumoxyhydrür, dem etwas Kaliumhyperoxyd beigemengt ist. Es wirkt je nach den Verhältnissen als Oxydations- oder als Reductionsmittel.

Kaliumnitrat, salpetersaures Kalium, Salpeter, $N\Theta_3K$, findet sich fertig gebildet in vielen Ländern, so in Indien, in Aegypten, am Kap der guten Hoffnung, in Ungarn und an anderen Orten, wo es bei trocknem

Wetter auf der Oberfläche des Bodens nach eingetretenem Regen auswittert. Zu seiner Gewinnung nimmt man die ganze obere Schicht des Bodens ab, laugt sie mit Wasser aus und lässt die Lösung in Bassins durch die Sonnenwärme verdunsten, wobei der Salpeter in grossen Krystallen anschiesst. Salpetersaure Salze bilden sich, wenn Ammoniak oder andere stickstoffhaltige Stoffe in Gegenwart von Basen oder alkalischen Carbonaten Oxydation erleiden. Dieses Verhalten wird zur künstlichen Erzeugung von Salpeter in den sogenannten Salpeterplantagen benutzt. Man mengt stickstoffhaltige Thierstoffe mit Mergel, welcher reich an Kalk- und Mangnesiacarbonat ist, und lässt das Gemenge längere Zeit an der Luft liegen. Die organische Materie erleidet nach und nach Zersetzung und Oxydation; ihr Stickstoff bildet Salpetersäure, welche sich mit dem Kalk und der Magnesia zu Calcium- und Magnesiumnitrat verbindet. Durch Auslaugen gewinnt man schliesslich die Nitrate, welche durch Zusatz von Pottasche oder Holzasche in Kalisalpeter übergeführt werden.

Das Ammoniumnitrit, welches sich bei den Verbrennungsprocessen und beim Verdunsten von Wasser an der Luft bildet, gibt durch Oxydation bei Gegenwart von Kalk- oder Magnesiacarbonat ebenfalls Kalk- oder Magnesianitrat, und hieraus entsteht unter geeigneten Verhältnissen Kaliumnitrat.

Grosse Mengen von Kaliumnitrat gewinnt man durch doppelte Zersetzung aus Natriumnitrat und Chlorkalium oder den Salzen der Rübenpottasche.

Kaliumnitrat bildet grosse luftbeständige gestreifte säulenförmige Krystalle des rhombischen Systems, welche gewöhnlich hohl sind. Es besitzt einen kühlenden scharf salzigen etwas bitteren Geschmack. Sein spec. Gw. ist 1,933. Es schmilzt bei 350° zu einer dünnen Flüssigkeit, welche beim Erkalten krystallinisch erstarrt; bei höherer Temperatur entwickelt es Sauerstoffgas und geht in Nitrit über. Seine Löslichkeit in Wasser nimmt mit steigender Temperatur rasch zu. 100 Th. Wasser lösen:

		Differenz:	Differenz:
bei 0°	13,32		
		18,39	
„ 20°	31,70		13,9
		32,28	
„ 40°	63,98		13,9
		46,18	
„ 60°	110,16		13,9
		60,08	
„ 80°	170,24		13,9
		73,98	
„ 100°	244,22		

Dieses Verhalten erlaubt die Gewinnung von Kaliumnitrat aus Natriumnitrat und Chlorkalium oder Kaliumcarbonat, indem beim Einkochen einer gesättigten Auflösung dieser Salze in Wasser sich zunächst Chlornatrium und Natriumcarbonat als die Salze abscheiden, welche

von den in der Mischung möglichen Verbindungen die geringste Löslichkeit bei der Siedetemperatur besitzen:
100 Th. Wasser von 100° vermögen nämlich aufzulösen an:

Chlornatrium	39,32	Th.
Natriumcarbonat	48,00	„
Chlorkalium	56,61	„
Natriumnitrat	178,18	„
Kaliumnitrat	244,22	„ und an
Kaliumcarbonat eine noch grössere Menge.		

Nachdem die Lösung soweit eingekocht ist, dass sie eine concentrirte Auflösung von Kalisalpeter vorstellt, mischt man so viel kaltes Wasser oder salpeterhaltige Lauge A hinzu als nöthig ist um das noch vorhandene Chlornatrium oder Natriumcarbonat auch beim vollständigen Erkalten der Flüssigkeit in Lösung zu erhalten. Während des Erkaltens rührt man die Flüssigkeit um, damit sich der abscheidende Salpeter als Krystallmehl niederschlägt. Nach dem Erkalten trennt man die Mutterlauge von dem Niederschlage; jene dient als Lösungsmittel für neue Quantitäten der ursprünglichen Salze, und der erhaltene Salpeter wird zur Reinigung in möglichst wenig kochendem Wasser oder kochender salpeterhaltiger Lauge B gelöst. Indem man diese Lösung unter Umrühren erkalten lässt, fällt der Salpeter ziemlich rein nieder; man trennt ihn von der Mutterlauge (Lauge A) und wäscht ihn mit einer concentrirten Auflösung von reinem Salpeter in kaltem Wasser. Diese Lösung entzieht dem Salpeter die noch vorhandenen fremden Salze und lässt ihn rein zurück. Das Waschwasser dient als Lauge B wie oben angegeben.

Salpetersaures Kalium ist bei höherer Temperatur ein sehr energisches Oxydationsmittel. Als solches findet es in der practischen Chemie vielfache Anwendung. So oxydirt man viele Elemente und Verbindungen durch Zusammenschmelzen mit Salpeter oder mit Salpeter und Soda, wobei die entstehenden Säuren gleichzeitig durch Kalium und Natrium gebunden werden. Auf seiner Oxydationskraft beruht ferner die wichtige Verwendung zur Fabrikation von Schiesspulver. Hierzu mischt man vollständig reinen und sehr fein gepulverten Salpeter mit fein gepulvertem Stangenschwefel und mit feinem Pulver von nicht sehr stark gebrannter Holzkohle von leichten Holzarten, z. B. vom Faulbaume. Das Gemenge feuchtet man an; verdichtet es durch Druck und körnt die Masse. Dann wird das Pulver, bisweilen unter Zusatz von höchst feinvertheiltem Graphit, polirt, getrocknet und vom Staube getrennt. Die Zusammensetzung des Schiesspulvers ist je nach den Zwecken welchen es dienen soll eine verschiedene; sie schwankt zwischen 62 bis 80 Proc. Salpeter, 10 bis 18 Proc. Kohle und 9 bis 20 Proc. Schwefel. Seine Wirkung beruht darauf, dass es in Berührung mit einem glühenden Körper sich sogleich, jedoch nicht explosionsartig, entzündet und dabei ein sehr beträchtliches Volum von erhitzten Gasen entbindet. Geschieht dieses in einem abgesperrten Raume, so äussern die Gase Druck auf die Wände und können das Gefäss zersprengen, oder wenn ein Theil der Wand beweglich ist, diesen mit Gewalt fortschleudern. Da die Fortbewegung der Wand, also des Geschosses aus einem Rohre, eine gewisse Zeit erfordert, so darf sich das Pulver nicht explosionsartig zersetzen, weil sonst das Rohr zersprengt werden würde.

Die folgenden Analysen geben ein Bild der chemischen Processe, welche bei der Zersetzung des Schiesspulvers eintreten.

Ein Pulver bestehend aus:

Salpeter		78,99
Schwefel		9,84
Kohle	Kohlenstoff	7,69
	Sauerstoff	3,07
	Wassersoff	0,41
	Asche	Spuren
		100,00

gab Rückstand (1) und Rauch (2) von der Zusammensetzung:

	1	2
Kaliumsulphat	56,72	65,22
Kaliumcarbonat	27,02	23,48
Kaliumdithionat	7,57	4,90
Kaliumnitrat	5,19	3,48
Kaliumsulphid	1,06	—
Kaliumoxyhydrür	1,26	1,33
Schwefelcyankalium	0,86	0,55
Kohle	0,97	1,86
Schwefel	Spuren	—
Ammoniumcarbonat	Spuren	0,11
	100,55	100,00

Die gasförmigen Verbrennungsproducte zeigten die folgende Zusammensetzung:

Kohlensäureanhydrid	52,67	Vol.
Stickstoff	41,12	„
Kohlenoxyd	3,88	„
Wasserstoff	1,21	„
Schwefelwasserstoff	0,60	„
Sauerstoff	0,52	„
	100,00	„

1 Grm. des Schiesspulvers gab an Rückstand und Rauch 0,680 grm. und an Gasen 0,314 grm.

Kalisalpeter findet ferner Anwendung als Heilmittel.

Natriumnitrat, salpetersaures Natrium (Natron), Natronsalpeter, Chilisalpeter, cubischer Salpeter, $N\Theta_3Na$, findet sich unter einer Thondecke in einem Lager an der Grenze von Chili und Peru, von wo es als Chilisalpeter in den Handel kommt.

Man reinigt es durch Umkrystallisiren. Es bildet stumpfe Rhomboëder, ist leicht löslich in Wasser, wird an der Luft feucht und kann daher nicht zur Fabrikation des Schiesspulvers angewandt werden.

Es dient als Düngmittel, zur Darstellung von Kaliumsalpeter und Salpetersäure. Wird bei der Schwefelsäurefabrikation benutzt.

Kaliumphosphat, $P\Theta_4K_3$, entsteht beim Glühen von Phosphorsäure mit überschüssigem Kaliumcarbonat. Bildet kleine wenig lösliche Krystalle. Reagirt alkalisch.

Natriumphosphat, *phosphorsaures Natrium (Natron)*, $P\Theta_4Na_3$. Entsteht auf analoge Weise wie das Kaliumsalz. Es ist leicht löslich in Wasser, woraus es mit 12 Mol. Krystallwasser in luftbeständigen Säulen krystallisirt. Reagirt stark alkalisch und absorbirt Kohlensäure, wobei Natriumcarbonat und halbsaures Natriumphosphat entstehen.

Halbsaures Natriumphosphat, *gewöhnliches phosphorsaures Natrium (Natron)*, $P\Theta_4Na_2H + 12H_2\Theta$. Ist im Harn enthalten. Wird durch Sättigung der rohen aus Knochen bereiteten Phosphorsäure mit Natriumcarbonat gewonnen. Hierbei fällt der Kalk der rohen Säure als Calciumphosphat nieder und aus der filtrirten Lösung krystallisiren Glaubersalz und halbsaures Natriumphosphat getrennt von einander. Bildet grosse klare Krystalle des monoklinen Systems, welche ohne zu zerfallen leicht verwittern. Ist leicht löslich in Wasser. Seine Lösung reagirt alkalisch und absorbirt viel Kohlensäuregas. Oberhalb 31° scheidet sich das Salz in einer anderen Form mit 7 Mol. Krystallwasser aus der Lösung ab. Zersetzt sich mit Silbernitrat in gelbes Silberphosphat, Natriumnitrat und freie Salpetersäure:

$$P\Theta_4Na_2H + 3N\Theta_3Ag = P\Theta_4Ag_3 + 2N\Theta_3Na + N\Theta_3H.$$

Es schmilzt beim Erwärmen in seinem Krystallwasser, welches es leicht abgibt. Bei höherer Temperatur geht es unter Austritt von Wasser in pyrophosphorsaures Natrium über:

$$2P\Theta\begin{cases}(\Theta Na)_2\\ \Theta H\end{cases} = H_2\Theta + \Theta\begin{cases}P\Theta(\Theta Na)_2\\ P\Theta(\Theta Na)_2.\end{cases}$$

Findet in der Katundruckerei, als Ersatz für Kuhmist, zum Fixiren von Mordants Anwendung.

Halbsaures Ammonium-Natriumphosphat, *phosphorsaures Ammonium-Natrium, Phosphorsalz, Sal microcosmicum*, $P\Theta_4(NH_4)NaH + 4H_2\Theta$. Findet sich im Harn. Bildet sich neben Kochsalz beim Auflösen von Chlorammonium und gewöhnlichem Natriumphosphat in Wasser:

$$NH_4Cl + P\Theta_4Na_2H = NaCl + P\Theta_4(NH_4)NaH.$$

Krystallisirt getrennt vom Kochsalz und ist durch Umkrystallisiren leicht zu reinigen. Bildet monokline Krystalle. Seine Lösung gibt mit Silbernitrat einen gelben Niederschlag von Silberphosphat, $P\Theta_4Ag_3$. Verliert beim gelinden Erwärmen das Krystallwasser und geht bei höherer Temperatur unter Verlust von Wasser und Ammoniak in metaphosphorsaures Natrium über:

$$P\Theta_4Na(NH_4)H = H_2\Theta + NH_3 + P\Theta_3Na.$$

Dient als Flussmittel bei Löthrohrversuchen.

Saures Natriumphosphat, $P\Theta_4NaH_2 + H_2\Theta$, entsteht wenn zu einer Auflösung von gewöhnlichem Natriumphosphat so lange Phosphorsäure hingefügt wird, bis sie mit Chlorbarium keinen Niederschlag mehr gibt. Seine Lösung bildet mit Silbernitrat einen gelben Niederschlag von Silberphosphat. Ist leicht löslich in Wasser, reagirt sauer und bildet zwei verschiedene Arten rhombischer Krystalle, welche nicht aufeinander zurückführbar sind. Zerfällt beim Erhitzen in Wasser und metaphosphorsaures Natrium.

Metaphosphorsaures Natrium, $P\Theta_3Na$, bleibt beim Glühen des Phosphorsalzes als wasserhelles zerfliessliches und in Wasser leicht lösliches Glas. Seine Auflösung reagirt schwach sauer; sie gibt beim Verdampfen keine Krystalle, sondern hinterlässt eine amorphe durchsichtige Masse. Zersetzt sich mit Silbernitrat in Natriumnitrat und metaphosphorsaures Silber, $P\Theta_3Ag$, welches einen weissen Niederschlag bildet, beim Erwärmen zusammenbackt und in überschüssigem metaphosphorsaurem Natrium leicht löslich ist.

Das metaphosphorsaure Natrium verwandelt sich beim langsamen Erkalten nach dem Schmelzen in eine andere Modification, welche in Wasser weniger leicht löslich ist und sich nach Zusatz von Weingeist aus seiner wässrigen Lösung in Krystallen mit 2 Mol. Wasser abscheidet.

Pyrophosphorsaures Natrium, $\Theta(P\Theta_2Na_2)_2 + 5H_2\Theta$, entsteht beim Erhitzen des gewöhnlichen phosphorsauren Natriums ($P\Theta_4Na_2H$) bis zum Glühen und Krystallisiren der Rückstandes aus Wasser. Bildet luftbeständige monokline Krystalle. Seine Lösung reagirt alkalisch und gibt mit einer neutral reagirenden Silbernitratlösung einen weissen Niederschlag von pyrophosphorsaurem Silber, $P_2\Theta_7Ag_4$, wobei die Flüssigkeit eine neutrale Reaction annimmt. Der Silberniederschlag ist in überschüssigem pyrophosphorsaurem Natrium nicht löslich.

Lithiumphosphat, $P\Theta_4Li_3$, entsteht beim Eindampfen der vermischten Lösungen von Natriumphosphat, Natronhydrat und Chlorlithium:

$$P\Theta_4Na_2H + Na\Theta H + 3LiCl = P\Theta_4Li_3 + 3NaCl + H_2\Theta.$$

Ist in kaltem Wasser sehr wenig löslich. Beim Vermischen der Lösungen von Chlorlithium und von Natrium- oder Ammoniumphosphat entstehen Niederschläge von Phosphaten, welche gleichzeitig Lithium und Natrium oder Ammonium enthalten.

Natriumarseniat, *arsensaures Natrium* (*Natron*), AsO_4Na_3, entsteht beim Glühen von saurem oder halbsaurem Natriumarseniat mit überschüssiger Soda. Leicht löslich in Wasser; krystallisirt daraus mit 12 Mol. Krystallwasser in luftbeständigen geraden rhombischen Säulen, welche mit denjenigen des Natriumphosphats isomorph sind. Seine Lösung reagirt stark alkalisch; sie absorbirt Kohlensäure aus der Luft, wobei Natriumcarbonat und halbsaures Natriumarseniat entstehen.

Halbsaures Natriumarseniat, AsO_4Na_2H, bildet sich beim Glühen von Arsenik oder Arsenverbindungen mit Salpeter und Soda. Im Grossen gewinnt man es durch Auflösen von Arsenigsäureanhydrid in Natronlauge, wobei sich Arsenit bildet, Einkochen der Lösung unter Zusatz von Salpeter und Glühen des trocknen Gemenges in einem Röstofen. Hierbei entsteht pyroarsensaures Natrium:

$$5As_2\Theta_3 + 16Na\Theta H + 4NO_3Na = 5As_2\Theta_7Na_4 + 8H_2\Theta + 2N_2.$$

Dieses endlich gibt beim Auflösen in Wasser das verlangte halbsaure arsensaure Natrium:

$$As_2\Theta_7Na_4 + H_2\Theta = 2AsO_4Na_2H.$$

Es krystallisirt aus verdünnten und nicht sehr warmen Lösungen mit 12 Mol. Krystallwasser in hygroscopischen monoklinen Krystallen, welche isomorph mit denjenigen des entsprechenden Phosphats sind. Aus concentrirten und heissen Lösungen scheidet es sich mit 7 Mol. Wasser in anders gestalteten Krystallen, welche gleichfalls isomorph mit dem analog zusammengesetzten Phosphate sind. Reagirt alkalisch.

Dient in der Kattundruckerei zum Fixiren von Mordants. Man gewinnt es zweckmässig als Nebenproduct bei der Fabrikation von Anilinroth.

Saures Natriumarseniat, $AsO_4NaH_2 + H_2O$, bildet sich, wenn man zu einer Sodalösung so lange Arsensäure setzt bis sie mit Chlorbarium keinen Niederschlag mehr gibt. Es entsteht auch beim Erhitzen einer eingedampften Mischung von Arsenigsäureanhydrid, Natronlauge und Salpeter und Auflösen des entstandenen metaarsensauren Natriums in Wasser:

$$1)\ As_2\Theta_3 + 6Na\Theta H + 4N\Theta_3Na = 10As\Theta_3Na + 3H_2\Theta;$$

$$2)\ As\Theta_3Na + H_2\Theta = As\Theta_4NaH_2.$$

Reagirt sauer. Bildet grosse rhombische Krystalle, welche mit denjenigen einer Form des entsprechenden Phosphats isomorph sind.

Natriumsulfarseniat, $AsS_4Na_3 + 8H_2\Theta$, bildet sich wenn 15 Th. Auripigment mit 20 Th. Natriumcarbonat, 6 Th. Schwefel und 3 Th. Kohle zusammengeschmolzen, die Masse nachher in Wasser aufgelöst, mit 4 Th. Schwefel erhitzt, filtrirt und die Lösung mit einer Schicht Alkohol übergossen hingestellt wird. Es bildet blassgelbe sehr glänzende luftbeständige schiefe rhombische Säulen. Aus seiner Lösung fällen Säuren, unter Entwicklung von Schwefelwasserstoff, blassgelbes Arsensulphid:

$$2AsS_4Na_3 + 6HCl = 6NaCl + 3H_2S + As_2S_5.$$

Kaliumantimoniat. Man kennt eine grössere Anzahl von sich leicht zersetzenden antimonsauren Kaliumsalzen, deren Zusammensetzung und Verhalten jedoch noch nicht vollständig festgestellt ist.

Ein Antimoniat des Kaliums findet Anwendung als Reagens auf Natriumverbindungen und ein anderes als Arzneimittel.

Saures Kaliumantimoniat, Kali stibicum, Antimonium diaphoreticum ablutum, $Sb_2O_6K_2 + 6H_2O$. Wird dargestellt durch Glühen eines Gemisches aus gleichen Theilen Antimonoxyd und Kaliumnitrat, bis alles Antimonoxyd oxydirt ist, und vollständiges Auslaugen der Masse mittelst Wasser. Es ist ein gelblich weisses Pulver. Dient als Arzneimittel.

Saures pyroantimonsaures Kalium, Fremy's saures metaantimonsaures Kali, $SbO_7K_2H_2 + 6H_2O$. Zu seiner Darstellung trägt man in einen glühenden Tiegel nach und nach ein Gemisch aus gleichen Theilen Brechweinstein und Kaliumsalpeter, glüht nach dem Verbrennen der Masse noch $^1/_4$ Stunde lang bei mässiger Hitze, nimmt den Tiegel vom Feuer, zieht die Masse, nachdem sie hinlänglich erkaltet ist, mit warmem Wasser aus, giesst von dem sich abscheidenden schweren weissen Pulver ab, concentrirt die Flüssigkeit durch Eindampfen und vereinigt die sich aus derselben nach einigen Tagen abscheidende teigartige Masse mit dem schweren Pulver. In Lösung wird es erhalten, wenn man Antimonsulphid so lange in kochende schwache Kalilauge einträgt, als es unter Entfärbung gelöst wird. Hierbei bilden sich Kaliumantimoniat und Kaliumsulfantimoniat. Letzteres verwandelt man in die Sauerstoffverbindung durch Kochen der Lösung mit Kupferoxyhydrür, bis eine abfiltrirte Probe mit Bleiessig einen rein weissen Niederschlag hervorbringt. Die Lösung erleidet beim Aufbewahren und durch organische Körper Zersetzung.

Antimonsaures Natrium. Ein Niederschlag von saurem pyroantimonsaurem Natrium, $Sb_2O_7Na_2H_2 + 6H_2O$, bildet sich, wenn man eine Lösung des vorigen Salzes mit der Lösung eines Natriumsalzes vermischt.

Schmilzt man Antimon oder irgend eine seiner Verbindungen innig gemengt mit Natronsalpeter und Soda und behandelt die erkaltete Masse mit Wasser, oder besser mit sehr verdünntem Weingeist, so bleibt alles Antimon als antimonsaures Natrium zurück. Hierbei geht etwa vorhandenes Arsen in Lösung, daher dieses Verhalten zur Trennung desselben vom Antimon benutzt werden kann.

Natriumsulfantimoniat, $SbS_4Na_3 + 9H_2O$. Man erhält dieses Salz durch Zusammenschmelzen von 8 Th. wasserfreiem Natriumsulphat, 4 Th. Spiessglanz und 1 Th. Kohlenpulver, Auflösen der Masse in wenig Wasser und Kochen der Lösung mit 1 Th. Schwefel, bis dieser sich aufgelöst hat. Es scheidet sich aus der filtrirten Lösung in Krystallen ab. Man erhält es auch, wenn man eine Auflösung von 9 Th. krystallisirter Soda in 40 Th. Wasser und dem breiförmigen Hydrat von 2½ Th. Kalk mit 4½ Th. sehr fein geriebenem Spiessglanz und 1½ Th. Schwefelblumen vermischt, die Masse mehrere Stunden kocht, die Lösung filtrirt und bis zur Krystallisation eindampft. Es krystallisirt in grossen leicht löslichen blassgelben Tetraëdern. Aus seiner Lösung fällen Säuren orangefarbiges Antimonsulphid (Sulphur auratum) unter Entwicklung von Schwefelwasserstoff. Zersetzt sich an der Luft.

Verbindungen des Bors mit den Alkalimetallen.

Bor scheint sich nicht mit Kalium und Natrium verbinden zu können. Das wichtigste Salz der Borsäure, der Borax, $B_4O_7Na_2 + 10H_2O$, findet sich im Wasser einiger Seen in China, Thibet und anderen Theilen Asiens. Es scheidet sich daraus beim Verdunsten des Wassers ab, und kommt unter dem Namen Tinkal mit einer seifenartigen Substanz überzogen im Handel vor. Der Borax wird in grossen Quantitäten aus der in der Natur im freien Zustande vorkommenden Borsäure mit Hülfe von Soda bereitet. Lässt sich auch gewinnen durch Erhitzen eines Gemisches von Borsäure und wasserfreiem Natriumsulphat, wobei Schwefelsäureanhydrid überdestillirt:

$$2B_2O_3 + SO_4Na_2 = B_4O_7Na_2 + SO_3.$$

Krystallisirt aus seiner wässrigen Lösung unterhalb 56° in harten schwer löslichen monoklinen Krystallen, welche beim Erwärmen zerspringen. Oberhalb 56° krystallisirt das Salz mit nur 5 Mol. Wasser in Octaëdern, welche härter sind als die monoklinen Krystalle und beim Erwärmen nicht zerspringen. Schmeckt und reagirt schwach alkalisch; bläht sich beim Erhitzen unter Verlust des Wassers stark auf, schmilzt in der Glühhitze zu einer sehr zähen Masse und erstarrt beim Erkalten zu einem klaren Glase. In der Hitze löst er fast alle Metalloxyde mit besonderer Färbung. Hierauf beruht seine Anwendung in der qualitativen Analyse. Er wird vielfach beim Löthen der Metalle benutzt. Diese Verwendung beruht theils ebenfalls auf dem eben erwähnten Verhalten, theils aber darauf, dass er die erhitzten Metalle wie ein Firniss überzieht und daher ihre Oxydation hindert. Ferner findet er Anwendung zur Darstellung von optischen und gefärbten Gläsern, von Email, Glas- und Porcellanfarben. Man benutzt ihn zum Glasiren von Fayence- und Thonwaaren, dann auch zur Fabrikation von Guignetsgrün und zur Darstellung von borsaurem Manganoxydul, welches als Siccativ bei der Firnissbereitung Anwendung findet.

Natriumborat, $B\Theta_2Na + 4H_2\Theta$. Man erhält diese Verbindung durch heftiges Glühen von Borax mit Natriumcarbonat, Auflösen der schwer schmelzbaren Masse in Wasser und Krystallisirenlassen. Bildet leicht lösliche monokline Krystalle, welche aus der Luft Kohlensäure anziehen, wobei sie in Borax und Natriumcarbonat zerfallen.

Kohlenstoffverbindungen der Alkalimetalle.

Kohlenwasserstoffnatrium. Lässt man Natrium auf Haloidäther, namentlich auf Jodäther einwirken, so entstehen neben Haloidnatrium Verbindungen des Metalls mit den Resten der Haloidäther:

$$2Na + \underset{\text{Jodäthyl}}{C_2H_5J} = NaJ + \underset{\text{Aethylnatrium.}}{C_2H_5Na}$$

Diese Verbindungen entzünden sich an der Luft; mit Kohlensäureanhydrid geben sie Salze:

$$C_2H_5Na + C\Theta_2 = \underset{\text{Propionsaures Natrium.}}{C_2H_5\text{-}C\Theta\text{-}\Theta Na}$$

Alkoholate. Kalium und Natrium substituiren in den Alkoholen Wasserstoff, indem Alkoholate entstehen:

$$\underset{\text{Aethylalkohol}}{C_2H_5\text{-}\Theta H} + Na = H + \underset{\text{Natriumäthylat}}{C_2H_5\text{-}\Theta Na}$$

$$\underset{\text{Phenylalkohol}}{C_6H_5\text{-}\Theta H} + Na = H + \underset{\text{Natriumphenylat.}}{C_6H_5\text{-}\Theta Na}$$

Ein Theil der Alkoholate wird durch Wasser in Metalloxyhydrür und Alkohol zersetzt:

$$C_2H_5\text{-}\Theta Na + H_2\Theta = Na\text{-}\Theta H + C_2H_5\text{-}\Theta H.$$

Andere, wie Natriumphenylat, erleiden durch Wasser keine Zersetzung. Mit den Haloidäthern zersetzen sie sich sämmtlich:

$$C_6H_5\text{-}\Theta Na + \underset{\text{Jodmethyl}}{CH_3J} = NaJ + \underset{\text{Phenyl-Methyläther.}}{C_6H_5\text{-}\Theta\text{-}CH_3}$$

Kohlenoxydkalium. Bei der Kaliumbereitung entsteht eine schwarze oder graue Substanz, der wahrscheinlich die Formel $K_{10}C_{10}\Theta_{10}$ zukommt. Ein ähnlicher Körper bildet sich anfangs, wenn man bei 80° luftfreies Kohlenoxydgas über Kalium leitet; bei fortgesetzter Einwirkung von Kohlenoxyd verwandelt er sich in eine tiefrothe Substanz. Beide Verbindungen zersetzen sich mit Wasser mit furchtbarer Heftigkeit. Aus ihnen lassen sich mehrere Säuren gewinnen, mit denen sich die specielle Chemie der Kohlenstoffverbindungen beschäftigt.

Kaliumcarbonat, kohlensaures Kalium, $ϴΘ_3K_2$, bildet den wesentlichsten Bestandtheil der Pottasche, woraus man es durch Behandlung mit einem gleichen Gewichte kalten Wassers gewinnt. Man lässt das Gemenge unter öfterem Umrühren mehrere Tage stehen, decantirt die Lösung dann von dem Rückstande und dampft in einem blanken eisernen Kessel rasch ein. Ein reineres Kaliumcarbonat gewinnt man durch Glühen von gereinigtem Weinstein in einem eisernen Tiegel, Ausziehen der verkohlten Masse durch Wasser und Abdampfen des Filtrats.

Im Grossen wird Kaliumcarbonat aus Chlorkalium auf ähnliche Weise wie Soda aus Chlornatrium dargestellt. Es ist eine weisse sehr hygroscopische in Wasser äusserst leicht lösliche stark alkalisch reagirende und schmeckende Masse. Krystallisirt nur schwierig. Schmilzt in starker Rothglühhitze. Dient zur Darstellung von anderen Kaliumverbindungen, z. B. von Kaliumchromat, Seife, Glas. Findet ferner als Flussmittel Anwendung.

Schwarzer Fluss. Hierunter versteht man ein Gemenge von Kaliumcarbornat mit Kohle und etwas Kaliumcyanat, welches man durch Eintragen eines Gemenges von 2 Th. Weinstein und 1 Th. Kalisalpeter in einen rothglühenden eisernen Tiegel erhält.

Weisser Fluss entsteht, wenn ein Gemenge von 1 Th. Weinstein und 2 Th. Kalisalpeter wie oben angegeben behandelt wird. Besteht aus Kaliumcarbonat und etwas Kaliumnitrit.

Saures Kaliumcarbonat, $ϴΘ_3KH$, bildet sich beim Einleiten von Kohlensäuregas in eine kalte concentrirte Lösung von Kaliumcarbonat. Krystallisirt in durchsichtigen nicht zerfliesslichen monoklinen Krystallen. Löst sich in 4 Th. kaltem Wasser. Geht beim Erwärmen in das neutrale Salz über.

Natriumcarbonat, kohlensaures Natrium, Soda, $ϴΘ_3Na_2$, findet sich im Wasser einiger Seen und wittert an einigen Orten der Erde aus dem Boden. Ist in der Asche der See- und Strandpflanzen, welche unter dem Namen Barilla einen Handelsartikel bildet, enthalten. Wird im Grossen aus Kochsalz nach dem Verfahren von Leblank gewonnen. Wenn Chlornatrium in Soda übergeführt werden soll, wird es zunächst durch Schwefelsäure zersetzt, dann mischt man 100 Th. des rohen Natriumsulphats mit 90 bis 120 Th. Calciumcarbonat und mit 37,7 bis 73 Th. Kohle (Steinkohle oder besser Anthracit) in kleinen Stücken und erhitzt das Gemenge zum Rothglühen. Die Oefen in welchen dieses geschieht bestehen in der Regel aus zwei Abtheilungen. Man beginnt die Operation in derjenigen, welche am entferntesten von dem Feuerherde ist und bringt die Masse später in die andere Abtheilung, welche etwas niedriger liegt und einer stärkeren Hitze ausgesetzt ist. Hier ballt sich die Masse zusammen und entwickelt Kohlenoxyd, welches sich durch das Erscheinen zahlreicher kleiner Flammen zu erkennen gibt. Wenn das Auftreten solcher Flammen schwächer wird, zieht man die Masse durch eine Oeffnung in eiserne Kasten, in denen sie zu grauen bis schwarzen Blöcken von roher Soda erstarrt. Die glühende rohe Soda entwickelt, sobald sie der feuchten Luft ausgesetzt wird Ammoniakgas.

Während der Glühhitze finden in dem Gemenge von Natriumsulphat, Calciumcarbonat und Kohle eine Reihe von Prozessen statt. Die Steinkohle erleidet zuerst Veränderung, indem sie in flüchtige Producte und zurückbleibende Coks zerfällt, und da die flüchtigen Produkte der trocknen Destillation nicht weiter in Betracht kommen, so ist anthracitische Steinkohle der bituminösen vorzuziehen. Bei höherer Temperatur wirkt die Kohle auf das Sulphat ein, wobei Schwefelnatrium und Kohlensäureanhydrid entstehen:

$$5SO_4Na_2 + 10C = 5SNa_2 + 10CO_2.$$

Das gebildete Schwefelnatrium setzt sich bei derselben Temperatur mit dem Calciumcarbonat in Natriumcarbonat und Calciumsulphid um:

$$5SNa_2 + 5CO_3Ca = 5CO_3Na_2 + 5CaS.$$

Bei noch höherer Temperatur wirken alsdann überschüssig zusetztes Calciumcarbonat und Kohle auf einander ein, wobei gebrannter Kalk und Kohlenoxyd entstehen:

$$CO_3Ca + C = CaO + 2CO.$$

Hiernach beträgt die theoretische Menge der anzuwendenden Kohle für 100 Th. Natriumsulphat nur 16,9 Th. Da aber die Kohle flüchtige Bestandtheile und Asche enthält, so muss man mehr davon anwenden, auch setzt man deshalb einen Ueberschuss zu, um im Ofen fortwährend eine reducirende Atmosphäre zu haben und weil die Einwirkung der überschüssigen Kohle auf das überschüssige Calciumcarbonat ein sichtbares Anzeichen für die Beendigung der Reaction durch Auftreten von Kohlenoxydflammen gibt. Zusatz von überschüssigem Calciumcarbonat hat ausserdem noch den doppelten Zweck, einem in Folge unvollständiger Mischung eintretenden localen Mangel zu begegnen und das Zusammenfliessen zu hindern, indem für das Auslaugen der rohen Soda eine zusammengesinterte poröse Masse verlangt wird.

Die rohe Soda wird, nachdem sie erkaltet ist, in faustgrosse oder grössere Stücke zertheilt in die Auslaugerei gegeben. Diese besteht aus gemauerten oder eisernen Bassins, welche durch verticale Zwischenwände in 4 bis 6 Abtheilungen getheilt sind, und zwar in der Art, dass jede Abtheilung wenigstens an zwei benachbarte angrenzt. Jede Abtheilung besitzt ausser dem den Raum begrenzenden Boden noch einen durchlöcherten, etwa 3 Zoll höher belegenen. In dem Raume zwischen den beiden Böden mündet in jeder Abtheilung ein aufsteigendes Rohr, welches etwa 18 Zoll unterhalb des oberen Randes des Bassins gebogen ist und in dieser Höhe in eine benachbarte Abtheilung, wo es endet, eintritt. Der untere Raum dieser letzteren Abtheilung ist durch ein Rohr mit dem oberen der folgenden in gleicher Weise verbunden und alle Abtheilungen eines Bassins stehen auf die Art in Verbindung.

Dieser Apparat dient zur methodischen Auslaugung der rohen Soda. Nehmen wir an, er sei in vollem Gebrauche befindlich, und die in einer Abtheilung (1) enthaltene Soda sei vollständig ausgelaugt. Man hebt in diesem Falle die Verbindung dieser Abtheilung mit den beiden benachbarten (2 und 6) auf, indem man die damit in Verbindung stehenden Rohre schliesst. Alsdann öffnet man einen Hahn, welcher sich am tiefsten Punkte der Abtheilung befindet und lässt den flüssigen Inhalt in einen Kanal, welcher ihn fortführt, treten. Nachdem das Wasser abgeflossen, entfernt man auch den festen Rückstand aus dieser Abtheilung und füllt sie alsdann mit neuer Sodamasse, welche auf dem durchlöcherten Boden ruht. Nachdem dieses geschehen ist, stellt man die Verbindung mit einer benachbarten Abtheilung wieder her, und zwar mit derjenigen (2), deren unterer Raum mit dem oberen Raum der neugefüllten durch ein Rohr verbunden ist. Gleichzeitig schliesst man ein Rohr, welches von dem unteren Raume der Abtheilung 2 in die Höhe führt und ausserhalb des Bassins, 18 Zoll unterhalb seines oberen Randes, mündet und öffnet ein solches Rohr der neugefüllten Abtheilung. Aus der Abtheilung 2 fliesst nun Lauge aus dem unteren Raume oben auf die frische Sodamasse der Abtheilung 1, sie wird hier möglichst concentrirt, sammelt sich in dem Raume zwischen den beiden Böden und fliesst endlich durch das ausserhalb des Bassins mündende und geöffnete Rohr ab. Das Fliessen der Lauge von einer Abtheilung zur anderen wird durch Zufluss von warmen Wasser hervorgerufen. Dasselbe tritt in dem angenommenen Falle in die Abtheilung 6 ein, diese ist mit der benachbarten neugefüllten nicht verbunden, sondern steht nur mit einer Abtheilung (5) in Verbindung und zwar von ihrem unteren Raume aus. Das in die Abtheilung 6 eintretende Wasser durchdringt die Sodamasse, sammelt sich als schwache Lauge in dem unteren Raume, tritt von hier in die Abtheilung 5 oben ein, durchdringt auch hier die Sodamasse und sammelt sich als reichere Lauge im unteren Raume dieser Abtheilung, um von hier in die folgende und so fort bis zur letzten, der neugefüllten Abtheilung zu fliessen, wo es in der angegebenen Art das Bassin verlässt. Den Zufluss von Wasser zu der Abtheilung unterbricht man, sobald die darin befindliche Sodamasse erschöpft ist, dann trennt man diese Abtheilung von den übrigen und leitet das Wasser in die folgende Abtheilung (5). Nachdem die Abtheilung 6 entleert und wieder mit frischer Sodamasse gefüllt ist, wird sie wieder in das System eingereiht, und zwar jetzt als letzte Abtheilung. Auf diese Weise wird der Reihe nach jede Abtheilung, nachdem zu ihr der Zufluss des Wassers stattgefunden hat, und nachdem ihre Sodamasse vollständig ausgelaugt ist, entleert, hierauf mit neuer Sodamasse gefüllt, und sie bildet nun die letzte Abtheilung aus der die concentrirte Lauge abfliesst.

Die Flüssigkeit besitzt in der Abtheilung, in welcher das Wasser zufliesst, das geringste specifische Gewicht, in der folgenden ist sie schon schwerer und es ist daher das Niveau in dieser Abtheilung tiefer als in jener, indem Flüssigkeiten von ungleichen specifischen Gewichten sich in ungleich hohen Säulen das Gleichgewicht halten. Während sich die Lauge von Abtheilung zu Abtheilung fortbewegt, kommt sie mit noch weniger erschöpfter Sodamasse in Berührung, sie wird fortgesetzt von Abtheilung zu Abtheilung schwerer und damit sinkt das Niveau der Flüssigkeit in den Abtheilungen ebenfalls von Stufe zu Stufe. Aus diesem Grunde muss man die oberen Oeffnungen der Rohre, welche die Abtheilungen unter einander und mit dem Kanale, welcher die concentrirte Lauge fortführt, verbinden, etwa 18 Zoll unterhalb des oberen Randes des Bassins endigen lassen.

Die gebildete Soda kann sowohl während des Schmelzprozesses als auch bei der Auslaugung Zersetzung erleiden. Im ersteren Falle entstehen, wenn eine zu hohe Temperatur angewandt wird, Natriumoxyd und Schwefelnatrium nach den Gleichungen:

$$1)\ CO_3Na_2 + C = Na_2O + 2CO;$$

$$2)\ CO_3Na_2 + 2CaS = Na_2S_2 + 2CaO. + CO.$$

Beim Auslaugen erleidet die Soda Zersetzung, wenn die rohe Sodamasse Aetzkalk enthält; es entstehen kohlensaurer Kalk und Aetznatron, und letzteres gibt bei längerer Einwirkung auf Schwefelcalcium Schwefelnatrium und Kalkhydrat, welches wiederum Soda zersetzen kann. Aus dem Schwefelnatrium endlich entstehen durch Einwirkung der Luft Oxydationsproducte.

Die rohe Sodalauge liefert beim Einkochen Soda in verschiedenen Formen. Zum Eindampfen benutzt man in der Regel einen Theil der Wärme, welche die Glühöfen für die Sodamasse geben. Man leitet die Flamme und die erhitzten Gase dieser Oefen über die Oberfläche der Laugen und bewirkt hierdurch das Verdunsten des Wassers, oder man verdunstet, indem man die Lauge von unten erhitzt. Zweckmässig verdampft man die Lauge in bootförmigen Pfannen, deren tiefster Theil dem Feuer nicht ausgesetzt ist, damit hier, wo sich die ausgeschiedenen Salzmassen ansammeln, kein Anbrennen eintreten kann. Wenn die Lauge nur bis zum Krystallisationspunkt eingekocht wird schiessen beim Erkalten grosse Krystalle von $CO_3Na_2 + 10H_2O$ an. Kocht man die Lauge aber, nachdem der Krystallisationspunkt erreicht ist, bei mässiger Hitze weiter ein, so scheidet sich $CO_3Na_2 + H_2O$ als Krystallmehl ab. Diese wasserhaltigen Salze werden durch Waschen mit

Sodalösung leicht in einem erträglich reinen Zustande erhalten, indem die meisten fremden Salze in der Mutterlauge, die auf Aetznatron verarbeitet wird, bleiben. Die Laugen geben, wenn sie bei höherer Temperatur eingekocht werden, wasserfreies Salz, welches durch Chlornatrium, Aetznatron, Natriumsulphid, Natriumsulphit, Natriumsulphat und andere Verbindungen verunreinigt ist. Die so erhaltene wasserfreie Soda pflegt man zur Oxydation und Sättigung mit Kohlensäure in einem Flammofen zu erhitzen [1]).

Die Soda mit 10 Mol. Krystallwasser bildet grosse monokline Krystalle, welche an der Luft leicht verwittern, wobei sie bei 12,°5 die Hälfte und bei 38° $^9|_{10}$ des Wassers verlieren.

100 Th. Wasser von 14° lösen 60 Th. dieses Salzes, solches von 56° 833 Th. und solches von 104° nur 445 Th. auf. Das Salz schmilzt beim gelinden Erwärmen in seinem Krystallwasser; aus dieser Flüssigkeit krystallisiren zwischen 30° und 40° Salze mit 5 und mit 8 Mol. Krystallwasser in verschiedenen rhombischen Formen.

Die Soda mit 1 Mol. Krystallwasser zerfällt oberhalb 87° unter Abgabe des Wassers zu einem zarten Pulver. Das wasserfreie Natriumcarbonat schmilzt leichter als Kaliumcarbonat in mässiger Glühhitze. Ein Gemenge der beiden Salze in gleichen Aequivalenten ist noch leichter schmelzbar als Soda.

Soda besitzt alkalische Reaction. Sie findet ausgedehnte Anwendung für zahlreiche Zwecke, so zur Fabrikation von Seife und Glas, zur Darstellung von anderen Natriumsalzen, zum Waschen etc. etc.

Saures Natriumcarbonat, $ӨӨ_3NaH$, findet sich in den alkalischen Mineralwässern und in geringer Menge in manchem Quellwasser. Man erhält es durch Sättigen von Soda oder Sodalösung mit Kohlensäuregas. Hierbei wendet man zweckmässig die Soda mit 1 Mol. Krystallwasser an:

$$ӨӨ_3Na_2, H_2Ө + ӨӨ_2 = 2ӨӨ_3NaH.$$

Es krystallisirt in kleinen nicht sehr leicht löslichen harten Krystallen. Beim Erhitzen geht es in neutrales Salz über. Findet als Arzneimittel, zur Darstellung von Brausepulver und in der Bäckerei Anwendung.

Unter gewissen Bedingungen scheiden sich beim Verdunsten einer wässrigen Lösung des sauren Natriumcarbonats, unter Kohlensäureentwicklung, kleine luftbeständige monokline Krystalle eines Doppelsalzes von Natriumcarbonat, saurem Natriumcarbonat und Wasser ($ӨӨ_3Na_2$, $2ӨӨ_3NaH$, $2H_2Ө$) aus. Dasselbe Salz findet sich in Aegypten als Trona und in Mexico als Urao.

Lithiumcarbonat, $ӨӨ_3Li_2$, ist schwer löslich in Wasser, reagirt alkalisch und ist schwer schmelzbar.

Cyankalium, NӨK, findet sich in den mit Holzkohlen beschickten

1) Ueber Sodagewinnung aus Kryolith siehe bei den Aluminiumverbindungen.

Eisenhohöfen. Bildet sich unter Feuererscheinung beim Erhitzen von Kalium im Cyangase und unrein beim Glühen von Pottasche mit thierischen Substanzen. Man stellt es dar durch Schmelzen von entwässertem Blutlaugensalz oder durch Schmelzen eines Gemenges von 8 Th. entwässertem Blutlaugensalz mit 3 Th. reinem Kaliumcarbonat in einem eisernen Tiegel und Abgiessen des geschmolzenen Salzes von dem gebildeten Kohlenstoffeisen. Nach der letzten Methode erhält man es gemengt mit cyansaurem Kalium. Sehr rein wird es erhalten, wenn man zu einer alkoholischen Lösung von Kalihydrat Blausäure fügt. Hierbei scheidet es sich wegen seiner geringen Löslichkeit in kaltem Alkohol ab. Es bildet farblose Würfel, ist leicht schmelzbar und leicht löslich in Wasser. Seine wässrige Lösung reagirt alkalisch, sie zersetzt sich sehr leicht unter Bildung dunkel gefärbter Producte, und entwickelt beim Kochen Ammoniak, indem gleichzeitig ameisensaures Kalium entsteht:

$$NCK + 2H_2O = NH_3 + H\text{-}CO_2K.$$

Wird schon durch die Kohlensäure der Luft zersetzt und riecht daher nach Blausäure. Sehr giftig. Erleidet beim Schmelzen an der Luft oder mit Metalloxyden Oxydation, wobei die Metalle reducirt werden. Hierauf beruht seine Anwendung bei Löthrohrproben.

Cyankalium findet bei der Galvanoplastik Anwendung.

Cyansaures Kalium, $NC\text{-}OK$, entsteht bei der Oxydation des geschmolzenen Cyankaliums. Zu seiner Darstellung schmelzt man ein Gemenge von 8 Th. entwässertem Blutlaugensalz mit 3 Th. trocknem Kaliumcarbonat und trägt in die geschmolzene Masse allmählich 18 Th. rothes Bleioxyd (Mennige). Kann aus siedendem Alkohol krystallisirt erhalten werden. Schmeckt salpeterartig, ist leicht löslich in Wasser. Seine Lösung erleidet leicht Zersetzung, wobei Ammoniak und saures Kaliumcarbonat entstehen:

$$NC\text{-}OK = 2H_2O = NH_3 + HO\text{-}CO\text{-}OK.$$

Sulphocyankalium, $NC\text{-}SK$, entsteht beim Zusammenschmelzen von Cyankalium mit Schwefel oder Schwefelmetallen. Man stellt es dar durch Schmelzen eines Gemenges von 46 Th. entwässertem Blutlaugensalz, 17 Th. Kaliumcarbonat und 32 Th. Schwefel bis zum ruhigen Fliessen der Masse und Auskochen mit Weingeist. Man gewinnt es auch, wenn man ein Gemenge von Ammoniumsulphocarbonat mit Kaliumsulphid erhitzt:

$$2CS_3(NH_4)_2 + K_2S = 2NC\text{-}SK + 2NH_4SH + 3H_2S.$$

Krystallisirt in wasserhellen langen gestreiften Säulen und Nadeln. Leicht schmelzbar, erstarrt krystallinisch. Schmeckt dem Salpeter ähnlich und ist giftig.

Allgemeine Bemerkungen.

Die Atomgrösse der Metalle der Alkalien ergibt sich aus ihrer specifischen Wärme. Ihre Moleculargrösse ist unbekannt. Nach der Grösse ihrer Atomgewichte bilden sie die Reihe:

Cäsium, Rubidium, Kalium, Natrium und Lithium.

Cäsium besitzt von diesen Elementen das höchste Atomgewicht, es ist gleichzeitig das electropositivste Metall der Gruppe, dann folgt Rubidium, dann Kalium, das positivste Element der häufiger vorkommenden, hierauf Natrium und endlich Lithium, welches das negativste Element dieser Gruppe ist und das kleinste Atomgewicht besitzt.

Die Metalle dieser Gruppe und der Rest Ammonium bilden vielfach analog zusammengesetzte Verbindungen, deren Verhalten eine grosse Uebereinstimmung zeigt und die in vielen Fällen isomorph sind. So geben sie mit Chlor analoge und isomorphe Verbindungen; einige von ihnen auch mit Brom, Jod, Fluor und Cyan.

In regulären Würfeln krystallisiren:

$CsCl$, $RbCl$, KCl, $NaCl$, $LiCl$, NH_4Cl; KBr, $NaBr$; KJ, NaJ; KFl, $NaFl$; $K\text{-}\Theta N$ und $NH_4\text{-}\Theta N$.

Diese Salze sind sämmtlich in Wasser löslich. Sie werden mit Ausnahme der Ammoniumverbindungen durch blosses Erhitzen nicht zersetzt.

Die Elemente dieser Gruppe bilden analog zusammengesetzte Oxyde, die mit Wasser starke und in einem Ueberschuss desselben lösliche Basen bilden. Sie zersetzen Wasser bei allen Temperaturgraden. Ammoniakflüssigkeit entspricht in vielen Beziehungen den wässerigen Lösungen der Alkalien.

Mit Schwefel geben Ammonium und die Metalle dieser Gruppe basische in Wasser lösliche Verbindungen, welche mit den Sulphosäuren Sulphosalze bilden, und welche sowohl durch die Haloidwasserstoffsäuren als auch durch die Sauerstoffsäuren unter Entwicklung von Schwefelwasserstoff zersetzt werden.

Die Alkalimetalle bilden mit schwefliger Säure und mit Schwefelsäure saure und neutrale, in Wasser lösliche Salze. Die sauren Salze der Alkalien zerfallen leicht in freie Säure und in neutrale Salze.

Rothglühhitze zersetzt die Sulphite, nicht aber die Sulphate, welche bei Gegenwart von Kohle jedoch in Sulphide übergehen.

In gleichgestalteten rhombischen Formen krystallisiren:

$$S\Theta_4K_2,\quad S\Theta_4(NH_4)_2 \text{ und } Se\Theta_4K_2.$$

Die Nitrite und Nitrate der Alkalien sind in Wasser löslich; beim Erhitzen erleiden sie Zersetzung.

Mit Ausnahme des Kaliumphosphats und Lithiumphosphats sind sämmtliche Phosphate der Alkalien in Wasser leicht löslich. Ihre Lösungen besitzen stark alkalische Reaction. Sie werden selbst durch die schwächsten Säuren in saure Salze übergeführt. Die gesättigten Phosphate werden weder beim Erhitzen für sich, noch beim Erhitzen mit Kohle zersetzt. Beim Erhitzen der sauren Phosphate bilden sich Pyro- und Metaphosphate; erhitzt man sie gemengt mit Kohle, so bilden sie gesättigte Phosphate, indem Phosphor im freien Zustande abgeschieden wird.

Die arsenigsauren und arsensauren Alkalien sind leicht löslich in Wasser. Sie geben beim Erhitzen mit Kohle oder Wasserstoff Arsenide und freies Arsen.

Von den Antimonverbindungen zeichnet sich das sogenannte metaantimonsaure Natrium durch seine Unlöslichkeit in Wasser aus. Beim Erhitzen mit Kohle geben die Antimonoxydverbindungen der Alkalien Antimonmetalle und freies Antimon.

In gleichen Formen des quadratischen Systems krystallisiren:

$$PO_4KH_2,\ P\Theta_4(NH_4)H_2,\ As\Theta_4KH_2 \text{ und } AsO_4(NH_4)H_2.$$

Mit Kohlensäure geben die Alkalien ungesättigte und gesättigte Salze; die letzteren reagiren alkalisch und sind mit Ausnahme des Lithiumcarbonats leicht löslich in Wasser. Kaliumcarbonat ist zerfliesslich, während Natriumcarbonat luftbeständig ist. Die sauren Carbonate der Alkalien sind weniger leicht löslich in Wasser als die neutralen; sie verlieren beim Erhitzen Kohlensäure und gehen in neutrale Salze über. Letztere geben beim Glühen für sich die Kohlensäure nicht ab, mit Wasserdampf zerlegen sie sich aber bei Glühhitze in Oxyhydrüre und in Kohlensäure. Bei Weissglühhitze zerlegt Kohle die Carbonate und macht die Metalle daraus frei.

Achte Gruppe.

Metalle der alkalischen Erden.

Barium, Strontium und Calcium.

22. Barium. Ba.

Atomgewicht 137. Atomwärme 6,4.

Vorkommen. Findet sich als Sulphat (Schwerspath) und Carbonat (Witherit) und als Bestandtheil einiger anderer Mineralien in der Natur. Spuren kommen im Wasser einiger Mineralquellen vor.

Darstellung. Man stellt zuerst Bariumamalgam durch Einwirkung von Natriumamalgam auf eine gesättigte Chlorbariumlösung dar und zerlegt dieses alsdann durch Destillation in übergehendes Quecksilber und zurückbleibendes Barium.

Eigenschaften. Gelbliches stark glänzendes Metall, schwerer als Schwefelsäure; in der Rothglühhitze schmelzbar, aber noch nicht destillirbar. Oxydirt sich rasch an der Luft; zersetzt Wasser schon in der Kälte.

23. Strontium. Sr.

Atomgewicht 87,6. Atomwärme 6,4.

Vorkommen. Selten, als Sulphat (Cölestin), Carbonat (Strontianit), als Bestandtheil einiger anderer Mineralien und spurweise im Wasser einiger Mineralquellen.

Darstellung. Scheidet sich bei der Electrolyse von geschmolzenem Chlorstrontium am negativen Pole ab.

Eigenschaften. Blassgelbes, in Luft und Wasser leicht oxydirbares Metall von 2,58 spec. Gewicht.

24. Calcium. Ca.

Atomgewicht 40. Atomwärme 6,4.

Vorkommen. Sehr verbreitet und in grossen Mengen. Als Carbonat (Kalkspath, Arragonit, Marmor, Kreide etc. etc.) bildet es mächtige Gebirge; als saures Carbonat ist es im Wasser fast aller Quellen und Flüsse enthalten; als Sulphat (Gyps und Anhydrit) kommt es gleichfalls in grossen Lagern und sehr verbreitet im Wasser gelöst vor. Es bildet als Silicat einen Hauptbestandtheil vieler Mineralien und Felsarten, als Phosphat einen Bestandtheil der Knochen. Die Schalen der Muscheln sind hauptsächlich aus Calciumcarbonat gebildet. Ferner findet es sich in den Säften der pflanzlichen und thierischen Organismen.

Darstellung. Wie beim Strontium, oder durch starkes Erhitzen von Zinkcalcium, welches man durch Zusammenschmelzen von 30 Th. Chlorcalcium, 40 Th. Zink und 10 Th. Natrium darstellt.

Eigenschaften. Es ist ein hellgelbes stark glänzendes sehr dehnbares Metall von 1,58 spec. Gw. Hält sich in trockner Luft kurze Zeit ohne den Glanz zu verlieren; verwandelt sich in Wasser unter Erhitzung und Wasserstoffentwicklung in Calciumoxyhydrür. Schmilzt in der Glühhitze und verbrennt dann bei Luftzutritt unter intensiver Lichtentwicklung. Es verbrennt auch im Chlor-, Brom- und Jodgase. In concentrirter Salpetersäure bleibt es blank.

Verbindungen der Erdalkalimetalle.

Chlorbarium, $BaCl_2$, wird erhalten durch Sättigung einer Auflösung von Schwefelbarium mit Salzsäure oder im Grossen durch doppelte Zersetzung von Schwefelbarium mit dem von der Fabrikation des Chlorkalks herstammenden Manganchlorür. Beim Abdampfen seiner Auflösung gibt es rhombische Krystalle eines wasserhaltigen Salzes der Formel $BaCl_2 + 2H_2O$, welches in gelinder Wärme das Wasse verliert. Schmilzt in der Rothglühhitze. Ist luftbeständig, leicht löslich in Wasser, unlöslich in Alkohol. Wird beim Glühen im Wasserdampfe unterhalb seines Schmelzpunktes unter Salzsäuregasentwicklung zersetzt. Schmeckt bitter, wirkt Ekel erregend und ist sehr giftig.

Chlorstrontium, $SrCl_2$, wird erhalten durch Auflösen von Strontianit oder von Schwefelstrontium in Salzsäure. Krystallisirt aus seinen Lösungen in hexagonalen Prismen eines wasserhaltigen Salzes der Formel $SrCl_2 + 6H_2O$. Dieses ist in Wasser leicht löslich, zerfliesst an der Luft, löslich in Alkohol. Schmilzt beim Erhitzen im Krystallwasser und geht unter Verlust des Wassers in ein weisses Pulver über, welches bei hoher Temperatur schmelzbar ist. Es erleidet beim Glühen im Wasserdampfe Zersetzung.

Chlorcalcium, $CaCl_2$, findet sich in manchem Quellwasser. Wird erhalten durch Auflösen von Marmor in Salzsäure oder als Nebenproduct bei der Bereitung des ätzenden und kohlensauren Ammoniaks und bei der Fabrikation der Mineralwässer. Krystallisirt aus seiner Auflösung unterhalb 100° in zerfliesslichen wasserhellen säulenförmigen Krystallen mit 6 Mol. Krystallwasser, welche sich unter starker Abkühlung in Wasser lösen und beim Vermischen mit Schnee eine Kälte von — 48° hervorbringen. Die Krystalle schmelzen unterhalb 100°, verlieren bei 200° 4 Mol. Krystallwasser und lassen eine poröse Masse, welche beim Erhitzen über den Schmelzpunkt, unterhalb der Glühhitze, unter starkem Aufschäumen alles Wasser verliert. Das trockne Salz ist sehr hygroscopisch, es löst sich unter starker Wärmeentwicklung in Wasser. Wird beim Erhitzen im Wasserdampfe zersetzt. Ist löslich in Alkohol.

Fluorcalcium, $CaFl_2$, findet sich als Flussspath in schönen Würfeln und Octaëdern und in krystallinischen Massen, theils farblos, theils mannigfaltig und lebhaft gefärbt. Kommt in einigen Mineralwässern, in den Pflanzen und im thierischen Körper in Spuren vor. Bildet sich beim Vermischen einer löslichen Fluorverbindung mit einem gelösten Kalksalze als durchscheinende Gallerte. Wird als Nebenproduct bei der Gewinnung von Soda aus Kryolith erhalten. Verknistert beim Erhitzen, ist leicht schmelzbar. Phosphorescirt durch Insolation und durch Erhitzung. Geschmacklos; sehr wenig löslich in Wasser. Wird durch Schwefelsäure unter Entwickelung von Fluorwasserstoffsäure zersetzt. Schmilzt mit Gyps sehr leicht zusammen.

Der Flussspath ist das Rohmaterial zur Darstellung aller Fluorverbindungen; wegen seiner leichten Schmelzbarkeit dient er öfters als Zuschlag oder Fluss beim Verschmelzen von Erzen. Findet in geringen Mengen Anwendung bei der Porcellanfabrikation.

Bariumoxyd, *Baryt*, BaO, wird durch Glühen des Nitrats erhalten, wobei es als poröse grauweisse Masse zurückbleibt. Schmilzt nur in den höchsten Temperaturgraden, die man durch das Knallgasgebläse hervorbringen kann. Spec. Gew. 4,0.

Bariumoxyhydrür, *Barythydrat*, $Ba(OH)_2$, bildet sich unter starker Erhitzung, wenn man Bariumoxyd mit Wasser übergiesst, hierbei zerfällt der Baryt, wenn die zugesetzte Wassermenge nicht zu bedeutend war, zu einem weissen trocknen Pulver. Man gewinnt es aus dem Schwefelbarium durch Auflösen in Wasser und durch Kochen der Lösung mit Kupferoxyd bis zur vollständigen Fällung des Schwefels als Schwefelkupfer. Aus der abfiltrirten Lösung scheiden sich wasserhaltige Krystalle der Formel $Ba(OH)_2 + 8H_2O$ ab. Diese schmelzen beim Erhitzen, verlieren ihr Krystallwasser und lassen das bei schwacher Glühhitze schmelzende Oxyhydrür, welches durch weiteres Erhitzen nicht in Baryt und Wasser zersetzt werden kann. Beim Erkalten erstarrt das geschmolzene Oxyhydrür zu einer krystallinischen Masse. Löst sich in 20 Th. kaltem und in 2 Th. kochendem Wasser zu einer stark alkalisch reagirenden Flüssigkeit, welche rasch Kohlensäure anzieht und sich durch Abscheidung von Bariumcarbonat trübt.

Dient zum Aufschliessen von alkalihaltigen Silicaten, auch sonst vielfach bei chemischen Arbeiten.

Bariumhyperoxyd, BaO_2, entsteht, wenn man über Baryt, der auf 300° bis 400° erhitzt ist, trockne kohlensäurefreie Luft leitet. Verliert beim Glühen die Hälfte des Sauerstoffs und geht wieder in Bariumoxyd über, welches auf dieselbe Weise dann noch einige Mal in Hyperoxyd verwandelt werden kann, endlich aber die Fähigkeit sich mit Sauerstoff verbinden zu können verliert. Bariumhyperoxyd bildet mit kaltem Wasser ein weisses, in Wasser wenig lösliches Hydrat; beim Kochen mit Wasser entwickelt es Sauerstoff und geht in Barythydrat, welches sich auflöst, über. Mit verdünnten Säuren zersetzt es sich in Wasserstoffhyperoxyd und Bariumsalz:

$$BaO_2 + CO_2 + H_2O = O_2H_2 + CO_3Ba.$$

Strontiumoxyd, *Strontian*, SrO, wird wie Baryt dargestellt und ist demselben höchst ähnlich. Bildet mit Wasser ein Hydrat, welches weniger leicht löslich ist als Barythydrat. Aus seiner heiss-gesättigten Auflösung scheiden sich beim Erkalten Krystalle der Formel

$Sr(\Theta H)_2 + 8H_2\Theta$ aus. Strontiumoxyhydrür ist schmelzbar; bei starker Glühhitze zerfällt es in Strontian und Wasser.

Mischt man Strontianwasser mit Wasserstoffhyperoxyd, so bildet sich Strontiumhyperoxydhydrat, welches in perlglänzenden Schuppen niederfällt.

Calciumoxyd, *Kalk*, *Aetzkalk*, *gebrannter Kalk*, $\Theta a\Theta$, wird durch Glühen von Calciumcarbonat dargestellt. Reinen Kalk gewinnt man durch starkes Glühen von isländischem Kalkspath oder cararischem Marmor in einem irdenen Tiegel. Der Kalk bildet eine weisse amorphe Masse von der Form des angewendeten Kalksteins; sein spec. Gw. ist etwa 2,3; er ist in den höchsten Temperaturen unserer Oefen unschmelzbar. An der Luft zieht er Wasser und Kohlensäure an. Wird im unreinen Zustande in grossen Mengen zur Bereitung von Mörtel und für anderen Gebrauch dargestellt.

Calciumoxyhydrür, *Kalkhydrat*, *gelöschter Kalk*, $\Theta a(\Theta H)_2$, entsteht unter grosser Wärmeentwicklung und Volumvermehrung, wenn Kalk mit Wasser übergossen wird. Ein weisses Pulver, zerfällt schon bei schwacher Glühhitze in Wasser und Kalk. Wird beim Löschen des Kalks mehr Wasser zugegossen, als zur Bildung des Hydrats erforderlich ist, so entsteht ein weisser Brei, der mit noch mehr Wasser angerührt Kalkmilch gibt. Kalk ist in heissem Wasser weniger löslich als in kaltem, daher trübt sich Kalkwasser, welches in der Kälte gesättigt ist, beim Erwärmen. 1000 Th. kaltes Wasser lösen etwas mehr als 1 Th. Kalk auf. Kalkwasser trübt sich an der Luft, weil es Kohlensäure anzieht und das gebildete Calciumcarbonat ausgeschieden wird. Es schmeckt und reagirt alkalisch. Kalkhydrat wird in bedeutender Menge von Zuckerlösung aufgenommen.

Sehr unreiner Kalkstein, besonders thonhaltiger, wird leicht todt gebrannt, d.h. er löscht sich nach zu starkem Brennen nicht mit Wasser. Die Ursache hiervon ist die beim Brennen eingetretene chemische Verbindung der eingemengten Kieselsäure und Thonerde mit dem Kalk. — Zur Darstellung von Mörtel mischt man gelöschten breiförmigen Kalk mit Sand oder anderen Substanzen, welche bewirken dass der Mörtel beim Trocknen nur wenig schwindet, aber eine poröse der Luft zugängliche Masse bildet. Das Erhärten des Mörtels beruht auf der Bildung von Calciumcarbonat.

Calciumhyperoxyd ist nur als Hydrat bekannt. Dieses bildet sich beim Vermischen von Kalkwasser mit Wasserstoffhyperoxydlösung, wobei es sich in Gestalt krystallinischer Blättchen niederschlägt.

Schwefelbarium, Bariumsulphid, BaS, wird durch Reduction des Bariumsulphats gewonnen. Man formt aus einem innigen teigartigen Gemenge von 8 Th. sehr fein geriebenem Schwerspath, 2 Th. gepulverter bitumenreicher Steinkohle und der nöthigen Menge Gastheer (oder einem anderen Bindemittel, wie Oel oder Kleister) Ballen von der Grösse eines Hühnereis, trocknet diese scharf und setzt sie eine Stunde lang einer starken Glühhitze aus. Hierzu benutzt man einen gut ziehenden Ofen mit recht tiefem Schachte, den man dicht verschliessen kann. Man entzündet in dem Ofen Coaks, bringt dann die trocknen Ballen darauf und schneidet den Luftzutritt möglichst vollständig ab, ehe die Coaks vollständig verbrannt sind. Im Grossen glüht man die Ballen in einem Flammofen, welcher mit einem verschliessbaren Raume verbunden ist, in dem man die reducirte Masse bei Luftabschluss erkalten lässt. Schwefelbarium bildet sich auch beim Glühen von Bariumsulphat im Wasserstoffgase. Eine weisse, nach der Insolation lebhaft leuchtende Masse. Zersetzt sich an der Luft unter Entwicklung von Schwefelwasserstoff. Gibt beim Kochen mit Wasser Bariumoxyhydrür und Bariumsulfhydrür:

$$2BaS + 2H_2O = Ba(OH)_2 + Ba(SH)_2.$$

Die Lösung, welche in Folge eines kleinen Gehalts an Mehrfach-Schwefelbarium eine gelbe Färbung besitzt, gibt beim Abdampfen ein Gemenge von Krystallen von wasserhaltigem Bariumoxyhydrür und von Bariumsulfhydrür. Mit Säuren entwickelt sie Schwefelwasserstoff, indem das Bariumsalz der angewandten Säure entsteht. Durch Kochen mit Kupferoxyd lässt sich ihr aller Schwefel entziehen und sie liefert dann beim Abdampfen Barythydrat.

Dient zur Darstellung von Barythydrat, Bariumcarbonat, Bariumsulphat, Chlorbarium und anderen Bariumverbindungen.

Schwefelcalcium, Calciumsulphid, CaS, bildet sich beim Glühen von Gyps mit Kohle oder von Kalk mit Schwefel; in grossen Mengen bei der Sodafabrikation durch doppelte Zersetzung von Natriumsulphid und Calciumcarbonat:

$$Na_2S + CO_3Ca = CaS + CO_3Na_2.$$

Gelblich weisse, nach der Insolation im Dunkeln leuchtende, unschmelzbare Masse. Sehr wenig löslich in Wasser; zersetzt sich beim Kochen mit Wasser langsam in Calciumoxyhydrür und Calciumsulfhydrür. Entwickelt an der Luft Schwefelwasserstoff; gibt im feuchten Zustande an der Luft Fünffach-Schwefelcalcium, Calciumdithionit und endlich Calciumsulphat. Bildet beim Kochen mit Wasser und Schwefel leicht lösliches Fünffach-Schwefelcalcium.

Die Rückstände von der Sodabereitung, welche aus Schwefelcalcium, Calciumcarbonat, Kalkhydrat und Kohle bestehen, finden Anwendung als Baumaterial und, nachdem sie Oxydation erlitten haben, zur

Darstellung von Schwefel und unterschwefligsaurem Calcium und nach der vollständigen Oxydation als Düngmittel.

Chlorkalk, *Bleichkalk*. Hierunter versteht man ein Gemenge, welches neben Kalkhydrat eine Verbindung von Calcium, Chlor und unterchlorige Säure enthält, und welches man erhält, wenn Chlor bei einer Temperatur unterhalb 18° zu pulverförmigem gelöschtem Kalk geleitet wird. Hierbei bildet sich wahrscheinlich aus einem Theile des Kalkhydrats mit Chlor eine Verbindung von einem halben Molecule Chlorcalcium und einem halben Molecule unterchlorigsaurem Calcium:

$$\Theta a(\Theta H)_2 + Cl_2 = Cl\text{-}\Theta a\Theta Cl + H_2O.$$

Ein feuchtes weisses Pulver, welches nach Chlor riecht, und mit Säuren Chlor oder unterchlorige Säure entwickelt. Durch Wasser kann ihm die Chlorverbindung entzogen werden. Wenn man einen concentrirten wässrigen Auszug kocht, so entwickelt sich Sauerstoff unter Bildung von Chlorcalcium:

$$Cl\text{-}\Theta a\text{-}\Theta Cl = \Theta + \Theta aCl_2.$$

In verdünnten Lösungen bilden sich beim Erwärmen Calciumchlorat und Chlorcalcium:

$$6Cl\text{-}\Theta a\text{-}\Theta Cl = (Cl\Theta_3)_2\Theta a + 5\Theta aCl_2.$$

Bei Gegenwart von Chlorkobalt entwickeln die verdünnten Lösungen beim Erwärmen ebenfalls Sauerstoffgas.

Chlorkalk dient zum Bleichen baumwollener und leinener Stoffe, des Papierzeuges und anderer Sachen; zur Zerstörung fauler Gerüche und ansteckender Krankheitsstoffe.

Bariumchlorat, *chlorsaures Barium*, $(Cl\Theta_3)_2Ba$, bildet sich neben Chlorcalcium, wenn man Chlor in ein heisses Gemisch von Barytwasser und Kalkmilch einleitet:

$$Ba(\Theta H)_2 + 5Ca(\Theta H)_2 + 6Cl_2 + (Cl\Theta_3)_2Ba + 5\Theta aCl_2 + 6H_2\Theta.$$

Krystallisirt in grossen luftbeständigen Säulen. Löst sich in 4 Th. kaltem und in weniger heissem Wasser. Verpufft stark mit brennbaren Stoffen, mit Schwefel beim Erhitzen mit grünem Lichte.

Findet zur Darstellung von Grünfeuer Anwendung.

Calciumdithionit, *unterschwefligsaurer Kalk*, $S_2\Theta_3\Theta a + 6H_2\Theta$, entsteht beim Einleiten von Schwefligsäureanhydrid und Luft in ein Gemenge von Schwefelcalcium und Wasser:

$$S\Theta_2 + \Theta + \Theta aS = S_2\Theta_3\Theta a.$$

Lässt sich durch Auslaugen von der Luft ausgesetzt gewesenen Sodarückständen gewinnen. Bildet sehr leicht lösliche luftbeständige wasserhelle grosse sechsseitige Säulen. Zerfällt beim Erhitzen seiner concentrirten Lösung bis über 60° in Schwefel und Calciumsulphit.

Wird als Antichlor zur Zerstörung von Chlor und unterchloriger Säure in den Bleichereien und bei der Papierfabrikation benutzt. Dient ferner zur Darstellung des Natriumdithionits und anderer unterschwefligsaurer Salze.

Bariumsulphit, SO_3Ba, und *Calciumsulphit*, $SO_3Ca + 2H_2O$, sind sehr schwer lösliche weisse Pulver.

Bariumsulphat, SO_4Ba, findet sich als Mineral in schönen rhombischen Krystallen und in mehr oder weniger reinem Zustande in krystallinischen Massen. Wird wegen seines grossen specifischen Gewichtes (4,4) Schwerspath genannt. Man stellt es künstlich im höchst feinvertheilten Zustande dar durch Zersetzung von essigsaurem Barium mittelst Schwefelsäure, wobei gleichzeitig freie Essigsäure gewonnen wird, oder durch doppelte Zersetzung von Bariumnitrat mit Kaliumsulphat, oder von Chlornatrium mit Natrium-, Magnesium- oder Calciumsulphat. Der schwefelsaure Baryt ist in Wasser vollkommen unlöslich und löst sich auch nicht in mit Salpetersäure, Chlorwasserstoffsäure oder Essigsäure angesäuertem Wasser. Das gefällte Bariumsulphat bildet ein feines weisses Pulver. Wegen der vollständigen Unlöslichkeit dieses Salzes bedient man sich des Baryts zur Entdeckung und quantitativen Bestimmung der Schwefelsäure und umgekehrt der Schwefelsäure zur Entdeckung und Bestimmung des Baryts. Das Bariumsulphat scheidet sich bei der Fällung in der Kälte so fein vertheilt aus, dass es sich trotz seiner grossen Schwere nur schwierig absetzt und durch Filtration auch nicht leicht von der Flüssigkeit getrennt werden kann. Aus diesem Grunde fällt man es aus kochender Lösung, wo ein gröberer, leichter von der Flüssigkeit zu trennender Niederschlag entsteht.

Es ist löslich in concentrirter Schwefelsäure. Beim Kochen mit einer Lösung von Soda wird es nur zum Theil zersetzt; schmelzendes Alkalicarbonat zersetzt es vollständig unter Bildung von Bariumcarbonat und Alkalisulphat. Beim starken Glühen mit Kohle geht es in Bariumsulphid über.

Gemahlener Schwerspath wird als Zusatz zu Anstreicherfarben benutzt. Das gefällte Sulphat wird als weisse Farbe (Blanc fixe) gebraucht. Schwerspath dient zur Darstellung der übrigen Bariumverbindungen.

Strontiumsulphat, SO_4Sr, findet sich in schönen rhombischen Krystallen als Cölestin. Isomorph mit Schwerspath. Entsteht als weisses Pulver beim Vermischen der Lösung einer Strontiumverbindung mit Schwefelsäure. Ist sehr wenig löslich in Wasser; seine Lösung trübt sich bei Zusatz der Lösung eines Bariumsalzes durch ausgeschiedenen schwefelsauren Baryt. Wird durch Auflösungen von Kalium- oder Natriumcarbonat vollständig zersetzt, rasch beim Kochen, langsam beim Zusammenstehen bei gewöhnlicher Temperatur. Gibt beim Glühen mit Kohle Schwefelstrontium.

Calciumsulphat, SO_4Ca, bildet als Anhydrit mächtige Lager. Krystallisirt in rhombischen Formen. Bildet mit 2 Mol. Krystallwasser den **Gyps**, welcher im unreinen Zustande als **Gypsstein** in mächtigen Lagern vorkommt; im reineren, körnig krystallinischen den **Alabaster**, im krystallisirten den **Gyps** oder das **Marienglas** bildet. Findet sich gelöst fast in jedem Wasser. Gyps kommt oft in sehr grossen farblosen durchsichtigen leicht spaltbaren monoklinen Prismen vor. Er ist weich und etwas biegsam. Verliert bei 100° das Krystallwasser, blättert dabei auseinander und zerfällt zu einem weissen Pulver (gebrannter Gyps), welches mit Wasser erhärtet, indem es sich damit verbindet. Geglühter Gyps und Anhydrit erhärten nicht mit Wasser. Calciumsulphat der Formel $2SO_4Ca + H_2O$ setzt sich aus Gypslösung beim Verdampfen unter 2 Atmosphären Druck ab. Beim Erhitzen von Gyps mit gesättigter Chlornatriumlösung auf 125 bis 130° entsteht krystallisirter Anhydrit. Calciumsulphat ist leichter löslich in Wasser als Strontiumsulphat; daher wird Gypswasser bei Zusatz von Chlorstrontiumlösung getrübt. Gypswasser trübt sich beim Erhitzen, weil Gyps in heissem Wasser weniger löslich ist als in kaltem. Wird durch Sodalösung schon bei gewöhnlicher Temperatur rasch zersetzt. Schmilzt in starker Glühhitze und erstarrt beim Erkalten zu einer weissen krystallinischen Masse. Gibt beim Glühen mit Kohle Schwefelcalcium. Wird in seinen Lösungen durch faulende organische Materie zu Schwefelcalcium reducirt und da sich hierbei zugleich Kohlensäure bildet, welche das Schwefelcalcium zersetzt, so tritt dabei Schwefelwasserstoff auf. Gyps absorbirt aus der Luft und dem Wasser Ammoniumcarbonat unter Bildung von Ammoniumsulphat und Calciumcarbonat.

Findet als Düngmittel Anwendung. Seine Wirkung als solches beruht auf seinem Gehalt an Schwefel, welcher für die Entwicklung der Pflanzen unentbehrlich ist, und auf seiner Fähigkeit Ammoniak zu fixiren.

Gyps findet ferner als Mörtel und zum Gypsguss Anwendung. Diese Benutzung beruht darauf, dass er nach dem Entwässern das verlohrene Wasser, unter Erstarren zu einer zusammenhängenden Masse, wieder aufzunehmen vermag. Mischt man gebrannten Gyps mit einer Leimlösung, so gesteht er langsamer als mit reinem Wasser, bildet aber eine härtere Masse, Stuck, der man eine schöne Politur ertheilen kann. Durch eingerührte Farben wird der Stuck gefärbt und marmorirt.

Gypshaltiges Wasser bildet beim Verdunsten **Kesselstein** und gypshaltige Salzsoolen überziehen die Dornen der Gradirwerke mit einem Ueberzuge von krystallinischem Gyps.

Bariumnitrat, $(NO_3)_2Ba$, fällt nieder beim Vermischen der Lösungen von Natriumnitrat und von Schwefelbarium oder Chlorbarium. Bildet durchscheinende weisse luftbeständige reguläre Krystalle. Spec. Gw. 3,2. Besitzt einen scharfen herben Geschmack. Löst sich bei 15,°5 in 12,5 Th. Wasser, bei 101,°6 in 2,8 Th. Ist in salpetersäurehaltigem Wasser sehr schwer löslich und in concentrirter Salpetersäure unlöslich. Entwickelt beim Glühen Sauerstoff, Stickstoff und Stickstoffbioxyd und lässt reinen Baryt.

Strontiumnitrat, $(N\Theta_3)_2Sr$, wird dargestellt durch Auflösen von Strontianit in Salpetersäure. Bildet beim Krystallisiren aus heisser concentrirter Lösung wasserfreie reguläre Krystalle, welche isomorph mit denjenigen des Barytsalpeters sind; aus verdünnter kalter Lösung scheidet es sich in monoklinen Krystallen mit 4 Mol. Wasser ab. Löst sich in 5 Th. kaltem und $^1/_2$ Th. heissem Wasser. Lässt in der Glühhitze reinen Strontian zurück. Verpufft mit oxydirbaren Körpern gemischt unter Entwicklung eines rothen Lichtes.

Wird zur Darstellung des Rothfeuers benutzt. Hierzu mischt man 40 Th. Strontiumnitrat, 13 Th. Schwefelblumen, 10 Th. Kaliumchlorat und 4 Th. Spiessglanz, jedes vorher für sich fein gepulvert.

Calciumnitrat, *Kalksalpeter*, *Mauersalpeter*, $(NO_3)_2\,Ca + 4H_2\Theta$, findet sich öfters im Wasser gelöst und an Mauern ausgewittert. Bildet sich in den Salpeterplantagen. Leicht zerfliesslich, in $^1/_4$ Th. Wasser löslich. Gibt mit Pottasche Kalisalpeter, zu dessen Darstellung es benutzt wird.

Phosphorcalcium entsteht gemischt mit Calciumphosphat als rothe Masse, wenn reiner kaustischer Kalk im Phosphorgase zum Glühen erhitzt wird. Entwickelt mit Wasser Phosphorwasserstoff.

Unterphosphorigsaures Barium, $(P\Theta_2H_2)_2Ba + H_2\Theta$, entsteht neben Phosphorwasserstoff und Bariumphosphat beim Erhitzen von Phosphor mit Barytwasser. Krystallisirt in grossen perlmutterglänzenden leichtlöslichen Prismen. Verliert bei 100° das Krystallwasser und zerfällt bei höherer Temperatur in Phosphorwasserstoff und Bariumphosphat:

$$(P\Theta_2H_2)_2Ba = PH_3 + P\Theta_4BaH.$$

Unterphosphorigsaures Calcium, $(P\Theta_2H_2)_2Ca$, bildet sich auf analoge Weise wie das Bariumsalz. Krystallisirt im monoklinometrischen Systeme.

Halbsaures Bariumphosphat, $P\Theta_4BaH$ entsteht beim Fällen eines gelösten Bariumsalzes durch gewöhnliches Natriumphosphat. Weisses krystallinisches Pulver, löslich in Salzsäure und Salpetersäure.

Calciumphosphat, $(P\Theta_4)_2Ca_3$. Diese wichtige Verbindung bildet die Hauptmasse der anorganischen Bestandtheile der Knochen; sie bleibt beim Verbrennen derselben, gemengt mit kleinen und wechselnden Mengen von Calciumcarbonat, Magnesiumphosphat und Fluorcalcium zurück. Findet sich als amorphes Mineral, als Phosphorit; bildet einen Bestandtheil der Coprolithen, welche versteinerte Excremente sind, und vieler Guanosorten. Ferner bildet es einen Bestandtheil des hexagonal krystallisirten Apatits, $(PO_4)_3Ca_5Cl$, in welchem das Chlor theilweise bis vollständig durch das isomorphe Fluor substituirt sein kann. Phosphorsaurer Kalk findet sich in kleinen Mengen sehr verbreitet in fast allen krystallinischen und geschichteten Gebirgsarten. Bildet einen zwar kleinen aber wesentlichen Bestandtheil der Ackererden, woraus er in die Pflanzen und durch diese in die Thiere übergeht. Ist fast unlöslich in Wasser, etwas löslich in Wasser welches Kohlensäure, Kochsalz, Natronsalpeter oder Ammoniumsalze enthält. Wird durch verdünnte Schwefelsäure in Gyps und je nach der Menge der Schwefelsäure in saures Phosphat oder freie Phosphorsäure zersetzt. Salzsäure und Salpetersäure lösen es, indem sie ihm $^2/_3$ des Calciums entziehen und saures Phosphat bilden. Aus diesen Lösungen wird es wieder durch Kalkhydrat gefällt und zwar als ein feines amorphes Pulver, welches in reinem Wasser und in solchem, welches Kohlensäure, Kochsalz, Salpeter oder Ammoniumsalze enthält, leichter löslich als die Knochenasche ist.

Dient zur Darstellung des Phosphors und aller übrigen Verbindungen dieses Elements. Ist ein höchst werthvolles Düngmittel.

Halbsaures Calciumphosphat, $PO_4CaH + 2H^2O$, entsteht als amorpher weisser Niederschlag beim Vermischen der Lösungen von Chlorcalcium und von gewöhnlichem Natriumphosphat. Ist in reinem und in kohlensäure- oder salzhaltigem Wasser leichter löslich als das gefällte neutrale Salz. Leicht löslich in verdünnten Säuren, scheidet sich aus seiner Auflösung in Essigsäure nach einiger Zeit, namentlich beim Erwärmen, krystallinisch aus.

Saures Calciumphosphat, $(PO_4H_2)_2Ca$, entsteht neben Chlorcalcium oder Calciumnitrat beim Auflösen von Knochenasche in Salzsäure oder Salpetersäure und kann durch Abdampfen dieser Lösungen in Krystallschuppen erhalten werden. Zerfliesslich, leicht löslich in Wasser. Schmeckt sauer. Schmilzt beim Glühen unter Wasserverlust zu einem durchscheinenden, in Wasser unlöslichen Glase.

Superphosphat. Unter diesem Namen versteht man ein fast trockenes Gemenge von löslichen und unlöslichen Calciumphosphaten, Gyps, einigen anderen Salzen und Wasser, welches in grossen Mengen durch Vermischen von Schwefelsäure mit gepulverter Knochenasche, Phosphorit, Baker-Guano oder anderen Calciumphosphat enthaltenden Materialien und etwas Kochsalz dargestellt wird, und welches zum Düngen Anwendung findet.

Calciummetaphosphat, $(PO_3)_2Ca$. Es ist das Glas, welches beim Glühen des sauren Phosphats entsteht. Gibt beim Glühen mit Kohle Phosphor und Calciumphosphat:

$$3(PO_3)_2Ca + 10C = 4P + (PO_4)_2Ca_3 + 10CO.$$

Halbsaures arsenigsaures Calcium, As_2O_3CaH, bildet sich beim Vermischen von Kalkwasser mit einer Auflösung von Arsenigsäureanhydrid. Schweres weisses Pulver. Gibt beim Glühen arsensaures Calcium und Arsen.

Calciumsulfantimoniat, $(SbS_4)_2Ca_3$, entsteht beim Kochen eines Gemisches von Fünffach-Schwefelantimon und Schwefelcalcium mit Wasser. Seine gelbe Lösung gibt beim Verdampfen keine Krystalle. Weingeist schlägt daraus eine ölige Flüssigkeit nieder.

Kohlenstoffcalcium entsteht, wenn eine Legirung von Zink und Calcium in Berührung mit Kohle einer sehr hohen Temperatur ausgesetzt wird. Zerfällt mit Wasser in Kalkhydrat und Acetylen.

Bariumcarbonat, CO_3Ba, findet sich als Witherit in rhombischen Krystallen. Wird als schweres weisses Pulver beim Vermischen der Lösungen von Schwefelbarium und Natriumcarbonat erhalten. Unlöslich in reinem Wasser, löslich in kohlensäurehaltigem. Gibt beim Erhitzen im Dampfstrome leicht Barythydrat; zerfällt beim Erhitzen für sich nur schwierig in Baryt und Kohlensäureanhydrid. Wird beim Erhitzen mit einer Lösung von schwefelsaurem Kali oder Natron nur unvollständig in schwefelsauren Baryt verwandelt. Beim Kochen mit der Lösung eines Ammoniumsalzes wird es unter Verflüchtigung von Ammoniumcarbonat vollständig zersetzt. Kohlensaurer Baryt wird zum Aufschliessen alkalihaltiger Silicate und zur Darstellung anderer Bariumverbindungen benutzt.

Strontiumcarbonat, CO_3Sr, findet sich in der Natur als Strontianit in rhombischen Krystallen, welche isomorph mit denjenigen des Witherits sind, und in fasrig-krystallinischen Massen. Wird beim Vermischen der Lösungen von Soda und einer Strontiumverbindung als ein weisses Pulver erhalten. Verliert beim starken Glühen Kohlensäureanhydrid und geht beim mässigen Glühen in einem Wasserdampfstrome in Strontiumhydrat über. Ist in Wasser etwas löslich und bildet damit eine alkalisch reagirende Lösung; leichter in kohlensäurehaltigem Wasser löslich. Wird weder in der Kälte noch in der Wärme durch eine Lösung von Kaliumsulphat oder Natriumsulphat zersetzt. Mit Ammoniumsulphatlösung hingegen zersetzt es sich beim Kochen.

Calciumcarbonat, $\mathrm{C\Theta_3Ca}$. Diese wichtige Verbindung findet sich sehr verbreitet in allen Naturreichen. Sie bildet im krystallinischen und im amorphen Zustande mächtige Gebirge; ist ein Bestandtheil der Ackererden und der Aschen aller Pflanzen und Thiere. Der kohlensaure Kalk krystallisirt in Formen zweier Systeme, als **Kalkspath** im hexagonalen und als **Arragonit**, welcher isomorph mit Barium- und Strontiumcarbonat ist, im rhombischen System. **Marmor** besteht aus einer dichten Anhäufung kleiner Kalkspathkrystalle; **Kreide** ist amorphes Calciumcarbonat. Die **Kalksteine** verschiedener Formationen bestehen nur theilweise aus kohlensaurem Kalk, sie enthalten öfters veränderliche Mengen von Magnesium- und Eisencarbonat, von Thon, Kieselerde und anderen Beimengungen. **Tropfstein**, **Kalksinter**, die **Muschel-** und **Eierschalen**, die Perlen und Korallen bestehen grösstentheils aus kohlensaurem Kalk, welcher sich im fast reinen Zustande im weissen Marmor, im Kalkspath und namentlich im isländischen Doppelspath vorfindet. Entsteht im amorphen Zustande als ein weisser Niederschlag, wenn eine Kalklösung in der Kälte durch Soda gefällt wird. Der Niederschlag verwandelt sich in ein krystallinisches Pulver, dessen Körner die Kalkspathform besitzen, wenn man ihn mit der salzhaltigen Flüssigkeit stehen lässt. Ein krystallinischer Niederschlag, dessen Körner die Arragonitform besitzen, entsteht beim Vermischen der heissen Lösungen von Soda und einer Calciumverbindung. Die Arragonitkrystalle zerfallen beim Erhitzen unter Aufblähen in kleinere Kalkspathkrystalle.

Calciumcarbonat ist sehr wenig löslich in reinem Wasser, diese Lösung reagirt alkalisch. Leicht löslich in kohlensäurehaltigem Wasser. Lässt sich unter höherem Drucke schmelzen und erstarrt dann beim Erkalten zu einer marmorähnlichen Masse. Zerfällt unter gewöhnlichem Drucke in der Glühhitze in Kalk und Kohlensäureanhydrid; in einem Strome von Wasserdampf oder irgend einem anderen Gase, wodurch die entwickelte Kohlensäure rasch entfernt wird, erfolgt die Zersetzung noch leichter. Verhält sich gegen die Sulphate des Kaliums, Natriums und Ammoniums wie Strontiumcarbonat.

Eine Verbindung von Calciumcarbonat und Natriumcarbonat, $\mathrm{Ca(\Theta{-}C\Theta{-}\Theta Na)_2 + 5H\Theta}$, findet sich als Gay-Lussit in Mexico. Sie entsteht, wenn man eine Lösung von Chlorcalcium mit überschüssiger Sodalösung mischt, oder amorphes Calciumcarbonat mit einer solchen Lösung digerirt.

Saures Calciumcarbonat ist in der Lösung des kohlensauren Kalks in kohlensäurehaltigem Wasser enthalten und nur in wässeriger Lösung bekannt. Findet sich im Wasser des Erdinnern, fast aller Quellen, der meisten Flüsse und in geringer Quantität im Meerwasser. Beim Stehen an der Luft oder beim Erwärmen verliert die Lösung Kohlensäure durch Verdunstung und in Folge dessen schlägt sich neutrales Calciumcarbonat daraus nieder.

Calciumoxalat, oxalsaurer Kalk, C_2O_4Ca, findet sich mit Krystallwasser verbunden in allen Naturreichen und gelöst in den Säften der Pflanzen und Thiere. Entsteht immer, wenn ein Kalksalz durch Oxalsäure gefällt wird. Bei langsamer Abscheidung aus kalten und verdünnten Lösungen bildet es ein Salz der Formel $C_2O_4Ca + 3H_2O$, in Form eines krystallinischen Pulvers, dessen Körner entweder Quadratoctaëder oder vierseitige Säulen mit octaëdrischer Zuspitzung sind. Aus heissen und kalten concentrirten Lösungen scheidet sich die Verbindung $C_2O_4Ca + H_2O$ ab und aus verdünnten heissen Lösungen ein Gemenge der beiden Salze. Es enthält nach dem Trocknen bei 100° immer nur 1 Mol. Krystallwasser. Ist unlöslich in Ammoniakflüssigkeit, fast unlöslich in Wasser und Essigsäure, löslich in Salz- und Salpetersäure.

Entwickelt beim schwachen Glühen Kohlenoxydgas und lässt Calciumcarbonat.

Dient in der Analyse zum Erkennen und Bestimmen des Kalks.

Cyanbarium, $Ba(CN)_2$, bildet sich beim Glühen von Bariumcarbonat mit stickstoffhaltigen thierischen Stoffen oder beim Glühen eines innigen Gemenges von Bariumcarbonat und Kohle in einem Strome von Stickstoffgas. Leicht löslich in Wasser, bildet damit eine alkalisch reagirende Lösung, welche beim Kochen unter Bildung von ameisensaurem Barium Ammoniak entwickelt.

Allgemeine Bemerkungen.

Die Atomgrösse der Metalle dieser Gruppe ist durch ihre specifische Wärme bestimmt. Ihre Moleculargrösse ist unbekannt.

Barium, Strontium und Calcium bilden viele isomorphe Verbindungen; sie bilden in dieser Folge eine Reihe von dem positivsten zu dem negativsten Elemente der Gruppe. Barium, welches davon das grösste Atomgewicht besitzt, schliesst sich durch seine Eigenschaften unmittelbar den Alkalimetallen an, während Calcium, welches von den Elementen dieser Gruppe das kleinste Atomgewicht besitzt, zu den Metallen der folgenden Gruppe hinführt; es besitzt in seinem ganzen chemischen Verhalten namentlich eine grosse Aehnlichkeit mit Magnesium, welches man in der Regel auch noch zu den Erdalkalimetallen rechnet.

Die Chlorüre dieser Metalle werden bei höherer Temperatur durch Wasser zersetzt, am leichtesten dasjenige des Calciums und am schwierigsten das des Bariums. Ihre Oxyhydrüre sind weniger löslich in Wasser als die der Alkalien, sie werden durch diese aus ihren Salzlösungen abgeschieden.

Barythydrat ist in heissem Wasser leicht löslich, es ist schmelzbar und wird beim Erhitzen nicht in Wasser und Oxyd zersetzt. Bariumsulphid ist leicht löslich in Wasser und Bariumsulphat ist vollständig unlöslich darin. — Kalkhydrat ist nur wenig löslich in Wasser, nicht schmelzbar, es zerfällt beim Erhitzen leicht in Wasser und Kalk. Calciumsulphid ist schwer löslich in Wasser, während Calciumsulphat ziemlich löslich darin ist. — Strontium steht in seinem Verhalten zwischen den beiden anderen Metallen.

Die Carbonate der Erdalkalimetalle werden beim Erhitzen für sich zersetzt, sie sind unschmelzbar und wenig löslich in Wasser. Sie schliessen sich in ihrem Verhalten dem Lithiumcarbonat, welches schwer löslich, schwer schmelzbar und beim Erhitzen für sich nicht zersetzbar ist, unmittelbar an.

Die Verbindungen des Bariums erkennt man daran, dass sie mit Schwefelsäure oder den Sulphaten einen weissen, auch in Säuren ganz unlöslichen Niederschlag von Bariumsulphat geben. Dieser Niederschlag erleidet beim Kochen mit einer Lösung von 2 Th. Alkalicarbonat und 1 Th. Alkalisulphat keine Zersetzung. Als ein gutes Reagens auf Barium ist auch Kieselfluorwasserstoffsäure zu bezeichnen; sie gibt mit Bariumlösungen einen krystallinischen Niederschlag von Kieselfluorbarium, der in verdünnter Salz- und Salpetersäure nicht löslich ist. Die Bariumverbindungen färben die Flamme grün und geben grüne Spectrallinien.

Die Strontiumverbindungen geben sich leicht durch die carmoisinrothe Färbung zu erkennen, welche sie der Flamme ertheilen. Man erkennt sie mittelst des Spectralapparats namentlich durch eine breite rothe und eine breite orangefarbene Linie. — Strontiumsulphat ist in Wasser etwas löslich; seine Lösung gibt mit Bariumlösungen eine Füllung von Bariumsulphat. Kocht man Strontiumsulphat mit einer Lösung von Soda, so wird es vollständig zersetzt, indem die Gegenwart von schwefelsaurem Alkali die Zersetzung nicht hindert.

Calciumsulphatlösung gibt mit Strontiumlösungen eine Trübung von Strontiumsulphat. Mit Oxalsäure geben die Lösungen des Calciums einen weissen, in Salpeter- und Salzsäure löslichen, in Essigsäure unlöslichen Niederschlag von Calciumoxalat. Mehrere Calciumverbindungen sind in Weingeist löslich; sie ertheilen der Flamme desselben eine gelbrothe Farbe. Die Kalkflamme gibt eine breite rothgelbe und eine grüne Spectrallinie.

Neunte Gruppe.

Magnesium, Zink, Cadmium und Indium.

25. Magnesium. Mg.

Atomgewicht 24. Atomwärme 6,4.

Vorkommen. Sehr verbreitet und in erheblichen Mengen; in der Regel als Begleiter des Calciums. Als Carbonat und Silicat bildet es wesentliche Bestandtheile mehrerer Gebirgsarten. Chlormagnesium findet sich sehr verbreitet im Wasser, besonders der Meere und der Salzsoolen. Das Wasser einiger Mineralquellen enthält Magnesiumsulphat. Chlormagnesium und Magnesiumsulphat finden sich als Begleiter des Steinsalzes abgelagert.

Darstellung. Wird aus Chlormagnesium durch Reduction mittelst Natrium gewonnen. Man schüttelt ein vollkommen trocknes Gemenge von 1 Th. Flussspathpulver, 10 Th. geschmolzenem Carnallit, $MgCl_2 + KCl$, und 1 Th. Natrium in kleinen Stückchen rasch in einen stark glühenden Tiegel, bedeckt denselben und erhitzt zum Schmelzen der Masse. Hierbei erfolgt die Reduction des Magnesiums unter Knistern. Durch Rühren sucht man die Metallkügelchen zu vereinigen und lässt erkalten.

Eigenschaften. Silberweisses stark glänzendes geschmeidiges, jedoch nicht sehr festes Metall, welches sich an der Luft und im Wasser wenig verändert. Spec. Gew. 1,74. Schmilzt in der Rothglühhitze und verflüchtigt sich in der Weissglühhitze. An der Luft bis zum Glühen erhitzt verbrennt es zu Magnesiumoxyd mit weisser intensiv leuchtender Flamme. Löst sich unter sehr starker Wärmeentwicklung leicht in Säuren. Auf heisser Salzsäure entzündet es sich. Es zersetzt die Ammoniumsalze und fällt fast alle Metalle aus ihren neutralen Lösungen im regulinischen Zustande.

Magnesiumlicht findet in der Photographie und für Signale Anwendung.

26. Zink. Zn.

Atomgewicht 65,2. Atomwärme 6,4.

Vorkommen. Vorzüglich als Carbonat (Zinkspath, edler Galmei), Silicat (Galmei) und Sulphid (Zinkblende).

Gewinnung. Das meiste Zink wird aus Zinkspath gewonnen. Man führt ihn durch Rösten in Zinkoxyd über, mischt dieses mit Kohlenklein und unterwirft das Gemenge in eisernen oder thönernen Cylindern oder Muffeln bei anhaltender Glühhitze der Destillation. Hierbei verflüchtigt sich das reducirte Zink und lässt sich in vorgelegten Gefässen condensiren. — Aus Zinkblende gewinnt man das Metall durch Destillation mit Eisenerz, Kalk und Kohle, oder, nachdem sie zuerst geröstet und dadurch entschwefelt ist, durch Destillation mit Kohle.

Eigenschaften. Besitzt eine grauweisse etwas bläuliche Farbe, ein grossblättrig krystallinisches Gefüge, starken Metallglanz, keine grosse Festigkeit. Ist bei gewöhnlicher Temperatur ziemlich spröde, dehnt sich beim Erwärmen sehr stark aus und ist bei 100 bis 150° geschmeidig, so dass es zu Blech auswalzbar und zu Draht ausziehbar ist. Bei 200° ist es so spröde, dass es zu Pulver zerstossen werden kann. Das spec. Gew. des gegossenen Zinks schwankt von 7,109 bis 7,178 und dasjenige des gewalzten steigt bis auf 7,3. Es schmilzt bei 412° und verflüchtigt sich bei heller Rothgluth. Ueberzieht sich an der Luft mit einer grauen Haut. Bei 500° entzündet es sich an der Luft und verbrennt mit blauweisser hellleuchtender Flamme zu Zinkoxyd. Im sehr fein vertheilten Zustande zersetzt es das Wasser bei gewöhnlicher Temperatur. Löst sich leicht in verdünnten Säuren, in Lösungen der Ammoniumsalze und der ätzenden Alkalien. Schützt in Berührung mit Eisen dieses vor Oxydation, während es selbst rascher oxydirt wird. Fällt die meisten Metalle aus ihren Lösungen, so namentlich Arsen, Cadmium, Kupfer, Blei, Thallium, Silber.

Findet ausgedehnte Anwendung zu Gusswaaren, zu Legirungen; als Blech zum Dachdecken, zu Gefässen, Rinnen etc. Ferner zu galvanischen Batterien, zur Darstellung von Wasserstoff aus verdünnten Säuren, zum Ueberziehen der eisernen Telegraphendrähte, zur Darstellung von Zinkweiss und für viele andere Zwecke.

27. Cadmium. Cd.

Atomgrösse 112. Atomwärme 6,4. Dampfdichte 56. Moleculargewicht 112.

Vorkommen. In geringen Mengen als Begleiter des Zinks und verbunden mit Schwefel als Greenokit.

1818 gleichzeitig von Stromeyer und Hermann entdeckt.

Gewinnung. Man gewinnt es mit dem Zink, und da es flüchtiger als dieses ist, so befindet es sich in den zuerst überdestillirenden Antheilen. Durch wiederholte Destillation mit Kohle kann es ziemlich rein erhalten werden. Wenn man cadmiumhaltiges Zink mit einer zum vollständigen Lösen unzureichenden Menge Säure behandelt, so bleibt alles Cadmium ungelöst. Aus seiner Lösung wird es durch Zink metallisch, und durch Schwefelwasserstoff als gelbes Schwefelcadmium, woraus das Metall und andere Verbindungen leicht zu erhalten sind, gefällt.

Eigenschaften. Zinnweiss, weich und geschmeidig. Knirscht beim Biegen. Spec. Gew. 8,6. Schmelzbarer und flüchtiger als Zink. Verbrennt an der Luft zu braunem Oxyd. Zersetzt Wasser weniger leicht als Zink. Ist leicht löslich in Säuren.

28. Indium. In.

Atomgewicht 73.

Vorkommen. In sehr geringen Mengen als Begleiter des Zinks in der Blende von Freiberg.

Darstellung. Man löst Freiberger Zink fast vollständig in Salz- oder Schwefelsäure auf, erhitzt zum Kochen und löst den hierbei bleibenden Metallschwamm, der wesentlich aus Blei, Arsen, Cadmium und Eisen besteht, aber auch den ganzen Indiumgehalt des Zinks einschliesst, in Salpetersäure, fällt aus der Lösung durch Schwefelsäure den grösseren Theil des Bleis, aus dem Filtrat durch Schwefelwasserstoff alle aus saurer Lösung fällbaren Metalle, und alsdann das Indium durch Bariumbicarbonat. Den Niederschlag reducirt man durch Glühen mit Cyankalium und Soda oder im Wasserstoffstrome.

Eigenschaften. Es besitzt die grösste Aehnlichkeit mit Cadmium, ist silberweiss, sehr weich und dehnbar, behält seinen Glanz in der Luft und in kaltem und kochendem Wasser. Spec. Gew. 7,1 bis 7,3. Es ertheilt den farblosen Flammen eine schöne indigoblaue Färbung und gibt ein Spectrum mit zwei blauen Linien, durch welche Reich und Richter im Jahre 1863 zu seiner Entdeckung geführt wurden.

Verbindungen der Metalle der Zinkgruppe.

Chlormagnesium, $MgCl_2$, findet sich sehr verbreitet im Wasser, besonders der Meere, und in Salzsoolen. Abgelagert als Begleiter des Steinsalzes. Wird erhalten durch Glühen eines innigen Gemenges von 1 Th. Magnesiumoxyd und 2 Th. Salmiak. Weisse durchscheinende krystallinische Masse, schmilzt beim schwachen Glühen zu einer wasserhellen Flüssigkeit, verdampft bei heller Rothglühhitze. Zersetzt sich beim Erhitzen im Wasserdampfstrome schon bei niederer Temperatur in Magnesiumoxyd und Salzsäure. Ist sehr hygroscopisch, löst sich unter starker Erhitzung sehr leicht und in grosser Menge in Wasser. Krystallisirt aus seiner wässerigen Lösung mit 6 Mol. Krystallwasser. Beim Einkochen seiner wässerigen Lösung entwickelt sich Salzsäure. Schmeckt bitter. Ist löslich in Weingeist. Aus seiner wässerigen Lösung fällt Kalkhydrat Magnesiahydrat; Ammoniak fällt nur die Hälfte des Magnesiums als Oxyhydrür, indem gleichzeitig ein durch Ammoniak nicht zersetzbares, in Wasser leicht lösliches Doppelsalz von

Chlormagnesium-Chlorammonium, $MgCl_2 + NH_4Cl$, entsteht. Die Lösung dieses Doppelsalzes lässt sich ohne Zersetzung abdampfen; beim Glühen des Rückstandes entweicht Salmiak, während Chlormagnesium zurückbleibt.

Chlormagnesium-Chlorkalium. Carnallit, $MgCl_2 + KCl + 6H_2O$, findet sich im Abraumsalz von Stassfurth und krystallisirt aus der Mutterlauge des Seesalzes und der Salzsoolen in der Kälte. Es zerfällt beim Waschen mit Wasser in sich lösendes Chlormagnesium und in zurückbleibendes Chlorkalium, zu dessen Gewinnung es benutzt wird. Wird im trocknen Zustande durch Verdampfen der gemischten Lösungen von Chlormagnesium und Chlorkalium erhalten.

Chlormagnesium dient zur Darstellung des Magnesiums, zur Fabrikation von Magnesia, Chlorwasserstoffsäure und Chlor.

Chlorzink, $ZnCl_2 + H_2O$, bildet sich beim Auflösen von Zink in Salzsäure und bei der Einwirkung von Salzsäure auf Zinkblende. Hygroscopisch. Zersetzt sich beim Erhitzen unter Entwicklung von Salzsäure und Bildung von Zinkoxyd-Chlorzink. Wasserfrei erhält man es durch Erhitzen eines trocknen Gemenges von Zinksulphat und Kochsalz, wobei es in der Rothglühhitze überdestillirt. Schmilzt bei 250°.

Chlorzink findet zum Imprägniren des Holzes Anwendung.

Mit Chlorammonium bildet es Verbindungen der Formeln $ZnCl_2 + NH_4Cl + 2H_2O$ und $ZnCl_2 + 2NH_4Cl + H_2O$, welche sich durch Erhitzen wasserfrei erhalten lassen und beim Glühen in verdampfenden Salmiak und in zurückbleibendes Chlorzink zerfallen. Diese Salze finden beim Löthen Anwendung.

Jodzink, ZnJ_2. Die beiden Bestandtheile vereinigen sich leicht zu einer farblosen leicht schmelzbaren Materie, die sich beim Erhitzen in schönen Nadeln sublimirt. Zerfliesslich. In Lösung erhält man es beim Zusammenbringen von Zink, Jod und Wasser.

Chlorcadmium, $CdCl_2$, ist leicht schmelzbar, flüchtig, erstarrt zu einer perlglänzenden krystallinischen Masse. Ist in Wasser leicht löslich.

Chlorindium ist rein weiss, krystallinisch, sehr flüchtig und in Wasser leicht, jedoch weniger leicht als Chlorzink löslich.

Magnesiumoxyd, Magnesia, Bittererde, Talkerde, MgO. Findet sich als Periklas in regulären Octaëdern. Bildet sich beim Verbrennen von Magnesium und beim Glühen des Carbonats als ein feines weisses lockeres Pulver. Unschmelzbar; bildet mit Wasser, wenn es nicht zu stark geglüht war, eine gallertförmige Verbindung.

Magnesiumoxyhydrür, $Mg(\Theta H)_2$. Findet sich als Brucit in farblosen durchsichtigen krystallinischen Massen. Entsteht wenn eine Magnesiasalzlösung mit einer starken Base vermischt wird. Weisses Pulver, in Wasser wenig zu einer alkalisch reagirenden Flüssigkeit löslich. Löst sich leicht in Ammoniumsalzlösungen, indem leichtlösliche Doppelsalze entstehen. Zerfällt unterhalb der Glühhitze in Wasser und Magnesia.

Zinkoxyd, $Zn\Theta$, findet sich als Rothzinkerz. Entsteht beim gelinden Glühen des Carbonats und beim Verbrennen des Metalls an der Luft und daher bei Hüttenprocessen, wobei es sich in Form von hellgelben glänzenden hexagonalen Krystallen absetzt. Weisses unschmelzbares fast feuerbeständiges Pulver; wird beim Erhitzen vorübergehend gelb und in der Löthrohrflamme stark leuchtend. Erleidet bei starker Glühhitze durch Kohle und Wasserstoff Reduction. Verbindet sich nicht mit Wasser; ist in den meisten Säuren und auch in Lösungen der ätzenden Alkalien und der Ammoniumsalze löslich.

Man stellt Zinkoxyd durch Verbrennen von Zinkdämpfen dar und benutzt es als Anstrichfarbe unter dem Namen Zinkweiss.

Zinkoxyhydrür, $Zn(\Theta H)_2$, entsteht als weisser lockerer Niederschlag beim Vermischen von Zinkauflösungen mit Alkalien. Unlöslich in Wasser. Zerfällt beim Erhitzen in Zinkoxyd und Wasser.

Cadmiumoxyd, $Cd\Theta$, wird erhalten durch Verbrennen des Metalls oder durch Glühen des Carbonats oder Nitrats. Bildet blauschwarze Krystalle des regulären Systems. Sein Pulver ist braun und wird an der Luft weiss, indem es Kohlensäure anzieht. Schmelz- und verdampfbar. Wird durch Kohle bei schwacher Glühhitze reducirt.

Cadmiumoxyhydrür, $Cd(\Theta H)_2$, Bildet sich beim Vermischen von Cadmiumlösungen mit ätzenden Alkalien. Weiss. Zerfällt in der Glühhitze in Wasser und Cadmiumoxyd. Zieht aus der Luft Kohlensäure an.

Indiumoxyd ist blass strohgelb, wird beim Erhitzen braun. Durch Wasserstoff in der Glühhitze leicht reducirbar.

Indiumoxydhydrür entsteht als schleimiger im Ueberschuss der Fällungsmittel unlöslicher Niederschlag, wenn eine Indiumlösung mit Kali oder Ammoniak vermischt wird.

Magnesiumsulphid. Schwefel lässt sich über Magnesium destilliren, ohne damit eine Verbindung zu bilden. Beim Glühen von wasserfreiem Magnesiumsulphat mit Kohle entsteht vorzugsweise Bittererde und nur wenig Schwefelmagnesium.

Magnesiumsulfhydrür. Leitet man Schwefelwasserstoff in Wasser, worin Bittererdehydrat suspendirt ist, so löst sich dieses unter Bildung von Magnesiumsulfhydrür reichlich auf. Beim Kochen verliert die Lösung Schwefelwasserstoff und lässt Magnesiumoxyhydrür fallen.

Zinksulphid, ZnS, findet sich in der Natur als Blende in regulären Krystallen, welche stark glänzen, durchscheinend sind und eine gelbe, rothe, braune bis schwarze Färbung besitzen. Ausser Eisen, welches der Blende die dunkle Färbung ertheilt, enthält sie Cadmium und Indium in isomorpher Beimischung. Schwefel lässt sich über Zink destilliren ohne damit eine Verbindung zu bilden, aber es bildet sich Schwefelzink beim Erhitzen von Zinkoxyd und Schwefel. Schmilzt nur bei sehr hoher Temperatur, ist in der Weissglühhitze nicht flüchtig. Mit Kohle gemengt verflüchtigt es sich in starker Weissglühhitze. Beim Erhitzen an der Luft oxydirt es sich langsam, wobei Zinksulphat, Zinkoxyd und Schwefelsäureanhydrid entstehen.

Zinkoxysulfhydrür, $HO{-}Zn{-}SH$, entsteht wenn Schwefelwasserstoff auf Zinklösung einwirkt. Weisser amorpher Niederschlag, leicht löslich in Salzsäure, fast unlöslich in Essigsäure. Gibt beim Glühen Schwefelzink, Zinkoxyd, Schwefelwasserstoff und Wasser.

Cadmiumsulphid, CdS, findet sich als Greenockit. Bildet sich schwierig beim Zusammenschmelzen von Cadmium und Schwefel, leichter beim Glühen von Cadmiumoxyd mit Schwefel. Entsteht als amorpher schön gelber Niederschlag, wenn eine Cadmiumsalzlösung mit Schwefelwasserstoff oder löslichem Schwefelmetall vermischt wird. Färbt sich beim Erhitzen dunkler, schmilzt bei heller Rothglühhitze und krystallisirt dann beim Erkalten. Wird durch concentrirte Salzsäure leicht zersetzt, durch verdünnte selbst beim Kochen nur langsam.

Findet als Malerfarbe Anwendung.

Indiumsulphid. Ist im frisch gefällten Zustande gelb, etwas dunkler als Schwefelcadmium, erscheint nach dem Trocknen braun, zerrieben orangefarben. Wird durch Salzsäure und Schwefelsäure zersetzt, ist in Essigsäure fast unlöslich.

Magnesiumsulphat, schwefelsaure Magnesia, SO_4Mg, findet sich sehr verbreitet im Wasser gelöst, namentlich in einigen Mineralwässern und im Meerwasser. Es bildet sich bei der Einwirkung von Gyps auf Magnesiumcarbonat. Findet sich mit 1 Mol. Krystallwasser verbunden als Kieserit im Abraumsalz von Stassfurth und an anderen Orten. Krystallisirt aus verdünnten Lösungen als Bittersalz mit 7 Mol. Krystallwasser in klaren rhombischen Prismen, aus übersättigten Lösungen in der Kälte mit demselben Wassergehalte in monoklinen Tafeln, welche leichter löslich sind als die rhombischen Krystalle. Bei 30° krystallisirt es mit 6 Moleculen Wasser in monokliner Form. Die wasserreichen Salze verlieren unterhalb 150° das Wasser bis auf 1 Mol., welches erst oberhalb 200° entweicht. Das wasserfreie Salz schmilzt in starker Glühhitze; beim Glühen im Wasserdampfe bildet es Magnesia und Schwefelsäure. Das wasserfreie Salz und dasjenige mit 1 Mol. Krystallwasser lösen sich nur langsam in Wasser, die wasserreichen Salze sind leicht löslich.

Magnesiumsulphat bildet mit Kalium- und Ammoniumsulphat Verbindungen der Formeln $Mg(O\text{-}SO_2\text{-}OK)_2 + 6H_2O$ und $Mg(O\text{-}SO_2\text{-}ONH_4)_2 + 6H_2O$, welche isomorphe monokline Krystalle bilden. Natriumsulphat gibt ein entsprechendes Salz, welches aber in anderen Formen krystallisirt und beim Abdampfen seiner Lösung in Magnesiumsulphat und Natriumsulphat zerfällt.

Magnesiumsulphat dient zur Darstellung von anderen Magnesiumverbindungen, von Sulphaten und von Schwefelsäure. Es findet ferner als Arzneimittel Anwendung.

Zinksulphat, Zinkvitriol, weisser Vitriol, $SO_4Zn + 7H_2O$, wird im Grossen dargestellt durch Rösten von Zinkblende, Auslaugen des Röstgutes und Abdampfen der Lauge. Reiner erhält man es durch Auflösen von Zink oder reinem Zinkoxyd in verdünnter Schwefelsäure.

Bildet grosse durchsichtige, in Wasser leicht lösliche Krystalle, welche isomorph mit denjenigen des entsprechenden Magnesiumsalzes sind. Die Krystalle schmelzen beim Erwärmen und verlieren etwas oberhalb 100° 6 Mol. Wasser. Bei 30° krystallisirt das Salz mit 6 Mol. Wasser in monoklinen Krystallen, welche gleichfalls mit denjenigen des entsprechenden Magnesiumsalzes isomorph sind. Oberhalb 205° verliert Zinksulphat das letzte Molecul Krystallwasser. Das entwässerte Salz nimmt unter Wärmeentwicklung wieder Wasser auf. Schmeckt säuerlich und widrig metallisch. Erleidet in starker Glühhitze Zersetzung, wobei zuerst basisches Salz und dann bei anfangender Weissglühhitze Zinkoxyd, neben Schwefligsäureanhydrid und Sauerstoffgas entstehen.

Bildet mit Ammoniak mehrere Verbindungen. Gibt mit Ammonium- und Kaliumsulphat Salze der Formeln $Zn(O\text{-}SO_2\text{-}ONH_4)_2 + 6H_2O$ und $Zn(O\text{-}SO_2\text{-}OK)_2 + 6H_2O$, welche monokline Krystalle bilden und mit den entsprechenden Magnesiumsalzen isomorph sind.

Zinkvitriol findet als Arzneimittel, bei der Firnissbereitung und in der Kattundruckerei Anwendung.

Stickstoffmagnesium, Mg_3N_2, bildet sich wenn Magnesium im Stickstoffstrome zum Glühen erhitzt wird. Eine grünlich gelbe amorphe Masse. Zersetzt sich an feuchter Luft oder im Wasser rasch in Ammoniak und Magnesiumoxyhydrür.

Zinkamid, $Zn(NH_2)_2$, entsteht neben Aethylwasserstoff beim Einleiten von trocknem Ammoniakgase in eine ätherische Lösung von Zinkäthyl:

$$2NH_3 + Zn(C_2H_5)_2 = 2C_2H_6 + Zn(NH_2)_2.$$

Ein weisser amorpher Körper, zersetzt sich mit Wasser in Ammoniak und Zinkoxyhydrür. Entwickelt bei dunkler Rothglühhitze Ammoniak und lässt *Stickstoffzink*, Zn_3N_2, als graues Pulver, welches beim Befeuchten mit Wasser erglüht und Ammoniak und Zinkoxyhydrür bildet.

Phosphorzink, Zn_3P_2, entsteht als graue Masse beim Erhitzen von Zink im Phosphordampfe.

Arsenzink, Zn_3As_2, bildet sich unter Feuererscheinung beim Erhitzen von 4 Th. Zink mit 3 Th. Arsen. Eine graue spröde Legirung. Entwickelt mit Salzsäure Arsenwasserstoff.

Antimonzink $Zn_3 Sb_2$, wird beim Zusammenschmelzen der Bestandtheile als zinnweise krystallinische Legirung erhalten. Entwickelt beim Kochen mit Wasser reines Wasserstoffgas.

Magnesiumnitrat, $(NO_3)_2 Mg + 6H_2O$, bildet sich in den Salpeterplantagen bei Gegenwart von magnesiumhaltigen Substanzen. Ein sehr zerfliessliches und reichlich in Wasser lösliches Salz.

Magnesiumphosphat, $(PO_4)_2 Mg_3$, findet sich in kleinen Mengen in den Samen der Pflanzen und in den Knochen der Thiere. Ist in Säuren leicht löslich.

Ammonium-Magnesiumphosphat, $PO_4(NH_4) Mg + 6H_2O$, ist in einigen thierischen Concretionen, namentlich in denen der Harnblase enthalten, fällt aus faulendem Harn aus und kommt als Struvit in rhombischen Krystallen vor. Schlägt sich aus allen Lösungen nieder, in welchen Bittererde mit Phosphorsäure und Ammoniak zusammentrifft. Weisses krystallinisches, in Wasser kaum lösliches und in ammoniakhaltigem Wasser fast ganz unlösliches Pulver. Gibt beim Glühen unter Entwicklung von Wasser und Ammoniak Magnesiumpyrophosphat, $P_2\Theta_7\,Mg$.

Dient zum Erkennen und Bestimmen der Magnesia und der Phosphorsäure.

Zinkphosphat, $(P\Theta_4)_2\,Zn_3 + 2H_2\Theta$, fällt beim Vermischen eines Zinksalzes mit gewöhnlichem Natriumphosphat nieder, während die darüber stehende Flüssigkeit sauer wird. Weisses Krystallpulver, unlöslich in Wasser, löslich in den Säuren, in Ammoniakflüssigkeit und in Ammoniumsalzlösungen. Schmilzt leicht zu einem wasserhellen Glase.

Ammonium-Magnesiumarseniat, $As\Theta_4(NH_4)Mg + 6H_2\Theta$, entsteht beim Vermischen der Lösungen von Arsensäure und von Magnesiumsalzen mit Ammoniak. Durchscheinender krystallinischer Niederschlag. Verwittert langsam an der Luft, löst sich sehr wenig in Wasser, ist fast unlöslich in ammoniakhaltigem Wasser und leicht löslich in Säuren.

Dient zur Bestimmung des Arsens und zur Unterscheidung und Trennung der Arsensäure von der arsenigen Säure.

Zinkäther. Man kennt mehrere Zinkverbindungen der Alkoholradicale; sie entstehen bei der Einwirkung von Haloidäther auf Zink und sie sind durch leichte Zersetzbarkeit ausgezeichnet.

Zinkäthyl, $Zn(\Theta_2H_5)_2$. Moleculargewicht 123,2; Dampfdichte 61,6. Ist eine farblose, das Licht stark brechende Flüssigkeit von durchdringendem und eigenthümlichem Geruch. Entzündet sich von selbst an der Luft. Wird durch Wasser mit explosionsartiger Heftigkeit in Zinkoxyhydrür und Aethylwasserstoff zersetzt:

$$Zn(\Theta_2H_5)_2 + 2H_2\Theta = Zn(OH)_2 + 2\Theta_2H_6.$$

Gibt mit Phosphorchlorür Chlorzink und Triäthylphosphin:

$$3Zn(\Theta_2H_5)_2 + 2PCl_3 = 3ZnCl_2 + 2P(\Theta_2H_5)_3.$$

Magnesiumcarbonat, $\Theta\Theta_3Mg$, findet sich im amorphen Zustande als **Magnesit** und rhomboëdrisch krystallisirt als **Magnesiaspath**, der isomorph mit Kalkspath ist. Wird durch die stärkeren Säuren leicht zersetzt. Ist in kohlensäurehaltigem Wasser etwas löslich.

Dient zur Darstellung von Kohlensäure für die Fabrikation künstlicher Mineralwässer.

Magnesia alba. Mit diesem Namen bezeichnet man eine zarte leichte weisse Masse, welche beim Trocknen des voluminösen Niederschlags entsteht, welcher sich beim Vermischen von kalten Magnesiumsalzlösungen mit Soda bildet. Sie ist ein, je nach Art der Darstellung verschieden zusammengesetztes, Hydratwasser enthaltendes basisches Magnesiumcarbonat.

Calcium-Magnesiumcarbonat findet sich in Rhomboëdern krystallisirt als Bitterspath und amorph als Dolomit. Besteht aus den beiden isomorphen Bestandtheilen in wechselnden Mengen. Ist in kohlensäurehaltigem Wasser weniger leicht löslich als Calciumcarbonat.

Zinkcarbonat, CO_3Zn, findet sich im derben Zustande als edler Galmei, in hexagonalen Krystallen als Zinkspath, der isomorph mit Kalk-, Magnesia- und Bitterspath ist, und ferner als Bestandtheil dolomitischer Gesteine. Ein Niederschlag der Formel $2CO_3Zn + 3H_2O$ entsteht beim Fällen von Zinklösungen durch saures Alkalicarbonat in der Kälte. Heisse Zinklösungen und Alkalicarbonate geben Niederschläge basischer Zinkcarbonate von wechselnder Zusammensetzung. Löslich in wässrigen Ammoniumsalzen.

Cadmiumcarbonat, CO_3Cd. Begleitet in kleinen Mengen das Zinkcarbonat. Entsteht als weisser Niederschlag beim Vermischen von Cadmiumlösungen mit Alkalicarbonat. Unlöslich in wässrigen Ammoniumsalzen.

Indiumcarbonat. Weisser gelatinöser Niederschlag, löslich in Ammoniumcarbonatlösung, daraus durch Kochen wieder fällbar.

Cyanzink, $Zn(CN)_2$, entsteht bei der Einwirkung von Cyanwasserstoffsäure auf Zinkoxyd und beim Vermischen einer Zinklösung mit der Lösung eines Cyanmetalls. Schneeweisses geschmackloses Pulver. Nicht löslich in Wasser, leicht löslich in alkalischen Flüssigkeiten, und unter Blausäureentwicklung in kalten verdünnten Säuren, selbst in Essigsäure. Bildet mit den Cyanüren der Alkalimetalle Doppelsalze.

Cyan-Zink-Kalium, $ZnCy_2, 2KCy$, entsteht beim Auflösen von Cyanzink in Cyankaliumlösung. Krystallisirt in grossen farblosen luftbeständigen Octaëdern. Schmilzt in der Hitze zu einer wasserhellen Flüssigkeit. Löst sich in Wasser zu einer schwach nach Blausäure riechenden und schwach alkalisch reagirenden Flüssigkeit. Säuren fällen daraus Cyanzink, welches sich in grösseren Mengen derselben allmählich unter Zersetzung löst.

Allgemeine Bemerkungen.

Die Atomgrösse des Zinks ist durch die Dampfdichte einiger seiner Verbindungen und durch seine spec. Wärme festgestellt. Diejenige des Magnesiums und Cadmiums ergibt sich aus dem Isomorphismus einiger Verbindungen dieser Metalle mit den entsprechenden des Zinks und aus ihrer normalen spec. Wärme. Die Atomgrösse des Indiums ist nur aus seiner Aehnlichkeit mit Cadmium und Zink gefolgert.

Das Molecul des Cadmiumdampfes besteht aus einem Atom; die Moleculargrösse der anderen Elemente dieser Gruppe kennt man nicht.

Die Atomgrösse des Calciums wird durch den Isomorphismus des Kalkspathes mit Zinkspath bestätigt.

Magnesium bildet seinem ganzen chemischen Verhalten nach den Uebergang vom Calcium zum Zink; es ist gleich den Metallen der Alkalien und der übrigen alkalischen Erden nur schwierig aus seinen Verbindungen abzuscheiden, sein Oxyd ist gleich den Oxyden jener Metalle in Wasser löslich. Seine geringe Neigung sich an der Luft und im Wasser zu verändern, die leichte Löslichkeit seines Sulphats in Wasser und andere Verhältnisse trennen es jedoch von den Metallen der Bariumgruppe.

Die Chlorüre des Magnesiums und Zinks sind leicht löslich in Wasser; ihre Lösungen zersetzen sich schon beim Abdampfen unter Entwicklung von Salzsäure. Mit den Chlorüren der Alkalimetalle geben sie Doppelsalze, welche sich abdampfen lassen ohne Zersetzung zu erleiden.

Die Oxyhydrüre des Magnesiums und Zinks zerfallen beim Erhitzen leicht in Wasser und Oxyd. Magnesiumoxyd verbindet sich wieder mit Wasser, Zinkoxyd nicht. Bemerkenswerth ist die geringe Affinität des Magnesiums zum Schwefel. Magnesium- und Zinksulphat sind leicht löslich in Wasser, sie werden beim Glühen damit zersetzt.

Die löslichen Salze des Magnesiums zeichnen sich durch einen eigenthümlichen bitteren Geschmack aus. Seine Oxyde und Carbonate sind in den ätzenden und kohlensauren Alkalien vollständig unlöslich, sie sind löslich in Ammoniumsalzen und aus diesen Lösungen fällt Natriumphosphat krystallinisches Ammonium-Magnesiumphosphat.

Die Zinksalze reagiren sauer, sie schmecken metallisch und wirken brechenerregend. In ihren Lösungen bewirken die ätzenden Alkalien (auch Ammoniak) einen gelatinösen weissen Niederschlag, der sich im Ueberschuss des Fällungsmittels bei gewöhnlicher Temperatur löst. Die Carbonate der fixen Alkalien geben mit Zinklösungen weisse Niederschläge, welche unlöslich im Ueberschuss des Fällungsmittels sind. Schwefelwasserstoff fällt alles Zink aus verdünnter essigsaurer und aus ammoniakalischer Lösung als Zinkoxysulfhydrür, welches durch die stärkeren Säuren zersetzt wird. Zink wird vor dem Löthrohr leicht reducirt und gibt einen weissen Beschlag von Zinkoxyd.

Die Lösungen der neutralen Cadmiumsalze reagiren sauer; Zink fällt daraus das Cadmium in Form von glänzenden Blättchen. Die in Wasser unlöslichen Salze des Cadmiums lösen sich in Säuren auf. In diesen Lösungen erkennt man das Cadmium leicht durch den gelben Niederschlag, welchen Schwefelwasserstoff darin hervorbringt und welcher in Ammoniumsulfhydrürlösung unlöslich ist. Durch das Löthrohr wird die Gegenwart des Cadmiums dadurch erkannt, dass es beim Erhitzen in der inneren Flamme auf Kohle einen braungelben Beschlag absetzt.

Indium ist besonders characterisirt durch die blaue Farbe, welche es der Flamme ertheilt, und durch seine Spectrallinien.

Anhang.

Verhalten des Wassers zur Atmosphäre und zum festen Erdkörper.

Das in der Natur vorkommende Wasser ist selten oder nie ganz rein, es enthält immer mehr oder weniger grosse Mengen fremdartiger Substanzen, Bestandtheile der Atmosphäre und des festen Erdkörpers gelöst. Seine Zusammensetzung ist, je nach den Verhältnissen denen es ausgesetzt war, eine sehr verschiedene. In der gleichförmigsten Weise wirkt die atmosphärische Luft auf das Wasser ein, und indem dieses Bestandtheile der Luft absorbirt, wird sein Vermögen feste Bestandtheile des Erdkörpers zu verändern und zu lösen wesentlich modificirt.

Ein Volum Wasser absorbirt bei 13° C. und unter 760 ^{m} ^{m} Luftdruck 0,00646 Vol. Sauerstoffgas und 0,01210 Vol. Stickstoffgas, zusammen 0,01856 Vol. Gasgemenge, wobei die Gasvolume bei 0° und unter 760 ^{m} ^{m} Luftdruck gemessen sind. Das aufgelöste Gas besteht in 100 Vol. aus 34,8 Vol. Sauerstoff und 65,2 Vol. Stickstoff, wonach die Bestandtheile der atmosphärischen Luft nicht in dem Verhältniss, in welchem sie dieselbe zusammensetzen, vom Wasser absorbirt werden. Der Atmosphäre, welche in 100 Vol. 20,9 Vol. Sauerstoff und 79,1 Vol. Stickstoff enthält, wird durch Wasser Sauerstoffgas in einem grösseren Verhältniss als Stickstoffgas entzogen. Die Menge der im Wasser gelösten Gase wird durch mehrere Factoren bestimmt. Einer derselben ist die Löslichkeit der Gase im Wasser und ein anderer ist der Druck welcher das Wasser belastet. Wasser besitzt für Sauerstoffgas ein mehr als doppelt so grosses Lösungsvermögen als für Stickstoff; dass aber das Verhältniss des im Wasser gelösten Sauerstoffs und Stickstoffs nicht mit der Löslichkeit dieser Gase übereinstimmt findet seine Erklärung in dem Umstande, dass sich jedem eigenthümlichen Gase gegenüber die Gase anderer Art wie ein leerer Raum verhalten und dass also jedes in irgend einer Flüssigkeit gelöste Gas an der Atmosphäre nur durch den Gehalt derselben an gleichartigem Gase belastet wird. Der Gesammtdruck der Atmosphäre wirkt nur auf feste und flüssige Körper; die gasförmigen Körper sind nur dem Partialdrucke ausgesetzt, welchen das Gas ihrer eignen Art in der Atmosphäre ausübt. Da der partielle Druck des Stickstoffs in der Atmosphäre grösser ist als derjenige welchen der Sauerstoff bewirkt, so vermag Wasser an der atmosphärischen Luft mehr von dem weniger löslichen Stickstoff, als von dem löslicheren Sauerstoff aufzunehmen.

Kohlensäure ist bedeutend löslicher im Wasser als die beiden Hauptbestandtheile der atmosphärischen Luft und daher enthält das Luftgemenge, welches im Wasser gelöst ist viel mehr hiervon als ein gleiches Volum atmosphärischer Luft.

Ammoniak ist ausserordentlich leicht löslich im Wasser; in Folge dieses Umstandes kann die Atmosphäre durch einen Regen fast vollständig davon befreit werden.

Die Gasarten, welche mit Wasser keine festen Verbindungen bilden, entweichen aus demselben beim Gefrieren, daher liefert reiner Schnee beim Schmelzen bei abgehaltener Luft reines Wasser. Das Regenwasser enthält die Beimengungen der Luft gelöst; der erste Regen, welcher nach langer Dürre fällt, enthält viel salpetrigsaures, salpetersaures und kohlensaures Ammonium, organische Stoffe, Spuren alkalischer Chloride und in der Nähe grösserer bewohnter Orte auch Ammoniumsulphat.

Das auf der Erdoberfläche verdunstende Wasser kehrt in Form von Thau, Regen und Schnee darauf zurück, es speist die Quellen und Flüsse und füllt die Seen und Meere.

Indem das aus der Atmosphäre niedergeschlagene Wasser in die Erdoberfläche eindringt, findet es Gelegenheit Salze und andere Stoffe aufzunehmen. Gewisse Substanzen sind im reinen Wasser löslich, andere lösen sich im Wasser nur in Folge seines Gehaltes an den Bestandtheilen der Luft und noch andere werden erst löslich durch Vermittlung schon gelöster fester Körper. — In reinem Wasser sind beispielsweise die Chloride, Sulphate und Carbonate der Alkalien, die Chloride und Sulphate des Calciums und Magnesiums, und vielerlei organische Materien löslich. Wasser welches Gyps gelöst enthält wirkt zersetzend auf Magnesiumcarbonat ein; es entstehen Magnesiumsulphat, welches in Lösung geht, und Calciumcarbonat. Der Kohlensäuregehalt des Wassers gibt ihm die Fähigkeit die Carbonate des Calciums, Magnesiums und anderer Metalle, welche lösliche saure Carbonate bilden, aufzunehmen. Es vermag, so bald seine gelöste Kohlensäure chemisch gebunden ist, neue Quantitäten davon aufzunehmen, auch diese können wieder gebunden werden, wodurch sein Absorptionsvermögen für Kohlensäure wieder hergestellt wird, und in Folge dieser Wechselwirkungen vermag das Wasser grössere Mengen von kohlensaurem Calcium, Magnesium, Eisen etc. etc. aufzulösen.

Die Löslichkeit der genannten Carbonate, namentlich des kohlensauren Calciums, in kohlensäurehaltigem Wasser bewirkt fortwährend Veränderungen auf der Erdoberfläche. Da wo dauernd Kalkstein fortgeführt wird erniedrigen sich die Höhen; Erdschichten, welche den fortgeführten Kalk überlagerten, stürzen zusammen. Indem das Wasser verdunstet oder einen Theil der gelösten Kohlensäure verliert, schlägt sich Calciumcarbonat daraus nieder, wobei sich Tropfsteine, Sinter, Tuff und neue Kalksteinschichten bilden.

Kohlensäure und Wasser wirken zersetzend auf die Silicatgesteine, sie führen dieselben in lösliche Kieselsäure, in lösliche Alkalisalze, in Thon und in andere Verbindungen über. Hierdurch werden im Laufe der Zeit grosse Veränderungen auf dem Erdkörper herbeigeführt; es werden mehrere der im Boden ruhenden Nahrungsmittel für die Vegetation aufgeschlossen.

Der Kohlensäuregehalt des Wassers bedingt ferner das Lösungsvermögen desselben für Calciumphosphat und vermittelt somit die Absorbirbarkeit dieses Salzes durch die Pflanzen.

Der im Wasser gelöste Sauerstoff wirkt als mächtiges Oxydationsmittel; er verwandelt die Verbindungen des Ferrosums in solche des Ferricums, er lässt aus Schwefelverbindungen Sulphate entstehen und befördert hierdurch ganz wesentlich das Verwittern vieler Gesteine. Der im Wasser gelöste Sauerstoff führt ferner die Oxydation organischer Materien herbei. Durch diese und andere im Innern der Erde und an ihrer Oberfläche vor sich gehende Oxydationsprocesse wird das Lösungsvermögen des Wassers für Sauerstoff wieder hergestellt, und so dauern diese Prozesse fort bis alle oxydirbare Substanz oxydirt worden ist. Die organische Materie wird in die letzten Produkte der Oxydation, in Wasser, Kohlensäure und Salpetersäure übergeführt. Der Oxydationsprozess reinigt das Wasser und erhält es in der Beschaffenheit, welche für das organische Leben unentbehrlich ist; er vollzieht sich jedoch nur allmählich und daher darf man Gegenden, welche sich in der Nachbarschaft bewohnter Orte befinden, und deren Wasser den Untergrund dieser Wohnstätte durchzieht nicht zu Sammelplätzen verwesender organischer Materien machen. Viele Gewerbe dürfen daselbst nicht betrieben werden, die Beerdigungsplätze sollten daselbst nicht angelegt werden.

Das auf die Erdoberfläche niedergeschlagene Wasser dringt theilweise in tiefer gelegene Schichten ein, theilweise verdunstet es wieder, auch steigt in Folge der Haarröhrchenkraft solches Wasser, welches schon tiefer in die Erdoberfläche eingedrungen war, während des Verdunstungsprozesses wieder in die Höhe. Es bringt Salze, welche es in tiefer gelegenen Erdschichten gelöst hatte, mit an die Erdoberfläche. Hierauf beruht das Auswittern von Salpeter, Soda, Kochsalz, Alaun und anderen Salzen an gewissen Orten. Gute Ackererden besitzen das Vermögen dem Wasser Ammonium-, Kalium- und andere Salze, namentlich auch Phosphate und lösliche Kieselerde zu entziehen und als Nahrung für die Pflanzen aufzuspeichern. Salze dieser Art werden der Ackerkrume durch die im Erdinnern stattfindenden Bewegungen des Wassers vielfach zugeführt.

Wenn das in den Erdboden eingedrungene Wasser bald wieder als Quelle zu Tage tritt, so ist seine Temperatur abhängig von derjenigen der Luft; die Mächtigkeit solcher Quellen ist eine schwankende, von den wässrigen Niederschlägen der Atmosphäre direct beeinflusste; sie besitzten eine veränderliche Zusammensetzung. Erfordert der unterirdische Lauf des Wassers aber längere Zeit, und führt er dasselbe durch solche Erdschichten, deren Temperatur unabhängig von der wechselnden Lufttemperatur ist, dann treten Quellen von constanter Temperatur auf, welche dauernd eine ungefähr gleichgrosse Wassermenge und Wasser von constanterer Zusammensetzung liefern. Dringt das Wasser bis in tiefere Erdschichten, so nimmt es daselbst deren höhere Temperatur an, es besitzt nun ein stärkeres Lösungsvermögen für viele feste Körper und tritt in warmen und heissen Quellen zu Tage.

Wenn Wasser, welches im Erdinnern einem höheren Druck ausgesetzt ist, mit Gasströmen zusammentrifft, so absorbirt es reichlich davon.

Die Mineralquellen geben Wasser, welches ungewöhnliche Bestandtheile des natürlichen Wassers enthält. Ihre Temperatur ist meistens eine constante, öfters ist sie höher als diejenige der Luft. Zu den wichtigsten Mineralwässern sind diejenigen zu rechnen, welche grössere Mengen Kochsalz enthalten, ferner die, welche kohlensaures Eisenoxydul, Schwefelwasserstoff, Schwefelalkalien, kohlensaures Natron, schwefelsaures Natron, schwefelsaure Magnesia, Jod, und diejenigen, welche viel freie Kohlensäure enthalten.

Unter sonst gleichen Verhältnissen sind die waldreichsten Gegenden auch die wasserreichsten. Die Zahl ihrer Quellen, die Menge Wasser, welche diese geben, und die Regelmässigkeit, mit der sie es liefern, stehen in der genauesten Abhängigkeit von der Grösse der bewaldeten Flächen.

Das Flusswasser ist im Ganzen weniger reich an festen Bestandtheilen als das Quellwasser, und zwar schon aus dem Grunde, weil es zu einem beträchtlichen Theil aus Regenwasser besteht, welches in der Umgebung der Flüsse niedergefallen ist und ihnen zufliesst, ohne vorher tief in das Erdinnere zu dringen. Je nach der Beschaffenheit des Flussgebietes nimmt das Regenwasser verschiedene Bestandtheile in veränderlichen Mengen auf, ehe es den Fluss erreicht. Hier mischt es sich mit Quellwasser, welches seine Bestandtheile dem Flusswasser ebenfalls zuführt.

Verschiedene Verhältnisse bewirken während des Fliessens eine Reinigung des Flusswassers. Die gelöste organische Materie erleidet fortgesetzte Oxydation, die Eisenoxydulsalze werden oxydirt und scheiden in Folge davon Eisenoxydhydrat ab. Abscheidung von Calciumcarbonat wird durch Abdunstung von Kohlensäure, welche namentlich durch die Reibung, welcher das Wasser beim Fliessen ausgesetzt ist, befördert wird, herbeigeführt. Ferner wird freie Kohlensäure aus dem Wasser durch die Lebensthätigkeit der Pflanzen entfernt, daher auch diese Abscheidung von Calciumcarbonat daraus bewirken.

Man unterscheidet weiches und hartes Wasser, jenes enthält keine oder nur geringe Mengen Erdsalze, während dieses grössere Mengen davon enthält. Meistens ist das Quellwasser härter als das Flusswasser.

Das Meerwasser hat im Allgemeinen eine sehr gleichförmige Beschaffenheit. Sein Salzgehalt nimmt aber stetig zu, indem von der Oberfläche der Meere fortwährend Wasser verdunstet und den Meeren ohne Unterbrechung salzhaltiges Wasser vom festen Lande zugeführt wird. Der Salzgehalt des Wassers der Ostsee ist kleiner als derjenige des Wassers der Nordsee; dieses beruht darauf, dass die Ostsee sehr bedeutende Wasserzuflüsse empfängt, in Folge ihrer nördlichen Lage aber wenig Wasser durch Verdunstung verliert. Die umgekehrten Verhältnisse finden sich beim Mittelmeere; dasselbe verliert durch Verdunstung mehr Wasser als es durch Zuflüsse vom Lande empfängt, und daher ist der Salzgehalt seines Wassers grösser als derjenige des Oceans.

Der eingedampfte Rückstand von Nordseewasser besteht aus:

Chlornatrium	74,20
Chlormagnesium	11,04
Magnesiumsulphat	5,15
Calciumsulphat	4,72
Chlorkalium	3,80
Bromnatrium	1,09
	100,00

Ausser den genannten Salzen enthält das Meerwasser sehr geringe Mengen von Jod, Silber und anderen Elementen.

Verarbeitung der Mutterlauge des Seesalzes.

Bei der Gewinnung von Seesalz bleibt eine Mutterlauge, welche neben einem Reste von Chlornatrium die übrigen Salze des Meerwassers enthält. Hieraus gewinnt man mehrere werthvolle Salze auf eine interessante Weise, welche auf der durch Temperaturwechsel veränderlichen Löslichkeit der Salze und auf der Bildung des durch Wasser leicht zersetzbaren Carnallits beruht.

Die folgende Zusammenstellung ergibt, welchen Einfluss Wechsel in der Temperatur auf die Löslichkeit der in Frage kommenden Salze besitzt:

100 Th. Wasser lösen:	bei 0°	bei 100°
Natriumsulphat	5,31 Th.	42,65 Th.
Kaliumsulphat	8,36 „	25,77 „
Magnesiumsulphat	25,76 „	73,57 „
Chlornatrium	35,91 „	39,92 „
Chlorkalium	29,23 „	56,61 „

Chlormagnesium ist von allen in der Mutterlauge möglichen Salzen, bei allen Temperaturgraden, das am meisten lösliche.

Bei niederer Temperatur ist Natriumsulphat das am wenigsten lösliche Salz, daher wird es aus gemischten concentrirten Lösungen von Chlornatrium und Magnesiumsulphat, welche Salze bei mittlerer Temperatur im Seewasser enthalten sind, abgeschieden, wenn sie einer niedrigen Temperatur ausgesetzt werden.

Um nun Natriumsulphat aus einer Mutterlauge zu gewinnen, bringt man diese auf einen geeigneten Concentrationsgrad und lässt sie dann continuirlich durch Röhren fliessen, welche vermittelst der Eismaschine von Carré auf — 18° abgekühlt sind. Hierbei scheidet sich fast sämmtliche in der Lösung enthaltene Schwefelsäure, als wasserfreies Natriumsulphat ab.

Da die Mutterlauge hiervon nun weniger Salz enthält, so gibt sie beim Einkochen wieder Chlornatrium, und wenn man, nachdem dieses Salz möglichst abgeschieden ist, die alsdann bleibende Lösung wieder einer niederen Temperatur aussetzt, so krystallisirt Carnallit, $MgCl_2 + KCl + 6H_2O$, aus. Dieses Salz löst man in Wasser und verdampft die Lösung; hierbei wird Chlorkalium ausgeschieden, während Chlormagnesium in Lösung bleibt.

Zehnte Gruppe.

29. Aluminium. Al.

Atomgewicht 27,4. Atomwärme 6,4.

Vorkommen. Findet sich sehr verbreitet und in grosser Menge in der Natur; als Bestandtheil vieler Mineralien, namentlich des Thons; nur in einigen Pflanzen als wesentlicher Bestandtheil.

Gewinnung. Wird bei der Einwirkung von Natrium auf gewisse Aluminiumverbindungen bei höherer Temperatur erhalten. Man schmelzt ein vollkommen trocknes Gemenge von 40 Th. Chloraluminium-Chlornatrium, 20 Th. Chlornatrium, 20 Th. Fluorcalcium und 8 Th. Natrium, letzteres in Stückchen zerschnitten, in einem bedeckten Tiegel. Man erhält es aus Kryolith, wenn man dieses Mineral als feines Pulver mit dem gleichen Gewichte eines Flusses aus 7 Th. Chlorkalium und 9 Th. Chlornatrium vermischt, das Gemenge schichtweise mit Stückchen Natrium in einen ausgetrockneten Tiegel füllt und rasch bis zum vollen Glühen und Schmelzen der Masse erhitzt. Auf 100 Th. des Gemenges nimmt man 16 bis 20 Th. Natrium. Die Isolirung des Aluminiums gelang Wöhler 1827.

Eigenschaften. Weiss, mit einem schwach bläulichen Schimmer, stark glänzend, sehr geschmeidig, stark klingend. Spec. Gew. im gegossenen Zustande 2,56, nach dem Hämmern 2,67. Läuft an der Luft bei gewöhnlicher Temperatur langsam an. Schmilzt ungefähr bei dem Schmelzpunkte des Silbers, wobei es keine Oxydation erleidet. Zerlegt bei der stärksten Glühhitze langsam Wasser. Löst sich schwierig in verdünnter Schwefelsäure und in Salpetersäure; ist in Salzsäure und in den kaustischen Alkalien unter Wasserstoffentwicklung leicht löslich.

Verbindungen.

Chloraluminium, $Al_{II}Cl_6$. Moleculargewicht 267,8. Dampfdichte 133,9. Wird durch Glühen eines Gemenges von Thonerde und Kohle im Chlorgase erhalten. Weisse krystallinische leicht schmelzbare und sehr flüchtige Masse. Zerfliesst an der Luft und löst sich unter starker Wärmeentwicklung in Wasser. Seine Auflösung entsteht auch beim Auflösen von Thonerde in Salzsäure; sie gibt beim Verdunsten Salzsäure und Aluminiumoxyhydrür.

Erhitztes Chlornatrium absorbirt den Dampf von Chloraluminium und bildet damit ein leicht schmelzbares Doppelsalz, welches zur Darstellung des Aluminiums angewandt wird.

Fluoraluminium, $Al_{II}Fl_6$, bildet sich beim Auflösen von Thonerde in Fluorwasserstoffsäure. Weisse krystallinische, in starker Hitze flüchtige Masse.

Fluoraluminium-Fluornatrium, $Al_{II}Fl_6$,6NaFl, findet sich als Kryolith in Grönland, wo es als farblose durchscheinende krystallinische Masse ein mächtiges Lager bildet. Entwickelt beim Erhitzen mit Schwefelsäure unter Bildung von Natrium- und Aluminiumsulphat Fluorwasserstoff. Wenn man es im feingepulverten Zustande mit Kalk mischt und das Gemenge glüht, so bilden sich Fluorcalcium und Natriumaluminat. Letzteres ist in Wasser löslich; aus seiner Lösung fällt Kohlensäure Aluminiumoxyhydrür, während sich Soda bildet. Hierauf beruht die Benutzung des Kryoliths zur Fabrikation von Aluminiumsulphat, Natriumsulphat und Soda. Er dient ferner zur Gewinnung von Aluminium.

Aluminiumoxyd, *Thonerde*, *Alaunerde*, $Al_{II}\Theta_3$, kommt in durchsichtigen hexagonalen Krystallen vor. Isomorph mit Eisenoxyd, $Fe_{II}\Theta_3$, und Chromoxyd, $Cr_{II}\Theta_3$. Ist nach Diamant und Bor der härteste Körper. Spec. Gew. 4,0. Die Thonerde bildet durch kleine Beimengungen roth gefärbt den Rubin, blau gefärbt den Saphir, undurchsichtig den Korund und in unreinen derben Massen den Smirgel. Man erhält Aluminiumoxyd beim Glühen des Hydrats oder Sulphats als weisse amorphe Masse, welche nur im Knallgasgebläse schmelzbar ist. Wird im krystallisirten Zustande von den Säuren nicht angegriffen, im amorphen sehr schwierig.

Aluminiumoxyhydrür, $Al_{II}(\Theta H)_6$, findet sich krystallinisch als Hydrargillit und unrein als Bauxit. Bildet sich als weisser gelatinöser Niederschlag beim Vermischen der Lösungen von Chloraluminium oder Aluminiumnitrat mit Ammoniakflüssigkeit. Trocknet zu einem weissen Pulver aus oder zu einer durchscheinenden hornähnlichen Masse, welche sich stark an die Zunge ansaugt. Zerfällt in der Glühhitze in Wasser und Thonerde. Löst sich leicht in Säuren und in Lösungen der ätzenden Alkalien, woraus es sich, wenn die Lösung aus der Luft Kohlensäure absorbirt, in harten Krystallen, die sich schwierig in Säuren lösen, abscheidet. Wird durch Dialyse (s. Kieselsäure) in löslicher Form erhalten.

Ein Thonerdehydrat der Formel $Al_{II}\Theta(\Theta H)_4$ entsteht, wenn eine Lösung von Thonerde in Kali- oder Natronlauge mit Salmiak gemischt und dann einige Zeit bis nahe zum Sieden erhitzt wird.

Thonerdehydrat von der Formel $Al_{II}\Theta_2(\Theta H)_2$ findet sich als Diaspor in durchscheinenden körnig-krystallinischen Massen, selten in rhombischen Krystallen, welche isomorph mit denjenigen des Göthits, $Fe_{II}\Theta_2(\Theta H)_2$, und des Manganits, $Mn_{II}\Theta_2(\Theta H)_2$, sind.

Aluminate. So bezeichnet man Verbindungen, welche als Aluminiumoxyhydrür angesehen werden können, dessen Wasserstoff durch Metall substituirt ist. In der Natur finden sich verschiedene Aluminate, welche zu den regulär krystallisirenden Spinellen gehören und die ihrer Zusammensetzung nach dem Diaspor entsprechen.

Man hat:

Diaspor, $\Theta_2Al_{II}\Theta_2H_2$,
Spinell, $\Theta_2Al_{II}\Theta_2Mg$,
Gahnit, $\Theta_2Al_{II}\Theta_2Zn$,
Hercynit, $\Theta_2Al_{II}\Theta_2Fe$.

Aluminate des Kaliums und Natriums bilden sich beim Auflösen von Thonerde in Kali- und Natronlauge. Sie erleiden leicht Zersetzung, indem ihre concentrirten Lösungen schon beim Stehen Thonerdehydrat abscheiden und durch Kohlensäure vollständig gefällt werden.

Natronaluminat dient beim Zeugdruck als Beize; es wird im Grossen durch Glühen von Soda mit Bauxit oder von Kryolith mit Kalk dargestellt.

Schwefelaluminium entsteht bei der Einwirkung von Schwefel auf glühendes Aluminium. Zersetzt sich mit Wasser in Schwefelwasserstoff und Thonerdehydrat.

Aluminiumdithionit, *unterschwefligsaure Thonerde*, bildet sich beim Vermischen der Lösungen von Alaun oder Aluminiumsulphat und von Natrium- oder Calciumdithionit.

Dient als Mordant für Wolle und Seide und wirkt, da es bei der Abscheidung von Thonerde schweflige Säure entwickelt, gleichzeitig als Bleichmittel.

Aluminiumsulphat, $(SO_4)_3Al_{II}$, findet sich als Haarsalz mit 18 Mol. Wasser krystallisirt. Wird beim Erhitzen von calcinirtem eisenfreiem Thon (Kaolin) oder Kryolithpulver mit mässig starker Schwefelsäure erhalten. Luftbeständig, leicht löslich in Wasser.

Kommt als Ersatz für Alaun im Handel in weissen halbdurchscheinenden Stücken mit wechselndem Wassergehalte vor.

Basische Aluminiumsulphate finden sich als als Minerale und werden beim Vermischen der Lösungen von Aluminiumsulphat mit irgend einer Base erhalten.

Aluminium-Ammoniumsulphat, *Ammoniakalaun*, $(SO_4)_2Al_{II}(O\text{-}SO_2\text{-}ONH_4)_2 + 24H_2O$, entsteht beim Vermischen der Lösungen von Aluminiumsulphat und von Ammoniumsulphat. Wird im Grossen dargestellt. Hierzu brauchbares Aluminiumsulphat gewinnt man aus Alaunschiefer und Alaunerde. Man schichtet diese bituminösen schwefelkieshaltigen Mineralstoffe in Haufen, zündet an und lässt unter Luftzutritt abbrennen. Hierbei verbrennen die bituminösen Theile, der Schwefelkies wird zersetzt und oxydirt, und ein Theil der Thonerde wird löslich. Dem Röstgut können durch Auslaugen Aluminium- und Eisensulphat entzogen werden; zweckmässig digerirt man aber zunächst mit mässig starker Schwefelsäure bei 110°, wodurch alle lösliche Thonerde in Sulphat übergeführt wird. Kann man hierbei zum Erhitzen Dampf anwenden, der aus dem Waschwasser von Gaswerken mit Kalkhydrat entwickelt wird, so erhält man mit dem Dampfe gleichzeitig Ammoniak, welches mit Schwefelsäure das für die Bildung von Alaun nöthige Ammoniumsulphat bildet. Man lässt die Alaunlösung von dem ungelösten Rückstande abfliessen, dampft bis zur Krystallbildung ein und lässt unter fortwährendem Umrühren erkalten. Hierbei scheiden sich kleine Krystallkörner von eisenfreiem Alaun aus der Eisen enthaltenden Mutterlauge ab. Sie werden gewaschen und durch Umkrystallisiren wird das Salz in grossen zusammenhängenden Krystallen erhalten. Bildet wasserhelle Octaëder und andere Krystalle des regulären Systems. Löst sich wenig in kaltem, leicht in heissem Wasser; reagirt sauer und schmeckt säuerlich, süsslich herbe. Verliert beim Erhitzen zuerst das Krystallwasser, indem eine poröse aufgeblähte Masse entsteht, und lässt in starker Glühhitze reine Alaunerde. Dient als Arzneimittel. Wird in der Färberei und Druckerei zur Darstellung von essigsaurer und unterschwefligsaurer Thonerde, die als Beizen Anwendung finden, benutzt. Es wird in der Weissgerberei, bei der Papierfabrikation, zur Darstellung von Lackfarben und für zahlreiche andere Zwecke angewendet.

Aluminium-Kaliumsulphat, Kalialaun, $(SO_4)_2Al_{II}(O\text{-}SO_2\text{-}K)_2 + 24H_2O$, bildet sich beim Vermischen von Kalium- und Aluminiumsulphatlösungen. Wird im Grossen auf ähnliche Weise wie Ammoniakalaun dargestellt, oder aus Alaunstein,

$$(SO_4)_2(Al_{II})_2\left\{\begin{matrix}(O\text{-}SO_2K)_2\\(OH)_{12}\end{matrix}\right. ,$$

der sich in vulkanischen Gegenden findet, durch Rösten und Auslaugen gewonnen, wobei Thonerde im Rückstande bleibt. Kalialaun ist isomorph mit Ammoniakalaun, dem er auch sonst sehr ähnlich ist. Verliert bei 100° im Luftstrome alles Krystallwasser, ohne seine Löslichkeit zu verlieren; nach stärkerem Erhitzen löst er sich nur schwierig auf; bei noch stärkerem Erhitzen verliert er Schwefelsäure und geht endlich in Thonerde und Kaliumsulphat über. Setzt man zu seiner Lösung so viel Ammoniak, dass sie alkalisch reagirt, so setzt sich das Salz in Würfeln in unveränderter Zusammensetzung daraus ab. Diese Bildung von Würfeln erfolgt stets, wenn die Lösung basisches Thonerdesulphat enthält, daher auch der Alaun aus Alaunstein in dieser Form krysallisirt. (Cubischer oder römischer Alaun.)

Ammonium und Kalium substituiren sich in wechselnden Verhältnissen im Alaun.

Kalialaun dient für dieselben Zwecke, für welche Ammoniakalaun Anwendung findet.

Aluminium - Natriumsulphat, *Natronalaun*, $(SO_4)_2Al_{II}(O\text{-}SO_2\text{-}Na)_2 + 24H_2O$, krystallisirt gleichfalls in Octaëdern. Leicht löslich.

Aluminiumphosphat, $(PO_4)_4(Al_{II})_3(OH)_6 + 9H_2O$, findet sich als Wawellit strahlig krystallisirt. Beim Vermischen von Thonerde- und Phosphatlösungen entstehen voluminöse Niederschläge von wasserhaltigen Aluminiumphosphaten, deren Zusammensetzung eine wechselnde ist. Sie sind in Kali- und Natronlauge löslich; Ammoniumsalze fällen aus diesen Lösungen reine Thonerde. Sie sind ferner leichter löslich in Salzsäure, nicht aber in Essigsäure. Aus ihrer salzsauren Lösung kann, nachdem Weinsäure hinzugefügt ist, alle Phosphorsäure durch Ammoniak und Magnesiasalz als phosphorsaure Ammoniak - Magnesia gefällt werden, ohne dass zugleich Thonerde mit niederfällt.

Allgemeine Bemerkungen.

Das Atomgewicht des Aluminiums ergibt sich aus seiner specifischen Wärme und aus dem Isomorphismus mehrerer seiner Verbindungen mit Eisen-, Mangan- und Chromverbindungen. Die geringste Menge dieses Metalls, welche in einem Dampfmolecule seiner Verbindungen vorkommt, entspricht nicht einem, sondern zwei Atomen. Man hat Grund anzunehmen, dass diese beiden Atome durch eine Affinität von jeder Seite verbunden sind; zusammen bethätigen sie dann noch sechs Affinitäten, wonach das Aluminium ein quadrivalentes Element sein würde. Die Moleculargrösse des Aluminiums ist unbekannt.

In seinem qualitativen chemischen Verhalten schliesst sich das Aluminium dem Magnesium in vielen Beziehungen an. Merkwürdig ist, bei seiner grossen Affinität zum Sauerstoff, die geringe Affinität zu Chlor und Schwefel.

Die Lösungen der Thonerdesalze sind durch ihren Geschmack zu erkennen. Die Thonerde selbst und die meisten ihrer Salze sind in Kali- und Natronlauge löslich; durch Salmiak werden sie aus diesen Lösungen gefällt. Durch Glühen werden die meisten Thonerdesalze, namentlich die mit flüchtigen Säuren, zersetzt.

Elfte Gruppe.

Eisen, Mangan, Kobalt und Nickel.

a) Eisen und Mangan.

30. Eisen. Fe.

Atomgewicht 56. Atomwärme 6,4.

Vorkommen. Dieses wichtige Element findet sich sehr verbreitet und in grosser Menge in der Natur: als Meteoreisen gediegen; in Verbindung mit Sauerstoff als Magneteisenstein (Oxyduloxyd), als Eisenglanz und Rotheisenstein (Oxyd), ferner als Brauneisenstein (Hydroxyd). Als kohlensaures Oxydul bildet es den Spatheisenstein und einen Bestandtheil vieler Dolomite. Bildet in Verbindung mit Schwefel verschiedene Kiese. Ein Bestandtheil vieler Thone und anderer Silicate. Ist in der Ackererde und in den Pflanzen- und Thierkörpern enthalten.

Gewinnung. Hierzu dienen nur die Oxyde und das Carbonat. Gewisse Erze werden zur Auflockerung und zur Entfernung von Wasser und Kohlensäure zuerst geröstet. Meistens enthalten sie fremdartige Mineraltheile (Gangart), welche beim Schmelzprocess, dem das Eisen unterworfen wird, abgeschieden werden müssen. Damit dieses aber geschehen kann ist es nothwendig verschiedenartige Erze unter einander oder mit gewissen Flussmitteln (Zuschlägen) derart zu mischen, dass die zur Schlackenbildung erforderlichen Bestandtheile zusammenkommen. Den thonigen und quarzigen Erzen setzt man Kalk, und umgekehrt den kalkigen Quarz oder kieselerdehaltige Zuschläge zu. Die Bildung einer Schlacke bei der Gewinnung des Eisens ist erforderlich, damit sich die einzelnen geschmolzenen Eisentheilchen vereinigen, einhüllen und als flüssiges Eisen unter einer schützenden Decke ansammeln können. Daher werden auch die reinen Erze mit Zuschlägen gemischt verschmolzen. Man gewinnt das Eisen in Schachtöfen mit Gebläsen (Hohöfen), in deren obere Oeffnung (Gicht) abwechselnd von der Beschickung und vom Brennmaterial (Holzkohle, Coaks, Steinkohle) eingetragen wird.

Durch das Gebläse, welches kalte oder heisse Luft in den Feuerraum (Gestellraum), der sich im unteren Theile des Hohofens befindet, einbläst, wird eine sehr hohe Temperatur hervorgebracht, und indem der eingeblasene Stickstoff und die im Hohofen entstandenen Gase aufwärts steigen, um durch die Gicht zu entweichen, erhitzen sie die oberen Regionen des Hohofens und seines Inhaltes. Im oberen Theile des Schachtraumes, der Vorwärmzone, wird die Beschickung vorgewärmt und vollständig ausgetrocknet. In einer tieferen Zone reduciren die im Gestellraum erzeugten reducirenden Gase, namentlich Kohlenoxyd, das Eisenoxyd zu metallischem Eisen, welches sich mit Kohlenstoff verbindet, wodurch es schmelzbarer wird. Das gebildete Kohlenstoffeisen schmilzt im oberen Theile des Gestellraumes; gleichzeitig vereinigt sich der Thon oder Quarz mit Kalk zu der flüssigen Hohofenschlacke, welche sich mit dem niederfliessenden Eisen an dem Boden des Gestelles ansammelt und hier das schwerere Eisen überlagert. Von Zeit zu Zeit lässt man Schlacke ab und in längeren Zeitperioden auch Roheisen, welches man in Sandformen fliessen lässt.

Das Roheisen enthält ausser Kohlenstoff (2 bis $5\frac{1}{2}$ Proc.) Mangan, Silicium, Phosphor, Schwefel, Kupfer, Arsen und andere Elemente in geringen Mengen.

Je nach der Temperatur, welche im Hohofen herrscht, bilden sich verschiedenartige Eisensorten. Bei niedriger Temperatur entsteht weisses Roheisen, welches man aus leicht schmelzbaren Erzen, namentlich aus Braun- und Spatheisenstein, bei Holzkohlenfeuer und kaltem Gebläse, erhält. Aus strengflüssigen Erzen dagegen erbläst man graues Roheisen (Gusseisen). Das weisse Roheisen ist mehr oder weniger reines Kohlenstoffeisen, während das graue Roheisen ein Gemenge von weniger reinem Kohlenstoffeisen mit feinvertheiltem Graphit darstellt.

Entzieht man dem Roheisen einen Theil des Kohlenstoffs, so entsteht Stahl, welcher nur noch $\frac{3}{4}$ bis $1\frac{1}{2}$ Proc. Kohlenstoff enthält; entzieht man ihm noch mehr davon, so gewinnt man Stabeisen mit etwa $\frac{1}{2}$ Proc. Kohle.

Vor einigen Jahrhunderten, ehe man das Gusseisen kannte, stellte man Stahl und Stabeisen direct aus den reinsten Eisenerzen dar, indem man sie im zerkleinerten und gerösteten Zustande in kleinen Heerden (Rennfeuern) bei einem mässigen Gebläse mit Holzkohlen verhüttete. Jetzt gewinnt man diese Eisensorten aus Roheisen und zwar vorzugsweise durch das Puddeln. Hierbei wird es in mit Steinkohlen gefeuerten Flammöfen geschmolzen und mit der Oxydationsflamme behandelt; ein Theil seines Eisens, Kohlenstoffs, Siliciums und der anderen fremden Bestandtheile erleidet durch den atmosphärischen Sauerstoff Oxydation; Silicium und Eisen bilden kieselsaures Eisenoxydul (Puddlingsschlacke), und ferner entsteht Eisenoxyduloxyd, welches sich mit noch vorhandenem Kohlenstoffeisen, Siliciumeisen und dem Reste der anderen fremden Bestandtheile zersetzt. Hierdurch wird das Eisen mehr und mehr gereinigt und gleichzeitig schwerer schmelzbar. Man kann den Puddelprocess so leiten, dass Stahl oder Stabeisen entsteht; jener ist nämlich leichter schmelzbar als dieses, und daher lässt sich bei richtig geleiteter Feuerung die Qualität des in Arbeit befindlichen Eisens an seinem Aggregatzustande erkennen. Sehr gute Sorten Stahl (Frischstahl) und Stabeisen (Frischeisen) gewinnt man aus weissem Roheisen, namentlich aus **Spiegeleisen**, auf kleinen Heerden (Frischheerden, Frischfeuern) bei Holzkohlenfeuerung. Stahl wird in neuerer Zeit ferner nach der Methode von Bessemer gewonnen; hierbei leitet man Roheisen direct vom Hohofen in retortenartige Gefässe und lässt Luft (Wind) durchblasen. Auch gewinnt man Stahl durch Zusammenschmelzen von Spiegeleisen mit reinem Spatheisenstein, oder mit Stabeisen. Endlich auch, indem man Stabeisen in grobem Kohlenpulver glüht, wobei es Kohlenstoff aufnimmt und **Cementstahl** bildet.

Um den Stahl gleichförmig zu machen, wird er in dünne Stäbe ausgereckt, von denen viele dann zu einem Stück zusammengeschweisst werden (**raffinirter** oder **gegerbter Stahl**). Durch Zusammenschmelzen erhält man ihn in sehr homogenem Zustande als **Gussstahl**.

Reines Eisen erhält man durch Erhitzen von Eisenoxyd oder Stickstoffeisen im Wasserstoffstrome.

Eigenschaften. **Reines Eisen** aus Stickstoffeisen ist silberweiss, sehr glänzend und so weich, dass es mit dem Messer geschnitten werden kann. Spec. Gew. 6,03. Es oxydirt sich leicht an der Luft und im Wasser. Das durch Reduction von Eisenoxyd gewonnene Eisen bildet ein schwarzes oder graues, zuweilen pyrophorisches Pulver.

Roheisen enthält ausser anderen fremdartigen Bestandtheilen 2 bis $5^1/_2$ Proc. Kohlenstoff, welcher theils chemisch gebunden, theils in Form von Graphitblättchen eingemengt ist.

Das **weisse Roheisen** enthält in seiner vollkommensten Form, als Spiegeleisen, nur chemisch gebundenen Kohlenstoff (3 bis 5 Proc.), es löst sich in verdünnter Schwefelsäure auf, ohne einen Rückstand von Kohle zu lassen, indem aller Kohlenstoff als Kohlenwasserstoff, welcher dem gleichzeitig gebildeten Wasserstoff einen eigenthümlichen Geruch ertheilt, entwickelt wird. Spiegeleisen ist silberweiss, grossblättrig, äusserst hart und spröde, leicht schmelzbar. Spec. Gew. ungefähr 7,6. Es ist für Gusswaaren nicht brauchbar, aber dient zur Fabrikation von Stahl und Stabeisen.

Graues Roheisen ist ein Gemenge von kohlenstoffärmerem weissem Roheisen mit Graphit; letzteren lässt es beim Auflösen in verdünnter Schwefelsäure in Form von schwarzen Blättchen zurück. Besitzt eine mehr oder weniger dunkle Farbe, ist blättrig oder körnig und weniger hart und spröde als das weisse Roheisen, so dass es für Gusswaaren brauchbar ist; es lässt sich leicht feilen, hobeln, drehen und bohren. Schmilzt weniger leicht als weisses Roheisen; wird beim raschen Erstarren weiss, hart und spröde. Spec. Gew. ungefähr 7,0.

Stahl enthält weniger Kohlenstoff als Roheisen und zwar, wie das graue Roheisen, in zwei verschiedenen Formen; beim Auflösen in Salzsäure entweicht nämlich der grösste Theil des Kohlenstoffs mit dem sich entwickelnden Wasserstoff, während ein geringerer

Theil in Verbindung mit wenig Eisen und mit allem Silicium ungelöst zurückbleibt. Besitzt eine grauweisse Farbe, ein sehr feinkörniges gleiches Gefüge und ist sehr politurfähig. Spec. Gew. 7,8 bis 7,9. Wird durch Glühen und schnelles Abkühlen (Ablöschen) sehr hart, spröde und elastisch und hält nun keinen ungebundenen, beim Auflösen in Salzsäure zurückbleibenden Kohlenstoff mehr. Der gehärtete Stahl läuft beim Erhitzen mit Farben an, wobei seine Sprödigkeit gemindert wird. Beim langsamen Abkühlen bleibt der geglühte Stahl in der Kälte geschmeidig und weich. Stahl ist in der Rothglühhitze schmiedbar, in der Weissglühhitze schweissbar und in heller Weissglühhitze schmelzbar. Er wird durch Hämmern und Walzen hart und spröde, indem gleichzeitig die Menge des in Salzsäure unlöslichen Kohlenstoffs verringert wird. Stahl behält den Magnetismus. Alle vorzüglichen Stahlsorten enthalten nur Spuren von Silicium und Schwefel.

Damascirter Stahl entsteht, wenn verschiedene Stahlsorten in Stangen ausgeschmiedet und die Stangen dann zusammengeschweisst werden. Er zeigt nach dem Aetzen mit Säuren und Poliren Masern von hellerer und dunklerer Farbe.

Stabeisen (Schmiedeeisen) enthält noch weniger Kohlenstoff als Stahl und fast nur im gebundenen Zustande. Es ist hellgrau, glänzend, sehr fest, zähe und geschmeidig, spaltbar nach den Flächen des Würfels; in geschmiedeten oder gewalzten Massen von sehnigem, zackigem Gefüge. Spec. Gew. 7,8. Ist auch bei gewöhnlicher Temperatur schmiedbar, wird durch Ablöschen nicht gehärtet, ist bei Weissglühhitze schweissbar und in der höchsten Weissglühhitze schmelzbar.

Manganhaltiges Roheisen eignet sich besonders gut zur Darstellung von Stahl und Stabeisen. Schwefel macht das Eisen rothbrüchig, d. h. in der Glühhitze brüchig, während Phosphor macht, dass es in der Kälte leicht bricht.

Zur Bestimmung des freien und gebundenen Kohlenstoffs im Eisen taucht man ein Stück davon, welches mit dem positiven Pole eines Bunsen'schen Elements verbunden ist, in verdünnte Salzsäure und regulirt den Strom durch Entfernung der Electroden in der Art, dass sich nur Eisenchlorür bildet. Wenn man hierbei die positive Electrode in einen durch Pergamentpapier unten geschlossenen Glascylinder bringt, während sich die negative Electrode ausserhalb desselben in der ihn umgebenden Salzsäure befindet, so entwickelt sich kein Kohlenwasserstoff, sondern es scheidet sich alle Kohle in Verbindung mit wenig Eisen aus, und kann nun durch Verbrennen mit Kupferoxyd und Sauerstoff als Kohlensäure bestimmt werden.

Eisen rostet an feuchter Luft, wobei sich zunächst kohlensaures Eisenoxydul bildet, welches dann aber in Ferridoxyhydrür übergeht. In der Weissglühhitze verbrennt es zu Oxydoxydul (Hammerschlag). Im sehr fein vertheilten Zustande entzündet es sich an der Luft. Fein vertheilt oder glühend zersetzt es Wasser.

31. Mangan. Mn.

Atomgewicht 55. Atomwärme 6,4.

Vorkommen. Als Begleiter des Eisens in seinen Verbindungen. Findet sich nicht gediegen; sehr selten als Schwefelmangan; hauptsächlich oxydirt als Pyrolusit.

Gewinnung. Man erhält es durch heftiges Glühen eines innigen Gemenges von Manganoxydoxydul mit einer unzureichenden Menge von Zuckerkohle in einem Tiegel von gebranntem Kalk.

Eigenschaften. Röthlichgrau, sehr hart und sehr spröde. Spec. Gew. 8,0. Höchst streng flüssig. Oxydirt sich schnell an der Luft und im Wasser.

Verbindungen des Eisens und Mangans.

Eisenchlorür, *Chlorferrosum*, $FeCl_2$, entsteht beim Glühen von Eisen in Salzsäure oder mit Salmiak; ferner beim Auflösen von Eisen in wässriger Salzsäure und Abdampfen der Lösung bei Luftabschluss. Weisse krystallinische Masse, bei starker Glühhitze schmelzbar und flüchtig, wobei es sich in glänzenden Blättchen sublimirt. Gibt beim Erhitzen im Sauerstoff Eisenoxyd und Chlor, im Wasserdampfe Eisenoxyduloxyd, Chlorwasserstoff und Wasserstoff. Ist zerfliesslich; in Wasser und Alkohol leicht löslich, krystallisirt aus seiner wässerigen Lösung mit 4 Mol. Wasser in hellblauen zerfliesslichen Krystallen. Bildet durch Oxydation an der Luft Eisenchlorid und Eisenoxydhydrat. Absorbirt Stickoxydgas, wobei es sich dunkler färbt.

Eisenchlorid, *Chlorferricum*, $Fe_{II}Cl_6$. Moleculargewicht 325; Dampfdichte 162,5. Bildet sich beim Erhitzen von Eisen in Chlor; beim Auflösen von Eisen in Königswasser, oder von Eisenoxyd in Salzsäure, und ferner bei der Oxydation von Eisenchlorür an der Luft. Metallglänzende braune, mit Regenbogenfarben schillernde Tafeln, schon etwas oberhalb 100° flüchtig. Gibt beim Erhitzen mit Sauerstoff Eisenoxyd und Chlor, mit Wasserdampf Eisenoxyd und Salzsäure. Zerfliesst an der Luft, löst sich unter starker Erhitzung in Wasser und in Weingeist. Krystallisirt aus seiner wässrigen Lösung mit 12 Mol. Wasser in gelbrothen zerfliesslichen Krystallen. Zerfällt beim Eindampfen seiner wässrigen Lösung theilweise unter Entwicklung von Salzsäure. Wird durch Metalle und organische Substanzen leicht zu Chlorür reducirt.

Manganchlorür, *Chlormanganosum*, $MnCl_2$, entsteht beim Auflösen irgend einer Manganverbindung in Salzsäure und Erhitzen des getrockneten Salzes in einem Strome von Salzsäuregas. Rosenrothe krystallinische Masse. Schmilzt in der Rothglühhitze, verflüchtigt sich bei hoher Temperatur. Bildet beim Glühen an der feuchten Luft Salzsäure und Manganoxyduloxyd. Zerfliesslich, in Wasser und Weingeist löslich. Krystallisirt aus seiner wässrigen Lösung mit 4 Mol. Wasser in zerfliesslichen Krystallen.

Manganchlorid, *Chlormanganicum*. Ist nur in wässriger Lösung bekannt. Bildet sich beim Auflösen von Manganoxyd in kalter concentrirter Salzsäure als braune Auflösung. Wird langsam in der Kälte, rasch beim Erwärmen oder im Sonnenlichte unter Entwicklung von Chlor und Bildung von Chlorür zersetzt.

Oxyde des Eisens. Im freien Zustande kennt man zwei Oxyde des Eisens: Oxydul $Fe\Theta$ und Oxyd $Fe_{II}\Theta_3$; in Verbindung mit Basen noch ein drittes, die Eisensäure $Fe\Theta_3$.

Eisenoxydul, $Fe\Theta$. Bildet sich beim Glühen von Eisenoxyd in einem Gemenge gleicher Volume Kohlenoxyd- und Kohlensäuregas, oder von ungefähr gleichen Volumen Wasserdampf und Wasserstoffgas. Schwarzes unmagnetisches Pulver; verbrennt beim Erhitzen an der Luft zu magnetischem Oxyduloxyd. Färbt die Boraxperle grün. Wird beim Glühen im Wasserstoffgase zu Metall, im Kohlenoxyde zuerst zu Metall und dann zu Kohlenstoffeisen, im Wasserdampfe oder Kohlensäuregase zu Oxyduloxyd.

Eisenhydryloxydul, *Ferrosumoxyhydrür*, $Fe(\Theta H)_2$. Zu seiner Darstellung löst man Eisen in verdünnter Salz- oder Schwefelsäure auf und fällt bei abgehaltener Luft durch ein Alkali. Weisser Niederschlag, oxydirt sich rasch an der Luft und geht, indem es sich grau, grün und schwarzblau färbt, zuletzt in gelbbraunes Hydryloxyd über. Ist unlöslich in einem Ueberschuss des Fällungsmittels, löslich in Ammoniumsalzlösungen, wobei lösliche Doppelsalze entstehen, welche nicht durch Ammoniak und in der Kälte auch nicht durch die fixen Alkalien zersetzt werden. Leicht löslich in den Säuren.

Eisenoxyd, $Fe_{II}\Theta_3$, findet sich sehr verbreitet in der Natur; im reinen Zustande in krystallinischen Massen als **Rotheisenstein**; in rhomboëdrischen Formen krystallisirt als **Eisenglanz**, welcher isomorph mit Thonerde und Chromoxyd ist, als Pseudomorphose nach Magneteisenstein in regulären Octaëdern (Martit). Bildet sich in rhomboëdrischen Krystallen, wenn Eisenchlorid und Wasserdampf in der Glühhitze auf einander einwirken, oder wenn ein Gemenge von Eisenvitriol und Kochsalz geglüht wird.

Dunkel eisenschwarz, lässt in dünnen Blättchen das Licht mit rother Farbe durchfallen, besitzt starken Glanz, ist hart, nicht magnetisch, gibt ein braunrothes Pulver. Spec. Gew. 5,24.

Als amorphes braunrothes Pulver entsteht es beim längeren Glühen von Eisen oder Eisenoxydoxydul an der Luft, und ferner beim Erhitzen von Eisenhydryloxyd oder Eisenoxydsalzen. Es wird nur langsam von Säuren aufgelöst; gibt mit Borax eine gelbe Perle. Wird im unreinen Zustande im Grossen durch Erhitzen von Eisenocher (Hydryloxyd) oder Einkochen der Mutterlauge von der Eisenvitriol- und Alaunbereitung und Glühen des aus basisch-schwefelsaurem Eisenoxyd bestehenden Rückstandes gewonnen.

Findet unter dem Namen Englischroth, Colcothar und Caput mortuum als Farbe und Polirpulver Anwendung.

Eisenhydryloxyd, *Ferricumoxyhydrür*, *Eisenoxydhydrat*. Findet sich in der Natur als Göthit $Fe_{II}\Theta_2(OH)_2$, in braunen rhombischen Krystallen, isomorph mit Diaspor, $Al_{II}\Theta_2(OH)_2$, und als Brauneisenstein, $Fe_{II}\Theta(OH)_4$ und $\Theta[Fe_{II}\Theta(OH)_2]_2$, in krystallinischen und amorphen Massen, welche wichtige Eisenerzlager bilden. Entsteht beim Rosten des Eisens an der Luft. Aus den Auflösungen des Eisenoxyds in Säuren schlagen die Alkalien Eisenoxydhydrat, $Fe_{II}(OH)_6$, als braunen gelatinösen Körper nieder; derselbe ist zuerst in den Säuren leicht löslich, mit der Zeit und besonders rasch beim Kochen mit Wasser geht er in $\Theta[Fe_{II}\Theta(OH)_2]_2$ über und wird schwerlöslich in den Säuren. Zucker hindert seine Fällung durch Alkalien in der Kälte. Bildet mit Zucker und Wasser eine klare Lösung (Eisensyrup). Wird durch Dialyse (s. Kieselsäure) im löslichen Zustande erhalten. Beim längeren Kochen einer mit Kalilauge versetzten Lösung eines Ferricum- und eines Magnesiumsalzes entsteht eine weisse Verbindung der Formel, $Fe_{II}(\Theta\text{-}MgOH)_6$.

Frisch gefälltes Ferricumoxyhydrür absorbirt arsenige Säure, damit ein basisches unlösliches Salz bildend. Hierauf beruht seine Anwendung als Gegengift bei Arsenvergiftungen. Eisensyrup dient als Arzneimittel. Wird als Farbe (Ocher) benutzt.

Eisenoxyduloxyd, $Fe_{II}\Theta_4Fe$, findet sich in der Natur als Magneteisenstein in regulären Krystallen. Isomorph mit Spinell, $Al_{II}\Theta_4Mg$, Gahnit, $Al_{II}\Theta_4Zn$, Hercynit, $Al_{II}\Theta_4Fe$, und anderen Spinellen. Entsteht beim Glühen von Eisen im Wasserdampfe. Schwarz, halb metallglänzend, gibt ein schwarzgraues Pulver. Ist leichter schmelzbar als Eisen. Magnetisch. Spec. Gew. 5,0.

Hammerschlag entsteht wenn glühendes Eisen der Luft ausgesetzt wird, und besteht ebenfalls aus Eisenoxyd und Eisenoxydul, wobei letzteres vorwaltet.

Eisenoxyduloxydhydrat. Fällt man eine Eisenlösung, welche 2 Th. des Metalls als Oxyd und 1 Th. als Oxydul enthält, durch Ammoniak, so bildet sich ein braunschwarzes magnetisches Hydrat. Ein solches entsteht ebenfalls, wenn Eisenoxydhydrat mit Wasser und feingepulvertem metallischen Eisen gekocht wird. Durch dieses Verhalten lässt sich Eisenoxydhydrat von Eisenoxyd unterscheiden.

Eisensäure, FeO_3. Nicht im freien Zustande bekannt. Bildet sich beim Einleiten von Chlorgas in ein Gemenge von Eisenoxydhydrat und concentrirter Kalilauge, beim heftigen Glühen eines Gemenges von Eisenoxyd und Salpeter, oder wenn ein electrischer Strom vermittelst Eisen durch Kalilauge geleitet wird. Die Lösung des eisensauren Kaliums besitzt eine tief weinrothe Färbung. Zersetzt sich sehr leicht in Kalihydrat, Eisenoxydhydrat und Sauerstoff.

Oxyde des Mangans. Vom Mangan kennt man fünf Oxyde:

Manganoxydul,	MnO,
Manganoxyd,	$Mn_{II}O_3$,
Manganhyperoxyd,	MnO_2,
Mangansäure,	MnO_3, und
Uebermangansäure,	Mn_2O_7.

Manganoxydul, MnO, entsteht aus Braunstein beim Erhitzen bis zur starken Hellrothgluth oder beim Glühen im Wasserstoffstrome. Grünes Pulver. Hält sich unverändert an der Luft, wenn es bei sehr hoher Temperatur dargestellt war, sonst geht es, öfters unter Verglimmen, in braunes Oxydoxydul über. Wird in heftiger Glühhitze durch Kohle, nicht aber durch Wasserstoff oder Kohlenoxyd reducirt.

Manganhydryloxydul, *Manganosumoxyhydrür*, $Mn(OH)_2$, entsteht als amorpher weisser Niederschlag beim Vermischen der Lösungen von Manganchlorür und einem Alkali. Färbt sich an der Luft schnell braun, indem es sich in Oxydhydrat verwandelt. Unlöslich in einem Ueberschuss des Fällungsmittels; löslich in Ammoniumsalzlösungen, wobei lösliche Doppelsalze entstehen, welche nicht durch Ammoniak, und in der Kälte auch nicht durch die fixen Alkalien zersetzt werden. Bildet mit den Säuren Salze.

Manganoxyd, $Mn_{II}O_3$, findet sich als Braunit quadratisch krystallisirt und ist also heteromorph mit $Al_{II}O_3$, $Fe_{II}O_3$ und $Cr_{II}O_3$. Wird erhalten durch gelindes Glühen des Hyperoxyds oder des salpetersauren Oxydulsalzes. Schwarzes Pulver. Geht beim stärkeren Glühen unter Sauerstoffentwicklung in Oxydoxydul über. Gibt beim Kochen mit Salpetersäure oder verdünnter Schwefelsäure Oxydulsalz und Hyperoxyd, mit concentrirter Schwefelsäure unter Sauerstoffentwicklung Oxydulsalz. Bildet mit kalter Salzsäure Chlorid und mit heisser unter Chlorentwicklung Chlorür.

Manganhydryloxyd, Manganicumoxyhydrür, $\mathrm{Mn_{II}\,\Theta_2(\Theta H)_2}$, findet sich als Manganit in rhombischen Formen, isomorph mit Diaspor, $\mathrm{Al_{II}\,O_2(\Theta H)_2}$, und Göthit, $\mathrm{Fe_{II}\,O_2(OH)_2}$. Entsteht bei der Oxydation des Oxydulhydrürs an der Luft. Braunes Pulver. Verhält sich wie eine schwache Base. Zerfällt oberhalb 200° in Wasser und Manganoxyd.

Manganoxydoxydul, $\mathrm{Mn_{II}\,O_2\text{-}O_2\overset{2}{Mn}}$, oder *Manganhyperoxydoxydul*, $\mathrm{\overset{4}{Mn}(O_2\overset{2}{Mn})_2}$ kommt in der Natur als Hausmannit in schwarzen glänzenden Quadratoctaëdern vor und ist also heteromorph mit den Spinellen. Wird erhalten durch Glühen sowohl der niederen als auch der höheren Oxyde des Mangans, wobei die ersteren Sauerstoff aus der Luft aufnehmen und die anderen solchen abgeben. Braunes Pulver; färbt die Borax- und Phosphorsalzperle amethystroth.

Manganhyperoxyd, $\mathrm{MnO_2}$, bildet als Braunstein oder Pyrolusit das am häufigsten vorkommende Manganerz. Findet sich in grauen oder schwarzen rhombischen Prismen oder strahligen Massen, welche ein schwarzes Pulver geben. Entsteht wenn feuchtes Carbonat, Oxydulhydrür oder Oxydhydrür des Manganosums einem auf 100 bis 300° erhitzten Luftstrome ausgesetzt werden; ferner beim Erhitzen von Manganosumnitrat auf 150 bis 195°. Geht beim gelinden Glühen unter Abgabe $^1/_4$ seines Sauerstoffs in Oxyd über:

$$2\mathrm{Mn\Theta_2} = \Theta + \mathrm{Mn_{II}\,\Theta_3};$$

beim stärkeren Glühen verliert es $^1/_3$ des Sauerstoffs und lässt Oxydoxydul:

$$3\mathrm{Mn\Theta_2} = \Theta_2 + \mathrm{Mn_{II}\,\Theta_4Mn};$$

bei heller Rothglühhitze, beim Glühen im Wasserstoffstrome oder beim Erhitzen mit Schwefelsäure gibt es die Hälfte des Sauerstoffs ab, indem Oxydul entsteht:

$$\mathrm{Mn\Theta_2} = \Theta + \mathrm{Mn\Theta}.$$

Entwickelt beim Kochen mit wässriger Salzsäure Chlor, indem gleichzeitig Manganchlorür und Wasser entstehen:

$$\mathrm{Mn\Theta_2} + 4\mathrm{HCl} = \mathrm{Cl_2} + \mathrm{MnCl_2} + 2\mathrm{H_2\Theta}.$$

Gibt beim Glühen mit Chlormagnesium Chlor, Manganchlorür und Magnesia:

$$MnO_2 + 2MgCl_2 = Cl_2 + MnCl_2 + 2Mg\Theta.$$

Beim Erhitzen mit einer Mischung von Salzsäure und Salpetersäure von bestimmter Concentration gibt es Chlor, Manganosumnitrat und Wasser:

$$2HCl + 2N\Theta_3H + Mn\Theta_2 = Cl_2 + Mn(O_3N)_2 + 2H_2\Theta.$$

Mit Wasserstoffhyperoxyd entwickelt es Sauerstoffgas:

$$Mn\Theta_2 + H_2\Theta_2 = Mn\Theta_2 + O + H_2O.$$

Beim Zusammenschmelzen von Braunstein und Kalihydrat an der Luft bilden sich Kaliummanganat und Wasser:

$$Mn\Theta_2 + 2K\Theta H + O = Mn\Theta_4K_2 + H_2\Theta.$$

Schwefelsäure und Manganhyperoxyd wirken bei Gegenwart organischer Stoffe leichter auf einander ein als sonst. Hierbei zerstört der freiwerdende Sauerstoff die organische Materie. Dieses Verhalten benutzt man zur Werthbestimmung des Braunsteins. Man mischt denselben im feingepulverten Zustande mit einem Ueberschuss von Oxalsäure und mit Wasser, und lässt dann überschüssige concentrirte Schwefelsäure hinzutreten. Es bilden sich Manganosumsulphat, Kohlensäure und Wasser:

$$S\Theta_4H_2 + C_2O_4H_2 + Mn\Theta_2 = S\Theta_4Mn + 2C\Theta_2 + 2H_2\Theta.$$

Hiervon entweicht nur die Kohlensäure, welche man um sie zu trocknen durch concentrirte Schwefelsäure streichen lässt. Der Gewichtsverlust ergibt die Menge des gebildeten Kohlensäureanhydrids und hiernach berechnet sich der Gehalt des rohen Braunsteins an Manganhyperoxyd.

Manganhyperoxydhydrate von wechselnder Zusammensetzung finden sich im mehr oder weniger reinen Zustande in lockeren erdigen bis dichten, braunen bis schwarzen Massen als W a d. Hyperoxydhydrat der Formel $\Theta\{Mn\Theta(\Theta H)\}_2$ entsteht als schwarzes Pulver, wenn Manganosumlösung mit Chlor oder unterchlorigsaurem Salz behandelt, oder wenn Manganoxydoxydul mit Salpetersäure digerirt wird. Ein anderes Hyperoxydhydrat, $Mn\Theta(\Theta H_2)$, bildet sich bei der Zersetzung von Mangan- und Uebermangansäure als braunes lockeres Pulver.

Der Braunstein dient zur Darstellung von Sauerstoff und namentlich von Chlor; ferner zum Entfärben und Färben des Glases, als Farbe für Glasuren, zur Darstellung von Kaliumpermanganat und anderen Manganverbindungen.

Mangansäure, $Mn\Theta_3$, ist nicht im freien Zustande bekannt. Ihr Kalisalz entsteht beim Glühen von gleichen Theilen Braunstein und Kalihydrat an der Luft, oder von 1 Th. Braunstein und 2 Th. Salpeter als schwarzgrüne Masse, welche mit Wasser eine tiefgrüne Lösung gibt. Hieraus lässt sich *Kaliummanganat*, $Mn\Theta_4K_2$, in rhombischen Krystallen erhalten. Isomorph mit Kaliumsulphat. Die grüne Lösung geht an der Luft schnell durch Blau, Violett und Purpur in Roth über (mineralisches

Chamäleon), wobei sich Manganhyperoxydhydrat absetzt und Kaliumpermanganat entsteht. Die Zersetzung des Kaliummanganats, welche schon Wasser bewirkt, erfolgt rascher bei Zusatz von Säuren, und daher ist weder die Mangansäure, MnO_4H_2, noch ihr Anhydrid bekannt.

Uebermangansäure, MnO_4H. Die rothe Auflösung des mineralischen Chamäleons enthält Kaliumpermanganat. Man gewinnt dasselbe zweckmässig durch gelindes Glühen von 8 Th. feingeriebenem Braunstein, 10 Th. Kalihydrat und 7 Th. Kaliumchlorat (welche man vorher mit wenig Wasser angerührt und zur Trockne verdunstet hat) in einem hessischen Tiegel, Auflösen der Masse in heissem Wasser und Durchleiten von Kohlensäure. Durch Abziehen oder Filtriren durch Asbest wird die Lösung von Kaliumpermanganat von dem abgeschiedenen Manganhyperoxydhydrat getrennt. Beim Abdampfen der Lösung bilden sich schwerlösliche fast schwarze rhombische Prismen mit grünem und violettem Schimmer. Isomorph mit Kaliumperchlorat, ClO_4K. Die freie Uebermangansäure erhält man aus dem Kalisalz, wenn man dasselbe allmählich in einem erkalteten Gemisch von 11 Th. Schwefelsäure und 1 Th. Wasser auflöst und die grüne Lösung vorsichtig auf 60 bis 70° erhitzt. Hierbei verflüchtigt sich die Uebermangansäure in violetten Dämpfen von eigenthümlichem Geruche, welche sich zu einer grünlichschwarzen metallisch-glänzenden dicken Flüssigkeit (des Anhydrids, Mn_2O_7 ?) verdichten. Sie zieht begierig Feuchtigkeit an; ihre Lösung ist violett und lässt sich vor Staub geschützt im verdünnten Zustande ziemlich gut aufbewahren. Die Säure detonirt beim raschen Erhitzen unter Feuererscheinung. Sie wirkt höchst oxydirend, entzündet Papier und detonirt in Berührung mit Fett, Kohlenwasserstoffen, Alkohol, einer Lösung von schwefligsaurem Kali etc. unter Feuererscheinung. Ein Gemenge von 2 Th. trocknem übermangansauren Kali und 3 Th. concentrirter Schwefelsäure entwickelt wochenlang Ozon. Setzt man zu dem Gemisch etwas Wasser, so scheidet sich sofort freie Uebermangansäure in violetten Dämpfen und grünlichschwarzen Tropfen an der Oberfläche aus. Uebermangansäure und Wasserstoffhyperoxyd zersetzen sich gegenseitig unter Entwicklung von Sauerstoff, bei Gegenwart von Schwefelsäure unter gleichzeitiger Bildung von Manganosumsulphat:

$$2MnO_4H + H_2O_2 + 2SO_4H_2 = 3O_2 + 2SO_4Mn + 4H_2O.$$

Versetzt man übermangansaures Kalium mit Kalilauge, so bildet sich unter Sauerstoffentwicklung und Farbenveränderung mangansaures Kalium:

$$2MnO_4K + 2KOH = O + 2MnO_4K_2 + H_2O.$$

Die leichte Reducirbarkeit der Uebermangansäure bedingt ihre Anwendung in der Analyse zur volumetrischen Bestimmung des Eisens, der Oxalsäure und anderer Stoffe. Fügt man nämlich zu einer sauren Lösung eines Ferrosumsalzes oder von Oxalsäure eine Lösung von Kaliumpermanganat, so verschwindet die rothe Farbe der Uebermangansäure bis alles Eisenoxydul in Oxyd übergeführt ist oder bis die organische Materie vollständig zerstört ist:

$$2Mn\Theta_4H + 10FeCl_2 + 14HCl = 5Fe_{II}Cl_6 + 2MnCl_2 + 8H_2\Theta.$$

$$2Mn\Theta_4H + 5C_2O_4H_2 + 2SO_4H_2 = 2SO_4Mn + 10C\Theta_2 + 8H_2\Theta.$$

Man erkennt die Beendigung der Reaction daran, dass die rothe Färbung, welche ein weiterer Zusatz von Permanganat hervorbringt, nicht mehr verschwindet und berechnet sich, wenn der Gehalt der angewandten Lösung bekannt ist, aus der verbrauchten Menge die oxydirte Quantität von Eisen oder Oxalsäure.

Uebermangansäure ist das kräftigste, faule Gerüche zerstörende Desinfectionsmittel.

Eisensulphuret, FeS, findet sich in manchen Meteoriten und in isomorphen Mischungen mit anderen Schwefelmetallen. Entsteht beim Glühen von Eisen oder Eisenoxyd mit Schwefel, und beim Glühen von Eisensulphid oder von Magnetkies im Wasserstoffgase. Wird dargestellt durch Zusammenschmelzen eines Gemenges von 3 Th. Eisenspänen und 2 Th. Schwefel. Bildet eine graulich-broncefarbene krystallinische Masse. Ist im reinen Zustande nicht magnetisch. Wird weder beim Erhitzen für sich, noch im Wasserstoffgase verändert. Gibt beim Erhitzen an der Luft Ferrosumsulphat, Schwefelsäureanhydrid und Eisenoxyd. Löst sich in Säuren unter Entwicklung von Schwefelwasserstoff und Bildung von Ferrosumsalz auf.

Als schwarzes Pulver entsteht es beim Anfeuchten einer Mischung von Eisenfeile und Schwefel, und beim Mischen eines löslichen Schwefelmetalls mit einer Eisenauflösung. In dieser Form ist es in Wasser etwas löslich, und schon bei gewöhnlicher Temperatur an der Luft oxydirbar.

Dient zur Darstellung von Schwefelwasserstoff.

Eisenbisulphuret, Eisensulphid, FeS_2, findet sich in grossen Mengen in der Natur in dimorphen Formen. Als Schwefelkies in Würfeln, Octaëdern und anderen regulären Krystallen, welche eine messinggelbe Farbe, vollkommnen Metallglanz und das spec. Gew. 5,1 besitzen; als Wasser- oder Speerkies rhombisch krystallisirt, von mehr graulich-gelber Farbe und 4,9 spec. Gew. Wird erhalten beim gelinden Erhitzen von Eisen mit Schwefel, und in kleinen messinggelben Würfeln und Octaëdern bei sehr langsamen Erhitzen eines innigen Gemenges von Eisenoxyd, Schwefel und Salmiak, bis etwas über die Verdampfungstemperatur des letzteren. Ist nicht magnetisch. Geht unter Verlust von Schwefel beim heftigsten Erhitzen für sich in Schwefeleisen von der Zusammensetzung des Magnetkieses, im Wasserstoffgase in Einfach-Schwefeleisen über. Gibt beim Glühen mit Kohle Schwefelkohlenstoff. Bildet beim Rösten an der Luft Schwefelsäureanhydrid und Ferrosumsulphat, oder die Zersetzungsprodukte dieses Salzes. Manche Schwefelkiese, und in seltenen Fällen auch Wasserkiese, gehen an feuchter Luft unter Verlust des Schwefels und unter Aufnahme von Sauerstoff und der Elemente des Wassers in Göthit oder Brauneisenstein über, wobei Pseudomorphosen dieser Mineralien nach Schwefelkies oder Wasserkies entstehen.

Die meisten Wasserkiese erleiden an der Luft rasch Oxydation. Zweifach-Schwefeleisen macht man durch unvollkommenes Ausglühen, wobei ein Theil in Einfach-Schwefeleisen übergeht, geneigter zum Verwittern. Wird durch verdünnte Salz- oder Schwefelsäure nicht angegriffen.

Dient zur Gewinnung von Schwefel, Schwefelsäure und Eisenvitriol.

Magnetkies, $FeS_2 + 7FeS$ oder $Fe_{II}S_3 + 6FeS$, findet sich in braungelben metallisch-glänzenden magnetischen hexagonalen Krystallen. Spec. Gew. 4,6. Geht beim Glühen im Wasserstoffgase in Einfach-Schwefeleisen über. Löst sich in verdünnter Salz- oder Schwefelsäure unter Entwicklung von Schwefelwasserstoff, Abscheidung $^1/_8$ seines Schwefels und Bildung von Ferrosumsalz.

Mangansulphuret, MnS, findet sich als Manganblende in eisenschwarzen Würfeln, welche ein dunkelgrünes Pulver geben. Entsteht als grünes Pulver beim starken Glühen eines Manganoxyds im Schwefeldampfe. Fleischfarbiges wasserhaltiges Schwefelmangan schlägt sich beim Vermischen von löslichem Schwefelmetall mit Manganlösung nieder. Dieser Niederschlag oxydirt sich rasch an der Luft, wobei braunes Manganicumoxyhydrür entsteht und der Schwefel ausgeschieden wird.

Mangansulphid, MnS_2, kommt als Hauerit in bräunlich-schwarzen grossen glänzenden regulären Octaëdern vor. Entsteht als ziegelrothes amorphes Pulver, wenn die Lösungen von Manganosumsulphat und von Mehrfach-Schwefelkalium in einem verschlossenen Gefässe bei 160 bis 180° aufeinander einwirken.

Ferrosumdithionit, unterschwefligsaures Eisenoxydul, $S_2O_2Fe + 5H_2O$, entsteht beim Vermischen der Lösungen von Ferrosumsulphat und von Calciumdithionit. Bildet hellblaugrüne monokline Krystalle. Ist leicht löslich in Wasser. Das Ferrosum dieses Salzes geht nicht eher in Ferricum über, als bis die Säure vollständig zu Schwefelsäure oxydirt ist, und daher hindert ein Eisengehalt nicht die Anwendung von Aluminiumdithionit als Mordant für die zartesten Farben.

Ferrosumsulphat, Eisenvitriol, grüner Vitriol, $SO_4Fe + 7H\Theta$, entsteht beim Auflösen von Eisen oder Schwefeleisen in verdünnter Schwefelsäure. Wird im Grossen durch Rösten, Verwitternlassen und Auslaugen von Zweifach-Schwefeleisen, auch durch Fällung von Kupfer aus seinem Sulphat vermittelst Eisen dargestellt. Bildet blaugrüne monokline Krystalle, welche an trockner Luft leicht verwittern, und, indem sie weiss werden, 6 Mol. Krystallwasser verlieren. Das letzte Molecul Wasser entweicht erst oberhalb 280°. Es lässt sich in triklinometrischen Krystallen mit 5 Mol. Wasser und in monoklinometrischen mit 4 Mol. Wasser enthalten. Krystallisirt in variablen Verhältnissen mit Magnesium- und Zinksulphat und 7 Mol. Wasser, sowohl in der monoklinen Form des Eisenvitriols, als auch in der rhombischen Form des Magnesium- und Zinksulphats.

Zersetzt sich bei hoher Temperatur in Schwefligsäureanhydrid und basisches Ferricumsulphat, welches bei noch stärkerer Hitze in Eisenoxyd, Schwefelsäureanhydrid und Sauerstoff zerfällt. Wird an der Luft oxydirt, wobei es in Folge der Bildung von basischem Ferricumsulphat gelb wird. Löst sich leicht in Wasser zu einer blassblaugrünen Flüssigkeit die sich an der Luft rasch trübt, indem gelbraunes basisches Ferricumsulphat aus der Lösung von neutralem Ferricumsulphat niederfällt. Seine Lösung absorbirt unter dunkler Färbung Stickoxydgas.

Eisenvitriol findet Anwendung zur Darstellung der rauchenden Schwefelsäure, in der Färberei zum Schwarzfärben, zur Bereitung von Mordants und als Reductionsmittel bei der kalten Indigoküpe. Dient zur Darstellung von Dinte, zur Reinigung des Leuchtgases, als Desinfectionsmittel und zu anderen Zwecken.

Ferrosum-Ammoniumsulphat, $Fe(\Theta\text{-}S\Theta_3NH_4)_2 + 6H_2\Theta$, scheidet sich beim Verdunsten der gemischten Lösungen in blassgrünen luftbeständigen monoklinen Krystallen ab. Isomorph mit den entsprechenden Salzen des Magnesiums und Zinks.

Findet in der Photographie Anwendung.

Ferrosum-Kaliumsulphat, $Fe(\Theta\text{-}S\Theta_3K)_2 + 6H_2\Theta$, ist isomorph mit dem vorigen Salze. Verwittert an der Luft.

Ferricumsulphat, $(S\Theta_4)_3 Fe_{II} + 10H_2\Theta$, findet sich in Chili als Coquimbit in hexagonalen Krystallen. Entsteht bei der Oxydation einer mit Schwefelsäure vermischten Lösung von Ferrosumsulphat an der Luft oder durch Salpetersäure. Bildet nach dem Verdunsten eine weisse Masse, welche in Wasser mit gelber Farbe löslich ist. Seine Auflösung reagirt stark sauer und wird beim Erhitzen dunkelroth. Zersetzt sich bei grosser Verdünnung unter Abscheidung eines basischen Salzes. Die concentrirte Lösung vermag frisch gefälltes Eisenoxyd zu lösen, wobei basische Salze entstehen. Kocht man die concentrirte Lösung mit metallischem Silber so enstehen Ferrosumsulphat und Silbersulphat; beim Erkalten scheidet sich das Silber wieder metallisch ab, indem gleichzeitig wieder Ferricumsulphat entsteht. Im wasserfreien Zustande zerfällt Ferricumsulphat beim Erhitzen in Eisenoxyd und Schwefelsäureanhydrid.

Seine mit frischgefälltem Eisenoxydhydrat gesättigte Lösung findet als Beize in der Färberei Anwendung. Mit Kaliumpermanganat gemischt bildet es ein vortreffliches Desinfectionsmittel.

Basische Ferricumsulphate finden sich als Ocher in der Natur, und bilden sich bei der Oxydation des Eisenvitriols, bei der Zersetzung des neutralen Ferricumsulphats und beim Eintragen von Eisenoxydhydrat in concentrirte Lösungen des letzteren. Sie sind gelb bis gelbbraun, amorph und meist in Wasser unlöslich.

$(S\Theta_4)_2Fe_{II}(\Theta H)_2$ entsteht anfänglich bei der Oxydation des Eisenvitriols.

$(S\Theta_4)Fe_{II}(\Theta H)_4 + H_2\Theta$ fällt beim Erhitzen einer mit Kaliumcarbonat versetzten Lösung von $(S\Theta_4)_3Fe_{II}$ nieder.

$S\Theta_4[Fe_{II}(\Theta H)_5]_2 + H_2\Theta$ findet sich als Vitriolocher, und entsteht wenn eine Eisenvitriollösung längere Zeit der Luft ausgesetzt wird.

$Fe_{II}\Theta(\Theta H)_3\text{-}\Theta S\Theta_3\text{-}Fe_{II}\Theta(\Theta H)_2\text{-}\Theta S\Theta_3\text{-}Fe_{II}\Theta(\Theta H)_3$ fällt beim Kochen einer verdünnten Lösung von $(S\Theta_4)_3Fe_{II}$ nieder.

Ferricum-Ammoniumsulphat, Ammonium-Eisenalaun, $(S\Theta_4)_2Fe_{II}(\Theta S\Theta_2\text{-}NH_4)_2 + 24H_2\Theta$, und *Ferricum-Kaliumsulphat, Kalium-Eisenalaun*, $(S\Theta_4)_2Fe_{II}(\Theta S\Theta_2\text{-}K)_2 + 24H_2\Theta$, entstehen beim Vermischen der Lösungen des neutralen Ferricumsulphats mit Ammonium- oder Kaliumsulphat. Sie krystallisiren in blass amethystrothen Octaëdern. Isomorph mit den Aluminiumalaunen, mit denen sie auch in variablen Verhältnissen zusammenkrystallisiren.

Manganosumsulphat, $S\Theta_4Mn$, entsteht beim Erhitzen von Braunstein mit Schwefelsäure. Bildet mit 7 Mol. und mit 4 Mol. Wasser monoklinometrische, und mit 5 Mol. triklinometrische Krystalle, welche mit den entsprechenden des Ferrosumsulphats isomorph sind. Krystallisirt mit Magnesium-, Zink- und Ferrosumsulphat in variablen Verhältnissen und mit verschiedenen Mengen Wasser in mehreren Formen zusammen. Mit den Sulphaten des Kaliums und Ammoniums bildet es Salze der Formeln $Mn(S\Theta_4K)_2 + 6H_2\Theta$ und $Mn(SO_4 \cdot NH_4)_2 + 6H_2\Theta$, welche denjenigen des Eisens -, Zinks - und Magnesiums entsprechen und mit ihnen isomorph sind.

Manganicumsulphat, $(S\Theta_3)_3Mn_{II}$, bildet sich beim Erhitzen von feinzertheiltem Manganhyperoxyd mit concentrirter Schwefelsäure auf 138°. Ein zerfliessliches amorphes dunkelgrünes Pulver; wird durch viel Wasser unter Abscheidung von Manganicumoxyhydrür zersetzt. Ist unlöslich in concentrirter Salpetersäure und fast unlöslich in concentrirter Schwefelsäure. Zersetzt sich oberhalb 160° in Sauerstoff, Schwefelsäureanhydrid und Manganosumsulphat.

Manganicum-Ammoniumsulphat, Ammonium-Manganalaun, $(S\Theta_4)_2Mn_{II}(\Theta S\Theta_2NH_4)_2 + 24H_2\Theta$, wird erhalten, wenn man Braunstein mit Schwefelsäure gelinde erhitzt und die Lösung mit Ammoniumsulphat vermischt. Bildet dunkelrothe reguläre Octaëder. Erleidet beim Auflösen in Wasser Zersetzung.

Kalium-Manganalaun lässt sich auf analoge Weise erhalten. Beide Alaune sind isomorph mit den Aluminium- und Ferricumalaunen.

Stickstoffeisen. Die Bestandtheile verbinden sich nicht direct, wohl aber, wenn Eisen, Eisenoxyd oder Eisenchlorür längere Zeit bis fast zum Rothglühen in einem Ammoniakstrome erhitzt werden. Sehr spröde silberweisse Masse. Wird beim Erhitzen im Wasserstoffgase schon bei einer mässig hohen Temperatur unter Bildung von Ammoniak und Abscheidung von reinem Eisen zersetzt. Verliert beim starken Glühen für sich, oder selbst im Ammoniakgase allen Stickstoff. Gibt beim Glühen im Wasserdampfe Ammoniak und Eisenoxydoxydul.

Man überzieht gravirte Kupferplatten auf galvanischem Wege durch Behandlung mit einer Salmiak enthaltenden Lösung von Eisenchlorür oder Eisenvitriol mit einem dünnen sehr harten Ueberzuge, der wahrscheinlich aus Stickstoffeisen besteht.

Phosphoreisen findet sich in allem Meteoreisen und in fast jedem Roheisen. Entsteht durch directe Vereinigung der Elemente und beim Zusammenschmelzen eines Gemenges von Eisenfeile, Knochenasche, Sand und Kohle. Schmilzt leichter als Roheisen, ist stahlgrau, hart, spröde und sehr politurfähig. Löst sich schwierig in Säuren.

Arseneisen, $FeAs_2$, findet sich als Arsenicalkies in zinnweissen rhombischen Krystallen. Gibt beim Erhitzen ein Sublimat von Arsen. Beim Erhitzen von Eisen mit Arsen erhält man FeAs als sehr spröde Masse.

Arsenschwefeleisen, FeSAs, kommt als Arsenkies in zinnweissen rhombischen Krystallen in der Natur vor.

Antimoneisen. Lässt sich durch Zusammenschmelzen der Elemente darstellen.

Ferrosumnitrat entsteht beim Auflösen von Schwefeleisen oder metallischem Eisen in sehr verdünnter kalter Salpetersäure. Bei Anwendung von metallischem Eisen entsteht gleichzeitig Ammoniumnitrat.

Ferricumnitrat, $(N\Theta_3)_6\ Fe_{II} + 18H_2O$, entsteht beim Erhitzen des Ferrosumnitrats mit überschüssiger Salpetersäure. Wird im Grossen dargestellt durch Auflösen von Eisen oder Eisenoxydhydrat in heisser Salpetersäure. Krystallisirt in zerfliesslichen klinorhombischen Prismen, welche leicht schmelzen, Wasser verlieren und nun Würfel mit 12 Mol. Krystallwasser bilden. Beim weiteren Eindampfen entstehen Krystalle mit 2 Mol. Wasser.

Seine wässrige Auflösung vermag frisch gefälltes Eisenoxydhydrat aufzulösen, wodurch eine tiefrothe Flüssigkeit entsteht, in der auf 1 Atom Stickstoff bis zu 4 Doppelatome Eisen (Fe_{II}) enthalten sein können. Ein basisches Salz desselben Gehalts an Eisen und Salpetersäure bildet sich bei der Behandlung von überschüssigem Eisen mit Salpetersäure.

Lösungen von basischen Ferricumnitraten finden in der Färberei als Beizen Anwendung.

Manganosumnitrat, $(NO_3)_2Mn + 6H_2O$, entsteht bei der Einwirkung von Salpetersäure auf Braunstein im Sonnenlichte oder bei Gegenwart desoxydirender Körper (auch bei Gegenwart von Salzsäure, wo sich Chlor entwickelt). Bildet leicht schmelzbare zerfliessliche und leicht lösliche Krystalle. Entwickelt beim Erhitzen Salpetrigsäureanhydrid und Sauerstoff, Manganhyperoxyd lassend.

Ferrosumphosphat, $(P\Theta_4)_2\ Fe_3 + 8H_2O$, findet sich als Vivianit in durchsichtigen blauen monoklinen Krystallen, und als hellblaue amorphe Masse. Entsteht als weisser amorpher Niederschlag beim Vermischen von gewöhnlichem Natriumphosphat mit einer Ferrosumlösung:

$$2P\Theta_4Na_2H + 3SO_4Fe = (PO_4)_2Fe_3 + 2SO_4NaH + S\Theta_4Na_2.$$

Geht an der Luft, indem es sich blau färbt, in basisches Ferrosum-Ferricumphosphat über.

Ferricumphosphat, $(P\Theta_4)_2Fe_{II} + 4H_2\Theta$, bildet einen Bestandtheil mancher Phosphorite. Entsteht als weisser Niederschlag beim Vermischen der Lösungen von Eisenchlorid und von gewöhnlichem Natriumphosphat. Ist löslich in Salzsäure, wässrigem Eisenchlorid, essigsaurem Eisenoxyd und Ammoniak; unlöslich in Essigsäure. Wird beim Erhitzen braun. Gibt beim Kochen mit kaustischer Alkalilösung einen Theil der Säure ab, und verwandelt sich in braunes basisches Salz.

Basische Phosphate des Eisenoxyds finden sich mehrfach in der Natur; sie bilden namentlich Bestandtheile der Raseneisenerze (Eisenoxydhydrat) und der Ackererden.

Zur genauen Trennung kleiner Mengen Phosphorsäure von vielem Eisenoxyd (auch bei Gegenwart von Kalk und Magnesia) versetzt man die zum Sieden erhitzte Lösung in Salzsäure mit schwefligsaurem Natron, bis alles Eisenoxyd in Oxydul übergeführt ist, entfernt dann durch Kochen die überschüssige schweflige Säure, lässt erkalten, neutralisirt nahezu mit Soda, und fügt zur Bildung von etwas Eisenoxyd wenig Chlorwasser hinzu. Versetzt man nun mit einem Ueberschuss von essigsaurem Natron, so gibt sich die Anwesenheit von Phosphorsäure durch eine weisse Fällung von phosphorsaurem Eisenoxyd zu erkennen; man setzt, wenn dieser Niederschlag entstanden ist, tropfenweise mehr Chlorwasser hinzu, bis die Flüssigkeit von gebildetem essigsauren Eisenoxyd röthlich erscheint, erhitzt zum Sieden und filtrirt. Der Niederschlag enthält alle Phosphorsäure, man löst ihn in Salzsäure, setzt Weinsäure und dann Ammoniak hinzu und fällt die Phosphorsäure aus der ammoniakalischen Lösung als Ammonium-Magnesiumphosphat.

Manganicumphosphat. Bildet sich beim Erhitzen von Phosphorsäure mit Braunstein, gibt mit Wasser eine haltbare rothe Auflösung, welche durch oxydirbare Substanzen unter Reduction des Manganicums zu Manganosum entfärbt wird.

Basisches Ferricumarsenit, $AsO_3(Fe_{II}\Theta)_2(\Theta H)_3$, wird aus essigsaurem Eisenoxyd durch freie arsenige Säure oder durch arsenigsaures Alkali gefällt. Es entsteht ferner beim Schütteln von frisch gefälltem Eisenoxydhydrat mit wässriger arseniger Säure. Gelbbraun, dem Eisenoxydhydrat höchst ähnlich.

Die Wirkung des frisch gefällten Eisenoxydhydrats als Gegengift bei Arsenikvergiftungen beruht auf der Bildung dieses unlöslichen Salzes.

In der Natur kommen mehrere Arseniate des Eisens vor. Sie sind den entsprechenden Phosphaten sehr ähnlich und kann in ihnen die Arsensäure genau auf dieselbe Weise wie die Phosphorsäure in den Phosphaten erkannt und bestimmt werden.

Borsaures Manganoxydul entsteht als weisser Niederschlag beim Vermischen von Borax mit Manganosumlösung.

Findet bei der Firnissbereitung Anwendung.

Ferrosumcarbonat, CO_3Fe, kommt in gelblichen Rhomboëdern krystallisirt als Spatheisenstein vor. Bildet einen Bestandtheil der meisten Dolomite und den Hauptbestandtheil des thonigen Sphärosiderits der Steinkohlenformation. Isomorph mit Kalk-, Magnesia-, Bitter- und Zinkspath. Entsteht beim Vermischen der Lösungen von Alkalicarbonat und von Ferrosumsalz als weisser amorpher Niederschlag, der sich an der Luft rasch in fast kohlensäurefreies Eisenoxydhydrat umwandelt. Löst sich in wässriger Kohlensäure und ist als saures Salz ein Bestandtheil der Stahlwässer.

Manganosumcarbonat, CO_3Mn, findet sich als Manganspath und als Begleiter des Eisenspaths, mit dem es isomorph ist. Bildet sich beim Fällen eines löslichen Manganosumsalzes durch Soda (oder durch Kreide beim Erhitzen unter einem Druck von $2^1/_2$ bis 3 Atmosphären) als weisser Niederschlag. Ist in kohlensäurehaltigem Wasser löslich. Das gefällte Carbonat oxydirt sich an der Luft theilweise zu Manganoxydhyrat, und an feuchter heisser Luft zu Manganhyperoxyd und anderen Oxyden.

Ferrosumoxalat, $C_2O_4Fe + 2H_2O$, bildet ein hellgelbes Pulver oder kleine citronengelbe glänzende Krystalle. Kaum löslich in Wasser und wässriger Oxalsäure. Wird durch Ammoniak zersetzt. Als Humboldit findet sich ein Ferrosumoxalat der Formel $2C_2O_4Fe + 3H_2O$ in haarförmigen Krystallen.

Ferricumoxalat, $(C_2O_4)_3Fe_{II}$, ist ein citronengelbes, in Wasser fast unlösliches Pulver. Bildet mit wässriger Oxalsäure eine Lösung, welche viel Ferrosum- und Manganosumoxalat aufzunehmen vermag, und welche am Lichte unter Abscheidung von Ferrosumoxalat Kohlensäure entwickelt.

Manganosumoxalat, $C_2O_4Mn + 5H_2O$, bildet sich beim Vermischen der Lösungen von Oxalsäure und einem Manganosumsalze, und unter Entwicklung von Kohlensäure bei der Einwirkung von Oxalsäure auf Manganoxyduloxyd oder Manganhyperoxyd.

Weisses krystallinisches Pulver mit einem Stiche ins Rothe. Wenig löslich in Wasser und wässriger Oxalsäure; löslich in saurem Ferricumoxalat.

Cyaneisen. Im isolirten Zustande sind Ferrosum- und Ferricumcyanür wenig untersucht, aber man kennt zahlreiche Verbindungen dieser Cyanüre.

Ferrocyanferricum, $3FeCy_3, 2Fe_{II}Cy_6 + 18H_2\Theta$, entsteht als blauer Niederschlag beim Vermischen von Cyankalium mit einer Auflösung von Eisen, welche auf 4 Atome Ferricum 3 Atome Ferrosum enthält. Bildet den Hauptbestandtheil des Berlinerblau's. Ist unlöslich in Wasser, getrocknet tiefblau mit glänzendem kupferfarbenen Bruche, undurchsichtig. Auflöslich in wässriger Oxalsäure und wässrigem weinsauren Ammonium. Wird durch verdünnte kalte Säuren nicht zersetzt. Erleidet schon beim gelinden Erhitzen für sich Zersetzung. Gibt bei der Behandlung mit Kalilauge Ferrocyankalium und Eisenoxydhydrat:

$$3FeCy_2, 2Fe_{II}Cy_6 + 12K\Theta H = 3FeCy_2, 4KCy + 2Fe_{II}(\Theta H)_6.$$

Ferrocyankalium, *Kaliumeisencyanür*, *gelbes Blutlaugensalz*, $FeCy_2, 4KCy + 3H_2O$, wird im Grossen dargestellt durch Zusammenschmelzen von Pottasche und Eisen mit stickstoffhaltigen Stoffen, wie Blut, Horn, thierischer Kohle, durch Auslaugen der Schmelze und Krystallisiren. Beim Schmelzen des Gemenges entsteht Cyankalium, welches bei der Behandlung mit Wasser auf das vorhandene Eisen einwirkt und unter Bildung von Kalihydrat und Entwicklung von Wasserstoff oder Aufnahme von Sauerstoff Blutlaugensalz bildet:

$$6KCy + Fe + 5H_2\Theta = 2K\Theta H + H_2 + FeCy_2,4KCy,3H_2\Theta;$$

$$6KCy + Fe + 5H_2O + \Theta = 2K\Theta H + H_2O + FeCy_2,4KCy,3H_2\Theta.$$

Bildet citronengelbe durchscheinende glänzende leicht-spaltbare zähe grosse tafelförmige Krystalle des quadratischen Systems. Das Eisen wird darin weder durch die Alkalien noch durch die Schwefelalkalien angezeigt. Ist leicht löslich in Wasser. Verliert bei 100° sein Krystallwasser und wird weiss. Zersetzt sich im feuchten Zustande bei höherer Temperatur unter Entwicklung von Ammoniak. Wasserfrei schmilzt es in der Glühhitze unter Entwicklung von Stickstoff zu einem Gemenge von Cyankalium und Kohlenstoffeisen. Gibt beim Glühen an der Luft cyansaures Kalium und Eisenoxyd. Schmilzt mit Schwefel zu Schwefelcyankalium zusammen. Entwickelt beim Erhitzen mit concentrirter Schwefelsäure Kohlenoxydgas und lässt im Rückstande Kalium-, Ferrosum- und Ammoniumsulphat. Liefert beim Erhitzen mit verdünnter Schwefelsäure ein Drittel seines Cyangehaltes als Blausäure, während eine weisse, an der Luft rasch blau werdende, in Wasser unlösliche Verbindung, Ferrocyanferrosumkalium, $FeCy_6,FeK_2$, und Kaliumsulphat im Rückstande bleiben.

Ferrocyanwasserstoff, *Eisenblausäure*, $FeCy_6H_4$, die dem Ferrocyanferricum, Ferrocyanferrosumkalium und Ferrocyankalium entsprechende Säure. Wird aus letzterem erhalten, wenn man zu seiner kalt gesättigten luftfreien Auflösung allmählich ein gleiches Volum concentrirter Salzsäure fügt. Bildet weisse Krystallschuppen, schmeckt und reagirt stark sauer; ist in Wasser und Alkohol leicht löslich, und wird aus den Lösungen durch Aether gefällt. Erleidet an der Luft, unter Blaufärbung, Zersetzung. Gibt mit Kalilauge Ferrocyankalium.

Ferrocyanmetalle. Die Eisenblausäure bildet mit den Alkalien und den alkalischen Erden lösliche Salze, welche durch Sättigung der Säure oder durch Kochen des Ferrocyanferricums mit den Basen erhalten werden. Die Verbindungen mit den anderen Metallen sind unlöslich; man erhält sie durch doppelte Zersetzung der Metallsalze mit Ferrocyankalium als farblose oder eigenthümlich gefärbte Niederschläge. Hierbei geben z. B. Ferricumsalzlösungen Berlinerblau:

$$3FeCy_6K_4 + 2Fe_{II}Cl_6 + 18H_2O = 3FeCy_6,2Fe_{II}18H_2O + 12KCl.$$

Ferrosumlösungen bilden einen weissen, an der Luft rasch blau werdenden Niederschlag, wahrscheinlich von Ferrocyanferrosumkalium.

Ferrocyankalium dient als Reagens auf Ferricum und auf Kupfer, womit es einen voluminösen braunrothen Niederschlag bildet, und ferner zur Darstellung von Cyankalium, cyansaurem Kalium und Cyanwasserstoffsäure.

Ferrocyanferrosumkalium, $FeCy_6FeK_2$, ist im Rückstande von der Blausäurebereitung durch Destillation von Blutlaugensalz mit verdünnter Schwefelsäure enthalten. Gibt mit Kalilauge Ferrosumoxydhydrat und Blutlaugensalz. Geht bei der Einwirkung oxydirender Mittel, unter Abscheidung der Hälfte seines Kaliums, in blaues Ferrocyanferricumkalium, $2FeCy_6,Fe_{II}K_2,4H_2O$, über.

Ferridcyankalium, $Fe_{II}Cy_6,6KCy$, entsteht beim Einleiten von Chlor in eine verdünnte kalte Auflösung von Ferrocyankalium, wobei demselben $^1/_4$ seines Kaliumgehaltes entzogen wird:

$$2FeCy_6K_4 + Cl_2 = 2KCl + Fe_{II}Cy_{12}K_6.$$

Es bildet sich auch beim Kochen von Ferrocyanferricumkalium mit einer Lösung von Ferrocyankalium, wobei gleichzeitig Ferrocyanferrosumkalium entsteht:

$$2FeCy_6,Fe_{II}K_2 + FeCy_6K_4 = Fe_2Cy_{12}K_6 + FeCy_6FeK_2.$$

Krystallisirt in schön gelbrothen glänzenden monoklinometrischen Prismen. Wird durch einen Ueberschuss von Chlor unter Abscheidung einer grünen Verbindung zersetzt. Mit Schwefelwasserstoff bildet es Ferrocyankalium und Ferrocyanwasserstoff unter Abscheidung von Schwefel. Es wirkt in alkalischer Lösung als kräftiges Oxydationsmittel, indem es sich in Ferrocyankalium verwandelt. So führt es z. B. Bleioxyd in Hyperoxyd über:

$$Fe_{II}Cy_{12}K_6 + 2KOH + PbO = 2FeCy_6K_4 + PbO_2 + H_2O.$$

Dient als Reagens auf Ferrosumverbindungen.

Ferridcyanwasserstoff, $Fe_{II}Cy_{12}H_6$, entsteht beim Vermischen einer gesättigten Lösung von Ferridcyankalium mit concentrirter Salzsäure. Krystallisirt in Nadeln, zersetzt sich leicht an der Luft, ist in Wasser und Alkohol löslich und in Aether unlöslich. Reagirt sauer. Gibt mit Kalilauge Kaliumferridcyankalium und mit anderen Basen entsprechende Salze.

Ferridcyanferrosum, Turnbull's Blau, $Fe_{II}Cy_6, 3FeCy_2 + xH_2O$, bildet sich beim Vermischen von Ferridcyankalium mit Ferrosumlösungen. Tief blauer Niederschlag. Erleidet schon beim Trocknen an der Luft Zersetzung. Gibt beim Kochen mit Kalilauge Eisenoxyduloxyd und Ferrocyankalium.

Die Benutzung des Ferridcyankaliums zur Entdeckung von Ferrosum beruht auf der Bildung dieser Substanz.

Ferridcyanferrosumferricum, $2Fe_{II}Cy_{12}, Fe_{II}Fe_2$, ist der grüne Körper, der sich bei der Behandlung von Ferridcyankalium mit Chlorgas bildet.

Das *Berlinerblau* des Handels wird auf verschiedene Weise dargestellt, so durch Zusammenbringen von Ferricum- oder von Ferrosumsalzlösungen mit Blutlaugensalz. Im letzteren Falle wird der ursprünglich weisse Niederschlag durch Behandlung mit Oxydationsmitteln gebläuet. Oefters wendet man bei der Fabrikation des Berlinerblau's Gemenge von Ferrosum- und Ferricumsalzen an, wo der gebildete Niederschlag gleichfalls oxydirt werden muss. In der Regel enthält das käufliche Berlinerblau Thonerde und Thon beigemengt.

Nitroferridcyannatrium, Nitroprussidnatrium, $Fe_{II}Cy_{10}(NO)_2Na_4, 4H_2O$. Zur Darstellung dieses Salzes übergiesst man 4 Th. zerriebenes Blutlaugensalz auf einmal mit $5^1/_2$ Th. käuflicher Salpetersäure, die mit ihrem gleichen Gewichte Wasser verdünnt ist, und erwärmt nach erfolgter Auflösung im Wasserbade, bis die Flüssigkeit mit Ferrosumlösungen keinen blauen Niederschlag mehr gibt. Man lässt erkalten, wodurch sich viel Salpeter ausscheidet und concentrirt die grüne Mutterlauge wiederholt, so lange noch Salpeter krystallisirt. Alsdann setzt man zu der erwärmten Flüssigkeit so lange Soda, als ein rein blauer Niederschlag entsteht, und überlässt das Filtrat der freiwilligen Verdunstung. Das Nitroprussidnatrium bildet rubinrothe luftbeständige leicht lösliche rhombische Krystalle. Aus diesem Salz kann man durch doppelte Zersetzung andere Nitroferridcyansalze erhalten; aus der Bariumverbindung lässt sich durch Schwefelsäure die Nitroferridcyanwasserstoffsäure gewinnen.

Die löslichen Nitroferridcyanmetalle geben mit den Schwefelalkalien eine tief purpurrothe Färbung und dienen daher zur Entdeckung geringer Schwefelmengen.

Ferrosumsulphocyanür, $Fe(SCy)_2 + 3H_2O$, scheidet sich aus einer im luftleeren Raum über Schwefelsäure verdampften Lösung von Eisen in möglichst concentrirter Schwefelblausäure in intensiv grünen ziemlich grossen schief-rhombischen Prismen aus. Leicht löslich in Wasser und Alkohol; färbt sich an der Luft roth.

Ferricumsulphocyanid, $Fe_{II}(SCy)_4 + 3H_2O$, wird als dunkelbraunrothe fast schwarze krystallinische Masse erhalten, wenn die Lösung von frisch gefälltem Eisenoxydhydrat in concentrirter Schwefelblausäure über Schwefelsäure eintrocknet. Leicht löslich in Wasser, Alkohol und Aether. Letzteres entzieht es seiner wässerigen Lösung unter violett-purpurrother Färbung. Im Lichte wird es in ätherischer Lösung zu Ferrosumsulphocyanür reducirt.

Setzt man zu einer salzsauren Eisenoxydlösung Sulfocyankalium, so entsteht eine intensiv rothe Färbung von Ferricumsulphocyanid, wodurch noch sehr geringe Mengen von Eisenoxyd angezeigt werden.

Allgemeine Bemerkungen.

Die Atomgrösse des Eisens und Mangans ergibt sich aus der specifischen Wärme dieser Metalle und aus dem Isomorphismus einer Anzahl ihrer Verbindungen mit den entsprechenden Verbindungen solcher Elemente, deren Atomgrösse durch die Dampfdichte von Verbindungen festgestellt ist. Zu diesen Elementen gehört Zink, welches, wie im Vorhergehenden dargelegt ist, viele Verbindungen bildet, die isomorph mit den entsprechenden des Eisens und Mangans sind. Ferner gehört hierzu Schwefel, indem schwefelsaures- und mangansaures Kalium isomorph sind, und endlich auch Chlor, wegen des Isomorphismus von übermangansauren mit überchlorsauren Salzen.

Die Moleculargrösse des Eisens und Mangans ist nicht bekannt. Bei diesen Metallen finden wir eine ausgeprägte Fähigkeit eine wechselnde Anzahl von Affinitäten äussern zu können. Als Ferrosum und Manganosum treten sie bivalent auf; sie gehören in dieser Form mit Zink, Magnesium, Calcium und andern Metallen von ausschliesslicher Bivalenz in ein und dieselbe Klasse.

In dem Zustande, in dem Eisen und Mangan die Namen Ferricum und Manganicum führen, äussern sie vier Affinitäten. In dieser Form bilden sie viele biatome Verbindungen, welche mit den entsprechenden des Aluminiums isomorph sind. Dieser Isomorphismus bestätigt die Atomgrösse für Aluminium, zu welcher seine spec. Wärme führt. Bemerkenswerth ist es, dass Aluminium nur diatom und quadrivalent aufzutreten scheint, Eisen vorzugsweise leicht in den diatomen und quadrivalenten Zustand übergeht und Mangan ein entschiedenes Bestreben hat ihn zu verlassen. Die Neigung des Eisens, den diatomen und quadrivalenten Zustand anzunehmen, bewirkt die leichte Oxydirbarkeit der Ferrosumsalze, sie macht, dass die Oxyde des Eisens beim Glühen an der Luft endlich in Eisenoxyd übergehen. Dem entgegengesetzt sind von den Salzen des Mangans die des Manganosums die stabileren, und die Oxyde dieses Metalls gehen bei der stärksten Glühhitze in Oxydul über. Während also der diatome Zustand beim Eisen stabiler ist als beim Mangan, besitzt Mangan im monatomen Zustande stärkere Affinitäten als Eisen. Dieses folgt in qualitativer Beziehung daraus, dass Zink die Manganoxydullösungen und dass Wasserstoff das Manganoxydul beim Glühen nicht weiter reducirt, während Eisen sowohl durch Zink aus seinen Lösungen, als auch durch Wasserstoff in der Hitze aus seinen Oxyden reducirt wird.

In quantitativer Beziehung ist die Affinität des Mangans grösser als die des Eisens zu nennen, weil man von diesem Metalle kein Bioxyd kennt, welches dem Braunstein entspricht, und weil Mangan noch die Uebermangansäure bildet, deren Analogon dem Eisen gänzlich fehlt.

Die *Ferrosumsalze* sind im wasserfreien Zustande meistens weiss, im wasserhaltigen schwach grün oder blau; einige sind jedoch stärker gefärbt. Sie sind meist auflöslich, die Lösungen der neutralen Salze reagiren neutral, schmecken stark zusammenziehend und etwas süsslich. Die Salze haben schon im festen Zustande, namentlich wenn sie Krystallwasser enthalten, Neigung sich höher zu oxydiren, sich dunkler grün zu färben und auf der Oberfläche gelbliches basisches Oxydsalz zu bilden. In Auflösungen oxydirt sich das Ferrosum beim Zutritt der Luft weit leichter, als in den festen Salzen; besonders leicht aber erleidet Ferrosumhydryloxyd Oxydation Die Ferrosumsalze werden durch Ferridcyankalium blau gefällt. Sie geben gleich den Magnesium- und Zinksalzen mit den Salzen des Ammoniums leicht lösliche, durch Ammoniak nicht zersetzbare Doppelsalze, welche beim Kochen mit Kalilauge Eisenoxydulhydrat fallen lassen. Die Ferrosumsalze geben mit Schwefelwasserstoff keine Fällung, wohl aber mit Schwefelammonium, welches schwarzes, an der Luft sich rasch oxydirendes Schwefeleisen fällt. Sie geben mit Gerbsäure keinen Niederschlag. Das saure Ferrosumcarbonat ist gleich den sauren Carbonaten des Calciums, Magnesiums, Zinks und anderer Metalle löslich in Wasser. Aus Ferrosumlösungen fällen Magnesium und Zink metallisches Eisen.

Die *Manganosumsalze* sind meist in Wasser auflöslich; sie sind farblos oder schwach rosenroth gefärbt, schmecken zusammenziehend und reagiren schwach sauer. Sie oxydiren sich weder an der Luft, noch beim Kochen mit Salpetersäure oder bei der Behandlung mit Chlor. Sie bilden mit den Ammoniaksalzen leicht lösliche, durch Ammoniak nicht zersetzbare Doppelsalze, welche beim Kochen mit Kalilauge Ammoniak entwickeln, und weisses, an de rLuft sich rasch höher oxydirendes und braunfärbendes Manganoxydulhydrat fallen lassen. Durch Schwefelwasserstoff werden sie nicht zersetzt, aber mit Schwefelammonium geben sie einen gelblich-fleischrothen, an der Luft sich oxydirenden und bräunenden Niederschlag von Schwefelmangan. Unterchlorigsaure Salze schlagen aus den Lösungen der Manganosumsalze schwarzbraunes Hyperoxydhydrat nieder. Manganosumcarbonat verhält sich wie die mit ihm isomorphen Carbonate. Das Oxyhydrür ist unlöslich in Wasser. Aus Manganosumsalzen wird Mangan durch Magnesium abgeschieden.

Das Mangan erkennt man vor dem Löthrohr leicht an der amethystrothen Färbung, welche es den Boraxperlen ertheilt.

Die neutralen Salze des *Ferricums* sind weiss, roth, braun oder von anderer Färbung. Die löslichen röthen Lackmuspapier und schmecken herbe. Eisen und viele andere Metalle, selbst Silber beim Kochen, führen das Ferricum in Ferrosum über. Ebenso wirken schweflige Säure, Schwefelwasserstoff und andere leicht oxydirbare (auch organische) Materien. Aus Ferricumlösungen fällt Ammoniak, auch bei Gegenwart von Ammoniumsalzen, gelbbraunes Eisenoxydhydrat. Die Carbonate der Alkalien, der alkalischen Erden und anderer Metalloxyde fällen alles Ferricum aus seinen gelösten Verbindungen. Mit Gerbsäure geben sie einen bläulich schwarzen und mit Ferrocyankalium einen tiefblauen Niederschlag.

Eisenoxydul und Eisenoxydverbindungen unterscheidet man vorzüglich durch ihr Verhalten gegen Ferro- und Ferridcyankalium, zu ihrer Trennung benutzt man das abweichende Verhalten ihrer sauren Lösungen zu den Carbonaten der alkalischen Erden. Hierdurch wird in der Kälte nur Ferricum gefällt, während Ferrosum in der kohlensauren Flüssigkeit gelöst bleibt.

Manganhaltiges Roheisen ist für die Darstellung von Stahl und Stabeisen wahrscheinlich desshalb besonders geeignet, weil Mangan leicht Oxydation erleidet und weil seine höheren Oxyde, bei Gegenwart oxydirbarer Substanzen, leicht Reduction erleiden. Wonach Mangan als Ueberträger des Sauerstoffs der Luft auf die Verunreinigungen des Roheisens wirkt, deren Oxydation befördert und so die Reinigung des Roheisens erleichtert.

b) Kobalt und Nickel.

32. Kobalt. Co. Atomgewicht 60. Atomwärme 6,4.

33. Nickel. Ni. Atomgewicht 58. Atomwärme 6,4.

Vorkommen. Nicht sehr verbreitet; stets zusammen. Sie finden sich in kleinen Mengen in allem Meteoreisen; in Verbindung mit Schwefel als Kobaltkies und als Haarkies; ferner als Bestandtheil mancher Schwefel-, Magnet- und Kupferkiese; in Verbindung mit Arsen als Speiskobalt und als Kupfernickel; mit Schwefel und Arsen verbunden als Kobaltglanz.

Gewinnung. Dieselbe ist je nach der Natur der Erze verschieden. Schwefel und Arsen enthaltende Erze röstet man für sich und mit Kohle, behandelt das Röstgut mit Salzsäure, und zwar wenn es Eisen enthält mit einer unzureichenden Menge, indem sich dann nur ein Theil des Eisens neben allem Kobalt und Nickel auflöst. Aus der Lösung fällt man das Eisen als Oxydhydrat durch Kreide, decantirt und fällt die anderen Metalloxyde fractionirt durch Kalkmilch. Aus den gefällten Oxyden erhält man durch Glühen mit Kohle die Metalle. Aus nickelhaltigen Kupfererzen stellt man Legirungen von Nickel und Kupfer dar.

Zur Darstellung von reinem Kobalt oder Nickel glüht man Speiskobalt oder Kupfernickel mit 2 Th. Chilisalpeter und 2 Th. Soda längere Zeit; hierdurch werden alle Metalle oxydirt und wird arseniksaures Natron gebildet, welches man der Schmelze durch Wasser entzieht. Die zurückbleibenden Oxyde (oder auch käufliches Nickel) löst man in Salzsäure, fällt aus der auf ungefähr 70° erwärmten Lösung durch Einleiten von Schwefelwasserstoff Kupfer, Wismuth und einen Rest des Arsens, filtrirt, erhitzt zur Entfernung des überschüssigen Schwefelwasserstoffs, oxydirt das Eisen durch Zusatz von etwas Salpetersäure oder Kaliumchlorat und fällt heiss durch Soda. Der Niederschlag besteht aus Eisenoxydhydrat und den Carbonaten des Kobalts und Nickels, man filtrirt ihn ab, wäscht und übergiesst ihn mit einem Ueberschuss von wässriger Oxalsäure. Hierdurch wird das Eisenoxyd gelöst, während Kobalt und Nickel als Oxalate ungelöst bleiben. Man filtrirt das Ungelöste ab, wäscht und löst in concentrirter Ammoniak-Flüssigkeit. Die Lösung verliert beim Stehen an der Luft Ammoniak und scheidet dabei Nickel als blaugrünes Nickelammoniumoxalat ab, während das Kobalt mit purpurrother Farbe gelöst bleibt. Durch Glühen der getrennten und getrockneten Salze erhält man die Metalle.

Geringe Mengen Kobalt lassen sich dadurch aus einer concentrirten, durch Zusatz von Kalilauge neutralisirten Lösung von Nickel entfernen, dass man mit einer concentrirten Auflösung von Kaliumnitrit versetzt, mit Essigsäure ansäuert und nach 24 Stunden den enstandenen Niederschlag von salpetrigsaurem Kobaltoxyd-Kali abfiltrirt.

Eigenschaften. Kobalt besitzt eine stahlgraue Farbe mit einem Stich ins Röthliche, ist stark glänzend, politurfähig, hart, fest und dehnbar. Spec. Gew. 8,5. Schmilzt ungefähr so schwer wie Roheisen. Ist magnetisch. Hält sich an der Luft und löst sich sehr langsam in Säuren unter Entwicklung von Wasserstoff.

Nickel ist stahlgrau mit einem Stich ins Gelbliche, stark glänzend, politurfähig, hart, zähe und dehnbar. Spec. Gew. 8,8. Fast so strengflüssig wie Stabeisen. Bleibt an der Luft blank, läuft beim Erhitzen mit Stahlfarben an; löst sich in Säuren gleichfalls sehr lang- unter Entwicklung von Wasserstoff.

Verbindungen.

Kobaltchlorür, *Chlorcobaltosum*, $\text{Co}Cl_2$, wird durch Verbrennen von Kobaltpulver im Chlorgase oder durch Abdampfen der wässrigen Lösung und Sublimation des Rückstandes im Chlorgasstrome in blauen krystallinischen Massen erhalten. Färbt sich an der Luft unter Aufnahme von Wasser rosenroth und ist dann leicht löslich in Wasser, während das blaue Kobaltchlorür damit nur langsam eine rothe Lösung gibt. Bildet mit 6 Mol. Wasser rothe monokline Krystalle. Seine rothe Lösung wird durch Zusatz von concentrirter Salzsäure oder Alkohol blau, wahrscheinlich weil die Lösung nun wasserfreies Salz enthält. Wird durch Einleiten von Chlor in seine verdünnte, viel Salzsäure enthaltende Lösung in Kobaltchlorid, $\text{Co}_{II}Cl_6$, verwandelt.

Nickelchlorür, $NiCl_2$, wird wie Kobaltchlorür erhalten. Sublimirt in gelben glänzenden Krystallschuppen. Entwickelt beim Erhitzen an der Luft Chlor, indem sich Nickeloxydul bildet. Wird durch Wasserstoff in der Hitze leicht zu Metall reducirt. Gibt mit Wasser eine grüne Lösung und grüne monokline Krystalle von $NiCl_2 + 6H_2O$, welche mit den entsprechenden des Kobalts isomorph sind.

Kobaltoxydul, $\text{Co}O$, wird durch gelindes Glühen des Hydrats oder Carbonats bei abgehaltener Luft erhalten. Olivengrün. Ist durch Kohle oder Wasserstoff leicht zu reduciren. Färbt die Borax- und Phosphorsalzperle tiefblau.

Cobaltosumoxyhydrür, $\text{Co}(OH)_2$, entsteht, wenn ein Cobaltosumsalz mit überschüssiger Natronlauge erhitzt wird, als blassrother Niederschlag. Löst sich in wässrigen Ammoniumsalzen mit brauner Farbe, nicht in Ammoniakflüssigkeit.

Kobaltoxyd, *Cobalticumoxyd*, $\text{Ɵo}_{II}\text{Ɵ}_3$, wird durch gelindes Glühen des salpetersauren Kobaltoxyduls erhalten. Entwickelt mit Salzsäure Chlor, indem sich Kobaltchlorür bildet, mit Schwefel- und Salpetersäure, unter Bildung von Oxydulsalz, Sauerstoff. Zerfällt beim Erhitzen in Oxyduloxyd und Sauerstoff.

Cobalticumoxyhydrür, $\text{Ɵo}_{II}(\text{ƟH})_6$, bildet sich bei der Behandlung von Kobaltoxydulverbindungen mit unterchlorigsaurem Salz oder mit Chlor in alkalischer Lösung. Wird durch Bariumcarbonat aus kalter oder warmer Kobaltchloridlösung gefällt. Schwarzer Niederschlag; gibt beim Erhitzen Wasser und Sauerstoff ab und lässt Oxyduloxyd. Verhält sich gegen Säuren wie das Anhydrid. Man kennt nur wenige Salze des Kobaltoxyds.

Kobaltoxyduloxyd, $\text{Ɵo}_{II}\text{Ɵ}_4\text{Ɵo}$, entsteht beim schwachen Glühen des Kobalts oder seiner Oxyde an der Luft. Schwarzes Pulver. Löst sich unter Chlorentwicklung in Salzsäure zu Kobaltchlorür.

Nickeloxydul, NiƟ, wird erhalten durch Erhitzen seines Hydrats oder durch Glühen seines Nitrats oder Carbonats. Grünlich grau. Entsteht öfters bei der Verhüttung nickelhaltiger Kupfererze in regulären Octaëdern, welche in Säuren unlöslich sind. Wird durch Wasserstoff und Kohlenoxyd leicht reducirt.

Nickelhydryloxydul, $\text{Ni}(\text{ƟH})_2$, wird aus Nickelsalzlösungen durch alkalische Lauge als apfelgrüner voluminöser Niederschlag abgeschieden. Ist in Ammoniakflüssigkeit und wässrigen Ammoniumsalzen löslich.

Nickeloxyd, $\text{Ni}_{II}\text{Ɵ}_3$, entsteht bei gelindem Glühen des salpeter- oder kohlensauren Oxydulsalzes als schwarzes Pulver. Verhält sich gegen Säuren wie Kobaltoxyd. Löst sich in Ammoniakflüssigkeit unter Entwicklung von Stickstoffgas auf.

Nickelhydryloxyd, $\text{Ni}_{II}(\text{ƟH})_6$, bildet sich beim Einleiten von Chlor in die kalte Mischung eines Nickeloxydulsalzes mit Natronlauge. Schwarzer Niederschlag. Gibt beim Glühen Wasser und Sauerstoff ab und lässt Oxydul. Wird schon beim Kochen mit reinem Wasser zersetzt. Entwickelt mit Salzsäure Chlor und bildet keine Salze.

Schwefelkobalt, $\text{Ɵo}_{II}\text{S}_4\text{Ɵo}$, findet sich als K o b a l t k i e s in zinnweissen bis stahlgrauen regelmässigen Octaëdern. Kobalt und Schwefel lassen sich durch Zusammenschmelzen in verschiedenen Verhältnissen verbinden. Kobalt wird aus essigsauren und aus alkalischen Lösungen durch Schwefelwasserstoff als schwarzes Schwefelkobalt, welches in verdünnten Säuren schwer löslich ist, gefällt.

Schwefelnickel, NiS, kommt als **Haarkies** in messinggelben haarförmigen sechsseitigen Säulen vor. Im Kobaltkies von Müsen ist über die Hälfte des Kobalts durch Nickel vertreten. Schwefel und Nickel lassen sich in mehreren Verhältnissen zusammenschmelzen. Schwefelwasserstoff und die Schwefelalkalien verhalten sich gegen Nickelsalze wie gegen Kobaltsalze. Gefälltes schwarzes Schwefelnickel ist in verdünnter Salzsäure ebenfalls schwer löslich; es ist auch in wässrigem Ammoniumsulfhydrür unter Braunfärbung etwas löslich.

Kobaltsulphat, Cobaltosumsulphat, $SO_4Co + 7H_2O$, bildet braunrothe monokline Krystalle. Isomorph mit Ferrosum- und Manganosumsulphat. Krystallisirt bei 40 bis 60° mit 6 Mol. Wasser und ist in dieser Form isomorph mit den analog zusammengesetzten Sulphaten des Magnesiums, Zinks, Ferrosums und Manganosums.

Kobalt-Ammoniumsulphat, $Co(OSO_2\text{-}NH_4)_2 + 6H_2O$, bildet rothe monoklinometrische Krystalle. Isomorph mit einem analog zusammengesetzten Kobalt-Kaliumsalz und den entsprechenden Salzen des Magnesiums, Zinks, Eisens und Mangans.

Nickelsulphat, $SO_4Ni + 7H_2O$, krystallisirt bei 15 bis 20° in durchsichtigen smaragdgrünen Rhomben. Isomorph mit Magnesium- und Zinksulphat. Scheidet sich bei 40 bis 50° oder in der Kälte aus einer mit Schwefel- oder Salzsäure angesäuerten Lösung mit 6 Mol. Wasser in quadratischen und bei 50 bis 70° mit demselben Wassergehalt in monoklinen Krystallen ab. Auch diese Krystalle sind mit denjenigen der entsprechenden Salze des Magnesiums, Zinks und Kobalts isomorph.

Nickel-Ammoniumsulphat, $Ni(OSO_2\text{-}NH_4)_2 + 6H_2O$, und
Nickel-Kaliumsulphat, $Ni(OSO_2K)_2 + 6H_2O$, bilden blaugrüne monokline Krystalle. Isomorph mit den entsprechenden Salzen der Metalle der Magnesiumgruppe.

Arsenkobalt findet sich als *Speiskobalt*, $CoAs_2$, und als *Tesseralkies*, $CoAs_3$, in regulären Krystallen. Zerfällt beim Erhitzen in Arsen und eine arsenärmere Verbindung.

Schwefel-Arsenkobalt, CoSAs, bildet den regulär krystallisirten **Kobaltglanz**. Röthlich silberweiss, stark-glänzend. Verändert sich nicht beim Erhitzen für sich.

Arsennickel, NiAs, ist das am häufigsten vorkommende Nickelerz und führt den Namen **Kupfernickel**. Rhombisch, hellkupferroth, spröde. Wird beim Glühen für sich nicht verändert. Ni_2As findet sich als **Plakodin** in messinggelben monoklinen Krystallen. $NiAs_2$ kommt als **Weissnickelkies** in zinnweissen spröden regulären Krystallen vor.

Schwefel-Arsennickel, NiSAs, kommt als **Nickelglanz** in zinnweissen bis bleigrauen regulären Krystallen vor.

Antimonnickel, NiSb, findet sich als seltenes Mineral. Hellkupferroth mit einem Stich ins Violette.

Salpetrigsaures Kobaltoxyd-Kali, $(N\Theta_2)_4Co_{II}(\Theta H)_2 + 6N\Theta_2K + H_2\Theta$ (?). Dieses Salz scheidet sich allmählich von der Oberfläche der gemischten neutralen Lösungen von Kobaltoxydulsalz und salpetrigsaurem Kali, unter Sauerstoffabsorption, ab. Rascher erfolgt seine Bildung, wenn den gemischten Lösungen nach einiger Zeit etwas Salpeter- oder Essigsäure zugefügt wird. Unlöslich in Wasser, welches Kaliumsalz gelöst enthält, und in Weingeist von 80 Proc. Dient zur Trennung des Kobalts vom Nickel. Aehnliche unlösliche Niederschläge bilden Calcium-, Barium- und Strontiumnitrit.

Kobaltnitrat, $(N\Theta_3)_2Co + 6H_2\Theta$, krystallisirt in zerfliesslichen rothen Prismen.

Kobaltcarbonate. Bei der Einwirkung von neutralem oder saurem Alkalicarbonat auf Kobaltoxydullösungen entstehen rosenrothe Niederschläge von neutralem oder basischem Kobaltcarbonat. Löslich in kohlensäurehaltigem Wasser.

Nickelcarbonate. Nickeloxydul und sein Hydrür nehmen Kohlensäure aus der Luft auf. Basische Nickelcarbonate entstehen als apfelgrüne Niederschläge beim Vermischen von Nickellösungen mit neutralem oder saurem Alkalicarbonat. Löslich in kohlensäurehaltigem Wasser.

Kobaltoxalat, $C_2\Theta_4Co + 2H_2\Theta$, bildet sich beim Digeriren des Carbonats mit überschüssiger wässriger Oxalsäure. Rosenrothes Pulver; in Wasser und in Oxalsäurelösung fast vollständig unlöslich. Löst sich mit rother Farbe in Ammoniakflüssigkeit.

Nickeloxalat, $C_2\Theta_4Ni + 2H_2\Theta$, lässt sich wie das Kobaltsalz erhalten. Grünlichweiss, löst sich nicht in Wasser, sehr wenig in kochender wässriger Oxalsäure und leicht in Ammoniakflüssigkeit. Diese Lösung, welche eine violettblaue Färbung besitzt, entfärbt sich allmählich an der Luft unter Verdunsten von Ammoniak und Absatz blass-bläulichgrüner Rinden von basischem Nickeloxydul-Ammoniumoxalat, $H\Theta\text{-}Ni\text{-}\Theta\text{-}C_2\Theta_2\text{-}\Theta\text{-}NH_4 + 2H_2\Theta$, welches in Wasser unlöslich ist.

Kobaltcyanür, $CoCy_2 + 3H_2\Theta$, wird als röthlichbrauner Niederschlag beim Vermischen der Lösungen von Blausäure und essigsaurem Kobaltoxydul erhalten. Verliert bei 250° sein Krystallwasser und wird blau. Unlöslich in Wasser und in verdünnten Säuren, löslich in Salmiak-, Ammoniak- und Cyankaliumlösungen. Die Lösung in wässrigem Cyankalium entwickelt bei Zusatz von Säuren Cyanwasserstoff und lässt Kobaltcyanür fallen. Beim Erwärmen entwickelt sie Wasserstoff unter Bildung von:

Kalium-Kobaltcyanid, $\text{Ꞓo}_{II}\text{Cy}_6,6\text{KCy}$, welches nach der folgenden Gleichung entsteht:

$$2\text{ꞒoCy}_2 + 8\text{KCy} + 2\text{H}_2\Theta = \text{Ꞓo}_{II}\text{Cy}_{12}\text{K}_6 + 2\text{KOH} + \text{H}_2.$$

Bildet blassgelbe durchsichtige Krystalle, welche mit denjenigen des Kalium-Eisencyanids isomorph sind. Wird durch verdünnte Säuren nicht zersetzt. Gibt mit vielen Metallsalzen unlösliche Niederschläge.

Wasserstoff-Kobaltcyanidsäure, $\text{Ꞓo}_{II}\text{Cy}_{12}\text{H}_6$, entsteht bei der Einwirkung von Schwefelwasserstoff auf Kalium-Bleicyanid. Bildet farblose fasrige Krystalle, ist zerfliesslich und schmeckt stark sauer.

Cyannickel, ꞒNiCy_2, wird aus den Lösungen des essigsauren Nickeloxyduls durch Blausäure als blass apfelgrüner Niederschlag gefällt. Löst sich in wässrigem Cyankalium.

Kalium-Nickelcyanür, $\text{NiCy}_2,2\text{KCy} + \text{H}_2\Theta$, bildet gelbe durchsichtige Krystalle. Aus seiner Lösung fällen Säuren Cyannickel. Erleidet beim Kochen keine Veränderung. Wenn man eine kalt gehaltene Lösung dieses Salzes in Natronlauge mit Chlor sättigt, so fällt alles Nickel als Oxyd nieder.

Nickel-Kobaltcyanid, $\text{Ꞓo}_{II}\text{Cy}_6,3\text{NiCy}_2$, entsteht als grüner Niederschlag, wenn einer Lösung von Kalium-Kobaltcyanid, welche Kalium-Nickelcyanür enthält, Salzsäure zugefügt wird.

Ammoniumverbindungen des Kobalts.

Die trocknen Kobaltoxydulsalze besitzen das Vermögen Ammoniakgas zu absorbiren und damit eigenthümliche Verbindungen zu bilden. Aehnliche Verbindungen entstehen beim Auflösen der Kobaltoxydulsalze in wässrigem Ammoniak bei Luftabschluss. Sie sind oft krystallisirbar, meist rosenroth gefärbt, lösen sich, ohne Zersetzung zu erleiden, in wässrigem Ammoniak; sie werden durch reines Wasser unter Abscheidung von basischem Salz zersetzt. Ihre ammoniakalischen Lösungen absorbiren an der Luft Sauerstoff und bilden eigenthümliche Verbindungen salzartiger Natur, wobei der alkalische Geruch und Geschmack verschwindet. Je nach den Verhältnissen entstehen verschiedenartige Verbindungen.

Setzt man die concentrirte Lösung eines Cobaltosumsalzes in Ammoniakflüssigkeit der Luft aus, so scheiden sich aus der braungewordenen, noch stark ammoniakalischen Lösung öfters olivenfarbene Krystalle. Diese zersetzen sich unter Aufbrausen und Sauerstoffentwicklung langsam mit kaltem und rasch mit heissem Wasser. In ihnen ist ein Atom Cobalticum mit den Elementen von 5 Mol. Ammoniak enthalten. Man hat sie als **Oxykobaltiaksalze** (**Cobaltipentammoniumverbindungen**) bezeichnet.

Die von den ausgeschiedenen Krystallen getrennte braune Lösung enthält Salze eines anderen Ammoniums, welches zwei Atome Cobalticum (Dicobalticum) und 8 Molecule Ammoniak enthält. Sie sind als **Fuskobaltiaksalze** (**Dicobaltioktammoniumverbindungen**) unterschieden worden.

Bei fortgesetzter Absorption von Sauerstoff verliert die Lösung die braune Farbe, indem sie sich violett oder roth färbt. Sie enthält nun **basisches** oder **neutrales** Salz eines **Dicobaltideciammoniums**, und hieraus bilden sich bei der Behandlung mit Ammoniumsalz oder Ammoniak Salze eines **Dicobaltiduodeciammons**.

Hiernach hat man beispielsweise:

1) *Basisches Cobaltipentammonnitrat*, $2H\Theta,\overset{4}{Co},5NH_3,2N\Theta_3$.
(*Salpetersaures Oxykobaltiak.*)

2) *Basisches Dicobaltioctammonsulphat*, $2H\Theta,\overset{6}{Co_{II}},8NH_3,2S\Theta_4,3H_2\Theta$.
(*Schwefelsaures Fuskobaltiak.*)

3) *Dicobaltideciammonchlorür*, $\overset{6}{Co_{II}},10NH_3,6Cl,2H_2\Theta$.
(*Salzsaures Roseokobaltiak.*)

4) *Basisches Dicobaltideciammonchlorür*, $2H\Theta,\overset{6}{Co_{II}},10NH_3,4Cl,2H_2\Theta$.
(*Salzsaures Purpureokobaltiak.*)

5) *Dicobaltiduodeciammonchlorür*, $\overset{6}{Co_{II}},12NH_3,6Cl$.
(*Salzsaures Luteokobaltiak.*)

Ueber die Art der Anordung der Atome in diesen Verbindungen hat man noch keine sichere Kenntniss. Es lassen sich darin verschiedene Ammonium-Arten, in welchen Wasserstoff durch Cobalticum und auch durch Ammonium substituirt ist, annehmen.

Das Folgende ergibt, in welcher Weise sich diese Annahme machen lässt.

Basisches Cobaltipentammonnitrat, salpetersaures Oxykobaltiak,

$$(H\Theta\text{-}NH_3)_2\overset{4}{Co}\begin{cases}NH_3\text{-}\Theta_3N\\ N(NH_4)H_2\text{-}\Theta_3N\end{cases},$$

bildet kleine glänzende Prismen, die im feuchten Zustande glänzend braun, getrocknet oft grün sind. Löst sich in warmer Ammoniakflüssigkeit und scheidet sich daraus in ziemlich grossen Prismen ab. Es ist zerfliesslich und zersetzt sich an feuchter Luft.

Basisches Dicobaltioctammonsulphat, schwefelsaures Fuskobaltiak,

$$(H\Theta\text{-}NH_3)_2Co_{II}\left\{\begin{matrix}|NH_3|_2\text{-}\Theta_4S \\ |N(NH_4)H_2|_2\text{-}\Theta_4S\end{matrix}\right\} + 3H_2\Theta,$$

wird durch Alkohol aus einer an der Luft braungewordenen ammoniakalischen Lösung von Cobaltosumsulphat als brauner harzartiger Körper gefällt. Ist, wie alle Fuskobaltiaksalze, nicht krystallisirbar.

Dicobaltideciammonchlorür, salzsaures Roseokobaltiak,

$$(Cl\text{-}NH_3)_2Co_{II}|N(NH_4)H_2Cl|_4 + 2H_2O,$$

bildet sich, wenn eine an der Luft roth gewordene ammoniakalische Lösung von Kobaltchlorür unter Vermeidung von Temperaturerhöhung mit concentrirter Salzsäure vermischt wird. Hierbei scheidet es sich als ziegelrothes Pulver ab. Löst sich wenig in kaltem, mehr in heissem Wasser mit tief kirschrother Farbe. Seine Lösung zersetzt sich rasch, sie entwickelt beim Kochen Ammoniak, wird durch Zusatz von Salzsäure jedoch haltbarer, und aus einer solchen Lösung lässt sich das Salz in rubinrothen regulären Octaëdern krystallisirt erhalten. Schmeckt rein salzig, nicht metallisch und reagirt neutral. Bildet mit den Chloriden des Platins, Quecksilbers und anderer electronegativer Metalle Doppelsalze.

Die Roseokobaltiaksalze sind meist krystallisirbar, im Allgemeinen fast unlöslich in kaltem und ohne Zersetzung löslich in schwach angesäuertem warmen Wasser. Man erhält sie aus den Fuskobaltiaksalzen durch Kochen mit wässrigen Ammoniumsalzen:

$$(H\Theta\text{-}NH_3)_2Co_{II}\left\{\begin{matrix}|NH_3Cl|_2 \\ |N(NH_4)H_2Cl|_2\end{matrix}\right. + 2NH_4Cl = (ClNH_3)_2Co_{II}|N(NH_4)H_2Cl|_4.$$

Basisches Dicobaltideciammonchlorür, Purpureokobaltchlorür,

$$(H\Theta\text{-}NH_3)_2Co_{II}\,|N(NH_4)H_2Cl|_4 + 2H_2\Theta,$$

findet sich in den rothen oxydirten ammoniakalischen Kobaltchlorürlösungen, woraus es sich beim längeren Stehen abscheidet. Es bildet kleine violettrothe oder purpurfarbene quadratische Krystalle, ist fast unlöslich in kaltem Wasser, schmeckt rein salzig, nicht metallisch. Gibt bei der Behandlung mit warmer Salzsäure Roseokobaltchlorür.

Dicobaltideciammonsulphat, Roseokobaltsulphat,

$$SO_4(NH_3)_2Co_{II}|N(NH_4)H_2|_4\text{-}(O_4S)_2 + 5H_2\Theta$$

wird erhalten, wenn man eine ammoniakalische Lösung von schwefelsaurem Kobaltoxydul 30 bis 60 Minuten lang kochen lässt und während dieser Zeit mit soviel Indigblau versetzt, als sie aufzulösen vermag, wobei man die Lösung durch Zusatz von Ammoniakflüssigkeit alkalisch erhält, die intensiv violett gefärbte Flüssigkeit filtrirt und nach dem Erkalten unter Vermeidung von Wärmeentwicklung mit Schwefelsäure versetzt. Hierbei schlägt es sich als ziegelrothes Pulver nieder. Kann aus schwefelsäurehaltigem Wasser umkrystallisirt werden, wobei es kirschrothe quadratische Krystalle bildet. Fast unlöslich in kaltem, wenig löslich in siedendem Wasser.

Basisches Dicobaltideciammonsulphat, Purpureokobaltsulphat,

$$(S\Theta_4)_2\text{-}[N(NH_4)H_2]_4\Theta o_{II}(NH_2\text{-}\Theta H)_2 + 4H_2\Theta,$$

bildet sich beim Erhitzen von Fuskobaltiaksulphat mit concentrirter weingeistiger Ammoniaklösung bei Luftabschluss. Ein luftbeständiges krystallinisches Pulver, wenig löslich in kaltem Wasser.

Dicobaltideciammonoxyhydrür, Roseokobaltiak,

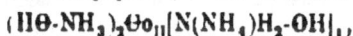

$$(H\Theta\text{-}NH_3)_2\Theta o_{II}[N(NH_4)H_2\text{-}\Theta H]_4,$$

entsteht bei der Einwirkung von Barytwasser auf das Sulphat, in rosenfarbiger, stark alkalisch reagirender Lösung, welche nicht nach Ammoniak riecht, sich aber beim Erhitzen oder Concentriren unter Entwicklung von Ammoniak und Abscheidung von Dicobalticumoxyhydrür zersetzt.

Dicobaltideciammonnitrit-nitrat, salpetersaures Xanthokobaltiak,

$$(N\Theta_2\text{-}NH_3)_2\Theta o_{II}[N(NH_4)H_2\text{-}\Theta_3N]_4,$$

entsteht beim Einleiten von salpetriger Säure und Stickstoffbioxyd in eine ammoniakalische Lösung von salpetersaurem Kobaltoxydul. Scheidet sich aus der zuletzt orangegelb werdenden Lösung in hell-braungelben quadratischen Pyramiden ab. Ist in kaltem Wasser wenig löslich. Zersetzt sich beim Kochen mit Wasser. Entwickelt mit stärkeren Säuren salpetrige Säure und bildet Roseokobaltiaksalz.

Andere Xanthokobaltiaksalze entstehen auf analoge Weise. Bemerkenswerth ist, dass sie bei doppelten Zersetzungen mit anderen Salzen die salpetrige Säure nicht abgeben.

Dicobaltiduodeciammonchlorür, salzsaures Luteokobaltiak,

$$\Theta o_{II}[N(NH_4)H_2Cl]_6.$$

Zur Darstellung dieses Salzes gibt man zu einer ammoniakalischen Kobaltchlorürlösung viel Salmiak, fügt Bleihyperoxyd hinzu und erhitzt eine halbe Stunde zum gelinden Sieden. Man übersättigt die filtrirte gold- bis dunkelrothgelbe Lösung mit Salzsäure und lässt stehen, bis sich das gebildete Luteokobaltchlorid ausgeschieden hat. Löst sich leicht in siedendem Wasser und scheidet sich beim Abkühlen seiner Lösung grösstentheils unverändert in bräunlich orangefarbenen rhombischen Krystallen ab. Wird aus seiner Lösung durch Salzsäure oder

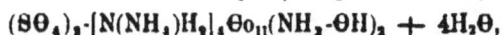

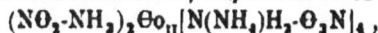

Chlorammonium unverändert gefällt. Bildet mit den Chloriden der electronegativen Metalle Doppelsalze.

Luteokobaltiaksalze bilden sich auch bei der Einwirkung von starkem Ammoniak auf Roseokobaltiaksalze:

$$\Theta o_{II}\begin{cases}[NH_3]_2\text{-}\Theta_4 S \\ [N(NH_4)H_2]_4\text{-}(\Theta_4 S)_2\end{cases} + 2NH_3 = \Theta o_{II}[N(NH_4)H_2]_6\text{-}(\Theta_4 S)_3;$$

oder beim Sieden von Purpureosalzen mit wässrigen Ammoniumsalzen:

$$\Theta o_{II}\begin{cases}[NH_3\text{-}\Theta H]_2 \\ [N(NH_4)H_2]_4\text{-}(\Theta_4 S)_2\end{cases} + 2NH_4Cl = \Theta o_{II}[N(NH_4)H_2]_6\text{-}(\Theta_4 S)_3 + 2H_2\Theta.$$

Sie sind meist schön gelb, leicht krystallisirbar, ziemlich beständig und widerstehen während einiger Zeit der Einwirkung des siedenden Wassers. Aus ihren wässrigen Lösungen werden sie durch verdünnte Säuren krystallinisch gefällt. Siedende Kalilauge zersetzt sie unter Entwicklung von Ammoniak und Fällung von Dicobalticumoxyhydrür.

Dicobaltiduodeciammonsulphat, $\Theta o_{II}[N(NH_4)H_2]_6\text{-}(\Theta_4 S)_3 + 5H_2\Theta$, bildet weingelbe rhombische Krystalle.

Dicobaltiduodeciammonoxyhydrür, Luteokobaltiak, $\Theta o_{II}[N(NH_4)H_2\text{-}\Theta H]_6$, entsteht bei der Einwirkung von Barytwasser auf das Sulphat. Seine gelbe Lösung reagirt und schmeckt stark alkalisch; sie zersetzt sich beim Abdampfen unter Entwicklung von Ammoniak. Absorbirt an der Luft Kohlensäure, wobei krystallisirbares neutrales und saures Carbonat entstehen.

Ausser den Kobaltaminverbindungen, welche sich den im Vorstehenden beschriebenen Klassen unterordnen lassen, kennt man noch verschiedene andere, in denen das Verhältniss von Metall und Ammoniak ein abweichendes ist. Da diese Verbindungen jedoch nur ungenau bekannt sind, sollen sie hier nicht beschrieben werden.

Man sieht leicht ein, dass es viele solcher Verbindungen geben muss, wenn das Metall als Cobaltosum, Cobalticum und Dicobalticum sich in verschiedenen Verhältnissen mit NH_3 und $N(NH_4)H_2$ verbindet.

Allgemeine Bemerkungen.

Das Atomgewicht des Kobalts und des Nickels ist durch die specifische Wärme dieser Metalle, durch ihr chemisches Verhalten und namentlich durch den Isomorphismus vieler ihrer Verbindungen mit den

Verbindungen des Magnesiums, Zinks, Eisens und Mangans bestimmt. Ihre Moleculargrösse kennt man nicht.

Sie zeigen untereinander und mit Eisen und Mangan sehr grosse Aehnlichkeit im chemischen Verhalten. In ihren wichtigsten Verbindungen sind sie monatom und bivalent enthalten. Biatom und quadrivalent treten sie seltener auf; namentlich bildet Nickel nur wenige Verbindungen dieser Form. Bemerkenswerth sind die Cyanverbindungen des diatomen und quadrivalenten Kobalts und die ammoniakalischen Kobaltbasen, in welchen dieses Metall gleichfalls diatom und quadrivalent enthalten zu sein scheint.

Die Salze des *Cobaltosums* sind pfirsichblütroth, violett oder rosenroth. In ihnen wird das Metall weder an der Luft noch durch Erhitzen mit Salpetersäure höher oxydirt. Zink fällt aus ihren Lösungen das Metall im regulinischen Zustande. Schwefelwasserstoff fällt aus essigsaurer oder ammoniakalischer Lösung Schwefelkobalt. Ammoniak bringt in geringer Menge einen blauen Niederschlag von basischem Salz hervor, der bei Abschluss der Luft beim längeren Zusammenstehen mit Ammoniak roth wird, indem er sich in Cobaltosumoxyhydrür verwandelt. An der Luft wird er durch Oxydation grünlich. Er löst sich in einem Ueberschuss des Fällungsmittels zu einer rothen Flüssigkeit, welche sich an der Luft oxydirt und braunroth wird. Die oxydirte Lösung gibt mit concentrirter Salzsäure einen Niederschlag von Roseokobaltsalz. Bei Gegenwart von Ammoniumsalzen werden die Cobaltosumsalze nicht durch Ammoniak gefällt.

Vor dem Löthrohr erkennt man Kobalt leicht durch die blaue Färbung, welche es den Borax- und Phosphorsalzperlen ertheilt.

Die Salze des *Nickeloxyduls* sind im wasserhaltigen Zustande grün; im wasserfreien gewöhnlich gelb. Die löslichen röthen Lackmus; sie schmecken süsslich herbe und metallisch. Sie erleiden an der Luft oder beim Kochen mit Salpetersäure keine Oxydation. Zink fällt aus ihren kochenden Lösungen alles Nickel im regulinischen Zustande. Schwefelwasserstoff fällt aus essigsaurer Lösung Schwefelnickel, welches durch stärkere Säuren schwierig zersetzt wird. Schwefelalkalien fällen ebenfalls Schwefelnickel, welches im Ueberschuss des Fällungsmittels mit brauner Farbe etwas löslich ist. Ammoniak in geringer Menge erzeugt einen grünen Niederschlag, der sich in einem Ueberschuss mit violettblauer Farbe löst.

Zwölfte Gruppe.

34. Uran. Ʉ.

Atomgewicht 120.

Vorkommen. Sehr selten und in wenigen Mineralien; als Oxydulsalzbildet es die **Pechblende.**

Darstellung. Wird erhalten durch Erhitzen eines Gemenges von Uranchlorür, Chlornatrium und Natrium und darauf folgendes starkes Glühen, bis zum Zusammenschmelzen des pulverförmig ausgeschiedenen Metalls.

Eigenschaften. Ein grauweisses hartes etwas dehnbares Metall. Spec. Gew. 18,4. Zersetzt nicht das Wasser. Wird von verdünnten Säuren unter Entwicklung von Wasserstoff aufgelöst. Oxydirt sich bei Rothglühhitze rasch an der Luft.

Verbindungen.

Uranchlorür, $ɄCl_2$, bildet sich, wenn über ein glühendes Gemenge von Uranoxydul und Kohle Chlorgas geleitet wird. Sublimirt in schwarzgrünen zerfliesslichen regulären Octaëdern. Löst sich in Wasser unter Wärmeentwicklung zu einer dunkelgrünen Flüssigkeit. Seine Lösung entwickelt beim Kochen Salzsäure, indem sich schwarzes Uranoxydul ausscheidet. Sie gibt mit Ammoniak braunschwarzes Hydryloxydul.

Uranoxydul, ɄΘ, wird beim Glühen des Oxydoxyduls im Wasserstoffgase oder mit Salmiak erhalten. Bildet ein aus kleinen Krystallen bestehendes schwarzes Pulver, ist in allen Säuren, mit Ausnahme der concentrirten Schwefelsäure und der Salpetersäure, unlöslich.

Wird als schönste und feuerbeständigste schwarze Farbe auf Porzellan benutzt.

Uranhydryloxydul wird durch Alkalien aus Lösungen des Uranchlorürs und anderer Uranoxydulsalze in gallertförmigen rothbraunen Flocken gefällt. Wird beim Aufkochen der Flüssigkeit schwarz und dichter. Oxydirt sich rasch an der Luft.

Uranoxyd, Uransäureanhydrid, $Ʉ_{II}Θ_2$, entsteht beim Erhitzen des Oxydhydrats auf 300°. Ein ziegelrothes Pulver. Verwandelt sich beim Glühen unter Sauerstoffverlust in Oxydoxydul.

Uranhydryloxyd, Uransäure, $Ʉ_{II}Θ(ΘH)_4$, findet sich unrein als **Uranocher.** Scheidet sich als gelbe schwammige Masse ab, wenn eine mit Alkohol vermischte Lösung von salpetersaurem Uranoxyd erhitzt wird.

Uranoxydoxydul, $U_{11}O_4U$, findet sich unrein als Pechblende oder Uranpecherz. Entsteht aus dem Metall oder Oxydul beim Glühen an der Luft oder im Wasserdampfe, und beim Glühen des Oxyds für sich. Uranpecherz bildet derbe schwarze Massen. Das künstlich dargestellte Oxydoxydul ist ein dunkel graugrünes Pulver, gibt mit Salpetersäure eine gelbe Lösung von salpetersaurem Oxydsalz. Man gewinnt es auf die folgende Weise aus dem Uranpecherz:

Das fein geriebene Mineral wird mit mässig verdünnter Schwefelsäure unter allmählichem Zusatze von Salpetersäure digerirt, bis es in ein weisses Pulver verwandelt und zum grössten Theil aufgelöst ist. Alsdann wird die meiste überschüssige Säure abgedampft, die Masse mit viel Wasser digerirt und die Lösung nach dem Erkalten filtrirt. Durch die auf ungefähr 60° erwärmte Lösung leitet man nun längere Zeit Schwefelwasserstoff, lässt während des Durchleitens dieses Gases erkalten und dann bedeckt 24 Stunden stehen. Hiernach verdunstet man das überschüssige Schwefelwasserstoffgas in gelinder Wärme und filtrirt. Man erhitzt die Lösung zum Sieden, fügt zur Oxydation des Eisens Salpetersäure in kleinen Portionen hinzu, vermischt mit einem Ueberschuss von Ammoniakflüssigkeit und filtrirt den entstandenen braungelben Niederschlag ab. Diesen wäscht man, behandelt ihn mit heisser concentrirter Lösung von Ammoniak und Ammoniumcarbonat, bis er die Farbe des Eisenoxydhydrats angenommen hat, filtrirt die warme Lösung rasch ab und lässt erkalten. Hierbei scheidet sich, wenn die Lösung concentrirt genug ist, eine Krystallisation von reinem kohlensaurem Uranicum-Ammonium ab. Dieses lässt beim Glühen Uranoxydoxydul.

Aus der Mutterlauge und den damit vermischten Waschwassern von dem abfiltrirten Eisenoxydhydrat und von dem kohlensaurem Uranicum-Ammonium gewinnt man das darin noch enthaltene Uran, wenn so lange tropfenweise wässriges Ammoniumsulfhydrür hinzugesetzt wird, als noch ein schwarzbrauner Niederschlag entsteht. Diesen filtrirt man rasch ab, erhitzt die Lösung zum Sieden, bis das meiste Ammoniak verflüchtigt und alles Uran in Verbindung mit Ammonium gefällt ist. Der gewaschene Niederschlag lässt beim Glühen Uranoxydoxydul, dem durch Digestion mit verdünnter Salzsäure ein Gehalt an Kalk und Magnesia entzogen werden kann.

Diuranicumoxychlorür, $U_{11}O_2Cl_2$. Rothglühendes Uranoxydul verbindet sich direct mit Chlor zu dieser Verbindung. Gelb, krystallinisch, leicht schmelzbar und sehr zerfliesslich.

Uranosumsulphat, SO_4U + aq, findet sich als Uranvitriol. Bildet mit 2 oder 4 Mol. Wasser grüne luftbeständige Krystalle.

Basisches Uranosumsulphat, $SO_4(\text{Ʉ-}\Theta H)_2 + H_2\Theta$, bleibt bei der Behandlung des neutralen Sulphats mit viel Wasser als hellgrünes Pulver ungelöst zurück.

Basisches Uranicumsulphat, $S\Theta_4\text{Ʉ}_{II}(\Theta H)_4 + H_2\Theta$, bildet leichtlösliche kleine gelbe Krystalle. Reagirt sauer. Gibt mit Ammonium- und Kaliumsulphat schwerlösliche Doppelsalze.

Basisches Uranicumnitrat, $(N\Theta_3)_2\text{Ʉ}_{II}(\Theta H)_4 + 4H_2\Theta$, bildet schön gelbe, ins Grünliche spielende, grosse rhombische Krystalle. Leicht löslich in Wasser. Reagirt sauer.

Basisches Uranicumphosphat, $P\Theta_4\text{Ʉ}_{II}(\Theta H)_3 + 3H_2\Theta$, entsteht beim Vermischen von essigsaurem Uranoxyd mit phosphorsäurehaltigen Flüssigkeiten als gelblichweisser Niederschlag. Verliert bei 60° 1 Mol. Wasser und bei 120° noch 3 Mol. Den Rest verliert es in der Rothglühhitze nach der folgenden Gleichung:

$$2P\Theta_4\text{-Ʉ}_{II}\Theta(\Theta H) = H_2\Theta + (P\Theta_4\text{Ʉ}_{II}\Theta)_2\Theta.$$

Ammonium-Uranoxyd, uransaures Ammonium, $(NH_4\text{-}\Theta\text{-Ʉ}_{II}\Theta_2)_2\Theta$, fällt im wasserhaltigen Zustande beim Vermischen der Lösungen von Uranicumsalzen mit überschüssigem Ammoniak als ein gelbes Pulver nieder. Es ist unlöslich in Ammoniak- oder Salmiak- enthaltendem Wasser. Löst sich in wässrigem Ammoniumcarbonat.

Ammonium-Uranicumcarbonat, $(NH_4\text{-}\Theta\text{-}C\Theta_2)_2\text{Ʉ}_{II}\Theta\text{-}\Theta NH_4$, bildet sich beim Auflösen von uransaurem Ammonium in heisser Ammoniumcarbonatlösung. Citronengelbe luftbeständige monokline Krystalle. Unlöslich in reinem Wasser, löslich in wässrigem Ammoniumcarbonat.

Uransaures Kalium, $(K\Theta\text{-Ʉ}_{II}\Theta_2)_2\Theta + 3H_2\Theta$, fällt beim Vermischen der Uranoxydsalze mit überschüssigem Kali als hellpomeranzgelbes Pulver nieder. Löst sich in wässrigem saurem Kaliumcarbonat, damit ein der Ammoniumverbindung entsprechendes Carbonat bildend.

Uransaure Natrium, Uranoxydnatron, $(Na\Theta\text{-Ʉ}_{II}\Theta_2)_2\Theta + 6H_2\Theta$, wird im Grossen dargestellt durch Rösten eines Gemenges von Uranpecherz enthaltenden Erzen mit Kalkstein im feingepulverten Zustande, bis alles Uran in Uranoxydkalk übergeführt ist. Die Masse wird mit verdünnter Schwefelsäure behandelt, welche das Uranoxyd fast vollständig löst, und die Lösung mit überschüssiger Soda erhitzt, wobei sich das Uran zuerst mit anderen Metallen abscheidet, dann aber wieder löst. Aus der Lösung fällt Schwefelsäure, welche man zusetzt, so lange noch Aufbrausen erfolgt, das uransaure Natrium.

Es kommt unter dem Namen Urangelb im Handel vor und dient zur Fabrikation von grüngelben Gläsern.

Allgemeine Bemerkungen.

Die Atomgrösse des Urans ist nur aus seinem chemischen Verhalten erschlossen. Es scheint in bivalenter Form monatome Verbindungen und in quadrivalenter Form biatome Verbindungen zu bilden. Die Oxyde des Diuranicums verhalten sich wie schwache Basen und wie schwache Säuren; sie bilden basische Salze von saurer Reaction und verbinden sich mit den stärkeren Basen zu salzartigen Körpern.

Die Verbindungen des Urans lassen sich dadurch vor dem Löthrohr erkennen, dass sie der Phosphorsalz- und der Boraxperle in der Oxydationsflamme eine gelbe und in der Reductionsflamme eine grüne Färbung ertheilen; erstere wird beim Erkalten gelbgrün, während die andere noch reiner grün wird.

Die Uranosumverbindungen gehen durch Oxydation leicht in Diuranicumverbindungen über, und sie entfärben sogleich eine Lösung von übermangansaurem Kalium.

Man erkennt das Diuranicum leicht durch die gelben Niederschläge, welche seine Lösungen mit den reinen und kohlensauren Alkalien geben und die im Ueberschuss der letzteren löslich sind. Seine Lösungen geben mit Schwefelammonium einen dunkelbraunen bis braunrothen Niederschlag von Oxysulphuret, welches sich in wässrigem Ammoniumcarbonat vollständig löst.

Essigsaures Uranoxyd dient zur volumetrischen Bestimmung der Phosphorsäure. Setzt man hierbei einen Ueberschuss von Uransalz zu, so entsteht mit Ferrocyankalium eine braune Färbung, woran man die Beendigung der Reaction erkennt.

Dreizehnte Gruppe.

Zinn, Silicium, Titan, Zirkon und Thorium.

35. Zinn. Sn.

Atomgewicht 118. Atomwärme 6,4.

Vorkommen. Findet sich nicht sehr verbreitet und fast nur in Verbindung mit Sauerstoff als Zinnstein, im Granit, Syenit und in aufgeschwemmten secundären Lagerstätten.

Gewinnung. Reiner Zinnstein gibt bei der Reduction mit Kohle in Schachtöfen reines Zinn, welches als **Malacca-** und **Banka-Zinn** in den Handel kommt. Die meisten Zinnerze enthalten ausser Zinnoxyd andere Metalloxyde und auch Schwefel-, Arsen- und Antimonverbindungen. Sie werden durch Pochen und Schlämmen von der anhängenden Bergart, und durch Rösten von Schwefel, Arsen und Antimon befreit, dann nochmals geschlämmt, und hierauf mit Kohle und Zuschlägen, zur Bildung einer Schlacke, in Schachtöfen verhüttet. Das erhaltene Zinn, welches stets Eisen, Blei, Kupfer, Arsen und Antimon enthält, wird durch aussaigerndes Umschmelzen im Flammofen bei gelinder Hitze gereinigt. Hierbei schmilzt das reine Zinn zuerst, es fliesst von dem Reste fort und wird als englisches Kornzinn in den Handel gebracht. Je länger das Erhitzen fortgesetzt wird, um so unreiner ist das ausgesaigerte Zinn. Durch wiederholtes Ausschmelzen wird es mehr und mehr gereinigt.

Eigenschaften. Fast silberweiss, stark glänzend, sehr weich und sehr dehnbar (Zinnfolie oder Stanniol); bei 200° spröde. Spec. Gew. 7,29. Schmilzt bei 228°, und verflüchtigt sich bei starker Weissglühhitze. Knirscht beim Biegen (Zinngeschrei). Krystallisirt in regulären und in quadratischen Formen. Wird durch Luft und Wasser bei gewöhnlicher Temperatur nicht verändert. Oxydirt sich bei Glühhitze an der Luft, wobei zunächst eine graue Haut von Zinnoxydul und metallischem Zinn, und später Zinnoxyd entsteht. Löst sich bei gewöhnlicher Temperatur unter Wasserstoffentwicklung in Salzsäure, und in der Wärme auch in Schwefelsäure. In kalter verdünnter Salpetersäure löst es sich unter gleichzeitiger Bildung von Ammoniak; concentrirte oder heisse verdünnte Salpetersäure verwandelt es in unlösliches Zinnoxyd. Es ist löslich in den kaustischen Laugen. Wird aus seinen Lösungen durch Zink metallisch und krystallinisch abgeschieden. Zinn findet ausgedehnte Anwendung zu Gefässen und zur Darstellung von Legirungen, zum Ueberziehen anderer Metalle, als Zinnfolie, zur Darstellung des Musivgoldes und anderer Zinnverbindungen.

Wenn man Eisenblech verzinnen will, so reinigt man es zuerst durch Eintauchen in verdünnte Schwefelsäure, taucht es dann in geschmolzenen Talg, um es mit einer Schicht davon zu überziehen, welche die Oxydation hindert, und bringt es in geschmolzenes Zinn, bis es hinreichend damit überzogen ist. Behandelt man das verzinnte Blech mit Säuren, so zeigen sich glänzende Krystallzeichnungen (Moiré metallique).

Verbindungen.

Zinnchlorür, $SnCl_2$, entsteht beim Auflösen des Zinns in Chlorwasserstoffsäure. Es bildet eine feste weisse durchscheinende Masse, schmilzt bei 250°, und lässt sich, jedoch nicht ohne dass ein Theil davon zersetzt wird, bei höherer Temperatur überdestilliren. Ist löslich in Wasser, woraus es mit 2 Mol. Wasser in grossen monoklinen Krystallen erhalten werden kann. Durch viel Wasser wird es zersetzt, wobei sich ein basisches Chlorür abscheidet. Krystallisirtes und gelöstes Zinnchlorür absorbirt Sauerstoff, wobei sich ein basisches Chlorid abscheidet. Wirkt in hohem Grade desoxydirend; scheidet aus Quecksilberverbindungen metallisches Quecksilber, aus Kupferchlorid Kupferchlorür. Das Zinn wird durch schwache electrische Ströme leicht daraus reducirt, so scheidet sich das Metall schon ab, wenn eine concentrirte Lösung des Salzes, in der ein Zinnstab steht, mit einer Schicht Wasser bedeckt wird. Im geschmolzenen Zustande absorbirt es Ammoniakgas. Mit einigen anderen Chlormetallen bildet es Doppelsalze.

Im wasserhaltigen Zustande kommt es im Handel als Zinnsalz vor. Findet in der Färberei als Reductionsmittel und als Beize Anwendung.

Zinnchlorid, $SnCl_4$; Moleculargewicht 258, Dampfdichte 129. Bildet sich unter Lichtentwicklung, wenn Zinnfolie in Chlorgas gebracht wird, und wenn zu entwässertem, in einer Retorte geschmolzenem Zinnsalz Chlor geleitet wird. Es ist eine sehr ätzende rauchende dünne farblose Flüssigkeit, von 2,28 spec. Gew. und 116° Siedepunkt. Verbindet sich mit Wasser zu $SnCl_4,5H_2O$, welches krystallinisch ist und mit mehr Wasser eine Auflösung gibt. In Lösung erhält man es auch durch Einleiten von Chlor in wässriges Zinnchlorür. Seine Lösung lässt beim Erhitzen Zinnsäure fallen. Verbindet sich mit Ammoniak, Phosphorwasserstoff etc. Gibt mit den Chloriden der electropositiven Metalle krystallisirbare Doppelsalze.

Findet als Zinnsolution, Composition, Physik in der Färberei Anwendung.

Zinnchlorid-Ammoniumchlorür, $SnCl_4$, $2NH_4Cl$, krystallisirt in wasserfreien Octaëdern. Seine concentrirte Lösung verträgt Siedhitze ohne Zersetzung zu erleiden; beim Erhitzen der verdünnten Lösung scheidet sich alles Zinn als Zinnsäure ab.

Dient unter dem Namen Pinksalz als Beize in der Kattundruckerei.

Zinn bildet mit *Brom* und *Jod* je zwei krystallinische Verbindungen. Auch mit *Fluor* gibt es zwei Verbindungen. Das Fluorid bildet mit vielen anderen Fluormetallen krystallisirbare Doppelsalze, welche durch Auflösen zinnsaurer Salze in Fluorwasserstoffsäure erhalten werden.

Fluorzinncalcium, $SnFl_4,CaFl_2 + 2H_2O$, und *Fluorzinnstrontium*, $SnFl_4,SrFl_2 + 2H_2O$, bilden isomorphe monokline Krystalle.

Fluorzinnmagnesium, $SnFl_4, MgFl_2 + 6H_2\Theta$;
Fluorzinnzink, $SnFl_4, ZnFl_2 + 6H_2\Theta$;
Fluorzinncadmium, $SnFl_4, \Theta dFl_2 + 6H_2\Theta$;
Fluorzinnmangan, $SnFl_4, MnFl_2 + 6H_2\Theta$, und
Fluorzinnnickel, $SnFl_4, NiFl_2 + 6H_2\Theta$, krystallisiren in isomorphen hexagonalen Formen.

Zinnoxydul, $Sn\Theta$, entsteht beim Erhitzen des Hydrats bei Abschluss der Luft oder beim Erwärmen mit etwas Kalilauge. Schwarzes Pulver oder kleine tief-violette glänzende Krystalle. Bleibt bei gewöhnlicher Temperatur an der Luft unverändert, entzündet sich bei Berührung mit einem glühenden Körper und verbrennt zu Oxyd. Ist löslich in den Säuren, und unlöslich in den kaustischen Laugen.

Stannosumoxyhydrür, $Sn(\Theta H)_2$, wird durch kohlensaures Alkali aus der Chlorürlösung gefällt. Weiss, zerfällt oberhalb 80° in Wasser und Zinnoxydul, verwandelt sich, wenn es im feuchten Zustande der Luft ausgesetzt wird, allmählich in Stannicumoxyhydrür. Löst sich in den Säuren und in den Alkalien, damit unbeständige Verbindungen bildend. Seine Lösung in Kalilauge lässt beim langsamen Verdunsten Zinnoxydul fallen:

$$Sn(\Theta K)_2 + H_2O = Sn\Theta + 2KOH;$$

beim Kochen gibt sie Zinn, Kaliumstannat und Kalihydrat:

$$2\overset{2}{Sn}(OK)_2 + H_2\Theta = Sn + \underset{\text{Kaliumstannat.}}{\overset{4}{Sn}\Theta(OK)_2} + 2K\Theta H.$$

Zinnoxyd, Zinnsäureanhydrid, $Sn\Theta_2$, kommt als Zinnstein in schönen durchsichtigen gelbbraunen Krystallen des quadratischen Systems vor. Entsteht beim Verbrennen des Zinns an der Luft und beim Glühen seines Hydrats. Weisses oder strohgelbes Pulver, färbt sich beim jedesmaligen Erhitzen vorübergehend braun. Sehr strengflüssig. Unlöslich in den Säuren, löslich in den ätzenden Laugen. Wird durch Kohle nur in starker Glühhitze reducirt.

Dient zur Gewinnung des Zinns, und findet als Zusatz zu Email und als Polirmittel Anwendung.

Stannicumoxyhydrür, Zinnsäure, $Sn(OH)_4$ oder $SnO(OH)_2 + H_2O$. Man kennt mehrere Modificationen dieser Verbindung:

I. *Zinnsäure* wird als weisser gelatinöser Niederschlag beim Fällen einer Auflösung von Zinnchlorid durch Ammoniak erhalten. Röthet im feuchten Zustande Lackmuspapier, löst sich etwas in Wasser und gleicht nach dem Trocknen Glasstücken. Ist in concentrirter Salz- und Salpetersäure leicht löslich, wird aus der salzsauren Lösung nicht durch Schwefelsäure gefällt. Die Fällung durch Ammoniak wird durch Weinsäure verhindert. Wird durch Kaliumcarbonat aus ihren Lösungen gefällt, und ist im Ueberschuss des Fällungsmittels löslich. Gibt mit Gallustinktur keinen Niederschlag. Geht beim Trocknen unter Wasserverlust theilweise in Metazinnsäure über.

II. *Metazinnsäure.* Entsteht bei der Oxydation des Zinns durch Salpetersäure. Sie bildet ein weisses Pulver, ist in Salpetersäure unlöslich, löst sich in Salzsäure erst, nachdem sie damit erhitzt ist, auf Zusatz von Wasser, und wird aus dieser Lösung durch Schwefelsäure gefällt. Ihre Fällung durch Ammoniak wird durch Weinsäure nicht verhindert. Kohlensaures Kali fällt sie aus ihren Lösungen; sie ist unlöslich in einem Ueberschuss des Fällungsmittels. Ihre Lösungen geben mit Gallustinktur nach einiger Zeit einen Niederschlag.

Beide Modificationen der Zinnsäure sind in den ätzenden Alkalien leicht löslich. Die Auflösungen der Zinnsäure in Säuren oder Alkalien enthalten nach längerer Zeit Metazinnsäure, während sich diese beim Schmelzen mit den Alkalien in gewöhnliche Zinnsäure verwandelt.

III. *Lösliche Zinnsäure.* Durch Dialyse *) von Zinnchlorid nach Zusatz von kaustischer Lauge, oder von Natriumstannat nach Zusatz von Salzsäure, erhält man eine in Wasser leicht lösliche Zinnsäure. Diese geht beim Erhitzen ihrer Lösung in Metazinnsäure über. Durch kleine Mengen von Salzsäure oder von Salzen wird sie leicht zum Gelatiniren gebracht und die gallertförmige Zinnsäure wird durch wenig Alkali wieder leicht in die lösliche übergeführt.

Die verschiedenen Modificationen der Zinnsäure liefern beim Glühen Zinnoxyd.

Natriumstannat, *zinnsaures Natrium*, $SnO(ONa)_2$, wird im Grossen dargestellt durch Zusammenschmelzen von Zinnstein mit Natronhydrat und Natriumnitrat. Bildet sich auch beim Erhitzen von Zinn mit Natronlauge und Bleioxyd, wobei metallisches Blei abgeschieden wird. Ist löslich in Wasser, und bildet damit verschiedene krystallisirbare Hydrate: $SnO(ONa)_2 + 3H_2O$ und $SnO(ONa)_2 + 9H_2O$.

Findet als Präparir- oder Grundirsalz in der Färberei Anwendung und dient zum Verzinnen von Kupfer und Messing.

Zinnsulphür, SnS, entsteht beim Einleiten von Schwefelwasserstoff

---

*) Als Dialyse bezeichnet man die Scheidung verschiedener Substanzen, in Folge des Vermögens ihrer Lösungen mit verschiedener Geschwindigkeit durch poröse Scheidewände (thierische Membran, Pergamentpapier etc.) zu dringen. Im Allgemeinen sind die krystallisirbaren Substanzen (Krystalloïde) die diffusibleren, während die gallertförmigen (Colloïde) weniger leicht diffundiren.

in Zinnchlorürlösung als dunkelbrauner Niederschlag, und beim Zusammenschmelzen der Bestandtheile als bleigraue blättrig krystallinische Masse. Ist in schmelzendem Zinnchlorür löslich und krystallisirt daraus beim Erkalten in glänzenden Blättchen.

Zinnsulphid, SnS_2, bildet sich beim Einleiten von Schwefelwasserstoff in Zinnchloridlösung als amorpher gelber Niederschlag, und als weiche goldgelbe oder bräunlichgelbe metallglänzende Schuppen beim Erhitzen von Zinnamalgam, Schwefel und Salmiak, oder wenn Zinnchloriddämpfe und Schwefelwasserstoff in der Hitze auf einander einwirken. Verliert in der Glühhitze die Hälfte des Schwefels. Löst sich in den Schwefelalkalien, und wird daraus durch Säuren amorph gefällt.

Das krystallisirte Zinnsulphid dient als Musivgold zum Bronçiren.

Zinnäther. Zinn verbindet sich in verschiedenen Verhältnissen mit den Alkoholradicalen.

Zinnäthylür, $Sn(C_2H_5)_2$, ist eine ölige, stechend riechende Flüssigkeit; löst sich nicht in Wasser, kann nicht ohne Zersetzung zu erleiden destillirt werden. Verbindet sich direct mit Sauerstoff zu Zinnäthylüroxyd, $Sn(C_2H_5)_2O$, und mit Chlor zu dem Chlorür: $Sn(C_2H_5)_2Cl_2$.

Zinnäthylid, $Sn(C_2H_5)_4$, bildet eine farblose fast geruchlose bei 180° siedende Flüssigkeit.

Distannicumäthylid, $Sn_{II}(C_2H_5)_6$, ist eine dünne unzersetzt siedende Flüssigkeit. Bildet mit Jod Triäthylstannicumjodür:

$$Sn_{II}(C_2H_5)_6 + J_2 = 2J \cdot Sn(C_2H_5)_3;$$

oder Jodäthyl und Diäthylstannicumjodid:

$$Sn_{II}(C_2H_5)_6 + 3J_2 = 2C_2H_5J + 2J_2Sn(C_2H_5)_2.$$

Zinnlegirungen. Eine Legirung aus 12 Th. Zinn und 1 Th. Antimon, welche sehr dehnbar ist, dient als Compositionsmetall zur Anfertigung von Gefässen.

Mit Zink legirtes Zinn gibt, zu höchst dünnen Blättchen ausgeschlagen, das unächte Blattsilber.

Allgemeine Bemerkungen.

Das Atomgewicht des Zinns ergibt sich aus der Dampfdichte einiger seiner Verbindungen und aus seiner normalen specifischen Wärme. Seine Moleculargrösse ist unbekannt.

Es äussert vorzugsweise vier Affinitäten und zwar fast ausschliesslich in monatomen Verbindungen. Man kennt nur wenige Verbindungen von hexavalenten Doppelatomen des Zinns. Ob das Metall im Chlorür und in den entsprechenden Verbindungen bivalent oder quadrivalent enthalten ist, lässt sich noch nicht entscheiden. Im ersteren Falle würden die Verbindungen ein Atom des Metalls, im anderen zwei durch je zwei Affinitäten verbundene Atome enthalten.

Die Formeln einiger Stannosum-Verbindungen sind nach diesen verschiedenen Auffassungen:

$\overset{2}{Sn}Cl_2$	oder	$Cl_2\overset{4}{Sn}{:}\overset{4}{Sn}Cl_2$	für	Stannosumchlorür,
$\overset{2}{Sn}\Theta$	„	$\Theta\overset{4}{Sn}{:}\overset{4}{Sn}O$	„	Stannosumoxydul,
$\overset{2}{Sn}(\Theta_2H_5)_2$	„	$(\Theta_2H_5)_2\overset{4}{Sn}{:}\overset{4}{Sn}(\Theta_2H_5)_2$	„	Stannosumäthylür.

Die Salze des Stannosums sind meist ungefärbt oder gelblich, sie röthen Lackmus und schmecken sehr unangenehm metallisch. Die neutralen werden durch Wasser milchig getrübt. Sie gehen leicht in Stannicumsalze über und wirken daher als kräftige Reductionsmittel. Das Metall kann aus ihnen leicht abgeschieden werden. Ammoniak und die kohlensauren Alkalien fällen aus ihren Lösungen weisses, im Ueberschuss nicht lösliches Oxydulhydrat, welches in Kalilauge löslich ist. Schwefelwasserstoff und die Schwefelalkalien fällen braunes Sulphür, welches sich in Mehrfach-Schwefelalkalien als Sulphid löst.

Durch diese Löslichkeit des Sulphids in den Schwefelalkalien stellt sich Zinn neben Arsen und Antimon. Man unterscheidet das Schwefelzinn dadurch leicht von den Schwefelverbindungen dieser Metalle, dass es bei der Behandlung mit Soda und Cyankalium auf Kohle vor dem Löthrohr ein ductiles Metallkorn, aber keinen Beschlag bildet. Zur Trennung des Zinns vom Antimon oxydirt man vollständig durch Kochen mit Salpetersäure, verdunstet zur Trockne, schmilzt den Rückstand mit Natronhydrat und Natriumnitrat, und laugt die Schmelze mit verdünntem Weingeist aus. Hierbei geht Natriumstannat in Lösung, während Natriumantimoniat im Rückstande bleibt. Zinn und Arsen trennt man durch Erhitzen ihrer Oxyde oder Sulphide in einem Strome von Schwefelwasserstoff, wobei Schwefelarsen verflüchtigt wird, während Schwefelzinn zurückbleibt.

36. Silicium. Si.

Atomgewicht 28. Atomwärme 4,68.

Vorkommen. Silicium (Kiesel) findet sich sehr verbreitet in der Natur, jedoch nur oxydirt; als Kieselerde bildet es den Berg-

krystall, Quarz, Kieselstein, Sand etc., auch ist es ein Bestandtheil vieler Mineralien (der **Silicate**) und Felsarten.

Gewinnung. Man erhält es in amorpher Form durch Erhitzen von Natrium im Dampfe von Chlor- oder Fluoraluminium, oder durch Glühen von Kieselfluornatrium mit Natrium. In krystallinischer Form scheidet es sich ab, wenn hierbei anstatt Natrium Aluminium angewandt wird. Zweckmässig stellt man es in krystallinischer Form dar durch Glühen eines Gemenges von 30 Th. Kieselfluorkalium, 40 Th. Zinkpulver und 8 Th. Natriumstückchen in einem Thontiegel. Nach dem Erkalten trennt man die Metallkugel von der Schlacke, behandelt sie mit Salpetersäure, welche das Zink auflöst und das darin gelöst gewesene und beim Erkalten abgeschiedene Silicium in schönen Krystallen zurücklässt. Unreines Silicium entsteht beim Erhitzen von Kieselerde mit Kalium.

Eigenschaften. Amorphes Silicium bildet ein braunes glanzloses Pulver, schmilzt bei sehr hoher Temperatur, verbrennt unvollständig beim Erhitzen an der Luft. Das krystallisirte Silicium bildet reguläre Octaëder oder glänzende Krystallblättchen von 2,49 spec. Gew., dunkeleisengrauer Farbe und lebhaftem Metallglanze. Verbrennt selbst im Sauerstoffgase nicht. Ist unlöslich in Säuren, löslich in Natronlauge, wobei es Wasserstoff entwickelt. Scheidet beim Schmelzen mit Soda Kohle ab, indem Natriumsilicat entsteht.

Verbindungen.

Siliciumwasserstoff, SiH_4, entwickelt sich, gemengt mit freiem Wasserstoff, beim Behandeln einer Verbindung von Silicium und Magnesium mit Salzsäure. Rein erhält man dasselbe, wenn man Natrium auf erwärmtes Siliciumhydrürtrioxäthyl, $HSi(\Theta\text{-}\Theta_2H_5)_3$, einwirken lässt. Es ist ein farbloses, an der Luft selbstentzündliches Gas, welches mit weisser leuchtender Flamme, unter Bildung ringförmiger Nebel, zu Kieselerde und Wasser verbrennt. Zersetzt sich in der Glühhitze in Wasserstoffgas und amorphes Silicium. Gibt mit Kalilauge Kaliumsilicat und Wasserstoff:

$$SiH_4 + 2K\Theta H + H_2\Theta = Si\Theta(\Theta K)_2 + 4H_2.$$

Siliciumchlorid, $SiCl_4$. Moleculargewicht 170. Dampfdichte 85. Entsteht unter Feuererscheinung beim Erhitzen von Silicium im Chlorgase. Wird dargestellt durch Glühen eines Gemenges von Kieselerde und Kohle im Chlorstrome. Hierbei wendet man Kieselerde an, welche aus Wasserglas durch eine stärkere Säure abgeschieden ist, mengt sie innig mit einem gleichen Gewichte Kienrus, und setzt so viel Kleister zu, dass ein steifer Teig entsteht. Diesen formt man in Kugeln, rollt diese in Kohlenpulver, trocknet scharf, glüht im verschlossenen Tiegel und setzt sie in einem Porzellanrohre dem Chlorgase bei Glühhitze aus. Es bildet eine farblose dünne rauchende Flüssigkeit von 1,523 spec. Gew. und 59° Siedepunkt. Zersetzt sich mit Wasser unter Erhitzung in Chlorwasserstoff und Kieselsäure.

Siliciumhydrürtrichlorid, $HSiCl_3$. Moleculargewicht 135,5. Gasdichte 67,75. Entsteht, wenn getrocknetes Chlorwasserstoffgas über krystallinisches Silicium, welches in einer langen Glasröhre, nicht bis zum sichtbaren Glühen der letzteren, erhitzt ist, geleitet wird. Gleichzeitig bildet sich hierbei Siliciumtetrachlorid, welches durch fractionirte Destillation zu trennen ist. Eine farblose leicht bewegliche Flüssigkeit, welche an der Luft stark raucht. Siedet zwischen 35 und 37°. Sein Dampf ist sehr leicht entzündlich und verbrennt, mit Sauerstoff gemischt und durch den electrischen Funken entzündet, mit heftiger Explosion unter Bildung von Kieselerde, Siliciumchlorid und Chlorwasserstoff. Gibt beim Durchleiten durch ein glühendes Rohr amorphes Silicium, Siliciumchlorid und Chlorwasserstoff. Zersetzt sich mit Wasser von 0° nach der Gleichung:

$$2HSiCl_3 + 3H_2O = HSiO{\cdot}O{\cdot}OSiH + 6HCl,$$

in Siliciumhydrüroxyd und Salzsäure.

Siliciumfluorid, $SiFl_4$. Moleculargewicht 104. Gasdichte 52. Wird erhalten beim Erhitzen eines Gemenges von gleichen Theilen reinem Sand und Flussspathpulver mit 6 Th. concentrirter Schwefelsäure:

$$SiO_2 + 2CaFl_2 + SO_4H_2 = SiFl_4 + 2SO_4Ca + 2H_2O.$$

Ein farbloses Gas, welches über Quecksilber aufgefangen werden kann. Besitzt einen erstickenden sauren Geruch, bildet an feuchter Luft dicke weisse Nebel, und gibt mit Wasser Kieselsäure und Kieselfluorwasserstoff.

Kieselfluorwasserstoff, $SiFl_4,2FlH$, entsteht bei der Einwirkung von Fluorwasserstoff auf Kieselerde oder auf Silicate. Wird dargestellt durch Einleiten von Kieselfluorid in Wasser. Hierbei lässt man das Gaszuleitungsrohr, damit es nicht durch die beim Zusammentreffen des Gases mit Wasser sich abscheidende Kieselsäure verstopft wird, unter Quecksilber, welches mit Wasser bedeckt ist, münden oder in einem Trichter enden.

Die Bildung erfolgt nach der Gleichung:

$$3SiFl_4 + 4H_2O = Si(OH)_4 + 2SiFl_6H_2.$$

Kieselfluorwasserstoff bildet mit Wasser eine sehr saure Flüssigkeit, welche Glas nicht angreift. Sie lässt keinen Rückstand, wenn sie mit der gleichzeitig gebildeten Kieselsäure verdampft wird, indem sich in der Wärme wieder Wasser und Kieselfluorid bilden:

$$Si(OH)_4 + 2SiFl_6H_2 = 3SiFl_4 + 4H_2O.$$

Wenn die von der Kieselsäure getrennte Kieselfluorwasserstoffsäure in Glasgefässen verdampft wird, so greift sie diese an, indem sie ihnen Kieselsäure zur Bildung von Kieselfluorid entzieht. — Das Aetzen des Glases und das Aufschliessen der Silicate durch Fluorwasserstoff beruht auf der Bildung von Kieselfluorwasserstoff und Kieselchlorid. Kieselfluorwasserstoff gibt mit den Basen Wasser und Kieselfluormetalle, welche meist löslich in Wasser und zersetzbar durch Säuren und Alkalien sind. Die Salze des Kaliums, Natriums, Lithiums, Bariums und Calciums werden von der Kieselfluorwasserstoffsäure gallertförmig, und bei Zusatz von Weingeist vollständig gefällt. Die Kieselfluormetalle werden beim Glühen unter Entwicklung von Kieselfluorid zersetzt.

Kieselfluorammonium, $SiFl_4, 2FlNH_4$, bildet luftbeständige Krystalle des regulären und des hexagonalen Systems. Leicht löslich in Wasser. Krystallisirt mit mehr Fluorammonium zu $SiFl_4, 3FlNH_4$ in quadratischen Formen.

Wird zum Aufschliessen von Silicaten benutzt.

Kieselfluorkalium, $SiFl_6K_2$, ein schwerlösliches, in regulären Octaëdern krystallisirendes Salz. Schmilzt bei anfangender Glühhitze; entwickelt beim Glühen unter Kochen Fluorkieselgas und lässt nach längerem Glühen Fluorkalium.

Kieselfluornatrium, $SiFl_6Na_2$, bildet kleine glänzende hexagonale Krystalle. Ist leichter löslich als das Kaliumsalz.

Kieselfluorbarium, $SiFl_6Ba$, ist fast unlöslich in Wasser; auf seiner Bildung beruht die genaueste Trennung des Baryts vom Strontian. Zerfällt leicht beim Glühen in Fluorkiesel und Fluorbarium.

Kieselfluorstrontium, $SiFl_6Sr + 2H_2O$, leicht löslich in Wasser; bildet monokline Krystalle. Isomorph mit Zinnfluorstrontium und Zinnfluorcalcium.

Kieselfluorcalcium, $SiFl_6Ca + 2H_2O$, bildet schwer lösliche Krystalle.

Kieselfluorzink, $SiFl_6Zn + 6H_2O$,
Kieselfluorcadmium, $SiFl_6Cd + 6H_2O$,
Kieselfluormangan, $SiFl_6Mn + 6H_2O$, und
Kieselfluornickel, $SiFl_6Ni + 6H_2O$, bilden isomorphe hexagonale Krystalle, welche auch mit den entsprechenden Zinnverbindungen isomorph sind. Sie sind leicht löslich in Wasser.

Siliciumhydrüroxyd, $(HSiO)_2O$, entsteht bei der Einwirkung von Siliciumhydrürtrichlorid auf Wasser von 0°. Es ist ein schneeweisser voluminöser amorpher Körper, schwimmt auf Wasser, ist schwerer als Aether. Wird von caustischen und kohlensauren Alkalien, selbst von Ammoniak, unter schäumender Wasserstoffentwicklung zu kieselsaurem Alkali gelöst. Es kann bis 300° ohne Veränderung erhitzt werden; stärker erhitzt entzündet es sich und verglimmt lebhaft mit phosphorescirendem Lichte, indem sich zugleich Wasserstoff entwickelt, welcher sich mit Explosion entzündet. Beim Erhitzen im Sauerstoff verbrennt es unter glänzender Lichtentwicklung. Gibt beim Erhitzen unter Luftabschluss Siliciumwasserstoff. Is etwas in Wasser löslich und zersetzt sich damit unter Wasserstoffentwicklung. Wirkt bei Gegenwart von Wasser reducirend.

Silicon. Eine Verbindung von nicht festgesetzter Zusammensetzung welche entsteht, wenn Kieselcalcium im Dunklen und in der Kälte mit concentrirter Salzsäure behandelt wird. Bildet lebhaft gelbe Blättchen, ist unlöslich in Wasser, wird beim Erwärmen vorübergehend dunkler, verbrennt beim stärkeren Erhitzen unter schwacher Verpuffung und unter Funkensprühen, wobei Kieselerde und amorphes Silicium zurückbleiben. Beim Erhitzen unter Luftabschluss entwickelt es Wasserstoff und lässt Kieselerde und Silicium.

Gibt beim Erhitzen für sich oder unter Wasser auf 100°, oder wenn es dem Lichte ausgesetzt wird, Wasserstoff ab und entfärbt sich. Alkalien entwickeln damit Wasserstoff und bilden Silicate. Wirkt bei Gegenwart von Alkalien reducirend.

Leucon wird der weisse aus Silicon unter dem Einfluss von Licht und Wasser entstehende Körper genannt. Er bildet Blättchen von der Form des Silicons. Verändert sich nicht an der Luft. Enthält wahrscheinlich mehr Wasserstoff und Sauerstoff als Silicon. Leucon oder eine ähnliche Substanz bleibt beim Auflösen von siliciumhaltigem Roheisen in Salzsäure ungelöst zurück.

Beim Auflösen von Kieselcalcium in verdünnter Salzsäure bleibt eine wasserstoffreiche Verbindung in farblosen durchsichtigen perlmutterglänzenden Blättchen zurück. Sie entzündet sich nach dem Auswaschen und Trocknen im leeren Raume von selbst an der Luft, wobei sie mit Flamme unter Zurücklassung von Kieselerde und amorphem Kiesel verbrennt.

Kieselsäureanhydrid, Kieselerde, SiO_2, findet sich krystallinisch und amorph. Als Bergkrystall vollkommen rein in farblosen durchsichtigen hexagonalen Krystallen, welche jedoch auch öfters durch fremde Substanzen gefärbt vorkommen. Als Quarz in weissen oder durch Beimengungen verschiedenartig gefärbten undurchsichtigen hexagonalen Krystallen, oder in krystallinischen Massen. Quarzsand bildet an vielen Orten die obere Bedeckung des festen Erdkörpers oder den Boden der Flüsse, Seen und Meere; durch Bindemittel vereinigt bildet er den Hauptbestandtheil der Sandsteine, welche ganze Gebirge und mächtige Erdschichten zusammensetzen. Die krystallirte Kieselerde ist sehr hart, doppelt brechend, besitzt Circularpolarisation und das spec. Gew. 2,6. Sie ist in Wasser und in den Säuren, mit Ausnahme der Fluorwasserstoffsäure, unanflöslich; löst sich als feines Pulver sehr langsam in den kochenden Lösungen der ätzenden und kohlensauren Alkalien.

Amorphe Kieselerde kommt weniger verbreitet als die krystallinische in der Natur vor. Als Opal bildet sie glasige Massen von muschligem Bruche, geringer Härte und dem spec. Gew. 2,2. Ist einfach lichtbrechend. Künstlich erhält man amorphe Kieselerde als ein feines weisses Pulver durch Glühen von Kieselsäure. Sie ist etwas löslich in Wasser und findet sich im Wasser vieler Quellen. Löst sich leichter in Fluorwasserstoff und in Lösungen der ätzenden und kohlensauren Alkalien als die krystallisirte Kieselerde. Sie ist in vielen Pflanzen, namentlich in den Gräsern, in den rohrartigen Palmen und Schachtelhalmen enthalten. Auch findet sie sich in einigen thierischen Gebilden, namentlich in den Federn. Als Panzer von Infusorien bildet sie ausgedehnte Lager (Kieselguhr). Amethyst ist ein durch Manganoxyd violettgefärbter Quarz, Jaspis ein mit Thon und Eisenoxyd, Kieselschiefer ein mit Thon und Kohle gemengter Quarz. Chalcedon und Feuerstein bestehen, wie es scheint, aus dichter feinkörnig krystallisirter Kieselerde, welche leichter löslich in Kalilauge ist als Quarz. Achat besteht aus verschiedenen Lagern von mehr oder weniger deutlich krystallisirter und durch fremdartige Beimengungen gefärbter Kieselerde.

Kieselsäureanhydrid bildet sowohl in der krystallinischen als auch in der amorphen Modification das Material für Pseudomorphosen des Mineralreichs und für Versteinerungen organischer Gebilde.

Kieselerde schmilzt in der Flamme des Knallgebläses zu einer zähen Masse, welche nach dem Erkalten durchsichtig, glasartig, amorph ist. Sie ist feuerbeständig; in der Glühhitze treibt sie unter Bildung von Silicaten auch die stärksten flüchtigen Säuren aus ihren Verbindungen aus.

Kieselsäure, *Kieselerdehydrat.* In der Natur findet sich amorphe Kieselerde mit wechselndem Wassergehalte z. B. als Opal oder Hyalith, Künstlich erhält man die Kieselsäure in verschiedenen Modificationen. Gallertförmig entsteht sie bei der Einwirkung von Wasser auf Kieselfluorid, und bei der Zersetzung gewisser Silicate durch Säuren. Wahrscheinlich entstehen hierbei verschiedene Modificationen, wie dieses beispielsweise die folgenden Gleichungen als möglich erscheinen lassen:

$$\text{a) } 3SiFl_4 + 4H_2\Theta = SiFl_6H_2 + Si(\Theta H)_4;$$
$$\text{b) } Si\Theta(ONa)_2 + 2HCl = 2NaCl + Si\Theta(\Theta H)_2.$$

Constatirt ist, dass die Kieselsäure der Gleichung a leichter in Ammoniakflüssigkeit löslich ist, als die Säure der Gleichung b.

Andere Silicate geben bei der Zersetzung durch Säuren schleimig-pulverförmige und noch andere geben pulverförmige Kieselsäure. Beim Trocknen an der Luft verlieren die gallertförmigen Kieselsäuren Wasser, wobei die vierbasische Säure in die zweibasische übergehen kann:

$$Si(OH)_4 - H_2\Theta = SiO(\Theta H)_2.$$

Hierbei entstehen aus den Monokieselsäuren auch Polykieselsäuren:

$$2Si(\Theta H)_4 = H_2\Theta + \Theta\left\{\begin{array}{l} Si(\Theta H)_3 \\ Si(\Theta H)_3 \end{array}\right.$$

$$2Si(\Theta H)_4 = 2H_2\Theta + \Theta\left\{\begin{array}{l} Si(OH)_3 \\ SiO \cdot \Theta H \end{array}\right.$$

$$2Si(\Theta H)_4 = 3H_2\Theta + \Theta\left\{\begin{array}{l} SiO \cdot OH \\ SiO \cdot \Theta H \end{array}\right.$$

$$3Si(\Theta H)_4 = 2H_2\Theta + \begin{array}{l} \Theta \\ \Theta \end{array}\left\{\begin{array}{l} Si(\Theta H)_3 \\ Si(OH)_2 \\ Si(\Theta H)_3 \end{array}\right.$$

$$3Si(\Theta H)_4 = 3H_2\Theta + \begin{array}{l} \Theta \\ \Theta \end{array}\left\{\begin{array}{l} Si(OH)_3 \\ SiO \\ Si(\Theta H)_3 \end{array}\right.$$

$$3Si(OH)_4 = 3H_2O + \begin{array}{l} O \\ O \end{array}\left\{\begin{array}{l} Si(OH)_3 \\ Si(OH)_2 \\ SiO \cdot \Theta H \end{array}\right.$$

$$3Si(OH)_4 = 4H_2\Theta + \begin{array}{l} O \\ \Theta \end{array}\left\{\begin{array}{l} SiO \cdot OH \\ Si(OH)_2 \\ SiO \cdot \Theta H \end{array}\right.$$

$$3Si(\Theta H)_4 = 5H_2O + \begin{array}{l} O \\ O \end{array}\left\{\begin{array}{l} SiO \cdot \Theta H \\ SiO \\ SiO \cdot \Theta H \end{array}\right.$$

$$3Si(\Theta H)_4 = 3H_2O = \begin{array}{lcl} \Theta & \text{———} & Si(\Theta H)_2 \\ | & & | \\ Si(\Theta H)_2 & & \Theta \\ | & & | \\ \Theta & \text{———} & Si(OH)_2. \end{array}$$

Diese Beispiele zeigen genügend, wie durch Austritt von Wasser

und Condensation der Reste aus den Monosiliciumsäuren Polysiliciumsäuren entstehen können.

Beim Erhitzen gehen die Kieselsäuren in Kieselerde über:

$$Si(\Theta H)_4 = 2H_2\Theta + Si\Theta_2;$$
$$Si\Theta(\Theta H)_2 = H_2\Theta + Si\Theta_2.$$

Wahrscheinlich entstehen hierbei auch Polykieselerden:

$$\Theta(Si\Theta\cdot\Theta H)_2 = H_2\Theta + \Theta\begin{Bmatrix} Si\Theta \\ Si\Theta \end{Bmatrix}\Theta;$$

$$\begin{matrix} \Theta - \cdots Si(\Theta H)_2 \\ | \\ Si(\Theta H)_2 \quad \Theta \\ | \\ \Theta \cdots Si(\Theta H)_2 \end{matrix} = 3H_2\Theta + \begin{matrix} \Theta \cdots Si\Theta \\ | \quad\quad | \\ Si\Theta \quad \Theta \\ | \quad\quad | \\ \Theta \quad\quad Si\Theta. \end{matrix}$$

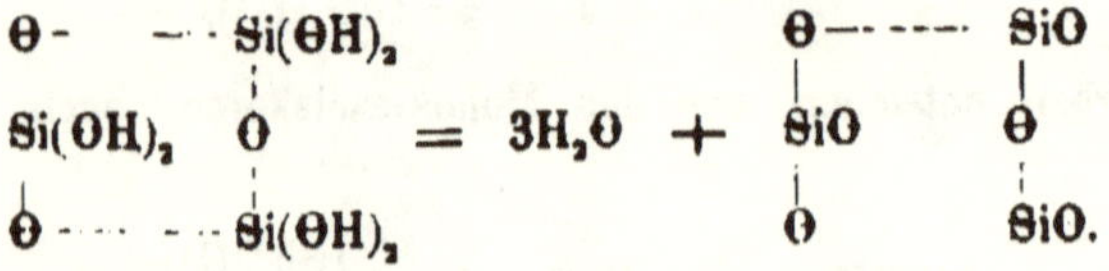

Die verschiedenen Modificationen der Kieselsäure sind in Wasser
und in den Lösungen der Alkalien ungleich, aber sämmtlich leichter löslich als amorphe Kieselerde. Die gallertförmigen Modificationen
lösen sich frisch gefällt auch in wässriger Salz-, Salpeter- und Schwefelsäure.

In sehr leicht löslicher Form erhält man die Kieselsäure durch
Dialyse (s. S. 277) einer mit überschüssiger Salzsäure versetzten Auflösung von Wasserglas. Die Lösung lässt sich im Kolben einkochen, sie ist
klar und farblos, reagirt sauer, besitzt keinen Geschmack und ist bei einem Gehalte von 14 Proc. Kieselsäureanhydrid noch vollkommen dünnflüssig. Beim weiteren Einkochen wird sie dickflüssig und endlich geht sie
in den gallertförmigen Zustand über. Je reiner und verdünnter eine Kieselsäurelösung ist, um so länger hält sie sich im Allgemeinen unverändert; von Beimengungen geben ihr Salzsäure oder geringe Mengen von
Aetzkali oder Aetznatron mehr Beständigkeit. Beim Erhitzen an der
Luft gelatinirt die Kieselsäurelösung leicht; ihre Congulation wird als-
bald bewirkt durch die geringsten Mengen von gelösten Carbonaten
der Alkalien und Erden. Kieselgallerte wird durch Vermischen mit einer
Lösung von sehr wenig Aetznatron in viel Wasser bei 100° allmählich
wieder verflüssigt.

Grössere Mengen Kieselsäure finden sich gelöst in den alkalischen und
heissen Quellwässern Islands und anderer Orte. Aus diesen Wässern
scheidet sie sich in opalartigen Sintern ab.

Silicate kommen in grossen Mengen und sehr verbreitet als Mineralien und als Felsarten in der Natur vor. Sie bilden für sich und
gemischt mit anderen Mineralien ganze Gebirge und mächtige Erdschichten. Wo die Erdoberfläche nicht durch Wasser, Kalkcarbonat oder
Quarz gebildet ist, besteht sie meistens aus Silicaten.

Hier sollen von den in der Natur vorkommenden Silicaten nur

wenige erwähnt werden. Die ausführliche Betrachtung dieser Verbindungen gehört der Mineralogie und Geognosie an.

Gewisse Silicate sind wichtige Kunstprodukte, so die Gläser und die Schlacken. Auch in den hydraulischen Mörteln sind Silicate enthalten.

Die Kieselsäure besitzt, in Folge ihrer Fähigkeit sich in Polysiliciumsäuren zu verwandeln, das Vermögen sich in sehr verschiedenen Verhältnissen mit Basen zu Salzen verbinden zu können.

Die saure Reaction der Kieselsäure wird schon durch eine sehr geringe Menge Base aufgehoben; bei einer Lösung, welche 100 Th. Kieselerde enthält, durch 1,85 Thl. Kaliumoxyd oder durch die entsprechenden Menge Natron oder Ammoniak unter Bildung von Salzen, welche löslicher und beständiger als die freie Kieselsäure sind, die aber durch freie Kohlensäure rasch zum Gelatiniren gebracht werden.

Die Silicate aller Metalle, mit Ausnahme derjenigen der Alkalien, sind in Wasser unlöslich. Sie werden durch stärkere Säuren, wie Salzsäure, um so leichter zersetzt, je stärker die darin enthaltenen Basen, je weniger Kieselsäure sie enthalten und je wasserreicher sie sind. Manche wasserhaltige Silicate (Zeolithe) verlieren beim Glühen mit dem Wasser ihre Zersetzbarkeit durch Säuren. Andere Silicate, auch wasserhaltige, sind jedoch nach dem Glühen leichter zersetzbar als vorher. Alle Silicate werden durch Glühen mit den ätzenden und kohlensauren Alkalien, oder den entsprechenden Verbindungen des Bariums, Strontiums, Calciums und Blei's aufgeschlossen, das heisst sie werden in verdünnten Säuren löslich. Silicate welche Alkalien enthalten scheiden diese bei der Einwirkung von Kalkmilch aus. Fluorwasserstoff zersetzt alle Silicate unter Bildung von Kieselfluorwasserstoff, und dieser zersetzt sie unter Bildung von Kieselfluorid. Phosphorsalz entzieht ihnen vor dem Löthrohr die Basen unter Abscheidung der Kieselerde als Skelett.

Die Constitution der Silicate ist noch wenig erforscht; einige lassen sich nur auf vierbasische Kieselsäure, andere nur auf die zweibasische beziehen. Bei den meisten ist es zweifelhaft, auf welche Mono- oder Polysiliciumsäure sie zu beziehen sind.

Silicate der Alkalimetalle.

Natriumsilicat, $SiO(ONa)_2 + 8H_2O$, bildet monokline Krystalle, ist leicht löslich in Wasser und reagirt stark alkalisch. Schmilzt bei 45°, verliert beim weiteren Erhitzen das Wasser und lässt eine in Wasser leicht lösliche weisse schwammige Masse.

Saures Natriumtrisilicat, $3SiO_2, Na_2O, 3H_2O$, verliert bei 100° ein Molecul Krystallwasser und wird beim Glühen unter starkem Aufblähen wasserfrei.

Constitutionsformel vielleicht:

$$O\begin{cases}Si\text{-}(OH)_2 \\ Si\text{-}(ONa)_2 \\ Si\text{-}(OH)_2\end{cases}, \text{ oder} \qquad \begin{array}{c} O\text{———}SiOH)_2 \\ | \\ Si(ONa)_2 \quad O \ + \ H_2O \\ | \\ O\text{———}Si(OH)_2. \end{array}$$

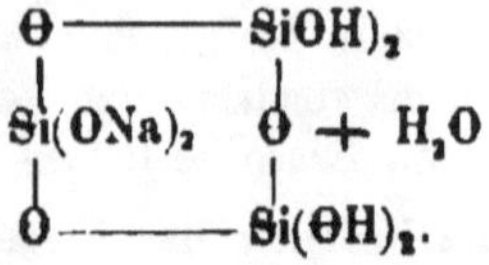

Wasserglas. Wird im Grossen dargestellt durch Zusammenschmelzen von möglichst reinem Quarzsand und gereinigter Pottasche oder Soda, oder einem Gemenge dieser beiden Carbonate. Bildet glasähnliche in heissem Wasser lösliche Massen. Besteht aus verschiedenen sauren Silicaten. Wasserglaslösung gewinnt man durch Kochen von kaustischer Lauge mit geglühtem Kieselguhr oder durch Digestion der Lauge mit zuvor geglühtem und dann abgeschrecktem (durch Eintauchen in kaltes Wasser rasch abgekühltem) Feuerstein. Die Digestion führt man in verschlossenen Gefässen bei höherer Temperatur und unter einem Druck von ungefähr 6 Atmosphären aus.

Wasserglaslösung dient in der Kattundruckerei als Ersatz für Kuhmist; in der Malerei zur Anfertigung von Frescogemälden (Stereochromie); in der Baukunst als Ersatz für Oel beim Anstrich. Wasserglas wird ferner als Zusatz zu Seifen und für mehrere andere Zwecke benutzt.

Silicate der isomorphen Metalle der Magnesiumgruppe.

Vierbasische Silicate.

Willemit, $Si(O_2Zn)_2$, ist schwer schmelzbar, wird durch Säuren sehr leicht unter Abscheidung von Kieselgallerte zersetzt und löst sich in Kalilauge.

Kieselgalmei, $Si(O_2Zn)_2 + H_2O$, findet sich in wasserhellen rhombischen Krystallen.

Serpentin, $2SiO_2, 3MgO, 2H_2O$, vielleicht: $\left(\begin{matrix}HO \\ MgO_2\end{matrix}\right\}Si\right)_2$, $O_2Mg + H_2O$.

Findet sich in dichten durchscheinenden meist grünen derben Massen. Spec. Gew. 2,5. Schmilzt schwierig, wird durch Säuren zersetzt. Ein Theil des Magnesiums ist im Serpentin durch Ferrosum ersetzt.

Zweibasische Silicate.

Olivine.

So bezeichnet man eine Gruppe isomorpher Mineralien von rhombischer Form, welche als Basen vorzugsweise die Oxyde von Magnesium, Ferrosum und Calcium und ausserdem die Oxyde von Manganosum und Nickel enthalten. Das wichtigste Mineral dieser Gruppe ist *Chrysolith* oder *Olivin*, $Si\Theta(\Theta_2Mg)$, welches sich in vulcanischen Gesteinen und in Meteoriten findet. Ein Theil des Magnesiums ist darin immer durch Ferrosum und andere isomorphe Metalle vertreten. Bildet durchsichtige meist gelbgrüne Krystalle. Schmilzt nur dann vor dem Löthrohr, wenn viel Mg durch Fe substituirt ist. Wird, je nach seiner Zusammensetzung von den Säuren schwierig oder leicht zersetzt. Als reines Eisensilicat führt es den Namen *Fayalit* und ist dann leicht schmelzbar, und durch Säuren unter Abscheidung von Kieselgallerte leicht zersetzbar.

Augite.

Hierunter begreift man eine grosse und wichtige Gruppe von Silicaten, deren Zusammensetzung derjenigen der Olivine analog ist, die aber eine andere Krystallform besitzen. Sie finden sich in monoklinen Krystallen. Als Basen enthalten sie die Oxyde von Calcium, Magnesium, Ferrosum, Manganosum und Zink. Einige enthalten ausserdem die Oxyde des Aluminiums und Ferricums. Als *Tafelspath* oder *Wollastonit* unterscheidet man ein schwer schmelzbares durch Säuren unter Abscheidung von Kieselgallerte völlig zersetzbares Mineral dieser Gruppe, dessen Zusammensetzung durch die Formel $Si\Theta(\Theta_2Ca)$ ausgedrückt wird. Ein Theil des Ca ist darin meistens durch Mg, Fe und Mn ersetzt. Als reines Magnesiumsilicat führt dieses Mineral den Namen *Enstatit*. Dasselbe wird durch Salzsäure nicht zersetzt. Ist isomer oder wahrscheinlich polymer mit Olivin.

In vielen Augiten findet sich Thonerde und Eisenoxyd in wechselnden Verhältnissen ohne Aenderung der Form und der krystallinischen Structur. Diese Augite besitzen selten eine helle Farbe, sondern sind in der Regel intensiv grün oder braun gefärbt, so dass sie schwarz erscheinen.

Hornblenden.

Diese Mineralien finden sich monoklinometrisch krystallisirt, jedoch in anderen Formen als die Augite. Ihrer Zusammensetzung nach gehören sie mit den Olivinen und Augiten in eine Klasse. Sie bilden wichtige Gemengtheile einer grossen Anzahl krystallinischer Felsarten. Zu dieser Klasse von Mineralien gehört *Tremolit*, $Si\Theta(\Theta_2Mg)$, welcher die Zusammensetzung des Olivins und Enstatits besitzt, vor dem Löthrohr leicht zu einem halbklaren Glase schmilzt und durch Säuren nicht zersetzt wird. Nimmt beim langsamen Erkalten nach dem Schmelzen die Form und Struktur der Augite an. Inder Regel ist darin ein Theil der Mg durch Ca substituirt. Führt, wenn er Ferrosum enthält den Namen Strahlstein.

Aluminium und Ferricum enthaltende Hornblenden finden sich sehr verbreitet in der Natur. Sie enthalten oft auch Kalium, Natrium, Titan und Fluor. Sie sind in der Regel dunkel gefärbt.

Saure Silicate.

Saures Calciumtrisilicat, $3Si\Theta_2,Ca\Theta,2H_2\Theta$, vielleicht

$$(H\Theta)_2Si{-}{-}\Theta{-}{-}{-}Si(\Theta H)_2 \qquad \Theta\begin{vmatrix}Si\Theta{\cdot}\Theta H\\Si(\Theta_2Ca)\end{vmatrix}$$
$$\Theta{-}Si(\Theta_2Ca){-}\Theta, \qquad oder \quad \Theta \begin{vmatrix}\\Si(\Theta H)_3,\end{vmatrix}$$

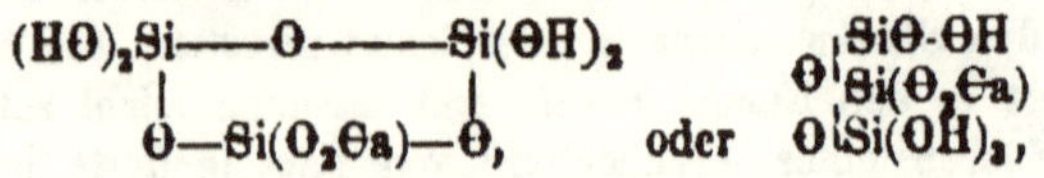

wird durch Fällen von Chlorcalciumlösung mit dem analog zusammengesetzten Natriumtrisilicat und Trocknen des zuerst gallertförmigen und dann krystallinisch gewordenen Niederschlags bei 100° erhalten.

Asbest oder *Amianth*. Hierunter versteht man Zersetzungsproducte der Augite und Hornblenden in fasriger Gestalt. Sie sind öfters wasserhaltig.

Meerschaum nennt man ein amorphes poröses saures Magnesiumsilicat, dem vielleicht die folgende Formel zukommt:

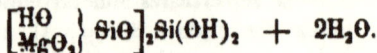

$$\left[\begin{matrix}H\Theta\\Mg\Theta_2\end{matrix}\right\}Si\Theta\right]_2Si(\Theta H)_2 \;+\; 2H_2\Theta.$$

Verliert beim Trocknen 2 Mol. Wasser, welche er aus der Luft wieder anzieht. Getrocknet entwickelt er beim Glühen nochmals Wasser. Schwer schmelzbar, wird von Salzsäure unter Abscheidung von Kieselgallerte zersetzt. Spec. Gew. 1,3 bis 1,6.

Talk und *Speckstein* sind gleichfalls saure Magnesiumsilikate. Sie finden sich wasserfrei und wasserhaltig und auch von sonst abweichender Zusammensetzung. Talk bildet rhombische Tafeln, ist weich und fettig anzufühlen, perlglänzend und durchscheinend. Schmilzt nicht vor dem Löthrohr und wird durch Säuren nicht zersetzt. Speckstein ist amorph und schmilzt vor dem Löthrohr; ist sonst dem Talk sehr ähnlich.

Silicate der isomorphen Metalle der Aluminiumgruppe.

Cyanit, $Si\Theta_2Al_{II}\Theta_3$, findet sich in triklinoedrischen Krystallen mit theils perlglänzenden harten, und theils nicht glänzenden weichen Flächen.

Durchsichtig, meist blau gefärbt, schmilzt nicht vor dem Löthrohr und wird durch Säuren nicht zersetzt.

Staurolith, $Si\Theta_2$, $Al_{II}O_3$ findet sich in rhombischen Krystallen. Ein Theil des Al_{II} ist darin durch Fe_{II} vertreten. Dunkelroth oder braun, durchscheinend. Schmilzt schwierig vor dem Löthrohr. Wird nicht durch Salzsäure und nur theilweise durch Schwefelsäure zersetzt.

Andalusit, SiO_2, $Al_{II}O_3$, findet sich in geraden rhombischen Säulen, ist unschmelzbar vor dem Löthrohr und unlöslich in den Säuren.

Cyanit, Staurolith und Andalusit sind gleich zusammengesetzt; ihnen können unter anderen Formeln die folgenden zukommen:

$SiO_4Al_{II}\Theta$, $^1/_2$ basisches, vierbasisches Aluminiumsilicat,

$OSi\Theta_2Al_{II}\Theta_2$ $^2/_3$ basisches, zweibasisches Aluminiumsilicat und

$\Theta\left\{\begin{matrix} Si\Theta_3Al_{II}\Theta \\ Si\Theta_3Al_{II}\Theta \end{matrix}\right\}\Theta$ $^1/_2$ basisches Aluminiumsalz einer sechsbasischen Bisiliciumsäure.

Topas, $Si\Theta_4Al_{II}Fl_2$, $Fl_2Si\Theta_2$-$Al_{II}O_2$ oder SiO-$\Theta_2Al_{II}OFl_2$, findet sich in durchsichtigen farblosen oder blass gefärbten rhombischen Krystallen. Spec. Gw. 3,4 bis 3,6. Härter als Quarz. Verliert beim Glühen Kieselfluorid und lässt ein unschmelzbares Silicat. Wird nicht durch Salzsäure zersetzt.

Thon.

Mit diesem Namen bezeichnet man Gemenge von wasserhaltigen Aluminiumsilicaten in mehr oder weniger reinem Zustande. Der Thon ist durch seine Verbreitung auf der Erdoberfläche und unterhalb derselben, durch die Functionen, welche er im Haushalte der Natur erfüllt, und durch die mannigfaltigen Zwecke, welchen er in den Künsten und Gewerben dient, ein höchst wichtiger Bestandtheil des Erdkörpers. Seine Zusammensetzung ist meist schwer zu erkennen, weil er gemengt mit sehr vielen Substanzen in der Natur vorkommt. Seine Eigenschaften werden durch die Beimengungen wesentlich modificirt. Er entsteht durch Zersetzung vom Orthoklas, Albit, Porzellanspath und vielen anderen Silicaten des Aluminiums. Findet sich abgelagert an den Orten seiner Bildung, in der Regel aber auf anderen Lagerstätten aus Wasser abgesetzt. Enthält in der Regel als Beimengungen Quarzsand, amorphe Kieselerde, Eisenoxydhydrat, Manganoxydhydrat, Feldspath, Albit, Glimmer, Spodumen und andere Mineralien; ferner auch organische Stoffe und Carbonate von Calcium, Magnesium und Ferrosum. — *Porzellanthon, Kaolin*, $2SiO_2$, $Al_{II}O_3$, $2H_2O$; $3SiO_2$, $2Al_{II}O_3$, $3H_2O$ und $9Si\Theta_2$, $4Al_{II}O_3$, $12H_2\Theta$; ist weiss, undurchsichtig, weich, zerreiblich, mehr oder weniger fettig anzufühlen. Bildet mit Wasser einen Teig, der mehr oder weniger zähe, knet- und formbar ist, beim Trocknen schwindet und seine Zähigkeit verliert. Er zerspringt, wenn er plötzlich einer sehr hohen Temperatur ausgesetzt wird; bei langsam steigender Hitze verliert er unterhalb der Glühhitze das chemisch gebundene Wasser, wobei sein Volum schwindet. Nach dem Glühen zerfällt er nicht mehr mit Wasser, aber ist porös und lässt Luft und Wasser durch. Einer je stärkeren Glühhitze er ausgesetzt war, um so dichter, klingender und härter ist er und um so mehr sind die Poren verengt. Sein spec. Gew. vergrössert sich nur bis zum Dunkelglühen und vermindert sich hierauf wieder. Kaolin, der bei 100° getrocknet war, hatte das spec. Gew. von 2,47, nach dem Dunkelglühen das von 2,7 und nach heftigem Weissglühen das von 2,48. — Der reine Thon schmilzt nicht im heftigsten Essenfeuer, aber wird darin weich, so dass er gebogen werden kann. Löst sich nicht in verdünnter Salz- oder Salpetersäure, wird beim Kochen mit Schwefelsäure zersetzt, und ist in Kalilauge löslich. Thon, welcher nur so weit erhitzt ist, dass er wasserfrei geworden ist, wird noch durch Schwefelsäure zersetzt und ist noch in den ätzenden Laugen löslich, nach dem Glühen aber nicht mehr. Thon vermag Ammoniak aus der Luft und aus dem Wasser zu absorbiren. Geschlämmter Kaolin dient zur Fabrikation des Porzellans. Hierbei wird er mit einem zu Glas schmelzenden Zusatze, einem Fluss, gemischt angewendet. Der Fluss besteht aus feingepulvertem Quarz, Feldspath, Gyps, Flussspath, Kreide, Knochenasche und anderen Substanzen. — *Feuerfester Thon* ist verschiedenartig gefärbt, bildet mit Wasser eine sehr zähe und elastische Masse, brennt sich weiss und ist im Porzellanofen nicht schmelzbar. Gleicht dem Kaolin und dient in seinen reineren Sorten ebenfalls zur Fabrikation von Porzellan. Ferner wird er zur Herstellung von feuerfesten Steinen und von Steingut benutzt. Zu letzterem finden auch die weniger feuerfesten und sich nicht ganz weissbrennenden Sorten Anwendung.

Die Feuerbeständigkeit der Thone lässt sich nicht mit Sicherheit durch die chemische Analyse ermitteln, weil schon sehr kleine Mengen fremder Substanzen, wie Kali, Natron, Kalk, Eisen und namentlich phosphorsaurer Salze in hoher Temperatur flussbildend sind; und weil es ferner von grossem Einfluss ist, ob der Thon die Kieselerde sämmtlich gebunden oder zum Theil frei enthält. Empirisch bestimmt man die Strengflüssigkeit der Thone, indem man sie mit Bergkrystallpulver gemischt einer hohen Temperatur aussetzt; je grösser der Quarzzusatz sein muss, um die Unschmelzbarkeit eines Thones bei einer bestimmten hohen Temperatur herbeizuführen, um so weniger feuerbeständig ist er. Ein sehr plastischer Thon verträgt einen grösseren Zusatz von unbildsamen und in der Glühhitze entweder nicht schwindenden und nicht schmelzenden oder auch schmelzenden Substanzen; dieses bedingt seine grössere Anwendbarkeit einem weniger plastischen Thone gegenüber. — **Töpferthon.** Plastische aber unreinere Thonsorten, welche in der Regel durch Eisenoxydhydrat stark gefärbt sind, auch oft Kalkcarbonat enthalten.

Sie brennen sich nicht weiss und schmelzen bei einer nicht sehr hohen Temperatur.

Der Töpferthon dient zur Darstellung der Töpferwaaren. Mit viel Sand gemengt bildet er den Lehm, welcher zur Fabrikation von Backsteinen, Ziegeln und Röhren benutzt wird. Mergel nennt man Thon, welcher grössere Mengen von Calciumcarbonat enthält.

Pastische Mergel verwendet man zur Herstellung von ordinären Töpferwaaren. Sie brausen auch nach dem Brennen noch mit Säuren. Kalkreiche Mergel zerfallen an der Luft; sie finden in der Landwirthschaft als Dünger Anwendung.

Die Fähigkeit des Bodens Wasser, Ammoniak, Kali und andere für die Vegetation unentbehrliche Stoffe zu absorbiren, wird durch Gehalt an Thon vergrössert. Lager von plastischem Thon, welche dem Wasser keinen Durchgang gestatten, regeln vielfach den Lauf desselben, sowohl an der Erdoberfläche, als auch im Erdinnern.

Silicate der Metalle der Alkalien und der isomorphen Metalle der Magnesium- und Aluminiumgruppe.

Basisches Aluminium-Kaliumsilicat, $\Theta_2Al_{II}(O\text{-}Si\Theta\text{-}\Theta K)_2$, entsteht beim Zusammenschmelzen von 2 Th. Alaunerde und 3 Th. Kieselerde mit 15 Th. oder mehr Kaliumcarbonat und bleibt beim Auslaugen der Masse mit Wasser ungelöst zurück. Wird durch Säuren leicht zersetzt.

Spodumen, $15Si\Theta_2$, $3Li_2\Theta$, $4Al_{II}\Theta_3$, findet sich in monoklinen Krystallen. Ein Theil des Aluminiums ist durch Ferricum und ein Theil des Lithiums durch Kalium, Natrium, Calcium und Magnesium substituirt. Spec. Gew. 3,2. Bläht sich vor dem Löthrohr auf, färbt die Flamme vorübergehend roth und schmilzt leicht zum Glase. Wird durch Säuren nicht zersetzt.

Labrador, $3Si\Theta_2$, $Ca\Theta$, $Al_{II}\Theta_3$; $[Si\Theta\text{-}\Theta_2]_2\ Al_{II}\Theta_2\text{-}SiO_2Ca$ (?). Enthält in der Regel eine geringe Menge Ferricum und Magnesium für Aluminium und Calcium. Ferner enthält er fast immer eine grössere Menge Natrium, welches hier ohne Aenderung der Form und Structur Calcium in variablen Verhältnissen ersetzt. Findet sich in triklinen Formen. Spec. Gew. 2,69 bis 2,75. Wird durch concentrirte Salzsäure vollständig zersetzt. Schmilzt schwierig.

Oligoklas, Natronspodumen, $9Si\Theta_2$, $2Na_2O$, $2Al_{II}\Theta_3$, findet sich in triklinen Krystallen, in denen ein Theil des Aluminiums durch Ferricum und ein Theil des Natriums durch Kalium, Calcium und Magnesium substituirt ist. Spec. Gw. 2,668. Ist dem Labrador ähnlich. Wird durch Säuren jedoch nicht zersetzt. Schmilzt schwierig.

Orthoklas, Kalifeldspath, $6Si\Theta_2$, $K_2\Theta$, $Al_{II}\Theta_3$; $[Si\Theta\text{-}\Theta_2]_2Al_{II}[\Theta\text{-}Si\Theta\text{-}\Theta\text{-}Si\Theta\text{-}\Theta K]_2$ (?). Findet sich in meist röthlich gefärbten undurchsichtigen monoklinen Krystallen und als wesentlicher Gemengtheil wichtiger Felsarten, der Granite, Gneise, Syenite, Porphyre und anderer. Die reinen Arten bilden wasserhelle Krystalle von 2,496 spec. Gew. Schmilzt sehr schwer zu einem trüben Glase, welches auch beim langsamen Erkalten nicht krystallinisch erstarrt. Wird durch Säuren sehr wenig angegriffen. Erleidet langsam Zersetzung beim Erhitzen mit Wasser auf 125—200°, beim Kochen mit Kalkmilch und beim Glühen mit Kalk. Liefert beim Verwittern Kaolin, wobei Kieselerde und Kali austreten und Wasser eintritt.

Orthoklas ist dem Labrador und Oligoklas sehr ähnlich. Meist ist ein Theil des Aluminiums durch Ferricum und ein Theil bis zur Hälfte des Kaliums durch Natrium ersetzt. Enthält ferner fast ohne Ausnahme etwas Calcium und Magnesium, die hier ebenfalls ohne Veränderung der Form und Structur Kalium substituiren.

Als Bimssteine bezeichnet man poröse schwammige Massen, deren chemische Beschaffenheit sie als im Wesentlichen aus Feldspathsubstanz bestehend erkennen lässt. Amorphe glasige Massen von derselben chemischen Beschaffenheit nennt man Obsidiane.

Albit, Natronfeldspath, $6SiO_2$, $Na_2\Theta$, $Al_{II}O_3$, findet sich in triklinen Krystallen. Ist sonst dem Orthoklas sehr ähnlich. Spec. Gw. 2,614. In der Regel ist auch in diesem Mineral ein Theil des Aluminiums durch Ferricum und ein Theil des Natriums durch Calcium, Magnesium und namentlich durch Kalium substituirt. Letzteres verringert das spec. Gew. und macht den Albit leichter schmelzbar.

Kaliglimmer. Hierunter versteht man basische Aluminium-Kaliumsilicate, welche nur geringe Mengen Kalium enthalten und keine übereinstimmende Zusammensetzung besitzen. Sie finden sich in dünnen Blättern oder in Krystallen, welche leicht zu dünnen elastischen Blättchen spaltbar sind. Durchsichtig, im polarisirten Lichte zweiaxig, farblos oder hellgefärbt; metallisch perlglänzend. Sie enthalten etwas Fluor und entwickeln beim Erhitzen wechselnde Mengen Wasser. Glimmer ist vor dem Löthrohr mehr oder weniger leicht schmelzbar und wird durch Salz- und Schwefelsäure nur schwierig zersetzt.

Lithionglimmer, Lepidolith, ein dem Kaliglimmer ähnliches Aluminiumsilicat, welches Lithium, Kalium, Rubidium und etwas Cäsium enthält. Gibt beim Erhitzen Wasser mit starker Reaction auf Fluorwasserstoff. Schmilzt leicht vor dem Löthrohr und färbt dabei die Flamme roth. Wird nach dem Schmelzen durch Säuren zersetzt.

Magnesiaglimmer. Diese Glimmerarten enthalten statt Kali oder

Lithion vorzugsweise Magnesia und öfters grössere Mengen Eisenoxydul. Sie sind den anderen Glimmerarten sehr ähnlich, jedoch noch basischer als diese, und nicht zweiaxig, sondern einaxig. Vor dem Löthrohr schwer schmelzbar. Werden durch Schwefelsäure vollständig zersetzt, wobei die Kieselerde in der Form der Glimmerblättchen weiss und perlmutterglänzend zurückbleibt.

Chlorit ist gleichfalls basisches Aluminium-Magnesiumsilicat, in dem variable Mengen Ferrosum, Manganosum und Ferricum vorkommen. Bildet dunkelgrüne Krystalle oder feine nicht elastische Blättchen; ist weich und besitzt ein spec. Gew. von 2,7 bis 2,85. Ist vor dem Löthrohr fast unschmelzbar, wird durch kochende Schwefelsäure zersetzt.

Granate.

Regulär krystallisirende Mineralien der allgemeinen Formel:

$$(\dot{M}O_2\text{-}\ddot{S}i\text{-}O_2)_3\ddot{M}_{II},$$

in welche \dot{M} ein Atom der isomorphen Metalle der Magnesiumgruppe und \ddot{M}_{II} ein Doppelatom der isomorphen Metalle der Aluminiumgruppe bedeutet. Sie sind neutrale Salz der vierbasischen Kieselsäure.

Man unterscheidet:

1) *Calcium-Aluminiumgranal, weisser Granat,* $(\overset{..}{C}aO_2\text{-}\ddot{S}i\text{-}O_2)_3\ddot{A}l_{II})$;

2) *Ferosum-Aluminiumgranat, edler Granat,* $\overset{..}{Fe}O_2\text{-}\ddot{S}i\text{-}O_2)_3\ddot{A}l_{II})$;

3) *Calcium-Ferricumgranat,* $(\overset{..}{C}aO_2\text{-}\ddot{S}i\text{-}O_2)_3\ddot{Fe}_{II})$.

Im reinen Zustande kommen diese Granate selten vor; die vorkommenden bestehen in der Regel aus isomorphen Mischungen. Meistens enthalten sie auch noch Manganosum, welches in einzelnen Granaten vorherrschend auftritt. Sie enthalten ferner Magnesium, welches in seltenen Fällen ebenfalls überwiegt. Im Pyrop oder böhmischen Granat und in einigen anderen Granatarten ist etwas Chrom enthalten. Ihr spec. Gew. beträgt 3,4 bis 4,3; nach dem Schmelzen ist es geringer. Sie schmelzen vor dem Löthrohr mehr oder weniger leicht, einige Arten sind unschmelzbar. Einige Granate erleiden beim Schmelzen Gewichtsverlust. Vor dem Schmelzen werden sie durch Säuren kaum angegriffen, nachher gelatiniren sie damit. Die Ursache dieser merkwürdigen Erscheinung ist vielleicht die, dass das neutrale Salz der vierbasischen Kieselsäure beim Glühen zerfällt und sich theilweise in basisches Salz der zweibasischen Kieselsäure verwandelt:

$$(\overset{..}{C}aO_2\text{-}\ddot{S}i\text{-}O_2)_3\ddot{A}l_{II} = \ddot{S}i\ddot{O}\text{-}O_2\ddot{A}l_{II}O_2 + \ddot{S}i\ddot{O}(O_2\overset{..}{C}a) + \ddot{S}i(O_2\overset{..}{C}a)_2.$$

Zeolithe.

Hierunter versteht man wasserhaltige Silicate, welche ausser Aluminium (und Ferricum) auch noch andere Metalle enthalten. Ihre

Constitution ist vollständig unbekannt, so ist es zweifelhaft, in welcher Form sie die Elemente des Wassers enthalten, ob als Krystallwasser oder als Wasserrest. Einige scheinen die Bestandtheile des Wassers in verschiedener Art gebunden zu enthalten, indem sie bei verschiedenen Temperaturgraden Wasser abgeben. Sie sind leicht schmelzbar und werden mehr oder weniger leicht durch Säuren zersetzt, wobei die Kieselsäure in verschiedenen Formen, gallertförmig, schleimig oder als Pulver, abgeschieden wird. Noch ist es fraglich, ob in den Zeolithen Polysiliciumsäuren die Molecule zusammenhalten, oder ob Aluminium als Binder derselben anzusehen ist. Wahrscheinlich kommen beide Fälle vor.

Zu den Zeolithen gehören:

Prehnit, $3Si\Theta_2$, $2CaO$, $Al_{II}\Theta_3$, H_2O, findet sich in hellgefärbten durchscheinenden rhombischen Krystallen. Spec. Gew. 2,95. Schmilzt vor dem Löthrohr. Wird vor dem Glühen von den Säuren unvollständig zersetzt, gelatinirt nach dem Glühen damit.

Natrolith, Mesotyp, $3Si\Theta_2$, $Na_2\Theta$, $Al_{II}\Theta_3$, $2H_2\Theta$, findet sich in monoklinen Krystallen. Schmilzt vor dem Löthrohr; löst sich leicht in Säuren.

Skolezit, Kalk-Mesotyp, $3Si\Theta_2$, $Ca\Theta$, $Al_{II}\Theta_3$, $3H_2O$, findet sich in monoklinen Krystallen. Spec. Gw. 2,31. Schmilzt leicht vor dem Löthrohr; ist leicht löslich in Säuren.

Analcim, $4Si\Theta_2$, $Na_2\Theta$, $Al_{II}\Theta_3$, $2H_2\Theta$, kommt in wasserhellen regulären Krystallen vor. Wird vor dem Löthrohr unter Wasserverlust milchweiss, bei stärkerer Hitze wieder klar und schmilzt dann ruhig zu klarem Glase. Wird durch Säuren leicht, nach dem Glühen schwieriger zersetzt.

Laumontit, $4Si\Theta_2$, CaO, $Al_{II}\Theta_3$, $4H_2O$, findet sich in wasserhellen monoklinen Krystallen. Giebt bei verschiedenen Temperaturen Wasser ab. Schmilzt vor der Löthrohr; löst sich leicht in Säuren.

Phillipsit, Kalk-Harmotom, Kalk-Kreuzstein, $4SiO_4$, $Ca\Theta$, $Al_{II}\Theta_3$, $5H_2\Theta$, kommt in rhombischen meistens kreuzförmig vereinigten Krystallen vor. Wird durch Salzsäure unter Abscheidung gallertförmiger Kieselsäure zersetzt.

Chabasit, $4Si\Theta_4$, $Ca\Theta$, $Al_{II}\Theta_3$, $6H_2O$, findet sich in hexagonalen Krystallen, welche bei verschiedenen Temperaturen Wasser abgeben.

Baryt-Harmotom, Baryt-Kreuzstein, $5Si\Theta_2$, $Ba\Theta$, $Al_{II}\Theta_3$, $5H_2\Theta$, kommt in rhombischen kreuzförmig vereinigten Krystallen vor. Schmilzt vor dem Löthrohr; wird durch Salzsäure schwierig, aber vollständig unter Abscheidung pulverförmiger Kieselsäure zersetzt.

Stilbit, Desmin, $6Si\Theta_2$, $Ca\Theta$, $Al_{11}\Theta_3$, $6H_2\Theta$, findet sich in wasserhellen rhombischen Krystallen. Bläht sich vor dem Löthrohr stark auf und schmilzt schwierig zu einem blasigen Glase. Wird durch concentrirte Salzsäure langsam, aber vollständig unter Abscheidung der Kieselsäure als schleimiges Pulver zersetzt.

Apophyllit, $18Si\Theta_2$ $8Ca\Theta$, $K_2\Theta$, $18H_2\Theta$, mit einer schwankenden Menge Fluor (0,46—1,71 Proc.). Findet sich in farblosen durchsichtigen quadratischen Krystallen. Spec. Gw. 2,33. Gibt in der offenen Röhre Fluorreaction. Wird beim Erhitzen vor dem Löthrohr matt, blättert sich auf und schmilzt dann leicht zu einem blasigen Email. Löst sich in Wasser bei 180 — 190° und krystallisirt nach dem Erkalten wieder. Als Pulver wird das Mineral unter Abscheidung von schleimiger Kieselerde durch Salzsäure leicht zersetzt, schwieriger nach vorgängigem Glühen.

Datolith, $2Si\Theta_2$, $B_2\Theta_3$, $2Ca\Theta$, $H_2\Theta$, vielleicht $\Theta\begin{cases} Si\Theta\text{-}\Theta\text{-}Ca\text{-}\Theta\text{-}B(\Theta H)_2 \\ Si\Theta\text{-}\Theta\text{-}Ca\text{-}\Theta\text{-}B\Theta. \end{cases}$
Kommt in farblosen durchsichtigen oder durchscheinenden schiefen rhombischen Säulen vor. Spec. Gew. 3,344. Wird in starker Rothglühhitze unter Verlust der Durchsichtigkeit wasserfrei. Schmilzt leicht vor dem Löthrohr unter Aufschäumen und grüner Färbung der Flamme zu einem farblosen Glase. Wird vor und nach dem Glühen von Chlorwasserstoff unter Bildung von Kieselgallerte leicht zersetzt.

G l a s. Hierunter versteht man durch Schmelzen erhaltene a m o r p h e Gemenge mehrerer Silicate, in welchen gewöhnlich Natrium- und Calciumsilicate die Hauptbestandtheile bilden. Die Gläser enthalten häufig auch Kalium- und Bleisilicate und ferner öfters Silicate von Magnesium, Aluminium, Ferrosum, Ferricum, Manganosum, Zink und von anderen Metallen. Je mannigfaltiger ein Glas zusammengesetzt ist, um so dauerhafter ist im Allgemeinen sein amorpher Zustand; ferner ist die Art und die Menge der im Glase enthaltenen Silicate von Einfluss auf seine Beschaffenheit. Die Silicate der Alkalien geben den Gläsern Leichtflüssigkeit und Weisse; Kali- und Natronglas unterscheiden sich dadurch, dass letzteres leichter schmelzbar und glänzender als Kaliglas ist, dagegen besitzt dieses weniger Färbung als jenes. Die Bleialkalisilicate sind sehr leicht schmelzbar, sie lassen sich gut schleifen, besitzen grossen Glanz und starkes Lichtbrechungsvermögen. Gläser, welche Kalk enthalten, sind weniger leicht schmelzbar als die Bleigläser; sie besitzen geringeres spec. Gew., weniger Glanz und geringeres Lichtbrechungsvermögen als diese. Magnesia und Thonerde machen das Glas noch strengflüssiger als Kalk. Die Ferrosumsilicate sind leichter schmelzbar als die Ferricumsilicate; jene sind bei gleichem Gehalt an Eisen dunkelgrün gefärbt, während diese weniger dunkel braungelb gefärbt sind. Aus diesem Grunde kann man Glasmassen, welche nur wenig Eisen enthalten, fast entfärben, wenn man das Eisen durch Zusatz von Arsenigsäureanhydrid, Manganhyperoxyd, Chilisalpeter, Mennige, oder durch andere Oxydationsmittel in Ferricum überführt. Absichtlich färbt man die Gläser durch Zusatz gewisser Metalloxyde, welche ihnen dieselbe Färbung geben, die sie der Boraxperle ertheilen.

Unter Email versteht man farblose und gefärbe Gläser, welche durch Zusatz von Zinnoxyd undurchsichtig gemacht worden sind.

Milchglas oder Beinglas wird milchweisses und durchscheinendes Glas genannt. Man erhält es durch Zusatz von 10 bis 20 Proc. weissgebrannter Knochen zu durchsichtigem Glase. Nach dem Schmelzen ist es vollkommen klar und durchsichtig und erhält seine eigenthümliche Trübung und Färbung erst durch Anwärmen.

Die folgende Zusammenstellung ergibt die Zusammensetzung verschiedener Glassorten.

Bestandtheile in 100 Th.	Weisses böhmisches Glas	Weisses Natronglas	Braunes Bouteillenglas	Grünes Bouteillenglas	Krystallglas	Flintglas.
Kieselerde	76	74,0	60,0	60	52,0	45
Kali	15	—	—	—	9,0	11
Natron	—	17,0	12,0	5	—	—
Kalk	8	6,4	19,3	20	—	—
Bleioxyd	—		—	--	37,0	44
Magnesia	—		0,5	5	—	—
Eisenoxydul	--		--	8	—	—
Eisenoxyd	—	—	7,0	-	0,6	—
Thonerde	1	2,6	1,2	2	1,0	—
Manganoxydul	—	—	-		0,4	—

Als Hauptmaterialien zur Glasfabrikation dienen: Sand oder Quarz, Pottasche oder Soda, Kalk oder Bleioxyd, und Verbindungen, welche diese Substanzen enthalten, als Feldspath, Basalt, Wollastonit und Schlacken. Anstatt Soda wird auch Glaubersalz gemengt mit Kohle angewendet. Je reiner die Materialien sind, um so gleichartiger und schöner fällt das Glas aus. Gewissen Glassorten setzt man Borsäure oder borsaure Verbindungen zu, namentlich solchen welche für optische Zwecke benutzt werden sollen. Um das Zusammenschmelzen dieser verschiedenen Substanzen zu erleichtern, setzt man einen gewissen Theil Glasscherben zu.

Man mengt sie im feingepulverten Zustande in bestimmten Verhältnissen und trägt das Gemenge (den Glassatz) wohl ausgetrocknet in die schon glühenden Häfen im Glasofen, wo es durch anhaltendes starkes Feuer zusammenschmilzt. Hierbei bildet das zugesetzte Glas zunächst mit dem im Glassatz vorhandenen Alkali leicht schmelzbares Glas, welches dann den Kalk und die Kieselerde auflöst. Zu der geschmolzenen Masse setzt man, wenn solches nöthig ist, Entfärbungsmittel, welche theils chemisch durch Sauerstoffabgabe, theils physikalisch durch Ergänzung verschieden gefärbter Nuancen zu Weiss wirken.

Die geschmolzene Glassmasse besitzt eine eigenthümliche dickflüssige zähe Beschaffenheit, welche ihre Formbarkeit bedingt.

Die meisten Glasgegenstände werden geblasen (Hohlglas, Tafelglas), einige werden gegossen (Spiegelglas) andere durch Pressen geformt. Alle fertigen Gegenstände müssen, um nicht nachher bei Temperaturwechsel leicht zu springen, sehr langsam abgekühlt werden; sie kommen zu diesem Zweck noch glühend in den dunkelglühenden Kühlofen, den man, nachdem er gefüllt ist, mit seinem Inhalte langsam erkalten lässt.

Die leichte Zerbrechlichkeit rasch erkalteter Glasmassen beruht darauf, dass ihre Oberfläche früher als die innere Masse erstarrt ist. In Folge hiervon konnte beim Erkalten letztere sich nicht genügend zusammenziehen und sind ihre einzelnen Theilchen untereinander und mit der Oberfläche des Glases in starker Spannung verbunden. Wegen dieser Spannung reicht eine geringe Verletzung oder ein rascher Temperaturwechsel hin, die Zertrümmerung solcher rasch abgekühlten Gefässe zu bewirken. Am auffallensten zeigen sich diese Verhältnisse bei Glastropfen, welche durch kaltes Wasser rasch abgekühlt sind, und bei den bologneser Flaschen.

Glas, welches eine unrichtige Zusammensetzung besitzt, vertauscht den amorphen Zustand leicht mit einem krystallinischen; es wird porzellanartig undurchsichtig und weiss. (Reaumur'sches Porzellan). Wenn geschmolzene Glasmassen längere Zeit einer starken Hitze ausgesetzt bleiben, verlieren sie Alkali und nehmen dann leicht den krystallinischen Zustand an.

Schlacken nennt man die bei den verschiedenartigsten metallurgischen Processen gebildeten glasartigen Massen. Sie sind Silicate von Calcium, Aluminium, Magnesium, Ferrosum, Ferricum und anderen Metallen. Sie sind je nach ihrer Zusammensetzung verschieden gefärbt und von verschiedener Schmelzbarkeit. Gewisse Schlacken, so die Frischschlacken von der Fabrikation des Stahls und Stabeisens, werden wieder auf Metalle verarbeitet. Andere Schlacken lässt man in Formen erstarren und gewinnt so Bausteine daraus. Lässt man flüssige Schlacke in einem dünnen Strahl in kaltes Wasser fliessen, so erstarrt sie zu einer feinvertheilten schaumigen Masse, welche mit Kalkbrei gemengt ein an der Luft erhärtendes Material für poröse und leichte Bausteine liefert.

Schlacke findet ferner Anwendung als Zusatz zu der Masse für Bouteillenglas.

Hydraulische Mörtel. Kalksteine, welche bis zu 25 Proc. feinvertheilten Thon enthalten, geben nach dem Brennen Kalk, welcher sich in Stücken mehr oder weniger schwierig löscht, der aber im gepulverten Zustande mit Wasser nach kürzerer oder längerer Zeit erhärtet. Man nennt solche Kalksteine hydraulische Kalke. Sie enthalten nach dem Brennen basische Calcium-Aluminiumsilicate und ihr Erhärten beruht darauf, dass sie mit Wasser eine feste Masse bilden. Als Portland-Cemente bezeichnet man künstlich hergestellte hydraulische Kalke; zu ihrer Darstellung mengt man ungefähr 3 Th. feinvertheilten Kalk und 1 Th. feinvertheilten Thon mit etwas Kochsalz und so viel Wasser, dass ein steifer Brei entsteht, formt hieraus Steine, lässt diese trocknen und brennt sie dann. Gemahlen liefern sie ein mit Wasser erhärtendes Pulver.

Man stellt ferner hydraulische Mörtel dar durch Vermischen von Kalkbrei mit gepulverten Schlacken oder mit einigen in der Natur vorkommenden Silicaten, wie Bimsstein, Trass, Puzzolane, Santorin und andere Producten der vulkanischen Thätigkeit des Erdinnern.

Ultramarin ist eine schöne blaue Farbe, welche früher aus dem Lasurstein gewonnen wurde, jetzt aber im Grossen durch Glühen von reinem Thon mit Natriumsulphat und Kohle dargestellt wird. Oefters wird die geglühte Masse noch bei gelinder Wärme, mit oder ohne Zusatz von Schwefel, geröstet. Nach dem Erkalten entzieht man ihr durch Auslaugen mit heissem Wasser die löslichen Bestandtheile. Ein lebhaftblaues Pulver, unlöslich in Wasser. Wird nicht durch Basen, wohl aber durch Säuren und sauer reagirende Salze (Alaun), welche Schwefelwasserstoff daraus entwickeln, verändert.

Findet Anwendung als Anstrichfarbe, zum Drucken, zum Bläuen der Papiermasse und der Wäsche, und für viele andere Zwecke.

Schwefelkiesel entsteht durch directe Vereinigung der Elemente. Krystallisirt in weissen Nadeln. Zersetzt sich mit Wasser augenblicklich in Schwefelwasserstoff und Kieselsäure.

Stickstoffkiesel entsteht bei Weissglühhitze durch directe Vereinigung der Bestandtheile. Eine amorphe weisse sehr beständige Verbindung; bildet beim Glühen im Wasserdampfe Ammoniak und Kieselerde.

Silicium-Calcium wird durch Zusammenschmelzen von 20 Th. krystallisirtem Silicium, 200 Th. geschmolzenem Chlorcalcium und 46 Th. Natrium unter eine Decke von Chlornatrium erhalten. Bleigrau, vollkommen metallglänzend, krystallinisch. Zerfällt an der Luft unter Aufnahme von Wasser und Sauerstoff zu kleinen graphitähnlichen Blättchen. Wird durch Salzsäure unter Wasserstoffentwicklung in Silicon verwandelt.

Siliciummagnesium wird beim Glühen eines Gemenges von Kieselfluornatrium mit Magnesium erhalten. Bildet bleigraue Krystalle. Ist schwerer als Wasser. Wird durch Salzsäure unter Entwicklung von Wasserstoff und Siliciumwasserstoff in eine weisse Verbindung von Silicium, Wasserstoff und Sauerstoff verwandelt.

Siliciumeisen findet sich in kleinen Mengen in den meisten Gusseisensorten. Ist spröde, weiss, krystallinisch.

Allgemeine Bemerkungen.

Das Atomgewicht die Siliciums ergibt sich aus der Dampfdichte mehrerer seiner Verbindungen und aus dem Isomorphismus von Silicium- und Zinnverbindungen. Seine Atomwärme ist geringer als diejenige der meisten Elemente. Seine Moleculargrösse ist unbekannt.

Silicium scheint ausschliesslich ein vierwerthiges Element zu sein.

In Beziehung auf den Isomorphismus treten bei den Silicaten eigenthümliche Verhältnisse hervor. Die Form und Textur derselben ist nämlich in vielen Fällen auch dann gleich, wenn sich in ihnen solche Elemente substituiren, die sonst nicht isomorph sind. Der Grund hiervon ist vielleicht darin zu suchen, dass die grosse Menge der gemeinschaftlichen Bestandtheile in diesen Silicaten ihre Form, Spaltbarkeit und ihre anderen Eigenschaften bestimmt, und dass die geringen Mengen verschiedenartiger nicht isomorpher Elemente, welche sie enthalten, daneben nicht zur Geltung kommen.

57. Titan. Ti.

Atomgewicht 50. Atomwärme 6,4.

Vorkommen. Findet sich nur in geringen Mengen, jedoch ziemlich verbreitet in der Natur, namentlich in Verbindung mit Sauerstoff und Eisen als Titaneisen.

Darstellung. Wird durch Erhitzen von Titanfluorkalium mit Natrium erhalten.

Eigenschaften. Dunkelgraues schweres unkrystallinisches Pulver. Sehr schwer schmelzbar. Zersetzt bei 100° Wasser; löst sich leicht in Salzsäure unter Wasserstoffentwicklung.

Verbindungen.

Titanchlorid, $TiCl_4$; Moleculargewicht 192; Dampfdichte 96. Wird erhalten beim Glühen eines Gemenges von Titansäureanhydrid und Kohle im trocknen Chlorgasstrome. Farblose, an der Luft rauchende Flüssigkeit; siedet bei 135°. Zersetzt sich mit Wasser.

Bititanchlorid, Ti_2Cl_6, bildet sich, wenn Titanchloriddampf mit Wasserstoff gemischt durch ein glühendes Rohr geleitet wird. Dunkelviolette Krystallblättchen. Zerfliesslich und mit violletter Farbe in Wasser löslich.

Titanfluorid. Ist im freien Zustande wenig bekannt. Bildet gleich Fluorzinn und Fluorsilicium mit den Fluorverbindungen der positiveren Metalle krystallisirende Doppelverbindungen, welche öfters mit denjenigen der genannten Fluoride isomorph sind.

Fluortitankalium, $TiFl_6K_2 + H_2O$, wird erhalten durch starkes Glühen von feingepulvertem Rutil oder von Titaneisen mit dem dreifachen Gewichte Kaliumcarbonat und Auflösen der Schmelze in verdünnter Fluorwasserstoffsäure. Krystallisirt in dünnen monoklinen Blättchen, welche in Wasser schwer löslich sind.

Fluortitanstrontium, $TiFl_6Sr + 2H_2O$, bildet kleine glänzende monokline Krystalle. Isomorph mit den entsprechenden Verbindungen des Zinns und Siliciums.

Fluortitanmagnesium, $TiFl_6Mg + 6H_2O$, bildet leicht lösliche hexagonale Krystalle.

Titansäureanhydrid, TiO_2, findet sich in dreierlei Formen krystallisirt; als Rutil quadratisch; als Anatas in anderen quadratischen Formen und als Brookit rhombisch. Am häufigsten findet sich Rutil, der isomorph mit Zinnstein ist und sehr harte glänzende gelbe oder röthlichbraune Krystalle bildet. Künstlich erhält man Titansäureanhydrid durch Schmelzen eines titanhaltigen Minerals mit saurem Kaliumsulphat, Ausziehen mit kaltem Wasser und Kochen der Lösung, wobei ein Niederschlag entsteht, welcher beim Glühen das Anhydrid lässt. Vollkommen rein erhält man es durch Fällen einer Auflösung von Fluortitankalium mittelst Ammoniak und Glühen des entstandenen Niederschlages. Bildet ein weisses, beim Erhitzen vorübergehend gelb werdendes Pulver, welches durch sehr heftiges Glühen hellbraun wird. Ist in den meisten Säuren und in den wässrigen Alkalien unlöslich, aber wie das in der Natur vorkommende löslich in Fluorwasserstoff, in kochender Schwefelsäure und in geschmolzenem Alkali.

Titansäuren. Titan bildet gleich dem Zinn und dem Kiesel verschiedene Säuren. Man erhält Titansäure beim Vermischen von Titanchlorid mit Wasser und Kochen der verdünnten Lösung; ferner beim Fällen einer Lösung von Titansäureanhydrid in Säuren durch ein Alkali oder durch Zersetzung des titansauren Kali's durch Salzsäure. Durch Dialyse lässt sich Titansäure in löslicher Form erhalten. Sie ist weiss, pulverförmig oder gallertartig. Löst sich nicht in Wasser, wenig in ätzenden Laugen, leichter in Säuren. Wird beim Kochen ihrer verdünnten sauren, nicht zuviel überschüssige Säure enthaltenden Lösung gefällt. Zinn, Zink oder Eisen färben ihre saure Lösungen blau und fällen dann verschiedenartig gefärbte Pulver, welche nach einiger Zeit in weisse Titansäure übergehen.

Titanate. Mehrere Titanate kommen in der Natur vor. Sie sind meistens in Wasser unlöslich; feingepulvert lösen sie sich in heisser concentrirter Salzsäure; beim Kochen mit verdünnter Salzsäure werden sie zersetzt, es lösen sich die anderen Bestandtheile und etwas Titansäure, während der Rest der letzteren ungelöst bleibt.

Titaneisen findet sich in dunklen eisenschwarzen derben Massen und in zweierlei Formen krystallisirt, theils in magnetischen regulären Octaëdern, theils in nicht magnetischen Rhomboëdern. Spec. Gew. 4,5 bis 4,8.

Stickstofftitan. Stickstoff und Titan verbinden sich in mehreren Verhältnissen zu kupferfarbenen bis goldgelben metallglänzenden Verbindungen, welche beim Erhitzen mit Kalilauge Ammoniak entwickeln.

Stickstoffcyantitan, N_2Ti_5Cy, findet sich bisweilen in den Schlacken und Gestellsteinen der Hohöfen in hellkupferfarbenen metallglänzenden Würfeln.

38. Zirkon. Zr.

Atomgewicht 90.

Vorkommen. Sehr selten; bildet mit Sauerstoff und Kiesel den Zirkon oder Hyacinth.

Darstellung. Wird erhalten durch Erhitzen von Fluorzirkonkalium mit Natrium.

Eigenschaften. Schwarzes Pulver, welches unter dem Polirstahl sich zu dünnen glänzenden Schuppen von grauer Farbe und einigem Metallglanz zusammendrücken lässt. Verbrennt beim Erhitzen zu weissem Zirkonsäureanhydrid.

Verbindungen.

Zirkonchlorid, $ZrCl_4$. Moleculargewicht 232; Dampfdichte 116. Entsteht beim Glühen eines Gemenges von Zirkonerde und Kohle im Chlorgasstrome. Weisse Masse.

Zirkonfluorid, $ZrFl_4$, bildet sich beim Erhitzen von Zirkonerde mit Fluorwasserstoff-Fluorammonium, bis sich keine Dämpfe von Fluorammonium mehr entwickeln. Ist leicht löslich in Wasser und krystallisirt mit 3 Mol. desselben in kleinen glänzenden meist tafelförmigen triklinometrischen Krystallen. Bildet mit den meisten Fluormetallen lösliche krystallisirbare Doppelsalze.

Fluorzirkonkalium, $ZrFl_6K_2$, wird erhalten durch schwaches Glühen von Fluorwasserstoff-Fluorkalium und Zirkon, wobei sich gleichzeitig auch Fluorkalium bildet. Aus dem Gemenge lässt sich das Fluorzirkonkalium in Folge des sehr grossen Unterschiedes seiner Löslichkeit in kaltem und heissem Wasser sehr leicht rein erhalten. Es löst sich bei 2° in 128 Th. und bei 100° in 4 Th. Wasser. Krystallisirt in Rhomben. Fluorzirkon und Fluorkalium auch Doppelsalze der Formeln $ZrFl_7K_3$ und $ZrFl_5K$.

Fluorzirkonammonium. $ZrFl_6(NH_4)_2$ bildet rhombische, und $ZrFl_7(NH_4)_3$ reguläre Krystalle.

Fluorzirkonzink, $ZrFl_6Zn + 6H_2O$, bildet hexagonale Krystalle, welche mit den entsprechenden des Zinns und Kiesels isomorph sind. Aus einer überschüssiges Fluorzink enthaltenden Lösung krystallisirt $ZrFl_8Zn_2 + 12H_2O$ in monoklinen Krystallen.

Fluorzirkonnickel, $ZrFl_6Ni + 6H_2O$, bildet hexagonale, und $ZrFl_8Ni_2 + 12H_2O$, monokline Krystalle. Beide Salze sind mit den entsprechenden des Zinks isomorph.

Zirkonoxyd, Zirkonerde, Zirkonsäureanhydrid, ZrO_2. Wird im reinen Zustande durch heftiges Glühen eines Gemenges von Fluorzirkonkalium und Schwefelsäure, und Auswaschen des Produecktes mit siedendem Wasser erhalten. Weisses unschmelzbares Pulver. Nur in concentrirter Schwefelsäure löslich. Treibt beim Erhitzen mit Soda Kohlensäureanhydrid aus, indem $ZrO(ONa)_2$ und $Zr(ONa)_4$ entstehen. Diese Salze werden durch Wasser in saure Salze zersetzt, welche darin unlöslich, in Säuren aber leicht löslich sind.

Zirkonoxyhydrür Zirkonsäure, wird durch Ammoniak aus seinen Lösungen als weisse voluminöse Gallerte gefällt. Verhält sich wie eine schwache Säure. Bildet mit den Säuren neutrale und basische Salze, welche dem vierbasischen und dem zweibasischen Natriumzirkonat entsprechen.

Man hat:

$Zr(ONa)_4$ Vierbasisches zirkonsaures Natrium	$ZrO(ONa)_2$ Zweibasisches zirkonsaures Natrium
$Zr(O_4S)_2$ Schwefelsaures Zirkon	$ZrO(O_4S)$ Basisches schwefelsaures Zirkon.

Die löslichen Salze des Zirkons besitzen einen stark zusammenziehenden sauren Geschmack und röthen Lackmus. Aus ihren Lösungen fällen die Alkalien Oxyhydrür, welches im Ueberschuss löslich ist.

Sie sind besonders dadurch charakterisirt, das Kaliumsulphat aus ihren Lösungen ein Doppelsalz niederschlägt, welches beim Kochen mit der Flüssigkeit in ein basisches Salz übergeht und nun nicht mehr vollständig in reinem Wasser löslich ist.

Zirkonsilicat, SiO_4Zr, findet sich in sehr harten quadratoctaëdrischen Krystallen, gelbroth als Hyacinth, verschieden gefärbt als Zirkon.

39. Thorium. Th.

Atomgewicht 231,4.

Vorkommen. Sehr selten; bildet in Verbindung mit Sauerstoff und Kiesel den Thorit, ein seltenes Mineral.

Darstellung. Wird erhalten durch Erhitzen von Thoriumchlorid mit Natrium.

Eigenschaften. Dunkelgraues Pulver. Spec. Gew. 7,657 bis 7,795. Verbrennt an der Luft zu Thorerde, zersetzt nicht das Wasser, löst sich leicht in Salpetersäure, schwer in Salzsäure und nur in der Wärme in Schwefelsäure.

Verbindungen.

Thoriumchlorid, $ThCl_4$, bildet sich beim Glühen eines Gemenges von Thorerde und Kohle im Chlorgasstrome als weisses krystallinisches oder pulverförmiges Sublimat, welches sich bei 440° noch nicht verflüchtigt und sehr hygroscopisch ist.

Thoriumfluorid, $ThFl_4 + 4H_2O$, ist ein gallertförmiger in Wasser und Flusssäure unlöslicher Niederschlag.

Fluorthoriumkalium, $ThFl_6K_2 + 4H_2O$, entsteht beim Kochen von frisch gefälltem Thoriumoxyhydrür mit einer concentrirten Lösung von Fluorwasserstoffsäure und Fluorwasserstoff-Fluorkalium als schweres feines Pulver. Fluorkaliumwasserstoff fällt aus salzsaurer Thorerdelösung eine Verbindung der Formel $2ThFl_6K, H_2O$.

Thoroxyd, *Thorerde*, ThO_2, bleibt beim Glühen des Sulphats. Graugelbes Pulver, welches durch heftiges Glühen mit Borax und Borsäure in kleine quadratische Krystalle, die wahrscheinlich mit denjenigen des Zinnsteins und des Rutils isomorph sind, überzuführen ist. Spec. Gew. 9,0 bis 9,2. Treibt aus Soda beim Erhitzen keine Kohlensäure aus. Löst sich nur in erhitzter Schwefelsäure.

Thoroxyhydrür wird durch Kalilauge aus den schwefelsauren Lösungen der Thorerde als Gallerte gefällt. Unlöslich im Ueberschuss des Fällungsmittels. Löst sich in fast allen Säuren, jedoch nicht in Fluorwasserstoff.

Thoriumsulphat, $(SO_4)_2Th$, wird erhalten durch Erhitzen von feingepulverten thorhaltigen Mineralien mit Schwefelsäure, bis der Ueberschuss der letzteren entfernt ist, allmäliges Eintragen der erkalteten

Masse in kaltes Wasser und Erhitzen der filtrirten Lösung zum Kochen. Hierbei wird es in schwerlöslichen krystallinischen Flocken niedergeschlagen. Löst sich leichter in kaltem als in heissem Wasser. Bildet mit Kaliumsulphat verschiedene sehr schwer lösliche Doppelsalze.

Allgemeine Bemerkungen.

Die Atomgrösse des Titans und des Zirkons ergibt sich aus der Dampfdichte ihrer Chloride, für Titan auch aus seiner specifischen Wärme, endlich für diese Elemente und für Thorium noch aus dem Isomorphismus mehrerer ihrer Verbindungen unter einander und mit entsprechenden Verbindungen des Zinns und Kiesels.

Vierzehnte Gruppe.

Beryllium, Cer, Lanthan, Didym, Erbium und Yttrium.

49. Beryllium. Be.

Atomgewicht 9,3.

Vorkommen. Selten, vorzüglich im Beryll und Chrysoberyll.

Darstellung und Eigenschaften wie beim Aluminium. Spec. Gew. 2,1.

Verbindungen.

Berylliumchlorid, $BeCl_2$, entsteht beim Erhitzen von Beryllerde mit Kohle im Chlorgastrome. Schmilzt bei mässiger Hitze zu einer braunen Flüssigkeit, welche sich in höherer Temperatur verflüchtigt und in weissen Nadeln sublimirt.

Beryllerde, BeO, entsteht beim Verbrennen des Berylliums an der Luft. Wird erhalten durch Zusammenschmelzen des feingepulverten Berylls mit 3 Th. eines Gemenges von Kalium- und Natriumcarbonat, Auflösen der Masse in verdünnter Salzsäure, Verdampfen zur Trockne, Kochen des Rückstandes mit salzsäurehaltigem Wasser, Abfiltriren der Kieselerde, Fällen der Thonerde und Beryllerde durch Ammoniak und Digeriren des ausgewaschenen Niederschlages mit wässrigem Ammoniumcarbonat, welches die Beryllerde löst und sie beim Kochen der filtrirten Lösung als Hydrat wieder abscheidet. Bildet nach dem Glühen ein weisses leichtes geschmackloses Pulver von 2,3 spec. Gew. Schmilzt nur bei den höchsten Hitzgraden. Lösst sich langsam in Säuren und ist auch in den kaustischen Laugen löslich.

Berylloxyhydrür wird aus gelöstem Berylliumsalz durch Ammoniak gefällt. Bildet im feuchten Zustande eine Gallerte, die beim Trocknen zu einem weissen Pulver zerfällt. Ist leicht löslich in den Säuren und Alkalien und löst sich auch in wässrigem Ammoniumcarbonat.

Salze. Die Berylliumsalze sind meistens in Wasser löslich; sie schmecken süss herbe und röthen Lackmus.

Beryllium-Aluminat, $BeO_2Al_{II}O_2$, findet sich als Chrysoberyll in rhombischen Krystallen. Spec. Gew. 3,75. Nicht schmelzbar im Feuer des Porzellanofens; wird durch Säuren nicht angegriffen.

Beryllium-Aluminiumsilicat, $[Be(O\text{-}SiO\text{-}O)_2]_3Al_{II}$, findet sich als Beryll, und durch Chrom grün gefärbt als Smaragd in sechsseitigen Säulen des hexagonalen Systems. Sehr hart, schwierig schmelzbar, unlöslich in Säuren.

41. Cer. Ce.
Atomgewicht 92.

42. Lanthan. La.
Atomgewicht 93. (?)

43. Didym. Di.
Atomgewicht 96. (?)

Diese drei Elemente kommen stets zusammen und nur in wenigen seltenen Mineralien vor, namentlich in Verbindung mit Sauerstoff und Kiesel im Cerit.

Cer bildet ein Oxydul CeO und ein Oxyd von der ungewöhnlichen Formel Ce_2O_3. Ceroxydul ist ein blaugraues Pulver, welches sich an der Luft rasch in Oxyd verwandelt. Es bildet ein weisses Hydrat, welches an der Luft Sauerstoff und Kohlensäure anzieht und sich in Oxydhydrat und Oxydulcarbonat verwandelt. Die Salze des Ceroxyduls sind farblos oder schwach amethystroth; sie sind theils unlöslich, theils löslich in Wasser. Die letzteren schmecken süss und zusammenziehend, sie reagiren neutral oder sehr schwach sauer.

Ceroxyd ist gelb, im reinen Zustande fast unlöslich in Salz-, Salpeter- und verdünnter Schwefelsäure. Sein Oxyhydrür ist gelb, in Salzsäure unter Chlorentwicklung leicht zu Cerchlorür löslich; in Salpeter- und Schwefelsäure löst es sich zu Oxydsalzen, wobei jedoch öfters auch ein Theil Reduction erleidet und werden dann Doppelsalze von Ceroxyd und Ceroxydul erhalten. Diese Salze sind gelb oder gelbroth gefärbt, theils unlöslich, theils löslich in Wasser, sie schmecken süss und zusammenziehend und reagiren sauer. Mit Salzsäure entwickeln sie Chlor.

Lanthan bildet nur ein Oxyd, LaO, welches weiss ist und durch Glühen nicht verändert wird. Es verbindet sich direct mit Wasser zu weissem Oxyhydrür. Beide Verbindungen sind leicht löslich in Säuren. Die Lanthansalze der farblosen Säuren sind selbst farblos, theils löslich, theils unlöslich; ihr Geschmack ist süss und schwach zusammenziehend.

Vom Didym kennt man ein Oxyd und ein Superoxyd. Didymoxyd, $\overline{Di}O$, ist weiss; es verbindet sich direct mit Wasser zu blassrothem gelatinösem Oxyhydrür. Zieht aus der Luft Kohlensäure an und verbindet sich leicht auch mit anderen Säuren. Es absorbirt beim gelinden Glühen an der Luft Sauerstoff und verwandelt sich theilweise in Superoxyd, welches dem Gemenge eine dunklere Färbung ertheilt. Didymsuperoxyd ist im reinen Zustande nicht bekannt. Aus dem Gemenge von Oxyd und Superoxyd entsteht bei stärkerem Glühen wieder Oxyd, welches nun die Fähigkeit verloren hat Sauerstoff bei gelindem Glühen zu absorbiren. Das superoxydhaltige Gemenge löst sich in Säuren leicht auf, wobei die Sauerstoffsäuren Sauerstoff entwickeln und aus Salzsäure Chlor frei wird. Die Salze des Didyms sind entweder schwach roth oder violett gefärbt. Ihre Lösungen besitzen einen süssen zusammenziehenden Geschmack und lassen Lackmus unverändert. Didymoxyd ertheilt der Phosphorsalzperle in der äusseren Löthrohrflamme eine violette Färbung.

Die Didymerde unterscheidet sich von allen bis jetzt abgehandelten Stoffen durch ihr optisches Verhalten, welches im hohen Grade interessant ist. Sie gibt nämlich beim Glühen in einer nicht leuchtenden Flamme ein Spectrum mit hellen Streifen, die so intensiv sind, dass man sie zur Erkennung des Didyms benutzen kann. Ihre Lage stimmt mit dunklen Streifen, welche das Absorptionsspectrum verdünnter Didymlösungen zeigt, überein.

Lösungen des Ceroxyduls, Lanthanoxyds und Didymoxyds geben mit Oxalsäure weisse unlösliche Niederschläge. Die Sulphate bilden mit Kaliumsulphat und Natriumsulphat Doppelsalze, welche in einem Ueberschuss dieser Sulphate gänzlich unlöslich sind.

Schwefelsaures Ceroxydul ist unzersetzt nur löslich in wenig Wasser, durch mehr Wasser wird es, so wie auch seine Doppelsalze mit den Sulphaten der Alkalien, zersetzt, wobei sich gelbe basische Salze abscheiden.

Schwefelsaures Lanthanoxyd ist leicht löslich in kaltem Wasser, beim Erwärmen der Lösung scheidet es sich krystallinisch ab.

Auch das schwefelsaure Didymoxyd ist in kaltem Wasser leichter löslich als in warmem, doch ist der Unterschied hierbei weniger stark als beim Lanthansulphat.

44. Erbium. $\overline{Er}$. Atomgewicht 112,6.

45. Yttrium. $\overline{Y}$. Atomgewicht 61,7.

Diese beiden Elemente kommen selten und stets zusammen vor. Sie finden sich namentlich im Gadolinit, einem Silicate, welches auch Beryllium, Cer, Lanthan und Didym neben anderen Metallen enthält.

Erbium bildet ein Oxyd ErO, welches eine schwach rosenrothe Farbe besitzt, in der heftigsten Weissglühhitze nicht schmilzt und mit intensiv grünem Licht glüht, ohne jedoch dabei an Gewicht abzunehmen. Mit Wasser verbindet es sich nicht direct. Es löst sich schwierig aber vollständig in Salpetersäure, Salzsäure und Schwefelsäure, wobei rosenroth gefärbte Salze entstehen. Seine Salze reagiren sauer und schmecken süss zusammenziehend. Man kennt neutrale und basische Salze der Erbinerde. Das neutrale Nitrat geht beim Erhitzen leicht in basisches Nitrat über, und dieses wird durch Wasser noch weiter in Salpetersäure und überbasisches Salz zerlegt. Das Oxalat ist ein in verdünnten Säuren unlösliches hellrosenrothes schweres Pulver. Erbinoxyd gibt wie Didymoxyd beim Glühen ein Licht, welches ein leuchtendes Spectrum liefert, dessen helle Streifen mit den dunklen Streifen des Absorptionsspectrums seiner verdünnten Lösungen übereinstimmen. Dieses Verhalten kann zum Erkennen der Erbinerde benutzt werden.

Yttrium bildet ebenfalls nur ein Oxyd, YO, welches man am besten durch Glühen des Oxalats erhält. Es bildet ein zartes fast weisses Pulver, welches beim Erhitzen in der Oxydationsflamme mit rein weissem Lichte glüht. Die Yttererde zeigt weder selbst die geringste Spur eines leuchtenden Spectrums, noch geben ihre Lösungen ein Absorptionsspectrum. Sie schmilzt nicht vor dem Löthrohr. Mit Wasser verbindet sie sich nicht direct. In Salzsäure, Salpetersäure und verdünnter Schwefelsäure ist sie schwierig löslich und gibt damit vollkommen ungefärbte Lösungen. Ihre Salze reagiren sauer und besitzen einen süssen zusammenziehenden Geschmack. Man kennt neutrale und basische Salze der Yttererde. Das neutrale Nitrat wird wie das Erbiumnitrat, jedoch schwieriger als dieses, beim Erhitzen in basisches Salz verwandelt und auch dieses wird durch Wasser noch weiter zersetzt. Das Oxalat bildet ein in verdünnten Säuren unlösliches zartes weisses Pulver.

Allgemeine Bemerkungen.

Die Atomgrösse des Berylliums, Cers, Lanthans, Didyms, Erbiums und Yttriums ist nur aus dem chemischen Verhalten dieser Elemente gefolgert. Dasselbe ist nur unvollständig bekannt und daher sind die daraus gefolgerten Atomgrössen als unsicher zu bezeichnen. Selbst die Aequivalentgewichte der meisten dieser Metalle erscheinen noch als unsicher.

Fünfzehnte Gruppe.

Tantal und Niob.

46. Tantal. Ta. — **47. Niob. Nb.**

Atomgewicht 182. — **Atomgewicht 94.**

Diese beiden seltenen Elemente finden sich stets zusammen, namentlich in den Tantaliten und den Columbiten, in welchen ihre isomorphen höchsten Oxyde — Tantalsäure und Niobsäure — enthalten sind.

Tantal bildet ein Chlorid.

Tantalchlorid, $Ta\,Cl_5$, Moleculargewicht 359,5. Dampfdichte 179,75. Eine gelblichweisse krystallinische Substanz; schmilzt bei 211,3, siedet bei 241°,6. Zersetzt sich mit Wasser in sich abscheidende durchscheinende Tantalsäure und in Salzsäure.

Niob bildet ein Chlorid und ein Oxychlorid.

Niobchlorid, $NbCl_5$. Moleculargewicht 251,5. Dampfdichte 125,75. Eine gelbe krystallinische, bei 194° schmelzende und bei 240°,5 siedende Substanz. Bildet mit Wasser Niobsäure und Salzsäure.

Nioboxychlorid, $NbOCl_3$. Moleculargewicht 216,5. Dampfdichte 108,25. Ein in seideartigen farblosen sehr voluminösen Büscheln krystallisirender Körper. Schmilzt nicht unter gewöhnlichem Druck und verflüchtigt sich bei ungefähr 400°. Bildet mit Wasser Niobsäure und Salzsäure.

Tantalfluorid, welches man durch Auflösen von Tantalsäure in Fluorwasserstoff erhält, bildet mit anderen Fluormetallen lösliche und krystallisirbare Doppelsalze.

Fluortantalkalium, $TaFl_5,2KFl$, krystallisirt in sehr feinen rhombischen Nadeln. Ist in heissem Wasser viel löslicher als in kaltem, wobei es sich theilweise zersetzt; ein kleiner Ueberschuss von Fluorwasserstoffsäure hindert seine Zersetzung.

Fluortantalammonium, $TaFl_5,2NH_4\text{-}Fl$, krystallisirt in dünnen Blättchen, ist leicht löslich in Wasser und krystallisirt unverändert wieder daraus.

Niobfluorid, welches auf analoge Weise wie Tantalfluorid erhalten wird, gibt mit anderen Fluormetallen sehr verschiedenartige Verbindungen, welche immer Nioboxyfluorid-Verbindungen sind, ausser wenn sie aus concentrirter Fluorwasserstoffsäure krystallisiren, wo sich Niobfluorid-Verbindungen bilden. Es gibt mit Fluorkalium fünf verschiedene Salze, von denen das Fluorniobkalium, $NbFl_5,2KCl$, isomorph mit Fluortantalkalium ist. Das wichtigste dieser Salze ist:

Nioboxyfluorid-Fluorkalium, $N\Theta Fl_3,2KFl+H_2\Theta$. Sehr beständig, lässt sich ohne Veränderung zu erleiden umkrystallisiren und entsteht aus allen anderen Niobfluor-Fluorkalium-Verbindungen, wenn sie aus Wasser umkrystallisirt werden. Bildet dünne perlmutterglänzende Blättchen, welche sich fettig anfühlen und leicht in kaltem und heissem Wasser lösen.

Tantal verbindet sich mit Sauerstoff in zwei Verhältnissen.

Tantaloxyd, $Ta\Theta_2$, entsteht, wenn Tantalsäure im Kohlentiegel stark geglüht wird, als ungeschmolzene poröse sehr harte dunkelgraue Masse, zum dunkelbraunen Pulver zerreiblich.

Tantalsäureanhydrid, $Ta_2\Theta_5$, wird durch starkes Erhitzen von Fluortantalammonium mit Schwefelsäure erhalten. Ein weisses unschmelzbares feuerbeständiges geschmack- und geruchloses Pulver. Röthet nicht Lackmus. Spec. Gew. 7,6 bis 8,0. Geglüht ist es in allen Säuren unauflöslich. Durch Schmelzen mit saurem Kaliumsulphat oder mit Kalihydrat wird es auflöslich gemacht.

Tantalsäure wird durch Zersetzung von in Wasser gelöstem tantalsaurem Kalium vermittelst Salzsäure erhalten. Schneeweiss, voluminös, röthet im feuchten Zustande Lackmus und färbt sich mit Galläpfelauszug gelb. Ist leicht löslich in Fluorwasserstoffsäure und in den Alkalien.

Niob bildet mit Sauerstoff nur eine Verbindung.

Niobsäureanhydrid, $Nb_2\Theta_5$, ist dem Tantalsäureanhydrid sehr ähnlich, färbt sich beim Erhitzen jedoch vorübergehend gelb und besitzt ein viel geringeres spec. Gew. (4,37 bis 4,53.)

Niobsäure. Sie ist ebenfalls der Tantalsäure sehr ähnlich. Färbt sich mit Galläpfeltinktur zinnoberroth.

Gemenge von Tantal- und Niobsäure erhält man aus Tantalit oder Columbit durch Glühen eines Gemisches von 1 Th. des feingepulverten Minerals mit 6 bis 8 Th. saurem Kaliumsulphat im Platintiegel, bis alles gelöst ist, Auskochen der erkalteten Masse, Digeriren des ungelöst Bleibenden mit wässrigem Ammoniumsulphhydrür und Auskochen des gewaschenen Rückstandes mit concentrirter Salzsäure, bis sich seine grüne Farbe in weiss verwandelt hat. Tantal und Niob lassen sich in Folge des Umstandes, dass Nioboxyfluorid-Fluorkalium viel leichter in verdünnter Fluorwasserstoffsäure löslich ist als Fluortantalkalium, durch fractionirte Krystallisation dieser Salze von einander trennen.

Salze der Tantal- und Niobsäure.

Man kennt Salze von Monotantal- und Mononiobsäure und auch solche von Polytantal- und Polyniobsäuren.

Monotantalsaures Natrium, $TaO_2 \cdot ONa$, entsteht beim Schmelzen von Tantalsäure mit überschüssiger Soda und Auswaschen der Masse. Ist in Wasser unlöslich.

Hexatantalsaures Natrium, $3Ta_2O_5, 4Na_2O, 24H_2O$, bildet sich beim Schmelzen von Tantalsäure mit Aetznatron. Ist löslich in Wasser und krystallisirt in hexagonalen Tafeln. Zerfällt beim Glühen in monotantalsaures Natrium und Natriumoxyhydrür.

Hexaniobsaures Kalium, $3Nb_2O_5, 4K_2O, 16H_2O$, bildet sich beim Zusammenschmelzen von Niobsäure mit Kaliumcarbonat. Krystallisirt in klaren ziemlich glänzenden sechsseitigen Prismen. Verliert beim Erhitzen auf 100° 12 Mol. Wasser. Löst sich in Wasser, woraus beim langsamen Verdunsten ein Salz der Formel $7Nb_2O_5, 8K_2O, 32H_2O$ krystallisirt. Dieses Salz verliert beim Erhitzen zuerst 23 Mol. Krystallwasser und hierauf den Rest.

Tantalit, $(TaO_3)_2\overset{2}{Fe}$, bildet schwarze rhombische Säulen; schmilzt nicht vor dem Löthrohre und ist in den Säuren unlöslich. Ein Theil des Ferrosums ist darin stets durch Manganosum und ein Theil des Tantals durch Niob vertreten.

Columbit, $(NbO_3)_2\overset{2}{Fe}$, wird das Mineral genannt, wenn darin Niob vorwaltet. Die Tantalite und Columbite enthalten in der Regel geringe Mengen Titan, Zinn und andere Beimengungen.

Die Atomgrösse der beiden Elemente dieser Gruppe ist durch die Dampfdichte einiger Verbindungen bestimmt.

Sechszehnte Gruppe.

48. Chrom. Cr.

Atomgewicht 52,2. Atomwärme 6,4.

Vorkommen. Nicht sehr häufig; hauptsächlich im Chromeisenstein, seltener als chromsaures Blei (rother Bleispath) und als Chromoxyd (Chromocher); ferner in geringen Mengen in manchem Meteoreisen und als grün oder roth färbende Substanz im Smaragd, Grünstein, Olivin, Serpentin, Pyrop, Spinell und in anderen Mineralien.

Darstellung. Wird erhalten durch Zusammenschmelzen von zerkleinertem Zink mit einem Gemenge von Chromchlorid, Kochsalz und Chlorkalium und Behandeln des gebildeten Regulus mit verdünnter Salpetersäure, wobei das Chrom ungelöst bleibt.

Eigenschaften. Ist ein graues Pulver, welches aus mikroscopischen Krystallen besteht. Spec. Gew. 6,8. Schwerer schmelzbar als die Platinmetalle. Oxydirt sich beim Glühen an der Luft schwierig, wird selbst von concentrirter Salpetersäure nicht angegriffen und löst sich in Salzsäure zu Chlorür.

Verbindungen.

Chromchlorür, $CrCl_2$, entsteht beim gelinden Erhitzen des Chlorids im Wasserstoffgasstrome. Eine weisse Masse; löst sich unter Wärmeentwicklung in Wasser zu einer blauen Flüssigkeit, welche sich an der Luft rasch oxydirt und grün wird.

Chromchlorid, $Cr_{II}Cl_6$, wird erhalten, wenn ein Gemenge von Chromoxyd und Kohle im Chlorgasstrome geglüht wird. Bildet pfirsichblüthrothe glänzende weiche Blättchen. Ist bei heftiger Glühhitze flüchtig. Löst sich nur in Wasser, wenn dieses eine Spur Chrom- oder Zinnchlorür gelöst enthält. Seine Lösung ist grün.

Chromsuperfluorid, $CrFl_6$, wird dargestellt durch Destillation eines Gemenges von Fluorcalcium und chromsaurem Kalium mit Schwefelsäure, wobei man eine Retorte von Blei oder Platin anwenden muss. Eine gelbrothe sehr flüchtige Flüssigkeit, welche rothe, die Athmungsorgane stark angreifende Dämpfe und an der Luft dicke orangegelbe Nebel bildet. Zersetzt sich mit Wasser in Fluorwasserstoff und Chromsäure.

Chromosumoxyhydrür entsteht beim Vermischen der blauen Chromchlorürlösung mit Alkali als brauner Niederschlag, welcher rasch Wasser zersetzt, sich höher oxydirt und Wasserstoff entwickelt.

Chromoxyd, *Chromicumoxyd*, $Cr_{II}O_3$, wird durch Glühen des Chromicumoxyhydrürs oder der mit Reductionsmitteln vermischten oder verbundenen Chromsäure als dunkelgrünes Pulver erhalten. In Form von schwarzen glänzenden harten Krystallen des hexagonalen Systems, welche isomorph mit denjenigen der Thonerde und des Eisenoxyds sind, wird es erhalten, wenn man die Dämpfe von Chromoxychlorid durch ein glühendes Rohr leitet. Geglüht ist es in den Säuren fast unlöslich. Beim Glühen mit Kaliumcarbonat an der Luft bildet es Kaliumchromat. Es ertheilt den Glasflüssen eine ausgezeichnet schöne grüne Farbe, welche feuerbeständig ist. Findet zur Darstellung grüner Gläser und in der Glas- und Porzellanmalerei Anwendung.

Chromoxyhydrür, *Chromicumoxyhydrür* $Cr_{II}(OH)_6, + 4H_2O$, wird durch Ammoniak aus verdünnten alkalifreien Chromoxydlösungen als hellblauer Niederschlag gefällt. Leicht löslich in den Säuren und unlöslich in den Alkalien. Verliert in dunkler Glühhitze Wasser und wird zu dunkelgrünem Oxyd, welches beim stärkeren Erhitzen glimmt und heller wird. Bildet beim längeren Digeriren mit Ammoniakflüssigkeit eine violette, im Ueberschuss unlösliche Verbindung, welche jedoch in wässrigen Ammoniumsalzen mit rubinrother Farbe löslich ist. Als grüner alkalihaltiger Niederschlag entsteht Chromoxydhydrat beim Vermischen von Alkali enthaltender Chromoxydlösung mit Ammoniak. Dieser Niederschlag löst sich in kaustischer Kalilauge mit smaragdgrüner Farbe, seine Lösung lässt beim Kochen alles Chromoxyd fallen. Ein schön grünes Chromoxydhydrat, $2Cr_{II}O_3, 3H_2O$, entsteht beim Erhitzen eines Gemenges von 3 Th. krystallisirter Borsäure und 1 Th. Kaliumbichromat, bis zum Rothglühen und Auslaugen der erkalteten Masse.

Findet als Guignet's (Mittler's) Grün in der Kattundruckerei Anwendung.

Chromsäureanhydrid, CrO_3, wird rein erhalten, wenn man Chromsuperfluorid in Wasser leitet und abdampft. Scheidet sich beim Vermischen einer gesättigten Lösung von Kaliumbichromat mit viel überschüssiger Schwefelsäure ab. Am leichtesten erhält man es durch Zersetzung von Bariumchromat vermittelst verdünnter Schwefelsäure und Abdampfen der Lösung. Es bildet lebhaft rothe Prismen, welche an der Luft zerfliessen und sich mit gelbbrauner Farbe in Wasser lösen. Geruchlos; schmeckt anfangs sauer, dann herbe; färbt die Haut gelb. Schmilzt in der Hitze zu einer rothbraunen Flüssigkeit; ist etwas flüchtig, zerfällt jedoch beim stärkeren Erhitzen leicht in Sauerstoff und Chromoxyd. Chromsäure ist ein kräftiges Oxydationsmittel. Seine kalte Lösung gibt mit schwefliger Säure Chromicumsulphat:

$$2CrO_3 + 3SO_2 = (SO_4)_3Cr_{II}.$$

Seine kochende Lösung entwickelt mit Salzsäure Chlor, unter Bildung von Wasser und Chromchlorid:

$$2\text{CrO}_3 + 12\text{HCl} = 3\text{Cl}_2 + 6\text{H}_2\text{O} + \text{Cr}_{\text{II}}\text{Cl}_6.$$

Chromsäureanhydrid erglüht im Ammoniakgase und im Alkoholdampfe und verwandelt sich in grünes Oxyd.

Wenn seine Lösung mit verdünnter Lösung von Wasserstoffhyperoxyd vermischt wird, so entsteht eine tief blaue Färbung, welche sich unter Sauerstoffentwicklung rasch verliert. Aether löst die blaue Verbindung auf. Sie scheint Ueberchromsäure, CrO_4H, zu sein.

Chromsäure, $\text{CrO}_2(\text{OH})_2$, ist nicht im freien Zustande bekannt.

Chromoxychlorid, CrO_2Cl_2. Moleculargewicht 155,2. Dampfdichte 77,6. Diese Verbindung entsteht bei der Destillation eines Gemenges von Kochsalz und Kaliumchromat mit Schwefelsäure. Sie bildet eine blutrothe, bei 120° siedende schwere Flüssigkeit, welche sich mit oxydirbaren Körpern heftig zersetzt.

Salze des Chromoxyds.

Chromoxyd verhält sich sowohl als Base wie auch als eine Säure; es bildet in beiderlei Charakter Verbindungen, welche mit den entsprechenden der Thonerde, des Eisenoxyds und Manganoxyds isomorph sind.

Chromoxyd-Eisenoxydul, $\text{O}_2\text{Cr}_{\text{II}}\text{O}_2\text{Fe}$, findet sich als Chromeisenstein in der Regel in derben Massen, öfters jedoch auch in regulären Octaëdern. Gehört zu der Gruppe der Spinelle. Enthält meistens mehr oder weniger Aluminium und Ferricum als Ersatz für Chromicum, ferner Magnesium und vielleicht Chromosum als Ersatz für Ferrosum. Schwarz, undurchsichtig, hell metallglänzend. Spec. Gew. 4,5. Wird durch Säuren nicht angegriffen.

Chromicumsulphat. Chromoxyd bildet mit Schwefelsäure eine grosse Anzahl von Verbindungen. Digerirt man verdünnte Schwefelsäure mit Chromoxydhydrat, so bilden sich grüne Lösungen verschiedener basischer Salze, welche nicht krystallisirt erhalten werden können. Auch mit concentrirter Schwefelsäure bildet Chromoxydhydrat eine grüne Auflösung, welche weder beim Abdampfen noch bei Zusatz von Weingeist ein krystallisirtes Salz gibt; lässt man die Lösung aber längere Zeit stehen, so wird sie violett und sie gibt dann beim Abdunsten und auf Zusatz von Weingeist ein violettes Salz der Formel, $(\text{SO}_4)_3\text{Cr}_{\text{II}} + 18\text{H}_2\text{O}$, welches in schön blauen Octaëdern erhalten werden kann. Seine Lösung wird beim Kochen wieder grün und lässt nun auf Zusatz von Aether ein grünes dickflüssiges basisches Salz fallen. Beim Erhitzen verliert das violette Salz zuerst 6 Mol. Krystallwasser, dann bei höherer Temperatur den Rest, wobei ein pfirsigblüthrothes Pulver von wasserfreiem Chromicumsulphat bleibt. Dasselbe wird auch erhalten, wenn eine Lösung von Chromicumsulphat in überschüssiger Schwefelsäure erhitzt wird, bis letztere zu entweichen beginnt. Es ist in Wasser, in Schwefel-, Salz- und Salpetersäure, in Königswasser und Ammoniakflüssigkeit vollständig unlöslich. Von den kohlensauren Alkalien wird es schwierig, von den kaustischen Alkalien leicht zersetzt. Dieses Salz ist wegen seines Verhaltens zum Licht bemerkenswerth. Es erscheint im Tageslichte sehr blassroth, im Sonnenlichte sehr blassgrün, im Kerzenlichte spangrün, und färbt sich beim jedesmaligen Erhitzen schön pfirsichblüthroth.

Chromicum-Kaliumsulphat, *schwefelsaures Chromoxyd-Kali*, *Chromalaun* $(SO_4)_2\Theta r_{II}(\Theta \cdot SO_2 \cdot \Theta K)_2 + 24H_2\Theta$, entsteht bei der Einwirkung reducirender Substanzen auf ein Gemisch von Kaliumbichromat und Schwefelsäure. Krystallisirt in tief amethystrothen Octaëdern. Ist isomorph mit Aluminium-, Ferricum- und Manganicum-Alaun. Löst sich in 7 Th. Wasser zu einer grünlich violetten Auflösung, welche beim Erhitzen auf ungefähr 80° eine schön grüne Farbe annimmt und dann beim Verdunsten keine Alaunkrystalle mehr bildet. Alkohol fällt aus einer kalt bereiteten Lösung von Chromalaun den grössten Theil desselben unverändert, kocht man aber die Lösung zuvor, so wird durch Alkohol grünes basisches Salz gefällt, während in der Lösung ein saures Salz bleibt. Hiernach ist anzunehmen, dass die Farbenveränderung der Chromalaunlösung auf ein Zerfallen des neutralen Salzes in basisches und saures Salz beruhe. Ein gleiches würde für die Farbenveränderung der Chromicumsulphatlösung gelten. Die durch Erhitzen grün gewordene Lösung von Chromalaun färbt sich beim längeren Stehen wieder violett und liefert dann wieder violette Krystalle von Chromalaun.

Chromicumacetat, $(\Theta_2H_3\Theta_2)_6\Theta r_{II} + 2H_2\Theta$, entsteht beim Auflösen von Chromoxydhydrat in überschüssiger Essigsäure und Abdampfen der Lösung. Bildet grüne Krystalle, welche mit Wasser eine im auffallenden Lichte grüne und im durchfallenden Lichte rothe Lösung geben. Seine Lösung löst Chromoxydhydrat unter Bildung basischer Salze. Selbst beim Kochen fällt Ammoniak kein Chromoxydhydrat daraus.

Chromicumoxalat, $(\Theta_2\Theta_4)_3\Theta r_{II}$, bildet sich beim Auflösen von Chromoxydhydrat in wässriger Oxalsäure. Ein grünes zerfliessliches Salz. Gibt mit Wasser eine Lösung, welche im durchfallenden Lichte roth und im auffallenden grün erscheint. Beim Kochen wird die Lösung grün und beim Erkalten wieder roth. Sie fällt die Kalksalze nicht, weil der sich bildende oxalsaure Kalk mit dem oxalsaurem Chromoxyd ein lösliches Doppelsalz bildet. Auch wird die Lösung nicht durch Alkalien gefällt, weil sich Doppelsalze bilden.

Kalium-Chromicumoxalat. Man kennt zwei verschiedene hierher gehörende Salze:

$(\mathrm{C_2O_4})_2\mathrm{Cr_{II}}(\mathrm{O{\cdot}C_2O_2{\cdot}OK})_2 + 8\mathrm{H_2O}$, bildet sich, wenn zu einer concentrirten Lösung von 19 Th. Kaliumbichromat nach und nach 55 Th. krystallisirter Oxalsäure gefügt werden. Dunkelrothe sehr kleine Krystalle. Gibt mit kaltem Wasser eine rothe und mit heissem eine dunkelgrüne Lösung. Ammoniak fällt daraus kein Chromoxydhydrat. Kali färbt sie tief grün und fällt in der Siedhitze einen grünen Niederschlag.

$\mathrm{Cr_{II}}(\mathrm{O{\cdot}C_2O_2{\cdot}OK})_6 + 6\mathrm{H_2O}$, entsteht, wenn eine Lösung von 19 Th. Kaliumbichromat, 23 Th. Kaliumoxalat und 55 Th. Oxalsäure zum Sieden erhitzt wird. Bildet grosse monokline Krystalle, welche im auffallenden Lichte schwarz, glänzend, und im durchfallenden kornblumenblau erscheinen. Seine Lösung gibt weder mit den Kalksalzen, noch mit Ammoniak Niederschläge; mit Kali erst beim Kochen.

Chromate.

Ammoniumchromat, $\mathrm{CrO_2(NH_4)_2}$, bildet citronengelbe, alkalisch reagirende, leicht in Wasser lösliche Nadeln. Lässt beim Erhitzen grünes Oxyd.

Ammoniumbichromat, $\mathrm{O(CrO_2{\cdot}NH_4)_2}$, bildet pomeranzengelbe luftbeständige leicht lösliche monokline Krystalle. Reagirt sauer. Lässt beim Erhitzen Chromoxyd in Gestalt aufgerollter Theeblätter.

Kaliumchromat, $\mathrm{CrO_2(OK)_2}$, wird durch Neutralisation von Kaliumbichromat mit Pottasche erhalten. Bildet citronengelbe, beim jedesmaligen Erhitzen sich morgenroth färbende rhombische Krystalle. Isomorph mit Kaliummanganat und Kaliumsulphat, womit es in allen Verhältnissen zusammen krystallisirt.

Kaliumbichromat, $\mathrm{O(CrO_2{\cdot}OK)_2}$. Dieses Salz wird im Grossen dargestellt und bildet den Ausgangspunkt für alle Verbindungen des Chroms. Zu seiner Darstellung glüht man Chromeisenstein, schreckt ihn ab und pulvert ihn. Das Pulver mischt man mit Kalkbrei oder einem Gemenge hiervon mit Pottasche, formt Kuchen aus dem Gemisch, trocknet diese und glüht sie bei Luftzutritt. Hierbei wird Sauerstoff absorbirt; es bilden sich Eisenoxyd und chromsaures Salz, welches der Masse durch Auslaugen entzogen wird. Aus der Lösung fällt man etwa vorhandenen Kalk durch Zusatz von Pottasche, setzt dann Holzessig hinzu und lässt Kaliumbichromat auskrystallisiren. Es bildet grosse gelbrothe luftbeständige triklinometrische Krystalle. Gibt mit Wasser eine tief pomeranzengelbe Flüssigkeit. Schwefelsäure scheidet Chromsäure daraus ab. Beim Erwärmen wird es durch unterschwefligsaures Natron unter Abscheidung von Chromicumchromat zu neutralem Kaliumchromat reducirt.

Es dient im Grossen zur Darstellung von Bleichromat, Quecksilberchromat, Chromoxyd und anderen Chromverbindungen. Dann findet es in der Färberei und Kattundruckerei ausgedehnte Anwendung, sowohl zur Herstellung von gefärbten Verbindungen, als auch als Oxydationsmittel. Ferner wird es benutzt zum Entfärben von Holzessig und Palmöl, und bei der Fabrikation von Anilinviolett.

Kaliumtrichromat, $CrO_2(O\text{-}CrO_2\text{-}OK)_2$, krystallisirt aus einer Lösung von Kaliumbichromat in heisser Salpetersäure. Wird durch Wasser in Chromsäure und Kaliumbichromat zersetzt.

Kalium-Ammoniumchromat, $KO\text{-}CrO_2\text{-}O(NH_4)$, krystallisirt in schwefelgelben langen Nadeln. Beim Kochen seiner Lösung entweicht Ammoniak und es bleibt Kaliumbichromat zurück.

Bariumchromat, CrO_4Ba, ist ein blass citronengelbes in Wasser unlösliches Pulver, welches in Chromsäure, Salpetersäure oder Salzsäure leicht löslich ist und durch heisse verdünnte Schwefelsäure zersetzt wird. Wird bei anhaltendem Glühen dunkler gelb; beim Glühen mit Borax oder anderen Flüssen grün.

Findet als gelbe und als grüne Farbe in der Porzellanmalerei Anwendung.

Strontiumchromat, CrO_4Sr, ist ein hellgelbes, sehr wenig in Wasser, leicht in den Säuren lösliches Pulver.

Calciumchromat, $CrO_4Ca + 2H_2O$, bildet hellgelbe säulenförmige Krystalle. Färbt sich beim Erhitzen vorübergehend zinnoberroth und verliert nur beim starken Glühen das Krystallwasser. Ist schwer löslich in reinem Wasser, leicht löslich in Chromsäure enthaltendem.

Magnesiumchromat, $CrO_4Mg + 7H_2O$, bildet grosse durchsichtige gelbe, in Wasser leicht lösliche rhombische Prismen. Ist isomorph mit dem entsprechenden Sulphat.

Basisches Chromicumchromat, chromsaures Chromoxyd, braunes Chromhyperoxyd, $CrO_2\text{-}O_2\text{-}Cr_{II}O_2$, entsteht beim vorsichtigen Erhitzen von Chromsäure oder Chromicumnitrat. Ein dunkelbraunes Pulver. Zerfällt unter der Glühhitze in Sauerstoff und Chromoxyd.

$CrO_2\text{-}O_2\text{-}Cr_{II}(OH)_4 + 4H_2O$, entsteht beim Erwärmen der Lösung eines Bichromats mit unterschwefligsaurem Natron. Andere Hydrate von wechselnder Zusammensetzung entstehen beim Vermischen der Lösungen eines Chromoxydsalzes und von Kaliumchromat. Es sind braune Niederschläge, welche durch viel Wasser in Chromsäure und Chromoxydhydrat zerlegt werden.

Kaliumchlorchromat, Cl-ƟrƟ$_2$-ƟK, entsteht beim Auflösen von Kaliumbichromat in mässig erwärmter concentrirter Salzsäure. Bildet grosse durchsichtige luftbeständige gelbrothe Prismen. Zersetzt sich mit Wasser in Chlorwasserstoffsäure und Kaliumbichromat:

$$2Cl\text{-}ƟrƟ_2ƟK + H_2Ɵ = 2HCl + Ɵ(ƟrƟ_2\text{-}ƟK)_2.$$

Ist in Salzsäure unzersetzt löslich. Entwickelt beim Erwärmen auf 100° Chlor.

Kaliumfluorchromat, Fl-ƟrƟ$_2$-ƟK, krystallisirt in rubinrothen durchscheinenden quadratischen Octaëdern.

Chromschwefelsäure, HƟ-Ɵ$_2$Ɵr-Ɵ-SƟ$_2$-ƟH, wird beim Eintragen von Chromsäure in concentrirte Schwefelsäure gebildet. Feinkörnige grünlich-blassbraune Masse.

Allgemeine Bemerkungen.

Die Atomgrösse des Chroms bestimmt sich durch die Dampfdichte seines Oxychlorids, durch seine normale specifische Wärme und durch den Isomorphismus vieler seiner Verbindungen mit entsprechenden Verbindungen des Schwefels, Selens, Mangans, Ferricums und Aluminiums.

Ein Vergleich des Chroms mit den Elementen, denen es durch Isomorphie gewisser Verbindungen nahe steht, lässt sehr merkwürdige Verhältnisse hervortreten. Vom Aluminium kennt man kein Oxydul, entweder weil ein solches überhaupt nicht existirt, oder weil es sehr unbeständig ist; das Chromoxydul erleidet ausserordentlich leicht Oxydation und wird beim Erhitzen im Wasserstoffstrome nicht reducirt. Eisen erleidet als Ferrosum in den meisten Verbindungen ziemlich leicht Oxydation und sein Oxydul wird beim Erhitzen im Wasserstoffstrome leicht reducirt. Ein entgegengesetztes Verhalten zeigt Mangan als Manganosum, indem die Verbindungen desselben durch grössere Beständigkeit ausgezeichnet sind; sie gehen nicht leicht in Manganicum-Verbindungen über, auch wird Manganoxydul beim Erhitzen im Wasserstoffstrome nicht reducirt.

Siebenzehnte Gruppe.

Vanadin, Molybdän und Wolfram.

49. Vanadin. V.

Atomgewicht 137,2.

Vorkommen. Sehr selten; im vanadinsauren Blei (**Vanadinbleierz**), im vanadinsauren Kupfer und in kleinen Mengen in manchen Kupfer- und Eisenerzen.

Darstellung. Es wird aus seinen Oxyden beim Erhitzen im Wasserstoffstrome reducirt.

Eigenschaften. Ein graues Metall, hart, spröde und sehr schwer schmelzbar; löslich in Salpetersäure.

Verbindungen.

Vanadinhexachlorid, VCl_6, entsteht beim Erhitzen eines Gemenges von Vanadinoxydul und Kohle im Chlorgasstrome. Eine klare leicht bewegliche tiefgelbe Flüssigkeit. Siedet bei 127° und besitzt bei 20° das spec. Gew. 1,764. Gibt an der Luft dicke rothe Nebel; wird mit wenig Wasser blutroth und dick und dann beim Erhitzen blau, indem sich Vanadinchlorür bildet. Liefert mit viel Wasser eine klare blassgelbe Lösung, die beim Verdampfen rothe pulverförmige Vanadinsäure lässt. Wenn man den Dampf von Vanadinhexachlorid gemischt mit Wasserstoff durch ein glühendes Glasrohr leitet, so bilden sich neben tief-eisengrauen metallglänzenden am Glase spiegelnden Rinden von metallischem Vanadin weisse Krystalle von Vanadintetrachlorid, VCl_4, und braunrothe glimmerartige zerfliessliche Schuppen wahrscheinlich von Vanadinbichlorür, VCl_2.

Vanadinoxydul, VO, wird durch gelindes Glühen der Vanadinsäure im Wasserstoffstrome in einer in Säuren unlöslichen Form, und beim Schmelzen von vanadinsaurem Ammoniak mit Kochsalz im bedeckten Tiegel in einer in Säuren löslichen Form erhalten. Ein schwarzes unschmelzbares Pulver. Geht beim Erhitzen an der Luft in Vanadinsäure über. Salze des Oxyduls entstehen, wenn saure Lösungen der Vanadinsäure mit Schwefelwasserstoff, Zinnchlorür oder anderen Reductionsmitteln behandelt werden. Sie sind rein azurblau; an der Luft erleiden sie Oxydation.

Vanadinoxyd, $V_{II}O_3$, ist nicht im freien Zustande bekannt. Salze desselben bilden sich, wenn Vanadinsäure mit Salzsäure oder mit Zink und Schwefelsäure behandelt wird. Ihre wässrigen Lösungen sind dunkelgrün. Oxydirt sich in alkalischer Lösung an der Luft zu Vanadinsäure.

Vanadinsäureanhydrid, $V\Theta_3$. Um dasselbe aus vanadinhaltigen Eisenerzen zu gewinnen, glüht man diese kurze Zeit mit einem Gemisch von Aetznatron und Salpeter, laugt mit heissem Wasser aus, fällt aus der nahezu neutralisirten und wieder filtrirten Flüssigkeit die Vanadinsäure mit Chlorbarium und zersetzt den ausgewaschenen Niederschlag vermittelst concentrirter Schwefelsäure. Die verdünnte filtrirte Lösung wird zur Entfernung der Schwefelsäure verdampft, der Rückstand mit Ammoniakflüssigkeit ausgelaugt und das Filtrat verdunstet, wo vanadinsaures Ammoniak bleibt. Erze, welche viel Vanadin enthalten, schmilzt man mit Salpeter, laugt aus und stellt in die Lösung überschüssigen Salmiak, wodurch Ammoniumvanadiniat gefällt wird. Dieses gibt beim vorsichtigen Erhitzen Vanadinsäureanhydrid.

Es ist eine braunrothe leicht schmelzbare und beim Erstarren krystallisirende Substanz. Nicht flüchtig, geschmacklos, bildet mit Wasser eine sauer reagirende gelbe Lösung, aus der sich das Anhydrid wieder abscheidet. Beim Glühen im Wasserstoffstrome gibt es Vanadinoxydul und metallisches Vanadin. Löst sich leicht in Säuren und erleidet in diesen Lösungen leicht Reduction zu Oxyd und Oxydul. Treibt beim Erhitzen mit den kohlensauren Alkalien 3 Mol. Kohlensäureanhydrid aus, indem Salze der hexavalenten Vanadinsäure entstehen:

$$3C\Theta(\Theta Na)_2 + V\Theta_3 = 3C\Theta_2 + V(\Theta Na)_6.$$

Auf nassem Wege bilden sich Salze von bivalenten Mono-, Bi- und Trivanadinsäuren.

Ammoniumvanadiniat, $V\Theta_2(\Theta NH_4)_2$, entsteht, wenn in die Lösung eines vanadinsauren Alkalis ein zur Sättigung der Flüssigkeit mehr als hinreichendes Stück Salmiak gestellt wird. Ein farbloses durchscheinendes körnig-krystallinisches, in concentrirter Salmiaklösung fast unlösliches Pulver. Wenig löslich in kaltem, leicht löslich in heissem Wasser. Lässt beim gelinden Erhitzen an der Luft Vanadinsäureanhydrid.

Ammoniumdivanadiniat, $\Theta(V\Theta_2\text{-}\Theta NH_4)_2 + 4H_2\Theta$, bildet sich aus dem Monovadiniat auf Zusatz von Essigsäure zu seiner wässrigen Lösung. Grosse gelbrothe luftbeständige Krystalle; löslich in Wasser.

Ammoniumtrivanadiniat, $V\Theta_2(\Theta\text{-}V\Theta_2\text{-}\Theta NH_4)_2 + 6H_2\Theta$, krystallisirt aus der intensiv rothen Mutterlauge von der Bereitung des Divanadiniats in leicht löslichen luftbeständigen grossen schön rothen Krystallen.

50, Molybdän. Mo.

Atomgewicht 96. Atomwärme 6,4.

Vorkommen. Selten; im molybdänsauren Blei (Gelbbleierz) und im Schwefelmolybdän (Molybdänglanz).

Darstellung. Durch Erhitzen der Molybdänsäure im Wasserstoffstrome.

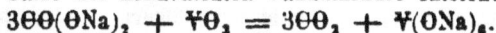

Eigenschaften. Zinnweiss, etwas geschmeidig, sehr schwer schmelzbar, von 8,6 spec. Gew. Oxydirt sich beim Erhitzen an der Luft und ist in Salpetersäure löslich.

Verbindungen.

Molybdäntetrachlorid, $MoCl_4$, entsteht beim Erhitzen von Schwefelmolybdän im Chlorgasstrome. Bildet schwarzgrüne metallglänzende Krystalle. Schmelzbar, gibt bei höherer Temperatur einen dunkelrothen Dampf. Ist zerfliesslich und löst sich unter Wärmeentwicklung mit blauer Farbe in Wasser.

Dimolybdänhexachlorid, $Mo_{II}Cl_6$, entsteht beim Erhitzen des Tetrachlorids in einer indifferenten Atmosphäre (z. B. von Kohlensäureanhydrid). Bildet eine kupferrothe krystallinische unschmelzbare schwerflüchtige in Wasser und Salzsäure unlösliche Masse.

Molybdänbichlorür, $MoCl_2$, bildet sich bei ziemlich starkem Erhitzen des Tetrachlorids im Strome eines indifferenten Gases. Ein amorphes mattgelbes Pulver. Nicht flüchtig. Unlöslich in Wasser, leicht löslich in den Säuren.

Dimolybdänoxyd, $Mo_{II}O_3$, bleibt als schwarzes Pulver beim gelinden Erhitzen des Hydrats.

Dimolybdänoxyhydrür entsteht als brauner Niederschlag, wenn man Ammoniak zu den braunen Flüssigkeiten mischt, welche bei der Einwirkung von Dimolybdänhexachlorid auf Wasser oder beim Kochen von Molybdänsäure mit Salzsäure und Zink entstehen. Gibt mit den Säuren Salze. Sowohl das Dimolybdänoxyhydrür, als auch seine Salze erleiden an der Luft rasch Oxydation, wobei Molybdänsäure entsteht.

Molybdänbioxyd, MoO_2, bleibt beim Glühen des Hydrats als dunkelbraunes Pulver. Ist in Wasser und in verdünnten Säuren unlöslich. Gibt beim Erhitzen im Chlorgasstrome ein weisses flüchtiges Oxychlorid, MoO_2Cl_2. Ein dunkelviolettes Oxychlorid der Formel $O(MoOCl_3)_2$ entsteht beim Erhitzen eines Gemenges von Molybdänbioxyd und Kohle im Chlorgasstrome.

Molybdänbioxyhydrat bildet sich als rostbrauner Niederschlag beim Fällen des wässrigen Molybdäntetrachlorids durch Ammoniak, oder auch beim Vermischen von Ammoniak mit der Lösung, welche beim Kochen von Molybdänsäure mit metallischem Molybdän und Salzsäure entsteht. Gibt mit Wasser helle bis dunkelrothe Lackmus röthende Lösungen. Mit den wässrigen Säuren bildet es rothbraune Auflösungen, welche leicht Oxydation erleiden, wobei sie blau werden, indem Verbindungen der Molybdänsäure mit den Oxyden des Molybdäns entstehen.

Molybdänsäureanhydrid, MoO_3, wird beim Rösten von Molybdänglanz an der Luft erhalten. Reiner erhält man es beim gelinden Erhitzen von Ammoniummolybdäniat an der Luft. Aus den niederen Oxyden entsteht es bei der Behandlung mit Kaliummanganatlösung. Bildet ein weisses leichtes Pulver; schmilzt in der Glühhitze und sublimirt in glänzenden Nadeln. Ist wenig löslich in Wasser. Kann durch Dialyse in löslicherer Form erhalten werden. Schmeckt scharf metallisch, röthet Lackmus. Bildet bei der Behandlung mit Zink und Salzsäure tiefblaues molybdänsaures Molybdänoxyd. Gibt mit den Basen Mono- und Polymolybdäniate, von welchen nur einige mit alkalischer Basis leicht löslich in Wasser sind, die übrigen lösen sich schwierig oder nicht darin.

Ammoniummolybdäniat, $MoO_2(O\text{-}NH_4)_2$, entsteht bei der Behandlung von Molybdänsäureanhydrid mit concentrirter Ammoniakflüssigkeit; aus seiner Lösung wird es durch Weingeist gefällt. Bildet monokline Krystalle. Beim Abdampfen seiner Lösung entweicht Ammoniak, indem saures Salz entsteht.

Saures Ammoniummolybdäniat, $7MoO_3,3(NH_4)_2O,4H_2O$, bleibt beim Verdunsten der Lösung des vorigen Salzes. Krystallisirt in monoklinen Prismen. Löst sich wenig in Wasser. Lässt beim gelinden Erhitzen Molybdänsäure. Seine Lösung gibt beim Vermischen mit Salpeter- und Phosphorsäure einen intensiv-gelb gefärbten pulverförmigen Niederschlag, der bei 95° getrocknet nach der Formel, $P_2O_5,25MoO_3,5NH_4OH$, zusammengesetzt ist. Derselbe löst sich in 1000 Th. Wasser von 16° und in 6600 Th. Wasser, welches 1 Vol. Proc. Salpetersäure enthält. Durch diesen Niederschlag lässt sich die kleinste Menge Phosphorsäure entdecken und bestimmen *).

Kaliummolybdäniat, $MoO_2(OK)_2 + 5H_2O$, entsteht beim Zusammenschmelzen von Molybdänsäure mit Kaliumcarbonat und freiwilligen Verdunsten der durch Auslaugen erhaltenen Lösung. Bildet durchsichtige luftbeständige hexagonale Prismen. Ist leicht löslich in Wasser; verliert bei 100° sein Krystallwasser.

Saures Kaliummolybdäniat, $7MoO_3,3K_2O,4H_2O$, bildet sich, wenn das neutrale Salz mit wenig heissem Wasser behandelt wird. Es krystalli-

*) Phosphormolybdänsäure gibt mit den stickstoffhaltigen organischen Basen Niederschläge, und daher können ihre löslichen Salze als Fällungsmittel für die Alkaloide aus sauren Lösungen benutzt werden. Zu diesem Gebrauch geeignetes phosphormolybdänsaures Natron gewinnt man durch Auflösen von 30 Mol. Molybdänsäureanhydrid in Natronlauge und Zusatz von 1 Mol. in Wasser gelöstem gewöhnlichem Natriumphosphat.

sirt aus seiner Lösung in kleinen gestreiften monoklinen Prismen. Ist isomorph mit dem entsprechenden Ammoniumsalz. Es wird durch Behandlung mit vielem Wasser zersetzt, wobei schwer- bis unlösliche Polymolybdäniate entstehen.

Molybdänsulphür, $\text{Mo}S_2$, findet sich als Molybdänglanz oder Wasserblei in bleigrauen metallglänzenden, dem Graphit ähnlichen, blättrigen Massen. Oxydirt sich beim Erhitzen an der Luft zu Schwefligsäureanhydrid und Molybdänsäureanhydrid. Wird auch leicht durch Salpetersäure oxydirt.

Molybdänsulphid, $\text{Mo}_{11}S_3$, wird durch Schwefelwasserstoff aus sauren Auflösungen der Molybdänsäure gefällt. Ist rothbraun, bildet mit den Schwefelalkalien lösliche Sulphosalze.

51. Wolfram. Wo.

Atomgewicht 184. Atomwärme 6,4.

Vorkommen. Selten; im wolframsauren Ferrosum und Manganosum (Wolframerz) und im wolframsauren Calcium (Scheelit).

Darstellung. Scheidet sich beim Erhitzen der Wolframsäure im Wasserstoffstrome ab.

Eigenschaften. Eisengrau, spröde, hart, sehr schwer schmelzbar. Spec. Gew. 17,9. Wird durch keine Säure aufgelöst; verändert sich bei gewöhnlicher Temperatur nicht an der Luft; verbrennt an derselben beim Erhitzen.

Verbindungen.

Wolframhexachlorid, $\text{Wo}Cl_6$, entsteht beim Verbrennen von Wolfram in luftfreiem trocknem Chlorgase. Eine dunkelviolettgraue undeutlich krystallinische Masse. Bildet bei 129° eine braunschwarze Flüssigkeit und bei höherer Temperatur rothen Dampf. Zersetzt sich mit Wasser langsam in Salzsäure und Wolframsäure.

Diwolframdecichlorid, $Cl_5\text{Wo-Wo}Cl_5$, wird erhalten beim Erhitzen des Hexachlorids im Wasserstoffstrome. Eine dunkelschwarzgraue leicht in glänzenden Nadeln krystallisirende Substanz. Schmilzt bei 244° und verflüchtigt sich bedeutend schwerer als das Hexachlorid, wobei es ein dunkelgelbes Gas gibt.

Wolframoxychloride, $\text{WO}Cl_4$ und WO_2Cl_2, bilden sich zuerst bei der Einwirkung von Chlor auf ein erhitztes Gemenge von Wolframsäure und Kohle. Das Oxytetrachlorid schmilzt bei 204° und ist sehr leicht flüchtig; es bildet einen gelbrothen Dampf und krystallisirt in durchscheinenden schön rothen Nadeln. Das Bioxybichlorid schmilzt bei

265°, bildet ein farbloses Gas und krystallisirt in gelblichen Schuppen. Mit Wasser geben beide Oxychloride Wolframsäure und Salzsäure.

Wolframoxyd, $\text{Wo}\Theta_2$, wird durch gelindes Glühen von Wolframsäureanhydrid im Wasserstoffstrome als braunes Pulver erhalten. In Form von metallglänzenden kupferrothen Blättchen wird es bei der fortgesetzten Behandlung von krystallisirtem Wolframsäureanhydrid mit Zink und Salzsäure gewonnen. Krystallinisch, von dunkelblauer Stahlfarbe erhält man es durch starkes Glühen von metawolframsaurem Alkali und abwechselndem Digeriren des Rückstandes mit Salzsäure und Kalilauge.

Wolframsäureanhydrid, $\text{Wo}\Theta_3$, bleibt beim Glühen des Ammoniumpolywolframiats an der Luft. Es bildet ein krystallinisches Pulver von gelber Farbe, ist unschmelzbar und kaum flüchtig. Spec. Gew. 6,3. In Wasser und in den Säuren ist es unlöslich, löslich in den kaustischen und kohlensauren Alkalien.

Wolframsäure, $\text{Wo}\Theta_2(\Theta\text{H})_2$ entsteht beim Vermischen einer heissen Lösung von wolframsaurem Natrium mit einer stärkeren Säure (Phosphorsäure ausgenommen), als gelbes schweres Pulver. In der Kälte bildet sich ein gallertförmiges weisses Hydrat, $\text{Wo}\Theta_2(\Theta\text{H})_2 + \text{H}_2\Theta$, welches beim Trocknen über Schwefelsäure das Hydratwasser verliert ohne seine Farbe zu verändern. Beide Verbindungen geben mit den Basen identische Salze; beim Erhitzen auf 100 bis 110° verlieren sie Wasser und lassen gelbe Diwolframsäure, $\Theta(\text{Wo}\Theta_2\text{-}\Theta\text{H})_2$.

Lösliche Wolframsäure erhält man durch Dialyse. Ihre Lösung besitzt einen bitteren zusammenziehenden Geschmack, sie wird durch Säuren und Salze, selbst in der Siedhitze nicht gelatinös und lässt sich vollständig zur Trockne verdampfen. Erst in der Nähe der Rothglühhitze geht sie unter Verlust von Wasser in die unlösliche Wolframsäure über.

Letztere bildet mit den Basen Mono- und Polywolframite, von denen die mit alkalischer Basis meist löslich sind; die löslichen geben mit den Erd- und Metalloxydsalzen unlösliche Niederschläge.

Basisches Wolframwolframiat, $\overset{6}{\text{Wo}}\Theta_2\text{-}\Theta_2\text{-}\overset{4}{\text{Wo}}\Theta$, entsteht bei sehr mässigem Erhitzen von Wolframsäureanhydrid im Wasserstoffstrome und bei der Behandlung von Wolframsäure mit Salzsäure und Zink. Es ist tiefblau, unlöslich in Wasser.

Natriumwolframiat, $\text{Wo}\Theta_2(\Theta\text{Na})_2 + 2\text{H}_2\Theta$, wird durch Schmelzen von feingepulvertem Wolframerz mit Soda, Auflösen der Schmelze und mehrmaliges Umkrystallisiren in luftbeständigen rhombischen Tafeln erhalten. Gibt mit einem Ueberschuss von Salzsäure einen Niederschlag von Wolframsäure; durch doppelte Zersetzung können daraus andere Wolframiate erhalten werden.

Natriumdiwolframiat, $\Theta(\text{Wo}\Theta_2\text{-}\Theta\text{Na})_2 + 2H_2\Theta$, wird durch Salzsäure aus dem gelösten Monowolframiat als krystallinisches schwer lösliches Pulver gefällt.

Ammoniumpolywolframiat, $7\text{Wo}\Theta_3, 3(NH_4)_2\Theta$, (oder $12\text{Wo}\Theta_3, 5(NH_4)_2\Theta$) krystallisirt bei sehr gelinder Wärme aus einer Lösung von Wolframsäure in Ammoniakflüssigkeit mit 6 Mol. (oder 10 Mol.) Wasser in schönen büschelförmig vereinigten Nadeln. Ist in Wasser schwierig löslich und scheidet sich aus der Lösung beim Erwärmen mit 3 Mol. (oder 5 Mol.) Wasser in kleinen anscheinend triklinometrischen durchsichtigen glasglänzenden Krystallen ab. Gibt durch doppelte Zersetzung entsprechend zusammengesetzte Salze anderer Basen. Hinterlässt beim Erhitzen an der Luft Wolframsäureanhydrid.

Natriumwolframiat, 7WoO_3, $3Na_2\Theta$, (oder $12\text{Wo}\Theta_3, 5Na_2\Theta$), bildet bei verschiedenen Temperaturen grosse Krystalle mit wechselndem Wassergehalte. Ist leicht löslich in heissem Wasser. Schmilzt in der Glühhitze und gibt dann nach dem Erkalten an Wasser ein alkalisch reagirendes Salz, $(NaO)_2\text{-Wo}\Theta(\Theta\text{-Wo}\Theta_2\text{-}\Theta Na)_2$, ab, während ein saures Salz, $O(\Theta\text{-Wo}\Theta_2\text{-}\Theta\text{-Wo}\Theta_2\text{-}\Theta Na)_2$, in dünnen perlglänzenden, in Wasser unlöslichen Schüppchen zurückbleibt.

Es dient dazu Gewebe schwer verbrennlich zu machen.

Basisches Wolfram - Natriumwolframiat, $\Theta\overset{4}{\text{Wo}}(\Theta\text{-}\overset{6}{\text{Wo}}\Theta_2\text{-}\Theta Na)_2$, entsteht, wenn über glühendes Natriumwolframiat, zu dem soviel Wolframsäureanhydrid gefügt ist, als es im geschmolzenem Zustande zu lösen vermag, Wasserstoff geleitet wird oder wenn in das schmelzende Gemisch Zinn gebracht wird. Es bildet metallglänzende goldgelbe Würfel, welche beim Erhitzen an der Luft blau anlaufen. Ist unlöslich in Wasser, in ätzenden Laugen und in allen Säuren mit Ausnahme der Fluorwasserstoffsäure.

Die entsprechende Kaliumverbindung bildet indigblaue Nadeln mit kupferfarbigem Reflex und die entsprechende Lithiumverbindung kleine vierseitige Tafeln von der Farbe des blauangelaufenen Stahls.

Ein wolframreicheres Natriumwolframiat, $\overset{6}{\text{Wo}}\Theta_2(\Theta\text{-}\overset{4}{\text{Wo}}\Theta\text{-}\Theta\text{-}\overset{6}{\text{Wo}}\Theta_2\text{-}\Theta Na)_2$, bildet sich bei der Electrolyse von glühend geschmolzenem Natriumpolywolframiat in kleinen dunkelblauen Würfeln.

Bariumwolframiat, $\text{WoO}(O_2Ba)$, bildet sich in farblosen grossen Octaëdern beim Zusammenschmelzen eines Gemenges von Natriumwolframiat, Chlorbarium und Chlornatrium. Wird durch Salzsäure und Salpetersäure zersetzt.

Calciumwolframiat, WoO_4Ca, findet sich als Scheelit oder Tungstein in farblosen durchsichtigen quadratischen Pyramiden und anderen Formen. Wird künstlich erhalten durch Zusammenschmelzen von Natriumwolframiat und Chlorcalcium.

Ferrosum-Manganosumwolframiat, $WoO_4Fe(Mn)$, bildet als Wolfram das am häufigsten vorkommende Wolframerz. Findet sich in grossen undurchsichtigen glänzenden braunen bis schwarzen Quadratoctaëdern, deren Farbe um so heller braun ist, je mehr Ferrosum in ihnen durch Manganosum ersetzt ist. Lässt sich künstlich erhalten.

Metawolframsäure, $4WoO_3,H_2O + 8H_2O$. Kocht man die Lösung eines wolframsauren Alkali's mit überschüssiger Wolframsäure, so löst sie hiervon auf und wird dann durch Zusatz einer starken Säure nicht mehr gefällt, auch nicht mehr durch die Lösungen der Erd- und Metallsalze, mit Ausnahme der Bleioxyd- und Quecksilberoxydulverbindungen. Die Lösung enthält metawolframsaures Salz, dessen Säure sich aus dem Barytsalz gewinnen lässt. Man fällt aus der Lösung Bariumsulphat und verdunstet die abfiltrirte stark saure farblose bittere Flüssigkeit im Vacuum neben Schwefelsäure, wo kleine leicht lösliche Krystalle von Metawolframsäurehydrat bleiben.

Diese Säure treibt Salz- und Salpetersäure aus ihren Salzen aus. Ihre Lösung lässt sich ohne Zersetzung kochen, und auf dem Wasserbade zur Syrupdicke eindampfen, aber bei weiterer Concentration in der Wärme scheidet sie plötzlich gewöhnliche gelbe unlösliche Wolframsäure ab. Ihre Salze sind sehr leicht löslich, sie verwittern an der Luft und verlieren unter 100° schon den grössten Theil ihres Krystallwassers. Sie reagiren sauer, und werden bei Einwirkung caustischer oder kohlensaurer Alkalien sofort in Salze der gewöhnlichen Wolframsäure verwandelt. Setzt man zu der Lösung eines gewöhnlichen Wolframiats Phosphorsäure, so entsteht wieder Metawolframsäure. Letztere bildet mit den stickstoffhaltigen organischen Basen unlösliche Niederschläge und dient daher als Füllungsmittel für die Alkaloide.

Ammoniummetawolframiat, $4WoO_3,(NH_4)_2O,8H_2O$, entsteht beim Erhitzen von Ammoniumpolywolframiat auf 250 bis 300°, so lange noch Ammoniak entweicht, Auflösen des Rückstandes in Wasser und Verdunsten der Lösung. Es bildet grosse durchsichtige glänzende Octaëder. Leicht löslich in Wasser, sehr leicht schmelzend. Setzt man zu seiner warmen wässrigen Lösung Alkohol, so entstehen monokline Blättchen, welche nur 6 Mol. Krystallwasser enthalten.

Natriummetawolframiat, $4WoO_3,Na_2O,10H_2O$, kann erhalten werden durch Eintragen von Wolframsäure in eine kochende Lösung von

Natriumwolframiat, so lange die gelbe Farbe des ersteren noch in die weisse eines sich dabei bildenden unlöslichen Hydrats übergeht; dann filtrirt man ab, dampft ein und lässt über Schwefelsäure krystallisiren. Es bildet grosse farblose glänzende Octaëder, verwittert an der Luft und wird dabei undurchsichtig. In heissem Wasser in allen Verhältnissen löslich.

Bariummetawolframiat, $4WoO_3,BaO,9H_2O$, scheidet sich beim Erkalten gemischter heisser Lösungen von Ammonium- oder Natriummetawolframiat und von Chlorbarium in grossen glänzenden quadratischen Krystallen ab. Ist leicht löslich in kochendem Wasser; wird durch eine grössere Menge kalten Wassers in freie Metawolframsäure und in ein unlösliches barytreicheres Salz zersetzt.

Kieselwolframsäuren. Kieselsäure und Wolframsäure verbinden sich zu eigenthümlichen, in Wasser löslichen, sauer reagirenden, die Kohlensäure aus ihren Salzen austreibenden Doppelsäuren, welche fast nur leicht lösliche und meist schön krystallisirende Salze bilden. Sie geben leicht Doppelsalze.

Man unterscheidet:

1) Kieselduodeciwolframsäure, $SiO_2,12WoO_3$, entsteht beim Kochen von gelatinöser Kieselsäure mit Kalium- oder Natriumpolywolframiat. Man gewinnt sie aus dem Hydrargyrosumsalz, welches beim Fällen einer kochenden Lösung von Alkalisalz durch Hydrargyrosumnitrat als gelbes schweres, in Wasser unlösliches, in verdünnter Salpetersäure sehr wenig lösliches Pulver entsteht, durch Zusatz von Salzsäure, Abdampfen des Filtrats zur Entfernung der überschüssig zugesetzten Säure und Wiederauflösen. Beim freiwilligen Verdunsten der concentrirten Lösung scheidet sich die Kieselwolframsäure in grossen glänzenden farblosen Quadratoctaëdern von der Zusammensetzung $4H_2O, SiO_2, 12WoO_3 + 29H_2O$ ab. Die Krystalle verwittern an der Luft, sie beginnen bei 36° zu schmelzen; aus der geschmolzenen Masse scheiden sich bei 56° Krystalle mit 22 Molecule Krystallwasser. Dieselben Krystalle entstehen bei der Krystallisation aus salz- oder schwefelsäurehaltigen Lösungen. Es sind luftbeständige Rhomboëder. Bei 100° enthält die Kieselwolframsäure nur noch 4 Mol. Krystallwasser, welche bei höherer Temperatur, theils erst oberhalb 350° entweichen. Sie ist in Wasser und Alkohol leicht löslich; im Aetherdampfe bildet sie durch Absorption von etwa 13 Proc. Aether eine syrupdicke Flüssigkeit. Bis 350° erhitzt, bewahrt sie ihre Löslichkeit, bei stärkerem Erhitzen verwandelt sie sich in ein gelbes unlösliches Gemenge von Kieselerde und Wolframsäureanhydrid. Ihre Salze sind mit Ausnahme des Quecksilberoxydulsalzes löslich und fast sämmtlich krystallisirbar; durch Kochen mit Salzsäure werden sie nicht verändert, durch kaustische oder kohlensaure Alkalien wird aus ihren Lösungen Kieselsäure gefällt.

Ammoniumkieselwolframiat, $4(NH_4)_2\Theta,Si\Theta_2,12W\Theta\Theta_2 + 16H_2\Theta$, wird durch Sättigung der freien Säure mit Ammoniak oder durch anhaltendes Kochen einer Lösung von kieseldeciwolframsaurem Ammonium und Verdunsten in opaken weissen Warzen erhalten. Beim Kochen mit Ammoniak scheidet sich schwer lösliches Ammoniumpolywolframiat ab und die Lösung enthält Ammoniumdeciwolframiat.

Saures Ammoniumkieselduodeciwolframiat, $2(NH_4)_2\Theta,2H_2\Theta,Si\Theta_2,12W\Theta\Theta_2 + 6H_2\Theta$, entsteht beim Kochen des neutralen Salzes mit Salzsäure. Weisse Warzen.

Kaliumkieselduodeciwolframiat, $4K_2\Theta,Si\Theta_2,12W\Theta\Theta_2 + 14H_2\Theta$, wird erhalten durch Eintragen von Kaliumwolframiat in siedendes Wasser, welches Kieselgallerte suspendirt enthält, bis eine Probe der Flüssigkeit sich mit Salzsäure nicht mehr trübt, wobei die kochende Mischung durch Eintröpfeln von Salzsäure beständig neutral zu erhalten ist. Beim Erkalten der heiss filtrirten Lösung scheidet sich das Salz in harten körnigen Krusten ab. Aus der mit Salzsäure versetzten Lösung krystallisirt beim Verdampfen ein halb gesättigtes Natriumsalz mit 18 Mol. Krystallwasser in grossen farblosen und glänzenden hexagonalen Prismen mit pyramidaler Zuspitzung. Ein Salz der Zusammensetzung $3K_2\Theta,5H_2\Theta,Si\Theta_2,12W\Theta\Theta_2 + 25H_2\Theta$ krystallisirt in luftbeständigen monoklinen Prismen.

2) *Wolframkieselsäure*, $4H_2\Theta,12W\Theta\Theta_2,Si\Theta_2 + 20H_2\Theta$. Diese Säure unterscheidet sich von der Kieselduodeciwolframsäure durch anderen Gehalt an Krystallwasser und dadurch, dass sie mit den Basen andere Salze bildet. Sie entsteht, wenn eine Lösung von Kieseldeciwolframsäure zur Trockne verdunstet wird, wobei sich Kieselerde abscheidet. Sie krystallisirt in triklinometrischen Prismen, ist leicht zerfliesslich und in Wasser und Alkohol leicht löslich. Bildet mit Aetherdampf eine dicke Flüssigkeit. Schmilzt unterhalb 100° und trocknet dann unter Aufblähen ein. Ihre Salze sind nur zum Theil krystallisirbar.

Das neutrale Kaliumsalz dieser Säure krystallisirt mit 20 Mol. Wasser in undeutlich ausgebildeten rhombischen Prismen. Ihr halbgesättigtes Kaliumsalz krystallisirt mit 7 Molecül Krystallwasser gleichfalls rhombisch und zwar entweder in kurzen harten Prismen oder in zerreiblichen perlmutterglänzenden strahlig gruppirten sechsseitigen Tafeln.

Ein saures Natronsalz der Formel $2Na_2\Theta,2H_2\Theta,12W\Theta\Theta_2,Si\Theta_2 + 10H_2\Theta$ krystallisirt in grossen luftbeständigen Rhomboëdern.

3) Kieseldeciwolframsäure, $4H_2\Theta, Si\Theta_2, 10Wo\Theta_3 + 3H_2\Theta$, entsteht beim Erhitzen einer wässrigen Lösung von Ammoniumpolywolframiat mit Kieselgallerte. Man erhält sie durch Zersetzung ihres unlöslichen Silber- oder Hydrargyrosumsalzes durch nicht überschüssige Salzsäure in der Kälte und Verdunsten der Lösung bei gewöhnlicher Temperatur über Schwefelsäure. Eine durchsichtige gelbliche amorphe Masse, sehr hygroscopisch, leicht löslich in Alkohol, bildet mit Aether eine dicke Flüssigkeit. Ihre Lösung zerfällt beim Abdampfen in der Wärme leicht in Kieselsäure und Wolframkieselsäure. Beim Kochen einer Lösung ihres Ammoniumsalzes scheidet sich Kieselsäure aus und es entsteht Kieselduodeciwolframsäure. Gibt mit Silber ein gelbes in verdünnter Salpetersäure leicht lösliches Salz und mit Hydrargyrosum ein weisses in verdünnter Salpetersäure fast unlösliches Salz.

Wolframstahl. Roheisen und Stahl erhalten durch Einschmelzen mit reducirtem Wolfram grössere Härte und Zähigkeit, wobei jedoch nur der Bruchtheil eines Procents Wolfram Verbindung mit dem Eisen eingeht. Hiernach scheint die Wirkung des Wolframs vorzüglich darauf zu beruhen, dass er die Reinigung des Eisens befördert.

Allgemeine Bemerkungen.

Die chemische Geschichte des Vanadins, Molybdäns und Wolframs ist nur noch unvollständig bekannt. In ihrem chemischen Verhalten besitzen diese Elemente unter einander und mit Chrom einige Aehnlichkeit.

Sie äussern ihre Affinität in drei Proportionen, indem sie bi-, quadri- und hexavalent auftreten.

Die Atomgrösse für Vanadin ist nur aus seiner Analogie mit den anderen Metallen gefolgert; diejenige des Molybdäns und Wolframs ergibt sich fernerhin aus der normalen specifischen Wärme dieser beiden Metalle.

Molybdän und Wolfram bilden einige isomorphe Verbindungen; in gleichgestalteten quadratischen Formen krystallisiren beispielsweise:

$$Mo\Theta_4Pb, \quad Wo\Theta_4Pb \quad \text{und} \quad WoO_4Ca.$$

Achtzehnte Gruppe.

52. Thallium. Tl.

Atomgewicht 204. Atomwärme 6,4.

Vorkommen. Findet sich als unsichtbare Einmengung in Schwefelkiesen, in Glimmern und anderen Mineralien. Zu 17 Proc. in Crookesit, einem aus Thallium, Kupfer, Silber und Selen bestehenden schwedischen Mineral. Ferner in den Mutterlaugen einiger Salzsoolen.

Darstellung. Man gewinnt es aus dem Flugstaub der Schwefelsäurefabriken, welche thalliumhaltige Kiese verarbeiten. Der Staub wird wiederholt mit Sodalösung ausgekocht, aus dem Filtrat alles Fällbare durch überschüssiges Schwefelammonium gefällt, der Niederschlag unter Zusatz von Salpetersäure in verdünnter Schwefelsäure gelöst, die Lösung mit Ammoniak bis zur alkalischen Reaction versetzt und das Thallium durch Jodkalium als Jodthallium gefällt. Dieses gibt beim Schmelzen mit Cyankalium Thallium.

Reines Thallium wird am leichtesten durch Erhitzen von Thalliumoxalat in einer Glasröhre erhalten; hierbei bleibt es im geschmolzenen Zustande zurück.

Eigenschaften. Zinnweiss, stark glänzend, krystallinisch, fast so weich wie Natrium, hämmerbar aber nicht fest. Spec. Gew. 11,86. Schmilzt bei 288°; verflüchtigt sich in der Rothglühhitze, färbt die nicht leuchtende Flamme grün, welche Färbung durch die gelbe Farbe der Natriumflamme verdeckt wird, und gibt eine intensiv grüne Spectrallinie. Zersetzt Wasser selbst nicht bei der Siedetemperatur. Es schlägt aus Blei-, Kupfer-, Quecksilber-, Silber- und Goldlösungen die Metalle nieder. Aus seinen Lösungen wird es durch Zink, nicht aber durch Eisen gefällt.

Ist giftig.

1862 gleichzeitig von Crookes und Lamy entdeckt.

Verbindungen.

Thalliumchlorür, *Thallosumchlorür*, TlCl, wird durch Salzsäure aus den Lösungen anderer Thalliumsalze als weisser sich zusammenballender Niederschlag gefällt. Ist löslich in Wasser, woraus es krystallisirt erhalten werden kann. Bildet mit Platinchlorid ein sehr schwer lösliches Doppelsalz. Erleidet durch Licht keine Veränderung. Ist flüchtig.

Thalliumtrichlorid, *Thallicumchlorid*, $TlCl_3$, erhält man am leichtesten, wenn Thallium unter Wasser mit Chlorgas behandelt wird, bis die farblose Lösung nicht mehr durch Platinchlorid gefällt wird. Es ist weiss, krystallinisch, leicht schmelzbar. Zersetzt sich bei 100° in Chlor, Thalliumchlorür und Verbindungen von Thalliumchlorür mit Thalliumchlorid. Ist leicht löslich in Wasser, woraus es im Vacuum mit verschiedenen Mengen Krystallwasser krystallisirt erhalten werden kann. Verbindet sich mit positiveren Chlorüren zu Doppelsalzen.

$TlCl_3 + TlCl$ entsteht beim vorsichtigen Erhitzen von Thallium oder Thalliumchlorür im Chlorstrome. Es ist blassgelb, etwas hygroscopisch, leichter schmelzbar als das Chlorür.

$TlCl_3 + 3TlCl$ bildet sich, wenn über die vorige Verbindung bei einer ihren Schmelzpunkt nicht viel übersteigenden Temperatur fortgesetzt Chlor geleitet wird. Weiss, krystallinisch, sehr hygroscopisch, leicht zu einer bernsteingelben Flüssigkeit schmelzend.

Beide Doppelchloride geben bei der Behandlung mit wässrigem Platinchlorid schwer lösliches Platinchlorid - Thalliumchlorür, während Thalliumchlorid in Lösung geht.

$TlCl_3 + 3NH_4Cl$ bildet cubische oder octaëdrische Krystalle.

$TlCl_3 + 3NH_4Cl + 2HO$ krystallisirt in sechsseitigen rhombischen Tafeln.

Auch diese Doppelverbindungen werden durch wässriges Platinchlorid zersetzt, indem sich schwer lösliches Ammoniumplatinchlorid bildet und Thalliumchlorid in Lösung geht.

Thallium bildet mit Brom, Jod und Fluor Verbindungen, welche den Chlorverbindungen entsprechen. Von denselben besitzt namentlich Jodthallium bemerkenswerthe Eigenschaften.

Thalliumjodür, TlJ, fällt aus verdünnten Lösungen citronengelb, aus heissen und concentrirten orangegelb, wird aber auch in diesem Falle nach einiger Zeit citronengelb. Es nimmt bei 190° ohne Gewichtsveränderung eine scharlachrothe Farbe an, schmilzt beim stärkeren Erhitzen zu einer tiefrothen Flüssigkeit und erstarrt beim Erkalten zu einer rothen krystallinischen Masse, die nach einigen Stunden wieder gelb wird. Wenig löslich in Wasser. Gibt bei der Behandlung mit einer weingeistigen Lösung von Jod und Jodkalium Thallicumtrijodid-Jodkalium, $TlJ_3 + KJ$, welches in fast schwarzen, im durchscheinenden Lichte granatrothen grossen Krystallen erhalten werden kann.

Thalliumoxydul, *Thallosumoxyd*, $Tl_2\Theta$, bildet sich bei der Oxydation des Thalliums an der Luft. Bildet mit Wasser ein lösliches Hydrat, $Tl\Theta H$, welches man durch Zersetzung des Sulphats durch Barytwasser erhält. Seine Lösung reagirt alkalisch, wirkt ätzend und zieht Kohlensäure aus der Luft an. Thallosumoxyhydrür krystallisirt in gelben prismatischen zu Bündeln vereinigten Nadeln. Geht beim Erhitzen unter Verlust von Wasser in schwarzes Oxydul über, welches bei 300° schmilzt.

Thalliumtrioxyd, *Thallicumoxyd*, $Tl_2\Theta_3$. Setzt man zu Thalliumtrichloridlösung ein Alkali, so wird braunes Thallicumoxyhydrür, $Tl\Theta\text{-}\Theta H$ gefällt. Dieses ist unlöslich und ohne Wirkung auf Pflanzenfarben; es verliert oberhalb 100° ohne Farbenveränderung Wasser und lässt Thalliumtrioxyd. Geschmolzenes Thallium verbrennt an der Luft zu schwarzem Thalliumtrioxyd, welches in Säuren weniger leicht löslich ist, als die braune Modification.

Schwefelthallium, Tl_2S, wird aus Thallosumlösungen durch Schwefelammonium gefällt. Bildet einen schwarzen, im Ueberschuss des

Fällungsmittels unlöslichen Niederschlag, der sich an der Luft rasch zu Sulphat oxydirt. Ist schwer schmelzbar, erstarrt krystallinisch. Spec. Gew. 8.

Thalliumsalze. Thallium bildet entsprechend dem Thallosum und Thallicum zwei Reihen von Salzen.

Thallosumsulphat, $SΘ_4Tl_2$, entsteht beim Abdampfen von Thallosumchlorür oder von Thallosumnitrat mit Schwefelsäure, beim Auflösen von Thallium in Schwefelsäure oder auch unter Sauerstoffentwicklung beim Erhitzen von Thallicumoxyd mit Schwefelsäure. Ist isomorph mit Ammonium- und Kaliumsulphat. Wird bei Rothglühhitze nicht zersetzt. Bildet mit Aluminium- und Ferricumsulphat in regulären Octaëdern krystallisirende Alaune.

Thallicumsulphat, $(SΘ_4)_3Tl_2 + 7H_2Θ$, bildet farblose dünne Blättchen. Wird durch Wasser schon in der Kälte zersetzt. Gibt mit Thallosum-, Kalium- und Natriumsulphat Doppelsalze.

Thallosumnitrat, $NΘ_3Tl$, entsteht beim Kochen des gefällten Thalliumjodürs mit Salpetersäure, wobei das Jod als solches überdestillirt, Leicht löslich in Wasser, krystallinisch. Schmelzbar.

Thallicumnitrat, $(NΘ_3)_3Tl + 3H_2Θ$, bildet farblose wohl ausgebildete Krystalle. Wird durch Wasser und beim Erhitzen auf 100° zersetzt.

Thallosumphosphat, $PΘ_4Tl_3$, entsteht beim Vermischen gesättigter Lösungen von gewöhnlichem Natriumphosphat und Thalliumsulphat als krystallinischer seideglänzender Niederschlag. Wenig löslich in Wasser. Schmilzt in der Rothglühhitze.

Halbsaures Thallosumphosphat, $PΘ_4Tl_2H$, krystallinisch, leicht löslich in Wasser. Bildet beim Erhitzen Wasser und Pyrophosphat.

Saures Thallosumphosphat, $PΘ_4TlH_2$, krystallisirt in perlmutterglänzenden Blättchen, ist leicht löslich in Wasser. Schmilzt bei 190°, geht bei höherer Temperatur zunächst in Pyrophosphat und dann in Metaphosphat über. Bildet mit Ammoniak ein in grossen durchsichtigen Prismen krystallisirendes Doppelsalz.

Thallicumphosphat, $PΘ_4Tl + 2HΘ_2$, entsteht beim Verdünnen einer mit Phosphorsäure versetzten Lösung von Thallicumnitrat, als ein weisser, in Wasser unlöslicher, in concentrirter Salpetersäure löslicher Niederschlag.

Thallosumcarbonat, $ЄΘ_3Tl_2$, krystallisirt in Prismen, gibt mit Wasser eine alkalisch und metallisch schmeckende Lösung. Schmilzt leicht unter Zersetzung. Greift Glas- und Porzellangefässe beim Schmelzen an.

Thallicum bildet kein Carbonat in fester Form.

Thallosumchromat, CrO_4Tl_2, entsteht als blassgelber schwerlöslicher Niederschlag bei der Digestion des Dichromats mit Ammoniak.

Thallosumdichromat, $O(CrO_2\text{-}OTl)_2$, wird aus Thallosumlösungen durch Kaliumdichromat als orangegelber Niederschlag gefällt. Ist sehr wenig löslich in Wasser.

Allgemeine Bemerkungen.

Die Atomgrösse des Thalliums ist durch seine specifische Wärme und durch den Isomorphismus von Thallosumverbindungen mit den entsprechenden des Kaliums und Ammoniums bestimmt. Sein Moleculargewicht ist unbekannt.

Das Thallium gleicht in vielen Beziehungen den Alkalien, indem es Verbindungen bildet, die mit den entsprechenden des Kaliums und Ammoniums neben gleicher Zusammensetzung und Form auch ein gleiches oder ähnliches Verhalten besitzen. Es unterscheidet sich von den Alkalimetallen namentlich durch sein grösseres specifisches Gewicht, dadurch, dass es Wasser nicht zersetzt, dass es mit Chlor, Jod, Schwefel und Chromsäure schwerlösliche Verbindungen liefert, und ganz besonders durch sein Verhalten als Thallicum und durch seine leichte Reducirbarkeit.

Neunzehnte Gruppe.

53. Blei. Pb.

Atomgewicht 207. Atomwärme 6,4.

Vorkommen. Findet sich selten gediegen; häufig und verbreitet in Verbindung mit Schwefel als Bleiglanz, welcher das wichtigste Bleierz ist; seltener als Carbonat (Weissbleierz) und in anderen Verbindungen.

Gewinnung. Aus dem Weissbleierz und aus künstlich erhaltenem Bleioxyd gewinnt man das Blei durch Erhitzen mit Kohle, oft unter Zusatz von Kalk. Aus dem Bleiglanz scheidet man es auf zwei verschiedenen Wegen. Entweder röstet man zuerst das Erz theilweise in Flammöfen und schmilzt es dann unter Zusatz von Kohle und Kalk, wobei das Blei nach Maassgabe der folgenden Gleichungen frei wird:

$$
\begin{array}{lllllllll}
1) & PbS & + & 3O & = & PbO & + & SO_2, & \\
2) & SO_2 & + & PbO & + & O & = & SO_4Pb, & \\
3) & SO_4Pb & + & 4C & = & 4CO & + & PbS, & \\
4) & 2PbO & + & PbS & = & 3Pb & + & SO_2, & \\
5) & SO_4Pb & + & PbS & = & 2Pb & + & 2SO_2, & \\
6) & PbO & + & C & = & Pb & + & CO. &
\end{array}
$$

Oder man schmilzt das nicht geröstete Erz in Berührung mit Eisen, eisenreichen Schlacken, oder Eisenerzen und Kohle im Schachtofen, wobei Blei, Schlacke und Bleistein, welcher wesentlich aus bleihaltigem Schwefeleisen besteht, resultiren. Aus dem Bleistein gewinnt man das Blei durch Rösten und Schmelzen.

Das aus den Bleierzen gewonnene Blei, das Werkblei, enthält in der Regel kleine Mengen anderer Metalle, namentlich Silber, Kupfer, Antimon, Arsen und Zink. Hiervon trennt man es durch das Abtreiben; man schmilzt das Werkblei auf dem Treibherde, einem Flammofen mit schüsselförmig vertieftem Herde. Die meisten fremden Metalle erleiden hierbei mit den ersten Antheilen des Blei's Oxydation. Es bildet sich auf der Oberfläche der geschmolzenen Metallmasse eine Schicht von geschmolzenem Bleioxyd (Bleiglätte), welche die Oxyde der anderen Metalle gelöst enthält. Sie ist durch einen Gehalt von Kupferoxyd dunkel gefärbt und wird, so lange sie so gefärbt ist, entfernt. Sobald die hellere Farbe der Glätte die erforderliche Reinheit des Blei's anzeigt, wird ein Gebläse angelassen und ohne Unterbrechung einen Luftstrom auf die Oberfläche des geschmolzenen Metalls geleitet, wodurch das Blei rasch oxydirt wird. Die sich bildende Glätte entfernt man, bis zuletzt das nicht oxydirbare Silber, welches öfters kleine Mengen Gold enthält, zurückbleibt. Aus der reinen Bleiglätte gewinnt man durch Reduction reines Blei (Frischblei).

Vollkommen reines Blei stellt man dar durch Zusammenschmelzen von Bleisulphat mit Soda und Kohle.

Eigenschaften. Das Blei besitzt eine blaugraue Farbe, starken Glanz, ist weich, abfärbend, sehr dehnbar, aber von geringer Zähigkeit. Spec. Gew. 11,44. Schmilzt bei 335°; verdampft in der Weissglühhitze. Zieht sich beim Erstarren bedeutend zusammen, krystallisirt in Octaëdern. Es erleidet an der feuchten Luft rasch eine oberflächliche Oxydation, läuft an und bedeckt sich mit einem grauen Häutchen, welches das unterliegende Metall vor weiterer Oxydation schützt. In Berührung mit der Luft und weichem kohlensäurehaltigem Wasser wird es angegriffen und macht das Wasser bleihaltig. Dem Wasser lässt sich das Blei durch Filtration durch Kohle entziehen. Wasser, welches saure Erdcarbonate enthält, wirkt weniger auf Blei ein, als reines Wasser. Geschmolzenes Blei oxydirt sich an der Luft zuerst zu grauem Suboxyd und dann zu gelbem Oxyd. Das Blei ist in Salpetersäure leicht löslich; in Berührung mit der Luft wird es auch durch schwächere Säuren, wie Essigsäure aufgelöst. In Salz- oder Schwefelsäure überzieht es sich mit Chlorblei oder Bleisulphat, welche das unterliegende Blei gegen weitere Angriffe schützen. Fluorwasserstoff greift das Blei nicht an. Aus seinen Lösungen wird es durch Zinn, Zink und Eisen krystallinisch abgeschieden. (Bleibaum).

Das Blei findet ausgedehnte Anwendung zu den Bleikammern bei der Fabrikation der Schwefelsäure, zu Siedepfannen für Schwefelsäure, Alaun, Eisenvitriol etc.; zum Ausschlagen von Fässern und für andere Zwecke. Bleiröhren finden Anwendung für Wasserleitungen. Blei dient ferner zur Fabrikation von Schrot und anderen Geschossen, zur Herstellung von Retorten und zur Darstellung von Legirungen und vielen anderen Verbindungen. In der Metallurgie dient es zum Ausbringen einiger Metalle.

Blei, welches Antimon und andere fremde Metalle enthält, ist weniger weich als reines Blei (Weichblei), es führt im Handel den Namen Hartblei.

Blei und seine in schwachen Säuren löslichen Verbindungen sind sehr giftig.

Verbindungen.

Chlorblei, $PbCl_2$, findet sich als Cotunnit. Bildet sich beim Vermischen von aufgelösten Bleisalzen mit Salzsäure oder löslichen Chlormetallen. Weisser dicker schwerer krystallinischer Niederschlag, in Wasser schwer löslich, leichter in concentrirter Salzsäure, kaum in verdünnter. Krystallisirt in glänzenden rhombischen Prismen, schmilzt leicht und gesteht beim Erkalten zu einer weissen durchscheinenden hornähnlichen Masse.

Jodblei, PbJ_2, entsteht als gelber pulverförmiger Niederschlag beim Vermischen von aufgelösten Bleisalzen mit Jodwasserstoff oder wässrigen Jodmetallen. Scheidet sich aus seiner gesättigten Lösung in heissem Wasser in Form von goldgelben glänzenden Blättchen ab. In grösseren Krystallen entsteht es bei der Einwirkung von metallischem Blei auf Jodwasserstoff. Ziemlich leicht löslich in concentrirten Lösungen von Jodkalium und anderen Jodmetallen. Wird beim Kochen mit Sodalösung zersetzt, indem Bleicarbonat und Jodnatrium entstehen.

Fluorblei, $PbFl_2$, bildet ein weisses leicht schmelzbares in Wasser sehr schwer lösliches Pulver.

Bleisuboxyd, Pb_2O, entsteht beim Erhitzen des Blei's an der Luft und reiner beim Erhitzen von Bleioxalat bei Abschluss der Luft auf 300°. Ein schwarzes Pulver; entzündet sich beim Erhitzen an der Luft und verbrennt zu Oxyd. Gibt an Quecksilber kein Blei und an Bleiacetatlösung kein Bleioxyd ab. Wird durch verdünnte Säuren und durch alkalische Laugen in sich lösendes Bleioxyd und metallisches Blei zersetzt.

Bleioxyd, PbO, entsteht beim Verbrennen des Bleis an der Luft. Gelbes schweres Pulver (Massicot), färbt sich bei jedesmaligem Erhitzen braunroth; schmilzt in der Rothglühhitze und gesteht beim Erstarren zu einer schweren gelblichen oder rothen blättrigen Masse (Bleiglätte). Geschmolzen löst es Kieselerde leicht auf und bildet damit ein leicht schmelzendes Glas, welches Calciumoxyd und andere Oxyde auflöst. Wird beim Erhitzen mit Kohle oder Wasserstoff leicht reducirt. Es zieht aus der Luft Wasser und Kohlensäure an und zerfällt endlich zu weissem Pulver. Löst sich wenig in reinem Wasser und gibt damit eine alkalisch reagirende Flüssigkeit.

Findet vielfache Anwendung, z. B. zur Darstellung von Glas, Firniss, Pflaster und Bleiessig.

Bleihydryloxyd, $Pb(OH)_2$ wird erhalten durch Fällen von Bleiacetatlösung mit einem kleinen Ueberschuss von ätzender Natronlauge und Auswaschen. Weisses Pulver, zieht an der Luft Kohlensäure an, zerfällt bei 130 bis 145° in Wasser und Bleioxyd.

Bleioxyd und Bleihydryloxyd geben mit den Säuren Salze; sie lösen sich in den ätzenden und kohlensauren Alkalien auf, ohne damit aber krystallisirbare Verbindungen zu bilden. Auch lösen sie sich in Kalk und Barytwasser. Die Lösungen von Bleioxyd in Kali- oder Natronlauge scheiden beim Erhitzen röthliche Krystalle von Bleioxyd aus, Zinn und Zink fällen daraus metallisches Blei.

Bleioxychlorüre. $O(PbCl)_2$, bildet ein seltenes Mineral (Matlockit) und entsteht beim Glühen von Chlorblei an der Luft, bis es keine Dämpfe mehr ausstösst. Meist krystallinisch. — $Pb(O\text{-}PbCl)_2$ findet sich als Mendipit in gelblich-weissen durchscheinenden glänzenden krystallinischen Massen. — Cl-Pb-O-Pb-OH entsteht bei der Einwirkung von wässrigem Alkali auf Chlorbei, oder von Kochsalzlösung auf Bleioxyd oder Bleiessig. Weisse lockere Masse. Gibt beim Erhitzen Wasser ab und wird hellgelb.

Als *Cassler- oder Mineral-Gelb* bezeichnet man Bleioxychlorüre, welche durch Zusammenschmelzen von 1 Th. Salmiak mit 4—10 Th. Massikot entstehen und von tiefgelber Farbe sind. Sie dienen als Malerfarbe.

Bleihyperoxyd, *Bleisäureanhydrid*, PbO_2, scheidet sich bei der

Electrolyse einer Lösung von Bleinitrat am positiven Pole in compacten braunschwarzen Massen ab. Wird als braunes Pulver beim Digeriren von Mennige mit verdünnter Salpetersäure oder beim Kochen von Bleiacetat mit einem wässrigen Auszuge von Chlorkalk gewonnen. Zerfällt beim Erhitzen in Sauerstoff und Bleioxyd, entzündet Schwefel beim Zusammenreiben. Gibt mit den Säuren Bleioxydsalze; verbindet sich mit Schwefligsäureanhydrid direct und unter Erglühen zu weissem Bleisulphat. Mit Salzsäure gibt es Chlor, Wasser und Chlorblei.

Findet bei der Fabrikation von Zündwaaren Anwendung und dient bei der Analyse organischer schwefelhaltiger Verbindungen zur Entfernung des gebildeten Schwefligsäureanhydrids.

Vierbasisches bleisaures Bleioxyd, *Mennige*, $\overset{4}{Pb}(\Theta_2\overset{2}{Pb})_2$, wird im Grossen erhalten durch sehr gelindes Glühen von amorphem Bleioxyd (Massikot) an der Luft. Entsteht beim Kochen von Bleihyperoxyd mit einer Lösung von Bleioxyd in Natronlauge. Schön rothes körnig-krystallinisches Pulver. Zerfällt beim stärkeren Glühen in Sauerstoff und Bleioxyd; wird durch Salpetersäure zersetzt, wobei Bleinitrat und Bleisäureanhydrid entstehen.

Zweibasisches bleisaures Bleioxyd, $\overset{4}{Pb}\Theta(O_2\overset{2}{Pb})$, (Bleisesquioxyd $Pb_2\Theta_3$) bildet sich beim Vermischen kalter Auflösungen von Bleioxyd in Kalilauge und von unterchlorigsaurem Natron. Rothbrauner Niederschlag. Verhält sich wie Mennige.

Schwefelblei, PbS, findet sich als Bleiglanz in dunkelbleigrauen stark glänzenden Würfeln und anderen Formen des regulären Systems und in krystallinischen Massen. Lässt sich durch Zusammenschmelzen der Bestandtheile darstellen. In amorpher Form wird es beim Fällen eines gelösten Bleisalzes mit Schwefelwasserstoff als unlöslicher schwarzer Niederschlag erhalten. Spec. Gew. 7,5. Schmilzt schwieriger als Blei. Sublimirt bei hoher Temperatur. Gibt beim gelinden Rösten Schwefligsäureanhydrid und lässt Blei, Bleioxyd und Bleisulphat. Wird durch Salpetersäure in Bleisulphat übergeführt. Gibt beim Erhitzen mit Salzsäure Schwefelwasserstoff und Chlorblei.

Lässt man in Bleiröhren eine kurze Zeit lang eine concentrirte Lösung eines alkalischen Schwefelmetalls stehen, so überziehen sie sich im Innern mit einer dünnen Schicht von Schwefelblei, welche das unterliegende Blei gegen den Angriff des Wassers schützt.

Bleiglanz dient zur Gewinnung des Bleis und findet Anwendung für Glasuren.

Bleisulphchlorür. Leitet man Schwefelwasserstoff in eine stark saure Lösung von Chlorblei, so entsteht zuerst ein gelbrother, dann rother Niederschlag dieser Verbindung, welche zuletzt in Schwefelblei übergeht.

Bleisulphat, $S\Theta_4Pb$, findet sich als Bleivitriol in rhombischen Formen, isomorph mit Schwerspath und Cölestin. Ferner in regulären Krystallen pseudomorph nach Bleiglanz. Farblos, durchsichtig, stark glänzend. Bildet sich beim Vermischen von Bleisalzlösungen mit Schwefelsäure als weisses Pulver. Unlöslich in Wasser und verdünnter Schwefelsäure, etwas löslich in concentrirter. Leicht löslich in einem Gemisch von weinsaurem Ammonium und Ammoniakflüssigkeit. Gibt mit wässrigem Alkalicarbonat Bleicarbonat und Alkalisulphat. Schmilzt in der Glühhitze und erstarrt beim Erkalten krystallinisch. Entwickelt beim Erhitzen mit Kieselerde oder Thon Sauerstoff und Schwefligsäureanhydrid und lässt glasartige Massen.

Bleinitrat, $(N\Theta_3)_2Pb$, bildet farblose oder weisse reguläre Krystalle. Isomorph mit Barium- und Strontiumnitrat. Löst sich unter starker Abkühlung in Wasser, ist unlöslich in Salpetersäure. Zerfällt in der Glühhitze in Sauerstoff, Untersalpetersäure und Bleioxyd, welches auf diese Weise rein gewonnen wird. Gibt beim Vermischen mit Ammoniakflüssigkeit verschiedene basische Bleinitrate.

Bleiphosphat, $(P\Theta_4)_2Pb_3$, bildet sich unter Freiwerden von Essigsäure beim Fällen von wässrigem Bleiacetat mit gewöhnlichem Natriumphosphat:

$$3(\Theta_2H_3\Theta_2)_2Pb + 2P\Theta_4Na_2H = 2\Theta_2H_4\Theta_2 + 4\Theta_2H_3\Theta_2Na + (P\Theta_4)_2Pb_3.$$

Weisser Niederschlag; schmilzt vor dem Löthrohr auf Kohle unter Reduction von $^1/_3$ des Bleis zu leicht schmelzbarem eckig krystallinisch erstarrendem Bleipyrophosphat:

$$(P\Theta_4)_2 Pb_3 + \Theta = Pb + \Theta\Theta + \Theta(P\Theta_3Pb)_2.$$

Pyromorphit, $(P\Theta_4)_3Pb_5Cl$, findet sich in sechsseitigen Prismen des hexagonalen Systems. Isomorph mit Apatit, $(P\Theta_4)_3Ca_5Cl$, und Mimetesit, $(As\Theta_4)_3Pb_5Cl$. Im Pyromorphit ist ein Theil des Bleis öfters durch Calcium, ein Theil des Chlors durch Fluor und ein Theil des Phosphors durch Arsen vertreten. Verschieden gefärbt, glänzend, durchscheinend. Schmilzt leicht vor dem Löthrohr auf Kohle, verliert dabei Blei, und erstarrt dann unter lebhaftem Erglühen zu einer eckigen Krystallmasse.

Neapelgelb. Diese haltbare pomeranzengelbe Farbe ist Bleiantimoniat. Man erhält sie durch längeres gelindes Zusammenschmelzen von 1 Th. Antimonoxyd mit 2 Th. Bleinitrat und 4 Th. Kochsalz, und Auswaschen der Schmelze.

Bleitetramethyl, $Pb(CH_3)_4$. Moleculargewicht 267, Dampfdichte 133,5. Entsteht bei der Einwirkung von Chlorblei auf Zinkmethyl. Farblose leichtflüssige schwach riechende bei 110° siedende Flüssigkeit. Spec. Gew. 2,034 bei 0°. Zersetzt sich mit verschiedenen Säuren nach Maasgabe der folgenden Gleichung:

$$Pb(CH_3)_4 + HCl = CH_4 + Cl\text{-}Pb(CH_3)_3.$$

Bleitrimethyloxyhydrür, $HO\text{-}Pb(CH_3)_3$, ist ein nach Senföl riechendes, zu prismatischen Nadeln erstarrendes Oel von stark basischen Eigenschaften.

Bleicarbonat, CO_3Pb, findet sich als Bleispath oder Weissbleierz in farblosen durchsichtigen glänzenden rhombischen Krystallen. Isomorph mit Witherit, CO_3Ba, Strontianit, CO_3Sr und Arragonit, CO_3Ca. Bisweilen findet es sich als Pseudomorphose nach Bleiglanz und Bleivitriol. Künstlich wird es erhalten beim Einleiten von Kohlensäure in eine Bleiacetatlösung.

Kohlensäurehaltiges Wasser löst nur wenig Blei auf.

Basische Bleicarbonate. $CO(OPb\text{-}OH)_2$ entsteht bei längerer Einwirkung von Luft und Wasser auf Blei. — $Pb(O\text{-}CO\text{-}O\text{-}Pb\text{-}OH)_2$ bildet die Hauptmasse der meisten Bleiweisssorten. Wird im Grossen nach verschiedenen Methoden gewonnen. 1) Durch Einleiten von Kohlensäure in eine Lösung von basischem Bleiacetat (Bleiessig), welche durch Auflösen von Bleiglätte in wässrigem Bleiacetat oder Essigsäure erhalten wird. Hierbei werden dem basischen Bleiacetat $(C_2H_3O_2\text{-}Pb\text{-}O)_2Pb$, $^2/_3$ des Bleis entzogen, wodurch es wieder in neutrales Bleiacetat übergeführt wird, und welches zur Wiedergewinnung von Bleiessig mit Bleiglätte gesättigt werden kann. Lässt man einen Ueberschuss von Kohlensäure auf das schon gebildete basische Bleicarbonat einwirken, so entsteht zuletzt neutrales Bleicarbonat. 2) Durch Einwirkung von Kohlensäure auf ein feuchtes Gemenge von 100 Th. Bleiglätte, 1 Th. Bleiacetat und Wasser. Hierbei entsteht aus dem Bleiacetat und der Bleiglätte basisches Bleiacetat, welches in dem Maasse wie es gebildet durch die Kohlensäure in Bleiweiss übergeführt wird. 3) Durch gleichzeitige Einwirkung von Essigdampf, Luft, Kohlensäure und Wasserdampf auf metallisches Blei, welches man in zusammengerollten Platten oder in gegossenen Gittern anwendet.

Das Bleiweiss findet als Oelfarbe eine sehr ausgedehnte Anwendung. Je nach seiner Zusammensetzung und namentlich je nach seinem Aggregatzustande ist sein Deckungsvermögen verschieden, und zwar um so grösser, je weniger krystallinisch das Bleiweiss ist. Das meiste Bleiweiss des Handels ist mit Schwerspath, Bleivitriol, Kreide oder anderen Substanzen vermischt.

Bleiacetat, Bleizucker, $(\Theta_2H_3\Theta_2)_2Pb + 3H_2\Theta$, wird im Grossen durch Auflösen von Bleioxyd in Essig dargestellt. Krystallisirt in grossen verwitternden monoklinen Säulen. Isomorph mit Bariumacetat. Schmeckt süss, ist leicht löslich in Wasser und in Weingeist. Seine Lösung reagirt schwach sauer. Kohlensäure fällt daraus einen Theil des Metalls als neutrales Carbonat. Soda fällt basische Carbonate. Ammoniak gibt in der Kälte keinen Niederschlag, weil sich basisches Acetat bildet; bringt man aber Bleizuckerlösung langsam zu überschüssigem Ammoniak, so fällt Bleioxydhydrat aus.

Findet zur Darstellung von Bleiessig, Bleiweiss und Chromgelb, in der Färberei zur Bereitung von essigsaurer Thonerde, und bei der Firnissfabrikation Anwendung.

Basisches Bleiacetat, $(\Theta_2H_3\Theta_2\text{-}Pb\text{-}\Theta)_2Pb + H_2\Theta$, wird beim Digeriren von 10 Th. Bleiglätte mit einer Auflösung von 6 Th. Bleizucker erhalten. Krystallisirt erhält man es, wenn 100 Vol. einer bei 30° gesättigten wässrigen Bleizuckerlösung in 100 Vol. siedendes kohlensäurefreies destillirtes Wasser gegossen und dazu 100 Vol. einer Mischung von 80 Vol. Wasser von 60° und 20 Vol. kohlensäurefreier Ammoniakflüssigkeit gesetzt werden. In der sogleich verschlossenen Flasche bilden sich beim Erkalten zahlreiche concentrisch vereinigte nadelförmige Prismen. Leicht löslich in Wasser; unlöslich im Weingeist. Gleiche Aequivalente dieses Salzes und des neutralen Bleiacetats geben ein zweifach-basisches Salz, welches in Wasser und in 90 Proc. Weingeist löslich ist. Die Lösungen der basischen Bleiacetate reagiren alkalisch und ziehen aus der Luft Kohlensäure an. Sie finden als Bleiessig, welcher durch Digestion einer Lösung von 6 Th. Bleizucker mit 7 Th. Bleioxyd erhalten wird, in der Chirurgie Anwendung. Bleiessig fällt eine grosse Anzahl organischer Stoffe und wird daher zur Reindarstellung dieser Substanzen, welche durch Behandlung der Niederschläge mit Schwefelwasserstoff vom Blei wieder getrennt werden, benutzt. Das Schwefelblei verbindet sich hierbei mit gewissen organischen Substanzen und reinigt und entfärbt daher öfters die übrigen.

Bleioxalat, $\Theta_2\Theta_2\text{-}\Theta_2Pb$, ein weisser in Wasser und Essigsäure unlöslicher, in Salpetersäure löslicher Niederschlag. Lässt beim Erhitzen Bleisuboxyd.

Bleisilicate. Kieselerde schmilzt mit Bleioxyd in verschiedenen Verhältnissen zusammen, wobei Gläser entstehen, welche um so leichter schmelzbar und durch Säuren zersetzbar sind, je mehr Bleioxyd sie enthalten. Sie lassen sich mit den Oxyden und Silicaten anderer Metalle zusammenschmelzen und bilden dann die das Licht stark brechenden Bleigläser, welche schwer, weich und leicht schmelzbar sind.

Bleichromat, CrO_4Pb, findet sich als Rothbleierz in schönen gelbrothen durchsichtigen glänzenden monoklinen Krystallen. Wird als Chromgelb künstlich erhalten beim Vermischen der Lösungen von essigsaurem oder salpetersaurem Blei und von neutralem oder saurem Kaliumchromat. Es entsteht auch beim Zusammenstellen von noch feuchtem Bleisulphat oder Bleichlorür mit einer kalten Lösung von Kaliumchromat. Citronengelbes Pulver, unlöslich in Wasser, wird durch erwärmte Schwefelsäure zersetzt. Schmilzt in der Glühhitze und erstarrt zu einer dunkelbraunen Masse. Es wird roth, wenn es nach dem Schmelzen zur raschen Abkühlung in kaltes Wasser gegossen wird. Erleidet beim Erhitzen mit oxydirbaren Substanzen Reduction.

Findet bei der Analyse organischer Körper Anwendung. Wird als Malerfarbe und in der Kattundruckerei benutzt. Das im Handel vorkommende Chromgelb ist meistens mit anderen Substanzen vermischt. Ein Gemenge von Chromgelb und frisch gefälltem Berlinerblau führt im Handel den Namen grüner Zinnober.

Basisches Bleichromat, $\overset{6}{Cr}O_2(O\overset{2}{Pb})_2O$, oder *neutrales Salz einer vierbasischen Chromsäure*, $\overset{6}{Cr}O(O_2\overset{2}{Pb})_2$, wird durch Schmelzen von Bleichromat mit Salpeter und Auswaschen als schön rothes glänzendes krystallinisches Pulver erhalten. Dunkel gelbroth bildet es sich beim Kochen von frisch gefälltem Bleichromat mit verdünnter Kalilauge oder mit einer Lösung von neutralem Kaliumchromat, welches dabei in Kaliumbichromat übergeht. Löst sich vollständig in Kalilauge; gibt mit Essigsäure Bleiacetat und Bleichromat.

Findet als Malerfarbe und in der Kattundruckerei Anwendung.

Bleivanadiniat, VO_4Pb, findet sich als Dechenit und entsteht beim Fällen von Bleinitrat mit vanadinsaurem Alkali, als anfangs gelber, dann weiss werdender Niederschlag. Vanadinbleierz besteht aus Bleivanadiniat, verbunden mit wechselnden Mengen Bleiphosphat, Chlorblei und anderen Stoffen.

Bleimolybdäniat, MoO_4Pb, findet sich als Gelbbleierz in gelben durchscheinenden glänzenden quadratischen Krystallen und in derben Massen. Isomorph mit Calciumwolframiat.

Bleiwolframiat, WoO_4Pb, kommt als Scheelbleierz in farblosen durchsichtigen oder durchscheinenden glänzenden quadratischen Krystallen vor. Isomorph mit Gelbbleierz.

Bleilegirungen.

Arsen-Blei. Blei mit 1 bis 2 Proc. Arsen legirt, dient zur Schrotfabrikation.

Antimon-Blei. Beide Metalle lassen sich in sehr verschiedenen Verhältnissen zusammenschmelzen. Das Metall der Buchstabenlettern besteht im Wesentlichen aus 1 Th. Antimon und 4 bis 5 Th. Blei, es enthält ausserdem in der Regel etwas Kupfer und öfters auch geringe Mengen Zinn und Wismuth. Es ist bleigrau, feinkrystallinisch, dehnbar und hart.

Zinn-Blei. Die Metalle lassen sich in allen Verhältnissen zusammenschmelzen, wobei Gemische entstehen, welche fester, zäher und leichtflüssiger sind als jeder der Bestandtheile. Verdünnte Säuren lösen daraus, wenn auf 3 Th. Zinn nicht über 1 Th. Blei kommt, nur Zinn auf. Wird zu Geschirren benutzt. Das Metall der Orgelpfeifen besteht aus Zinn mit wenig Blei. Legirungen aus 1 Thl. Zinn und 1 bis 2 Th. Blei bilden das Schnellloth der Klempner; sie entzünden sich beim Erhitzen und glimmen fort, bis sie vollständig oxydirt sind.

Wismuth-Zinn-Blei. Die Legirungen dieser drei Metalle sind durch ihre leichte Schmelzbarkeit ausgezeichnet. Newton's leichtflüssiges Metall besteht aus 8 Th. Bi, 3 Th. Sn und 5 Th. Pb, es schmilzt bei 95°. Rose's Metall besteht aus 2 Th. Bi, 1 Th. Sn und 1 Th. Pb, es schmilzt bei 94°.

Cadmium-Wismuth-Blei. Cadmium besitzt im hohen Grade das Vermögen den Schmelzpunkt der Legirungen zu erniedrigen. Die Legirung von 1 Th. Cd, 7 Th. Bi und 6 Th. Pb schmilzt bei 82°.

Cadmium-Wismuth-Zinn-Blei. Die durch successives Eintragen von 8 Th. Pb, 16 Th. Bi, 4 Th. Sn, und 3 Th. Cd in einen vorsichtig erhitzten Tiegel erhaltene fast silberweisse Legirung besitzt das spec. Gew. 9,4; sie erweicht bei 55 bis 60° und ist einige Grade über 60° vollständig flüssig.

Allgemeine Bemerkungen.

Die Atomgrösse des Bleis ist bestimmt durch die Dampfdichte des Bleimethyls, durch seine normale specifische Wärme, durch den Isomorphismus vieler seiner Verbindungen mit entsprechenden des Bariums, Strontiums und Calciums, und endlich durch sein ganzes chemisches Verhalten. Seine Moleculargrösse ist unbekannt.

Blei steht zu den Metallen Barium, Strontium und Calcium in einem ähnlichen Verhältniss wie Thallium zu den Alkalimetallen. Und gleichwie die Alkali- und Erdalkalimetalle grosse Aehnlichkeit besitzen, so haben auch

Thallium und Blei in ihren chemischen und physikalischen Eigenschaften viel Uebereinstimmendes. Blei und Thallium unterscheiden sich von den Alkali- und Erdkalimetallen durch ihr erheblich grösseres specifisches Gewicht, dadurch, dass sie Wasser nicht zersetzen, und dass sie aus ihren Verbindungen leicht zu reduciren sind. Ferner dadurch, dass sie schwerlösliche oder unlösliche Chlor-, Jod- und Schwefelverbindungen bilden.

Blei scheint, wenn von dem Bleisuboxyd abgesehen wird, nur in zwei Verhältnissen seine Affinität bethätigen zu können; in einer grossen Anzahl von Verbindungen tritt es bivalent auf, während es in wenigen quadrivalent ist. Die Verbindungen des bivalenten Bleis gleichen namentlich den Calciumverbindungen, mit denen sie auch öfters isomorph sind. Bleioxyd zieht gleich dem Calciumoxyd aus der Luft Wasser und Kohlensäure an; es ist in Wasser etwas löslich, seine Lösung besitzt alkalische Reaction.

Bleioxyd bildet mit den farblosen Säuren farblose Salze. Sie besitzen ein grosses specifisches Gewicht; die in Wasser löslichen schmecken schrumpfend süss und reagiren sauer. Sie werden durch kaustische, kohlensaure, oxalsaure und phosphorsaure Alkalien, durch Schwefelsäure und schwefelsaure Salze, durch Chlorwasserstoff und Chlormetalle weiss gefällt, gelb durch Jodkalium und Kaliumchromat, schwarz durch Schwefelwasserstoff, metallisch durch Zink. Sie geben vor dem Löthrohr mit Soda ein Bleikorn und einen braunen Beschlag.

Bleihyperoxyd, PbO_2, gehört mit Manganhyperoxyd, Chromsäureanhydrid etc. in eine Klasse, es zersetzt wie diese Wasserstoffhyperoxyd und bildet mit einigen Basen salzartige Verbindungen. Hierdurch unterscheidet es sich wesentlich vom Bariumhyperoxyd und den analogen Verbindungen.

Die Verbindungen des quadrivalenten Blei's zeigen namentlich grosse Aehnlichkeit mit den entsprechenden des Zinns, bei welchem Metall die quadrivalente Form die häufigere ist. Zinnsäureanhydrid und Bleisäureanhydrid und Zinntetramethyl und Bleitetramethyl sind analoge Verbindungen.

Zwanzigste Gruppe.

54. Kupfer. Cu.

Atomgewicht 63,4. Atomwärme 6,4.

Vorkommen. Ziemlich verbreitet; gediegen, oxydirt, in Verbindung mit Schwefel, namentlich im Kupferkies. Ferner in einigen Salzen und spurenweise auch in pflanzlichen und thierischen Organismen.

Gewinnung. Es wird auf sehr verschiedene Art aus seinen

Erzen abgeschieden. Die schwefelkupferhaltigen Erze werden zuerst geröstet und dann unter Zuschlag von Schlacke oder Flussmitteln verschmolzen. Hierbei, bei der Roharbeit, wird ein Gemenge von Schwefelmetallen, der Rohstein oder Kupferstein gewonnen. Derselbe wird wiederholt geröstet und verschmolzen, wodurch er kupferreicher wird; er führt nun den Namen Spurstein. Gemahlen röstet man diesen stärker und schmilzt dann unter reducirenden Einflüssen, wobei er ein sprödes, Schwefel, Eisen und andere Metalle enthaltendes Kupfer, Rohkupfer oder Schwarzkupfer, liefert. Indem man dieses einem oxydirenden Schmelzprocess in Flammöfen (Raffiniren) oder vor dem Gebläse in Herden (Gaarmachen) unterwirft, erhält man dehnbares Kupfer.

Auf nassem Wege gewinnt man es aus solchen Erzen, welche in Säuren lösliche Kupferverbindungen und nicht zuviel andere lösliche Substanzen enthalten. Man laugt die Erze aus mit einer Lösung von Eisenchlorid und Salzsäure, während zugleich Luft durchgeblasen wird. Hierbei entstehen zunächst Kupferchlorid und Eisenchlorür, welches durch die Einwirkung der Luft und der Salzsäure, eben gebildet, wieder in Eisenchlorid verwandelt wird, so dass dieser Vorgang sich wiederholt, so lange noch Salzsäure zugegen ist. Später scheidet sich das Eisen nach und nach als Oxydhydrat aus, und schliesslich ist alles Chlor an Kupfer gebunden. Aus der von den ausgelaugten Erzen getrennten Flüssigkeit fällt man das Kupfer durch metallisches Eisen. Hierbei entsteht Eisenchlorür, welches wieder zum Auslaugen benutzt wird. Das gefällte Kupfer, Cementkupfer, wird durch Waschen gereinigt und dann zusammengeschmolzen. Es ist durch seine Reinheit ausgezeichnet.

Eigenschaften. Kupfer unterscheidet sich von allen anderen Metallen durch seine hellrothe Farbe; es ist stark glänzend, sehr zähe, schweissbar, elastisch und hart. Krystallisirt in Würfeln und Octaëdern. Spec. Gew. 8,8. Schmilzt bei anfangender Weissglühhitze; absorbirt im geschmolzenen Zustande etwas Sauerstoff aus der Luft, wodurch ein in dem übrigen Metall lösliches Oxyd entsteht. Wenn auf geschmolzenes Kupfer, welches eine Sauerstoffverbindung gelöst enthält, Kohle oder Schwefel einwirkt, so entstehen Kohlenoxyd oder Schwefligsäureanhydrid, welche beim Erstarren des Metalls entweichen, dasselbe blasig machen oder die schon gebildete Rinde zersprengen und das Spratzen des Kupfers bewirken. Kupfer zersetzt nicht das Wasser, an feuchter Luft oder in der Erde überzieht es sich langsam mit einer grünen Schicht von basisch kohlensaurem Kupferoxyd (Patina). Beim Glühen an der Luft oxydirt es sich, zunächst zu Oxydul und dann zu Oxyd, wobei es sich mit einer braunen oder schwarzen, in Schuppen abspringenden Rinde von Kupferhammerschlag bedeckt. Es löst sich leicht in Salpetersäure, wobei Stickoxydgas entweicht, und beim Erhitzen in concentrirter Schwefelsäure unter Entwicklung von Schwefligsäureanhydrid. In Berührung mit der Luft löst es sich in den meisten Säuren

Seine Lösungen färben sich bei Zusatz von Ammoniak tiefblau. Mit gleicher Farbe löst es sich in Berührung mit Luft in Ammoniakflüssigkeit. Aus seinen Lösungen wird es durch Phosphor, Zink, Cadmium, Eisen, Blei und viele andere Metalle und auch durch organische Substanzen gefällt. Es fällt Quecksilber, Silber, Gold, Platin und einige andere Metalle.

Die in verdünnten Säuren löslichen Kupferverbindungen sind giftig.

Verbindungen.

Kupferchlorür, Cuprosumchlorür, $CuCl$, bildet sich beim starken Erhitzen von Kupferchlorid; langsam und unter Wasserstoffentwicklung bei der Einwirkung von concentrirter Salzsäure auf feinzertheiltes Kupfer, oder rascher beim Ueberleiten von Chlorwasserstoffgas über erhitztes fein zertheiltes Kupfer. Es entsteht ferner beim Erhitzen von Kupferchloridlösung mit Kupfer oder beim Vermischen jener Lösung mit Zinnchlorür. Man gewinnt es in kleinen Tetraëdern durch Einleiten von schweflige Säure in eine gesättigte Lösung gleicher Aequivalente von Kupfervitriol und Kochsalz, und Waschen des Niederschlages durch Decantiren mit wässriger schwefligen Säure. Weisses Pulver oder farblose glänzende Krystalle; schmelzbar, zu einer farblosen krystallinischen Masse erstarrend. Unlöslich in Wasser, löslich in Salzsäure. Es löst sich farblos in Ammoniak zu einer sich an der Luft rasch bläuenden Flüssigkeit, welche Kohlenoxyd, Acetylen und einige andere Gase unter Bildungen eigenthümlicher Verbindungen aufnimmt. An der Luft färbt es sich grün und im directen Sonnenlichte wird es rasch roth, metallglänzend.

Kupferjodür, CuJ, bildet sich beim Vermischen von Jodkalium mit einer Lösung von Kupfer- und Eisenvitriol:

$$2KJ + 2SO_4Cu + 2SO_4Fe = 2CuJ + SO_4K_2 + (SO_4)_3Fe^{II}.$$

Ein bräunlich-weisses Pulver. Gibt beim Glühen mit Braunstein alles Jod ab. Beim Kochen mit den ätzenden Alkalien entstehen Kupferoxydul und Jodmetall, mit Wasser und Zink oder Eisen metallisches Kupfer und gelöstes Jodzink oder Jodeisen.

Kupferchlorid, Cupricumchlorid, $CuCl_2$, bildet sich beim Auflösen von Kupferoxyd in Salzsäure. Seine Lösung ist im verdünnten Zustande blau, sie färbt sich beim Concentriren grün und es krystallisiren daraus grüne quadratische Säulen von $CuCl_2 + 2H_2O$. Die Krystalle schmelzen leicht, sie verlieren beim Erwärmen Wasser und werden oberhalb 200° zu wasserfreiem Kupferchlorid. Dieses ist gelbbraun, färbt sich an der Luft durch Aufnahme von Wasser grün, ist zerfliesslich und leicht löslich in Wasser. Schmeckt ätzend metallisch. Schmelzbar, zersetzt sich in der Glühhitze in Kupferchlorür und Chlor. Phosphor, viele Metalle, organische Materien etc. fällen daraus Kupferchlorür.

Oxyde. Kupfer bildet vier Oxyde: Suboxydul, Oxydul, Oxyd und Kupfersäure.

Kupfersuboxyd, Kupferquadrantoxyd, Cu_4O. Vermischt man eine Kupfervitriollösung mit einer sehr verdünnten Lösung von Zinnoxydul in Kalilauge, so scheidet sich zuerst blaues Kupferoxydhydrat aus, welches nach einiger Zeit in gelbes Oxydulhydrat, hierauf in olivengrünes Suboxyd und zuletzt in metallisches Kupfer übergeht. Das Suboxyd ist schwierig rein zu erhalten; durch ammoniakhaltiges Wasser, worin es unlöslich ist, können ihm beigemengtes Oxydhydrat und Oxydulhydrat entzogen werden. Es oxydirt sich leicht an der Luft; durch Säuren wird es in Kupfer und Cuprosum- oder Cupricumsalze zersetzt.

Kupferoxydul, Cuprosumoxyd, Cu_2O, findet sich als Rothkupfererz in rothen durchscheinenden regulären Krystallen oder in braunrothen derben Massen. Bildet sich beim Erhitzen von Kupfer bei mässigem Zutritt von Luft, oder wenn Kupfer in eine kochende sehr verdünnte Lösung von essigsaurem Kupferoxyd und Chlorammonium gebracht wird, oder wenn man Kupfer in eine kalte Lösung von essig- oder salpetersaurem Kupferoxyd stellt und die Lösung dann mit Wasser überschichtet. Im letzteren Falle schlägt sich, wenn die Lösungen concentrirt sind, gleichzeitig metallisches Kupfer nieder. Es entsteht ferner bei der Einwirkung von metallischem Kupfer auf Kupferoxyd in der Glühhitze. Man gewinnt es zweckmässig durch längeres Kochen einer Lösung von 2 Th. Kupfervitriol, 3 Th. Seignettesalz und 4 Th. Rohrzucker in 24 Th. Wasser, zu welchem vorher 3 Th. Aetznatron gefügt waren. Bildet schön rothe Krystalle oder ein braunrothes Pulver. Verändert sich nicht an der Luft. Wird durch Kohle oder Wasserstoff bei gelindem Glühen reducirt. Verdünnte Sauerstoffsäuren zersetzen es, indem sie Kupferoxydsalze bilden und metallisches Kupfer abscheiden. Mit concentrirter Salzsäure gibt es weisses Chlorür, welches sich in der überschüssigen Säure farblos auflöst und durch Zusatz von Wasser theilweise gefällt wird. Es wird durch Ammoniakflüssigkeit farblos aufgelöst. Den Glasflüssen ertheilt es eine rothe Farbe, welche bei Zutritt von Sauerstoff in Grün verändert wird; Gegenwart von Zinn oder Eisenoxydul hindert die Oxydation in den Glasflüssen; metallisches Eisen reducirt zu Metall.

Kupferhydryloxydul, Cuprosumoxyhydrür, entsteht bei der Einwirkung von Kalilauge auf die farblose Lösung des Chlorürs in concentrirter Salzsäure. Ein citronengelbes Pulver, oxydirt sich an der Luft schnell zu Oxydhydrat, zerfällt leicht in Kupferoxydul und Wasser. Bildet mit den Säuren Cuprosumsalze, welche farblos, gelb oder roth sind; sie gehen unter Sauerstoffaufnahme rasch in basische Oxydsalze über; Alkalien scheiden daraus gelbes Oxydulhydrat ab. Sie geben mit Ammoniak farblose Lösungen.

Kupferoxyd, *Cupricumoxyd*, $\Theta u\Theta$, findet sich als Kupferschwärze in derben Massen. Entsteht beim Glühen des Kupfers an der Luft. Man gewinnt es zweckmässig durch Anfeuchten von Kupferhammerschlag mit Salpetersäure und Glühen. Es ist ein schwarzes Pulver; schmilzt in starker Glühhitze und gesteht dann beim Erkalten zu einer krystallinischen dunkelschwarzbraunen Masse. Gibt beim Glühen mit metallischem Kupfer Kupferoxydul, mit Kohle oder Wasserstoff metallisches Kupfer. Es färbt die Glasflüsse grün, wird darin durch Zinn zu Oxydul und durch Eisen zu Metall reducirt. Löst sich in den Säuren.

Kupferhydryloxyd, *Cupricumoxyhydrür*, $\Theta u(\Theta H)_2$, wird aus Kupferoxydlösungen in der Kälte durch verdünnte Kalilauge gefällt. Schön blauer Niederschlag, der schon in kochendem Wasser in ein braunes Hydrat und in Wasser zerfällt. Im trocknen Zustande hält es sich auch bei 100° unzersetzt, aber bei einer etwas höheren Temperatur zerfällt es in Wasser und Oxyd. Mit Ferrosumoxyhydrür zersetzt es sich in Ferricumoxyhydrür und Cuprosumoxyhydrür:

$$2\Theta u(\Theta H)_2 + 2Fe(\Theta H)_2 = Fe_{II}(\Theta H)_6 + 2\Theta u\text{-}\Theta H.$$

Es löst sich nicht in Wasser, gibt mit Ammoniakflüssigkeit eine tiefblaue Lösung, entwickelt mit Ammoniumsalzlösungen beim Kochen Ammoniak und bildet mit den Säuren Salze. Die wasserfreien Cupricumsalze sind meist weiss, die wasserhaltigen blau oder grün gefärbt. Sie sind meist in Wasser löslich, schmecken metallisch und reagiren sauer. Beim Glühen verlieren sie ihre Säure, wenn diese flüchtig ist. Mit den Reductionsmitteln geben sie entweder Kupferoxydul oder metallisches Kupfer.

Kupfersäure ist für sich nicht darstellbar; ihre Salze sind tiefroth, höchst unbeständig. Sie entstehen bei der Einwirkung von unterchlorigsaurem Alkali auf Kupferoxydhydrat.

Basisches Kupferchlorid, $Cl_2\Theta u_4\Theta_3 + 4H_2\Theta$, findet sich als Atamakit. Wird im Grossen gewonnen, indem man Kupferbleche, welche mit einem Gemisch von Kochsalz und verdünnter Schwefelsäure geschichtet sind, der Luft aussetzt. Blassgrünes Pulver, welches bei gelindem Erhitzen unter Verlust von Wasser schwarz wird.

Findet als Malerfarbe Anwendung (Braunschweiger Grün). Wäscht man dieses Oxychlorür mit verdünnter Natronlauge, so erhält man ein Kupferoxydhydrat der Formel $(H\Theta)_2\Theta u_4\Theta_3 + 4H_2\Theta$, welches unter dem Namen Bremer Grün im Handel vorkommt. Es ist hellblau, wird beim Erwärmen leicht schwarz und gibt eine grüne Oelfarbe.

Kupfersulphür, Cu_2S, findet sich als Kupferglanz in rhombischen Krystallen. Es kann durch Zusammenschmelzen von Kupfer und Schwefel in regulären Krystallen erhalten werden und ist also dimorph. Dunkel bleigrau, weich und leicht schmelzbar. Kalte Salpetersäure entzieht ihm die Hälfte des Kupfers und lässt Sulphid zurück.

Findet sich als basischer Bestandtheil in einigen in der Natur vorkommenden Sulphosalzen, z. B. in den Folgenden:

Buntkupfererz, $Fe_{II}(SCu)_6$, findet sich krystallisirt in Würfeln und Octaëdern, meist aber derb und eingesprengt. Ist metallglänzend, braunroth; läuft an der Luft bunt an.

Kupferkies, $S_2Fe_{II}(SCu)_2$, bildet das häufigste Kupfererz. Findet sich in quadratischen Krystallen und derben Massen. Messinggelb, oft bunt angelaufen.

Zinnkies, $\overset{2}{Fe}S_2\text{-}\overset{4}{Sn}(SCu)_2$, ist ein gelblich-graues Mineral in dem ein Theil des Ferrosums durch Zink und ein Theil des Cuprosums durch Silber substituirt sein kann.

Kupferantimonglanz, $S{:}\overset{3}{Sb}\text{-}SCu$, findet sich in starkglänzenden dunkel-bleigrauen rhombischen Krystallen.

Bournonit, $PbS_2{:}\overset{3}{Sb}\text{-}SCu$, ist ein bleigraues in Rhombenoctaëdern vorkommendes Mineral.

Kupferwismuthglanz, $S{:}\overset{3}{Bi}\text{-}SCu$, kommt in hell-bleigrauen rhombischen Krystallen vor und ist wahrscheinlich isomorph mit Kupferantimonglanz.

Wittichenit, $\overset{3}{Bi}(SCu)_3$, ein dunkel-stahlgraues schwach glänzendes Mineral.

Kupfersulphid, CuS, kommt als Kupferindig in der Natur vor. Es entsteht als grünschwarzes Pulver bei der Behandlung des Sulphürs mit kalter Salpetersäure, oder als braunschwarzes, an der Luft sich rasch oxydirendes, in Ammoniumsulfhydrürlösung etwas lösliches Pulver bei der Einwirkung von Schwefelwasserstoff auf Kupferoxydlösungen, oder als weiche blauschwarze Masse beim Erhitzen eines Gemenges von Kupfersulphür mit Schwefel, nicht über den Siedepunkt des letzteren. Beim stärkeren Erhitzen zerfällt es in Schwefel und Kupfersulphür. Wird durch heisse Salpetersäure zersetzt.

Es gibt beim Anreiben mit Oel ein schönes Veilchenblau und findet als Oelblau Anwendung.

Cuprosum-Ammoniumsulphit, $SO_3Cu(NH_4)$ bildet sich, wenn eine mit Ammoniak stark übersättigte Lösung von Kupfervitriol in der Siedhitze mit Ammoniumsulphit entfärbt wird. Die mit Essigsäure übersättigte Lösung setzt bei Luftabschluss das Salz in glänzenden Tafeln ab.

Cuprosum-Kaliumdithionat, $S_2O_3KCu + H_2O$, bildet sich beim Vermischen von aufgelöstem Cupricum mit einer Lösung von Kaliumdithionat. Ein gelbes krystallinisches Pulver, schwer löslich in Wasser. Zersetzt sich beim Kochen mit Wasser unter Abscheidung von Kupfersulphid.

Cuprosum-Cupricumsulphit, $(\overset{1}{Cu}O\text{-}SO_2)_2\overset{2}{Cu} + 2H_2O$, entsteht beim Vermischen der heissen Auflösungen von Kupfersulphat und saurem Natriumsulphit. Bildet kleine glänzende dunkelrothe Krystalle. Fast unlöslich in Wasser. Gibt mit Schwefelsäure Kupfersulphat und dunkelrothes feinpulvriges metallisches Kupfer.

Cupricumsulphat, Kupfersulphat, schwefelsaures Kupferoxyd, Kupfervitriol, $SO_4Cu + 5H_2O$, wird im Grossen bei der Scheidung des Goldes vom Silber, oder durch Auflösen von geröstetem Spurstein in Schwefelsäure gewonnen. Bildet grosse blaue durchsichtige trikline Krystalle, welche oberflächlich verwittern und sich leicht in Wasser lösen. Isomorph mit Ferrosumsulphat, $SO_4Fe + 5H_2O$, und Manganosumsulphat, $SO_4Mn + 5H_2O$. Verliert beim Erhitzen das Wasser und bildet eine weisse undurchsichtige zerreibliche Masse, welche wasserhaltigen Flüssigkeiten (z. B. Alkohol) Wasser entzieht und sich blau färbt. Es verliert nur bei heftigem Glühen alle Säure.

Findet Anwendung zur Darstellung von Kupferfarben, zum Schwarzfärben von Wolle, als Reservage in der kalten Indigoküpe, als Conservationsmittel des Holzes, bei der Galvanoplastik etc.

Kupfersulphat bildet mit den Sulphaten der Alkalimetalle und denjenigen der Metalle der Magnesiumgruppe Doppelsalze.

Cupricum-Ammoniumsuphat, $(NH_4\text{-}O\text{-}SO_2)_2\overset{2}{Cu} + 6H_2O$, bildet hellblaue verwitternde lösliche Krystalle.

Cupricum-Kaliumsulphat, $(KO\text{-}SO_2)_2\overset{2}{Cu} + 6H_2O$, gibt hellblaue leicht lösliche monokline Krystalle. Ist isomorph mit den entsprechenden Ammonium- und Kaliumsulphaten des Magnesiums, Zinks, Ferrosums, Manganosums, Kobaltosums und Nickels, womit es in variablen Verhältnissen zusammen krystallisirt.

Cupricum-Magnesiumsulphat. Aus den gemischten Lösungen von Kupfer- und Magnesiumsulphat krystallisiren isomorphe Mischungen der beiden Salze in zwei Formen und mit verschiedenem Wassergehalte. $SƟ_4Ꞓu + 5H_2Ɵ$, in welchem bis $^1/_8$ des Ꞓu durch Ᵽg vertreten sein kann, krystallisirt in hellblauen monoklinen Krystallen von der Form des Kupfervitriols. $SƟ_4Ᵽg + 7H_2Ɵ$, in welchem bis zur Hälfte des Ᵽg durch Ꞓu vertreten sein kann, krystallisirt in hellblauen monoklinen Krystallen von der Form des Eisenvitriols.

Zink- und Eisensulphat bilden mit Kupfervitriol ebenfalls isomorphe Mischungen. $SƟ_4Ꞓu + 5H_2Ɵ$ kann ohne Aenderung der Form $^1/_8$ des Ꞓu durch Ƶn oder $^1/_8$ durch Fe substituirt enthalten. Bei grösserem Gehalt von Zink oder Ferrosum besitzen die Krystalle Form und Wassergehalt des Eisenvitriols, $SƟ_4Fe + 7H_2Ɵ$.

Mit Manganvitriol, dessen gewöhnliche Form isomorph mit derjenigen des Kupfervitriols ist und welcher ebenfalls 5 Mol. Wasser enthält, krystallisirt Kupfervitriol in allen Verhältnissen in der triklinen Form der einfachen Salze zusammen.

Basisches Kupfersulphat, $SƟ_4Ꞓu, 3ꞒuƟ, 4H_2Ɵ$, findet sich als Brochantit in rhombischen Krystallen. Es entsteht als glänzend grünes Pulver beim längeren Kochen einer Kupfervitriollösung mit einer kleinen Menge Kali. Unlöslich in Wasser.

Cupricumnitrat, $(NƟ_3)_2Ꞓu$, bildet mit verschiedenen Mengen Wasser dunkelblaue prismatische und hellblaue tafelförmige Krystalle. Zerfliesslich, leicht löslich in Wasser und Alkohol. Gibt beim Erhitzen Wasser ab, geht dann in basisches Salz und endlich in Kupferoxyd über.

Phosphorkupfer, $PꞒu_3$, entsteht bei der Einwirkung von Phosphorwasserstoff auf erhitztes Kupferchlorür:

$$PH_3 + 3ꞒuCl = PꞒu_3 + 3HCl.$$

$P_2\overset{2}{Ꞓu}_3$, bildet sich beim Einleiten von Phosphorwasserstoff in Kupfervitriollösung:

$$2PH_3 + 3SƟ_4\overset{2}{Ꞓu} = P_2\overset{2}{Ꞓu}_3 + 3SƟ_4Cl_2.$$

Kupfer, welches bis 1,5 Proc. Phosphor enthält ist leichtflüssiger und zäher als reines Kupfer; es contrahirt sich sehr stark beim Erstarren.

Cupricumphosphat, $(PƟ_4)_2Ꞓu_3 + 3H_2Ɵ$, entsteht bei der Einwirkung von überschüssiger Kupferoxydlösung auf gewöhnliches Natriumphosphat. Blaugrüner Niederschlag, unlöslich in Wasser, leicht löslich in Säuren.

Basische Kupferphosphate finden sich mehrerere in der Natur. Libethenit, $H\Theta\text{-}\overset{2}{Cu}\text{-}\Theta\text{-}P\Theta_3\overset{2}{Cu}$, kommt in dunkelgrünen glänzenden durchscheinenden rhombischen Krystallen vor, Phosphorchalcit, $P\Theta_4(\overset{2}{Cu}\Theta H)_3$, findet sich in grünen monoklinen Krystallen.

Arsenigsaures Kupferoxyd wird erhalten beim Vermischen von Kaliumarsenit mit einer Cupricumlösung. Gelbgrüner Niederschlag. Löst sich in Ammoniakflüssigkeit ohne Farbe.

Führt als Malerfarbe den Namen Scheele'sches Grün.

Arseniksaures Kupferoxyd, $(As\Theta_4)_2Cu_3$, entsteht als wasserhaltiger blassgrünlich-blauer Niederschlag beim Vermischen von überschüssiger Cupricumlösung mit arseniksaurem Alkali.

Basische Cupricumarseniate kommen mehrere in der Natur vor. Olivenit, $H\Theta\text{-}Cu\text{-}\Theta\text{-}As\Theta_3Cu$, ist isomorph mit Libethenit, mit dem es sich auch in isomorphen Mischungen vorfindet. Durchsichtig gelblich oder bräunlich-grün. Strahlerz, $As\Theta_4(Cu\Theta H)_3$, ist isomorph mit Phosphorchalcit, mit dem es auch in isomorphen Mischungen vorkommt.

Basische Cupricumcarbonate. Malachit, $C\Theta(\Theta\text{-}Cu\Theta H)_2$, findet sich als krystallinisches Mineral und entsteht beim Vermischen einer warmen Cupricumlösung mit saurem Natriumcarbonat. Grün, wird beim Kochen mit Wasser schwarz. Führt als Malerfarbe den Namen Berggrün. — Kupferlasur, $(H\Theta\text{-}Cu\text{-}\Theta\text{-}C\Theta\text{-}\Theta)_2Cu$, kommt in tiefblauen durchscheinenden monoklinen Krystallen vor. Wird erhalten, wenn man ein Gemenge von krystallisirtem Cupricumnitrat und Kreide in Stücken der Einwirkung von Kohlensäure unter 3 bis 4 Atmosphären Druck aussetzt.

Kohlensäurehaltiges Wasser löst nur sehr wenig Kupfer auf.

Cupricumacetat, $(C_2H_3\Theta_2)_2Cu + H_2\Theta$, krystallisirt in durchscheinenden dunkel-blaugrünen Säulen des monoklinen Systems. Verwittert etwas, löst sich in Wasser und auch in Alkohol. Seine wässrige Lösung zersetzt sich beim Kochen. Beim Erhitzen gibt es zuerst saures Wasser ab, dann krystallisirbare Essigsäure und oberhalb 270° neben anderen Zersetzungsproducten Cuprosumacetat, $C_2H_3\Theta_2Cu$, in Form von weisslichen Dämpfen, welche sich zu weissen wolligen Flocken verdichten. Krystallisirt mit Calciumacetat und Wasser in grossen tiefblauen durchsichtigen quadratischen Säulen zusammen.

Findet in der Färberei und Druckerei, zur Bereitung von Kupferfarben und für andere Zwecke Anwendung.

Basische Cupricumacetate. Solche kommen als blauer und grüner Grünspan im Handel vor und dienen, gemischt mit Bleiweiss, als grüne Oelfarben. — *Blauer Grünspan*, $2\Theta_2H_3\Theta_2\Theta u\text{-}\Theta H + 5H_2\Theta$, bildet sich, wenn man Kupferplatten mit einem Brei von Cupricumacetat und Wasser der Luft aussetzt. Krystallisirt in glänzenden blauen Blättchen oder Nadeln. Verwandelt sich bei 60° unter Verlust von Wasser in ein schön grünes Gemenge von basischen Salzen. — *Grüner Grünspan* bildet sich, wenn man Kupfer, welches mit Essig befeuchtet ist, der Luft aussetzt. Es ist ein Gemenge mehrerer basischer Salze, von denen bei der Behandlung mit kaltem Wasser $(\Theta_2H_3\Theta_2\text{-}\Theta u\text{-}\Theta)_2\Theta u + 2H_2\Theta$, als das beständigste der basischen Kupferacetate zurückbleibt.

Cupricumarsenit-acetat, Schweinfurter Grün, $(As\Theta_2)_3\Theta u_2\cdot\Theta_2H_3\Theta_2$. Bildet sich beim Vermischen der kochend heissen Lösungen von Kupferacetat und arseniger Säure und Kochen des Niederschlags mit der Flüssigkeit. Schön grün, unlöslich in Wasser.

Findet, obgleich es sehr giftig ist, als Malerfarbe Anwendung.

Cupricumoxalat, $\Theta_2\Theta_4\Theta u + H_2\Theta$, wird durch Oxalsäure aus Cupricumlösungen gefällt. Hellblaugrünes Pulver. Unlöslich in Wasser und in kalten Säuren. Leicht löslich in Ammoniakflüssigkeit und Ammoniumoxalatlösung.

Kupfercyanür, $\Theta u\Theta N$, entsteht als weisser wasserhaltiger Niederschlag beim Vermischen einer Lösung von Kupferchlorür in Salzsäure mit Cyanwasserstoff oder Cyankalium. Bildet mit den Cyanmetallen der Alkalien farblose lösliche Salze, aus welchen Säuren unter Cyanwasserstoffsäureentwicklung das Kupfercyanür fällen, aus denen das Kupfer aber weder durch Eisen noch durch Schwefelwasserstoff gefällt wird.

Kupfercyanür-Cyankalium, $\Theta uCy + KCy$, wird erhalten durch Auflösen von Kupferhydryloxyd in Cyankaliumlösung. Krystallisirt in farblosen durchsichtigen Säulen und Blättchen. Gibt mit Cupricumlösungen einen Niederschlag von Kupfercyanür-cyanid, $2\Theta uCy + \Theta uCy_2 + 5H_2\Theta$. Letzteres Salz entsteht auch beim Vermischen von Blausäure und Kupferacetatlösung, oder unter Entwicklung von Cyangas, beim Vermischen von Blausäure mit Kupferoxydhydrat:

$$3\Theta u(\Theta H)_2 + 6CyH = (2\Theta uCy + \Theta uCy_2) + Cy_2 + 6H_2\Theta.$$

Es bildet gelbgrüne Krystallkörner. Beim Uebergiessen mit wässriger schwefliger Säure verwandelt es sich in Kupfercyanür.

Kupfercyanür-Cyankalium fällt aus den Lösungen von Zink, Eisen, Blei und anderen Metallen ähnliche Doppelverbindungen wie aus Kupferlösungen.

Kupfercyanid, ΘuCy_2, ist im freien Zustande sehr unbeständig.

Ferrocyancupricum, $FeCy_6\Theta u_2$, entsteht als wasserhaltiger tief rothbrauner amorpher Niederschlag beim Vermischen der Lösungen von Ferrocyankalium und Kupferoxydsalzen.

Cupricumsilicat, $Si\Theta_3\Theta u + H_2\Theta$, findet sich als Dioptas in durchsichtigen grünen hexagonalen Krystallen.

Ammoniakalische Kupferverbindungen.

Die meisten Verbindungen des Kupfers vermögen im trocknen Zustande Ammoniakgas zu absorbiren und lösen sich auch dann meistens in Ammoniakflüssigkeit, wenn sie in Wasser unlöslich sind. Hierbei entstehen eigenthümliche Verbindungen, in denen man Ammonium-Arten annehmen kann, in welchen Wasserstoff durch Cuprosum oder Cupricum, und in vielen Fällen auch durch Ammonium substituirt ist.

Cupriammoniumchlorid, $(Cl\text{-}NH_2)_2\overset{2}{\Theta u}$, bildet sich, wenn man erhitztes Kupferchlorid mit Ammoniakgas sättigt. Zersetzt sich beim stärkeren Erhitzen und beim Auflösen in Wasser.

Ammonium-Cupriammoniumchlorid, $[Cl\text{-}N(NH_4)H_2]_2\overset{2}{\Theta u} + H_2\Theta$, entsteht beim Einleiten von Ammoniakgas in eine heisse gesättigte Lösung von Kupferchlorid. Dunkelblaue Krystalle, welche bei 149° Wasser und Ammoniak abgeben und in Cupriammoniumchlorid übergehen.

Biammonium-Cupriammoniumchlorid, $[Cl\text{-}N(NH_4)_2H]_2\overset{2}{\Theta u}$, bildet sich bei Einwirkung von Ammoniakgas auf kaltes Kupferchlorid. Löslich in Wasser, wird beim Erhitzen zersetzt.

Ammonium-Cuprosammoniumjodür, $J\text{-}N(NH_4)H_2\overset{1}{\Theta u}$, bildet sich bei Einwirkung von Ammoniakgas auf Kupferjodür.

Ammonium-Cupriammoniumjodid, $[J\text{-}N(NH_4)H_2]_2\overset{2}{\Theta u} + H_2\Theta$, wird durch Jodkalium aus einer ammoniakalischen Lösung von schwefelsaurem oder essigsaurem Kupferoxyd gefällt. Bildet blaue rhombische Krystalle. Leicht zersetzbar.

Cuprosammoniumoxyhydrür, $H\Theta\text{-}NH_2\overset{1}{\Theta u}$ oder *Ammonium-Cuprosammoniumoxyhydrür*, $H\Theta\text{-}N(NH_4)H_2\Theta u$, ist nur in der ammoniakalischen

Lösung bekannt, welche sich beim Auflösen von Kupferoxydul in Ammoniakflüssigkeit oder bei Einwirkung von Kupfer auf eine Lösung von Ammonium-Cupriammoniumoxyhydrür bildet. Eine farblose Flüssigkeit, bläut sich an der Luft und wirkt als kräftiges Reductionsmittel. Phosphor und Zink schlagen Kupfer daraus nieder.

Ammonium-Cupriammoniumoxyhydrür, $(H\Theta\text{-}N[NH_4)H_2]_2\overset{2}{\mathrm{Cu}} + 3H_2\Theta$, entsteht bei der Oxydation der vorigen Verbindung, beim Zusammenbringen von Kupfer mit Ammoniak und Luft, und beim Auflösen von Kupferoxyd oder Kupferoxydhydrat in Ammoniakflüssigkeit. Bildet eine dunkelblaue Lösung, wird durch Kupfer entfärbt, indem sich die vorige Verbindung bildet und wird durch viel Wasser zersetzt. Krystallisirt schwierig in langen blauen leicht zerfliesslichen Nadeln, die an der Luft und mit Wasser sich rasch zersetzen. Seine Lösung löst Cellulose auf.

Ammonium-Cupriammoniumdithionat, $S_2\Theta_3[N(NH_4)H_2]_2\overset{2}{\mathrm{Cu}}$, wird erhalten beim Vermischen der Lösungen von unterschwefligsaurem Baryt und von Kupfersalmiak, und krystallisirt aus dem erkalteten Filtrat in dünnen luftbeständigen violettblauen Prismen. In kaltem Wasser schwer, in Wasser von 40° ziemlich leicht löslich.

Ammonium-Cupriammoniumsulphat, Kupfersalmiak, $S\Theta_4[N(NH_4)_2H]_2\overset{2}{\mathrm{Cu}}_2 + H_2\Theta$. Wird in tiefblauen durchsichtigen langen rhombischen Krystallen erhalten, wenn man eine concentrirte Lösung von Kupfervitriol mit Ammoniakgas bis zur vollständigen Wiederauflösung des zuerst gebildeten Niederschlags sättigt und die Lösung mit Weingeist überschichtet stehen lässt. Löst sich mit tiefblauer Farbe in Wasser, aus welcher Lösung sich mit der Zeit basisches Cupricumsulphat abscheidet. Beim Erhitzen entwickelt es Wasser und Ammoniak, wobei zuerst Cupriammoniumsulphat, $S\Theta_4(NH_3)_2\overset{2}{\mathrm{Cu}}$, als apfelgrünes Pulver, dann Cupricum-Cupriammoniumsulphat, $S\Theta_4\text{-}NH_3\overset{2}{\mathrm{Cu}}$, und endlich Cupricumsulphat zurückbleiben.

Ammonium-Cupriammoniumcarbonat. Nur in Lösung bekannt, bildet das beste Auflösungsmittel für Cellulose. Zu seiner Darstellung fällt man Kupfervitriollösung durch Soda, wäscht gut aus, trocknet den Niederschlag zwischen Backsteinen und löst ihn in sehr starker Ammoniumflüssigkeit.

Cupriammoniumoxalat, $C_2\Theta_4(NH_3)_2\overset{2}{\mathrm{Cu}} + H_2\Theta$, krystallisirt aus einer Lösung von Cupricumoxalat in Ammoniakflüssigkeit in dunkelblauen kurzen platten sechsseitigen Säulen. Verliert an der Luft Wasser und Ammoniak und lässt Cupricum-Cupriammoniumoxalat, $C_2\Theta_4\text{-}NH_3\overset{2}{\mathrm{Cu}}$, welches sich erst oberhalb 100° weiter zersetzt.

Legirungen des Kupfers.

Kupfer-Zink. Diese beiden Metalle lassen sich in den mannigfaltigsten Verhältnissen zusammenschmelzen. Ihre Vereinigung erfolgt mit grosser Heftigkeit, namentlich bei den ersten Quantitäten, welche auf einander einwirken. Hierbei wird die rothe Farbe des Kupfers durch wenig Zink blasser roth und gelbroth, durch mehr Zink gelb und zwar bei gleichen Theilen am lebhaftesten, durch noch mehr Zink weiss.

Zink macht das Kupfer rothbrüchig. Am dehnbarsten sind Legirungen von 84,5 Proc. Cu mit 15,5 Proc. Zn und von 71,5 Proc. Cu und 28,5 Proc. Zn. Kleine Mengen von Blei vermindern die Dehnbarkeit der Gemische, Zinn erhöht ihre Härte und Eisen hebt ihre Rothbrüchigkeit auf.

Die gebräuchlichsten Kupfer-Zinklegirungen sind:

Tombak, Rothguss. Wird erhalten durch Zufügen von 15,5 bis 17,5 Th. Zn zu 84,5 bis 82,5 Th. schmelzendem Kupfer, wobei man zur Mässigung der Einwirkung dem Kupfer zuerst eine beliebige Quantität Tombak zusetzen kann. Blass gelbroth. Dehnbar und leichter schmelzbar als Kupfer, aber von geringerer Härte und Festigkeit. Spec. Gew. 8,3 bis 8,5.

Messing besteht aus 60 bis 72 Th. Cu und 40 bis 28 Th. Zn. Spec. Gew. 7,8 bis 8,3. Gelb. Ist in der Kälte dehnbar, lässt sich hämmern, strecken, walzen, zu Draht ausziehen, aber ist in der Hitze sehr spröde. Seine Festigkeit und Härte ist geringer als diejenige der ungemischten Metalle. Es schmilzt leichter als Kupfer und kann daher zum Löthen dieses Metalls benutzt werden. Zum Löthen von Messing verwendet man eine Legirung von 2 Th. Messing mit 1 Th. Zink, oder, wenn sie dehnbar sein muss, von 6 Th. Messing, 5 Th. Silber und 2 Th. Zink.

Messing, welches bis zu 3 Proc. Blei enthält, ist hart und kurz, es findet Anwendung, weil es sich feilen und drehen lässt.

Blech aus Messing, welches 34 Proc. Zink enthält, wird zum Beschlagen der Schiffe benutzt.

Sterro- oder Aichmetall ist Messing, welches bis zu 2 Proc. Eisen enthält; es ist hart, elastisch und in der Glühhitze schmiedbar.

Kupfer-Zinn. Diese beiden Metalle lassen sich in den verschiedensten Verhältnissen zusammenschmelzen. Man nennt die Gemische Bronzen. Sie besitzen geringeres spec. Gew. als Kupfer und höheres als Zinn, geringere Härte als Zinn und geringere Festigkeit als Kupfer; sie sind theils dehnbar, theils spröde; sie schmelzen leichter als Kupfer, schwerer als Zinn. Geschmolzen sind sie sehr dünnflüssig und füllen daher Formen, in welche sie gegossen werden, gut aus.

Die gebräuchlichsten Bronzen sind:

Kanonenmetall. Besteht aus 100 Th. Kupfer und 10 bis 11 Th. Zinn. Es ist gelblich, zähe und mässig hart.

Glockengut. Wird durchschnittlich aus 78 Th. Kupfer und 22 Th. Zinn zusammengesetzt. Von gelblich-grauweisser Farbe, feinkörnigem dichtem Bruch; hart, spröde, leicht schmelzend, sehr dünnflüssig und sehr klingend. Dem Glockengut wird oft Zink und Blei in geringen Mengen zugesetzt.

Spiegelmetall besteht aus 2 Th. Kupfer und 1 Th. Zinn, nebst etwas Arsen und Blei. Stahlgrau, sehr spröde und sehr politurfähig.

Kupfer-Zink-Zinn-Blei-Bronze. Wird für Statuen und für Denkmünzen angewendet und durch Zusammenschmelzen von 100 Th. Kupfer, 2 bis 5 Th. Zinn und Hinzufügen von 6 bis 12 Th. Zink zu dem schmelzenden Metallgemisch bereitet. Besitzt eine röthlichgelbe Farbe, einen feinkörnigen Bruch, lässt sich feilen und drehen, ist nicht sehr spröde und ist dünnflüssig.

Kupfer-Zink-Nickel oder *Neusilber* wird erhalten durch Zusammenschmelzen von 16 Th. Kupfer mit 4 bis 12 Th. Nickel und 7 bis 13 Th. Zink. Von gelblich weisser Farbe, dichtem feinkörnigem Bruch. Hart, etwas dehnbar, sehr politurfähig.

Kupfer-Aluminium. Diese beiden Metalle lassen sich nicht in allen Verhältnissen legiren. Durch 1 Proc. Aluminium wird Kupfer härter und zäher, ohne seine Dehnbarkeit zu verlieren, und weniger leicht oxydirbar. Legirungen, welche 5, $7\frac{1}{2}$ oder 10 Proc. Aluminium enthalten, sind homogen, besitzen die Farbe des Goldes, welche bei dem Gehalt von $7\frac{1}{2}$ Proc. ins Grünliche spielt, sie können in der Hitze geschmiedet werden und werden durch Ablöschen geschmeidig.

Kupfer-Aluminium-Zinn. Eine Legirung aus 96 Th. Kupfer, 4 Th. Zinn und 1 Th. Aluminium ist sehr zähe, hart und hämmerbar.

Allgemeine Bemerkungen.

Das Atomgewicht des Kupfers ist bestimmt durch seine normale specifische Wärme und durch den Isomorphismus von Cupricumverbindungen mit entsprechenden Verbindungen der anderen isomorphen Metalle der Magnesiumgruppe. Seine Moleculargrösse ist nicht bekannt.

Abgesehen vom Kupfersuboxydul und der Kupfersäure tritt Kupfer nur monovalent und bivalent auf. Seine bivalente Form ist die gewöhnlichere, in ihr zeigt Kupfer im Allgemeinen grosse Aehnlichkeit mit den Metallen der Magnesiumgruppe. So bilden die Cupricumsalze mit den Salzen der Alkalien, ähnlich wie die Salze des Magnesiums, Ferrosums, Manganosums etc. Doppelsalze. Cupricum unterscheidet sich von diesen Metallen wesentlich dadurch, dass es in kohlensäurehaltigem Wasser fast unlöslich ist. Das Kupfer reiht sich durch seine leichte Reducirbarkeit und seine geringe Neigung für Oxydation bei gewöhnlicher Temperatur dem Blei an.

Vor dem Löthrohr kann es daran erkannt werden, dass es mit Borax in der äusseren Flamme eine grüne Perle liefert, welche beim Erkalten blau oder grünlich-blau wird. In der inneren Flamme wird die Perle braunroth undurchsichtig, Zinn befördert diese Reduction. Mit Soda geben die Kupferverbindungen in der inneren Löthrohrflamme metallisches dehnbares Kupfer, welches sich durch Abschlemmen leicht von der Kohle trennen lässt.

In schwach sauren Kupferlösungen überzieht sich blankes Eisen mit einem rothbraunen Ueberzug von Kupfer. Ammoniak färbt sie tief blau. Neutrale oder saure Lösungen geben mit Ferrocyankalium einen tief rothbraunen Niederschlag, der vor dem Löthrohr mit Soda auf Kohle Eisen und Kupfer, nicht zu einer Legirung vereinigt, liefert. Aus Kupferlösungen fällt Schwefelwasserstoff Schwefelkupfer. Alkalische Kupferlösungen, welche leicht oxydirbare organische Substanzen enthalten, scheiden beim Kochen einen Niederschlag von Kupferoxydul ab.

Einundzwanzigste Gruppe.

55. Quecksilber. Hg.

Atomgewicht 200; Dampfdichte 100; Moleculargewicht 200; Atomwärme 6,4.

Vorkommen. Quecksilber (Hydrargyrum, Mercurius) findet sich nur an wenigen Orten, so zu Idria in Illyrien, Almaden in Spanien, Horzowiz in Böhmen, Landsberg in Rheinbaiern und ferner in Californien, Peru, Mexico und China; in der Regel als Schwefelquecksilber (Zinnober) und selten im gediegenen Zustande.

Gewinnung. Das gediegene Metall wird durch Schlämmen von der Bergart getrennt und dann zur Scheidung von den letzten Theilen derselben durch Leder gepresst. Aus dem Schwefelquecksilber gewinnt man es entweder durch Destillation mit Kalk oder Eisenhammerschlag aus eisernen Retorten, oder durch Rösten, wobei Schwefligsäureanhydrid und Quecksilberdämpfe entstehen. Letztere werden in Kammern oder Reihen von vorgelegten Gefässen, den sogenannten Aludeln, condensirt. Vollkommen rein erhält man es durch Destillation von Zinnober mit seinem halben Gewicht reiner Eisenspähne. Unreines reinigt man durch Schütteln oder Reiben mit wenig Eisenchloridlösung, Abspülen der entstandenen Eisenchlorürlösung, welche die fremden Metalle enthält, und des gebildeten Quecksilberchlorürs durch Wasser. Rein und trocken erhält man es durch Uebergiessen und öfteres Schütteln mit concentrirter Schwefelsäure, welche nur die leichter oxydirbaren fremden Metalle auflöst. Zur Trennung von Staub presst man es durch Leder oder filtrirt es durch ein Filter, durch dessen Spitze ein kleines Loch gestochen ist.

Eigenschaften. Das einzige bei gewöhnlicher Temperatur flüssige Metall, wird bei — 39° fest. Weiss, mit einem Stich ins Blaue, stark glänzend. Spec. Gew. bei 0° 13,596. Verdunstet bei gewöhnlicher Temperatur und siedet bei 360°, sein Dampf ist farblos. Erleidet bei gewöhnlicher Temperatur keine Oxydation an der Luft, bildet bei höherer Temperatur Oxyd. Ozon bewirkt seine Oxydation schon bei gewöhnlicher Temperatur. Durch Schütteln mit Wasser, Aether etc. oder durch Reiben mit Fett, Zucker etc. lässt es sich zu einem grauen Pulver zertheilen. Zersetzt nicht Wasser, Salzsäure und kalte Schwefelsäure. Löst sich in Salpetersäure und heisser Schwefelsäure. Reducirt Eisenchlorid zu Chlorür, wobei es selbst in Chlorür übergeht. Verbindet sich direct mit Chlor, Brom, Jod und Schwefel. Wird aus seinen Lösungen durch Kohle, Phosphor, Arsen, Antimon, Wismuth, Zink, Eisen, Zinn, Blei, Kupfer und mehrere andere Metalle abgeschieden.

Quecksilber dient zur Silber- und Goldgewinnung, zum Spiegelbeleg, bei der Feuervergoldung, zur Herstellung der Barometer und Thermometer, zur Fabrikation des Calomels, Sublimats, Zinnobers, Knallquecksilbers und anderer Präparate.

Quecksilber und seine Verbindungen, namentlich das Chlorid, Oxyd, die Oxydsalze und das Cyanid sind starke Gifte.

Verbindungen.

Quecksilberchlorür, *Calomel*, HgCl, findet sich als Quecksilberhornerz. Entsteht bei der Einwirkung von Chlor auf überschüssiges Quecksilber oder beim Einleiten von Schwefligsäureanhydrid in eine Lösung von Quecksilberchlorid. Wird dargestellt durch Sublimation eines höchst innigen Gemenges gleicher Aequivalente Quecksilber und Quecksilberchlorid.

Das Sublimat kocht man mit Alkohol aus, um das damit gemischte Chlorid zu entfernen. Es krystallisirt in regelmässigen quadratischen Säulen, welche beim sublimirten Calomel meistens zu fasrigen Massen vereinigt sind. Farblos, durchscheinend, geruch- und geschmcklos,

Verdampft in der Hitze ohne zu schmelzen, wobei sich ein Theil in Quecksilber und Chlorid zerlegt. Auch beim Kochen mit Salzsäure zerfällt es in Metall und Chlorid. Durch alkalische Lösungen wird es geschwärzt, indem sich Quecksilberoxydul bildet. Mit Wasser befeuchtet wird es durch metallisches Eisen reducirt, nicht aber wenn es mit Alkohol oder Aether benetzt ist. Ein wichtiges Arzneimittel.

Quecksilberchlorid, *Sublimat*, $HgCl_2$. Moleculargew. 271, Dampfdichte 135,5. Entsteht unter Feuererscheinung beim Erhitzen von Quecksilber im Chlorgase, beim Auflösen von Quecksilberoxyd in Salzsäure, bei der Einwirkung von Quecksilberchlorür oder Quecksilberoxyd auf eine Lösung von Chlornatrium oder von einigen anderen Chlormetallen. Wird im Grossen dargestellt durch Sublimation von schwefelsaurem Quecksilberoxyd mit Kochsalz:

$$SO_4Hg + 2NaCl = HgCl_2 + SO_4Na_2.$$

Sublimirt bildet es weisse durchscheinende grobkörnige Massen. Krystallisirt aus seinen Auflösungen in weissen rhombischen Prismen. Spec. Gew. 5,4. Schmilzt in der Hitze und verdampft leichter als Calomel bei ungefähr 300°. Löst sich in 18 Th. kaltes und in weniger heisses Wasser, leichter noch in Alkohol oder Aether. Seine Lösungen röthen Lackmus und schmecken scharf metallisch. Silber fällt daraus Quecksilberchlorür, Zinnchlorür zuerst Chlorür und dann Metall, Eisen Metall, welches auf blankem Eisen dunkle Flecken bildet. Kupfer überzieht sich darin mit einer matten grauen Haut, welche beim Reiben mit Papier glänzend wird. Die kohlensauren Alkalien fällen Quecksilberoxychlorid, die ätzenden Alkalien zuerst ebenfalls Oxychlorid, dann aber Oxyd.

Sehr giftig; bildet mit Eiweiss eine unlösliche Verbindung, und daher dient dieses als Gegengift. Findet als Heilmittel Anwendung.

Quecksilberchlorid verbindet sich mit anderen Chlormetallen zu löslichen krystallisirbaren Salzen. So mit Salmiak und Chlorkalium.

$HgCl_2 + NH_4Cl$, krystallisirt in leicht schmelzbaren Rhomboëdern.

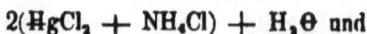

$2(HgCl_2 + NH_4Cl) + H_2O$ und
$2(HgCl_2 + KCl) + H_2O$ bilden lange quadratische Säulen und Nadeln.

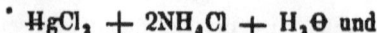

$HgCl_2 + 2NH_4Cl + H_2O$ und
$HgCl_2 + 2KCl + H_2O$ geben grosse wasserhelle rhombische Säulen.

$2HgCl_2 + KCl + 2H_2O$ krystallisirt in rhombischen Säulen.

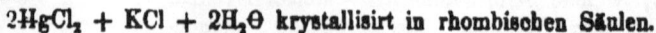

Quecksilberbromür, $HgBr$, entsteht beim Fällen von Mercurosumnitrat durch Bromnatrium. Weisses schmelz- und sublimirbares Pulver. Erstarrt nach dem Schmelzen krystallinisch und sublimirt in langen Nadeln. Geschmack- und geruchlos.

Quecksilberbromid, $HgBr_2$, wird erhalten durch Einwirkung von Brom auf Quecksilber unter Wasser. Krystallisirt aus Wasser in silberglänzenden Blättchen, aus Alkohol in weissen Nadeln. Reagirt sauer. Sehr giftig. Ist in seinem Verhalten dem Chlorid höchst ähnlich.

Quecksilberjodür, HgJ, entsteht beim Zusammenreiben der Bestandtheile oder beim Fällen eines Quecksilberoxydulsalzes durch Jodkalium. Ein hellgrünes Pulver, welches durch Auskochen mit Weingeist von beigemengtem Jodid zu trennen ist. Nicht sublimirbar. Färbt sich im Lichte dunkler.

Quecksilberjodid, HgJ_2, bildet sich ebenfalls beim Zusammenreiben der Bestandtheile, beim Fällen von Quecksilberchlorid oder von Quecksilberoxydsalzen durch Jodkalium. Schweres scharlachrothes Pulver, welches sich in verdünnter Jodkaliumlösung löst und daraus in Quadratoctaëdern krystallisirt. Schmilzt leicht zu einer dunkelgelben Flüssigkeit, welche beim Erkalten zu einer gelben Krystallmasse, die beim weiteren Erkalten roth wird, erstarrt. Sublimirt beim stärkeren Erhitzen in gelben rhombischen Krystallen, welche durch geringe Erschütterung oder sonstige Veranlassung leicht in rhombische Pseudomorphosen der rothen Modification übergehen. Löst sich sehr wenig in Wasser, leichter in Weingeist. Bildet mit Quecksilberchlorid ein krystallisirbares lösliches Doppelsalz, welches beim Auflösen von Quecksilberjodür in der kochenden Lösung von Sublimat entsteht. Es bildet, wie Quecksilberchlorid Doppelsalze und löst sich daher in den Lösungen von Salmiak, Chlorkalium, Jodkalium und anderen Salzen.

Quecksilberoxydul, Mercurosumoxyd, $Hg_2\Theta$, wird durch ätzende Kalilauge aus Quecksilberchlorür oder anderen Mercurosumsalzen abgeschieden. Schwarzes schweres Pulver. Zerfällt im Lichte oder beim Erwärmen in Metall und Oxyd. Löst sich in Säuren und bildet Salze, welche sich meistens in Wasser lösen, sauer reagiren und metallisch schmecken.

Mercurosumsalze bilden sich bei der Behandlung von überschüssigem Quecksilber mit mässig erwärmter Salpeter- oder Schwefelsäure und auch beim Digeriren von Mercuriumlösungen mit metallischem Quecksilber.

Quecksilberoxyd, Mercuricumoxyd, $Hg\Theta$, ensteht beim Erhitzen von Quecksilber an der Luft, oder bei der Einwirkung von Ozon auf Quecksilber, oder auch beim vorsichtigen Erhitzen von Mercuricumnitrat als gelblich-rothes krystallinisches Pulver. Wird durch Natronlauge aus der Lösung von Quecksilberchlorid oder einem anderen Mercuricumsalz als amorphes gelbes Pulver abgeschieden. Krystallisirt rhombisch, ist isomorph mit Bleioxyd, gibt ein gelbes Pulver. Spec. Gew. 11,29. Färbt sich beim jedesmaligen Erhitzen zinnoberroth, und dann violettschwarz und zerfällt in der Glühhitze in Quecksilber und Sauerstoff. Löst sich etwas in Wasser, damit eine schwach alkalisch reagirende Flüssigkeit bildend. Gibt mit den Säuren Salze, welche farblos sind, Lackmus röthen und metallisch schmecken. Einige von ihnen werden schon durch Wasser in sich lösendes saures und in niederfallendes gelbes basisches Salz zersetzt.

Mercuricumsalze bilden sich beim Erhitzen von Quecksilber mit überschüssiger Salpeter- oder Schwefelsäure.

Mercurosumsulphür, Hg_2S, wird durch Schwefelwasserstoff aus Mercurosumlösungen gefällt. Schwarzes Pulver. Gibt beim Erhitzen Quecksilber und Mercuricumsulphid.

Mercuricumsulphid, HgS, ist in einem amorphen schwarzen und in einem krystallinischen rothen Zustande bekannt. Findet sich als Zinnober in rothen durchsichtigen rhomboëdrischen Krystallen. Im schwarzen Zustande erhält man es durch Zusammenreiben der Bestandtheile oder beim Fällen einer Mercuricumlösung durch Schwefelwasserstoff. Geht durch Sublimation in den rothen Zustand über, wobei dunkelrothe fasrig krystallinische Massen entstehen, welche ein scharlachrothes Pulver geben. Auf nassem Wege entsteht rothes Quecksilbersulphid, wenn man die schwarze Modification oder seine Bestandtheile mit einer Lösung von Natriumsulfhydrür zusammenstellt, mässig erhitzt oder bei gewöhnlicher Temperatur anhaltend schüttelt. Es ist etwas löslich in den gemischten Lösungen von kaustischem Alkali und Schwefelalkalimetall. Unlöslich in Wasser. Wird durch kochende Salpetersäure langsam, durch kochende Schwefelsäure rasch zersetzt. Königswasser zersetzt es schon in der Kälte. Der Zinnober hat ein spec. Gew. von 8. Beim Erhitzen färbt er sich vorübergehend schwarz und gibt bei höherer Temperatur an der Luft Quecksilberdämpfe und Schwefligsäuranhydrid.

Zinnober dient als Malerfarbe.

Quecksilbersulfchlorür, $Hg_3S_2Cl_2$, entsteht zuerst beim Einleiten von Schwefelwasserstoff in eine Lösung von Quecksilberchlorid oder beim Kochen von frisch gefälltem Quecksilbersulphid mit Sublimatlösung. Weisses Pulver, welches mit Schwefelwasserstoff Mercuricumsulphid und Chlorwasserstoffsäure gibt.

Mercurosumsulphat, SO_4Hg_2, wird erhalten beim gelinden Erhitzen von Schwefelsäure mit überschüssigem Quecksilber oder beim Fällen einer Lösung von Mercurosumnitrat durch Natriumsulphat. Weisses schweres krystallinisches Pulver. In Wasser schwer löslich, wird durch Kochen mit Wasser zersetzt. Ist bei höherer Temperatur flüchtig.

Mercuricumsulphat, SO_4Hg, bildet sich beim Erhitzen von Schwefelsäure mit Quecksilber bis zur Trockne. Weisse undurchsichtige Masse, welche sich beim Erhitzen erst gelb und dann roth färbt, und bei Rothglühhitze in Quecksilber, Mercurosumsulphat und Schwefligsäureanhydrid zerfällt. Gibt beim Zusammenreiben mit Quecksilber Mercurosumsulphat. Wird durch Wasser in saures und basisches Salz zersetzt.

Basisches Mercuricumsulphat, $SO_4Hg_3\Theta_2$, bleibt beim Auskochen des neutralen Salzes ungelöst und bildet sich beim Vermischen der kochenden Lösungen von Mercuricumnitrat und Natriumsulphat. Schön citronengelbes Pulver; färbt sich beim Erhitzen vorübergehend roth.

Mercurosumnitrat, $NO_3Hg + H_2\Theta$, entsteht bei der Einwirkung von kalter verdünnter Salpetersäure auf überschüssiges Quecksilber. Bildet grosse farblose monokline Krystalle. Gibt beim Digeriren mit Quecksilber ein basisches Salz. Löst sich in wenig warmem Wasser vollständig auf, zersetzt sich mit mehr Wasser in sich lösendes saures und in verschiedene basische Salze. Lässt beim Erhitzen rothes krystallinisches Oxyd.

Mercuricumnitrat, $(N\Theta_3)_2Hg$, entsteht beim Auflösen von Quecksilber in kochender Salpetersäure. Ein zerfliessliches Salz, welches nicht leicht in Krystallen zu erhalten ist. Beim Abdampfen seiner Lösung entweicht Salpetersäure und krystallisirt ein farbloses basisches Salz, $(NO_3)_2Hg_2(\Theta H)_2 + H_2\Theta$, welches bei der Behandlung mit kaltem Wasser in saures Salz und ein gelbes basisches Salz, $(NO_3)_2Hg_3(\Theta H)_4$, zerfällt. Letzteres lässt beim Auskochen mit Wasser ein ziegelrothes Salz der Formel $(NO_3)_2Hg_4\Theta_3$.

Mercuricumnitrat bildet mit Harnstoff verschiedene Verbindungen und dient zur quantitativen Bestimmung desselben im Harne.

Mercuricumsulphnitrat, $(N\Theta_3)_2Hg_3S$, entsteht zuerst beim Einleiten von Schwefelwasserstoff in eine Mercuricumnitratlösung. Weisser Niederschlag; wird durch Schwefelwasserstoff in Quecksilbersulphid und Salpetersäure zersetzt.

Cyanquecksilber, $HgCy_2$, entsteht beim Auflösen von Quecksilberoxyd in verdünnter Blausäure oder beim Kochen des Oxyds mit Wasser und Berlinerblau. Ist in Wasser leicht löslich und krystallisirt daraus in farblosen Prismen. Zerfällt beim Erhitzen in Cyan, Quecksilber und eine stickstoffhaltige braune Substanz. Wird weder durch Alkalien noch durch Sauerstoffsäuren zersetzt. Bildet mit den verschiedenartigsten

Salzen Doppelverbindungen. Schwefelwasserstoff fällt aus seiner wässrigen Lösung Schwefelquecksilber.

Mercurosumacetat, $C_2H_3O_2Hg$, wird durch Auflösen von Quecksilberoxydul in heisser Essigsäure erhalten; es scheidet sich beim Erkalten der filtrirten Lösung in kleinen weissen glänzenden biegsamen schuppigen Krystallen ab. Löst sich wenig in Wasser, nicht in kaltem Weingeist, wird durch kochenden Weingeist in Essigsäure und Quecksilberoxydul zersetzt.

Mercuricumacetat, $(C_2H_3O_2)_2Hg$, entsteht beim gelinden Erhitzen von Quecksilberoxyd mit Essigsäure. Glänzende nicht biegsame Blättchen und Tafeln. Löst sich leicht in Wasser, ist etwas löslich in Weingeist, wobei es jedoch theilweise in Essigsäure und Quecksilberoxyd zersetzt wird.

Mercuricumsulphacetat, $(C_2H_3O_2)_2Hg_2S$, entsteht beim Einleiten von Schwefelwasserstoff, oder beim Eintragen von frisch gefälltem Quecksilbersulphid in eine Lösung des Mercuricumacetats. Weisses krystallinisches Pulver, löst sich in wässriger Lösung des Acetats, welche es beim Vermischen mit Alkohol in durchscheinenden biegsamen glänzenden sehr dünnen rechtwinkeligen Täfelchen fallen lässt.

Knallquecksilber, $2C_2N_2O_2Hg + H_2O$, entsteht bei der Einwirkung von Quecksilber oder Quecksilberoxyd auf ein Gemenge von Salpetersäure und Alkohol. Zu seiner Darstellung löst man 3 Th. Quecksilber in 36 Th. kalter Salpetersäure von 1,34 spec. Gew., die sich in einem sehr geräumigen Glaskolben befindet, giesst dann die Lösung in ein zweites Gefäss, welches 17 Th. Weingeist von 90° Tralles enthält und dann wieder in den ersten Kolben, schwenkt diesen stark zur Absorption der salpetrigen Säure, wobei nach einiger Zeit die Reaction beginnt; durch den allmäligen Zusatz von 17 Th. Weingeist ist sie zu mässigen. Beim Erkalten der Flüssigkeit scheidet sich das knallsaure Salz ab; man decantirt und filtrirt. Lässt sich aus siedendem Wasser umkrystallisiren. Es bildet weisse seidenglänzende Nadeln. Explodirt beim Reiben, Schlagen oder Erwärmen mit heftigem Knall und grosser Gewalt. Im feuchten Zustande ist es ganz ungefährlich, im trocknen aber nur mit der grössten Vorsicht zu handhaben. Kocht man seine Auflösung mit Kupfer oder Zink, so scheidet sich Quecksilber aus und es entsteht knallsaures Kupfer oder Zink.

Findet bei der Fabrikation von Zündhütchen Anwendung.

Mercurosumchromat, CrO_4Hg_2, bildet sich beim Kochen des folgenden Salzes mit verdünnter Salpetersäure. Schön rothes krystallinisches Pulver.

Basisches Mercurosumchromat, $(\mathrm{CrO_4})_2\mathrm{Hg_6O}$, entsteht beim Vermischen der Lösungen von Mercurosumnitrat und Kaliumchromat. Schön rothes Pulver. Zerfällt in der Glühhitze in Sauerstoffgas, Quecksilberdampf und schön grünes Chromoxyd.

Mercuricumchromat, $\mathrm{CrO_4Hg}$, bildet sich beim Kochen von Quecksilberoxyd mit einer Lösung von Chromsäure. Krystallisirt in granatrothen rhombischen Prismen. Wird durch Wasser in Chromsäure und basisches Salz zersetzt.

Basisches Mercuricumchromat, $(\mathrm{CrO_4})_2\mathrm{Hg_3O}$, fällt beim Vermischen der Lösungen von Sublimat und Kaliumchromat als rothes krystallinisches Pulver nieder und entsteht als orangegelbes Pulver bei der Behandlung des neutralen Salzes mit Wasser.

Stickstoff- und Ammoniumverbindungen des Quecksilbers.

Stickstoffquecksilber entsteht beim gelinden Erwärmen, zuletzt bis auf 150°, von gefälltem Quecksilberoxyd im Ammoniakgase. Schwarzbraunes Pulver, explodirt beim Erhitzen, durch Reiben oder Stossen, und bei der Berührung mit concentrirter Schwefelsäure mit grosser Heftigkeit und unter Feuererscheinung.

Ammonium-Amalgam. Bei der Electrolyse von concentrirter Ammoniakflüssigkeit oder von Ammoniumsalzlösungen entsteht, wenn der negative Pol durch Quecksilber gebildet wird, eine Verbindung desselben mit Ammonium. Eine solche entsteht ferner bei der Einwirkung von Natriumamalgam auf ein Gemenge von Salmiaklösung und Salmiak. Eine voluminöse leichte Masse, von der Farbe des Quecksilbers und bei gewöhnlicher Temperatur von Butterconsistenz. Zerfällt rasch in Quecksilber, Ammoniak und Wasserstoff. Erstarrt in der Kälte zu einer spröden dunkelgrünen krystallinischen Masse, welche sich unzersetzt hält.

Mercurosammoniumchlorür, $\mathrm{Cl\text{-}NH_2Hg}$, entsteht als schwarzes Pulver bei der Einwirkung von Ammoniakgas auf gefällten Calomel. Geht an der Luft oder beim gelinden Erhitzen wieder in weissen Calomel über.

Dimercurosammoniumchlorür, $\mathrm{Cl\text{-}NH_2Hg_2}$, bildet sich beim Digeriren von Calomel mit Ammoniakflüssigkeit. Schwarzgraues Pulver.

Dimercurosammonnitrat, *Mercurius solubilis Hahnemanni*, $\mathrm{NO_3\text{-}NH_2Hg_2}$, entsteht, wenn sehr verdünnte Ammoniakflüssigkeit allmälig unter Umrühren und in der Kälte zu einer schwachen Lösung von Mercurosumnitrat gefügt wird. Schwarzgraues Pulver. Wird durch Ammoniak und im Lichte zersetzt. Gibt bei der Behandlung mit Chlorkalium Kaliumnitrat und Dimercurosammonchlorür.

Mercuriammon-Mercuricumchlorid, $Cl\text{-}NH_2\overset{2}{Hg}Cl$, entsteht bei der Destillation von Quecksilberoxyd mit Salmiak und beim Erhitzen von Sublimat im Ammoniakgase. Weisse krystallinische Masse, schmilzt beim Erhitzen und sublimirt in Tropfen. Unlöslich in Wasser, wird beim Kochen damit zersetzt.

Mercuriammonchlorid, *unschmelzbares weisses Präcipitat*, $Cl\text{-}NH_2\overset{2}{Hg}$, entsteht beim Fällen von Aetzsublimat durch einen geringen Ueberschuss von Ammoniak. Weisses ziemlich leichtes Pulver, unlöslich in Wasser, wird davon aber bei längerer Einwirkung in Salmiak und Dioxymercuriammonchlorid zersetzt. Mit Jod gemengt, explodirt es nach Zusatz von Weingeist mit grosser Heftigkeit. Zersetzt sich beim Erhitzen, ohne vorher zu schmelzen.

Wird als Arzneimittel angewendet.

Mercuridiammonchlorid, *schmelzbares weisses Präcipitat*, $(Cl\text{-}NH_3)_2\overset{2}{Hg}$, entsteht beim Vermischen einer kalten Lösung gleicher Theile Aetzsublimat und Salmiak mit einem sehr geringen Ueberschuss von Soda. Bildet sich ferner beim Kochen der vorigen Verbindung mit Salmiaklösung. Weisses Pulver. Schmilzt beim Erhitzen zu einer klaren gelblichen Flüssigkeit und zersetzt sich bei höherer Temperatur. Wird durch kochendes Wasser in Salmiak und gelbes Dioxymercuriammoniumchlorid zersetzt. In Krystallen wird es erhalten, wenn man Sublimatlösung in ein kochendes Gemisch der Lösungen von Ammoniak und Salmiak tröpfelt, so lange sich der gebildete Niederschlag wieder löst und dann erkalten lässt.

Findet als Heilmittel Anwendung.

Mercuriammon-Mercuriumchlorid, $N_2Hg_5Cl_4$,

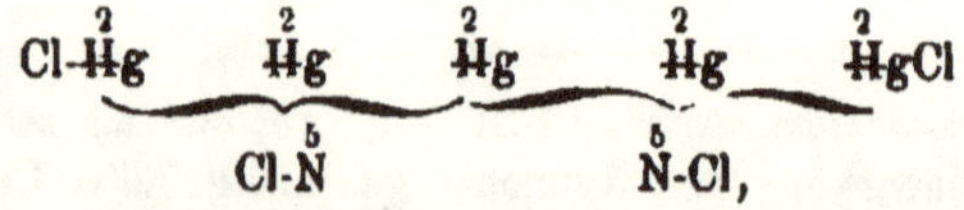

bleibt beim vorsichtigen Erhitzen des unschmelzbaren weissen Präcipitats zurück. Kleine rothe Krystallschuppen. Zerfällt beim Erhitzen in Stickstoff, Quecksilber und Calomel. Gibt mit kochender Salzsäure Salmiak und Aetzsublimat. Wird nicht zersetzt durch Kochen mit Wasser, verdünnter Schwefelsäure, concentrirter Salpetersäure oder Kalilauge.

Dihydryloxymercuriammonoxyhydrür, $Hg_2NH_5\Theta_3$,

$$\left.\begin{matrix}H\Theta\text{-}Hg\\ H_2\\ H\Theta\text{-}Hg\end{matrix}\right\}N\text{-}\Theta H,$$

bildet sich beim Digeriren von gelbem Quecksilberoxyd mit Ammoniakflüssigkeit. Gelbes Pulver. Verhält sich wie eine starke Base. Treibt Ammoniak aus seinen Salzen aus und bildet mit den Säuren Salze. Verliert über Schwefelsäure im Vacuum 1 Mol. Wasser und wird braun.

Dimercuriammonoxyd, $(NHg_2)_2\Theta$. Leitet man trocknes Ammoniakgas bei niederer Temperatur und unter höherem Druck über Quecsilberoxyd, so entsteht eine gelbe Verbindung der Formel $(NHg_2)_2\Theta, 3H_2\Theta$, welche beim Erhitzen auf 100° im Ammoniakgasstrome in Wasser und Dimercuriammonoxyd zerfällt. Letzteres besitzt eine dunkelbraune Farbe und explodirt äusserst leicht und mit grosser Heftigkeit. Es geht bei längerer Einwirkung von Ammoniak bei 100° und rascher bei höherer Temperatur in Stickstoffquecksilber über.

Dioxymercuriammonchlorid, Hg_2NH_2OCl,

$$\Theta\left\{\begin{matrix}Hg\\Hg\\H_2\end{matrix}\right\}N\text{-}Cl,$$

entsteht beim Fällen von Sublimat mit Ammoniak und Auskochen, bis der weisse Niederschlag völlig in ein schweres gelbes Pulver verwandelt ist.

Dioxymercuriammonsulphat, $S\Theta_4(Hg_2NH_2\Theta)_2$,

$$SO_4\text{-}2N\left\{\begin{matrix}Hg\\Hg\\H_2\end{matrix}\right.\begin{matrix}\left.\begin{matrix}\\ \end{matrix}\right\}O\\ ,\end{matrix}$$

bildet sich bei der Behandlung von Mercuricamsulphat mit Ammoniakflüssigkeit. Schweres weisses Pulver, kaum löslich in Wasser.

Legirungen des Quecksilbers.

Quecksilber verbindet sich mit sehr vielen Metallen in bestimmten Proportionen zu meist krystallisirbaren Verbindungen, welche **Amalgame** genannt werden und die stets in überschüssigem Quecksilber löslich sind. Letzteres lässt sich von den festen Amalgamen abpressen. Die Verbindung einer Reihe von Metallen mit Quecksilber erfolgt unter Temperaturerhöhung, es sind dann die Amalgame electronegativer als die mit dem Quecksilber verbundenen Metalle; umgekehrt sind die Amalgame positiver als die Metalle, wenn bei ihrer Vereinigung mit Quecksilber Temperaturerniedrigung eintritt. Mehrere Amalgame finden sich in der Natur.

Natrium-Amalgam. Die beiden Bestandtheile verbinden sich unter Zischen und starker Feuerentwicklung. Zu seiner Darstellung erhitzt man Quecksilber in einem eisernen Tiegel und gibt das Natrium allmälig hinzu. Graue krystallinische Masse. Verliert unterhalb der

Glühhitze das Quecksilber. Zersetzt sich mit Wasser. Bildet mit den angefeuchteten Salzen von Ammonium, Barium, Strontium und vielen anderen Metallen Natriumsalz und Ammonium-, Barium-, Strontium- etc. Amalgam.

Cadmium - Amalgam. Die Bestandtheile verbinden sich leicht und unter Erwärmung. Silberweiss, hart, spröde, krystallisirt in Octaëdern.

Zink-Amalgam. Zink verbindet sich unter Temperaturerniedrigung mit Quecksilber, langsam bei gewöhnlicher Temperatur, rasch bei höherer.

Eisen-Amalgam bildet sich nicht direct. Entsteht bei der Einwirkung von Natrium-Amalgam auf Eisen oder auf feuchte Salze desselben, oder bei der Electrolyse von Ferrosumsulphat. Magnetisch; verhält sich gegen Eisen electronegativ, gegen Kupfer positiv.

Zinn-Amalgam. Die Bestandtheile vereinigen sich schon in der Kälte. Zinnweiss, stark glänzend.

Findet als Spiegelbeleg Anwendung.

Wismuth - Blei - Amalgam. 1 Th. Wismuth, 1 Th. Blei und 3 Th. Quecksilber vereinigen sich unter starker Erkältung zu einem flüssigen Amalgam.

Kupfer - Amalgam bildet sich, wenn fein vertheiltes Kupfer und Quecksilber zusammengerieben werden, oder bei der Electrolyse eines Kupfersalzes, wenn Quecksilber den negativen Pol bildet.

Als Amalgame für die Reibzeuge der Electrisirmaschinen sind empfohlen:

1) 1 Th. Zink auf 4 oder 5 Th. Quecksilber.

2) 1 Th. Zinn und 2 Th. Quecksilber.

3) 2 Th. Zink, 1 Th. Zinn und $3^1/_2$ bis 6 Th. Quecksilber.

4) 8 Th. Wismuth, 5 Th. Blei und 3 Th. Zinn mit 7 bis 8 Th. Quecksilber.

Allgemeine Bemerkungen.

Die Atomgrösse des Quecksilbers ist bestimmt durch die Dampfdichte einiger seiner Verbindungen und durch seine normale specifische Wärme. Sein Molecul besteht, wie dasjenige des Cadmiums, nur aus einem Atom.

Das Quecksilber ist in seinen meisten Verbindungen, als Mercuricum, bivalent. Unentschieden ist, ob es in denjenigen des Mercurosums monatom und monovalent, oder biatom und bivalent enthalten ist. Hier ist das Mercurosum als monovalent dargestellt, weil es unwahrscheinlich ist, dass Quecksilber, dessen Molecül aus nur einem Atom besteht, biatome Verbindungen bilden sollte.

Quecksilber ist vor allen anderen Metallen dadurch ausgezeichnet, dass es bei gewöhnlicher Temperatur flüssig ist. Es zersetzt unter keinen Umständen Wasser und seine Oxyde zerfallen beim blossen Erhitzen in Sauerstoff und Metall. Man rechnet es daher zu den edlen Metallen.

Die Mercurosumsalze sind meist weiss, viele basische sind jedoch gelb. Die meisten sind schwer- oder unlöslich; die löslichen röthen Lackmus und schmecken metallisch. Schweflige und phosphorige Säure, Zinnchlorür, Kupfer und andere Metalle fällen aus den auflöslichen metallisches Quecksilber; Salzsäure fällt daraus weisses Chlorür, Schwefelwasserstoff Sulphür, Kalilauge schwarzes Oxydul, welches sich leicht in Metall und Oxyd umsetzt. Ammoniak schlägt aus den Quecksilberoxydulsalzen schwarze Ammoniumverbindungen nieder.

Die neutralen Mercuricumsalze sind meist farblos, die basischen sind farblos oder gelb. Die neutralen röthen Lackmus, sie schmecken metallisch. Einige von ihnen werden schon durch Wasser in sich lösendes saures und in unlösliches basisches Salz zersetzt. Aus ihren Lösungen wird metallisches Quecksilber meist durch dieselben Stoffe gefällt, wie aus den Oxydulsalzen. Hierbei entstehen vor der Reduction des Quecksilbers zuerst Oxydulsalze. Jodkalium fällt aus Lösungen des Mercuricums rothes Jodid, Kalilauge gelbes Oxyd, Schwefelwasserstoff zuerst weisses Sulfoxyd und bei einem Ueberschuss schwarzes Sulfid, Ammoniak weisse Ammoniumverbindungen.

Obgleich Quecksilberoxyd nur eine schwache Base ist, so zersetzt es doch wegen der starken Affinität des Quecksilbers zum Chlor die Verbindungen dieses Elements auch mit den positivsten Metallen.

Zweiundzwanzigste Gruppe.

56. Silber. Ag.

Atomgewicht 108. Atomwärme 6,4.

Vorkommen. Ziemlich verbreitet. Gediegen und in Verbindungen. Zu den wichtigsten Silbererzen gehört das Schwefelsilber, welches als Silberglanz oder Glaserz, Ag_2S, vorkommt und sich häufig in kleinen Mengen im Bleiglanz, Kupferglanz, Kupferkies, Buntkupfererz und Fahlerz findet. Schwefelsilber bildet ferner einen Bestandtheil des Silberkupferglanzes, ϹuSAg, des Miargyrits, AgS_2Sb, und anderer Mineralien. Mit Chlor verbunden kommt Silber in geringen Mengen im Meerwasser und als Hornsilber vor.

Gewinnung. Aus silberhaltigen arsen- und antimonfreien Kupfererzen gewinnt man durch Schmelzen mit oder ohne Zuschlag Kupferstein, welchen man im feingepulverten Zustande im Flammofen bei 400—450° röstet, wobei sich Schwefligsäureanhydrid entwickelt und

Oxyde und Sulphate zurückbleiben. Das Röstgut mischt man mit Kohle, erhitzt zuerst bei Luftabschluss, dann unter Luftzutritt auf 500 bis 550°, wobei Eisen- und Kupfersulphat zersetzt und die noch vorhandenen Schwefelmetalle, mit Ausnahme des Schwefelsilbers, oxydirt werden. Hierauf erhitzt man im Flammfeuer auf 750—770°, wobei der Rest des Kupfersulphats und einige andere Sulphate unter Entwicklung von Schwefelsäure zersetzt werden. Die Schwefelsäure zerlegt das vorhandene Schwefelsilber und bildet in Wasser lösliches Silbersulphat. Dasselbe wird den Oxyden durch heisses Wasser entzogen und fällt man das Silber aus der Lösung durch metallisches Kupfer.

Arsen und Antimon enthaltende Erze röstet man unter Zusatz von Kochsalz, und wenn nöthig von Eisenvitriol, zuletzt unter Zuleitung von Wasserdampf im Flammofen und entzieht dem Röstgut das gebildete Chlorsilber durch eine Lösung von unterschwefligsaurem Natrium.

Aus silberhaltigen Bleierzen gewinnt man zunächst silberhaltiges Blei (Werkblei), aus dem das Silber auf verschiedene Weise abgeschieden werden kann. Man stellt auch absichtlich silberhaltiges Blei dar, indem man das in armen Erzen enthaltene Silber durch Zusammenschmelzen mit geröstetem Bleiglanz in dem abgeschiedenen Blei ansammelt. Silberreiches Blei schmilzt man in einem runden Gebläse-Flammofen (Treibherd), wobei das Blei oxydirt wird und als Glätte theils abfliesst, theils in die Herdmasse eindringt, während das Silber zuletzt allein zurückbleibt. Silberarmes Blei reichert man zuvor an, indem man es schmilzt und langsam erkalten lässt. Hierbei scheidet sich zuerst silberfreies Blei im erstarrten Zustande ab, man entfernt dasselbe und erhält silberreicheres Blei im Rückstande (Pattinson's Verfahren).

Silber und Blei lassen sich auch durch Zink trennen (Parkes' Verfahren). Mischt man geschmolzenes Zink zu geschmolzenem silberhaltigem Blei, so verbindet es sich mit dem Silber, nicht aber mit dem Blei. Sobald man mit dem Umrühren aufhört, sammelt sich die Silberzinklegirung auf der Oberfläche des Bleis und lässt sich, da sie zuerst erstarrt, vom Blei trennen. Durch Destillation trennt man das Zink vom Silber.

Dem Bleiglanz lässt sich das Silber auch entziehen durch Zusammenschmelzen mit einer geringen Menge Chlorblei und Kochsalz, wobei sich zwei Schichten bilden; die untere besteht aus silberfreiem Schwefelblei, die obere aus Kochsalz mit Chlorsilber und dem Ueberschuss des Chlorbleis, aus welcher dann silberhaltiges Blei abgeschieden wird.

Zur Extraction des Silbers wendet man in Südamerika Quecksilber an. Hierbei führt man zunächst das Silber in Chlorsilber über, zersetzt dieses durch Quecksilber und löst das freigewordene Silber in einem

Ueberschuss von Quecksilber, welchen man durch Destillation vom Silber trennt.

Reines Silber gewinnt man durch Zusammenschmelzen von Chlorsilber mit entwässerter Soda.

Eigenschaften. Es ist das weisseste und glänzendste von allen Metallen, krystallisirt in Formen des regulären Systems, ist weicher als Kupfer und härter als Gold, hell klingend, sehr streck- und dehnbar. Vorzüglicher Leiter für Wärme und Electricität. Spec. Gew. 10,5. Schmilzt leichter als Gold und Kupfer. Wird weder durch die Luft noch durch Wasser verändert; lässt sich bei keiner Temperatur direct mit Sauerstoff verbinden, besitzt aber die merkwürdige Fähigkeit, im geschmolzenen Zustande Sauerstoff zu absorbiren, im Moment des Erstarrens entweicht das absorbirte Sauerstoffgas (Spratzen des Silbers). Durch geringe Beimengungen von Kupfer verliert das Silber diese Fähigkeit. Schmilzt man Silber bei Gegenwart von Sand (Kieselerde) an der Luft, so erleidet es Oxydation und bildet ein Glas. In sehr hoher Temperatur ist es flüchtig. Es ist in Salpeter- und Schwefelsäure, unter Reduction eines Theiles derselben, löslich. Auch löst es sich in der kochenden Lösung von Ferricumsulphat, wobei sich Ferrosum- und Silbersulphat bilden; beim Erkalten setzen sich diese wieder in die ursprünglichen Substanzen um. Silber wird aus seinen Lösungen durch Quecksilber, Kupfer, Zink, Eisen und viele andere Metalle gefällt.

Verbindungen.

Chlorsilber, AgCl, findet sich als Silberhornerz und gelöst im Meerwasser. Bildet sich bei der Einwirkung von Chlor auf Silber und beim Fällen von Silbersalzen durch Chlorverbindungen. Weisser käsiger Niederschlag. Nach dem Trocknen weisses unlösliches Pulver, welches leicht zu einer gelben durchsichtigen Flüssigkeit schmilzt und dann zu einer durchscheinenden zähen Masse erstarrt, welche sich wie Horn schneiden lässt. Bei hoher Temperatur unzersetzt flüchtig. Krystallisirt in Formen des regulären Systems, isomorph mit den Chloriden der Alkalimetalle. Löst sich etwas in den Auflösungen der genannten Chloride. Es ist gleichfalls etwas löslich in concentrirter Salzsäure und leicht löslich in Ammoniakflüssigkeit, woraus es in Octaëdern krystallisirt. Ferner ist es löslich in Lösungen von Cyankalium und von unterschwefligsaurem Natrium. Am Lichte wird es rasch violett bis braunviolett, indem es in Silberchlorür, Ag_2Cl, übergeht. Es wird leicht zu metallischem Silber reducirt, so durch Zink oder Eisen in Berührung mit verdünnter Säure, durch Schmelzen mit Alkalicarbonat, oder im Wasserstoffstrome, oder frisch gefällt durch Kochen mit Natronlauge und Traubenzucker. Chlorsilber dient zur Entdeckung und quantitativen Bestimmung seiner beiden Bestandtheile, in Cyankalium gelöst zur galvanischen Versilberung, und ferner zur Darstellung von reinem Silber.

Biargentchlorür, Ag_2Cl, bildet sich, wenn Silberchlorür dem Lichte ausgesetzt wird und wenn Biargentoxyd oder seine Salze mit Salzsäure behandelt werden. Braunviolettes Pulver, welches die merkwürdige Eigenschaft besitzt, im Sonnenspectrum die verschiedenen Farben desselben anzunehmen. Zerfällt beim Erhitzen in Silber und Chlorsilber. Die Lösungen von Ammoniak, Salzsäure oder Kochsalz entziehen ihm Chlorsilber unter Zurücklassung von metallischem Silber. Es ist unlöslich in Salpetersäure.

Bromsilber, AgBr, findet sich in der Natur. Ist isomorph mit Chlorsilber und den Chloralkalien. Entsteht beim Vermischen von Silber- und Bromlösungen als hellgelber Niederschlag. Leicht schmelzbar. Löslich in Ammoniakflüssigkeit, in den Lösungen von Chlor- und Bromwasserstoff und der Chlor- und Bromalkalimetalle. Wird durch freies Chlor zersetzt. Erleidet am Lichte, jedoch langsamer als Chlorsilber, Zersetzung, wobei Brom frei wird und Biargentbromür, Ag_2Br, entsteht.

Jodsilber, AgJ, findet sich in der Natur und bildet sich aus den Bestandtheilen beim Erhitzen. Durch concentrirte Jodwasserstoffsäure wird Silber unter Entwicklung von Wasserstoff, und Chlorsilber unter Bildung von Chlorwasserstoff in Jodsilber verwandelt. Bildet sich als gelber Niederschlag, wenn Silberlösungen durch Jodwasserstoff oder lösliche Jodmetalle gefällt werden. Schmelzbar. Fast unlöslich in Ammoniak. Freies Chlor oder Brom scheiden Jod daraus ab. Zersetzt sich im Lichte in Biargentjodür und Jod, wenn Substanzen zugegen sind, die das freie Jod binden können.

Chlor-, Brom- und Jodsilber finden bei der Anfertigung von Lichtbildern Anwendung. Diese Benutzung beruht auf ihrer Zersetzbarkeit durch Licht und darauf, dass sie nach der Einwirkung des Lichtes die Fähigkeit besitzen feinvertheilte Metalle und andere Stoffe anzuziehen. Da dieses Vermögen der Einwirkung des Lichtes proportional ist, so kann es dazu benutzt werden, die kaum sichtbaren Bilder, welche das Licht hervorgebracht hat, deutlich hervorzurufen. Hierzu dienen in der Daguerreotypie Quecksilberdampf und in der Photographie Lösungen von Ferrosumsulphat, Pyrogallussäure und von anderen Stoffen. Das nicht veränderte Haloidsilber wird nach der Einwirkung des Lichtes durch ein Lösungsmittel entfernt.

Silberoxyd, $Ag_2\Theta$, wird erhalten durch Fällung des Nitrats mit Natronlauge oder durch Kochen von frisch gefälltem Chlorsilber mit einer Natronlauge von 25 Proc. Es ist ein braunes schweres Pulver, welches sich im Lichte oder in der Hitze in Silber und Sauerstoff zersetzt. Löst sich in geringer Menge in Wasser und ertheilt ihm alkalische Reaction und metallischen Geschmack. Diese Lösung enthält ihrem Verhalten nach Silberoxyhydrür; sie zersetzt beispielsweise Haloidäther derart, dass neben Haloidmetall ein Alkohol entsteht:

$$\underset{\text{Jodäthyl.}}{\Theta_2H_5J} + AgOH = AgJ + \underset{\text{Aethylalkohol.}}{\Theta_2H_5\cdot OH}$$

Die Lösung färbt sich im Lichte röthlich, trübt sich mit wenig Kohlensäure und klärt sich wieder mit mehr. Silberoxyd gibt mit Salzsäure und den Chloralkalimetallen Chlorsilber. Es ist löslich in verdünnter Ammoniakflüssigkeit und den meisten Säuren. Bildet bei der Behandlung mit concentrirter Ammoniakflüssigkeit einen schwarzen sehr explosiven Körper. Aus ammoniakalischen Silberoxydlösungen scheiden leicht oxydirbare Körper Silber in dünnen zusammenhängenden glänzenden Massen aus. — Dieses Verhalten benutzt man zur Herstellung von Silberspiegeln.

Silberoxydul, *Silberquadrantoxyd*, $(Ag_2)_2\Theta$. Citronensaures Silberoxyd und andere Silbersalze werden in einem Strome von Wasserstoffgas bei 100° oder etwas darüber zu gelb- oder gelbbraungefärbten Silberoxydulsalzen reducirt und scheiden nun mit Kalilauge schwarzes Silberoxydul ab. Dieses zerfällt beim Erhitzen in Sauerstoff und Metall, bei der Behandlung mit Sauerstoffsäuren in sich lösendes Oxyd und zurückbleibendes Metall. Es bildet mit Salzsäure Biargentchlorür.

Silbersuperoxyd, $Ag\Theta$, bildet sich bei der Zersetzung von Silberlösungen durch den electrischen Strom, wobei es sich am positiven Pole in kleinen schwarzen metallglänzenden Octaëdern absetzt. Entsteht ferner bei der Einwirkung von Ozon auf Silber. Löst sich ohne Zersetzung in concentrirter Salpetersäure, entwickelt mit Salzsäure Chlor, mit Wasserstoffhyperoxyd Sauerstoff und mit Ammoniak Stickgas. Zerfällt beim Erhitzen auf 110° unter starker wirbelnder Bewegung in Sauerstoff und Silberoxyd.

Schwefelsilber, Ag_2S, findet sich als G l a s e r z oder S i l b e r g l a n z in Formen des regulären Systems, isomorph mit künstlichem Cuprosumsulphür, Θu_2S. Bildet sich beim Erhitzen von Schwefel mit Silber oder bei der Einwirkung von Schwefelwasserstoff auf Silber und seine Verbindungen. Geschmeidig, schwärzlich-bleigrau, leicht schmelzbar. Gibt beim Schmelzen mit Eisen Schwefeleisen und Silber, mit Blei Schwefelblei und Silberblei, mit Chlorblei Schwefelblei und Chlorsilber. Setzt sich mit Kochsalz haltender Kupferchloridlösung in Schwefelkupfer und Chlorsilber um.

Schwefelsilber bildet einen Bestandtheil verschiedener Mineralien, so beispielsweise der folgenden:

Silberkupferglanz, AgSЄu, findet sich in dunkelbleigrauen und eisenschwarzen glänzenden Krystallen des rhombischen Systems, isomorph mit Kupferglanz, $Єu_2S$.

Lichtes Rothgültigerz, $As(SAg)_3$, krystallisirt in Formen des hexagonalen Systems. Halbdurchsichtig, diamantglänzend, cochenilleroth.

Dunkles Rothgültigerz, $Sb(SAg)_3$, ist isomorph mit dem lichten Rothgültigerz, dem es auch sonst sehr ähnlich ist.

Myargirit, SSb-SAg, findet sich in undurchsichtigen dunkelbleigrauen monoklinen Krystallen.

Schwefelsilber bildet ferner einen Bestandtheil des Sprödglaserzes, welches wesentlich aus Schwefel, Antimon und Silber besteht, und der verschiedenen Fahlerze, welche Schwefelantimon- und Schwefelarsenverbindungen der Sulphurete von Silber, Quecksilber, Kupfer, Blei, Eisen und Zink sind.

Silbersulphat, $SΘ_4Ag_2$, entsteht bei der Einwirkung von heisser Schwefelsäure auf Silber, wobei gleichzeitig Wasser gebildet und Schwefligsäureanhydrid entwickelt wird. Bildet kleine farblose sehr schwer lösliche rhombische Prismen, isomorph mit $SΘ_4Na_2$ und $SeΘ_4Na_2$.

Silberdithionat, *unterschwefligsaures Silber*, $S_2Θ_3Ag_2$. Ist ein schneeweisses Pulver von süssem Geschmack. Zersetzt sich leicht in Schwefelsilber und Schwefelsäure. Wenig löslich in Wasser, leicht löslich in Ammoniak. Bildet mit anderen Dithionaten Doppelsalze. Ein solches Doppelsalz entsteht neben Haloidnatrium beim Auflösen von Haloidsilber in einer Lösung von unterschwefligsaurem Silber. Diese Lösung versilbert Eisen, Kupfer, Messing, Argentan und andere Metalle und Legirungen.

Silbernitrat, *salpetersaures Silber*, *Silbersalpeter*, $NΘ_3Ag$, entsteht beim Auflösen von Silber in mässig starker Salpetersäure. Wasserhelle luftbeständige rhombische Krystalle, leicht löslich in Wasser. Schmilzt leicht und erstarrt krystallinisch (Höllenstein). Seine Lösung löst Haloidsilber. Krystallisirt in variablen Verhältnissen mit Kalium- und Natriumnitrat in Rhomboëdern. Wirkt ätzend giftig. Dient als Arzneimittel.

Silberphosphat, $PΘ_4Ag_3$, entsteht beim Fällen eines Silbersalzes mit einem löslichen Phosphat. Gelbes Pulver, leicht löslich in verdünnter Phosphor-, Salpeter- oder Essigsäure und in Ammoniakflüssigkeit.

Silberpyrophosphat, $\Theta(P\Theta_3Ag_2)_2$, bildet sich beim Fällen eines Silbersalzes durch Natriumpyrophosphat. Weisses Pulver, schmilzt etwas unter der Glühhitze, ist unlöslich in einem Ueberschuss des Fällungsmittels.

Silbermetaphosphat, $P\Theta_3Ag$, entsteht beim Vermischen der Lösungen von Silbernitrat und von Natriummetaphosphat. Weisses lockeres Pulver. Schmilzt etwas oberhalb 100°; ist auflöslich in einem Ueberschuss des Fällungsmittels.

Arsenigsaures Silber, $As(\Theta Ag)_3$, ist ein lebhaft gelber Niederschlag.

Arseniksaures Silber, $\Theta As(\Theta Ag)_3$, ein röthlichbrauner Niederschlag, in Ammoniak und in Salpetersäure löslich.

Antimonsaures Silber, $\Theta Sb(\Theta Ag)_3$, bildet einen weissen, in Wasser unlöslichen Niederschlag.

Kohlenstoffsilber von wechselnder Zusammensetzung bleibt beim Glühen einiger Silberverbindungen organischer Säuren. Mattsilberweiss bis hellgrau. Löst sich in verdünnter Salpetersäure unter Abscheidung von Kohle.

Cyansilber, AgCy, bildet sich beim Vermischen von Silberlösungen mit Blausäure. Weisser, dem Chlorsilber ähnlicher Niederschlag. Löst sich in Ammoniakflüssigkeit, daraus durch Säuren fällbar. Wird durch Salzsäure zersetzt. Bildet mit anderen Cyanmetallen Doppelcyanüre, welche zum Theil löslich in Wasser und krystallisirbar sind.

Cyan-Silberkalium, KCy_2Ag, bildet sich beim Auflösen von Cyansilber in einer Lösung von Cyankalium. Krystallisirt in luftbeständigen Octaëdern, welche oft treppenförmig vertiefte Fächen besitzen. Neutral gegen Pflanzenfarben, geruchlos, von zuerst süssem, dann metallischem Geschmack. Gibt mit Silberlösung einen bleibenden Niederschlag von Cyansilber. Hierauf beruht eine genaue volumetrische Bestimmung der Blausäure.

Die Lösung des Salzes setzt bei der Electrolyse am negativen Pole Silber ab, während sich von einem aus Silber bestehenden positiven Pole eben so viel wieder löst. Hierauf beruht ihre Verwendung zur galvanischen Versilberung.

Cyan-Silberkalium wird durch Säuren zersetzt, wobei Cyansilber gefällt wird.

Knallsaures Silber, *Knallsilber*, $\Theta_2N_2\Theta_2Ag_2$, entsteht, wenn man die Auflösung von 1 Th. Silber in 20 Th. Salpetersäure von 1,37 spec.

Gew. mit 27 Th. Weingeist von 86 Proc. in einem geräumigen Glaskolben vermischt zum Aufwallen erhitzt und dann, zur Mässigung der Reaction, noch ebensoviel kalten Weingeist hinzumischt. Bildet kleine weisse Nadeln, welche schon unter Wasser, besonders leicht aber im trocknen Zustande mit grosser Heftigkeit explodiren.

Es ist mit der grössten Vorsicht zu handhaben.

Silberchromat, CrO_4Ag_2, wird aus Silbernitratlösung durch Kaliumchromat gefällt. Tief purpurrother fein krystallinischer Niederschlag. Bleibt beim Auskochen des Silberbichromats mit Wasser als eine dunkelgrüne krystallinische Masse, welche ein rothes Pulver gibt.

Silberbichromat, $O(CrO_2Ag)_2$, entsteht beim Vermischen von Silbernitratlösung mit Kaliumbichromat oder bei der Einwirkung von Silber auf eine Schwefelsäure enthaltende Lösung von Kaliumbichromat. Purpurrother krystallinischer Niederschlag oder scharlachrothe metallglänzende triklinometrische Krystalle.

Stickstoff- und Ammoniumverbindungen des Silbers.

Chlorsilber, Silberoxyd und die meisten anderen Verbindungen des Silbers verbinden sich mit Ammoniak; sie absorbiren dasselbe im trocknen Zustande oder lösen sich in Ammoniakflüssigkeit auf. Die Natur der hierbei entstehenden Verbindungen ist nur unvollständig bekannt, einige Andeutungen darüber gibt das Folgende.

Stickstoffsilber (?), *Knallsilber*. Bei der Einwirkung von concentrirter Ammoniakflüssigkeit auf Silberoxyd entsteht ein schwarzes Pulver und eine Flüssigkeit, welche beim Verdunsten schwarze fast metallglänzende undurchsichtige Krystalle lässt. Wahrscheinlich sind das Pulver und die Krystalle Stickstoffsilber. Sie explodiren auch im feuchten Zustande durch geringe Veranlassung mit äusserster Heftigkeit, so dass ihre Handhabung mit grosser Gefahr verknüpft ist.

Argentammonoxyhydrür, $AgH_2N{\cdot}OH$, ist wahrscheinlich in der Auflösung von Silberoxyd in Ammoniakflüssigkeit enthalten.

Argentammonchlorür, $AgNH_3Cl$, bildet sich als graues Pulver bei der Einwirkung von Ammoniakgas auf gefälltes Chlorsilber bei gewöhnlicher Temperatur. Zerfällt bei 38° in Ammoniak und Chlorsilber.

Argentammonsulphat, $SO_4(NAgH_3)_2$, bildet sich bei gewöhnlicher Temperatur, wenn Ammoniakgas auf trocknes Silbersulphat einwirkt.

Argentbiammonsulphat, $SO_4(N(NH_4)AgH_2)_2$, krystallisirt aus der gesättigten Lösung von Silbersulphat in warmer concentrirter Ammoniakflüssigkeit in wasserhellen luftbeständigen quadratischen Krystallen. Leicht löslich in Wasser. Seine Lösung gibt mit Kalihydrat Stickstoffsilber.

Legirungen des Silbers.

Antimon-Silber. Findet sich in der Natur in silberweissen triklinoëdrischen Krystallen. $SbAg_3$ entsteht beim Einleiten von Antimonwasserstoff in Auflösungen von Silbernitrat als schwarzer Niederschlag. Gibt beim Kochen mit Salpetersäure Silbernitrat und unlösliche Antimonsäure.

Kupfer-Silber. Die beiden Metalle vereinigen sich in allen Verhältnissen zu mehr oder weniger röthlich-weissen Gemischen, welche härter als Silber sind und die zur Anfertigung von Münzen, Gefässen und in anderer Weise Anwendung finden. Sie sind dehnbar, klingend, stark glänzend und sehr politurfähig. Beim Erhitzen an der Luft oxydirt sich blos ein geringer Theil des Kupfers; derselbe lässt sich durch Kochen mit verdünnter Schwefelsäure entfernen, wobei die Legirung eine weissere Farbe erhält (Weisssieden der Silbermünzen). Schmilzt man die Legirungen unter Zusatz von Blei an der Luft, so löst die gebildete Bleiglätte das Kupfer als Oxyd und entfernt bei einer genügenden Menge Blei alles Kupfer, so dass reines Silber zurückbleibt (Cupellation, trockne Silberprobe). Salpetersäure löst beide Metalle, aus der Lösung fällt Kochsalz nur das Silber (Probe auf nassem Wege, Titrirmethode).

Die Silberlegirungen berechnet man nach Mark, Loth und Grän. Eine Mark wird eingetheilt in 16 Loth, das Loth in 18 Grän. Feines Silber bezeichnet man als 16-löthiges, legirtes, welches in der Mark 1 oder 2 Loth Kupfer enthält, wird als 15- oder 14-löthiges bezeichnet etc.

Die Legirung der französischen Münzen, der neueren deutschen Thaler und Gulden und diejenige der Münzen vieler anderer Länder besteht in 1000 Th. aus 900 Th. Silber und 100 Th. Kupfer; ihr Feingehalt ist $^{900}/_{1000}$. Der Feingehalt der englischen Münzen ist $^{925}/_{1000}$. Die Legirung der $^1/_6$ Thaler besitzt einen Feingehalt von $^{520}/_{1000}$; der $^1/_{12}$ Thaler von $^{315}/_{1000}$; der $^1/_{30}$ und der $^1/_{60}$ Thaler von $^{220}/_{1000}$.

Ein Pfund = 500 Gramm Feinsilber wird nach dem Wiener Münzvertrage vom 24. Jan. 1857 zu 30 Thalern, 45 österreichischen Gulden oder $52^1/_2$ Gulden süddeutscher Währung ausgeprägt.

Es enthalten hiernach:

1 Thaler des 30 Thalerfusses	$16^2/_3$	Gramm	Silber.
1 Gulden des 45 Guldenfusses	$11^1/_9$	„	„
1 „ „ $52^1/_2$ „	9,52	„	„

Silberwaaren haben in Deutschland einen Feingehalt von $^{720}/_{1000}$

bis $^{900}/_{1000}$, in Frankreich von $^{900}/_{1000}$ und $^{835}/_{1000}$, worüber der gesetzliche Stempel Auskunft gibt.

Kupfer-Zink-Nickel-Silber. In der Schweiz und in Belgien werden Legirungen dieser vier Metalle für die Scheidemünzen benutzt. Die Schweiz verwendet hierzu Legirungen, welche in 1000 Th. 250 Th. Zink, 100 Th. Nickel, 50, 100 oder 150 Th. Silber und den Rest an Kupfer enthalten. Sie sind dem Neusilber sehr ähnlich.

Silberamalgam. In der Natur finden sich Legirungen von Silber und Quecksilber von verschiedener Zusammensetzung. Die beiden Metalle vereinigen sich bei gewöhnlicher Temperatur langsam, rasch beim Erhitzen. Quecksilber fällt Silber aus seinen Lösungen, wobei das Silber mit überschüssigem Quecksilber ein Amalgam bildet. Hierauf beruht die Extraction des Silbers durch Quecksilber.

Allgemeine Bemerkungen.

Die Atomgrösse des Silbers ist durch seine specifische Wärme und durch den Isomorphismus einiger seiner Verbindungen mit entsprechenden Natriumverbindungen bestimmt. Seine Moleculargrösse kennt man nicht.

Die bekanntesten Verbindungen des Silbers reihen sich durch ihre Zusammensetzung den entsprechenden Verbindungen der Alkalimetalle und des Thalliums an; es ist darin monovalent enthalten. Von den Alkalimetallen unterscheidet es sich durch sein grosses specifisches Gewicht, dadurch, dass es mit den Haloiden und mit Schwefel in Wasser unlösliche Verbindungen bildet, und namentlich dadurch, dass es Wasser nicht zersetzt, sich nicht direct mit Sauerstoff verbindet und leicht zu reduciren ist. Es gehört zu den edlen Metallen, seine Affinität zum Sauerstoff ist noch schwächer als diejenige des Quecksilbers.

Thallium unterscheidet sich vom Silber namentlich durch seine grössere Affinität zum Sauerstoff und durch sein Verhalten als Thallicum.

Die Silbersalze sind meist farblos, sie werden zum Theil leicht durch das Sonnenlicht geschwärzt; die löslichen schmecken scharf metallisch, sie röthen nicht Lackmus. Kupfer, Quecksilber und andere Metalle, Eisenvitriol und andere, auch organische Stoffe fällen daraus metallisches Silber, Salzsäure fällt weisses Chlorsilber, Kalilauge hellbraunes Silberoxyd, Ammoniak ebenfalls Silberoxyd, welches im Ueberschuss des Fällungsmittels und auch in Ammoniumsalzen löslich ist.

Der Isomorphismus des Schwefelsilbers mit Cuprosumsulphür spricht dafür, dem Kupfer neben der Bivalenz auch Monovalenz zuzuerkennen.

Dreiundzwanzigste Gruppe.

57. Gold. Au.

Atomgewicht 197. Atomwärme 6,4.

Vorkommen. Das Gold findet sich in mässiger Menge, jedoch sehr verbreitet in der Natur; meist gediegen und in Verbindung mit Silber, namentlich in Quarzgängen der älteren krystallinischen Gebirge und in ihren Zersetzungsproducten, welche abgelagert sind oder den Sand der Flüsse bilden. Selten findet es sich in Verbindung mit Palladium oder Tellur; mit Tellur und Silber, oder mit Tellur und Blei.

Gewinnung. Die goldführenden Quarzmassen werden bergmännisch abgebaut, dann gepocht und geschlämmt. Aus dem goldhaltigen Schuttlande und Sande gewinnt man das Gold ebenfalls durch Waschen. Das erhaltene Waschgold schmilzt man in Tiegeln ein, oder man reibt es auf Mühlen anhaltend mit Wasser und Quecksilber und unterwirft das gebildete Amalgam zur Trennung des Quecksilbers vom Golde der Destillation. Man kann das Gold dem Sande auch durch Behandlung mit Braunstein und Salzsäure in rotirenden Fässern entziehen und aus der gebildeten Lösung durch Eisenvitriol fällen.

Aus goldhaltigem Silber, welches sich in der Natur findet oder aus Kupfer- und Bleierzen gewonnen wird, scheidet man das Gold durch Erhitzen mit concentrirter Schwefelsäure, wobei das Silber in Sulphat übergeführt wird, während das Gold unangegriffen bleibt. Auf dieselbe Weise gewinnt man Gold aus alten goldhaltigen Silbermünzen.

Eigenschaften. Gelb, in Pulverform braun oder purpurroth; dünnes Blattgold lässt grünes Licht durch. Krystallisirt in Octaëdern und Würfeln; ist isomorph mit Silber. Weicher als Silber, das dehnbarste Metall. Spec. Gew. 19,5. Schmilzt schwerer als Silber und Kupfer; besitzt im geschmolzenen Zustande eine blaugrüne Farbe und zieht sich beim Erstarren bedeutend zusammen. Ist bei sehr hoher Temperatur flüchtig. Erleidet weder an trockner, noch an feuchter Luft bei gewöhnlicher oder höherer Temperatur Oxydation. Wird nicht durch Salz-, Schwefel- oder Salpetersäure angegriffen, aber Chlor und namentlich Chlor entwickelnde Gemische lösen Gold auf. Wird leicht aus seinen Lösungen reducirt, so durch schweflige Säure, Eisenvitriol, Oxalsäure, durch die meisten Metalle, selbst durch Quecksilber, Silber, Platin und Palladium.

Verbindungen.

Goldchlorür, AuCl, entsteht beim vorsichtigen Erhitzen des Chlorids auf 145 bis 150°. Es besitzt eine hellgelbe Farbe, ist luftbeständig, wird durch Wasser in Gold und Goldchlorid zersetzt. Gibt mit Kalilauge Goldoxydul und Chlorkalium. Zerfällt beim Erhitzen in Chlor und Gold.

Goldchlorid, $AuCl_3$, bildet sich beim Erhitzen von Blattgold im Chlorgase oder beim Auflösen von Gold in Königswasser. Dunkelrothe krystallinische Masse, zerfliesslich; bildet mit Wasser eine gelbe sauer reagirende Lösung. Zerfällt beim Erhitzen in Chlor und Goldchlorür. Bildet mit Salzsäure eine krystallisirbare Verbindung, mit anderen Chlormetallen Doppelsalze.

Ammonium-Goldchlorid, $NH_4Cl + AuCl_3 + H_2\Theta$, krystallisirt in gelben durchsichtigen nadelförmigen Prismen, welche sehr rasch verwittern.

Kalium-Goldchlorid, $KCl + AuCl_3 + 5H_2\Theta$, bildet verwitternde in Wasser leicht lösliche gelbe Krystalle; gibt bei 100° das Krystallwasser ab, schmilzt bei höherer Temperatur, verliert Chlor, wird roth und erstarrt beim Erkalten zu einer gelben Masse von $KCl + AuCl$, welche an Wasser Chlorkalium und Goldchlorid abgibt, während Gold ungelöst bleibt. $KCl + AuCl_3 + 2H_2\Theta$ krystallisirt in dünnen sechsseitigen Tafeln.

Natrium-Goldchlorid, $NaCl + AuCl_3 + 2H_2\Theta$, krystallisirt in langen vierseitigen Prismen, Luftbeständig.

Findet in der Photographie zum Schönen der Albumincopien und in der Glas- und Porcellanmalerei zur Darstellung von rothem Goldglase Anwendung.

Goldoxydul, $Au_2\Theta$, entsteht bei der Einwirkung von kalter und verdünnter Kalilauge auf Goldchlorür. Dunkelviolett. Gibt mit Salzsäure Gold- und Goldchlorid. Bildet nur wenige Salze.

Unterschwefligsaures Goldoxydul-Natron, $3(S_2\Theta_3Na_2) + S_2\Theta_3Au_2 + 4H_2\Theta$, bildet sich beim Vermischen der Lösungen von Goldchlorid und von unterschwefligsaurem Natron und wird aus der concentrirten Lösung auf Zusatz von Weingeist gefällt. Farblose luftbeständige Nadeln.

Findet als Sel d'or in der Photographie Anwendung.

Goldpurpur, ein violettbraunes Pulver, welches früher bei der Porcellanmalerei benutzt wurde. Entsteht beim Vermischen der verdünnten Lösungen von Goldchlorid und Zinnchlorür-Chlorid. Besteht aus zinnsaurem Goldoxydul oder aus einem Gemenge von Zinnsäure und fein vertheiltem metallischem Golde.

Rubinglas ist rothes bis purpurrothes, Bleioxyd und Borsäure enthaltendes Glas, welches wahrscheinlich kieselsaures Goldoxydul enthält. Wird beim Schmelzen des Glases mit Natrium-Goldchlorid zuerst farblos erhalten und nimmt erst beim Erhitzen bis zum schwachen Glühen die rothe Farbe an.

Goldoxyd, Goldsäureanhydrid, $Au_2\Theta_3$, entsteht beim Erhitzen einer Auflösung von Goldchlorid mit Soda. Dunkelbraunes Pulver; zersetzt sich im Lichte oder bei 245° in Sauerstoff und Gold. Gibt mit Jodwasserstoff Jod, Gold und Wasser, mit Chlorwasserstoff Wasser und Goldchlorid. Verbindet sich mit den Alkalien.

Goldsaures Kalium, $AuO_2K + 3H_2\Theta$, krystallisirt aus der Lösung von Goldoxyd in Kalilauge in kleinen hellgelben Nadeln, die zu warzigen Gruppen vereinigt sind. Löst sich leicht in Wasser zu einer alkalisch reagirenden Flüssigkeit.

Findet bei der galvanischen Vergoldung Verwendung.

Schwefelgold, Au_2S_3, entsteht bei der Einwirkung von Schwefelwasserstoff auf Goldchlorid. Schwarzer Niederschlag. Zerfällt beim Erhitzen in Schwefeldampf und Gold. Löst sich in den Schwefelalkalimetallen und bildet damit Salze.

Knallgold. Eine stickstoffhaltige Goldverbindung, welche bei der Einwirkung von Ammoniakflüssigkeit auf Goldoxyd als olivengrünes Pulver und beim Fällen von Goldchlorid durch überschüssiges Ammoniak als braungelbes Pulver entsteht. Explodirt im trocknen Zustande leicht und mit grosser Heftigkeit.

Goldcyanür, AuCy, bleibt ungelöst, wenn man die gemischten Lösungen von Goldchlorid und Cyanquecksilber zur Trockne verdampft und den Rückstand mit Weingeist auslaugt:

$$2AuCl_3 + 3HgCy_2 = 3HgCl_2 + 2AuCy + 2Cy_2.$$

Citronengelbes krystallinisches Pulver. Luftbeständig, geruch- und geschmacklos. Zerfällt beim Glühen in Gold und Cyan. Löst sich in Cyankaliumlösung und bildet mit vielen anderen Cyanmetallen Doppelsalze.

Kalium-Goldcyanür, KCy_2Au, bleibt beim Erhitzen des Kalium-Goldcyanids. Bildet farblose glänzende luftbeständige Krystalle. Schmilzt beim Glühen und zersetzt sich dann unter Entwicklung von Cyangas. Gibt beim Verdampfen mit Salzsäure Goldcyanür und Chlorkalium.

Dient zur galvanischen Vergoldung und wird zu diesem Zweck durch Auflösen von Gold in einer Lösung von Cyankalium unter Mitwirkung des galvanischen Stromes gewonnen.

Goldcyanid entsteht bei der Einwirkung von Salzsäure auf Silber-Goldcyanid. Grosse farblose Tafeln, leicht löslich in Wasser, Alkohol und Aether.

Kalium-Goldcyanid, $KCy + AuCy_3$, bildet sich beim Vermischen einer neutralen Goldchloridlösung mit einer erwärmten concentrirten Lösung von Cyankalium. Krystallisirt in grossen farblosen Tafeln, welche Krystallwasser enthalten und schnell verwittern. Zerfällt beim Erhitzen in Cyan und Kalium-Goldcyanür. Gibt mit Silbernitrat Kaliumnitrat und Silber-Goldcyanid.

Wird bei der galvanischen Vergoldung benutzt.

Legirungen des Goldes.

Gold bildet mit den meisten Metallen Legirungen; es wird durch geringe Mengen von Arsen, Antimon, Wismuth, Zink und Blei spröde. Gold und Zinn geben wenig dehnbare Legirungen. Mit Eisen, Kobalt, Nickel, Kupfer und Silber gibt es dehnbare Legirungen. Zusatz von Antimon, Zink oder Silber macht das Gold weiss. Goldamalgam findet sich in der Natur.

Die Legirungen des Goldes mit Kupfer oder Silber oder mit beiden Metallen finden für Goldmünzen und Goldwaaren Anwendung.

Kupfer-Gold. Die beiden Metalle lassen sich in allen Verhältnissen zusammenschmelzen, wodurch Legirungen (Karatirungen) entstehen, welche fast die Dehnbarkeit des Goldes besitzen, aber härter, röther und leichter schmelzbar als dieses Metall sind, und welche sich beim Erstarren weniger zusammenziehen. Das Kupfer lässt sich aus den Mischungen durch Schmelzen an der Luft nicht vollständig entfernen, und auch dann nicht, wenn Blei zugefügt wird, aber bei gleichzeitigem Zusatz einer angemessenen Menge von Blei und Silber zieht sich beim Abtreiben alles Kupfer als Oxyd mit dem Bleioxyd in die Capelle.

Silber-Gold. Fast alles in der Natur gediegen vorkommende Gold ist mit Silber legirt; beide Metalle lassen sich in allen Verhältnissen zusammenschmelzen. Gold wird durch Zusatz von Silber härter, klingender und leichter schmelzbar. Die Legirungen (weissen Karatirungen) sind fast so geschmeidig wie reines Gold; sie besitzen eine blassgelbe, grünlichgelbe, grüne bis weisse Farbe.

Aus den Legirungen von Gold und Silber löst Salpetersäure das Silber nur dann vollständig auf, wenn sie auf 1 Th. Gold mindestens 2 Th. Silber enthalten. Daher schmilzt man Gold, welches auf seinen Feingehalt geprüft werden soll, nachdem sein Gehalt annähernd mittelst des Probirsteines und der Probirnadeln bestimmt ist, mit Blei und mit so viel Silber zusammen, dass nach dem Abtreiben des Bleis, womit gleichzeitig das Kupfer entfernt wird, eine Legirung in den angegebenen Verhältnissen oder mit etwas grösserem Silbergehalt bleibt. Diese walzt man aus und kocht sie zur Entfernung des Silbers mit Salpetersäure.

Man bezeichnet die Goldlegirungen nach Mark, Karat und Grän. Die

Mark wird in 24 Karate und das Karat in 12 Grän eingetheilt. Feines Gold nennt man 24-karätiges; legirtes ist je nach dem Gehalt an Gold von geringerer Karatirung. Die Goldlegirungen werden zur Verarbeitung nach gesetzlichen Bestimmungen hergestellt und mit einem Stempel versehen, welcher ihre Karatirung angibt.

Die nach dem Wiener Münzvertrage von 1857 geprägten Kronen und halben Kronen bestehen aus einer Legirung von 900 Th. Gold und 100 Th. Kupfer; aus einem Pfunde (= 500 Gramm) der Legirung werden 45 Kronen oder 90 halbe Kronen geprägt, so dass also jede Krone 10 Gramm und jede halbe Krone 5 Gramm Feingold enthält.

Die französischen Goldmünzen bestehen ebenfalls aus einer Legirung von $^{900}/_{1000}$ Feingehalt; die holländischen Ducaten enthalten in 1000 Th. 971 Th. Feingold, die englischen Goldmünzen $916^2/_3$ Th. und die älteren Friedrichsd'or 893 Th.

Zahnamalgam. Zu der Darstellung eines solchen schmilzt man 1 Th. Gold mit 3 Th. Silber zusammen, fügt zu dem noch flüssigen Gemisch 2 Th. Zinn und führt die aus möglichst reinen Metallen bereitete Legirung nach dem Erstarren in ein höchst feines Pulver über. Zum jedesmaligem Gebrauche reibt man hiervon mit gleichen Theilen Quecksilber zum Amalgam an.

Allgemeine Bemerkungen.

Die Atomgrösse des Goldes ist bestimmt durch seine normale specifische Wärme. Seine Moleculargrösse ist unbekannt.

Die Affinität des Goldes zum Sauerstoff ist noch geringer als die des Silbers; es zersetzt nicht das Wasser, oxydirt sich nicht an der Luft und seine Oxyde erleiden sehr leicht Reduction. Es gehört zu den edlen Metallen.

Man kennt vom Golde Verbindungen, in welchen es monovalent und solche, in denen es trivalent zu sein scheint, so dass Gold ähnliche Verhältnisse zeigt, wie sie sich beim Thallium finden.

Gold ist dadurch ausgezeichnet, dass es weder durch Salzsäure, noch durch Schwefelsäure oder Salpetersäure aufgelöst wird. Auch beim Schmelzen mit Salpeter oder Kaliumbisulphat wird es nicht angegriffen. Mit Chlor verbindet es sich direct; die Verbindungen der beiden Elemente werden jedoch durch blosses Erhitzen zersetzt.

Vierundzwanzigste Gruppe.

Platinmetalle.

Platin, Palladium, Iridium, Rhodium, Osmium und Ruthenium.

Vorkommen. Von diesen sechs Metallen kommt das Platin ziemlich verbreitet als Begleiter von Silber und Gold in der Natur vor. Alle finden sich nur in geringer Menge und fast nur gediegen.

Das rohe Platin, welches am Ural, in Süd- und Nordamerika, auf Borneo und Domingo in den Platinsandlagern und eingesprengt im Grünstein und Serpentin vorkommt, ist das wichtigste Platinerz. Es bildet kleine meist abgeplattete Körner oder auch grössere zackige Klumpen von 17,7 spec. Gew. und besteht in 100 Th. aus:

Platin	73,6	—	86,5	Th.
Palladium	0	—	2,0	„
Rhodium	0	—	4,5	„
Iridium	0	—	7,2	„
Osmium	0	—	1,5	„
Ruthenium	0	—	1,5	„
Eisen	5,3	—	13,0	„
Kupfer	0,5	—	5,2	„

und bisweilen aus etwas Blei und Silber. Im Platinsande findet es sich gemengt mit Körnern von reinem Platin, reinem Palladium, Osmiumiridium, Gold, Titaneisen, Chromeisen, Quarz und anderen Stoffen.

Palladium findet sich ferner in kleinen Mengen im brasilianischen Waschgolde und selten zu Tilkerode am Harz mit Gold und Selenblei.

Osmiumiridium besteht aus Osmium, Iridium, 0,5 bis 12,5 Proc. Rhodium und 0 bis 8,5 Proc. Ruthenium. Es findet sich als Begleiter des rohen Platins in sehr harten und spröden stahlgrauen Körnern und hexagonalen Krystallen von 19,5 spec. Gew.

Scheidung. 1) Das Erz wird zur Entfernung von Kieselerde und anderen Verunreinigungen mit der dreifachen Menge trockner Soda geschmolzen, die erkaltete Schmelze mit heissem Wasser ausgelaugt und der Rückstand gewaschen.

2) Hierauf wird das Erz zur Entfernung des Goldes wiederholt mit kleinen Mengen Quecksilber behandelt.

3) Dann digerirt man es mit Königswasser, wobei das meiste Iridium und Osmiumiridium als schwarzes Pulver zurückbleiben.

4) Die Lösung versetzt man mit concentrirter Schwefelsäure, verdunstet zur Trockne, trocknet zuletzt bei 120° bis 150° und erhitzt den

Rückstand zum Rothglühen. Hierbei werden die Sulphate zersetzt, sie lassen metallisches Platin und Palladium und die Oxyde von Iridium, Rhodium, Eisen und Kupfer. Durch Waschen mit Wasser trennt man die Oxyde von den regulinischen Metallen.

5) Die letzteren lassen nach der Behandlung mit Salpetersäure, welche das Palladium löst, reines Platin.

6) Das Palladium bleibt beim Abdampfen und Glühen der salpetersauren Lösung als Metall zurück.

7) Aus den abgeschlämmten und decantirten Oxyden (4) werden Eisenoxyd und Kupferoxyd durch Digestion mit concentrirter Schwefelsäure entfernt; der Rückstand wird dann in Königswasser gelöst, die Lösung verdampft, die rückständigen Chlormetalle in Wasser gelöst und mit salpetrigsaurem Kali und Soda bis zum Eintreten einer hellorangegelben Färbung behandelt. Hierauf fügt man Schwefelnatrium in kleinen Antheilen und im geringen Ueberschuss zu, kocht einige Minuten und übersättigt nach dem Erkalten schwach mit Salzsäure. Hierbei fällt Schwefelrhodium nieder; man filtrirt es ab, wäscht mit heissem Wasser, löst in Königswasser, verdampft die Lösung, löst in Wasser und versetzt die Lösung mit Salmiak. Hierbei krystallisirt ein in concentrirter Salmiaklösung unlösliches Rhodiumdoppelsalz der Formel $Rh_{II}Cl_6$, $6NH_4Cl$, $3H_2O$.

8) Man löst dieses Salz in Wasser, kocht längere Zeit mit Ammoniak, filtrirt, verdampft zur Trockne, laugt die röthlich-hellgelbe Salzmasse mit Wasser, welches Salmiak aufnimmt, aus, löst den Rückstand in heisser Ammoniakflüssigkeit und concentrirt die Lösung. Hierbei scheidet sich ein Salz der Formel $Rh_{II}Cl_6$, $10NH_3$ ganz rein in Form kleiner durchsichtiger Prismen ab. Beim Glühen lässt dasselbe reines Rhodium.

9) Die vom Schwefelrhodium abfiltrirte Flüssigkeit (7) liefert beim Verdampfen mit Salzsäure und Salmiak reinen Iridiumsalmiak, der beim Glühen Iridium lässt.

10) Von dem in Königswasser unlöslichen Rückstande (3), bestehend aus Iridium und Osmiumiridium, trennt man die beigemengten grösseren Körner von Osmiumiridium, glüht schwach im verschlossenen Tiegel und schmilzt mit 1 Th. fein-granulirtem Blei und $1\frac{1}{2}$ Th. Bleiglätte in einem hessischen Tiegel mit dickem Boden unter Umrühren, bis die Masse leicht flüssig ist. Hierbei werden die Erze, sowie die Metalle, welche leichter oxydirbar sind als Blei, verschlackt und die übrigen Metalle vom Bleiregulus aufgenommen. Den Regulus reinigt man von der Schlacke und behandelt ihn in gelinder Wärme mit verdünnter Salpetersäure. Iridium, Rhodium, Ruthenium und ein Theil des Osmiumiridiums bleiben als feines schwarzes Metallpulver das meiste Osmiumiridium in Form von kleinen Körnern und

Schuppen ungelöst. Durch Schlämmen wird das feine Metallpulver von den Körnern und Schuppen getrennt.

11) Letztere schmilzt man im Kohlentiegel mit den ausgelesenen gröberen Körnern von Osmiumiridium (10) und mit dem doppelten Gewichte granulirten Zinks und erhitzt zum starken Weissglühen bis zur vollständigen Verdampfung des letzteren, wobei das Osmiumiridium als feines schwarzes Metallpulver zurückbleibt.

Man glüht dasselbe in einem Glasrohre im Sauerstoffstrome; hierbei bildet sich Osmiumtetraoxyd, welches sich verflüchtigt und in einer kalten Vorlage oder in Ammoniakflüssigkeit aufzufangen ist. Den Rückstand und das schwarze Metallpulver (10), welches beim Auflösen des Bleis zurückblieb, mischt man mit seinem gleichen Gewichte Kochsalz und erhitzt das Gemenge in einem Glas- oder Porzellanrohre in einem Strome von feuchtem Chlorgase zu sehr starkem Glühen; hierbei entsteht durch eine Reihenfolge von Reactionen Osmiumtetraoxyd, welches man in vorgelegter Sodalösung auffangen kann. Die Lösung mischt man mit Salmiak, verdunstet zur Trockne und glüht, wobei Osmium als schwarzes Metallpulver erhalten wird.

12) Den Rückstand in der Röhre löst man in Wasser, setzt etwas Königswasser hinzu und destillirt bis auf $^1/_2$ ab, wobei noch etwas Osmiumtetraoxyd übergeht.

13) Den Rückstande, welcher Iridium, Rhodium und Ruthenium enthält, und zu dem die nach 7 erhaltenen Chlormetalle gefügt werden können, lässt man unter Zusatz von etwas Salzsäure zur Trockne verdampfen und verfährt mit der wieder aufgelösten Salzmasse nach 7 und 9. Der bei Zusatz von Schwefelnatrium entstehende Niederschlag enthält ausser Rhodium auch Ruthenium; man löst ihn in Königswasser, verdampft zur Trockne, löst den Rückstand in Wasser, setzt Chlorkalium und salpetersaures Kalium hinzu und verdampft wiederum zur Trockne. Die trockne Salzmasse gibt an heissen absoluten Alkohol alles Ruthenium ab, während das Rhodium im Rückstande bleibt.

14) Der rhodiumhaltige Rückstand gibt beim Glühen mit Salmiak metallisches Rhodium. Reiner wird es erhalten, wenn man es als Schwefelrhodium fällt und nach 7 und 8 behandelt.

15) Die weingeistige Lösung, welche das Ruthenium enthält, wird abgedampft, der Rückstand mit Salzsäure erwärmt und die entstandene tiefrothe Lösung von Kalium-Rutheniumchlorid wiederholt mit Salmiak eingetrocknet und dann die heisse wässrige Lösung des gebildeten Ammonium-Rutheniumchlorids durch längeres Kochen mit Ammoniak und Ammoniumcarbonat in ein Salz der Formel $(H\Theta)_2Ru(N[NH_4]H_2Cl)_2 + H_2\Theta$ verwandelt, wobei die anfangs dunkelkirschrothe Lösung hellgelb wird. Man verdampft zur Trockne, löst in Wasser und setzt Quecksilberchlorid hinzu: hierdurch wird eine in Wasser schwerlösliche

gelbe krystallinische Verbindung gefällt, welche durch Umkrystallisiren aus Wasser rein erhalten wird und beim Glühen reines Ruthenium hinterlässt.

Das durch Schmelzen mit Soda gereinigte rohe Platin kann man auch gleich mit Königswasser behandeln und aus der filtrirten, noch sauren Lösung fast alles Platin fällen. Man vermischt sie mit einer heiss gesättigten Salmiaklösung, wodurch ein gelber Niederschlag von Platinsalmiak entsteht. Derselbe wird rasch abfiltrirt, mit Wasser gewaschen, getrocknet und geglüht, wobei das Platin in Gestalt einer grauen schwammigen weichen Masse als Platinschwamm zurückbleibt.

Aus der vom Platinsalmiak abfiltrirten Flüssigkeit schlägt man, nachdem sie durch Soda neutralisirt ist, das Gold durch Eisenvitriol, und alsdann die Platinmetalle durch eine Eisenplatte als schwarzes Metallpulver nieder. Dieses und den in Königswasser unlöslichen Rückstand behandelt man zur weiteren Trennung der Bestandtheile nach den früher angegebenen Methoden.

Beschreibung der Platinmetalle.

58. Platin. Pt.	59. Palladium. Pd.
Atomgewicht 197,4. Atomwärme 6,4.	Atomgewicht 106,6. Atomwärme 6,4.

Eigenschaften. Platin besitzt eine hellstahlgraue Farbe, ist weniger glänzend als Silber, härter als Kupfer, sehr dehnbar, jedoch weniger als Gold und Silber. Spec. Gew. 21,15 bis 21,5. Schwer schmelzbar. Man schmilzt es in Tiegeln aus Aetzkalk vermittelst eines Gebläses aus Sauerstoff und Leuchtgas. Bei sehr hoher Temperatur flüchtig. Lässt sich bei Weissglühhitze schweissen. Oxydirt sich nicht beim Glühen und Schmelzen an der Luft. Spratzt beim Erstarren. Platin ist ausgezeichnet durch die Fähigkeit Gase an seiner Oberfläche zu verdichten; indem es in Folge hiervon katalytisch wirkt, befördert es oft chemische Processe. Diese Fähigkeit besitzt es schon im compacten Zustande, namentlich aber als Platinschwamm oder noch mehr als Platinschwarz. In dieser Form wird es erhalten, wenn man eine Legirung von Zink und Platin mit verdünnter Schwefelsäure behandelt, oder das Platin aus einer sehr verdünnten Auflösung seines Chlorids durch Zink oder feinvertheiltes metallisches Eisen reducirt, oder die Chloridlösung mit Zucker und Soda erhitzt. Durch Kochen und Waschen mit Salpetersäure, Kalilauge und Wasser wird es rein erhalten. Das Platinschwarz ist ein feines tief schwarzes Pulver, welches an seiner Oberfläche Sauerstoff unter so starker Wärmeentwicklung, dass es zum Glühen kommen kann verdichtet.

Platin wird in Berührung mit einem Gemenge von Sauerstoff und

Wasserstoff augenblicklich glühend und entzündet die Gase; im erwärmten Zustande vermittelt es die Vereinigung von Sauerstoff und Schwefligsäureanhydrid zu Schwefelsäureanhydrid, die Bildung von Säuren des Stickstoffs aus Sauerstoff und Ammoniak und die Bildung von Ammoniak aus Stickoxyd und Wasserstoffgas. Es bewirkt die Oxydation des Alkohols zu Essigsäure, welche bei der Anwendung von sehr fein vertheiltem Platinschwarz unter so starker Wärmeentwicklung erfolgen kann, dass Entzündung eintritt. Platinschwamm am Docht einer Weingeistlampe befestigt, fährt nach dem Auslöschen der Flamme fort zu glühen, indem er die Oxydation des Alkohols vermittelt (Glühlampe).

Das Platin wird durch einfache Säuren nicht aufgelöst; Gemische, welche Chlor entwickeln (Königswasser), und auch solche, die aus Schwefelsäure und Salpetersäure bestehen, lösen es auf. Mit Silber legirtes Platin wird durch Salpetersäure aufgelöst. — Es wird durch die meisten Metalle, durch Eisen, Kupfer, Quecksilber etc. aus seinen Lösungen abgeschieden.

Platin findet wegen seiner Unveränderlichkeit im Feuer und wegen seiner Unlöslichkeit in den Säuren ausgedehnte Anwendung zur Herstellung von Gefässen und Instrumenten. Bei deren Gebrauch darauf Rücksicht zu nehmen ist, dass Platin beim Glühen mit den Alkalien, ihren salpetersauren Salzen oder den Nitraten der Erdmetalle Oxydation erleidet, dass es mit Phosphor, Arsen, Antimon, Bor, Silicium und den meisten Metallen leicht schmelzbare Verbindungen bildet, und dass diese Stoffe bei Gegenwart von Platin theilweise leichter als sonst aus ihren Verbindungen abgeschieden werden. Aus diesem Grunde darf man Platin nicht zwischen Kohle glühen, indem sich aus der Kieselerde derselben Silicium reduciren kann und sich dieses mit dem Platin legirt.

Platintiegel werden ferner angegriffen durch schmelzendes Schwefelalkali, Cyankalium und Schwefelcyankalium.

Palladium ist in Farbe, Glanz, Dehnbarkeit und Härte dem Platin ähnlich. Sein spec. Gew. beträgt nach dem Schmelzen 11,4, nach dem Hämmern 11,8. Es läuft an der Luft stahlblau an, erleidet beim schwachen Glühen Oxydation, ist in der Weissglühhitze schweissbar, schwer schmelzbar, jedoch leichter als Platin und bei sehr hoher Temperatur flüchtig. Spratzt beim Erstarren. Wirkt katalytisch. Wird durch Salpetersäure, Königswasser und Jodwasserstoff in der Kälte aufgelöst, ist etwas löslich in kochender concentrirter Schwefelsäure. Löst sich in schmelzendem Kaliumsulphat und erleidet beim Schmelzen mit Kalihydrat und Salpeter Oxydation. Seine Verbindungen werden beim Erhitzen zersetzt. Palladium wird aus seinen Lösungen durch alle Metalle, welche Silber reduciren, nicht aber durch dieses Metall gefällt. Ferner wird es reducirt durch salpetrigsaures Kali, Eisenvitriol, und in der Wärme durch schweflige Säure und durch organische Substanzen.

Verbindungen des Platins und Palladiums.

Platinchlorür, Platinosumchlorür, $PtCl_2$, entsteht unter Chlorentwicklung beim gelinden Erhitzen des Chlorids. Dunkelgraugrünes Pulver, unlöslich in Wasser, löslich in heisser Salzsäure und in der heissen Lösung des Chlorids. Zersetzt sich in der Hitze in Chlorgas und Metall. Es entsteht auch beim Einleiten von schwefliger Säure in eine kochende Lösung des Chlorids. Bildet mit verschiedenen Chlormetallen Doppelsalze.

Ammonium-Platinchlorür, $PtCl_2$, $2NH_4Cl$, krystallisirt aus der mit Salmiak vermischten Lösung von Platinchlorür in Salzsäure in purpurrothen Säulen, welche sich leicht in Wasser lösen.

Kalium-Platinchlorür, $PtCl_2$, 2KCl, krystallisirt aus der mit Chlorkalium versetzten Lösung von Platinchlorür in Salzsäure in rothen quadratischen Prismen, welche löslich in Wasser und unlöslich in Alkohol sind.

Barium-Platinchlorür, $2PtCl_2$, $BaCl_2 + 3H_2O$, erhält man durch Sättigen einer salzsauren Lösung von Platinchlorür mit Bariumcarbonat in luftbeständigen vierseitigen dunkelrothen Prismen, welche leicht löslich in Wasser sind.

Zink-Platinchlorür, $PtCl_2$, $ZnCl_2$, bildet kleine glänzende hellgelbe ziemlich harte Krystalle. Wenig löslich in kaltem, leicht löslich in heissem Wasser.

Silber-Platinchlorür, $PtCl_2$, 2AgCl, entsteht beim Vermischen der Lösungen von Kalium-Platinchlorür und von Silbernitrat als hellrother Niederschlag. Unlöslich in Wasser, schwärzt sich am Lichte.

Platinchlorid, Platinicumchlorid, $PtCl_4$, entsteht beim Auflösen von Platin in Königswasser und Abdampfen, oder auch bei der Einwirkung von Luft auf eine salzsaure Lösung von Platinchlorür. Bildet eine rothbraune Lösung, welche Lackmus röthet, sehr herbe schmeckt und die Haut braunschwarz färbt. Krystallisirt beim Abdampfen der Lösung mit 8 Mol. Wasser. Zerfällt beim Erhitzen in Chlor und Chlorür, welches bei höherer Temperatur in Chlor und Platin zerfällt.

Platinchlorid bildet mit den Chloriden der positiveren Metalle Doppelsalze.

Ammonium-Platinchlorid, Platinsalmiak, $PtCl_4$, $2NH_4Cl$, fällt beim Vermischen der Lösungen von Platinchlorid und einem Ammoniumsalze als citronengelbes Krystallmehl nieder. Schwer löslich in Wasser, fast unlöslich in Salmiaklösung, unlöslich in Weingeist und Aether. Krystallisirt aus Wasser in pomeranzengelben regelmässigen Octaëdern. Hinterlässt beim Glühen Platinschwamm.

Dient zur Bestimmung von Ammoniak und zur Scheidung des Platins.

Kalium-Platinchlorid, $PtCl_4$, 2KCl, fällt beim Vermischen der Lösungen von Platinchlorid und einem Kaliumsalze als gelbes Pulver nieder. Krystallisirt aus Wasser in gelben regulären Octaëdern, wenig löslich in Wasser, unlöslich in Alkohol. Zerfällt beim Erhitzen in Chlor, Platin und Clorkalium.

Dient zur Bestimmung des Kaliums und zu seiner Trennung vom Natrium.

Natrium-Platinchlorid, $PtCl_4$, 2NaCl + $6H_2O$, bildet hellgelbe triklinometrische Krystalle. Ist leicht löslich in Wasser und Weingeist.

Rubidium-Platinchlorid, $PtCl_4$, 2RbCl, und *Cäsium-Platinchlorid*, $PtCl_4$, 2CsCl, sind in Wasser sehr schwer löslich, isomorph mit Ammonium- und Kalium-Platinchlorid.

Thallium-Platinchlorid, $PtCl_4$, 2TlCl, ist noch weniger löslich als das Cäsiumsalz.

Magnesium-Platinchlorid, $PtCl_4$, $MgCl_2$ + $6H_2O$, krystallisirt in luftbeständigen röthlichgelben in Wasser löslichen Säulen.

Verbindungen von analoger Zusammensetzung und sehr nahe übereinstimmender Form bilden die mit Magnesium isomorphen Metalle: Zink, Cadmium, Ferrosum, Manganosum, Cobaltosum, Nickel und Cupricum.

Palladiumchlorür, *Palladosumchlorür*, $PdCl_2$, bleibt beim gelinden Erhitzen der abgedampften Lösung von Palladium in Königswasser, oder beim Erhitzen von Schwefelpalladium im Chlorgase. Schwarzbraune Masse oder rothe Krystalle. Schmelzbar; löslich in Salzsäure. Aus seiner kochenden Lösung scheidet schweflige Säure Palladium ab. Zerfällt beim stärkeren Erhitzen in Chlor und Metall. Bildet mit anderen Chlormetallen Doppelsalze.

Ammonium-Palladosumchlorür, $PdCl_2$, $2NH_4Cl$, krystallisirt aus einer mit Salmiak versetzten Lösung von Palladiumoxydul in überschüssiger Salzsäure in gelbgrünen Säulen. Ist leicht löslich in Wasser.

Kalium-Palladosumchlorür, $PdCl_4K_2$, krystallisirt aus der mit Chlorkalium versetzten Lösung von Palladium in Königswasser beim Abdampfen in grünbraunen quadratischen Prismen, isomorph mit dem entsprechenden Platinsalz. Leicht löslich in Wasser und verdünntem

Weingeist. Aus seiner kochenden Lösung reduciren schweflige Säure oder Weingeist das Metall.

Palladiumchlorid, *Palladinicumchlorid*, ist nicht im freien Zustande bekannt; es bildet sich neben dem Chlorür beim Auflösen von Palladium in Königswasser und wird schon beim Stehen, beim Verdünnen der Lösung mit Wasser oder beim Abdampfen unter Abgabe von Chlor zu Chlorür reducirt. Bildet mit mehreren Chlormetallen Doppelsalze.

Ammonium-Palladinicumchlorid, $PdCl_4$, $2NH_4Cl$, scheidet sich beim Verdunsten einer mit Salmiak versetzten Lösung von Palladium in Königswasser in kleinen regelmässigen Octaëdern ab. Isomorph mit Platinsalmiak. Schwerlöslich in Wasser.

Kalium-Palladinicumchlorid, $PdCl_4$, 2KCl, wird wie das Ammoniumsalz erhalten und krystallisirt ebenfalls in regulären Octaëdern, welche wenn sie klein sind zinnoberroth, wenn sie grösser sind braunroth gefärbt sind. Löst sich schwierig in Wasser; die Lösung entwickelt beim Kochen Chlor und enthält nach längerem Kochen nur noch Kalium-Palladiumchlorür.

Platinosumjodür, PtJ_2, entsteht bei der Einwirkung einer Lösung von Jodkalium auf Platinchlorür. Ein luftbeständiges schwarzes Pulver. Bildet mit Jodkalium kein Doppelsalz.

Platinicumjodid, PtJ_4, scheidet sich beim Kochen der gemischten Lösungen von Platinchlorid und Jodkalium aus. Schwarzes amorphes oder krystallinisches Pulver. Bildet mit anderen Jodmetallen krystallisirbare Doppelsalze.

Palladosumjodür, PdJ_2, wird erhalten, wenn man die Lösungen von Jodkalium und eines Palladosumsalzes mischt. Schwarze Masse. Bildet mit Jodkalium ein Doppelsalz.

Platinoxydul, PtO, bildet sich beim schwachen Erhitzen des Hydrürs. Graues Pulver; zerfällt beim Glühen in Sauerstoff und Metall.

Platinoxydulhydrür, $Pt(OH)_2$, entsteht bei der Einwirkung von Kalilauge auf Platinchlorür. Schwarze Masse; gibt mit siedender Salzsäure Platinchlorid und Platin, mit Kalilauge Platinoxydkali und Platin.

Platinoxyd, PtO_2, bleibt beim gelinden Erhitzen des Hydrürs als schwarzes Pulver. Zerfällt bei höherer Temperatur in Sauerstoff und Metall.

Platinoxydhydrür, $Pt(OH)_4$, entsteht bei der Einwirkung von Essigsäure auf Platinoxydnatron. Gelbbraunes Pulver.

Platinoxydulnatron entsteht beim Schmelzen von Natronhydrat mit

Platin bei abgehaltener Luft. Löst sich in Wasser mit tiefgrüner Farbe.

Platinoxydnatron wird erhalten beim Einkochen von Platinchloridlösung mit Soda. Gelbbraune, in Wasser unlösliche Masse.

Palladiumoxydul, $Pd\Theta$, bildet sich beim längeren schwachen Glühen von Palladium an der Luft. Wird dargestellt durch gelindes Glühen eines Palladosumsalzes mit Soda und Auslaugen der Masse. Schwarze metallglänzende Masse. Zerfällt beim Glühen in Sauerstoff und Metall.

Palladosumoxyhydrür, $Pd(\Theta H)_2$, wird durch überschüssige Soda aus den Palladosumsalzlösungen gefällt. Dunkelbrauner Niederschlag. Zerfällt beim gelinden Glühen in Wasser und Oxydul. Löst sich leicht in Säuren, damit Salze bildend. Löst sich in ätzender Kalilauge und scheidet sich beim Erhitzen kalihaltig daraus ab.

Palladiumoxyd, $Pd\Theta_2$, fällt bei Siedhitze aus mit überschüssiger Soda versetzter Kalium-Palladiumchloridlösung. Schwarz; entwickelt beim Glühen ruhig seinen Sauerstoff.

Palladinicumoxyhydrür fällt aus einer Lösung von Kalium-Palladiumchlorid in kalter Sodalösung beim Stehen. Dunkelgelbbraun. Verpufft beim Erhitzen.

Platinsulphür, PtS, entsteht bei der Einwirkung von Schwefelalkali auf Platinchlorür. Schwarzes Pulver. Lässt beim Glühen an der Luft metallisches Platin. Kommt im Wasserstoffstrome schon bei 19° ins Glühen, unter Entwicklung von Schwefelwasserstoff.

Beim Schmelzen von Schwefelalkali mit Platin entsteht Schwefelplatinalkali.

Platinsulphid, PtS_2, bildet sich bei der Einwirkung von Schwefelalkali auf Platinchlorid. Schwarzer Niederschlag, der sich im feuchten Zustande an der Luft rasch oxydirt. Löslich im Ueberschuss des Fällungsmittels.

Palladiumsulphür, PdS, entsteht in der Hitze durch directe Vereinigung der Elemente als bläulich-weisse metallglänzende sehr harte krystallinische Masse, oder bei der Einwirkung von Schwefelwasserstoff auf Lösungen des Palladosums als schwarzbrauner Niederschlag.

Kalium-Platosumsulphit, $2(3S\Theta_3K_2 + S\Theta_3Pt) + 3H_2\Theta$, scheidet sich beim Erhitzen der gemischten Lösungen von Kalium-Platosumchlorür und saurem Kaliumsulphit in hell-strohgelben mikroscopischen sechsseitigen Prismen ab. Ist in kaltem Wasser schwer, in heissem leicht löslich. Seine neutrale Lösung wird durch Salzsäure erst in der Hitze unter Entwicklung von schwefliger Säure und unter rothgelber Färbung zersetzt. Kalicarbonat und Kalilauge verändern seine Lösung selbst in der Siedhitze nicht und auch Ammoniumcarbonat und Schwefelwasserstoff sind ohne Einwirkung.

Kalium-Platosumnitrit, $2N\Theta_2K + (N\Theta_2)_2\text{Pt}$, entsteht beim Vermischen der Lösungen von Kalium-Platosumchlorür und Kaliumnitrit. Bildet farblose feine sechsseitige Prismen; ist löslich in Wasser, reagirt neutral und wird durch Salzsäure zersetzt. Krystallisirt beim langsamen Verdunsten seiner Lösung mit 2 Mol. Krystallwasser.

Ammonium- und Kalium-Platinchlorid werden durch salpetrigsaures Kalium nicht verändert.

Kalium-Palladosumnitrit, $2N\Theta_2K + (N\Theta_2)_2\text{Pd}$, ist dem Platinsalz sehr ähnlich. Es bildet sich bei der Einwirkung von salpetrigsaurem Kalium auf eine Palladiumchloridlösung.

Palladosumnitrat, $(N\Theta_3)_2\text{Pd}$, entsteht beim Auflösen des Palladiums in Salpetersäure. Dunkel braunrothe Masse, gibt mit Wasser eine braunrothe Lösung und lässt beim gelinden Glühen Palladiumoxydul.

Cyanplatin. Man kennt weder das Platincyanür noch das Platincyanid im freien Zustande, wohl aber eine grosse Anzahl von Verbindungen dieser Körper. Viele derselben sind durch ihr Farbenspiel ausgezeichnet.

Platoscyanwasserstoffsäure, Platinblausäure, $\text{Pt}Cy_2, 2CyH$, wird bei der Zersetzung des Bariumsalzes durch Schwefelsäure erhalten. Hierbei entsteht, wenn man das Salz mit einer äquivalenten Menge concentrirter Schwefelsäure mischt, das Gemenge mit Weingeist und Aether behandelt und die Lösung im Exsiccator verdunsten lässt, ein Hydrat mit 5 Mol. Wasser in Krystallen von prächtig zinnoberrother Farbe und mit blauem Flächenschiller auf den Prismenflächen. An der Luft zerfliesslich, krystallisirt aus seiner wässrigen Lösung mit mehr Wasser in Krystallen von bald goldenem, bald kupfernem Metallglanze. Röthet stark Lackmus, ist leicht löslich in Wasser und Alkohol und verträgt eine Temperatur von 140° ohne sich zu verändern. Zersetzt die kohlensauren Salze unter Aufbrausen, wobei Platincyanmetalle entstehen.

Kalium-Platincyanür, $\text{Pt}Cy_4K_2 + 3H_2\Theta$, bildet sich bei der Einwirkung von Cyankalium auf Platinchlorid oder beim Erhitzen von Platinschwamm mit trocknem Ferrocyankalium bis nahe zum dunklen Rothglühen. Entsteht auch, wenn man Platinsalmiak bei 100° in einer concentrirten wässrigen Lösung von Cyankalium löst, etwas Aetzkali hinzufügt und die Lösung kocht, bis sich kein Ammoniak mehr entwickelt und das Filtrat der Krystallisation überlässt. Das Salz krystallisirt in langen rhombischen Säulen, die im reflectirten Lichte lebhaft blau, im durchfallenden gelb sind, an der Luft leicht verwittern und in Wasser und Alkohol löslich sind.

Barium-Platincyanür, $PtCy_4Ba + 4H_2O$. Zur Darstellung dieses Salzes zerreibt man 2 Th. Platinchlorür und 3 Th. Bariumcarbonat mit Wasser, erhitzt dann mit 10 Th. Wasser fast zum Sieden und leitet Blausäure in das Gemenge, so lange sich noch Kohlensäure entwickelt. Aus dem heissen Filtrate schiesst das Salz an; es ist durch Umkrystallisiren zu reinigen und bildet tief citronengelbe monokline Krystalle, die in der Richtung der Hauptaxe betrachtet, blau-violett, senkrecht darauf schwefelgelb erscheinen. Leicht löslich in heissem Wasser, weniger in kaltem. Es liefert durch doppelte Zersetzung mit Sulphaten oder Carbonaten die entsprechenden Salze, mit Schwefelsäure die Platinblausäure.

Magnesium-Platincyanür, $PtCy_4Mg + 7H_2O$, krystallisirt in schönen quadratischen Prismen, welche im durchfallenden Lichte mit carminrothen, im auffallenden mit grünen und blauen Metallfarben spielen. Leicht löslich in Wasser und Alkohol. Krystallisirt aus seiner Lösung in absolutem Alkohol unter dem Exsiccator mit 5 Mol. Wasser in citronengelben Blättern, welche im auffallenden Lichte blauen Flächenschiller zeigen.

Blei-Platincyanür, $PtCy_4Pb$, scheidet sich beim Erkalten der heiss gemischten Lösungen von Kalium-Platincyanür und Bleinitrat als gelbweisses Krystallpulver aus.

Kupfer-Platincyanür, $PtCy_2$, $CuCy_2$, bildet einen hellgrünen in Wasser und Säuren unlöslichen Niederschlag, der löslich in Ammoniak ist.

Diplatincyanid, $Pt_{II}Cy_6$, entsteht bei der Einwirkung von concentrirter Schwefelsäure auf getrocknetes Kalium-Platincyanür und bleibt beim Auswaschen der Masse mit Wasser als ein gelbes bis braungelbes, in Wasser, Säuren und Alkalien unlösliches Pulver.

Kalium-Diplatincyanid, $Pt_{II}Cy_6$, $4KCy + 6H_2O$, bildet sich beim Einleiten von Chlor in eine warme gesättigte Lösung von Kalium-Platincyanür. Prachtvolle kupferrothe metallglänzende Prismen, welche das Licht mit schön grüner Farbe durchfallen lassen.

Unter Umständen bildet sich beim Einleiten von Chlor in eine Lösung von Kalium-Platincyanür ein Salz der Formel:

$$5(PtCy_2, 2KCy) + PtCy_4, 2KCl + 31H_2O.$$

Kaliumchlorür-Platincyanid, $PtCy_4$, $2KCl + 2H_2O$, entsteht bei fortgesetzter Einwirkung von Chlor auf Kalium-Platincyanür. Man erhält dieses Salz in farblosen triklinen Krystallen, wenn man Kalium-Platincyanür in kochendem verdünntem Königswasser auflöst und die Lösung verdampft.

Magnesium-Diplatincyanid, $Pt_{11}Cy_8, 2MgCy_2 + 14H_2\Theta$, entsteht bei der Behandlung von Magnesium-Platincyanür mit Salpetersäure. Eine schwärzlich-violette sammtartige aus mikroskopischen Nadeln bestehende Masse.

Blei-Diplatincyanid, $Pt_{11}Cy_8, 2PbCy_2 + 5H_2\Theta$, wird erhalten, wenn man die heiss gemischten concentrirten Lösungen von Kalium-Platincyanür und Bleinitrat allmälig mit Salpetersäure vermischt und erkalten lässt. Es bildet lange Krystallnadeln von hell-mennigrother Körperfarbe mit tief-lasurblauer Oberflächenfarbe. Wird bei 40° unter Verlust von Wasser zinnoberroth, bei 50—60° kirschroth, bei noch stärkerem Erhitzen fleischroth und bei 200° wasserfrei und fast ganz weiss.

Palladiumcyanür, $PdCy_2$, wird durch Cyanquecksilber aus Lösungen des Palladosums gefällt. Gelblich-weisses Pulver.

Kalium-Palladiumcyanür, $PdCy_2, 2KCy + 3H_2\Theta$, bleibt beim Abdampfen der Lösung von Palladiumcyanür in Cyankaliumlösung in wasserhellen dünnen rhombischen Säulen.

Palladiumcyanid, $PdCy_4$, entsteht bei der Einwirkung einer Lösung von Cyanquecksilber auf Kalium-Palladiumchlorid in blassrothen Flocken, welche sich unter Entwickleng von Blausäure rasch heller färben.

Ammoniumverbindungen des Platins und Palladiums.

Bei der Einwirkung von Ammoniak auf gewisse Salze des Platins und Palladiums entstehen eigenthümliche Verbindungen, welche als Salze mehrerer Ammonium-Arten zu betrachten sind. Alle diese Verbindungen lassen sich auf vier Typen beziehen und können als solche die Chlorüre der Platinverbindungen dienen.

Diese vier Chlorüre sind:

Platosammoniumchlorür, $\overset{2}{Pt}(NH_3Cl)_2$,

Platosbiammonchlorür, $\overset{2}{Pt}[N(NH_4)H_2Cl]_2$,

Chlorplatinammonchlorür, $Cl_2\text{-}\overset{4}{Pt}(NH_3Cl)_2$, und

Chlorplatinbiammonchlorür, $Cl_2\text{-}\overset{4}{Pt}[N(NH_4)H_2Cl]_2$.

In diesen Salzen lässt sich das Chlor theilweise oder gänzlich durch andere Elemente oder auch durch zusammengesetzte Radicale ersetzen.

Palladium bildet nur die Verbindungen, welche denjenigen des Platosums entsprechen.

Platinammoniumverbindungen.

1) Verbindungen des Platosammoniums.

Platosammonchlorür, $Pt(NH_2Cl)_2$, wird erhalten, wenn man Kalilauge in kleinen Portionen zu einer mit Ammoniumcarbonat neutralisirten salzsauren Lösung von Platinchlorür setzt und die Flüssigkeit bei 13° erhält. Es ist wenig löslich in kochendem Wasser, woraus es sich in kleinen gelben Krystallen abscheidet. Mit Ammoniakflüssigkeit gibt es Platosbiammonchlorür.

Platosammoniumoxyd, $Pt(NH_3)_2\Theta$, bleibt beim Erhitzen von Platosbiammoniumoxyhydrür auf 110° als weisse Masse, welche in Wasser und Ammoniak unlöslich ist und mit den Säuren unlösliche, beim Erhitzen verpuffende Salze bildet.

Platosammoniumsulphat, $S\Theta_4(NH_3)_2Pt + H_2\Theta$, entsteht bei der Zersetzung des Jodürs durch Silbersulphat. Ein in Wasser lösliches schwierig krystallisirendes Salz, welches Lackmus röthet. Beim Auflösen in Ammoniakflüssigkeit bildet sich daraus Platosbiammoniumsulphat.

Platosammoniumnitrat, $(N\Theta_3\text{-}NH_3)_2Pt$, wird bei der Zersetzung des Jodürs durch Silbernitrat erhalten. Krystallisirt schwierig, röthet Lackmus und bildet mit Ammoniak Platosbiammoniumnitrat.

2) Verbindungen des Platosbiammoniums.

Platosbiammoniumchlorür, $Pt[N(NH_4)H_2Cl]_2$, entsteht, wenn man Platinchlorür mit überschüssigem Ammoniak kocht, bis sich die zuerst gebildete grüne Verbindung wieder gelöst hat. Beim Abdampfen der Lösung bilden sich schöne durchsichtige vierseitige Nadeln. Es ist in 33 Th. kochenden Wassers löslich. Seine Lösung reagirt neutral und besitzt einen rein salzigen Geschmack. Zerfällt beim vorsichtigen Erhitzen in Ammoniak und Platosammonchlorür:

$$Pt[N(NH_4)H_2Cl]_2 = 2NH_3 + Pt(NH_2Cl)_2.$$

Gibt mit den Silbersalzen Chlorsilber und die entsprechenden Platosbiammonsalze.

Platosbiammonchlorür-Platosumchlorür, $Pt[N(NH_4)H_2Cl]_2 + PtCl_2$. Diese Verbindung (das grüne Salz von Magnus) entsteht beim Vermischen der Lösungen von Platosbiammonchlorür und von Platinchlorür, oder wenn die mit Ammoniak übersättigte Lösung von Platinchlorür in Salzsäure einige Zeit stehen bleibt, oder wenn durch eine gelinde erwärmte Lösung von Platinchlorid in Wasser so lange schweflige Säure geleitet wird, bis auf

Zusatz von Salmiak kein Niederschlag mehr entsteht und alsdann mit Ammoniak übersättigt und zum Sieden erhitzt wird. Es bildet ein grün gefärbtes krystallinisches Pulver oder grüne Nadeln. Unlöslich in Wasser, wird beim Kochen mit Kalilauge oder Schwefelsäure nicht zersetzt. Beim längeren Kochen mit Ammoniak bildet es Platosbiammoniumchlorür. Es ist polymer mit Platosammonchlorür.

Platosbiammonoxyhydrür, $Pt[N(NH_4)H_2\text{-}\Theta H]_2$, wird durch Zersetzung des Sulphats mittelst Barytwasser und Verdampfen des Filtrats bei abgehaltener Luft erhalten. Eine weisse krystallinische Masse, welche an der Luft Wasser und Kohlensäure anzieht, alkalisch reagirt, aus Silbersalzen Silberoxyd fällt und mit den Säuren neutrale Salze bildet. Seine Lösung entwickelt auch beim Kochen kein Ammoniak.

Platosbiammonsulphat, $S\Theta_4[N(NH_4)H_2]_4Pt$, entsteht bei der Einwirkung von Ammoniak auf Platosammoniumsulphat, und wird dargestellt durch Erwärmen von Platosbiammonchlorür mit verdünnter Schwefelsäure, wobei sich Salzsäure entwickelt. Es bildet durchsichtige gelbe oder farblose Quadratoctaëder, löst sich wenig in kaltem Wasser, mehr in heissem. Seine Lösung besitzt keine Wirkung auf Pflanzenfarben. Gibt bei der Behandlung mit Barytwasser die freie Base.

Platosbiammoniumnitrat, $[N\Theta_3\text{-}N(NH_4)H_2]_2Pt$, bildet sich auf analoge Weise wie das Sulphat. Gelbe oder wasserhelle kleine biegsame Nadeln, welche in heissem Wasser löslich sind und beim Erhitzen verpuffen.

3) Verbindungen des Platinammoniums.

Chlorplatinammoniumchlorür, $Cl_2Pt(NH_3Cl)_2$, entsteht, wenn man Chlor in Wasser leitet, in dem Platosammonchlorür suspendirt ist:

$$\overset{2}{Pt}(NH_3Cl)_2 + Cl_2 = Cl_2\overset{4}{Pt}(NH_3Cl)_2.$$

Ein schweres citronengelbes Pulver, welches aus kleinen octaëdrischen Krystallen besteht. Wenig löslich in kochendem, oder mit Salzsäure angesäuertem Wasser. Wird nicht beim Kochen mit Schwefel- oder Salpetersäure zersetzt und entwickelt mit Kalilauge kein Ammoniak.

Hydryloxydplatinammonoxyhydrür, *Platinamin*, $(H\Theta)_2Pt(NH_3\text{-}\Theta H)_2$, entsteht bei der Einwirkung von Ammoniak auf eine kochende Lösung des Nitrats. Schweres gelbliches stark glänzendes Krystallpulver. Bildet mit den Säuren neutrale und basische Salze. Wird beim Kochen mit Kalilauge nicht gelöst und nicht zersetzt.

Schwefelsaures Platinammonsulphat, $S\Theta_4(NH_3)_2Pt\text{-}\Theta_4S$, wird durch Auflösen von Platinammon in verdünnter Schwefelsäure erhalten. Bleibt nach dem Eindampfen zur Trockne, Waschen des Rückstandes mit Weingeist und Trocknen als gelbes krystallinisches Pulver. Es schmeckt sauer und ist in warmem Wasser ziemlich leicht löslich.

Basisches Platinammoniumnitrat, $(N\Theta_2\text{-}NH_3)_2\text{Pt}(\Theta H)_2 + 2H_2\Theta$, entsteht wenn man Chlorplatinammonchlorür mit einer sehr verdünnten Lösung von Silbernitrat so lange kocht, als sich noch Chlorsilber bildet. Beim Erkalten der kochendheiss filtrirten Flüssigkeit scheidet es sich als ein körniges Pulver ab. Seine Lösung röthet Lackmus und gibt mit Kali oder Ammoniak Platinammin.

Salpetersaures Platinammonnitrat, $(N\Theta_2\text{-}NH_3)_2\text{Pt}(\Theta_2N)_2$, ist eine krystallinische Masse, welche beim Vermischen des vorigen Salzes mit Salpetersäure entsteht.

4) Verbindungen des Platinbiammoniums.

Chlorplatinbiammonchlorür, $Cl_2\text{Pt}[N(NH_4)H_2Cl]_2$, wird erhalten, wenn man Chlorplatinammonchlorür mit Ammoniakflüssigkeit kocht, oder wenn man Chlorgas in eine kochende und ziemlich concentrirte Lösung von Platosbiammoniumchlorür leitet. Weisses Krystallpulver; krystallisirt aus Wasser in durchsichtigen gelblichen regulären Octaëdern. Gibt beim Erhitzen mit Salpetersäure Chlorplatinbiammonnitrat:

$$Cl_2\text{Pt}[N(NH_4)H_2Cl]_2 + 4NO_3H = Cl_2\text{Pt}[N(NH_4)H_2\text{-}\Theta_2N]_2 + Cl_2 + 2N\Theta_2 + 2H_2\Theta.$$

Chlorplatinbiammonsulphat, $S\Theta_4[N(NH_4)H_2]_2\text{Pt}Cl_2 + aq.$, bildet sich beim Vermischen der warmen concentrirten Lösungen von Natriumsulphat und Chlorplatinbiammonchlorür. Feine durchsichtige Nadeln, welche an der Luft unter Verlust von Wasser undurchsichtig werden. Leicht löslich in heissem Wasser, schwer in kaltem.

Basisches Platinbiammoniumnitrat, $[NO_3\text{-}N(NH_4)H_2]_2\text{Pt}(\Theta H)_2$, wird erhalten, wenn man das folgende Salz mit Ammoniak behandelt. Ein weisses amorphes Pulver, unlöslich in kaltem und ziemlich leicht löslich in heissem Wasser.

Halbbasisches Platinbiammoniumnitrat, $[N\Theta_3\text{-}N(NH_4)H_2]_2\text{Pt}\begin{cases}\Theta H\\ \Theta_2N\end{cases}$, entsteht bei der Einwirkung von heisser starker Salpetersäure auf Platosbiammoniumnitrat:

$$[NO_3\text{-}N(NH_4)H_2]_2\text{Pt} + 3NO_3H = [N\Theta_3\text{-}N(NH_4)H_2]_2\text{Pt}\begin{cases}\Theta H\\ \Theta_2N\end{cases} + 2N\Theta_2 + H_2\Theta.$$

Ein weisses krystallinisches Pulver, wenig in kaltem, reichlicher in kochendem Wasser löslich. Verpufft beim Erhitzen.

Palladiumammoniumverbindungen.

1) Verbindungen des Palladosammoniums.

Palladosammoniumchlorür, $Pd(NH_3Cl)_2$, wird erhalten, wenn man Palladiumchlorür mit Ammoniakflüssigkeit versetzt, bis sich der Niederschlag wieder gelöst hat, und die Lösung abdampft oder mit Salzsäure versetzt. Gelbes krystallinisches Pulver, aus kleinen regulären Octaëdern bestehend. Unlöslich in Wasser. Löst sich in kalter Ammoniakflüssigkeit zu Palladosbiammonchlorür. Wird bei der Behandlung mit Chlorwasser zersetzt, indem sich Stickgas entwickelt und Palladiumsalmiak bildet.

Man kann das Salz in quadratischen Krystallen mit 1 Mol. Wasser krystallisirt erhalten. In dieser Form ist es in Wasser löslich.

Palladosammoniumoxyhydrür, $Pd(NH_3\text{-}OH)_2$, wird durch Kalilauge, Barytwasser oder Silberoxyd aus dem Chlorür abgeschieden. Man gewinnt es durch Zersetzung des Sulphats mittelst Barytwasser. Seine Lösung ist gelb, geruchlos, reagirt alkalisch, schmeckt stark alkalisch, nicht metallisch; sie lässt sich ohne Zersetzung kochen und eindampfen. Sie zieht aus der Luft Kohlensäure an, treibt Ammoniak aus den Ammoniumsalzen aus und fällt Eisen-, Kupfer- und Silbersalze. Die durch Abdampfen gewonnene Base ist eine braune harzartige Masse oder ein gelbes krystallinisches Pulver. Bildet mit den Säuren Salze, welche meist gelb sind und in regulären Octaëdern krystallisiren. Aus ihrer Lösung fällen Chlor-, Brom- und Jodwasserstoff gelbe krystallinische Niederschläge.

Palladosammoniumsulphit, $SO(ONH_3)_2Pd$, entsteht bei der Einwirkung von schwefliger Säure auf die freie Base oder ihr Carbonat. Bildet dunkelgelbe reguläre Octaëder; ist in Wasser ziemlich leicht löslich, in Alkohol unlöslich. Seine Lösung gibt mit Ammoniak einen Niederschlag von Palladosbiammonsulphit. Beim anhaltenden Kochen mit schwefliger Säure wird das Palladium daraus reducirt.

Palladosammoniumsulphat, $SO_2(ONH_3)_2Pd$, bildet sich bei der Einwirkung einer Lösung von Silbersulphat auf Palladosammonchlorür. Kleine gelbe reguläre Octaëder; löslich in Wasser.

Palladosammoncarbonat, $CO(ONH_3)_2Pd$, entsteht bei der Einwirkung der Luft auf die freie Base. Goldgelbe reguläre Octaëder. In Wasser ziemlich leicht löslich, die Lösung ist gelb und reagirt alkalisch.

2) Verbindungen des Palladosbiammoniums.

Palladosbiammonchlorür, $Pd[N(NH_4)H_2Cl]_2 + H_2O$, wird beim Verdunsten der Auflösung von Palladosammonchlorür in Ammoniak über

Schwefelsäure im Vacuum erhalten. Krystallisirt in farblosen monoklinen Prismen. Ist leicht löslich in Wasser. Zerfällt beim Erwärmen in Wasser, Ammoniak und Palladosammonchlorür, welches auch bei der Einwirkung von Säuren, selbst von Kohlensäure, abgeschieden wird.

Palladosbiammonchlorür - Palladosumchlorür, $Pd[N(NH_4)H_2Cl]_2 + PdCl_2$, bildet sich bei der Einwirkung von schwach überschüssigem Ammoniak auf Palladiumchlorür. Rosenroth, unlöslich in Wasser, verwandelt sich leicht in Palladosammonchlorür, und gibt mit Ammoniak Palladosbiammonchlorür.

Palladosbiammoniumoxyhydrür, $Pd[N(NH_4)H_2\text{-}OH]_2$, wird bei der Zersetzung des Sulphats durch Barytwasser erhalten. Krystallisirt in langen farblosen Prismen. Löst sich leicht in Wasser und bildet damit eine blassgelbe stark alkalisch reagirende Flüssigkeit, welche aus der Luft Kohlensäure anzieht und beim Kochen Zersetzung erleidet.

Palladosbiammonsulphit, $SO_2[N(NH_4)H_2]_2Pd$, fällt bei der Einwirkung von Ammoniak auf Palladosammonsulphit nieder. Kleine prismatische, in Wasser schwer lösliche, in Alkohol unlösliche Krystalle.

Palladosbiammonsulphat, $SO_4[N(NH_4)H_2]_2Pd$, krystallisirt aus der Lösung von Palladosumsulphat in überschüssigem Ammoniak in farblosen, in Wasser leicht löslichen, in Alkohol unlöslichen Prismen.

Legirungen.

Platin-Kupfer. Die Verbindung der beiden Metalle erfolgt erst in der Weissglühhitze. Gleiche Gewichte derselben geben ein goldgelbes dehnbares und verarbeitbares, an der Luft nicht anlaufendes Gemisch. Ein Gemisch von 26 Th. Kupfer und 1 Th. Platin ist geschmeidig, rosenroth, von feinkörnigem Bruch.

Platinamalgam. Compactes Platin verbindet sich nicht mit Quecksilber, aber Platinschwamm lässt sich veralgamiren und Quecksilber fällt Platin aus seinen Lösungen, wobei das gefällte Platin sich mit dem überschüssigen Quecksilber vereinigt.

Platin - Iridium - Rhodium. Man gewinnt ein für technische Zwecke brauchbares Platin, welches etwas Iridium und Rhodium enthält, wenn man das rohe Platin mit Blei, Bleiglanz und etwas Glas zusammenschmilzt, wobei das vorhandene Eisen als Schwefeleisen in die Schlacke übergeht. Man rührt das hellrothglühende Gemisch mit einem eisernen Spatel um, damit das übrige Schwefelblei zersetzt wird, fügt Bleiglätte hinzu, bis sich keine schweflige Säure mehr entwickelt und lässt den Tiegel erkalten. Von dem erkalteten und von der Schlacke getrennten Regulus sägt man das untere Ende, etwa $^1/_{10}$ des Ganzen ab, dasselbe enthält das Osmium-Iridium, und cuppellirt das obere Stück, wobei das Platin in Form einer schwammigen, nur noch 6 bis 7 Proc. Blei enthaltenden Masse zurückbleibt. Diese bringt man noch rothglühend auf eine Kapelle vor ein oxydirendes Sauerstoff-Leuchtgas-Gebläse, wobei das noch vorhandene Blei fast vollständig oxydirt wird. Vollständig rein wird die Legirung der Platinmetalle, wenn man die Masse in einem Kalktiegel schmilzt, wobei alles Blei und auch etwa vorhandenes Osmium und Ruthenium oxydirt und verschlackt werden und sich das Palladium verflüchtigt.

60. Iridium. Ir. — 61. Rhodium. Rh.

Atomgewicht 198. Atomwärme 6,4. — Atomgewicht 104,4. Atomwärme 6,4.

Eigenschaften. Iridium ist ein weisses hartes und sprödes Metall. Es ist in der Rothglühhitze etwas hämmerbar, schwerer schmelzbar als Platin, spratzt beim Erstarren und ist nicht flüchtig. Spec. Gew. 21,15. Wirkt katalytisch. Oxydirt sich beim Glühen an der Luft. Löst sich in keiner Säure, auch nicht in Königswasser. Wird beim Schmelzen mit Kalihydrat, Salpeter und Kaliumsulphat oxydirt. Verbindet sich bei höherer Temperatur direct mit Chlor. Seine Verbindungen werden nur bei starker Glühhitze zersetzt. Es wird aus seinen Lösungen durch Zink, Eisen, Zinn und die meisten anderen Metalle, jedoch nicht vollständig, gefällt. Gold und Platin fällen es nicht.

Rhodium ist ein fast silberweisses glänzendes sehr dehnbares Metall, von 12,1 spec. Gew. Schwerer schmelzbar als Platin und leichter als Iridium, nicht flüchtig; oxydirt sich beim starken Glühen oberflächlich. Spratzt beim Erstarren. Wirkt katalytisch. Unauflöslich in allen Säuren, verbindet sich bei erhöhter Temperatur direct mit Chlor, wird beim Schmelzen mit Kalihydrat, Salpeter, Phosphorsäure oder Kaliumsulphat oxydirt. Wird aus seinen Verbindungen durch blosses Erhitzen nur bei sehr hoher Temperatur reducirt; Wasserstoff reducirt es leicht. Seine Lösungen geben mit Zink, Eisen, Kupfer und Quecksilber nicht aber mit Silber, metallisches Rhodium, welches sich als schwarzes Pulver abscheidet.

Verbindungen des Iridiums und Rhodiums.

Iridiumchlorid, $IrCl_4$, bildet sich beim Auflösen von Diiridiumoxyhydrürhydrat in warmer concentrirter Salpetersalzsäure. Die dunkelrothbraune Lösung lässt beim Abdampfen fast schwarzes Chlorid, welches bei starker Glühhitze in Chlor und Metall zerfällt. Schwefelwasserstoff entfärbt die Lösung, indem unter Abscheidung von Schwefel Diiridiumchlorid entsteht. Durch Kalihydrat wird es unter Bildung von unterchlorigsaurem Kalium in olivengrünes Diiridiumchlorid übergeführt. Salpetrigsaures Kalium reducirt es ebenfalls zu Diiridiumchlorid. Bildet mit mehreren Chlormetallen Doppelsalze.

Ammonium-Iridiumchlorid, Iridsalmiak, $IrCl_4$, $2NH_4Cl$, wird aus der concentrirten Lösung von Iridiumchlorid oder Natrium-Iridiumchlorid durch Salmiak ausgefällt. Kleine rothschwarze Octaëder, isomorph mit Platin- und Palladiumsalmiak. Ziemlich leicht löslich in Wasser, dem es eine tief braunrothe Farbe ertheilt. Unlöslich in concentrirter Salmiaklösung. Löst sich in Ammoniakflüssigkeit zu Salmiak und dem Chlorür einer Iridbase.

Kalium-Iridiumchlorid, $IrCl_4$, $2KCl$, schlägt sich beim Vermischen der Lösungen von Chlorkalium und Iridiumchlorid oder Natrium-Iridiumchlorid nieder. Bildet kleine glänzende rothschwarze reguläre Octaëder, isomorph mit Platinsalmiak. Gibt mit Wasser eine tiefrothe Lösung, ist unlöslich in einer gesättigten Lösung von Chlorkalium und in Weingeist.

Ammonium- oder Kalium-Iridiumchlorid färbt sich, namentlich in heisser Lösung, mit salpetrigsaurem Kalium olivengrün, indem Kalium-Diiridiumchlorid entsteht.

Natrium-Iridiumchlorid, $IrCl_4$, $2NaCl$, bildet sich, wenn man über ein schwach glühendes inniges Gemenge von fein vertheiltem Iridium (oder Osmiumiridium) und Chlornatrium Chlorgas leitet. Hierbei bildet sich gleichzeitig Natrium-Diiridchlorid. Man löst in Wasser auf, behandelt mit Königswasser und lässt krystallisiren, wobei sich ein Salz mit 6 Mol. Wasser abscheidet; dasselbe ist isomorph mit dem entsprechenden Platinsalz.

Diiridiumchlorid, $Ir_{II}Cl_6$, entsteht beim Erhitzen von Iridium im Chlorgasstrome. Als Hydrat mit 8 Mol. Krystallwasser erhält man es durch Auflösen von Iridoxyd in Salzsäure, Einleiten von Schwefelwasserstoff in die Lösung bis zur Umwandlung des Iridiumchlorids in Diridiumchlorid, und Abdampfen zur Krystallisation. Es besitzt eine olivengrüne Farbe. Verbindet sich mit anderen Chlormetallen zu krystallisirbaren Doppelsalzen.

Ammonium-Diiridiumchlorid, $Ir_{II}Cl_6$, $6NH_4Cl + 3H_2O$, entsteht, wenn man eine durch Schwefelwasserstoff reducirte Lösung von Iridsalmiak mit concentrirter Salmiaklösung vermischt und langsam verdunstet. Bildet dunkelolivengrüne rhombische Krystalle. Löslich in Wasser und verdünnter Salmiaklösung, unlöslich in Weingeist.

Kalium-Diiridiumchlorid, $Ir_{II}Cl_6$, $6KCl + 6H_2O$, bildet sich, wenn man Kalium-Iridchlorid mit Schwefelwasserstoff haltendem Wasser kocht, bis es reducirt ist, dann Chlorkalium hinzufügt und abdampft;

oder wenn man Ammonium- oder Kalium-Iridchlorid mit einer Lösung von salpetrigsaurem Kalium kocht:

$$2\text{Ɨr}Cl_4, 2KCl + 2N\Theta_2K = \text{Ɨr}_{II}Cl_6, 6KCl + 2N\Theta_2.$$

Krystallisirt in olivengrünen glänzenden Prismen. Leicht löslich in Wasser, unlöslich in Weingeist.

Es lässt sich aus unreinem Iridsalmiak, der jedoch kein Rhodium enthalten darf, rein gewinnen.

Natrium-Diiridchlorid, $\text{Ɨr}_{II}Cl_6, 6NaCl + 24H_2\Theta$. Zur Darstellung dieses Salzes löst man die Masse, welche beim Ueberleiten von Chlor über ein erhitztes Gemenge von Osmiumiridium und Kochsalz bleibt, in Wasser, reducirt durch Schwefelwasserstoff und verdunstet die Lösung. Es krystallirt in dunkelolivengrünen rhomboëdrischen Krystallen, verwittert sehr leicht, indem es hellgrün wird. Leicht löslich in Wasser, unlöslich in Weingeist. Gibt mit Chlorkalium das Kaliumsalz.

Hydrargyrosum-Diiridchlorid, $\text{Ɨr}_{II}Cl_6, 6\text{Ħ}gCl$, entsteht als hellbräunlichgelber Niederschlag beim Vermischen der Lösungen von Hydrargyrosumnitrat und Iridium- oder Diiridiumchlorid.

Silber-Diiridiumchlorid, $\text{Ɨr}_{II}Cl_6, 6AgCl$. Das Verhalten des Silbernitrats gegen Natrium-Iridchlorid ist besonders charakteristisch für Iridium. Beim Vermischen der kalten Lösungen dieser Salze entsteht zuerst ein tiefblauer Niederschlag, welcher Sauerstoff entwickelt, blasser und endlich farblos wird, und jetzt aus Silber-Diiridchlorid besteht, welches sich nach der folgenden Gleichung gebildet hat:

$$2\text{Ɨr}Cl_4, 2NaCl + 6N\Theta_3Ag + H_2\Theta = \text{Ɨr}_{II}Cl_6, 6AgCl + 4N\Theta_3Na + 2NO_3H + \Theta.$$

Dirhodiumchlorid, $Rh_{II}Cl_6$, entsteht beim gelinden Erhitzen von Rhodium in einem Strome von Chlorgas. Eine rosenrothe sehr indifferente Substanz, welche nur beim starken Rothglühen in Chlor und Metall zerfällt. Unlöslich in Salzsäure und Königswasser; wird beim Kochen mit Kalilauge langsam zersetzt. Ein lösliches Dirhodiumchloridhydrat, $Rh_{II}Cl_6 + 8H_2\Theta$, erhält man durch Lösen des mittels Salpetersäure vom Kaligehalte befreiten gelben Dirhodiumoxyhydrürhydrats in Salzsäure und Abdampfen als eine dunkelrothbraune amorphe Masse, welche bei höherer Temperatur wasserfrei und unlöslich wird. Mit concentrirter Schwefelsäure entwickelt sie beim Sieden Salzsäure, indem Diiridiumsulphat entsteht. Wird beim Erhitzen mit salpetrigsaurem Kalium gelb und scheidet ein orangegelbes, wenig in Wasser, aber leicht in Salzsäure lösliches Pulver ab, während eine andere, durch Alkohol fällbare Verbindung gelöst bleibt. Bildet mit anderen Chlormetallen Doppelsalze.

Natrium-Dirhodiumchlorid, $Rh_{II}Cl_6$, 6NaCl + $24H_2O$, entsteht beim Ueberleiten von Chlor über ein erhitztes Gemenge von Dirhodiumchlorid und Kochsalz, oder beim Vermischen der Lösungen dieser beiden Salze. Es krystallisirt aus der Lösung sehr leicht in grossen triklinometrischen Prismen, welche stark glänzend sind, eine tiefkirschrothe, ins Schwärzliche spielende Farbe haben, leicht löslich in Wasser und vollkommen unlöslich in Weingeist sind. Isomorph mit dem entsprechenden Iridiumsalz.

Ammonium-Dirhodiumchlorid, $Rh_{II}Cl_6$, $6NH_4Cl$ + $3H_2O$, krystallisirt aus einer mit Salmiak versetzten Lösung des vorigen Salzes beim freiwilligen Verdunsten in tiefkirschrothen rhombischen Säulen. Isomorph mit dem entsprechenden Iridiumsalz. Löslich in Wasser und verdünnter Salmiaklösung, unlöslich in Weingeist. In der Glühhitze lässt es reines Rhodium in Pseudomorphosen zurück. Aus der zum Sieden erhitzten concentrirten Auflösung krystallisirt beim Erkalten ein Salz der Formel: $RhCl_3$, $4NH_4Cl$ + $2H_2O$, in hellrothen, schwer löslichen kurzen Prismen oder sechsseitigen Tafeln.

Blei-Dirhodiumchlorid, $Rh_{II}Cl_6$, $3PbCl_2$, *Hydrargyrosum-Dirhodiumchlorid*, $Rh_{II}Cl_6$, 6HgCl, oder *Silber-Dirhodiumchlorid*, $Rh_{II}Cl_6$, 6AgCl, werden als hellrothe in Wasser unlösliche Niederschläge gefällt, wenn die Lösung eines Rhodiumsalzes mit salpetersaurem Blei, Hydrargyrosum oder Silber vermischt wird.

Iridiumoxyd, IrO_2, entsteht unter Erglühen beim Erhitzen des Oxyhydrürs in einer Atmosphäre von Kohlensäuregas. Schwarz, unlöslich in den Säuren.

Iridiumoxyhydrür, $Ir(OH_4)$, wird als schwerer indigblauer Niederschlag erhalten, wenn die Lösung irgend einer Chlorverbindung des Iridiums mit Kalihydrat gekocht wird. Zur Entfernung des letzten Restes Kali wäscht man den Niederschlag mit verdünnter Salpetersäure. Es ist unlöslich in verdünnter Schwefel- und Salpetersaure, langsam löslich in Salzsäure. Die Lösung ist anfangs blau, dann grün, und wird beim Erhitzen endlich rothbraun, indem sie nun Iridiumchlorid enthält.

Die Salze des Iridiumoxyds zeichnen sich dadurch aus, dass sie wie das Chlorid, $IrCl_4$, leicht zu Diiridiumoxydsalzen reducirt werden.

Diiridiumoxyd, $Ir_{II}O_3$, wird erhalten, wenn man Kalium-Iridiumchlorid, oder das Biiridiumsalz mit Soda gemengt bis nahe zum Glühen erhitzt, die Salzmasse mit kochendem Wasser auslaugt, den Rest mit salmiakhaltigem Wasser wäscht, erhitzt und das noch anhängende Alkali durch Säure entfernt. Beim stärkeren Erhitzen mit Soda treibt es Kohlensäure aus, wobei eine in Wasser lösliche Verbindung entsteht.

Biiridiumoxyd entsteht ferner beim Schmelzen von Iridium mit Kaliumbisulphat. Es ist unlöslich in den Säuren und auch in glühendem Kaliumbisulphat. Zerfällt oberhalb des Schmelzpunktes des Silbers in Sauerstoff und Metall. Wasserstoff reducirt es schon bei gewöhnlicher Temperatur unter Erglühen.

Diiridiumoxyhydrür, $Ir_{II}(\Theta H)_6$, bildet sich, wenn man eine Lösung von Iridium mit überschüssigem Kalihydrat und etwas Weingeist vermischt längere Zeit stehen lässt. Gallertförmig, schwarz; schwindet beim Trocknen zu einer bräunlich schwarzen Masse, welche sich sehr indifferent verhält und nur mit Salzsäure olivengrün gefärbtes Diiridiumchlorid gibt.

Diiridiumoxyhydrürhydrat, $Ir_{II}(\Theta H)_6 + 2H_2\Theta$, entsteht als hell grünlich-gelber Niederschlag, wenn bei Luftabschluss ein sehr geringer Ueberschuss von Kalihydrat zu einer Lösung von Kalium-Iridiumchlorid gegeben wird. Es ist leicht löslich im Ueberschuss des Fällungsmittels. Absorbirt sehr rasch Sauerstoff aus der Luft und verwandelt sich in blaues Iridiumoxyhydrür. Löslich in den Säuren. Seine Salze gehen an der Luft oder bei der Behandlung mit Salpetersäure rasch in Iridiumsalze über.

Iridiumsäure. Im freien Zustande nicht bekannt. Ihre Kaliverbindung entsteht beim längeren Glühen von Iridium mit Salpeter als schwärzlich-grüne Masse, welche sich zum Theil mit tief indigblauer Farbe löst, zum Theil als schwarzblaues Krystallpulver ungelöst bleibt. Entwickelt mit Salzsäure Chlor und bildet eine tiefblaue Lösung. Das Anhydrid der Säure besteht wahrscheinlich aus 1 Atom Iridium und 3 Atomen Sauerstoff.

Rhodiumoxydul, $Rh\Theta$, entsteht beim Erhitzen von Dirhodiumoxyhydrür unter plötzlichem Erglühen. Ein dunkelgraues metallisch aussehendes Pulver.

Dirhodiumoxyd, $Rh_{II}\Theta_3$, bleibt beim Erhitzen von Dirhodiumnitrat als eine poröse schwammige Masse von grauer Farbe und metallischem Glanz zurück. Ist in Säuren unlöslich und auch sonst indifferent. Wird durch Wasserstoff beim Erhitzen leicht reducirt.

Dirhodiumoxyhydrür, $Rh_{II}(\Theta H)_6$, entsteht, wenn man eine mit überschüssigem Kalihydrat vermischte Rhodiumlösung mit etwas Alkohol versetzt und längere Zeit stehen lässt. Ist im feuchten Zustande gallertartig und schwarz, schwindet beim Trocknen zu bräunlich-schwarzen matten schweren Stücken. Verhält sich gegen Lösungsmittel sehr indifferent, nur Salzsäure löst etwas davon unter rother Färbung. Gibt beim Erhitzen das Oxydul.

Dirhodiumoxyhydrürhydrat, $Rh_{II}(\Theta H)_6 + 2H_2\Theta$, schlägt sich allmälig aus einer mit nicht überschüssiger Kalilauge vermischten Lösung von Natrium-Dirhodiumchlorid nieder. Blassgelbes Pulver; gibt beim Erhitzen Wasser und Dirhodiumoxyd. Löst sich sehr leicht in allen Säuren und bildet gelbe Salze von herbem Geschmack. Es enthält immer etwas Kalium, löst sich leicht in concentrirter Kalilauge, fällt aber beim Verdünnen mit Wasser theilweise wieder heraus.

Rhodiumoxyd, $Rh\Theta_2$, entsteht beim Glühen des Metalls mit Kalihydrat und Salpeter, Auslaugen der Masse mit Wasser und Digeriren des Rückstandes mit concentrirter Salpetersäure. Bildet ein in allen Lösungsmitteln unlösliches braunes Pulver. Wird beim Erhitzen im Wasserstoffstrome langsam reducirt.

Rhodiumoxyhydrür, $Rh(\Theta H)_4$, bildet sich beim längeren Einleiten von Chlor in die alkalisch zu haltende Lösung von Dirhodiumoxyhydrürhydrat in Kalilauge. Grünes Pulver, löst sich in Salzsäure unter blauer oder grünblauer Färbung und steter Chlorentwicklung, bis die Lösung nur noch rothes Dirhodiumchlorid enthält.

Rhodiumsäure. Die von der vorigen Verbindung getrennte Flüssigkeit ist dunkelviolettblau und enthält wahrscheinlich rhodiumsaures Kalium. Sie gibt beim vorsichtigen Neutralisiren mit Salpetersäure einen blauen flockigen Niederschlag, der beim Trocknen grün wird. Frisch dargestellt löst er sich leicht in Salzsäure unter Chlorentwicklung, wobei die Flüssigkeit eine blauviolette Farbe annimmt, welche sich beim Erhitzen in die rothe des Dirhodiumchlorids verwandelt.

Schwefeliridium. Schwefelwasserstoff entfärbt sogleich Iridiumchloridlösung, indem unter Abscheidung von Schwefel Diridiumchlorid und Salzsäure entstehen. Leitet man längere Zeit Schwefelwasserstoff in die zum Kochen erhitzte Lösung, so scheidet sich etwas Schwefeliridium ab. Die Schwefelalkalien wirken zuerst ebenso wie Schwefelwasserstoff, dann bilden sie Schwefeliridium, welches im Ueberschuss löslich ist und beim Kochen oder beim Ansäuern gefällt wird.

Iridium wird aus einer mit salpetrigsaurem Kali und Soda versetzten Lösung durch Schwefelwasserstoff auch beim Kochen nicht gegefällt.

Schwefelrhodium. Schwefelwasserstoff verändert anfangs die rothe Farbe der Rhodiumsalze in gelblichbraun; erst nach längerer Zeit scheidet es etwas Schwefelrhodium aus. Erhitzt man die Flüssigkeit, so fällt sogleich das meiste Rhodium als schwarzes Dirhodiumsulphid, $Rh_{II}S_3$, heraus. Schwefelammonium gibt in der Kälte anfangs keinen Niederschlag, dann zeigt sich eine gelbe Trübung und endlich fällt rahmrothes Schwefelrhodium, welches beim Erhitzen sogleich niedergeschlagen wird.

Rhodium wird auch aus seiner mit salpetrigsaurem Kalium und Soda vermischten Lösung durch Schwefelwasserstoff gefällt. Der Niederschlag ist im Ueberschuss des Schwefelalkalis löslich und wird daraus durch Salzsäure vollständig gefällt.

Diiridiumcyanid, $Ir_{II}Cy_6$, scheidet sich aus der mit Salzsäure versetzten Lösung von Diiridiumcyanwasserstoffsäure als grüner Niederschlag ab.

Wasserstoff-Diiridcyanid, Diiridcyanwasserstoff, $Ir_{II}Cy_6$, 6HCy, wird erhalten durch Fällen des Bariumsalzes mit Schwefelsäure, Ausziehen mit Aether und Verdunsten des letzteren. Bildet kleine Krystalle; reagirt stark sauer und zersetzt kohlensaure Salze. Wird erst oberhalb 300° zersetzt.

Kalium-Diiridcyanid, $Ir_{II}Cy_6$, 6KCy. Zur Darstellung dieses Salzes schmilzt man ein inniges Gemenge von 1 Th. Iridiumsalmiak und $1^1/_2$ Th. Cyankalium 10 bis 15 Minuten, löst die erkaltete Masse in $2^1/_2$ Th. kochendem Wasser, filtrirt und lässt erkalten, wobei es herauskrystallisirt. Es bildet ziemlich grosse wasserhelle prismatische Krystalle, welche dem rhombischen Systeme angehören. Leicht löslich in Wasser, unlöslich in Alkohol. Zersetzt sich selbst beim Glühen in einem Strome von Chlor oder Salzsäure nur unvollständig.

Barium-Diiridcyanid, $Ir_{II}Cy_6, 3BaCy_2 + 18H_2O$, bildet sich bei der Zersetzung des Kupfersalzes durch Barytwasser und scheidet sich beim Verdampfen der Lösung in harten wasserhellen rhombischen Krystallen aus. Verwittert leicht, ist löslich in Wasser und unlöslich in Weingeist. Wird durch die meisten Säuren nicht zersetzt.

Kupfer-Diiridcyanid, $Ir_{II}Cy_6, 3CuCy_2$, violetter Niederschlag, welcher beim Vermischen der Lösung des Kalisalzes mit Kupfervitriol entsteht.

Dirhodiumcyanid, $Rh_{II}Cy_6$, wird durch kochende concentrirte Essigsäure aus einer Lösung von Kalium-Dirhodiumcyanid vollständig gefällt. Schön carminrothes Pulver. Ist löslich in Cyankalium und lässt beim Glühen metallisches Rhodium.

Kalium-Dirhodiumcyanid, $Rh_{II}Cy_6$, 6KCy, wird wie das entsprechende Iridiumsalz, dem es sehr ähnlich ist, dargestellt.

Ammoniumverbindungen des Iridiums und Rhodiums.

Man kennt mehrere Ammonium-Arten, welche Iridium enthalten. Einige davon entsprechen den Verbindungen der Platinammonium-Arten, andere aber sind von abweichender Constitution.

Zu der ersten Klasse sind zu rechnen:

Iridosammoniumchlorür, $Ir(NH_3Cl)_2$,

Iridosbiammonchlorür, $Ir[N(NH_4)H_2Cl]_2$,

Chloriridinbiammonchlorür, $Cl_2\text{-}Ir[N(NH_4)H_2Cl]_2$.

Von den Verbindungen der anderen Klasse kennt man die folgenden:

Diiridindeciammonchlorür, $(ClH_3N)_2Ir_{II}[N(NH_4)H_2Cl]_4$,

Diiridindeciammonoxyhydrür, $(HO\text{-}H_3N)_2Ir_{II}[N(NH_4)H_2\text{-}OH]_4$,

Diiridindeciammonsulphat, $SO_4(H_3N)_2Ir_{II}[N(NH_4)H_2]_4\text{-}(SO_4)_2$,

Diiridindeciammonnitrat, $(NO_2\text{-}H_3N)_2Ir_{II}[N(NH_4)H_2\text{-}O_3N]_4$,

Diiridindeciammoncarbonat, $CO_3(H_3N)_2Ir_{II}[N(NH_4)H_2]_4\text{-}(O_2O)_2$.

Vom Rhodium kennt man nur solche Verbindungen, welche dieser letzten Klasse entsprechen; sie sind leichter darzustellen und genauer untersucht als die analogen Iridiumverbindungen und sollen daher im Folgenden allein beschrieben werden.

Dirhodindeciammonchlorür, $(ClH_3N)_2Rh_{II}[N(NH_4)H_2Cl]_4$, wird erhalten, wenn Ammonium-Dirhodicumchlorür in einem Ueberschuss von Ammoniakflüssigkeit gelöst, die Lösung zum Sieden erhitzt, filtrirt und abgedampft wird. Bildet kleine rhombische Krystalle, ist schwer löslich in Wasser, reagirt neutral, ohne Zersetzung löslich in Kalilauge und Ammoniakflüssigkeit und unlöslich in Alkohol. Zerfällt beim Erhitzen in Ammoniak, Chlorammonium, Stickstoff und metallisches Rhodium.

Dirhodindeciammonoxyhydrür, $(HO\text{-}H_3N)_2Rh_{II}[N(NH_4)H_2\text{-}OH]_4$, entsteht aus dem Chlorür beim längeren Digeriren mit frischgefälltem Silberoxyd und Wasser bei etwas erhöhter Temperatur. Seine Lösung besitzt eine hellgelbe Farbe, einen herben alkalischen Geschmack und bläut das geröthete Lackmuspapier. Sie entwickelt beim Erhitzen mit Salmiak Ammoniak, indem das Chlorür der Base entsteht. Beim Abdampfen lässt sie das Oxyhydrür als gelbliche Krystallmasse. Gibt mit Säuren krystallisirbare Salze.

Dirhodindeciammonsulphat, $SO_4(H_3N)_2Rh_{II}[N(NH_4)H_2]_4\text{-}(O_4S)_2 + 3H_2O$, krystallisirt in grossen gelblichrothen Prismen, welche ohne Zersetzung zu erleiden auf 180° erhitzt werden können.

Dirhodindeciammoncarbonat, $CO_3(H_3N)_2Rh_{II}[N(NH_4)H_2]_4\text{-}(O_2C)_2 + 3H_2O$, eine in Wasser leicht lösliche weisse Salzmasse, welche stark alkalisch reagirt und einen schwach-salzigen Geschmack besitzt. Zersetzt sich beim Erhitzen oberhalb 100° unter Ammoniakentwicklung.

Legirungen des Iridiums und Rhodiums.

Wenn Iridium mit einer grossen Menge Platin verbunden ist wird es von Königswasser etwas gelöst; ein grosser Gehalt an Iridium macht umgekehrt das Platin weniger löslich in Königswasser. Die beiden Metalle vereinigen sich beim Schmelzen leicht zu Legirungen, welche selbst bei 20 Proc. Iridium noch hämmerbar und bearbeitbar sind. Sie sind starrer als reines Platin.

Auch das Rhodium wird in Königswasser löslich, wenn es mit vielem Platin legirt ist, ist seine Menge bedeutend, so bleibt ein Theil ungelöst. Eine Legirung von 70 Th. Platin und 30 Th. Rhodium lässt sich gut bearbeiten und wird durch Königswasser nicht angegriffen.

Behandelt man Gefässe aus iridium- und rhodiumhaltigem Platin wiederholt mit Königswasser und glüht und hämmert nach jedesmaliger Behandlung mit dem Lösungsmittel, so werden sie endlich unangreifbar, indem sie hierbei mit einer in Königswasser unlöslichen Legirung bekleidet werden.

62. Osmium. Os.
Atomgewicht 199,2. Atomwärme 6,4.

63. Ruthenium. Ru.
Atomgewicht 104,4.

Eigenschaften. Osmium ist unter gewöhnlichem Luftdruck nicht schmelzbar, indem es sich bei sehr hoher Temperatur direct in Dampf verwandelt. Vorher sintert es zu einer hellblauweissen metallglänzenden Masse von 21,3 bis 21,4 spec. Gew. zusammen. In Form von Schwamm wird es beim Erhitzen eines innigen Gemenges von osmiumsaurem Ammonium und Salmiak erhalten. Durch Wasserstoff aus seinem flüchtigen Oxyd reducirt, bildet es eine dichte schwarze Masse von 10 spec. Gew. Als amorphes leicht entzündliches Pulver, welches schon bei gewöhnlicher Temperatur an der Luft Oxydation erleidet, bleibt es, wenn man eine Legirung von Osmium und Zinn mit Salzsäure behandelt.

Das pulverförmige Osmium oxydirt sich bei Zutritt der Luft sehr leicht zu Tetraoxyd, welches sich durch einen eigenthümlichen Geruch zu erkennen gibt. Compactes Osmium erleidet schwierig Oxydationbeim Erhitzen an der Luft. Pulverförmiges Osmium wird auf nassem Wege leicht oxydirt, Salpetersäure oder Königswasser führen es in Tetraoxyd über. Durch Zusammenschmelzen mit Kalihydrat oder Salpeter wird auch das compacte Osmium leicht oxydirt. Mit Chlor verbindet es sich beim Erwärmen direct.

Bringt man reines Osmium oder eine osmiumhaltige Legirung in den äusseren Rand einer nicht leuchtenden Flamme, so wird Osmiumtetraoxyd gebildet und verflüchtigt; im inneren Theile der Flamme erleidet es Reduction, es scheiden sich Osmium und Kohlenstoff aus, die Flamme wird stark leuchtend und an ihrem Rande wird das Osmium wieder oxydirt und macht sich nun durch den Geruch des Tetraoxyds bemerklich.

Die niederen Oxyde des Osmiums werden schon in der Kälte durch Wasserstoff reducirt.

Ruthenium ist ein grauweisses sprödes Metall, schwerer schmelzbar als Iridium, bei hoher Temperatur flüchtig, spratzt beim Erstarren. Spec. Gew. 11,0 bis 11,4. Erleidet beim Glühen an der Luft leicht Oxydation. Unlöslich in den meisten Säuren, selbst Königswasser löst es nur sehr langsam. Es oxydirt sich nicht beim Zusammenschmelzen mit Kaliumbisulphat, wohl aber beim Erhitzen mit geschmolzenem Kalihydrat. Mit Chlor verbindet es sich bei höherer Temperatur direct. Seine Oxyde werden nicht in der Kälte, sondern erst beim Erhitzen durch Wasserstoff reducirt.

Verbindungen des Osmiums und Rutheniums.

Osmiumchlorür, $OsCl_2$, bildet sich beim Erhitzen von Osmium in vollkommen trocknem und luftfreiem Chlorgase als dichter blauschwarzer schwer flüchtiger Anflug. Bildet mit mehr Chlor Chlorid. Löst sich in Wasser mit dunkel violettblauer Farbe, welche sich unter Aufnahme von Sauerstoff rasch verändert.

Osmiumchlorid, $OsCl_4$, ist flüchtiger als das Chlorür, besitzt eine mennigrothe Farbe, ist mit gelber Farbe in Wasser und Alkohol löslich und verwandelt sich in Lösung rasch in niederfallendes schwarzes Oxyd, in Tetraoxyd und Salzsäure. Wird durch reducirende Stoffe, wie Zink und Alkohol, in Chlorür verwandelt. Verbindet sich mit anderen Chlormetallen zu krystallisirbaren Doppelsalzen.

Natrium-Osmiumchlorid, $OsCl_4$,2NaCl, wird am besten durch schwaches Glühen einer Mischung von Schwefelosmium und Chlornatrium im feuchten Chlorstrome dargestellt. Leicht löslich in Wasser und Alkohol, krystallisirt in langen orangegelben Prismen.

Kalium-Osmiumchlorid, $OsCl_4$, 2KCl, wird durch Chlorkalium aus der wässrigen Lösung des Natriumsalzes gefällt. Bildet braune oder mennigrothe, wenig in Wasser, nicht in Alkohol lösliche Octaëder, isomorph mit Platinsalmiak. Seine wässrige Lösung erleidet leicht Zersetzung; durch Kalilauge wird sie entfärbt und erst beim Sieden wird daraus blauschwarzes Osmiumoxyhydrür gefällt.

Ammonium-Osmiumchlorid, $OsCl_4$, $2NH_4Cl$, wird aus der Lösung des Natriumsalzes durch Salmiak gefällt. Bildet schwarzbraune Octaëder. Hinterlässt beim Erhitzen schwammiges Osmium. Seine Lösung wird rasch zersetzt; sie gibt mit Ammoniak Salmiak und das Chlorür eines Osmiumammoniums.

Diosmiumchlorid, $Os_{II}Cl_6$, ist nicht im reinen Zustande bekannt; es bildet sich beim Auflösen des Osmiumchlorürs oder Chlorids in Wasser, wo eine rosenrothe leicht veränderliche Lösung entsteht. Krystallisirt mit anderen Chlormetallen zusammen.

Kalium Diosmiumchlorid, $Os_{II}Cl_6,6KCl + 6H_2O$, bildet sich, wenn man eine concentrirte wässrige Lösung von Osmiumtetraoxyd mit Kalihydrat und Ammoniak vermischt, die rothbraune Flüssigkeit, bis sie gelb geworden ist, stehen lässt, dann mit Salzsäure neutralisirt und im Wasserbade rasch zur Trockne verdampft. Die unteren Schichten des Rückstandes bestehen hauptsächlich aus der Osmiumverbindung, welche durch vorsichtiges Waschen mit einer geringen Menge eiskalten Wassers rein erhalten wird. Es ist im krystallisirten Zustande dunkelroth oder braunroth, verliert beim Verwittern die Hälfte des Krystallwassers und wird hell-rosenroth; bei 150° bis 180° wird es wasserfrei. Löst sich mit kirschrother Farbe leicht in Wasser und Alkohol. Erleidet in Lösung rasch Zersetzung.

Rutheniumchlorür, $RuCl_2$, bildet sich beim Erhitzen von Ruthenium im trocknen Chlorgasstrome. Schwarz, krystallinisch, unlöslich in Wasser und in den Säuren. Seine salzsaure Lösung erhält man beim Einleiten von Schwefelwasserstoffgas in die Lösung von Diruthenchlorid; hierbei scheidet sich ein Gemenge von Schwefel und Schwefelruthen ab und die pomeranzengelbe Farbe der Lösung geht in blau über. Dampft man die blaue Lösung ab, so nimmt sie bei starker Concentration eine schöne chromgrüne Farbe an, beim Erhitzen mit Salzsäure oder schwefliger Säure wird sie entfärbt.

Rutheniumchlorid, $RuCl_4$, entsteht beim Auflösen des Oxyhydrürs in Salzsäure als braunrothe hygroscopische Salzmasse. Löst sich in Wasser, Alkohol und Kalilauge unter tief himbeerrother Färbung. Gibt mit Chlorammonium und Chlorkalium Doppelsalze.

Ammonium - Ruthenchlorid, $RuCl_4,2NH_4Cl$, bildet dunkel-kirschrothe Octaëder. Isomorph mit Platinsalmiak. Leicht löslich in Wasser, unlöslich in Weingeist.

Kalium-Ruthenchlorid, $RuCl_2$, 2KCl, ist der Ammoniakverbindung sehr ähnlich. Aus der concentrirten Lösung scheidet Ammoniak die isabellfarbige Chlorürverbindung eines Ruthenammoniums.

Dirutheniumchlorid, $Ru_{II}Cl_6$, wird durch Auflösen von Diruthenoxyhydrür in Salzsäure erhalten. Seine pomeranzengelbe Lösung wird durch Schwefelwasserstoff oder Zink blau gefärbt, indem Rutheniumchlorür gebildet wird. Färbt sich mit salpetrigsaurem Kalium heller gelb unter Bildung eines in Wasser und Alkohol leicht löslichen Doppelsalzes, dessen alkalische Lösung mit wenig farblosem Schwefelammonium schön carmoisinroth wird. Dieses Verhalten ist charakteristisch für Ruthenium. Diruthenchlorid bildet mit Salmiak und Chlorkalium krystallisirbare Doppelsalze.

Ammonium-Dirutheniumchlorid, $Ru_{II}Cl_6,4NH_4Cl$, bildet ein braunes Krystallpulver. Ist in kaltem Wasser wenig, mehr in heissem löslich und unlöslich in Weingeist. Erleidet in Lösung leicht Zersetzung. Hinterlässt beim Glühen reines Ruthenium als Schwamm.

Kalium-Dirutheniumchlorid, $Ru_{II}Cl_6$, 4KCl, ist der vorigen Verbindung sehr ähnlich. Gibt bei der Behandlung mit Königswasser Kalium-Rutheniumchlorid.

Osmiumoxydul, ΘsΘ, wird durch Erhitzen eines Gemenges von Kalium-Osmiumsulphat und Soda im Kohlensäurestrome erhalten. Ist grauschwarz, unlöslich in den Säuren.

Osmosumoxyhydrür, $\Theta s(\Theta H)_2$, entsteht beim längeren Kochen von Osmosumsulphit mit concentrirter Kalilauge bei Luftabschluss als blauschwarzer Niederschlag. Zieht rasch Sauerstoff an und oxydirt sich höher. Gibt mit Salzsäure eine tiefblaue Lösung von Osmosumchlorür, welche sich rasch violett, dann dunkelroth und endlich gelb färbt, indem zuerst Diosmicumchlorid und dann Osmicumchlorid entstehen.

Diosmicumoxyd, $\Theta s_{II}\Theta_3$, wird durch schwaches Erhitzen von Kalium-Diosmicumchlorid und Soda im Kohlensäurestrome als schwarzes in Säuren unlösliches Pulver erhalten. Sein Hydrür ist schmutzigbraunroth, löslich in den Säuren.

Osmicumoxyd, $Os\Theta_2$, die beständigste Oxydationsstufe des Osmiums, wird als schwarzgraues Pulver beim Erhitzen der Doppelsalze des Tetrachlorids mit Soda erhalten. Es ist unlöslich und auch sonst sehr indifferent, wird jedoch schon bei gewöhnlicher Temperatur durch Wasserstoffgas reducirt.

Osmicumoxyhydrür, $\Theta s(\Theta H)_4$, entsteht beim Fällen des Kalium-Osmicumchlorids mit Kalilauge in der Siedhitze, oder besser beim Vermischen einer Lösung von osmiumsaurem Kalium mit verdünnter Salpetersäure, wo es neben Osmiumtetraoxyd als schwarzes kalihaltiges Pulver gebildet wird.

Es ist schwer löslich in Salzsäure. Zerfällt beim Erhitzen unter Funkensprühen in wasserfreies Oxyd, welches so dargestellt metallglänzend, kupferroth ist. Gleichzeitig entsteht hierbei Osmiumtetraoxyd.

Osmiumsäure ist nicht im isolirten Zustande bekannt.

Osmiumsaures Kalium, $Os\Theta_4K_2$, entsteht unter gleichzeitiger Bildung von Osmiumtetraoxyd beim Schmelzen von Osmium mit Salpeter. Es ist dunkelroth, löst sich mit schmutzig grüner Farbe in Wasser und erleidet in Lösung, wenn kein freies Kali zugegen ist, leicht Oxydation. Hierbei bildet sich Tetraoxyd, welches sich verflüchtigt. Beim Kochen seiner Lösung bilden sich Osmicumoxyhydrür und Tetraoxyd.

Durch Säuren wird aus der Lösung ebenfalls Osmicumoxyhydrür gefällt, und auch hierbei entsteht Osmiumtetraoxyd.

Osmiumtetraoxyd, OsO_4. Moleculargewicht 263,2. Dampfdichte 131,6. Diese Verbindung entsteht bei der Oxydation des Osmiums oder seiner niederen Oxyde an der Luft, bei der Behandlung mit Salpetersäure, beim Schmelzen mit Kalihydrat oder Salpeter, beim Einleiten von Chlor in Kalilauge, welche Osmicumoxyhydrür suspendirt enthält und bei vielen anderen Processen. Man gewinnt es durch Glühen von Osmiumiridium im Luftstrome oder durch Glühen eines Gemenges von Osmiumiridium in einem Strome von feuchtem Chlorgase. Es bildet eine weisse krystallinische Masse, welche durch die Wärme der Hand weich wird, bei etwas höherer Temperatur schmilzt, schon bei ungefähr 100° siedet und ein stark riechendes, die Lungen und Augen stark angreifendes Gas bildet. Löst sich langsam in Wasser, röthet nicht Lackmus und besitzt einen pfefferartigen Geschmack. Es ist ein Oxydationsmittel, entfärbt Indigo, scheidet aus Jodkalium Jod ab und verwandelt Alkohol in Aldehyd und Essigsäure. Entwickelt mit Chlorwasserstoff jedoch kein Chlor. Zerfällt mit Ammoniak nach der Gleichung:

$$3OsO_4 + 4NH_3 = 3Os(OH)_4 + 2N_2.$$

Bei einem Ueberschuss von Ammoniak entsteht eine Osmiumammoniumverbindung, und wenn zugleich Kali vorhanden ist, das Kalisalz einer eigenthümlichen Säure, welche den Namen Osman-Osmiumsäure erhalten hat:

$$6OsO_4 + 8NH_3 + 6KOH = 3N_2Os_2O_5K_2 + N_2 + 15H_2O.$$

Aus der wässrigen Lösung des Tetraoxydes scheiden fast alle Metalle, selbst Quecksilber und Silber, nicht aber Gold, Platin, Palladium, Rhodium und Iridium, einen Theil des Osmiums metallisch ab. Osmiumtetraoxyd lässt sich ohne Zersetzung im Wasserstoffgase verdampfen, erst bei Glühhitze erfolgt Reduction des Osmiums.

Rutheniumoxydul, RuO, wird durch Glühen des Chlorürs mit Soda in einer Atmosphäre von Kohlensäure erhalten. Ein schwarzgraues metallglänzendes Pulver, in Säuren unlöslich, wird durch Wasserstoff schon bei gewöhnlicher Temperatur reducirt.

Rutheniumoxyd, RuO_2, bleibt beim heftigen Glühen des Sulphats als graues metallglänzendes Pulver. Wird in quadratischen Krystallen von 7,2 spec. Gew. erhalten, wenn Ruthenium mit Zink zusammengeschmolzen, der Regulus mit Salzsäure behandelt, der Rest im bedeckten Tiegel geglüht und dann bei Kupferschmelzhitze geröstet wird.

Rutheniumoxyhydrür, $Ru(OH)_3 + 3H_2O$, wird durch Kali- oder Natronlauge aus der Lösung des Sulphats beim Eindampfen unvollstänständig gefällt. Hält beim Auswaschen mit siedendem Wasser hartnäckig Kali zurück; frisch gefällt bildet es einen schleimigen dunkeln ocherfarbenen Niederschlag, welcher beim Trocknen unter starkem Schwinden rostfarbene Stücke bildet. Löst sich leicht in Säuren. Gibt beim Erhitzen zuerst Wasser ab und verpufft dann plötzlich mit schwarzem Rauch.

Diruthenіumoxyhydrür, $Ru_{II}(\Theta H)_6$, wird beim Vermischen der Lösungen von Dirutheniumchlorid mit reinen oder kohlensauren Alkalien erhalten. Enthält etwas Alkali, ist schwarzbraun, löst sich mit pomeranzengelber Farbe in den Säuren, nicht in den Alkalien. Verliert beim Erhitzen in einer Atmosphäre von Kohlensäure unter starkem Erglühen Wasser und wird unlöslich in den Säuren. Wird durch Wasserstoff beim Erhitzen reducirt.

Ruthensäure, RuO_3, ist nur in Verbindung mit Kalium bekannt Bildet sich beim Glühen des Metalls mit Salpeter, wobei eine Schmelze entsteht, die in der Hitze schwarzgrün, in der Kälte orangefarben ist und sich in Wasser mit orangegelber Farbe löst. Ihre Lösung besitzt einen schwachen Geruch nach Rutheniumtetraoxyd; sie entwickelt Sauerstoff und lässt Diruthenoxyhydrür fallen. Alkohol scheidet sogleich Diruthenoxyhydrür aus, Säuren fällen dieselbe Verbindung unter Bildung von Rutheniumoxyhydrür und Tetraoxyd.

Ruthentetraoxyd, RuO_4, entsteht beim Einleiten von Chlor in eine Lösung von ruthensaurem Kalium in Kalilauge, wobei es durch die hierbei entwickelte Wärme überdestillirt wird. Bildet eine goldgelbe krystallinische Masse, welche bei 50° schmilzt, schon bei gewöhnlicher Temperatur verdunstet und etwas oberhalb 100° siedet. Sein Gas besitzt eine gelbe Farbe, greift die Lungen, nicht aber die Augen an. Rutheniumtetraoxyd löst sich nur langsam und in kleinen Mengen in Wasser. Seine wässrige Lösung schmeckt nicht sauer, sondern nur schwach zusammenziehend; sie erleidet nach einigen Stunden unter Abscheidung von Dirutheniumoxyhydrür Zersetzung. Alkohol und andere organische Körper bewirken die Zersetzung des Tetraoxyds sehr rasch. Es sättigt nicht die Basen. Entwickelt mit Salzsäure Chlor, indem Dirutheniumchlorid entsteht.

Schwefelosmium. Schwefelwasserstoff fällt aus den salzsauren Lösungen sämmtlicher Osmiumoxyde Schwefelosmium, aus denjenigen des Diosmiumchlorids jedoch nur langsam. Alles so erhaltene Schwefelosmium ist dunkelbraun und etwas löslich in Wasser. Das aus einer Lösung von Diosmiumchlorid gefällte ist etwas löslich in Schwefelammonium; das in anderer Weise erhaltene ist unlöslich darin. Es ist leicht löslich in Salpetersäure.

Osmosumsulphit, $S\Theta_3Os$, entsteht bei der Einwirkung von schwefliger Säure auf eine wässrige Lösung von Osmiumtetraoxyd, wobei die Lösung zuerst gelb, dann roth und endlich tief indigblau wird. Beim Verdampfen der Lösung scheidet sich das Sulphit als mattes schwarzblaues Pulver ab. Löst sich nicht in Wasser, leicht in Salzsäure ohne Zersetzung zu erleiden. Wird durch Kalilauge erst in der Siedhitze zersetzt.

Kalium-Osmosumsulphit, $3S\Theta_3K_2 + S\Theta_3Os + 5H_2O$, wird erhalten, wenn Lösungen von Kalium-Osmiumchlorid und saurem Kaliumsulphit vermischt und erwärmt werden, wobei die Flüssigkeit zuerst dunkelroth, dann hellroth und endlich farblos wird und zugleich das Doppelsalz als weissen pulvrigen Niederschlag fallen lässt. In Wasser unlöslich; fast geschmacklos.

Osmosumsulphat, SO_4Os, bildet sich beim Auflösen des Hydryloxyduls in Schwefelsäure oder bei der Oxydation von Schwefelosmium mit einer unzureichenden Menge von Salpetersäure. Dunkel graubraune Masse; gibt mit Wasser eine dunkelblaugrüne Lösung.

Osmicumsulphat, $(S\Theta_4)_2Os$, entsteht bei der Oxydation von schwefelreichem Schwefelosmium durch einen Ueberschuss von Salpetersäure. Bildet mit Wasser braungelbe Lösungen, welche Lackmus stark röthen und herbe schmecken.

Schwefelruthen. Schwefelwasserstoff fällt das Ruthen nicht aus den Lösungen des Oxyduls, nur wenig aus denjenigen des Diruthenoxyds, unvollständig aus denen des Oxyds und vollständig aus der Lösung des Tetraoxyds. Die Schwefelalkalien fällen das Ruthen aus allen seinen Lösungen; sie lösen, wenn sie im Ueberschuss angewendet werden, den Niederschlag wieder auf und lassen auf Zusatz von Säure alles Ruthen in Verbindung mit Schwefel fallen. Salpetrige Säure hindert nicht die Fällung des Ruthens durch Schwefelalkali.

Kalium-Ruthosumsulphit, $Ru(S\Theta_3K)_2$, bildet sich beim Abdampfen der gemischten Lösungen von Kalium-Diruthenchlorid und von saurem Kaliumsulphit, wobei jedoch nur ein Theil des Ruthens in dieses Salz eintritt. Ein isabellgelber Niederschlag.

Rutheniumsulphat, $(S\Theta_4)_2Ru$, entsteht bei der Oxydation von schwefelreichem Schwefelruthen mittelst Salpetersäure. Gelblichbraune amorphe Masse; leicht und mit pomeranzengelber Farbe in Wasser löslich. Gibt beim Eindampfen mit Kalilauge Ruthenoxyhydrür.

Osman-Osmiumsäure, $N_2Os_2\Theta_3(\Theta H)_2$, ist nicht im freien Zustande bekannt. Ihre Salze entstehen bei der Einwirkung von Osmiumtetraoxyd auf die ammoniakalischen Lösungen basischer Oxyde; Schwefelsäure scheidet sie aus dem Barytsalz ab. Sie ist eine starke Säure, welche Chlorkalium zersetzt. Ihre wässrige Lösung erleidet beim Verdunsten Zersetzung.

Osman-Osmiumsaures Kalium, $N_2OsO_3K_2$, wird erhalten, wenn man ein Stück Aetzkali in sehr verdünnter Lösung von Osmiumtetraoxyd auflöst, $^1/_2$ Vol. Ammoniakflüssigkeit hinzumischt und rasch abdampft. Gelbes krystallinisches Pulver, in Wasser und in Alkohol löslich. Zersetzt sich beim Verdampfen seiner wässrigen Lösung mit Salzsäure in Chlorkalium, Chlorammonium und Kalium-Diosmiumchlorid.

Osmosumcyanür, $OsCy_2$, ein dunkelvioletter Niederschlag, der beim längeren Kochen von Kalium-Osmosumcyanür mit Salzsäure entsteht.

Wasserstoff-Osmosumcyanür, $Os_2Cy_2, 2HCy$, scheidet sich beim Vermischen einer kalt gesättigten Lösung von Kalium-Osmosumcyanür mit rauchender Salzsäure aus. Löst sich in Wasser und Alkohol und wird durch Aether aus seinen Lösungen abgeschieden. Bildet wasserhelle glänzende säulenförmige hexagonale Krystalle, welche im trocknen Zustande luftbeständig sind, feucht sich aber unter Entwicklung von Blausäure und Zurücklassung von Osmiumcyanür zersetzen. Reagirt stark sauer, schmeckt sauer, metallisch adstringirend und zersetzt kohlensaure Salze.

Kalium-Osmosumcyanür, $OsCy_2, 2KCy + 3H_2O$, bildet sich, wenn man die Lösung von 1 Th. Osmiumtetraoxyd in einem geringen Ueberschuss von concentrirter Kalilauge mit $1^1/_2$ Th. Cyankalium versetzt, die dunkle Flüssigkeit zur Trockne abdampft und den Rückstand in einem bedeckten Porcellantiegel bei gelinder Hitze calcinirt. Die Auflösung der weiss gewordenen, nicht geschmolzenen Masse lässt das Salz in farblosen quadratischen Tafeln auskrystallisiren, an welchen die Flächen des Octaëders die Abstumpfungen der Kanten bilden. Isomorph mit Ferrocyankalium, womit es in allen Verhältnissen zusammenkrystallisirt. Es ist leicht löslich in Wasser, schwer löslich in Weingeist, verwittert an der Luft und wird weiss, indem es das Krystallwasser verliert.

Ruthosumcyanür, $RuCy_2$, *Wasserstoff-Ruthosumcyanür*, $RuCy_2$, 2HCy, und *Kalium-Ruthosumcyanür*, $RuCy_2$, 2KCy + $3H_2O$, sind den entsprechenden Osmosum- und Ferrosum-Verbindungen höchst ähnlich. Man erhält das Kaliumsalz, wenn man 1 Th. Ammonium-Rutheniumchlorid mit $^1/_2$ Th. Cyankalium innig gemischt zusammenschmilzt, die Schmelze in Wasser löst und krystallisiren lässt. Es ist ist isomorph mit Ferrocyankalium.

Ammoniumverbindungen.

Hydryloxydosminammonoxyhydrür, $(HO)_2Os[NH_3\text{-}OH)_2$, entsteht beim Erwärmen von Osmiumtetraoxyd mit Ammoniakflüssigkeit:

$$3OsO_4 + 10NH_3 = 2N_2 + 3(HO)_2Os(NH_3\text{-}OH)_2.$$

Bleibt beim Verdampfen der Lösung als ein braunschwarzes Pulver, welches unlöslich in Wasser, wenig löslich in Ammoniak und den Säuren ist und amorphe Salze bildet.

Hydryloxydosminbiammonchlorür, $(HO)_2Os[N(NH_4)H_2Cl]_2$, entsteht beim Vermischen kalter Lösungen von osmiumsaurem Kalium und von Chlorammonium als gelber krystallinischer Niederschlag. Gibt mit Platinchlorid ein Doppelsalz und mit Silbersalzen durch doppelte Zersetzung die entsprechenden Salze, welche orangegelb, fast unlöslich in kaltem und leicht löslich in heissem Wasser sind. Das Sulphat gibt mit Barytwasser die Lösung einer äusserst leicht zersetzbaren Base.

Hydryloxydruthinammonoxyhydrür, $(HO)_2Ru(NH_3\text{-}OH)_2 + 2H_2O$, bildet sich beim Verdampfen der Lösungen von Ruthosbiammonoxyhydrür im Vacuum über Schwefelsäure. Eine dunkelgelbe ins Braune spielende schwammige leichte Masse, welche aus kleinen schuppigen Krystallen besteht. Sehr hygroscopisch, zerfliesst an der Luft zu einer braunen stark alkalischen Flüssigkeit, welche concentrirter Aetzkalilösung ähnlich riecht. Gibt mit den Säuren Salze.

Hydryloxydruthinbiammonchlorür, $(HO)_2Ru[N(NH_4)H_2Cl]_2 + H_2O$, wird erhalten, wenn man Ammonium-Rutheniumchlorid mit Ammoniakflüssigkeit und Ammoniumcarbonat kocht, bis die anfangs rothe Lösung hell goldgelb geworden ist, abdampft und den gebildeten Salmiak mit Weingeist auslaugt. Es lässt sich aus Wasser, welches etwas Ammoniumcarbonat enthält, umkrystallisiren und bildet durchsichtige gelbe Prismen. Löst sich leicht in Wasser, nicht in Alkohol; reagirt neutral. Gibt mit Platinchlorid ein Doppelsalz und durch doppelte Zersetzung mit Silbersalzen die entsprechenden Salze.

Hydryloxydruthinbiammoniumoxyhydrür, $(HO)_2Ru[N(NH_4)H_2\text{-}OH]_2$, entsteht bei der Behandlung des Chlorürs mit frisch gefälltem Silberoxyd. Seine Lösung ist hellgelb, reagirt stark alkalisch und wirkt ätzend. Lässt beim Trocknen im Vacuum Hydryloxydruthinammoniumoxyhydrür.

Hydryloxydruthinbiammonsulphat, $SO_4[N(NH_4)H_2]_2Ru(OH)_2 + 2H_2O$ krystallisirt in durchsichtigen goldgelben Tafeln, die an der Luft unter Wasserverlust undurchsichtig werden und dann eine hell goldgelbe Farbe mit metallischem Glanze zeigen.

Hydryloxydruthinbiammonitrat, $[NO_2\text{-}N(NH_4)H_2]_2Ru(OH)_2$, krystallisirt in kleinen glänzenden schwefelgelben Prismen. Löst sich wenig in kaltem, leicht in heissem Wasser. Schmilzt beim Erhitzen und zersetzt sich bei höherer Temperatur unter Verglimmen, Funkensprühen und schwachem Verpuffen.

Allgemeine Bemerkungen über die Platinmetalle.

Das Atomgewicht nur eines der Platinmetalle, nämlich des Osmiums, ist durch die Dampfdichte einer seiner Verbindungen, seines Tetraoxyds, festgestellt. Dasselbe findet durch die normale Atomwärme dieses Metalls und durch den Isomorphismus des Osmiums und Ferrosums in ihren Kalium-Cyanverbindungen Bestätigung.

Die Atomgrösse des Rutheniums ergibt sich aus dem Isomorphismus dieses Elements mit Ferrosum und Osmium, und aus der grossen Aehnlichkeit seines chemischen Verhaltens mit demjenigen des Osmiums.

Sowohl die normale specifische Wärme des Platins, Palladiums Iridiums und Rhodiums, als auch der Isomorphismus dieser Metalle unter sich und mit Osmium und Ruthenium stellt ihre Atomgrösse fest. — Von keinem der Platinmetalle kennt man die Moleculargrösse.

Nach ihrer Atomgrösse und ihrer specifischen Schwere lassen sich die Platinmetalle in zwei Gruppen theilen, indem je drei derselben gleiche oder nahezu gleiche Atomgrösse und ungefähr dasselbe specifische Gewicht besitzen. Platin, Iridium und Osmium bilden die eine Gruppe mit grösserem Atomgewichte und fast der doppelten Dichte, Palladium, Rhodium und Ruthenium die andere.

Je ein Metall der einen Gruppe und je eins der anderen stehen sich im chemischen Verhalten am nächsten, bilden die meisten gleichartig constituirten und isomorphen Verbindungen, wobei sie sich in dem Sinne ergänzen, dass das eine Metall vorzugsweise die Verbindungen bildet, welche das andere nur in unvollkommenerer Weise zur Erscheinung bringt.

Diese Gruppen sind:

Platin und Palladium,
Iridium und Rhodium,
Osmium und Ruthenium.

Bemerkenswerth ist, dass die Platinmetalle mit höherem Atomgewichte und grösserer Dichte namentlich solche Verbindungen hervorbringen, in welchen das Metall mit der grösseren Valenz thätig ist, während umgekehrt die Metalle mit den kleinen Atomgewichten und der geringen specifischen Schwere mit geringerer Valenz in Verbindungen eintreten.

Die Platinmetalle schliessen sich nicht allein durch den Isomorphismus einiger Verbindungen mit dem Ferrocyankalium dem Eisen an, sondern sie zeigen auch in ihrem chemischen Verhalten Analogie mit Eisen und den nahe stehenden Elementen, Mangan, Nickel und Kobalt. Sie bilden wie diese Metalle monatome Verbindungen in bivalenter und biatome Verbindungen in quadrivalenter Form. Theils gehören sie zu den edlen Metallen, da sie sich nicht direct mit Sauerstoff verbinden lassen und ihre Verbindungen durch Erhitzen zersetzt werden, theils schliessen sie sich den edlen Metallen dadurch an, dass sie Wasser nicht zersetzen, sich nur schwierig oxydiren, und leicht aus ihren Verbindungen reducirt werden. Hierbei machen jedoch Osmium und Ruthenium eine Ausnahme, insofern sie leicht in Tetraoxyde übergehen.

Alle Platinmetalle verdichten Gase und namentlich Sauerstoff an ihrer Oberfläche. Palladium ist am leichtesten löslich in Säuren; es löst sich nicht nur leicht in Königswasser, sondern auch in concentrirter Salpetersäure. Ihm folgt das in Königswasser schwer lösliche Platin. Die übrigen Metalle sind im compacten Zustande unlöslich, im fein vertheilten frisch gefällten Zustande sehr schwer löslich. Aber sie können gelöst werden, wenn sie als geringe Beimengungen in den löslichen Platinmetallen vorkommen, umgekehrt sind Platin und Palladium fast vollständig unlöslich, wenn sie als geringe Beimengungen in den unlöslichen Platinmetallen enthalten sind.

P l a t i n bildet in seiner wichtigsten Verbindung, dem Chlorid, mit Salmiak oder Chlorkalium krystallinische orangegelbe Niederschläge von Ammonium- oder Kalium-Platinchlorid. Mit überschüssigem Ammoniak erwärmt, bildet es eine klare Lösung, aus der Säuren Salze von Platinammonium fällen. Jodkalium färbt die Lösung des Chlorids sogleich dunkelpurpurroth; beim Erhitzen scheidet sich schwarzes Jodid aus. Schwefelwasserstoff fällt in der Kälte langsam, schneller beim Erhitzen schwarzbraunes Schwefelplatin. Das trockne Platinchlorid zerfällt beim Erhitzen in Chlor und Chlorür, welches beim weiteren Erhitzen Platin lässt, in Salzsäure löslich ist und in dieser Lösung mit Ammoniak einen grünen Niederschlag von Platinchlorür-Platosbiammonchlorür gibt. Kaliumnitrit verändert eine Lösung von Ammonium- oder Kalium-Platinchlorür nicht. Die Platinverbindungen werden durch Erhitzen zersetzt.

Das P a l l a d i u m löst sich bei Glühhitze in Kaliumbisulphat auf, indem eine Masse entsteht, welche in der Hitze roth und in der Kälte gelb gefärbt ist. Seine Lösungen enthalten vorzugsweise Palladosum. Mit überschüssigem Ammoniak gibt Palladiumchlorür eine farblose Auflösung, aus der Salzsäure einen gelben Niederschlag von Palladosammonchlorür fällt. Jodkalium schlägt aus Palladosumchlorürlösung sogleich schwarzes Palladiumjodür nieder, auch Schwefelwasser-

27 *

stoff fällt das Palladium sogleich als Sulphür. Cyankalium fällt gelblich-weisses Palladiumcyanür, welches im Ueberschuss des Fällungsmittels löslich ist. Mit Kaliumnitrit bildet es in Wasser lösliche Doppelsalze.

Die meisten Palladiumverbindungen werden durch blosses Erhitzen zersetzt.

Iridium wird durch Schmelzen mit Kaliumbisulphat oxydirt, aber nicht aufgelöst. Seine Lösungen enthalten meistens Iridicum. Das Chlorid gibt mit Salmiak oder Chlorkalium schwer lösliche Niederschläge von schwarz-rothen Doppelsalzen. Kalihydrat fällt anfangs Doppelsalz, bildet dann eine olivengrüne Lösung, welche Diiridiumchlorid enthalt, beim Erhitzen mit überschüssigem Kali heller wird, sich unter Sauerstoff-absorption roth färbt und endlich blaues Iridiumoxyhydrür ausscheidet.

Silbernitrat gibt mit Iridiumchlorid einen dunkelblauen Niederschlag, welcher sich rasch entfärbt und in $Ir_{II}Cl_6$, 6AgCl übergeht. Schwefelwasserstoff entfärbt Iridiumchloridlösung, indem unter Abscheidung von Schwefel eine salzsaure Lösung von Diiridiumchlorid entsteht. Kalium- oder Ammonium-Iridiumchlorid färbt sich, namentlich in heisser Lösung, mit salpetrigsaurem Kali olivengrün, indem Kalium-Diiridiumchlorid gebildet wird; beim Erhitzen mit einem Ueberschuss von Kaliumnitrit färbt sich die grüne Lösung gelb und lässt dann beim Kochen eine weisse, in Wasser und Salzsäure kaum lösliche Verbindung fallen. Versetzt man eine grüne Lösung von Diiridiumchlorid mit verdünnter Salpetersäure, so färbt sie sich rasch dunkelbraun, indem Iridiumchlorid entsteht.

Die Oxyde des Iridiums werden durch Wasserstoff schon bei gewöhnlicher Temperatur reducirt.

Rhodium löst sich mit gelber Farbe in geschmolzenem Kaliumbisulphat. In Lösungen ist es meistens als rosenrothes Dirhodicum enthalten. Fügt man zu einer solchen Lösung Kalihydrat oder Ammoniak und erhitzt, so fällt gelbes Dirhodiumoxyhydrürhydrat aus. Mit überschüssigem Kalihydrat und Alkohol entsteht schon in der Kälte ein schwarzer Niederschlag von $Rh_{II}(\Theta H)_6$. Eine Lösung von Dirhodicumchlorid wird beim Erhitzen mit Kaliumnitrit gelb und scheidet ein orangegelbes, wenig in Wasser, aber leicht in Salzsäure lösliches Pulver ab, während eine andere Verbindung gelöst bleibt. Schwefelammonium fällt das Rhodium vollständig aus seinen Lösungen. Salpetersaures Silber fällt rosenrothes $Rh_{II}Cl_6$, 6AgCl.

Die Oxyde des Rhodiums werden beim Erhitzen im Wasserstoffstrome reducirt.

Osmium ist durch sein flüchtiges stark riechendes Tetraoxyd ausgezeichnet. Dasselbe entsteht bei der Oxydation des Metalls an der Luft, durch Salpetersäure oder feuchtes Chlor. Von allen Verbindungen des Osmiums sind diejenigen des Osmicums die beständigsten. Auflösungen von Kalium-Osmicumchlorid werden durch Kaliumnitrat nicht verändert; sie färben sich beim Erhitzen mit Gerbsäure dunkelblau, indem eine Osmosumverbindung entsteht; mit Jodkalium färben sie sich purpurroth und sie geben mit Silbernitrat einen dunkel olivengrünen Niederschlag, der alles Osmium enthält. Schwefelwasserstoff fällt das Osmium aus seinen Lösungen.

Die niederen Oxyde des Osmiums werden durch Wasserstoff bei gewöhnlicher Temperatur reducirt. Das Tetraoxyd lässt sich im Wasserstoffgase verflüchtigen und wird erst bei Glühhitze dadurch zersetzt.

Ruthenium bildet weniger leicht als Osmium ein Tetraoxyd, dasselbe erleidet leicht Reduction. Auch die Ruthensäure wird leicht reducirt, sie zerfällt in Sauerstoff und Diruthenicumoxyhydrür. In Lösung wird das Ruthen meistens als Diruthenicumchlorid erhalten, dasselbe zeichnet sich dadurch aus, dass seine wässrige Lösung beim Kochen Salzsäure und tief schwarzbraunes Diruthenicumoxyhydrür gibt; mit Kaliumnitrit färbt es sich orangegelb unter Bildung eines löslichen Doppelsalzes, dessen alkalische Lösung mit wenig farblosem Schwefelammonium schön carmoisinroth wird. Diruthenicumchloridlösung wird durch Schwefelwasserstoff blau gefärbt, indem Ruthosumchlorür unter Fällung von etwas Schwefelruthen entsteht.

Die Oxyde des Ruthens werden erst beim Erhitzen durch Wasserstoff reducirt.

Register.

(Die Ziffern bedeuten die Seitenzahlen.)

Nachträge und Berichtigungen.

Seite 31 Zeile 11: — in — hinter Sauerstoff zu streichen.

„ 40 „ 12: $S\Theta_1H_2$ statt SO_4H_2.

„ 45 „ 21: (1,1057) satt (1,057).

„ 80 „ 22: $3NH_4Cl$ „ NH_4Cl.

„ 96 „ 22: Phosphorigsäureanhydrid statt Phosphorsäureanhydrid.

„ 104 „ 35: fehlt: , welches durch fortgesetztes Auswaschen stets basischere Verbindungen liefert.

„ 112 fehlt vor Bor die Ueberschrift: Fünfte Gruppe.

„ 131 „ 25: $CH_2(CH_2)_2$-ΘH statt $CH_3(\Theta H_2)_2$-OH.

„ 136 fehlt: *Kohlenoxysulphid*, $C\Theta S$. Gasdichte 30. Moleculargewicht 60. Dieses Gas entsteht, wenn man in ein eiskaltes Gemisch aus 5 Vol. concentrirter Schwefelsäure und 4 Vol. Wasser so viel gepulvertes Schwefelcyankalium einträgt, als es aufzulösen vermag. Zur Reinigung von Blausäure, Wasserdampf und Schwefelkohlenstoff leitet man das Gas durch drei U-förmige Röhren, von welchen die erste mit feuchtem Quecksilberoxyd eingeriebene Baumwolle, die zweite in möglichst kleine Splitter zerschnittenes Caoutschouk, die dritte Chlorcalcium enthält. Das gereinigte Gas lässt sich über trocknes Quecksilber auffangen. Es hat einen der Kohlensäure nicht unähnlichen Geruch, der zugleich aromatisch an Harze und auch an Schwefelwasserstoff erinnert. Wasser absorbirt vom Gase etwa das gleiche Volumen und nimmt dadurch den eigenthümlichen Geruch an. Der Geschmack der gesättigten Lösung ist süss; unmittelbar darauf stellt sich aber ein prikelnder eigenthümlicher Schwefelgeschmack ein, der zugleich an Schwefelwasserstoff und schweflige Säure erinnert. Die Entzündlichkeit des Gases ist sehr gross, es wird durch einen noch kaum glimmenden Holzspahn augenblicklich entzündet und brennt mit blauer nicht stark leuchtender Flamme. Neigt man ein Gefäss mit brennendem Kohlenoxysulphid mit der Oeffnung abwärts, so fliesst das brennende Gas aus. Es zerlegt sich theilweise schon beim schwachen Rothglühen in Schwefel und Kohlenoxyd; seine vollständige Zerlegung erfordert oft wiederholtes Glühen.

Kaliumoxyhydrür, sowie alkalische Metalloxyhydrüre überhaupt absorbiren das Gas etwas langsamer, aber ebenso vollständig, wie Kohlensäuregas. Die Lösung ist geruchlos und entwickelt mit verdünnten Säuren viel Schwefelwasserstoff und Kohlensäure, wonach es wahrscheinlich erscheint, dass das Gas bei jener Absorption nach folgender Gleichung zerlegt wird:

$$\mathrm{COS} + 4\mathrm{K\Theta H} = \mathrm{C\Theta(\Theta K)_2} + \mathrm{SK_2} = 2\mathrm{H_2\Theta}.$$

In Baryt- und Kalkwasser erzeugt das Gas sogleich einen Niederschlag von Kohlensäuresalzen, während in der Flüssigkeit alkalische Schwefelmetalle gelöst bleiben.

Seite 142 Zeile 12: Zersetzt statt Setzt.
„ 208 „ 13: tianhydrat statt tiumhydrat.
„ 214 „ 37: Ammoniak schlägt das Magnesium nicht vollständig als Oxyhydrür nieder, statt Ammoniak fällt nur die Hälfte des Magnesiums als Oxhyydrür.
„ 254 „ 13: ausser auf Ferricum auch auf Kupfer als Reagens statt als Reagens auf Ferricum und Kupfer.
„ „ „ 30: $\mathrm{Fe_{II}Cy_{12}K_6}$ statt $\mathrm{F_2Cy_{12}K_6}$.
„ 258 „ 14 und 15: Aehnliche — Strontiumnitrit zu streichen.
„ 291 „ 15: $\mathrm{Si\Theta_4Al_{II}Fl_2}$ statt $\mathrm{Si\Theta_4Al_{II}C_2}$.
„ 293 „ 7: Plastisch statt Patisch.
„ 295 „ 20: Ferrosum „ Ferosum.
„ 298 „ 13: gefärbte „ gefärbe.
„ 315 „ 23: Octaëder „ Octalder.
„ 350 „ 34: Cupricum-Ammoniumsulphat statt Cupricum-Ammoniumsuphat.
„ 359 „ 32: HgCl statt HCl.
„ 307 „ 6: Quecksilber statt Quecsilber.
„ 397 „ 13: $\mathrm{S\Theta_4[N(NH_4)H_2]_2Pt}$ statt $\mathrm{S\Theta_4[N(NH_4)H_2]_2Pt}$.
„ 400 „ 28: amalgamiren statt veralgamiren.

www.ingramcontent.com/pod-product-compliance
Lightning Source LLC
Chambersburg PA
CBHW020905210326
41598CB00018B/1778
* 9 7 8 3 7 4 3 6 1 6 5 6 1 *